안전관리학

(Safe & Security Management in life)

권창기 · 김동제 · 강영숙 · 최판암 · 정연민

도서출판 진 영 사

안전관리학(Safe & Security Management in life)

권창기 · 김동제 · 강영숙 · 최판암 · 정연민

2012년 02월 25일 초판 인쇄
2012년 02월 27일 초판 발행
2017년 02월 27일 초판 2쇄발행
발행인 박 진 영
발행처 도서출판 진영사
인천광역시 부평구 부평동 134-16 태승빌딩 4층
전화 : 032)505-4207
팩스 : 032)505-4206
E-mail : 0183734207@hanmail.net
등록 : 122-91-77317

ISBN 978-89-6541-072-0 93300
값 28,000원

머 리 말

현대사회는 과학, 의료, 교통, 통신 등 다양한 분야의 첨단기술로 우리들에게 생활수준향상과 많은 편익을 제공해 주었다. 그러나 인간의 편익과 복지를 위한 현대사회의 혜택들은 한편으로는 우리들의 신체, 정신적, 물질적 피해를 위협하여 우리들의 건강한 생활을 위협하고 있다.

인간의 안전과 행복을 위협하는 여러 가지 사고와 재난 및 범죄사건 등에서 우리의 귀중한 생명을 보호하고 안전을 추구하려는 노력은 국가의 제도, 정책과 함께 사회 전반적인 질서의식과 타인을 먼저 배려하는 민주시민의 의식도 함께 성장해 나가야 하는 것이다.

그러나 그보다 더 중요한 것은 우리들 스스로가 현대사회에서 남에게 피해를 주지 않고 다함께 살아가야 하는 공동체 의식과 함께 자기스스로 먼저 타인과 자신의 안전에 대해 더 깊이 생각하고 행동하여야 하는 자기책임의식이라고 생각한다.

따라서 본서는 경호학과 안전학을 연구한 저자들이 국민들의 안전의식 제고와 각종 사고 및 인간의 생활 속에서 안전에 대한 교육자료로 사용하고자 뜻을 모은 것이다.

본서의 내용을 구성함에 있어서 현대사회의 특징과 함께 일상생활에서 우리의 안전을 위협하는 너무나 광범위한 요소 가운데 일부만 다루었음을 안타깝게 생각하고 있지만 우리의 안전에 대해 각자 깨달을 수 있는 동기부여에 그 의미를 두고자 하며, 구성상 미비한 점이 많으나 앞으로 계속 노력하여 보완 수정해 나갈 것임을 약속드린다.

그동안 학문적으로 도움을 주신 존경하는 교수님들과 이 책이 완성되기까지 항상 뜻을 같이하여 힘을 주신 동료들, 그리고 전문분야에서 훌륭한 문헌을 출판하여 본서의 집필에 도움을 주신 많은 학자님들께 진심으로 존경의 뜻을 표한다.

그리고 늘 열과 성의를 다하여 연구하도록 힘을 실어 주시고 훌륭한 책으로 만들어 주신 도서출판 진영사 사장님 이하 직원들께 깊은 감사의 말씀을 드린다.

2012년 02월

저자일동 드림

차 례

제1장 안전의 이해

제2장 가정안전

제3장 범죄와 생활안전

제4장 성범죄와 안전

제5장 직장성희롱과 예방

제6장 학교폭력(청소년범죄)과 안전

제7장 스토킹과 안전

제8장 안전운전 및 방어운전

제9장 화재와 생활안전

제10장 스트레스관리

제11장 생활 속의 응급대처

제12장 대규모 행사장의 군중안전

제13장 호신장비와 안전관리

제14장 해외여행과 안전

제1장

안전의 이해

1. 안전의 개요
2. 사고의 개념과 원인
3. 안전과 인간의 과오(Human Error)

제1장 안전의 이해

1. 안전의 개요

현대 사회는 그 무한한 가능성으로 인해서 인간에게 큰 희망을 주기도 하지만 반면에 심각한 위협을 주기도 한다.

세계적으로 주목받고 있는 사회학자 울리히 벡(Ulrich beck)은 자신의 저서 「위험사회」를 통해 현대사회의 위험성을 다양한 방법으로 설명하고 있는데 현대사회 인간사회의 삶을 '문명의 화산위에서 살아가는 것'으로 비유하고 있다. 또한 현대 사회를 위험사회(risk society)로 진단하는 학자들의 공통된 견해 중의 하나는 재난발생의 시간과 공간 범위가 확대되고 있다는 것이다. 이것은 더욱 다양한 의미로 해석될 수 있지만 몇 년 전 동남아에서 발생한 지진해일(쓰나미)은 세계 경제에 영향을 주었고, 이로 인해 피해를 입은 사람의 국적 역시 지진해일이 발생한 국가에 한정되지 않았던 최근의 재난 양상을 보면 한 지역이나 국가에서 발생한 재난이 발생지역을 벗어나 세계적으로 영향을 미치고 있다는 것에서 증명이 되기도 한다.

이러한 현상은 자연재난, 환경재난, 테러 등 모든 유형의 위험요소에서 발생되고 있다. 현대사회의 위험성은 과거와 달리 후진국 혹은 저 소득층 뿐만 아니라 선진국이나 부유층 등 모든 계층, 모든 지역으로 확대되고 있다는 점을 경고하고 있다.

한국 사회 또한 IMF위기를 겪으면서 중산층이 무너지고, 가족해체가 가속화되는 등 지금까지 우리사회가 경험하지 못했던 위기의식이 광범위하게 확산되었으며, 위험사회에 대한 관심과 논의가 자연스럽게 증폭되기에 이르렀다.

특히 21C 서두를 장식한 9.11테러사건이나 이라크 등의 분쟁지역을 비롯한 세계 도처의 테러사건, 대구 지하철 방화 참사 사건, 각종 강력 범죄사건, 재난 등은 현대사회의 위험을 극단적으로 증명하는 것이며, 안전문제는 이제 산업현장 근로자의 안전문제에서 벗어나 전 세계인의 관심사로 부각되고 있다.

생각해보면 한 사람의 일생은 태어나서부터 죽음에 이르기까지 도처에 널려 있는 위험들을 어떻게 효과적으로 극복해 갈 것인가를 고민하면서 대비하는 과정이라고 할 수 있다. 기아의 위험, 질병의 위험, 실직의 위험, 사고의 위험, 환경오염의 위험 등 우리의 삶은 바로 이러한 수많은 위험에 노출되어 한 순간 한 순간 끊임없이 다가오는 위험들을 극복하는 곡예를 부리면서 살아가고 있다는 것이다.

따라서 현대사회에서 국가의 책무는 바로 이러한 위험 회피를 위한 제도적 장치를 마련하는 것이며, 서구의 시민사회 또한 인권, 핵, 군축, 난개발, 환경문제 등 인류의 삶을 위협하는 현대사회의 위험성을 제거하는 일에 온통 관심을 기울이고 있는 것이다.

현대사회의 다양한 위험요소들을 일차적으로는 개인들이 예방하고 극복하도록 노력해야 하지만 개인의 노력만으로 극복 해 가는 데는 한계가 있으므로 사회안전망이라는 공동체적 연대를 통해 보다 효과적으로 대처해가자는 것이다.

국가는 국가로서의 공적제도를 통해 위험 요소들을 대비하고, 민간에서는 개인 스스로와 다양한 시민단체들이 연대하여 보다 촘촘한 안전그물망을 형성하여 공적 사회안전망을 보완해야 한다.

서커스의 곡예사는 발밑에 치밀한 안전그물망이 깔려있을 때 안심하고 더 높이 도약할 수 있다. 촘촘한 사회안전망은 우리 국민들의 일상적인 삶을 더욱 활기 있게 만들 수 있는 지름길이라 할 수 있으므로 국민의 안전의식 고취와 교육은 인간의 삶의 활성화를 위하여 매우 중요한 것이다.

1) 안전의 의미

급속히 발전하는 산업의 기술과 문명은 우리의 삶을 풍요롭게 이끌어 왔지만, 새로운 21세기에도 변하지 않는 우리사회의 기본은 안전이다.

국가경제의 근간을 이루는 산업 현장이나 국가의 존립과 개인의 행복을 지켜주는 초석인 안전은 무엇과도 비교할 수 없는 기본적인 가치다. 안전은 시대적 상황이나 여건에 의해 변화하는 선택의 문제가 아니라 인간이 추구해야 할 최고의 가치라는 사실을 깊이 인식해야 한다.

인간은 누구나 편안하기를 원하고 만족시키려는 욕망을 가지고 있는데, 안전은 생활 중에 일어나기 쉬운 신체적 위험을 미연에 방지하고 생명을 위험으로부터 보호하여 생명의 존엄성을 확보하는데 있다고 한다.

안전이란 단어는 현대사회에서 대단히 포괄적이고 광범위하게 사용되고 있다. Morz는 "안전이란 사고의 예방과 개인적 피해 또는 사고로부터 오는 재산적 손실이 없도록 하는 것이다"라고 정의하였다.

또한 안전은 위험에 대립되는 말로 위험이 없는 것을 말하며 위험의 가능성, 혹은 사고를 제거하는 것을 목적으로 하는 인간의 행동에서 발생하는 행태, 또는 위험의 가능성을 없애고 사고의 제거를 목적으로 하는 물리적 환경에서 발생한 상태라고 할 수 있다.[1)]

안전의 사전적 의미는 "편안하여 위험이 없음, 탈이 없음"이다. 흔히 안전이라는 의미는 재난이나 위험이 상존하지 않는 것을 의미할 뿐만 아니라 인간이 위해를 받거나 또는 받을 걱정이 없는 것, 사물이 손해나 또는 그 우려가 없는 것을 말하는 것이다.

안전의 동양적의미를 보면 安이 (갓머리 部)+ 女로서 여자가 집에 있다는 뜻으로 정서적인 안정을 뜻하며, 全은 八 + 王으로 나라의 위계질서를 상징하는 王이 궁궐에 앉아 위엄을 갖추고 있는 상태로서 질서가 유지되는 것을 뜻한다.

서양적 의미의 안전(Safety)을 살펴보면 SAFETY에 나타난 단어의 앞 글자를 각각 따서 다음과 같이 해석되고 있다.

*S : Supervise → 관리감독, 관찰

*A : Attitude →태도기술

*F : Fact →현상파악

*E : Evaluation →평가분석 및 대책수립

*T : Training →반복훈련

*Y : You are the Owner →주인의식 철저

따라서 안전이란 불안전 상태 및 행동을 6개의 요소 (S. A. F. E. T. Y)를 통

---

1) 권봉안·정순광, "청소년 수련원의 실태조사를 통한 안전교육 필요성의 고찰", 「청소년 안전교육 실천방법모색」, 201년도 하계학술세미나, 2001, p.52.

해 사고가 없는, 마음이 평온하고 몸을 온전한 상태로 만드는 것을 의미한다.

안전은 우리가 일상생활에서 접하는 모든 위험으로 부터 방지하고자 하는 것이며, 기업에서 안전 목표가 달성되었다는 것은 사람·재료설비나 제품도 손해손상을 받지 않으며 또 앞으로도 받을 우려가 없는 상태로 잘 관리되고 있는 이상적 상태를 뜻하는 것이다.

따라서 안전은 인간의 정신적·육체적 위험의 가능성을 없애고 사고 및 위험 여건을 제거하는 것을 목적으로 하는 인간의 내·외면적 행동(이성, 이념, 물리적 상태 등)에서 발생하는 상태를 뜻하는 것이다.

2) 안전문화와 안전교육

(1) 안전문화

우리나라는 1960년대 이후부터 경제개발 정책을 추진하여 한강의 기적이라고 불리는 눈부신 경제성장을 이룩하였다. 그러나 성장우선주의 정책과정에서 안전비용은 무시되기 일쑤였다. 즉, 눈앞의 성과에만 급급한 나머지 안전은 뒷전으로 밀리고 "빨리빨리"란 말이 우리나라를 상징하는 말처럼 되어버렸을 정도로 우리 국민들 사이에는 조급증이 널리 유포되었다.

그 결과 성수대교와 삼풍백화점 붕괴, 경기 화성 씨랜드, 인천호프집 화재사고 등과 같은 후진국형 안전사고가 계속 발생하는 등 엄청난 사회적 비용이 지불되었다.

오늘날 고도 산업사회에 진입하면서 각종시설이 고층화, 지하화. 대형화되고 있으며, 각종 편의기기의 사용증가 요인 또한 생활주변과 산업현장 등에서 안전사고 위험을 높이는 요인이 되고 있다.

우리나라에서는 1995년 이전까지는 안전문화에 대한 인식 부족과 민간주도의 비 체계적인 활동만을 펼쳤으나, 삼풍백화점 붕괴사고 발생이후, 안전에 대한 국민의 관심이 고조되면서 정부주도의 안전관련 법령이 제정되고 효율적인 협력체제 구축을 위한 노력 등이 시작되었다.

안전문화의 개념은 1986년 소련 체르노빌 원자력 누출사고에 따른 보고서에서 '안전문화'라는 용어를 처음으로 사용하여 '조직과 개인의 자세와 품성이 결합된 것으로 모든 개인의 책임과 헌신이 요구되는 것'이라고 하였으며 우리나라는 1995년 10월 국무총리실에 설치된「안전관리자문위원회」에서는 안전문화에 대한 정의를 '안전제일의 가치관이 개인 또는 조직구성원 각자에게 인식되어 개인의 생활이나 조직의 활동 속에서 의식, 관행이 안전으로 체질화 된 상태로서 인간의 존엄과 가치의 구체적 실현을 위한 모든 행동양식이나 사고방식, 태도 등 총체적인 의미'로 나타내었다.

안전문화의 정의에 의한 안전관리의 3대 원칙은 행동양식의 일차적 변화와 안전제일의 가치관 정립, 안전의식의 무의식적 표출이다.

안전문화운동의 3대 기본원칙을 바탕으로 안전문화를 조성하고 홍보매체 등을 통해 안전에 관한 사회여론을 조성하는 것이다. 안전문화를 이루기 위해서는 본질적으로 의문을 제기하는 자세, 적당주의를 배제하는 자세, 개인의 책임감 고양, 안전으로 충만 된 사고방식 등을 통해 국민생활의 전반에 안전에 관한 태도 관행 의식을 체질화해야 한다.

(2) 안전교육

교육은 일반적으로 '인간이 삶을 영위하는데 필요한 행위를 가르치고 배우는 과정이며 수단이라고 정의된다. 인간형성의 과정이며 사회개조의 수단이다.

교육을 통해 인간은 선천적인 힘이 자발적, 창조적으로 개발되기도 하며 후천적으로 계획된 목표나 방향의 가능성에 장애가 되는 것을 억제해준다.

안전 교육이란 일반적으로 안전을 위협하는 여러 요소로부터 건강한 생활을 유지하기 위한 적극적인 방법으로서 사고의 위험을 사전에 방지하여 사고율을 줄이고, 사고에 대한 대책을 마련하여 그 피해를 줄이기 위한 방법을 주된 내용으로 하는 교육을 의미한다. 즉, 안전에 대한 바람직한 행동의 변화와 태도 및 능력을 기르는 것을 목표로 하는 교육으로 정의할 수 있다.

합리성, 능률성, 자동성, 편리성들을 추구하는 현대 사회에서의 특성은 불가피하게 교통사고, 안전사고, 공해 사고 등을 유발하게 되며, 본의 아니게 고귀한 생명을 희생시키거나 상해를 입게 한다. 따라서 안전 교육이란 최대의 노력을 다해서 이러한 희생을 줄이기 위한 예방적인 목적을 갖는다. 예방적인 의미를 강조하는 관점에서 안전 교육의 개념을 살펴보면 다음과 같다.

안전교육이란 평소의 생활을 통하여 신체적 부상이나 때로는 생명을 위협할 수도 있는 모든 요인을 미리 알려주고 사전에 예방하게 함으로써 한사람의 생명도 잃지 않고, 한사람도 다치는 일이 없도록 하는 교육이다.

이러한 예방적인 개념과 함께 안전 교육을 실시하기 위한 경험 내용을 포함시킨 정의를 살펴보면 다음과 같다.

안전교육이란 상해, 사망 또는 재산의 피해를 일으키는 불의의 사고를 예방하는 것으로서 안전행동에 기여하는 습관, 기능, 태도 및 지식에 긍정적으로 영향을 미치는 경험의 총체(한국교육개발원, 1995)이다. 즉, 안전 교육에는 안전을 위해 필요한 사항을 이해시키는 지식의 교육, 위험요소를 예측하고 미리 예방하거나 신중히 행동하는 태도의 교육, 안전하게 행동할 수 있는 기능의 교육이 함께 포함되는 교육이라고 할 수 있다.

Worick는 안전교육(Safe Education)의 개념을 흔히 상해, 사망 또는 재산피해를 불러일으키는 불의의 사고를 예방하는 것이라고 하였다. 안전교육은 교육이라는 수단을 통하여 일상생활에서 개인 및 집단의 안전에 필요한 지식, 기능, 태도 등을 이해시키고 자신과 타인의 생명을 존중하며, 안전한 생활을 영위할 수 있는 습관을 형성시키는 것이다. 즉, 개인과 집단의 안전성을 최고로 발달시키는 교육이며 근본적으로는 인간생명의 존엄성을 인식시키는 것이다.

여기서 Florio의 정의를 기초로 안전교육을 세분화하면 다음과 같다.

첫째, 안전교육은 일상생활 전 영역에서 안전을 위해 필요한 사항 등에 관해서 이해시키고, 안전의 규칙을 지키며, 안전하게 행동할 수 있는 능력을 기르는 것이다.

둘째, 일상생활 속에 잠재해 있는 위험을 예측해서 항상 안전상의 위험을 확인하고, 정확한 판단으로 안전하게 행동할 수 있는 태도와 능력을 기르는 것이다.

셋째, 자신이나 타인의 안전생활을 존중하고 학교, 가정, 지역사회 등에서 안전하게 역할을 수행할 수 있는 태도와 능력을 기르는 것이다.

즉 안전교육은 일상생활에서 일어나는 사고를 미연에 방지하고, 불의의 재해나 돌발적인 사태가 발생했을 때에는 생명을 지키기 위해서 취해야 할 심신 양면의 행동을 지도할 목적으로 실시하는 교육이며,[2] 재해나 사고를 방지하고 안전을 목적으로 행하는 교육. 즉, 재해나 사고의 예방 및 그 피해를 최소한으로 줄일 수 있도록 신체 상해나 건강장애의 원인·예방·위험의 제거 등에 관한 지도, 안전에

2) 네이버백과사전 http://100.naver.com/100.nhn?docid=106968(검색일:2012.01.07)

대한 지적(知的)이해와 지도를 통하여 실천 능력을 높일 것을 목적으로 한다.

학교에서는 교통안전, 환경 안전, 재해에 대한 안전훈련, 사고의 처치에 관한 내용을 다룬다. 그 밖에 가정에서의 안전 교육, 직장 지역에서의 안전 교육 등이 있으며 기계적 장애, 전기·약품·가스·화재 따위에 의한 장애 등 안전을 위협하는 모든 것에 대한 안전 교육을 생각할 수 있다. 재해와 사고를 미연에 방지하고 피해를 최소한으로 막기 위하여 체육 운동을 통해서 민첩성이 뛰어난 강인한 체력 단련을 해 두는 것도 바람직한 안전 교육의 하나이다.[3]

안전사고는 가정, 교육기관, 기타 우리의 생활환경 어느 곳이라도 안전하지 못하거나 부모나 교사의 안전 지도가 소홀할 때 일어날 수 있다. 따라서 이러한 우발사고는 질병과 마찬가지로 예측 가능한 범위 안에서 발생하며 성인의 철저한 사전대책이나 감독에 의해 관리될 수 있다는 특징이 있다.

우발적인 사고를 예방하기 위한 방법은 크게 두 가지로 사고가 일어날 수 있는 환경적 요인을 개선하는 것과 사고를 유발할 수 있는 인간의 행동을 교육을 통해 변화시키는 것이다.

따라서 각종 사고를 방지하기 위해서는 안전시설과 설비를 완비하는 일 뿐만 아니라 사고에 대한 부모나 교사의 올바른 인식이 중요하다. 그러나 무엇보다도 중요한 것은 사고에 대한 유아 자신의 바른 인식과 이를 예방하기 위한 철저한 안전교육 일 것이다. 교육을 통해 얻어진 지식이나 태도는 단순한 지시나 감독에 의한 것보다 영구적인 효과를 갖게 되므로 특히 유아나 학생들을 대상으로 한 안전교육은 매우 중요하다.

사고 예방을 위한 안전교육은 어렸을 때부터 시작하는 것이 효과적이므로 안전에 관한 올바른 지식과 태도를 유아기부터 확립시킴으로써 위험 예지 능력 및 이에 대처할 수 있는 능력과 태도를 길러 주어야 할 것이다.

(3) 안전교육의 유형

○ 지식 교육

- 재해발생의 원리를 통한 안전의식 향상
- 작업에 필요한 안전규정 및 기준 습득

3) 네이버지식사전, http://terms.naver.com/entry.nhn?docId=451766(검색일:2012.01.07)

○ **기능 교육**

- 안전작업 기능 향상
- 위험 예측 및 방호장치 관리 기능

○ **태도 교육**

- 표준작업방법 습관화
- 지시전달 확인 등 태도의 습관화

2. 사고의 개념과 원인

1) 사고의 개념

안전과 더불어 항상 존재의미를 가지는 사고는 인간에게는 위험의 상태로 인해서 육체부분, 사고, 이상, 정신, 정서, 재산 등 많은 부분에서 심각한 결과를 초래하게 된다.

일반적으로 논하는 법적 한계의 사고는 미국안전회의(National Safety Council)에서 정의한 '인간을 사망·손상케 하거나 재산에 손실을 주는 예측치 못한 사건'이라고 기술하였고, 세계보건기구(WHO)는 '첫눈으로 보고 그것을 상해라고 알 수 있는 예기치 못한 사건'이라고 정의하였다. 그러나 이 두 정의에서는 육안으로 보는 것, 인체의 사망과 손상 및 재산의 손실만을 주로 의미하고 있기 때문에 정신적 질환의 유발, 심리적 이상상태 및 눈으로 식별할 수 없는 체내의 문제 등은 찾아 볼 수 없기 때문에 올바른 정의라고는 할 수 없다.

즉 사고는 동상, 화상, 정신이상, 신체, 그리고 그 인생이 지향하는 삶의 목표달성에 저해 요인이 되는 병질의 것이나 외상 등을 막론하고 말할 수 있는 것이다.

따라서 사고는 그 타고난 체질과 정기, 정서와 이념을 통해 추구하는 목표달성을 저해하는 인간의 내면세계와 외면상의 모든 손실을 망라한다고 정의할 수 있다.

전통적으로 안전을 위하여 다음과 같은 2가지 방법으로 사고를 다루어 왔다.

○ 사고방지책(accident prevention): 예기치 않게 발생하는 사고요소들을 제거하는 방법이며, 예를 들면 가정에서 화재위험에 대해 조절하는 것으로, 전기소켓

이 지나치게 과열되지 않도록 하는 것, 창고에 화재잠재성 물질들을 미리 적절하게 집밖에 저장하는 것 등을 말한다.

○ 사고의 감소(accident mitigation): 예기치 않은 사건에 의해 초래되는 손해를 줄이는 방법의 개발을 말하며 가정에서 화재소화기, 연탄가스탐지기 등을 설치하며 유사 시 탈출계획을 수립하는 것들을 포함한다. 사고감소를 위한 노력은 사고요소를 막는 것이 아니라 그 요소를 조절해서 안전한 결과를 갖게 하는 것이다.[4)]

2) 안전사고의 종류

안전사고란 고의성이 없는 어떤 불안전한 행동이나 상태가 선행되어 작업에 지장을 주거나 작업능률을 저하시키며, 직접 또는 간접적으로 인명이나 재산의 손실을 가져올 수 있는 사건을 말한다.

사고원인에 따른 분류를 보면 다음과 같다.

(1) 인적사고와 물적사고

① 인적사고 : 사고의 발생이 직접 사람에 상해를 입히는 것으로 이것을 사람의 동작에 의한 사고, 물건의 운동에 의한 사고, 접촉 흡수에 의한 사고의 3종류로 분류할 수 있으며 전도(넘어짐, 미끄러짐, 발걸림 등), 추락(떨어짐), 충돌(부딪히는 경우), 협착(狹窄: 틈새에 끼임, 말려들음), 격돌(激突 : 비래물(飛來物)이나 회전체가 부딪히는 경우), 압중(壓重 : 중량물이나 낙하물 밑에 깔리는 경우), 감전, 중독(中毒),질식 등

② 물적사고 : 간접적으로 사람의 상해에 관련되는 것이 많지만, 가령 상해가 일어나지 않아도 사고로 취급해야 하는 것도 있다.

물적사고는 결과로서 생산설비시설 등의 파괴, 소괴(燒壞), 오손(汚損) 등의 손실을 초래하여 생산정지라는 큰 경제적 손실을 초래한다. 물적사고의 분류는 폭발, 화재, 파괴, 분출(噴出), 누설, 절단, 비산, 낙하, 붕괴, 도괴(倒壞), 부식, 탈

4) 권봉안 · 정순광, "청소년 수련원의 실태조사를 통한 안전교육 필요성의 고찰", 「청소년 안전교육 실천 방법모색」, 201년도 하계학술세미나, 2001, pp.52~53.

선, 누전, 정전, 기타.

이와 같은 물적사고 또는 인적사고는 우연히 발생하는 경우가 없다. 사고의 발생에는 반드시 원인이 있고, 그 원인을 제거함에 따라 사고의 발생을 방지할 수 있는 것이다. 사고의 개념을 피해와 명료하게 구분해서 생각한다면 피해의 발생은 우연에 의한 것이며 사고의 발생은 우연한 것이 아니고 확실한 원인에 의해서 발생하는 것이다. 따라서 사고의 발생을 예측한다면 그에 대한 방지대책도 사전에 제시가 가능한 것이다.

(2) 자연적 재해와 인위적 재해

① 자연적 재해

천재(天災)라 불리는 재해로 미연에 방지하는 것이 불가능하므로 되도록 빨리 예견하여 피해를 최소한으로 줄이는 대책을 수립해야 한다.

– 지진, 태풍, 홍수, 번개, 이상기온, 가뭄, 적설, 동결 등

② 인위적 재해

인재는 대부분 인간의 과실이나 부주의로 인해 발생하며 예방이 가능하다.

○ 공장재해 : 공장, 사업장, 연구소 등의 화재 및 폭발, 노동상해, 공업중독, 직업병, 기기장치 고장 또는 파괴, 공장의 공해 등
○ 광산재해 : 광산의 낙반재해, 갱내 화재, 가스폭발 및 중독, 탄진(炭塵)폭발, 석탄자연발화, 광해(鑛害) 등
○ 교통재해 : 차량충돌, 탈선 및 전복, 위험물의 수송사고 등
○ 항공재해 : 항공기 추락 및 폭발 등
○ 선박재해(해난) : 선박화재, 폭발, 충돌, 침몰, 좌초, 표류사고 등
○ 도시화재 : 도시의 주택, 점포 등 건물의 화재 및 소화활동에 따른 파괴와 손해
○ 도시공해 : 도시가정의 난방, 자동차 소음 및 배기, 생활하수구 등에 의한 환경오염 등
○ 가정재해 : 가정생활에 따른 중독, 질식, 추락 등
○ 공공재해(군중재해) : 특정장소에 모여 있는 군중에 의한 재해[5]

5) 김용수 · 김창은 · 심종칠, 『안전공학론』, 한올출판사, 1998, pp.41~44.

(3) 사고원인발생의 상관성(하인리히법칙:Heinrich's Law: 1:29:300)

하인리히 법칙(Heinrich's Law)이란 요약적으로 말한다면, 대형사고가 발생하기 전에 그와 관련된 수많은 경미한 사고와 징후들이 반드시 존재한다는 것을 밝힌 법칙이다.

큰 사고는 우연히 또는 어느 순간 갑작스럽게 발생하는 것이 아니라 그 이전에 반드시 경미한 사고들이 반복되는 과정 속에서 발생한다는 것을 실증적으로 밝힌 것으로, 큰 사고가 일어나기 전 일정 기간 동안 여러 번의 경고성 징후와 전조들이 있다는 사실을 입증하였다. 다시 말하면 큰 재해는 항상 사소한 것들을 방치할 때 발생한다는 것이다.

1931년 허버트 윌리엄 하인리히(Herbert William Heinrich)가 펴낸 「산업재해 예방 : 과학적 접근 Industrial Accident Prevention : A Scientific Approach」이라는 책에서 소개된 법칙이다. 이 책이 출간되었을 당시 미국의 트래블러스 보험사(Travelers Insurance Company)라는 노재보험회사(勞災保險會社)의 부장을 하고 있던 H. W. 하인리히가 사고(事故)·재해(災害)에 대한 자료에서 철저한 조사를 수행한 데이터에서 확립한 법칙으로. 즉, 큰 사고의 이면에는 중간 사고가 29건, 사소한 작은 사고가 300건 발생하고 있다고 하는 법칙으로, 운전사고(運轉事故)에도 적용된다고 한다.

1	29	300
중대사고 (Major incident)	경미사고 (Miner incident)	사소한 사고 및 전조 (Near misses)

업무 성격상 수많은 사고 통계를 접했던 하인리히는 산업재해 사례 분석을 통해 하나의 통계적 법칙을 발견하였다. 그것은 바로 산업재해가 발생하여 중상자가 1명 나오면 그 전에 같은 원인으로 발생한 경상자가 29명, 같은 원인으로 부상을 당할 이라고도 부른다. 즉 큰 재해와 작은 재해 그리고 사소한 사고의 발생 비율이 1:29:300이라는 것이다. 즉, 큰 사고의 대책만이 아니라 부각되지 않는 중간 사고(中事故)·작은 사고(小事故)에 대한 해석도 필요로 한다.

사소한 문제가 발생하였을 때 이를 면밀히 살펴 그 원인을 파악하고 잘못된 점을 시정하면 대형 사고나 실패를 방지할 수 있지만, 징후가 있음에도 이를 무시하고 방치하면 돌이킬 수 없는 대형사고로 번질 수 있다는 것을 경고한다.

하인리히 법칙은 노동현장에서의 재해뿐만 아니라 각종 사고나 재난, 또는 사회적 · 경제적 · 개인적 위기나 실패와 관련된 법칙으로 확장되어 해석되고 있다.[6)]

(4) 재해 및 사고발생의 원인[7)]

① 사회적환경과 유전적 요소

인간성격의 내적 요소는 유전과 환경의 영향에 의해 형성되며, 유전과 환경은 인간결함의 원인이 된다.

② 개인적인 결함

후천적인 결함으로 불안전한 행동을 유발시키고 기계적·물리적인 위험 존재의 원인이 되기도 한다.

- 부적절한 태도, 전문지식의 결여 · 기술 및 숙련도 부족, 신체적 부적격, 부적절한 기계적 · 물리적 환경, 정신적 · 성격적 결함(무모함, 신경질, 흥분, 과격성, 동기부여 실패 등)

③ 불안전한 행동

직접적으로 사고를 일으키는 원인이 된다(인적원인)

- 권한없이 행한 조작
- 불안전한 속도조작 및 위험경고 없는 조작
- 안전장치 고장 및 기능제거
- 결함있는 장비 · 물자 · 공구 · 차량 및 시설들의 불안전한 사용
- 보호구 미착용 및 위험장소에서의 작업
- 필요장비를 사용하지 않거나 불안전한 기구를 대신사용
- 불안전한 적재 · 배치 · 결합과 정리정돈을 하지 않음
- 불안전한 인양, 운반

6) 네이버백과사전, http://100.naver.com/100.nhn?docid=927751(검색일: 2012.01.10)

7) 전게서, pp.50~51.

- 불안전한 자세 및 위치
- 당황, 놀람, 잡담, 장난 등

④ 불안전한 상태

사고발생의 직접적인 원인이 되는 것으로 기계적 · 물리적인 위험요소를 말한다(물적 원인).

- guard미비, 불안전한 guard(부적절한 설치)
- 결함있는 기계설비 및 장비
- 불안전한 설계, 위험한 배열 및 공정
- 부적절한 조명 · 환기 · 복장 · 보호구 등
- 불량한 정리 정돈

특히 하인리히는 사고예방의 중심문제로 제3의 요인인 불안전한 행동과 불안전 상태의 중추적 요인을 배제하는데 중점을 두어야 한다고 말했다.

(5) 안전조치

우리 일상생활 중에서 안전의 목적을 달성하기 위해 접근하는 방법으로서 가장 바람직한 것은 여러 가지 형태로 존재하는 위험들을 근원적으로 제거해 주는 것이다.

그러나 이들 위험은 대부분 여러 가지의 형태로 존재하고 있어서 이것들을 근원적으로 제거하는 것은 쉽지가 않다. 따라서 근원적으로 위험을 제거하는 것이 곤란한 경우에는 이러한 위험이 전재함으로써 사고가 발생할 가능성이 어느 정도인가를 예측하여 어떠한 방법으로 이 사고의 위험성을 감소시킬 것인가 하는 것이 중요한 관점으로 대두된다. 사고발생의 가증성인 위험성이 감소되면 상대적으로 안전성이 증가하기 때문에 그만큼 사고방지와 재해예방의 효과를 얻을 수 있게 되는 것이다.

① 근원적 안전조치

이것은 위험에너지의 양을 위험하지 않은 정도로만 사용하든가 또는 위험원을 구조적 · 성능적으로 변형 또는 대체하여서 처음부터 위험하지 않도록 해 주는 조치로서, System을 설계하는 과정에서 Fail Safe와 Fool Proof의 개념이 기본적으로 포함되도록 안전설계를 하는 조치라 할 수 있다. 인간의 불안전한 행동이 어느 정도 존재하더라도 설비측면에서 근원적으로 안전을 어느 정도 유지해 주기 때문에, 안전에서는 가장 바람직한 안전조치로 보고 있고 또 적극 권장하고 있는 조치이다. 그러나 이 조치는 많은 설비투자를 요구하는 부담이 있다.

② 방호적 안전조치

근원적인 안전조치가 매우 곤란할 때, 그 다음으로 취할 수 있는 안전조치이다. 이것은 위험에너지에 대해서 격리와 차단의 기본개념으로 접근하는 방법이다. 이것은 위험에너지가 노출되는 부분을 덮개로 덮거나, 가-드, 울타리 등으로 막아서 작업자나 다른 기계·설비가 서로 접촉하지 못하도록 하거나 또는 안전장치를 부착하여 에너지의 상태가 위험한 상황으로 되는 것이 감지되면 기계·설비나 공정이 정지하도록 하여 안전을 유지하는 방법 등을 말하며 현재 우리나라의 각종 작업현장에서 널리 활용되고 있는 안전조치이다. 그러나 방호적 조치의 결점은 기계나 설비를 수리정비하기 위해 이러한 방호조치를 자주 탈착하는 경우, 작업이 끝난 후 다시 조립하는 것을 생략하여 위험을 그대로 노출시키는 경우가 많다는 점이다. 따라서 안전점검을 실시할 때에는 바로 이러한 부분들을 철저히 점검하는 것이 필요하다.

③ 보호적 안전조치

위의 두 가지 조치가 모두 곤란할 경우, 마지막으로 취할 수 있는 안전조치는 보호적인 안전조치로서, 이것은 작업자에게 각종 보호장구를 착용하도록 하는 것이다. 그러나 보호장구의 착용은 습관이 들이지 않은 사람에게는 상당히 불편을 주기 때문에 보호장구를 착용하고 작업을 하거나 활동을 한다는 것은 습관이 들 때까지의 상당한 노력이 없이는 어려운 일이다. 따라서 가능한 보호장구가 필요없는 작업장을 만들기 위해 노력하여야 하며, 이러한 노력으로도 도저히 해결할 수 없어 보호장구를 착용할 수밖에 없는 상황이 되면 모든 가능한 방법을 총동원하여 작업자들이 보호장구를 착용하고 작업에 임하도록 하여야 한다.

④ 표시적 안전조치

위의 세 가지의 안전조치는 위험도를 낮출 수 있는 직접적인 안전조치이지만, 이와는 달리 위험을 직접 통제하지는 않지만 이에 못지않은 중요한 안전조치가 있는데 그것은 다름 아닌 간접적인 안전조치로서의 표시적 안전조치이다. 위험을 확인하기 어려운 장소나 착각하기 쉬운 곳, 또는 발견 된 위험이 당분간 방치될 수밖에 없는 상황이 전개되었을 때에는 이에 대한 위험을 다른 사람에게 알릴 수 있도록 하는 안전표지나 경고표지를 설치한다. 사람은 자신을 보호하려는 자기방어 본능이 있기 때문에 위험이 있다는 것을 알려만 주어도 바로 안전한 행동을 하려고 한다.

안전표지 및 경고표지에는 위험에 대한 표지뿐만 아니라 주의, 지시, 안내 등의 표지도 있으며, 이러한 각종 표지들은 안전교육의 역할을 대신할 수도 있는 중요한 의미를 함께 가지고 있다. 그러나 이러한 안전표지는 시간이 지나면 그 효과가 떨어져 버리기 때문에, 그 이전에 위험자체를 통제하는 직접적인 안전조치를 반드시 강구해야 한다.[8)]

3. 안전과 인간의 과오(Human Error)

1) 인간과오의 정의

인간과오(Human Error)란 요구된 성능으로부터의 일탈, 인정된 한계행위로부터의 일탈이라 할 수 있으며, 어떤 체계적 임무를 수행하는 도중 미리 정해진 인간의 기능과 책임을 완수하지 못했기 때문에 발생하는 작업 요소 및 결과를 말하며 인간 자신을 포함하는 시스템의 기능을 액화시킬 가능성이 있는 것을 말한다.

8) 김두현 · 김상철, 「생활과 안전」, 도서출판 동화기술, 2003, pp.16~17.

2) 인간과오의 분류

(1) 행위적 분류

① **생략적 과오**(Omission error)

필요한 직무 또는 절차를 수행하지 않은 데 기인한 과오

② **수행적 과오**(Perform error)

필요한 직무 또는 절차의 불확실한 수행으로 인한 과오

③ **시간적 과오**(Time error)

필요한 직무 또는 절차의 수행 지연으로 인한 과오

④ **순서적 과오**(sequential error)

필요한 직무 또는 절차의 순서 착오로 인한 과오

⑤ **불필요 과오**(Extraneous error)

불필요한 직무 또는 순서를 수행한대 기인한 과오

(2) 원인의 수준별 분류

① **주 과오**(Primary error)

작업자 자신의 요인으로 인해 발생하는 과오

② **2차 과오**(Secondary error)

작업형태나 작업조건 중에 다른 문제가 생겨 그 때문에 필요한 사항을 실행할 수 없는 과오 또는 어떤 결함으로부터 파생하여 발생하는 과오

③ **지시과오(Command error)**

요구된 기능을 실행하고자 하여도 필요한 물건, 정보, 에너지 등의 공급이 없는 등 작업자가 업무를 수행하려고 해도 움직일 수 없기 때문에 발생하는 과오

3) 인간과오의 요인

인간과오의 요인은 여러 가지로 분류될 수 있으나 크게 심리적 요인과 생리적 요인으로 구분하면 다음과 같다.

(1) 심리적 요인

① **장면행동**

어떤 방향으로 강한 욕망이 있으면 그 방향으로만 몰두하려는 행동을 말한다.

② **망각**

인간의 기억력에는 사람마다 조금씩 차이가 있지만 기억의 한계가 있다. 따라서 메모는 항상 필요하다.

③ **잡념**

잡념은 작업에 대한 주의력을 자주 중단하게 한다. 잡념 중 심각하거나 가장 많은 잡념에 해당하는 경우는 가족의 병, 인간관계의 부조화, 이성과의 관계 등과 같은 것이다.

④ **무의식행동**

무의식 행동은 인간의 의식 보다 더 깊숙이 잠재하고 있기 때문에 돌발 상황이나 위험상황 등에서는 무의식적으로 예상치 못한 행동이 인간과오의 요인으로 나타나 사고를 유발하기도 한다.

⑤ 위험감각

같은 기계설비나 환경에 대해 사람에 따라서 위험의 인식정도가 다르다.

⑥ 지름길 반응

지름길 반응이란 이름 그대로 통행할 길이 있음에도 불구하고 가능한 가까운 길로 빨리 목적장소에 가려는 심리를 말한다.

⑦ 생략행위

지름길 행위와 비슷한 행동이며 소정의 작업용구를 사용하지 않거나 근처의 용구로 적당히 하거나 보호구 미사용, 정해진 작업공정을 빼먹는 행동 등이 있다.

⑧ 억측판단

억측판단이란 제멋대로 하는 주관적 판단이나 본인이 희망적 관찰에 의거하여 이 정도면 될 것이라고 확인하지 않고 행동으로 옮겨버리는 것을 말한다.

⑨ 착오(착각)

착오에는 크게 시각적 착오와 청각적 착오로 대별되며 크게 다음과 같은 특성이 있다.

- 시각적 착오 : 온난색은 크게 보인다. 밸브가 높은 것은 크게 보인다.
- 청각적 착오 : 유사언어의 혼동, 숫자의 잘못 듣기 등

⑩ 익숙

인간은 어떤 일에 익숙해지면 익숙한 것이 지나쳐 실수를 하는 경우가 많다. 대체적으로 숙련자는 Error확률이 초보자보다는 떨러지나 숙련자도 다음과 같은 이유로 Error를 자주 범하게 된다.

- 여러 해 같은 일을 하고 있다 - 습관적 동작이 나온다.
- 일을 잘 알고 있다 - 지레짐작한다.
- 일을 능숙하게 할 수 있다 - 빼먹는다.
- 빨리 일을 할 수 있다 - 다른 일에 손을 대게 된다.

⑪ 성격

성격과 사고의 관련은 그다지 명확하지 않지만 다음과 같은 특성을 갖고 있는 성격은 주의해야 한다.

- 주의 일탈성 – 주의가 곧 벗어난다.
- 천려성 – 중요한 때도 주의하지 않는다.
- 집단 이반성 – 규칙이나 습관을 수용하기 어렵다.
- 대인 불감성 – 타인에게 영향을 주지 못한다.
- 고통감 이상성 – 고통을 예사로 생각한다.
- 자기 과신성 – 자신이 너무 지나쳐 위험감각이 상대적으로 약하다.
- 사회부적응성 – 자기주장이 강하고 팀웍이나 그룹의 목표에는 무관심하다.

(2) 생리적 요인

① 피로

피로는 능률의 저하, 생체의 다각적인 기능 변화, 피로자각 등의 변화가 일어나는 것을 말한다.

② 수면부족

수면부족상태는 다음과 같이 나타날 수 있다.

- 졸린다고 느껴지며 특히 오후에 이 느낌이 강해진다.
- 신체가 나른하고 활력이 부족한 느낌이 든다.
- 자율신경계에 장해가 나타나기 쉽다(식욕부진, 구토 등).
- 의욕을 잃는다.
- 주의가 집중되지 않는다.

③ 신체기능의 부적응

신체구조가 왼손잡이인지, 오른손잡이인지를 고려하지 않은 공구나 작업장 설계 등에서 문제가 나타나며, 일반적으로 지각능력이 동작에 비하여 뛰어난 사람에게는 사고가 적고, 반대로 지각판단이 신속하지 않는 중에 손이 먼저 움직여 버리는 동작형의 사람에게는 사고가 많은 경향을 나타내고 있다.

④ **알코올**

알코올은 정상적인 사람에게 있어서도 Error의 확률이 매우 높게 나타난다.

⑤ **질병**

⑥ **연령**

(3) Error가 유발되기 쉬운 상황

① **공동작업**

- 2명 이상의 작업자에 의한 작업간격
- 고속에서의 수동 제어 사이
- 분산 배치되어 있는 조작반의 수동제어 사이

② **속도와 정확성**

- 고속을 요하는 직업
- 극도로 정확한 Timing을 요하는 작업
- 의사결정 시간이 짧은 작업

③ **식별**

- 두 개 이상의 표시장치에 에 대한 빠른 변화의 비교
- 다수의 입력원에 기초한 의사결정
- 장시간에 걸친 표시장치의 감시

④ **부적당한 입력특성**

- 변별해야 할 표시장치가 공통적인 특성을 많이 갖고 있는 경우
- 변별해야 할 표시장치가 빠르게 변화하는 경우
- 자극입력의 성질과 Timing을 모두 또는 한쪽을 예측할 수 없는 경우
- 부적당한 시각, 청각 feedback에 따라서 행동해야 하는 경우
- 과오의 해소책이 작업 수행을 방해하는 경우[9)]

(4) 불안전행동의 예방대책 - 인간과오(Human Error)의 4요소(4M)

인간의 실수가 사고로 이어지는 배후의 4요인으로 인간(Man), 기계설비(Machine), 매체(Media), 관리(Management)가 있다. 따라서 인간의 불안전행동 예방대책도 이 배후의 4요인에 따라서 검토하는 것이 바람직하다고 하겠다.

〈표 1-1〉 4M의 추진내용

구 분	내 용	
1. 맨(Man)	인간 특히 인간관계	* 하려고 하는 마음 * 직장의 인간관계 * 리더십 * 팀웍
2. 머신(Machine)	기계. 설비	* 안전방호장치 * 본질 안전화 * 작업의 표준화 * 표시 및 경보 * 조작기기
3. 미디어(Media)	인간과 기계, 설비의 매체 (작업환경, 작업방법 등)	* 작업자세 * 작업환경 * 작업방법 * 작업순서
4. 관리(Management)	관리(지휘감독, 교육훈련 등)	* 안전관리조직 * 안전관리규정 및 수칙 * 안전보건관리계획 * 안전보건교육 * 건강관리 * 작업지휘 및 감독

9) 김두현 · 김상철, 상게서, pp.70~74.

제2장

가정안전

1. 가정 안전의 현황
2. 가정의 안전수칙
3. 주거침입 예방 및 대비책

제2장 가정안전

1. 가정 안전의 현황

가정은 가족 구성원이 서로 아껴 주고 보살펴 주는 삶의 보금자리이다.

가정은 사람에게 몸과 마음의 안정을 줄 수 있는 보금자리로서의 의의가 강조된다. 가장 안전하다고 여겨지는 가정에서 부모의 무관심과 무지로 인해 많은 사고가 발생하고 있다. 가정에서 일어나는 사고는 대부분 주의를 기울이지 않거나 안전점검을 소홀히 해서 발생하기 때문에 조금만 관심을 갖고 주의한다면 소중한 자녀가 다치는 것을 예방할 수 있다.

원초적인 안전은 가정에서의 안전교육부터 출발해야 한다. 가정에서의 각종 사고는 예측할 수 없지만 여러 방법으로 사전에 예방할 수 있고, 사고에 따라 대처요령을 미리 습득하여 대처함으로써 그 피해를 줄일 수 있다. 특히 안전에 대한 의식은 단기적이기 보다는 장기적으로 형성된다는 점에서 어린 시절부터 체계적인 안전 교육을 실시하는 것이 중요하다. 유아기는 바로 이러한 교육을 실시할 수 있는 최적의 시기로서 이시기에 형성된 안전에 대한 지식, 태도, 기능은 지속적으로 영향을 미칠 수 있다는 점에서 유아 안전교육의 중요성이 강조된다.

1) 가정 내에서 사고가 잘 일어나는 장소

가정은 안전한 안식처이지만, 실제로는 가정 내에서 어린이 안전사고의 위험 요인들이 더 많이 도사리고 있다. 한국소비자보호원이 2006년 한해 CISS(소비자위해감시시스템)에 접수된 위해사례 1만4836건을 분석한 결과 어린이 · 고령자의 안전사고 대부분이 가정 내에서 발생한 것으로 드러났다.

소보원에 따르면 10세 미만이 다치는 사례가 26.9%로 가장 많았고, 장소별로는 가정 내에서 안전사고가 가장 많이 발생하는 것으로 나타났다.

'10세미만' 및 '60세 이상' 취약계층의 안전사고는 문·창틀·계단·욕실설비 등 주로 가정 내에서 발생했으며, 사고 유형은 '추락·넘어짐·미끄러짐'이 대부분이었다.[1)]

외국의 조사에 따르면 1년 동안 가정 내 사고로 사망하는 어린이가 자동차 사고로 사망한 어린이의 절반에 이른다고 한다. 가정 내 안전사고는 특히 유아와 노인들에게서 많이 일어나므로, 어린이와 노인들이 함께 사는 가정은 특히 더 주의를 기울여야 한다.

가정 안전사고를 경험했다고 응답한 주부들 중 42%가 방, 19%가 거실에서 사고를 경험했다고 한다. 이밖에 화장실, 부엌, 계단에서도 빈번히 발생하고 있다. 주로 부딪히거나 낙상하는 경우(추락, 미끄러짐, 넘어짐) 신체 일부가 끼거나 찔림 베임 등으로 다치는 경우가 대부분이었다.

〈표 2-1〉 가정 안전사고 발생 장소

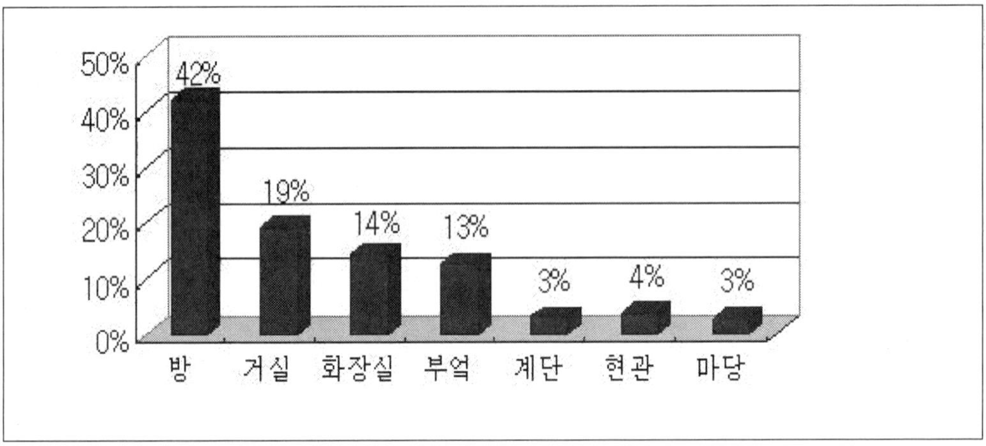

2) 가정 내에서 잘 일어나는 사고의 유형

최근 3년 이내 가장 상해의 정도가 심했던 사고는 '넘어짐 및 미끄러짐' 사고가

1) http://www.safety.go.kr/community/html/community05

92건, '낙상 및 추락'사고가 70건, '충돌' 사고가 69건으로 가장 높게 나타났으며, 사고장소는 '방' 165건, '거실, 마루' 62건, '화장실, 목욕탕' 57건으로 나타나 실내의 미끄러운 바닥이나 가구에서 어린이 안전사고가 많이 발생하는 것으로 조사되었다.

〈표 2-2〉 가정 안전사고 발생 유형

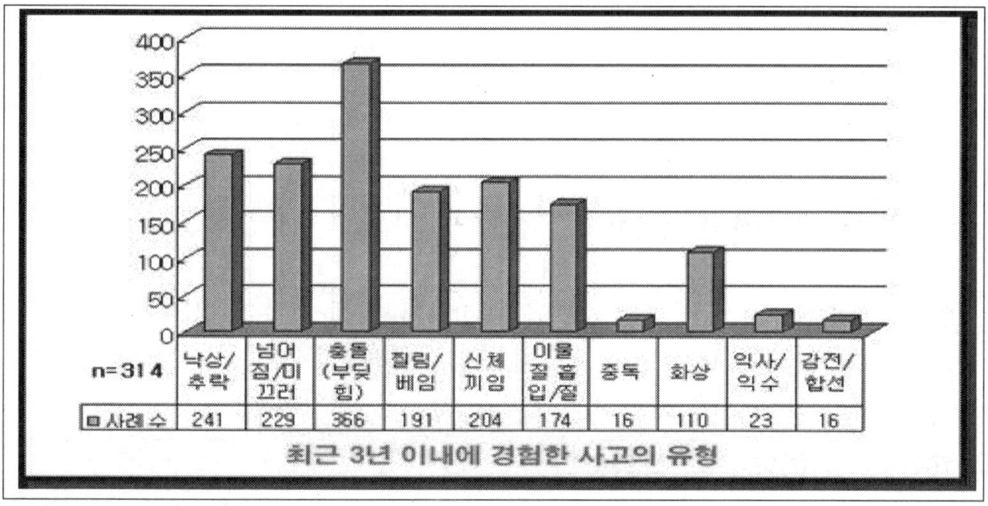

3) 가정 내 사고의 원인 및 인식

인간이 태어나서 겪는 위험은 연령이 증가함에 따라 종류가 달라진다. 유아기에는 낙상, 질식, 음독, 화상, 익수 등의 위험이 크지만 학령 전기에 들어서며 활동이 활발해지면서 낙상이 많아지고 학령기, 청소년기에는 다양한 환경에 의한 위험 및 가정 뿐 아니라 학교생활에 대한 위험도 중요해진다. 이러한 위험요소의 극복 및 안전의 생활화는 인간이 경험을 통해 습득하고 성숙해지는 과정으로 이해해야 한다. 이러한 가정사고의 원인에 대해서 '보호자의 실수나 부주의'때문이라고 응답한 주부가 전체 69% 이었으며 '어린이의 실수나 부주의'때문이라는 응답이 18%이어서 가정안전을 위해서는 부모들이 교육을 통해 안전지식을 습득하고 적용하며 자녀들에게 적절히 교육시키는 것이 가장 시급한 과제임이 드러났다.

〈표 2-3〉 가정안전사고 원인

항목	사례 수	비율(%)
보호자의 실수/부주의	217	69.1
어린이의 실수/부주의	56	17.8
시설물의 설치잘못/관리소홀	19	6.1
기계, 기구, 물품 및 상품 결함	6	1.9
안전교육부재	16	5.1
계	314	100

4) 가정안전 사고예방 3단계

집안과 집 주위에서 발생하는 사고를 대비하기 위해 다음과 같은 3단계 방법을 습관화하면 가정안전대책 수립에 도움이 될 수 있다.

(1) 1단계 : 위험요소를 점검한다.

가정에서 위험요소를 찾을 때는 다음과 같은 기본 사항을 참고한다.

① 사소하게 보이는 위험을 무시하지 않는다.

② 항상 더 안전한 방법에 대하여 생각해 본다.

③ 베임, 화상, 미끄러짐, 걸려 넘어짐, 추락, 감전, 유독성 물질, 익사, 스트레스, 정신적 상처 등의 각각의 일어날 수 있는 경우를 생각해봅니다. 그 다음에 각각의 사고를 일으킬 수 있는 것들이 있는지 점검합니다.

(2) 2단계 : 위험을 방지하고 대처하는 방법을 습득한다.

위험요소를 발견하는 것만으로는 위험을 완전히 제거했다고 볼 수 없습니다. 그러므로 평소에 가정 내에서 위험이 발견될 경우 다음 사항을 확인하면서 적절한 대처방법을 결정하고 신속하게 조치할 수 있도록 해야 한다.

① 발견된 위험요소를 단순히 제거하면 되는 것인가, 아니면 더 안전한 것으로 대

체해야 하는 것인가?
② 수리하거나 수정하거나 격리해서 더 안전하게 할 수 있는가?
③ 아이들에게 주의시키고 가르쳐야 하는 부분은 무엇인가?

(3) 3단계 : 신속한 조치를 한다.

위험을 발견하고 이에 대한 대처방법이 결정되면 오래 지체하지 않습니다. 위험요소를 오랫동안 방치해두면 그 위험가능성은 더욱 높아집니다. 여기서 주의해야 할 점은 장기간 위험을 무시하고 방치하면 위험이 사라진 것처럼 보이기 쉽다는 것입니다. 위험을 인지하면 즉시 대책을 마련하고 신속히 조치하여 미리 대처하지 못해 사고를 당하는 일이 없도록 한다.

2. 가정의 안전수칙

가정의 안전을 위해서는 총체적으로 가스안전, 전기안전, 화재안전, 가구 및 시설물의 안전등에 신경을 써야 하며 다음과 같은 안전수칙을 만들어 실행 하는 것이 중요하다.

1) 어린이를 위한 가정의 안전수칙

〈표 2-4〉 어린이를 위한 가정에서의 일반적 안전수칙

1	어린이를 장시간 혼자 두지 않는다.
2	전열기구, 위험한 물건 및 약품 등은 아이의 손이 닿지 않게 한다.
3	모든 전기코드는 수시로 점검한다.
4	미끄러운 곳, 위험한 곳을 미리 점검해 둔다.
5	유리문, 베란다 문, 창문 등에 주의한다.

2) 위치별 가정안전

(1) 방과 거실

거실은 어른들이 이용하는 공간이라 아이들이 놀기에는 적합하지 않다. 아이들이 안전하고 편안하게 해주기 위해서는 가능한 한 빈 공간을 많이 두는 것이 좋다.

테이블은 모서리가 날카로우면 이마를 찧을 염려가 있어 위험하다. 모서리를 둘러가면서 테이프를 여러 번 감아주거나 고무를 부드럽게 만든다. 유리로 된 테이블도 많은데 아주 좋지 않다. 또 테이블의 높이가 아이의 턱의 위치와 비슷해 턱을 찧어 입 안이나 입술에 상처를 입는 사고도 많아 주의하도록 한다. 아이들을 위해서라면 테이블이 없는 것이 가장 좋다.

카펫을 깔아두면 아이가 미끄러져 넘어질 염려가 없어 좋다. 그러나 카펫 중간에 구멍이 뚫려 있거나 실밥이 늘어져 있으면 걸려서 넘어지는 수가 있으니까 그때그때 손질을 한다. 또 카펫의 밑을 들추고 바닥의 이물질 등을 집어먹기도 해 청소를 할 때는 카펫을 들어내고 바닥까지 깨끗이 닦아낸다.

부엌이나 베란다로 통하는 문은 대부분 유리로 되어 있다.

투명한 유리일 경우에는 아이가 빈 공간인 줄 알고 부딪혀 깨지는 사고가 일어나기도 한다. 이런 사고를 예방하기 위해서는 유리 위에 스티커를 붙여 물체가 있음을 확인시켜 준다.

① 부모가 알아야 할 안전수칙

- 응급상황을 대비해 119 등의 비상용 번호가 전화기 옆에 씌어있어야 한다.
- 책장이나 TV같은 무거운 가구들이 떨어지지 않게 잘 고정되어 있어야 하며, 높은 곳에 아이들의 시선을 그는 물건을 올려놓지 않는다. 어린이들이 높은 곳에 있는 물건을 꺼내기 위해 책장이나 장식장에 올라가다가 가구와 함께 넘어질 수 있기 때문이다.
- 전깃줄이 바닥에 끌려 발이 걸리는 것을 피하기 위해 벽에 붙여 두고 바닥에 걸려 넘어질 만한 물건은 항상 치워둔다. 젖은 손으로 전기선을 만지지 않도록 하며, 콘센트는 안전덮개가 있는 것으로 설치한다. 가전제품(선풍기, 전기다리미 등)은 사용 후 스위치를 반드시 끄고 콘센트에서 플러그를 꼭 뽑아 둔다.

- 난방기구나 히터, 선풍기에는 보호망을 설치하여 어린아이들의 손이 닿지 않도록 하고 만지면 안 된다는 것을 알려준다. 또한 텔레비젼의 뒷부분을 만지지 않도록 설치하고, 라디오, 레코드 등은 어린아이들의 손이 닿지 않는 곳에 두며 깨질 수 있는 물건도 아이들의 손이 닿지 않는 곳에 둔다.
- 가구는 재질이 부드럽고 모서리가 날카롭지 않아야 한다.
- 의약품이나 농약 등은 어린이 손이 닿지 않는 곳에 두어야 한다.
- 구급상자를 어린이 손이 닿지 않는 곳에 준비해 두고 있으며 심폐소생술을 할 줄 안다.
- 화재 발생 시 작동하는 감지기, 소화기가 있으며 제대로 작동하는지 매달 점검한다.
- 창이나 베란다에 어린이 호기심을 자극하는 장난감이나 물건을 두지 않는다. 아이들이 이것을 꺼내기 위해 기어 올라가 사고가 날 수 있다.
- 창문의 모양에 따라 안전 고리를 설치하고 2층의 창문에는 반드시 안전망이나 난간을 설치한다.
- 아이가 딛고 올라갈 수 있으므로 창 옆에 침대를 두거나 베란다 옆에 가구를 두지 않는다.
- 이층침대는 되도록 사용하지 않는 것이 좋다.
- 침대의 높이는 어린이들이 혼자서 오르내릴 수 있을 정도가 좋으며, 충분한 높이의 보조난간을 설치한다.
- 벽에 무거운 물건을 걸지 않는다. 특히 어린아이의 손이 닿은 곳에는 아무것도 걸지 않는다. 그림 액자를 포함하여 벽에 걸린 무거운 물건이 안전하게 걸려 있는지 항상 점검한다.
- 타일이나 나무로 된 바닥은 표면이 미끄럽지 않도록 처리한다. 테이블의 날카로운 모서리는 플라스틱이나 천으로 씌워서 아이들이 다치지 않도록 한다.
- 아기가 자고 있거나 혼자 있을 때는 에어컨, 선풍기, 히터, 등을 켜 두지 않는다.
- 카펫이나 깔개는 아이들의 발에 걸려서 넘어지지 않도록 구멍이 나면 즉시 보수하고 끝이 말리지 않도록 한다.
- 침대의 모서리는 둥근 것이 좋고 침대의 난간은 아이들의 손이 끼이지 않도록 강한 걸쇠로 단단히 매어 준다. 안전난간 사이의 폭은 5~6cm 정도를 넘지 않는 것이 좋다.

- 철사, 가위, 송곳, 수저, 칼, 못, 바늘, 압정, 핀 등은 전기가 잘 통하는 물건이므로 콘센트 구멍에 꽂아서는 안 된다는 것을 아이들에게 알려 준다.
- 거실 탁자 위에 담배, 라이터나 성냥을 놓아두지 않는다.

② 지도 사항

- 가전제품의 뒤를 만지지 않도록 주의를 준다.
- 전기 콘센트를 손이나 전도체로 만지거나 장난치지 않도록 주의시킨다.
- 창틀, 식탁, 침대 등의 높은 곳에 올라가서 놀지 못하도록 한다.
- 장난감을 가지고 논 후에는 반드시 정리함에 정리하여 방과 마루를 어지럽히지 않도록 주의시킨다.
- 장롱이나 다른 수납장 안에 들어가지 않도록 가르친다.
- 젖은 손으로 전기선을 만지지 않도록 가르친다.
- 라이터나 성냥을 만지지 않도록 주의시킨다.

(2) 부엌

주방에는 전기밥솥, 전자렌지, 토스터기, 커피포트 등 전기와 가스를 사용해 열을 발생시키는 것이 많다. 그러므로 특히 화재와 화상사고에 주의해야 한다.

① 부모가 알아야 할 안전수칙

- 전기밥솥이 아이의 손에 닿지 않는 곳에 두며, 전기 코드는 유아 손에 닿지 않는 곳에 배치하고 전깃줄은 길게 늘어놓지 않는다. 전기기구는 사용하지 않을 때는 반드시 플러그를 빼 둔다.
- 뜨거운 냄비를 손으로 들다가 화상을 입거나 너무 뜨거운 나머지 냄비를 들다가 놓쳤을 경우 내용물이 쏟아지면서 화상을 입게 된다. 또한 주전자나 냄비의 내용물이 끓으면서 생긴 수증기가 피부에 가벼운 화상을 입히기도 하므로 항상 주의하고 주전자의 입구 부분은 자기 몸의 반대쪽을 향하도록 해둔다. 후라이팬과 같이 손잡이가 긴 냄비를 놓을 때는 손잡이가 사람의 정면에 있지 않도록 배려하여 놓도록 해야 한다. 자칫 잘못하여 손잡이를 건드려 내용물을 엎지르는 일이 없도록 하기 위해서이다.

- 싱크대 문을 열고 닫을 때 아이들의 손가락이 문에 끼지 않도록 하고 모든 찬장과 서랍은 줄로 묶는 등의 잠금 장치를 하거나 어린아이들이 손쉽게 열 수 없는 버튼용 개폐 방지 손잡이를 부착한다.
- 어린아이가 가스레인지를 만지지 않도록 하며 항상 중간 밸브를 잠그고 가스누설 자동 차단장치를 반드시 설치한다.
- 칼이나 포크, 가위, 채칼, 열려 있는 깡통 등 날카로운 물건은 어린이들의 손이 닿지 않는 곳에 보관하고 위험한 물건임을 아이들에게 알려주어 만지지 않도록 한다.
- 부엌바닥은 미끄럽지 않도록 왁스칠은 가능한 하지 말고, 물기가 있을 때는 즉시 닦는다.
- 식탁보는 아이가 잡아당기기 쉽게 늘어져있지 않다.
- 농약 등 유독 물질을 음료수병에 담거나 냉장고에 넣어두지 않는다.
- 어린아이들이 쓰레기통을 뒤질 수 있으므로 깡통 뚜껑은 안으로 집어넣어 양옆으로 찌그러뜨리고 예리한 물건을 버릴 때는 매우 조심한다.
- 튀김 요리를 할 때는 아이들의 접근을 막도록 하며 기름을 식힐 때는 장소를 잘 선정하여 화상 사고를 미연에 방지하도록 한다.(튀김용 냄비 등은 바닥에 두지 않는다) 냄비가 얕으면 기름이 튀면서 화상을 입히거나 끓으면서 튀는 기름이 불에 인화하여 화재를 일으킬 수 있다. 만일 냄비에 불이 인화했을 때는 당황하지 말고 냄비뚜껑을 닫아 불을 차단 한 후에 불을 끄도록 한다. 당황하여 냄비를 들여 내다가 타고 있는 기름을 바닥에 엎지르면 대형화재가 발생하게 되므로 유의해야 한다.
- 엄마가 일하는 곳에 멀리 떨어진 곳에 어린아이의 놀이 장소를 마련하되 아이도 엄마를 마주볼 수 있고 엄마도 일하면서 아이를 살펴 볼 수 있는 장소를 선택한다.
- 부엌에는 비상용 소화기를 설치한다.

② 지도사항

- 칼이나 포크, 가위, 채칼 등 날카로운 물건을 만지지 않도록 가르친다.
- 부엌에 있는 가스레인지와 오븐 등 전열 기구에는 가까이 가지 않도록 주의시킨다.

- 조리 중에는 아이들이 부엌에 들어오지 않도록 가르친다.
- 전기밥솥으로 취사 중일 때는 접근하지 못하도록 하여 증기로 인한 화상사고를 예방한다.
- 냉장고에 들어가지 않도록 주의시킨다.

(3) 화장실 · 욕실

① 부모가 알아야 할 안전수칙

- 욕조의 물을 비워 두고, 물이 고여 있는 수세식 변기의 뚜껑을 닫아 둔다.
- 가장 뜨거운 물의 온도가 49℃이하가 되도록 조절되어 있어야 한다.
- 세안 용품이 있는 서랍장이 닫혀 있고 잠금 장치가 되어 있어야 한다.
- 전기 콘센트는 어린이 손에 닿지 않는 위치에 있어야 한다.
- 변기덮개 잠금 장치가 되어 있어야 한다.
- 비누 · 세제를 아이들 손이 닿는 바닥에 두지 않는다.
- 문턱과 바닥의 물기와 비눗기를 제거하고, 가급적 욕조에 샤워 커튼을 달아서 바닥에 물이 흐르지 않도록 한다. 욕실 신발은 바닥이 잘 미끄러지지 않는 것을 사용한다.
- 어린이나 노인이 있는 가정에서는 반드시 욕실 미끄럼 방지용 스티커를 욕실 바닥에 붙여 미끄럼사고를 사전에 방지한다.
- 욕실 청소 시 부식작용을 일으키는 염산은 사용하지 말고 욕실용 세제를 사용한다.
- 욕실 천정등과 같은 기구를 교체할 때는 바닥이 미끄러우므로 한 사람이 의자를 잡아주고 한사람은 작업에 임하도록 한다.
- 욕실 내부에는 날카로운 물건이나 단단한 물건을 놓아두지 않음으로서 미끄러질 경우에 부딪치거나 찔려서 일어나는 2차 사고를 예방할 수 있다.
- 타일에 못을 박을 때는 드릴을 사용하여 구멍을 뚫어야 못이 쉽게 들어가고, 못이 미끄러져 손이 찍히는 사고를 예방할 수 있다.
- 세면기를 손으로 누르거나 세면기 아이를 세면기에 세우는 등 체중을 싣는 행위를 하지 않는다.

② 지도사항

- 세면대에 매달리거나 변기뚜껑을 밟고 위에 올라가지 않도록 주의시킨다.
- 욕실 바닥에 장난감을 늘어놓고 놀지 않도록 주의시킨다.
- 뜨거운 수도꼭지를 만지지 않도록 주의시킨다.
- 전기제품을 만지지 못하도록 가르친다.
- 화장실에서 뛰거나 장난하지 않도록 주의시킨다.
- 세탁기를 만지지 못하도록 가르칩니다.
- 화장실의 세제들을 입에 대지 않도록 단단히 주의시킨다.
- 변기 안으로 머리를 들이밀지 않도록 가르친다.

(4) 베란다 · 창문

최근 아파트 실내 구조 변경 등으로 거실과 바깥을 연결하는 베란다를 없애는 경우에는 거실 창문을 통해 바로 추락할 수 있는 위험이 높다.

특히 어린이가 낮은 곳에 있다가 높은 곳으로 올라가면 새로운 시야를 경험하게 되고 감탄하게 된다. 이럴 때 아이들이 바깥경치를 구경하기 위해 몸의 상체를 지나치게 바깥으로 내미는 등 위험한 행동을 하지 않도록 조심하게 한다.

베란다는 밖이 보이는 곳이므로 아이들의 호기심을 자극하는 곳이다. 따라서 베란다에서 아이들이 물건을 놓고 올라가는 것을 막기 위해 발판이 될 수 있는 물건을 두지 않는다.

베란다나 창문에서 추락하게 되면 큰 부상을 당하거나 목숨을 잃을 수도 있다. 특히 어린이들이나 아기들이 모르고 올라갈 수도 있고 난간 사이에 빠져 추락할 수도 있으므로 어린이들이 베란다나 창문 가까이에서 장난하는 일이 없도록 주의해야 한다.

① 부모가 알아야 할 안전수칙

- 창문이나 베란다에는 창문 보호대나 난간을 반드시 설치한다. 이 때 난간의 한쪽을 개폐식으로 하여 비상시에도 대비한다. 베란다나 난간의 높이는 난간이 시작되는 바닥으로부터 최소한 110cm 이상으로 몸의 중심보다 난간이 높아야 한다. 난간세로대의 간격은 11cm 이하이면 안전하다고 본다. 머리가 빠져나가면

몸통도 빠질 수 있으므로 난간대의 간격이 머리의 크기보다 좁아야 한다.

- 베란다나 창문 주변에 침대나 가구를 비롯하여 받침대가 될 만한 가구나 물건을 두지 않는다. 침대나 가구가 창문 가까이 있거나, 침대의 높이가 창문과 같을 때에는 어린아이들이 침대 위에서 놀다가 창문으로 떨어질 수 있는 위험이 매우 높다.
- 베란다나 창문 위에는 아무 것도 올려두지 않는다.
- 베란다 문이나 창문에 잠금장치를 하여 아이가 혼자 문을 열 수 없도록 한다.
- 공기 순환을 위해 창문을 연다면 반드시 위에서부터 열도록 한다. 아래쪽의 창문을 열어야 할 경우에는 밑에서부터 10~13cm 정도만 열리게 학 안전장치를 한다.

② 지도사항

- 베란다나 창문 주위에서 아이가 혼자 놀지 못하도록 주의시킨다.
- 베란다나 창문 밖으로 상체를 내밀지 못하도록 주의시킨다.

(5) 현관

① 부모가 알아야 할 안전수칙

- 비나 눈이 오는 날은 특히 현관에 물기가 없도록 자주 닦아준다. 바닥이 미끄러워 넘어질 위험이 있다. 다소 물기가 있어도 미끄러지지 않는 고무매트 같은 깔개를 깔아두는 것도 한 방법이다.
- 현관은 항상 정돈된 상태로 유지하여 널려진 신발이나 가구들에 걸려 넘어지는 일이 없도록 한다.
- 현관문에 손이나 신체의 일부가 끼는 일이 없도록 주의한다. 손가락이 끼는 것을 방지하기 위해 문이 자동적으로 서서히 닫히게 되는 장치(도어체크)를 하거나 문이 닫히는 속도를 임의로 조정하여 사용한다.
- 현관에 아래에서 위로 발을 비추는 발 조명을 설치하면 불빛이 밖으로 새어나가지도 않고 안전에 도움을 준다.

② 지도사항

- 집안에 들어올 때 현관에 신발을 가지런히 정리하도록 가르친다.
- 현관문을 여닫을 때 조심하도록 주의시킨다.
- 현관에 설치된 손잡이와 발 조명 스위치의 사용법과 위치를 알려준다.

(6) 계단

계단은 우리 환경에서 필수적이면서도 어린아이 의 안전을 위협하는 장소이기도 하다. 따라서 가정에서 계단을 설치할 때 안전 규칙을 준수함으로써 추락 사고를 방지할 수 있어야 하겠다.

① 부모가 알아야 할 안전수칙

- 계단의 경사는 위험을 피하기 위해서 적어도 45도 이하, 가능하면 35도 이하가 바람직하다. 계단 각 발판의 폭과 높이는 계단의 경사에 따라 조절되어야 한다. 그러나 일반적으로 한 발판의 높이는 약 20cm, 그 폭은 적어도 25cm는 되어야 한다.
- 계단이 끝나는 점까지 충분한 높이의 튼튼한 난간을 설치하며 추락의 위험을 방지한다. 계단에는 충분한 높이의 난간을 양쪽에 설치한다. 난간을 유아가 계단을 오르내릴 때 손잡이 역할을 하며 계단에서 넘어졌을 때도 보호대의 역할을 한다.
- 난간의 높이가 아이들의 중심보다 낮으면 추락의 위험이 있으므로 이상적인 난간의 높이를 제시한다면 110cm가 되도록 한다. 계단의 난간은 튼튼한지 수시로 점검한다. 난간 막대 사이의 간격을 11cm이상을 초과하지 않게 함으로써 어린아이의 머리가 난간 막대사이를 빠져 나가지 않게 한다. 머리가 빠져나가면 몸도 자연히 빠져 나갈 수 있다.
- 계단의 표면이 미끄럽지 않도록 주의하고, 물기가 있을 경우 즉시 제거하고 왁스를 과도히 칠하지 않는다.
- 계단 마다 미끄럼 방지 틀을 설치하여 미끄러지는 사고를 예방한다.
- 계단은 항상 밝게 조명되어야 하며 불필요한 물체나 물이 흘러 있지 않아야 한다.

- 계단 위 음식물이나 물건으로 어지러워 미끄러지거나 걸려 넘어지지 않도록 계단과 계단주변을 항상 청결히 유지한다.
- 계단 옆의 벽에 어린이의 시선을 끌 수 있는 그림이나 사진을 걸지 않는다.
- 각 층을 잇는 계단에는 상하부에 문을 설치하고 필요하지 않을 때에는 문을 닫아둠으로써 어린아이가 계단에서 떨어지는 것을 방지한다.
- 높이가 다른 계단이나 너무 낡은 계단은 매우 위험하다. 계단의 높이가 다르거나 그 마모정도가 심한 상태라면 보수를 서둘러야 한다.
- 계단에 양탄자를 깔 경우에는 계단의 크기가 줄어든다. 또한 양탄자가 낡으면 낡은 천에 걸려 넘어질 수 있으므로 계단 표면에는 아무것도 깔지 않는 것이 좋다.
- 계단에 그림이나 사진을 놓을 경우 어린아이들의 시선이 그림에 끌리게 되므로 신체의 균형 감각이 상실될 수 있다. 따라서 계단 옆 벽면에는 그림이나 사진과 같은 장식물을 걸지 않는 것이 좋다.
- 어린이가 계단을 올라 갈 때 보호자는 반드시 아래쪽을 걸어간다.
- 계단에 날카로운 부위 등 위험이 없는지 수시로 점검한다.
- 우리나라에서는 가옥 구조의 특성상 지붕이나 옥상에서 추락하는 사고도 많이 발생하므로 실내에서 지붕이나 옥상과 통하는 문은 항상 잠근다.

② 지도사항

- 계단 주변에 장난감을 널어두거나 음식물을 흘리지 않도록 주의시킨다.
- 계단에서는 놀지 않도록 가르치고 또한 뛰어다니거나 장난을 하지 않도록 한다.
- 계단을 내려오면서 다른 사람과 이야기하거나 다른 일을 하지 않도록 지도한다.
- 계단을 내려올 때는 반드시 난간을 잡도록 하며 한 칸씩 내려오도록 가르친다.
- 어두울 때 계단을 이용할 경우 반드시 계단 조명을 사용하도록 가르친다.
- 주머니에 손을 넣고 계단을 오르내리지 않도록 주의시킨다.[2)]
- 자기 발보다 큰 신발을 신거나, 신발의 끈을 매지 않은 채 계단을 오르내리지 않도록 한다.

2) http://cafe.naver.com/presidentt.cafe

(7) 실외 안전생활

① 엘리베이터

- 엘리베이터를 타고 내릴 때는 문이 완전히 열린 후 천천히 타고 내린다.
- 정원초과는 사고의 원인이 되므로 정원을 꼭 지키고, 실내에 부착된 유의사항을 잘 따르도록 한다.
- 엘리베이터를 타면 가고자 하는 층의 단추를 누르고 필요 이외의 버튼은 조작하지 말아야 한다.
- 비상버튼은 엘리베이터에 이상이 생겼을 경우에만 누른다. 특히 아이들이 엘리베이터의 버튼을 마구 눌러 고장 나지 않도록 주의시키도록 한다.
- 노약자와 6세 이하 어린이는 가능한 보호자와 함께 동반하도록 한다.
- 버튼 사용 시는 무리한 충격을 주어 파손되지 않도록 주의한다.
- 화재 및 지진 등 천재지변 시에는 엘리베이터가 운전 불능으로 되는 경우가 있으며 이때에는 사용하지 않도록 한다.(비상용으로 승인되고 검사를 필한 엘리베이터에 한하여 비상용으로 사용이 가능함)
- 엘리베이터는 전기로 움직이고 있으므로 출입구 및 엘리베이터 내에 물이 흐르지 않도록 주의한다.
- 엘리베이터에서는 담배를 피우거나, 뛰지 말고, 정원이나 적재량을 초과하지 않도록 한다. 엘리베이터의 고장 및 사고를 일으킬 수 있기 때문이다.

② 아파트단지 내 도로 및 인도

- 아파트 입구에는 차량 출입을 통제하는 차단기가 설치된 곳도 있다. 차량이 통과할 때에 차단기가 올라가지 않은 상태에서 진입을 하게 되면 차량 및 차단기가 파손되므로 반드시 지급된 리모컨을 사용하거나, 주차관제용 카드를 차량전면에 부착하여 진입 시 자동으로 작동되도록 조치하거나 미작동시 수동으로 차단기를 올리도록 한다.
- 인도에 이삿짐 차량이 올라가지 않도록 한다. 차량의 무게로 인해 인도가 내려앉으면 물이 고이거나 발이 빠져 안전사고가 일어날 수 있다. 눈이나 비가 올 때는 보행에 주의하고, 인도와 차도의 경계석이 눈, 비에 젖으면 미끄러질 수 있다.

- 단지 내에서 주행할 때에는 유아나 유모차, 노약자 등의 보행자에 주의하여 서행 운전하여야 한다.
- 아이들이 롤러스케이트, 킥보드, 인라인 스케이트(롤러블레이드), 스케이트보드, 자전거 등을 탈 때 헬멧, 무릎보호대 등의 안전장구를 갖추어 타도록 하며 주차장이나 차도에서는 절대 타지 않도록 지도한다.

③ 분수, 연못

분수대, 연못, 폭포 등에서 어린이들이 물놀이를 하거나 들어가지 못하게 한다. 전기시설이 있는 경우 감전사고의 우려가 있고, 유아는 익사 위험이 있다.

④ 지하주차장

- 지하주차장의 램프(진입로)는 차도이므로 이곳으로 보행하면 매우 위험하므로 보행 시 안전한 계단이나 엘리베이터를 이용하도록 한다.
- 주차나 차량운행 시에 서행하도록 하며, 특히 지하주차장의 바닥은 눈비 젖으면 미끄러우므로 주의한다.
- 지하주차장에서 아이들이 놀지 않도록 지도한다. 킥보드나 자전거를 타고 지하주차장으로 빠른 속도로 들어가다 보면, 갑자기 어두워지므로, 벽면이나 차량과 충돌하거나 하수트렌치에 바퀴가 끼어 넘어지거나 전복될 수 있다.
- 지하주차장과 같은 곳에는 각종 용도의 분전함이 많이 있는데 운전함을 열어 놓았을 경우 만지지 못하도록 주의시키고 어린이들이 지하주차장. 각 동의 지하. 전기실, 옥상 등 공용부위에서 놀지 못하도록 지도한다.

⑤ 조형물 및 놀이터

- 아이들이 놀이터에서 혼자 놀지 않도록 부모들의 세심한 주의가 필요하다.
  아이들이 그네를 타거나 미끄럼을 탈 때면 주변 아이들과 충돌하지 않도록 주의를 준다.
- 놀이기구를 성인이 사용하면 쉽게 부서질 우려가 있으므로 성인들은 사용을 삼가 한다.
- 놀이기구들은 수시로 살펴보고, 나사가 헐거워지거나 파손된 것을 발견하면, 관

리사무소에 연락하여 즉시 보수하도록 한다.

- 아이들이 단지 내의 조형물이나 시설물을 가지고 놀지 않도록 한다. 감상을 위한 조형물을 만지거나 올라타다가 다칠 우려가 있다.[3)]

3. 주거침입 예방 및 대비책

최근 주택의 유형에도 큰 변화가 일고 있다. 단독주택이나 다세대 주택보다는 아파트가 건설되고 그 선호도 또한 극치에 이루고 있다. 그러나 단기간 대량으로 이러한 독립적인 집단주거단지가 건설되고 폐쇄적이고 획일적인 구조의 단지가 형성되면서 외부환경과의 단절 및 이웃주민과의 위화감이 조성되었고, 서두에 언급한 개인의 사생활을 중요시 여김에 따라 개인주의와 익명성으로 시민들이 범죄에 노출될 가능성이 높아졌다.

최근 도난사건의 유형은 특정 시간, 장소에 구분이 없고, 매우 지능화·흉포화하고 대담하게 이루어지는 것이 특징이다. 절도범들의 수법과 대상은 초저녁의 빈집털이가 두드러지며, 특히 아파트 등 다세대의 불이 꺼진 빈집이 표적이 되고 있다.

집배원, 검침원으로 가장하거나 주택매물 거래차 중개인과 동행한 후 재차 방문하여 강도로 돌변하는 사례와 부녀자들을 상대로 한 2인 이상이 탑승한 오토바이 등 차량을 이용한 날치기 사범도 자주 발생되고 있다.

주거침입이라 하면 주택이나 선박, 차량 등을 불문하고 사람이 먹고 자는 곳, 즉 사람이 거주하는 곳에 정당한 이유없이 들어가는 것이다. 주택에 따른 정원이나 숙박업소의 방이나 사무실, 공장 등도 주거침입의 대상에 포함된다. 주거침입의 죄란, 사람의 주거·관리하는 건조물·선박·항공기 등 일정한 장소의 평온(平穩)과 안전을 침해하는 범죄이다. 이는 헌법 제 16조에서 주거의 불가침성을 선언하고 있으며 우리형법 제 36장에서 형법적 근거를 두고 있다.

이에 관하여 형법은 제 319조 제 1항에서 사람의 주거, 관리하는 건조물, 선박이나 항공기 또는 점유하는 방실에 침입하는 자는 3년 이하의 징역이나 500만원이하의 벌금에 처하고 퇴거요구를 받고 응하지 아니한 자 또한 같은 형에 처한다.

3) http://moa21.co.kr/www/index.html

서울동부지방법원 2006. 4. 20. 선고 2006노 236 판결로 처형 범위를 살펴보면, 야간에 타인의 재물을 절취할 목적으로 사람의 주거에 침입한 경우에는 주거침입 단계에서 이미 형법 제330조에서 규정한 야간주거침입절도죄라는 범죄행위의 실행에 착수한 것이라고 보아야 한다는 판결이다. 피고인은 다세대 주택에 들어가 출입문을 손으로 당겨 보았고, 문이 잠겨 있자 그 옆집을 차례로 확인 후 열려 있는 주택을 찾아 범행하였으며, 출입문을 부수거나 도구를 이용하여 강제로 열려는 의사가 전혀 없었어도, 구성요건의 일부를 실현하는 행위까지 요구하는 것은 아니고 범죄구성요건의 실현에 이르는 현실적 위험성을 포함하는 행위를 개시하는 것으로 족하다고 판결했다.

출입문이 열려 있으면 안으로 들어가겠다는 의사 아래 단지 출입문을 당겨 보는 행위 자체로 주거의 사실상 평온을 침해할 객관적인 위험성을 포함하는 행위를 한 것으로 볼 수 있어 외부적 장애요소로 인하여 이루지 못한 것으로 판단하여 당겨 보는 행위 자체만으로 야간주거침입절도죄에 위법했다 판결했다. 즉, 단순히 공간적 침범죄 외에도 침범시도자의 의도만으로 형을 감행 할 수 있음을 알 수 있는 판례이다. 따라서 주거침입에 대한 범죄유형과 사례를 통해 사전예방의 중요성을 설명하고 그에 대한 예방대책을 살펴본다.

1) 주거형태에 따른 범죄요인

(1) 다세대주택

한 건물에 다수의 세대가 거주할 수 있도록 주거공간이 별도로 분리 되어있는 주택[4]으로 다른 주거형태에 비해 우발적 혹은 범죄경험이 없는 초범의 경우에도 어렵지 않게 성공 할 수 있는 단순절도 등의 사례가 많이 발생한다.

사회 경제적인 관점으로 보았을 경우 ①빈곤층의 주거율이 높아 구체적인 경비시스템의 장착율 저하 ②범죄의 목표물이 될 수 있는 노인층, 생활대상자주거율 상승 ③친밀관계가 높은 장기간 거주자보다 이주율이 높아 이방인 거주 상승 등을 들 수 있다.[5]

4) 네이버백과사전
5) 황선영, "GIS 활용한 범죄의 공간패턴 분석-주거침입절도를 사례로-", 경희대학교, 2001. p.57.

주거환경의 경우 ①다수의 주택이 밀집되어 범죄의 재시도 가능 ②최종문(현관 및 창문)의 노출로 범죄자의 근접이 쉽고 ③주택 간의 거리가 좁아 범죄자의 이동을 용이하게 하며 ④좁은 골목 등으로 범죄 이동 동선이 숨겨져 있다는 것을 범죄요인으로 볼 수 있다.[6]

(2) 단독주택

단독주택은 단일 가구(家口)를 위해서 단독택지 위에 건축하는 형식이다. 비교적 가족단위의 개체성이 잘 보존될 수 있고, 개인의 취향에 맞게 주거계획을 세울 수 있다. 대문과 정원이 개별 택지마다 이루어지며, 건물은 인접한 다른 건물과 일정한 거리 이상 떼어서 건축되어야 한다. 이 형식은 건축과 정원 등의 사유욕구(私有慾求)가 만족됨으로써 옥내외의 사생활이 가장 잘 보장되어 있으나, 그로 인해 담이 높아지고 외부와의 정보차단으로 범죄 발생 시 빠른 대응조치가 어렵다는 단점이 있다. 일반적으로 단독주택의 경우는 중상층의 비율이 높아 부유층을 겨냥한 전문적이고 계획적인 범죄가 많다.

(3) 아파트

한 채의 건물 안에 독립된 여러 세대가 살 수 있게 구조한 공동주택으로 주택건설촉진법에서는 5층 이상의 공동주택을 아파트라 규정하여 4층 이하의 연립주택과 구분하고 있다. 아파트는 단독주택을 여러 채 겹쳐 놓은 것인데, 슈퍼마켓 · 관리사무소 · 우체국 · 주차장 · 초등학교 등 공용시설의 이용으로 생활이 편리한 반면 공동생활에서 오는 여러 가지 불편, 생활습관에서 오는 불편(장독대 · 김장독 등), 유사시 예컨대 화재 발생 시의 대피 등 문제점이 지적되고 있는 주거형태이다.[7]

현재 아파트는 우리 국민 대다수가 가장 선호하는 주거형태로 나타나고 있다. 90년대부터 급격히 선호도가 높아지고 건설량도 급격히 증가하였다. 이에 따른 아파트 선호도의 중요한 선택요인은 범죄로부터의 안전성이다. 고층아파트의 경우 자전거 도난, 배달물 도난, 자동차 훼손 등 비 침입절도 혹은 재산피해는 고층에서 많았으나 주거침입절도는 저층에서 더 많은 것으로 나타났다.[8]

---

6) 허경미, "노인의 범죄피해 특징 및 대책에 관한 연구", 한국공안행정학회지 제17호, 2004, p.435.
7) 네이버 백과사전

2) 주거침입 방법 및 사례

주택을 대상으로 한 침입절도의 유형은 ①부재중인 주택에 침입하여 금품을 절취하는 빈집털이, ②잠든 야간에 주택에 숨어들어 금품을 절취하는 형태. 그리고 ③낮잠이나 목욕, 식사 혹은 식사준비 등을 하고 있는 사이에 주택에 침입하여 금품을 절취하는 형태 등 다양하지만 특히 빈집털이는 주택을 대상으로 한 침입절도 중에서도 가장 흔히 발생하며 범행수단이나 방법도 다른 형태에 비해 다양하다.

(1) 목표물이 되기 쉬운 건물 및 층수

침입절도가 발생하는 장소를 보면 전체적으로 일반주택에서 가장 많이 발생하고 있으나, 아파트와 같은 집합주택에서도 흔히 발생하고 있다.

〈표 2-5〉 범행대상으로 쉬운 건물

2층 단독주택	49
슬라브 지붕 단독주택	31
2층 이하의 목조 연립주택	31
복합 빌딩	20
3층 이상의 아파트	13

침입대상건물과 층수를 고를 때에 범행, 도주가 용이하고 체포될 가능성이 적은 곳을 고른다는 한 연구결과는 범행하기 쉬운 층수는 당연히 1층, 2층 순이었다.

(2) 범행요일과 날씨

범행은 주로 평일에 발생하고 있는 것으로 나타났다. 평일에 범행을 하는 이유로는 가족들이 회사나 학교에 가서 집을 비우고 또 훔친 통장의 현금인출이 가능하기 때문이다. 이에 반해 휴일을 고르는 이유로는 가족끼리 외출하는 경우가 많다는 점을 들고 있다.

---

8) 김철주, "아파트 단지 범죄에 관한연구", 건국대학교, 2000. p.27.

한편 침입절도는 압도적으로 맑은 날과 흐린 날에 저질러지는 것으로 나타났다. 피의자에 대한 설문조사에서도 같은 결과가 나왔다.

(3) 침입수단

침입수단은 베란다, 바깥계단, 담장이 가장 많으며, 차고, 사다리, 쓰레기통, 홈통, 가스관, 건축공사장 등의 발판, 전신주, 수도관 등을 이용하기도 한다.

□ 사례

- 전신주를 타고 올라가 이웃집의 2층 베란다를 통해 창문으로 침입
- 정원수를 타고 3층 베란다로 올라가 창문으로 침입
- 빗물받이 홈통을 타고 3층 베란다로 올라가 침입
- 인접한 빌딩공사장의 발판을 이용하여 2층 베란다로 침입
- 외벽 페인트공사를 위해 설치한 발판을 이용하여 4층 베란다를 통해 침입
- 창고에 넣어 둔 사다리로 2층으로 올라가 침입
- 블록 담을 발판으로 삼아 2층 베란다를 통해 침입
- 블록 담을 발판으로 삼아 2층 베란다 통해 침입

(4) 침입경로

현관을 통한 침입을 줄었으나 베란다나 거실 및 기타 장소의 창을 통한 침입이 증가하고 있다. 특히 거실, 응접실, 침실 등에 난 창문과, 그 밖에 부엌, 욕실, 화장실의 창문, 그리고 채광. 환기용 창을 통한 침입도 늘고 있다.

□ 사례

- 알루미늄 새시 창문의 자물쇠를 부수고 침입
- 부엌 유리창에 셀로판테이프를 붙이고 돌로 깨부수고 침입
- 옥상에서 로프를 이용하여 창문으로 침입
- 홈통을 통해 베란다로 이동하여 유리창을 깨부수고 침입
- 욕실의 창틀을 드라이버로 부수고 실내에 침입
- 화장실 창문이나 욕실의 새시 창문을 들어 올리고 침입

(5) 침입방법

침입방법은 주로 ①유리창을 깨고, ②현관열쇠를 찾아내서, ③문단속하지 않은 창, 배란다, ④현관의 자물쇠를 부수고, ⑤문단속하지 않은 현관을 통해 주로 침입하며

현관의 자물쇠를 열고문단속을 하지 않은 경우와 유리창을 깨고 들어간 사례가 대단히 많으며, 숨겨둔 열쇠를 찾아내어 현관을 통해 침입한 사례와 창문을 맨손으로 들어 올려 제거 한 후에 침입한 사례도 있었다. 실제로 피의자에 대한 설문에서도 유리창을 깨고 침입하거나 잠그지 않은 창과 베란다, 현관 등을 통해 침입한다는 대답이 많았다.

□ 사례

- 현관 옆의 가스미터기 상자 안에 숨겨 둔 현관의 열쇠를 찾아내어 침입
- 우편함, 우유배달상자(주머니), 화분 등에 숨겨둔 열쇠를 찾아내어 침입
- 훔친 보조키를 사용하여 침입(피해자는 열쇠가 없어졌음을 알고서도 자물쇠를 교환하지 않음)
- 현관문에 설치된 우편함에 손을 넣어 자물쇠를 열고 실내에 침입한 사례

열쇠와 관련해서는 반드시 이사를 할 경우에 종전에 사용하던 자물쇠를 교체해야 한다는 사실이다. 이는 전에 살던 사람이 보조키를 만들어 두었을 경우를 대비한 것이다. 또한 보통사람이 생각해서 숨기는 장소 정도는 간단히 알아낸다는 점을 명심하여야 한다.

그리고 피해자에게 숨겨놓은 열쇠를 찾아내기 위해 수색하는 장소를 물은 결과, 우편함, 우유주머니, 신문함, 화분 밑, 문틀 위 등을 대답하고 있다.

(6) 부재 여부의 판단기준 및 확인방법

범죄자들은 가족이 집안에 있는지 없는지를 어떻게 판단하는 방법으로는 ①커튼을 친 상태, ②실내조명, ③세탁물의 건조방법, ④전기미터기의 회전, ⑤유리창문에 작은 돌 던져보기 등이다.

그리고 구체적인 확인방법으로는 인터폰을 누르는 것이 가장 전형적인 방법이며, 그밖에 전화를 거는 방법을 취한다고 대답하고 있다.

인터폰을 눌러서 가족이 나오면 길을 묻거나 실재하지 않은 사람의 이름을 묻는다. 그리고 때로는 “자동차가 고장 나서 수리공장에 연락을 취하고 싶은데 전화 좀 쓸 수 있느냐?”고 부탁하여, 만약에 빌려 주면 방범설비, 경보기, 개 등이 있는지와 재물이 얼마나 있는지를 확인한다고 한다. 또한 조깅 차림으로 우편함에서 우편물을 꺼내 노크를 하였다가, 가족이 나오면 “길에 떨어져 있어서 가져 왔다”고 대답하기도 한다. 조깅 차림이면 의심도 받지 않을뿐더러 민첩하게 도주할 수 있다는 것이다.

3) 가옥의 범죄 예방대책

(1) 가옥의 주변

① 담장

밖으로부터 거동 수상한 그림자를 식별할 수 있을 정도의 높이가 바람직하다. 담이 높고 틈이 없이 블록으로 축조되어 있는 것, 나무를 빽빽이 심어서 안이 잘 들여다보이지 않는 담은 거동수상자를 식별할 수 없어서 바람직하지 않다.

또한 담장을 발판으로 하여 베란다로 오르거나 건너가는 등, 침입경로로 이용될 수 있으므로 가옥과의 간격과 높이 등에 배려할 필요가 있다.

② 정원수

몸을 숨길 장소를 제공하지 않도록 정원수를 잘 손질할 필요가 있다. 특히 줄기나 가지를 통해 베란다로 건너가는 경우가 있으므로, 가옥 쪽으로 뻗어있는 가지는 잘라두는 것이 좋다.

③ 전신주

전신주는 직접적인 침입경로가 될 뿐만 아니라 이웃집의 베란다를 거쳐서 침입하는 경우가 있다. 따라서 가옥으로 직접 건널 수 없는 거리만큼 떨어뜨려 설치하고, 간단하게 올라갈 수 없도록 높이 2미터까지 볼트(못)를 박지 않도록 관리기관에 신청할 필요가 있다.

④ 공사장의 발판

건축공장, 증개축 공사, 도장공사 등을 위해 설치되어 있는 공사용 발판은 침입경로로 이용되기 쉽다. 자신의 주택뿐만 아니라 인접한 건축물에 가설된 것도 이용될 수 있다. 특히 발판 쪽으로 난 출입구나 창문 등에는 문단속을 철저히 하고, 보조자물쇠를 설치하거나 경보장치 등을 설치할 필요가 있다.

⑤ 창고 · 차고의 지붕

창고·차고의 지붕은 베란다를 통해 침입할 경우의 발판으로 이용되는 경우가 많다. 창고나 차고의 지붕은 가급적 가옥에서 떨어뜨리거나, 베란다 혹은 창문으로부터 멀리 할 필요가 있다.

⑥ 사다리

창고에 넣어둔 사다리를 꺼내거나 근처 공사장 등의 사다리를 훔쳐서 사용하는 경우가 있다. 따라서 사다리는 문단속이 된 창고에 수납하거나 눈에 띄지 않는 곳에 놓아두고, 이동시킬 수 없도록 체인 등으로 고정시킬 필요가 있다.

⑦ 기타

에어컨의 실외기, 승용차의 지붕, 자전거의 안장, 빈 상자 등이 발판으로 상용되는 경우가 있다. 평소부터 관리·수납에 유의함과 아울러, 침입경로가 되는 창문과의 위치관계에 배려할 필요가 있다.

(2) 가옥의 벽면 · 옥상 · 베란다의 난간

① 벽면의 홈통

배수관, 전화선·전선, 에어컨의 배관 등 노출되어 있는 벽면의 홈통이 침입수단으로 이용도는 경우가 많다. 베란다나 창문 등의 위치관계에 배려하고 손잡이나 발판이 될 만한 것을 설치하지 않도록 한다.

② 계단

계단의 중간부분으로부터 베란다나 거실로 건너가는 경우가 많다. 2 미터 정도는 간단히 건너뛰는 자가 있으므로, 침입경로가 되기 쉬운 장소와의 위치관계에 배려하고 펜스 등으로 방호할 필요가 있다. 또한 절도범인은 일반적으로 바깥계단을 선호하므로 바깥 계단이나 비상계단의 1층 부분은 거주자만이 이용할 수 있도록 조치를 취할 필요가 있다.

③ 옥상

옥상에서 홈통이나 로프를 이용하여 내려올 수 없도록 옥상의 난간을 개량할 필요가 있다. 또한 옥상에는 거주자라 할지라도 재해시나 피난시 이외에는 출입하지 못하도록 배려할 필요가 있다. 옥상에의 자유로운 출입은 범인의 침입을 용이하게 할 뿐만 아니라, 자살자나 거주자의 전락사고 등을 초래할 가능성이 있으므로 바람직하지 않다. 특히 최근에는 일조(日照) 등의 관계로 아파트의 상층부가 비스듬히 커트된 것을 흔히 볼 수 있다. 그러나 이러한 곳은 수직하강과는 달리 그다지 경험이 없는 자도 간단히 내려갈 수 있다고 하므로 주의 하여야 한다.

④ 베란다의 난간

현관과 함께 베란다로 침입하는 경우가 대단히 많다. 가옥 주변의 정원수, 벽면의 홈통, 비상계단, 기타 구조물로부터 베란다로 건너와 침입할 뿐만 아니라, 이웃집의 베란다에서 건너오거나 윗 층에서 내려와 침입하는 경우도 있다. 그때 사용되는 것이 베란다의 난간이다. 베란다는 외부에서 들여다 볼 수 있는 타입이 바람직하다.

(3) 현관문 · 베란다의 창문 · 기타

① 현관문

문단속을 하지 않은 결과 입을 피해를 방지하기 위해 자동도어로 하고, 체인 등의 보조자물쇠를 설치하는 것이 바람직하다. 현관문 주변에 햇빛을 투과시키기 위한 창문을 창이나 장식용 유리를 설치 한지 않도록 주의하며, 설치해야 할 경우에는 유리를 깨부수고 사람이 통과할 수 없을 정도의 넓이로 하며 또 손을 뻗어도 자물쇠에 닿지 않을 위치에 설치하여야 한다.

현관문에 우편함을 부착시킬 경우에는 손을 집어넣거나 공구를 사용해서 자물쇠를 열 수 없는 것을 고를 필요가 있다. 또한 현관문 주변의 벽을 부수고 손을 넣어 여는 경우가 있으므로 현관문 주위의 벽면강도까지도 배려할 필요가 있다.

또한 현관 주위에 열쇠를 숨겨놓는 것은 오히려 범인을 초대하는 것과 같은 행위이므로 주의 하여야 한다. 아울러 현관이나 우편함에 문패를 걸거나 성명을 기입하는 것은 범죄인이 전화번호를 확인하는데 이용되므로 피해야 한다. 그들은 문패 등을 통하여 전화번호부에서 전화번호를 알아내서 전화를 걸어 부재여부를 확인하기도 하기 때문이다. 또한 최근 자동응답 전화기가 널리 보급되어 부재중임을 가르쳐 주고 있다. 편리함과 위험성은 동전의 앞뒷면과 같이 항상 공존하고 있는 것이다.

② 출입문

유리 또는 알루미늄으로 만들어진 도어는 사용되지 않는 것이 바람직하다. 현관문이 아닌 출입문은 현관에 비해 경시되기 쉬우며, 간단한 자물쇠만을 부착시키는 경향이 있으나, 현관문에 버금가는 방범대책을 세워야 한다.

③ 베란다 · 거실 및 기타

베란다나 거실의 창문에는 합성유리 또는 복층(複層)유리를 사용하도록 하며, 거실 창문에는 보조자물쇠 외에 섀시도 함께 설치하는 것이 바람직하다. 또한 도로, 공지(空地), 주차장, 농지 등과 접한 그 밖의 창문은 충분히 주의하여 설치할 필요가 있다.

④ 기타 개구부(開口部)

환풍기를 제거하고 침입하는 경우가 있으므로 셔터가 부착된 환풍기를 사용하든가 사람이 출입할 수 없는 크기의 것을 설치하도록 한다. 머리만 들어가면 나머지는 간단히 침입할 수 있다고 호언하는 자도 있으므로 주의를 요한다.[9)]

---

9) 박병식, "침입범죄와 주거안전 박병식 한국안전교육학회지 제1권 제1호.

4) 공동주택의 범죄예방 요령

(1) 공동주택의 특성

① 전체 주택지역중 단독주택 재건축 및 지역 재개발 사업으로 아파트 ,연립 등 공동주택 점유율의 급격한 증가.
② 아파트단지 내 다중 출입이 용이하고 특히 야간출입 통제곤란.
③ 단독주택보다 상대적으로 안전하리라는 인식으로 입주자의 자위방범의식 미 약.

(2) 범죄수법

① 아파트 개인세대별

- 대규모 단지의 경우, 익명성이 높아 침입범행 용이.
- 현관문만 잠그면 안전하리라는 방심을 틈타 빗물 배수통, 도시가스배관, 베란다 난간을 타고 3층 이상 아파트에도 창문으로 침입.
- 옥상에 침입 숨어 있다가 한밤중에 밧줄을 타고 내려와 창문으로 침입범행.
- 열린 문이나 창문을 통해서 또는 자물쇠를 부수거나 유리창을 깨고 침입.
- 맞벌이 등으로 집을 비운 것을 전화를 걸어 확인한 후 침입.
- 우편배달부, 방문객, 외판원, 동사무소 직원, 검침원(수도·전기·가스)을 가장 또는 관리실 경비원을 사칭 문을 열게 한 후 침입 범행.
- 만능키나 훔친 열쇠를 이용 침입

② 아파트 내부, 외부 공간

- 엘리베이터 내에서 동승한 여자를 위협, 강취하거나 동승한 어린이를 협박하여 침입 범행.
- 비상계단 공용공간에서 발생하는 범죄는 고층아파트일수록 많이 발생.
- 단지 내의 공원 놀이터 주차장 등에서 환각제 흡입, 패싸움, 성폭력, 금품갈취 행위 등 범죄용이.
- 주차장에서는 차량 및 카스테레오 도난 빈발.

5) 경비원의 방범활동

(1) 방범활동의 중요성

범죄는 일단 발생하면 주민의 불안심리 파급효과가 크고 범인검거 및 수사에 많은 인력과 비용이 소요될 뿐만 아니라 범인이 검거되어도 원상태로의 피해회복이 거의 불가능하기 때문에 철저한 예방활동이 필요하다. 경비원은 입주자의 생명·신체·재산을 보호한다는 차원에서 중요한 사명의식을 갖고 범죄를 미연에 방지한다는 결연한 근무태도를 가져야 한다.

(2) 경비실 근무요령

- 아파트 등을 방문하는 출입자에 대하여는 방문 상대방, 방문목적, 방문객의 인적사항을 근무일지에 기록하고 입주자와 연락 후 출입허용.
- 입주자 차량은 비표부착 출입토록 하고 외부차량은 차량번호, 차종, 차량색상 등을 기록 후 출입허용.
- 도난 등의 범죄방지 및 범죄 후 도주하는 것을 체포하기 위하여 의심되는 출입자의 휴대품을 검사하여야 하며 이 경우 상대방 스스로가 휴대품을 내보이도록 유도.
- 입주자 중 장기출타 중인 세대를 파악하여 순찰시 출입문 시건 여부와 창문, 베란다 등 중점 관찰.
- 근무지를 이탈하거나 음주, 도박 등을 하여서는 안 되며 범죄발생시 신속히 대처할 수 있도록 행동요령 숙지
- 근무 중 의자에 앉아 졸거나 잠을 자는 행위 등 근무소홀 행위 근절

(3) 순찰근무

순찰의 종류는 정선순찰, 난선순찰, 요점순찰, 기타순찰로 구분됨

① **정선순찰**

- 취약지 등을 고려하여 일정한 노선을 규칙적으로 도보로 순찰하는 방법

② **난선순찰**

- 순찰노선을 사전에 정하지 아니하고 경비원이 취약하다고 생각되는 곳을 골라서 순찰하는 방법

③ **요점순찰**

- 취약지점을 정하여 순찰근무자가 반드시 정해진 곳을 순찰하는 방법

④ **기타순찰**

- 정선 · 난선 · 요점 순찰이외에 역으로 순찰하는 역선순찰, 정선과 난선순찰을 동시에 순찰하는 복선순찰과 소구역을 정하여 자율적으로 순찰하는 구역순찰 등이 있음.

(4) 순찰시 유의사항

- 순찰근무자는 순찰 전에 용모, 복장을 단정히 하고 경적, 가스총, 후래쉬 완장 등 필요한 장구를 휴대.
- 거동수상자 등을 발견한 경우는 "거기 누구요" 등 큰소리로 묻거나 시설주의 관리권 행사 범위 내에서의 질문 등으로 범죄심리 사전 제압.
- 옥상에는 관계자 이외의 자 출입통제 및 시건 조치하고 야간순찰 시에는 시건 여부와 관계자 외 다른 사람이 없는지 중점 확인.
- 단지주변 또는 부자연한 장소에 장시간 주차하고 있는 차량 등을 중점감시, 관찰과 옥상, 놀이터 등에 대한 부단한 순찰로 감시 사각지대 해소.
- 이상한 물건 또는 비명소리 등에 유의하고 도시가스배관, 빗물배수통, 베란다 난간 등을 이용한 침입흔적이 있는지 세밀히 관찰, 점검하며 순찰실시.
- 의심나는 곳은 반드시 반복해서 관찰 및 확인.
- 순찰 시 반드시 지하주차장 등 경유, 10~30대 거동수상자 발견 시 질문하거나 외부차량 주차 시 차량검색으로 범죄기도 차단.

- 지하주차장내 조명의 밝기(70룩스 이상), CCTV 등 방범시설 상태 등 수시 점검·보안(주차장법 제6조, 동법시행규칙 제6조, 주택건설기준등에관한규정 제27조)

(5) 범죄 기도자 발견 착안점

다음과 같은 거동이 수상한 자에 대하여는 특히 유의해서 동태를 감시, 관찰하여 범죄기도를 사전에 예방.

- 단지 부근의 노상에서 엔진을 시동한 채로 주차하고 있는 자.
- 단지 주변 혹은 단지 내를 배회하고 있는 자.
- 무엇인가 침착성이 결여되고 행동이 부자연스러운 자.
- 볼 일없이 또는 용무가 끝났는데도 단지 내에 계속 머물고 있거나 주차중인 자동차 내에서 자고 있는 자.
- 복면, 마스크, 선글라스 등 특이한 물건을 휴대하고 있는 자.
- 목검·도검·엽총 및 열쇠·드라이버·장도리·밧줄·가방 등 범죄에 사용될 우려 있는 물품을 소지하고 있는 자.
- 단지 내에서 장시간 엔진을 시동한 채로 주차하고 있는 차량.
- 스위치와 엔진이 직결되어 있거나 각 창문 또는 시건장치가 파괴된 차를 운전하고 있는 자.
- 차체에 파손된 곳이 있거나 각 창문 또는 시건장치가 파괴된 차를 운전하고 있는 자.
- 차체에 파손된 곳이 있거나 핏자국 또는 차안이 현저히 더럽혀져 있는 차를 운전하고 있는 자.

(6) 경찰과 협력체제 유지

① 긴급연락망 구성

- 범죄신고는 112신고 전화를 이용하는 것이 가장 효과적이고 신속한 체계이다.
- 범인 침입 시 공포·경악·당황 등으로 112신고를 할 수 없는 긴급한 상황에 대비, 단지 내 관리사무실과 경찰서·파출소간 컴퓨터 범죄신고 시스템 등 긴급 연락망 구성.

② 사건 발생 시의 조치

- 경찰관서에 신고.

강·절도 등 범죄가 발생하였거나 범죄와 관련된 단서를 발견한 경우는 타경비원과 합동으로 공동대처함과 동시에 비상연락망 또는 112 신고 전화(국번없이112)로 신속하게 경찰관서에 신고.

- 112신고요령
  - 언제, 어디서, 누가, 무엇을, 어떻게.
  - 범인(인원수, 휴대품, 연령, 신장, 복장, 두발상태 등 신체적 특징)
  - 도주방향 및 이용수단(도보, 오토바이, 차량, 특징)
  - 신고자의 주소, 성명, 전화번호 등.

③ 현장보존

- 현장 보존이라 함은 범죄후의 범죄현장 그대로를 보존하여 증거 및 유류품의 "분실", "감실", "변질" 등을 방지하고 경찰관의 체증 활동에 협력.
- 범죄현장은 범인이 있었던 곳으로서 범인의 지문, 피, 침, 모발, 분뇨, 정액, 땀과 같이 범인신체의 일부가 남아 있을 수도 있고 범인이 소지하였던 흉기나 도구, 라이터, 성냥, 명함, 사진, 주민등록증 같은 것이 남아 있을 수 있다. 따라서 잘 보존된 범죄현장은 수사관의 범인추적·검거에 중요한 단서를 제공한다.[10)]

10) http://cafe104.daum.net/_c21_/bbs_search_read

제3장

범죄와 생활안전

1. 범죄의 개념
2. 범죄유형의 분류
3. 사회 환경과 범죄
4. 범죄예방 및 대책
5. 우리나라 범죄 추세
6. 각종 생활범죄 수법 및 대비책
7. 자위방범 대책

제3장
범죄와 생활안전

인간에 대한 여러 위협 요인 가운데서도 특히 범죄문제는 국민의 생활에 직접적으로 관계되며 생명과 재산상의 가장 큰 위협요인으로서 선진국들은 시민생활의 안전을 보장하기 위하여 여러 가지 정책을 통해 치안유지의 확보에 심혈을 기울이고 있지만 형사정책의 실패와 한계를 느끼면서 범죄예방에 관심을 기울이게 되었다.

따라서 본 장에서는 일상생활에서 범죄가 발생하지 않도록 개인적 차원에서 그 원인을 제거하고 환경을 정비하고, 또는 범죄발생 시 그 피해가 확산되는 것을 방지하고 최소화 될 수 있는 생활방범 측면에서 살펴보고자 한다.

1. 범죄의 개념

인류의 역사와 함께 범죄는 존재해 왔다. 인간은 사회적 존재이기에 기원전부터 집단적 생활에 위배되는 행동의 내용과 범위를 정하고자 노력하였다. 공동체 생활에 위배되는 요소나 내용들은 인류역사의 변화에 따라 조금씩 차이가 있었지만 오늘날과 같은 급변하는 사회 환경 속에서는 전통적인 사회의식이나 사회의 범죄제어능력의 저하로 범죄행동 양식의 내용과 범위에 있어서도 많은 변화가 생겼다.

범죄의 개념은 일상적으로 사용하고 있는 보편적 용어이면서도 획일적으로 규정하기 어려운 용어이다. 상식적인 면에서 범죄는 사회질서를 파괴하고 타인에게 육체적, 정신적으로 공통을 안겨주고, 타인의 재산 또는 명예에 손상을 입히는 행위로 사회규범에 반하는 행위이며, 법이 금지한 행위를 범하는 것을 말한다. 그러나

사회공동생활에 반하는 행위라 하더라도 행위의 성질상 또는 법률상으로 처벌하지 아니하는 경우도 있다.[1)]

살인, 강도, 절도 등의 전통적인 범죄 외에 사회변화에 따른 새로운 범죄가 발생하기도 하고 그 사회의 특성에 따라서 특정한 범죄의 발생빈도가 높아지기도 한다. 범죄라고 하는 것이 절대적인 개념이 아닌 상대적인 개념이므로 시간과 공간에 따라 상대적으로 범죄가 될 수도 그렇지 않을 수도 있다. 예를 들어 시간적으로 볼 때, 세금포탈이나 마약 등과 같이 과거에는 범죄가 되지 않던 것이 오늘날에는 범죄로 취급되거나, 반대로 과거에는 미국에서처럼 흑인을 가르치는 것이 범죄로 규정되었으나 현재는 범죄로 다루어지지 않는 경우가 그것이다. 마찬가지로, 범죄의 공간적 상대성이란 것은 특정사회나 지역에서는 범죄에 해당되는 행위가 다른 지역이나 사회에서는 범죄가 되지 않거나 또는 그 반대의 경우를 두고 일컫는 것이다. 미국의 대부분의 주에서는 복권이나 경마 등의 몇 가지 경우를 제외하고는 도박이 금지되고 있으나 '네바다 주'에서는 그것이 합법적으로 인정되고 있다. 이슬람 지역에서 소를 도축하는 것이 법으로 금지되는 것처럼 특정한 종교 등으로 인하여 범죄가 성립하는 경우도 있다. 또한 사이버 범죄와 같이 과거에는 없었으나 과학문명이 발전하면서 새로이 생겨나는 범죄도 있다. 매스컴의 경우 직접적으로 범죄를 만들지는 않지만 범죄의 간접적인 영향을 미치는 경우도 발생하게 되었다.

국어사전은 범죄를 ①죄를 지음, 또는 지은 죄. ②법률에 따라 형벌을 받아야 할 위법행위로 뜻풀이하고 있다. 일반적으로 범죄란 사회에 유해한 것으로 평가되는 행위라고 할 수 있으나 사회구조의 변화, 시민의식과 윤리관의 변화, 그에 따른 현대형 범죄 등의 발생 등으로 그 개념 자체가 상대적이다. 따라서 어떠한 관점을 가지고 보느냐에 따라서 범죄의 개념과 그에 따른 정의는 다양하게 논의, 정리된다.

---

1) 이상원, 「범죄예방론」, 대명출판사, 2005, pp.15~16.

〈표 3-1〉 범죄 정의의 상대성 및 곤란

① 국가마다 법률에 정한 구성요건이 다른 경우가 많다. 예를 들어 음주, 간통, 포르노, 총기소지 허용 등을 들 수 있다.
② 행위의 동기나 목적(예를 들어 전시상황, 정당방위 등)에 따라 동일한 행위가 범죄가 되기도 하고 적법한 것이 되기도 한다.
③ 행위자의 자격이나 직업에 따라 동일한 행위가 다르게 정의된다. 예컨대 의사의 치료행위, 누드모델의 예술활동 인정여부 등을 들수 있다.
④ 과학기술의 발달, 사회구조의 변화, 시민의식과 윤리관의 변화 등에 따라 새로이 규정되는 범죄 등

1) 절대적 범죄개념과 상대적 범죄개념

'절대적 범죄개념'이란 일정한 국가의 법질서와 무관하게 시간과 공간을 초월해서 절대적으로 통용되는 자연적 범죄개념을 말한다. 그러나 범죄의 절대적 기준은 존재하지 않는다는 점에서 타당하지 않다. '상대적 범죄개념'이란 일정한 국가의 법질서를 통해서 규정된 범죄형식을 기준으로 하는 범죄개념이다. (예컨대 간통죄는 우리나라에서는 형법 제241조에 의하여 범죄가 되지만 영미에서는 이를 처벌하는 규정이 없으므로 범죄가 아니다)

2) 형식적(形式的) 범죄개념

보통 범죄라고 하는 경우는 법률에서 범죄로 되어 있는 행위를 지칭하고, 이것을 형식적 의의에 있어서의 범죄라고 부른다. 형식적 범죄개념에 의하면 범죄란 '형법에 의해 형벌이 과해지는 행위' 혹은 '구성요건(構成要件)에 해당하고 위법(위법)하고 유책(유책)한 행위' 라고 정의된다. 그 행위의 내용이나 실질을 따지지 않고 오로지 법률에 의해 형벌이 과해진다는 형식에 의해 범죄를 정의한 것이기 때문에 형식적 범죄개념이라고 한다. 어떤 행위에 대해 형벌을 과하기 위해서는 그 행위가 성문법에 규정 되어 있는 범죄행위의 유형과 부합해야 하고(構成要件該當

性) 그 행위가 법질서에 어긋난다는 평가를 받아야 하고(違法性) 그 행위를 한 사람에 대해서도 비난이 가능해야 한다. 형법해석학의 범죄개념은 주로 이 형식적 범죄개념을 사용한다.[2)]

실질적 범죄개념'이란 실정형법의 범죄개념과 무관하게 범죄의 '실질성'을 추구하는 범죄개념으로, 그 기준이 사회적 유해성과 법익이다. 즉 사회적으로 유해하거나 법익을 침해 내지 위협하는 반사회적 행위가 실질적 범죄에 해당하므로 형법은 이러한 행위만을 선별하여 금지해야 한다는 것이다. 이는 입법자에게 범죄화와 비범죄화의 기준을 제시하므로 형사정책과 밀접한 관계를 가지지만, 해당 국가의 헌법적 가치선언을 초월할 수 없는 즉 헌법적 구속을 받는 범죄개념이다

또한 실질적 의미의 범죄는 사회질서 유지라는 목적으로부터 보아 어떤 강제조치를 필요로 하는 반사회적인 행위의 성격을 갖는 형사정책상의 범죄로서, 이 의미로부터는 책임무능력자의 법률상 범죄로 되지 않는 반사회적 행위도 범죄로서 인정되는 것이다. 범죄를 실질적 관점으로부터 파악하여 대처한다고 하는 것은 다음 두 가지 점에서 적극적 의의를 가진다. 첫째로 형식적 범죄로 되지 않는 반사회적 행위를 형사정책의 대상으로 포섭하며 필요한 시책을 강구하는 것이 가능하다. 둘째는 현재 범죄로서 처벌되고 있는 행위에 관하여 실질적 견지로부터 검토하여 고치고, 형사정책상 중요하지 않는 범죄는 범죄목록으로부터 제거하고, 또는 사회질서 유지의 관점에서 보면 처벌할 가치가 없는 것 같은 행위는 사회적 상당행위로서 범죄통제대상으로부터 제외함으로써 형벌권의 부당한 행사를 회피하고 형사정책을 효율화 할 수 있다.

형식적 범죄개념과 실질적 범죄개념은 정상적인 형법에서는 조화의 관계에 있지만, 악법에서 첨예하게 대립, 갈등의 관계에 있다. 형식적 범죄개념에서는 범죄로 인정하고 실질적 범죄개념에서는 범죄로 인정하지 않기 때문이다. 실질적 범죄개념은 형법해석학에서보다는 형사입법을 할 때에 중요한 역할을 하게 된다.[3)]

2) 오영근, 「형법총론」, 대명출판사, 2002, P.93.
3) 신동운, 「형법총론」, 법문사, 2001. P.302.

2. 범죄유형의 분류

우리나라에서는 범죄의 유형을 분류함에 있어서 법익의 관념이 기초로 되는데 여기서 법익이라 함은 국가의 법률이 보호하고자 하는 상황상의 이익을 말한다.

1) 일반 형법상의 범죄분류

(1) 국가적 법익을 보호하는 형벌법규

① 국가존립의 기초에 관한 죄 : 내란죄, 외환죄, 국기에 관한 죄, 국교에 관한 죄 등

② 국가기능의 보호에 관한 죄 : 공안을 해하는 죄, 폭발물에 관한 죄, 공무원 직위에 관한 죄, 공무방해에 관한 죄, 도주와 범인은닉의 죄, 위증 및 증거인멸의 죄, 무고죄

(2) 사회적 법익을 보호하는 형벌법규

① 사회 윤리적 질서를 보호하는 형벌법규

- 신앙에 관한 죄, 방화 및 실화의 죄, 일수 및 수리에 관한 죄, 교통방해죄, 음용수에 관한 죄, 아편에 관한 죄, 풍속을 해하는 죄, 도박과 복표에 관한 죄

② 사회경제적 질서를 보호하는 형벌법규

- 문서위조, 유가증권위조, 통화위조, 인장위조 등

(3) 개인적 이익을 보호하는 형벌법규

① 인격적 법익을 보호하는 형벌법규

- 살인, 상해 및 폭행, 과실사상, 낙태, 유기, 체포 및 감금, 협박 및 강요, 약취와 유인, 정조에 관한 죄, 명예에 고나한 죄, 비밀침해의 죄, 주거침입의 죄 등.

② **재산적 법익을 보호하는 형벌법규**

- 신용훼손죄, 업무방해죄, 경매입찰방해죄, 절도 및 강도, 사취, 공갈, 횡령 및 배임, 장물죄, 손괴죄, 권리행사방해죄 등.

2) 경찰의 범죄분류

① 강력범죄 : 살인, 강도, 강간, 방화
② 절도범죄 : 절도
③ 폭력범죄 : 폭행(치사상 포함), 상해, 공갈협박, 손괴, 폭력행위 등 처벌에 관한 법률 위반
④ 풍속범죄 : 간통, 도박, 공연음란, 낙태
⑤ 지능범죄 : 독직, 위조, 사취, 배임, 선거에 관한 죄
⑥ 과실범죄 : 과실치사상(교통관계 포함)
⑦ 공무원범죄 : 공무원(준공무원 포함)이 관계되는 모든 범죄

3. 사회 환경과 범죄

1) 매스컴과 범죄

20세기의 많은 사회적 일탈은 만화, 영화, 잡지, 소설, 대중음악, 텔레비전, 그리고 광고 등의 대중매체에 많은 영향을 받은바 적지 않다고 지적되어 왔다. 텔레비전을 비롯한 이들 대중매체에 의한 폭력성의 표현이 범죄를 비롯한 많은 사회적 일탈을 야기 시키는 주요한 사회적 문제로 인식되고 있는 것이다.

즉, 이들 대중매체가 주요한 사회적 문제로 인식될 정도로 다양한 방법으로 사회적 일탈에 영향을 미치고 있는 것이다. 물론, 유용한 정보의 전달과 사회적 갈등의 해소, 그리고 범죄자에 대한 사회적 징벌과 범죄의 예방교육 및 반 범죄 분위기의 조장에 의한 사회의 통제와 통합 등 범죄와 관련된 대중매체의 긍정적인 측면도 부인할 수 없지만 부정적인 영향 또한 이에 못지않음을 간과할 수는 없는

것이다.

우선 대중매체는 외설(obscenity) 그 자체가 범죄이며, 특정 일탈행위를 전파시키는 도구로서 작용하기도 한다. 또한, 어떠한 매체에 지나치게 노출되는 것도 파괴적인 활동을 잉태시킬 수 있으며 이것을 우리는 흔히 "텔레비전중독(Television intoxication)"이라고 이름하고 있다. 즉, 대중매체의 폭력성보도에 많이 노출된 사람일수록 범죄에 가담할 확률이 높다는 고전적 주장이 그것이다.

대중매체는 범죄사건을 광고하고 과장하기 때문에 범죄를 조장하고 있으며, 이를 통한 언론재판 또는 여론재판을 유도하여 형사사법을 방해하며, 시청자들을 지나치게 범죄에 노출시킴으로서 범죄에 무관심하게 하고 때로는 공포에 떨게 하여 법집행과 범죄의 예방을 어렵게 한다. 또한, 언론이 특정 범죄자를 미화하여 범죄집단에서의 지위를 격상시켜주며 따라서 이들의 범죄는 물론 일반 시민의 범죄를 충동하게 된다. 그럼에도 불구하고, 이러한 결론을 내리기에는 보다 신중을 기할 필요가 있다. 일부에서는 우리사회의 폭력성과 폭력행위에 초점을 두는 연구는 대체로 대중매체가 폭력행위의 주요한 근원이 아니라고 주장하고, 반면에 대중매체와 폭력성에 초점을 맞춘 연구는 대체로 대중매체의 부정적 영향을 지적하는 경향이 있다. 즉 그들은 대중매체와 폭력성의 인과관계를 주장하는 사람들은 미국의 Surgen General 과학자문위원회의 연구결과를 인용하는데, 이 위원회의 보고서는 텔레비전의 폭력시청과 공격적 행위의 인과관계에 대해 이미 공격적인 아동과 특정한 여건 하에서만 있을 수 있는 잠정적인 암시에 지나지 않는다고 밝히고 있다.

또한, 텔레비전폭력의 지나친 시청과 폭력적이거나 공격적인 행위는 둘 다 다른 공통적인 요소가 결합한 산물이라는 것이다. 실제로, 영국에서의 실험결과, 비행소년과 非비행소년의 텔레비전시청 유형이 서로 다르지 않았으며, 공격적인 10대와 비공격적인 10대의 텔레비전시청과 선호도에 있어서도 중요한 차이점을 발견하지 못했다. 그래서 텔레비전 등의 대중매체가 어떠한 유형의 폭력행위에 대한 주요한 기여요인 또는 인과요인이라고 주장하기에는 문제가 있으며, 사실 대중매체가 우리사회의 범죄수준에 지대한 영향을 미쳤다고는 할 수 없다. 즉, 소수의 병리적 사람의 경우를 제외하고는 대중매체가 폭력의 단일원인이 절대로 될 수 없으며 기껏해야 미미한 정도로 우리사회의 폭력성에 기여한다고 할 수 있을 것이다.

그러나 범죄에 대한 대중매체의 영향을 전혀 무시할 수만은 없다. 언론에 의한 범죄의 미화와 조장은 우리사회의 범죄중심문화(Crime Centered Culture)를 양산하고 그 결과 우리사회의 실제범죄보다 범죄가 더 많은 것 같이 보이게 하며, 이는 대다수 시민이 실제 이상으로 범죄에 대한 공포(Fear of crime)를 느끼고 있다는 사실로서 알 수 있다. 물론, 이러한 주장이 경험적 증거로 증명된 경우는 드물지만, 사람들이 신문을 읽고 텔레비전을 보면서 우리사회의 범죄에 대해 그 특성과 정도에 관한 자신의 관점에 많은 영향을 받을 수 있다고 충분히 가정해 볼 수 있다. 실제로, 사회의 범죄유형과 정도에 관한 시민들의 추정은 경찰의 공식통계보다는 신문보도와 더 가까운 것으로 나타나기도 한다.

그런데, 이처럼 지금까지의 연구결과만 가지고 범죄와 대중매체의 인과관계를 분명히 할 수는 없는데, 바로 다음과 같은 이유가 있기 때문이다. 우선, 전통적으로 이 분야의 연구를 함에 있어서 범죄의 시작, 공격성의 증대, 태도의 변화 등이 개념화되고 있는데 이러한 것들이 우리사회의 특성, 커뮤니케이션의 과정, 폭력과 언론에 대한 우리의 부적절한 이해에 기초하고 있다는 것이다. 따라서 대중매체가 범죄에 영향을 미치기는 하지만 지금까지의 전통적인 연구가 지적해온 것과는 다르다는 것이다. 둘째로, 국가와 사회에 따라 언론의 범죄보도의 양과 특성이 상이하고 이것을 받아들이는 것 또한 상이함에도 불구하고 무시되었다는 지적이다. 셋째로, 지금까지의 연구는 이론적, 개념적, 그리고 방법론적 입장에서도 비판을 받고 있다. 특히, 폭력성과 공격성과 같은 주요개념의 사용이 일관성과 명확성이 결여되어 있다는 지적이다.

2) 경제와 범죄

1960년대, 미국에서 범죄문제를 비롯한 제반 사회문제의 근원을 빈곤이라는 경제적 문제에 기인하는 것으로 간주하고 이의 해결을 위한 빈곤과의 전쟁(War on poverty)이 선포되었을 정도로 범죄사회학이 발전됨에 따라 더불어서 경제적 환경과 범죄의 관계가 더욱 폭넓게 논의되어왔다. 이러한 논의는 범죄문제와 경제의 관계를 대체로 빈곤과 실업(unempolyment)의 관점으로 나누어 살펴보고 있다.

(1) 빈곤과 범죄

경제적 빈곤이 범죄성의 요인이 된다는 주장은 대체로 다음 두 가지 논거에 기초하고 있다. 많은 연구결과 수형자를 비롯한 범죄 및 비행자 집단 중에서 빈곤계층이 차지하는 비율이 지나치게 높다는 사실이 그 하나이며, 경제적으로 빈곤한 지역이 그 반대의 지역보다 범죄율이 훨씬 높다는 사실이 그 두 번째 논거이다.

그러나 개인의 경제적 상태나 지위와 범죄와의 관계성은 이미 계층과 범죄를 다루면서 논의되었기 때문에 여기서는 경제적 빈곤지역과 범죄의 관계를 중심으로 논의하고자 한다. 일찍이, Ogburn, Shaw, McKay는 범죄의 지역적 비교를 통해서 빈곤과 범죄의 상관성을 발견하였으며, 영국에서도 Morris는 비행지역(Delinquency Area)이 과밀가정(Overcrowded Home)의 비율에 정비례하는 반면 중류가정의 비율과는 반비례한다는 사실을 밝혀서 빈곤지역과 범죄의 유관성을 간접적으로나마 암시하였다.

이러한 연구의 결과와 사실들을 놓고 본다면 빈곤이 범죄에 기여하는바 적지 않음을 알 수 있다. 그런데, 이러한 유관성은 빈곤으로 인한 각종의 관습적 기회와 수단의 차단내지는 제한이라는 구조적 측면, 그리고 범죄적 부문화에 가까운 빈곤문화(Subculture of Poverty)적 입장, 그리고 상대적 빈곤(Relative Poverty)과 그에 따른 상대적 박탈감(Relative Deprivation)이라는 세 가지 관점에서 설명될 수 있을 것이다.

첫 번째 주장은 경제적 빈곤으로 인한 교육기회의 부족과 그에 따른 기회와 수단의 부족 우리사회의 구조적 모순이 이들로 하여금 비 관습적 수단과 기회에 호소하게 한다는 주장이다. 반면에, 빈곤계층의 사람들은 게으름이나 장기쾌락의 추구 등 범죄적 부문화에 가까운 그들만의 독특한 빈곤의 문화가 범죄를 조장한다는 것이 두 번째 주장이다. 그리고 세 번째는 이러한 절대적 빈곤 그 자체도 물론 범죄와 유관한 것이지만 사람들이 느끼는 상대적 빈곤감이 범죄에의 충동감을 느끼게 할 수도 있다고 보는 관점이다.

(2) 경기변동과 범죄

일반적으로 국가의 경제상태가 그 사회의 여러 분야에 영향을 미치고 있기 때문에 범죄문제와도 무관하지 않으리라는 것은 쉽게 추정해 볼 수 있다. 1922년, 미국에서 경제활동지표와 형사제재율의 관계가 처음 보고된 이래, 20세기 전반 경제주기에서 경제활동수준이 낮을 때 재산범죄가 현저히 많았음을 알 수 있다. 1960년대에, 미국의 경제학자인 Fleisher는 소득수준과 비행의 관계를 면밀히 분석한 결과 일반적인 경제조건이 비행에 영향을 미친다는 결론을 내린 바 있다.

그리고 이에 유엔 사회방위연구소(UN Social Defense Research Institute)에서는 경기변동이 범죄에 미치는 영향을 죄종별로 분석하기도 하였다. 자동차절도 등은 범행기회의 증대로 인하여 오히려 호경기에 많이 일어나는 반면 대부분의 경제범죄와 음주 등은 경제적 공황기에 증가하는 것으로 나타났다. 세계 여러 나라의 경제지표와 범죄에 관한 시계열분석의 결과도 범죄의 증가와 경제의 침체가 강력한 관련이 있음을 알았다.

이처럼, 경기변동과 범죄는 상당한 관계가 있는 것으로 보이지만 이 관계를 보다 확실히 하기 위해서는 몇 가지 신중을 기해야 한다. 우선, 이런 종류의 연구가 대부분이 부적절한 척도를 사용하거나 집합적 자료만을 이용하는 등 좋지 않거나 시대에 뒤지는 연구방법에 의존하고 있을 수 있다는 지적이 있다. 그리고 이 두변수의 관계가 반드시 인과관계를 나타내지는 않는다는 것도 지적되고 있다. 즉 경제적 불황이 범죄율의 변화를 선행하지만 그것이 단순한 동행을 의미하지는 않아서 상대적 박탈감(Relative Deprivation)과 같은 다른 변수와의 연계기제가 고려되어야 한다는 주장이다. 따라서 경기변동으로 인한 범죄율의 변화라는 인과관계가 어느 정도는 사실이지만 다른 요소들과 복합적으로 고려되어야 하는 복잡한 관계라고 결론지을 수 있다.

(3) 실업과 범죄

일찍이 Mannheim은 범죄의 동향은 실업율의 증감과 거의 정확하게 일치한다는 사실을 주장하면서, 그러나 이 관계는 다른 요인에 따라 변할 수 있기 때문에 실업율과 범죄에 대한 총체적인 척도에 의존하지 말 것을 권고하였다. 그 이후 이 분야의 많은 연구가 이루어졌으나 그 결론은 매우 다양하였다. 일부에서는 이들 두 변수의 관계는 무시해도 좋을 정도로 미미한 것이라고 주장하였고, 반면 또 다른 일부에서는 실업이 범죄를 유발하는 주요요인이라고 주장하기도 하였다. 그러나, 대다수의 연구는 이들 두 극단의 중간정도에 위치하고 있는 것으로서, 이들은 실업이 범죄에 영향을 미치고 있음은 틀림없지만 그것은 오로지 다른 많은 요인 중의 하나에 불과하다는 입장이다.

이처럼, 실업과 범죄의 관계에 대한 확실한 결론을 내릴 수 없는 몇 가지 이유가 있다. 우선, 두 변수의 인과관계가 존재한다는 어떤 연구결과가 다른 연구 상황에서는 호환적으로 이루어지지 않는다는 점을 문제 삼을 수 있다. 즉 바로 그 연구를 한 상황에서만 해당하는 것이지 다른 상황에서는 적용될 수 없다는 것이다. 그러나 이 보다 더 중요한 이유는 상이한 연구방법이 이용되기 때문에 결과나 결론 또한 당연히 이용된 연구방법에 따라 달라질 것이라는 지적이다. 예를 들자면 실업과 범죄를 측정하는 방법이 지역과 시간에 따라 상이하며 분석을 위한 통계적 기술 또한 상이할 수밖에 없다는 것이다. 또한, 우리는 종종 범죄율과 범죄자를 혼동하고 있다. 즉 특정지역의 범죄율과 실업률 사이에 아무런 관계가 없을지라도 개별적으로는 고용된 사람보다 실업자가 범죄를 범할 확률이 더 높을 수 있다는 것이다. 끝으로, 대부분의 연구가 지역 간 범죄율과 실업률을 비교하는 횡단적 연구라는 사실도 실업과 범죄의 관계에 대한 분명한 결론을 도출해낼 수 없게 하는 요인의 하나이다. 그러나 실업과 범죄와의 관계에서는 이와 관련되는 다른 요인들의 역할이 중요하다는 것도 함께 고려되어야 한다. 우선, 연령의 문제로서, 연령별로 분석되지 않는 한 실업과 범죄의 관계는 불분명할 수밖에 없다는 것이다. 실제 연구의 결과도 이처럼 나이에 따른 실업의 범죄에 대한 영향을 분석함으로써 두 변수간의 관계가 더욱 명확하게 나타났다. 즉, 실업이 가장 많은 영향을 미치는 집단이 중년층이었다는 것이다. 청소년층의 경우는 아직은 직업전선에 뛰어들 나이가 아니기 때문에 직접적인 영향을 받지 않는다는 것이다.

그러나 Gibbs는 자신의 연령층의 대다수 사람들이 직업전선에 뛰어들지 않는다면 실업이 연령집단의 문화적 목표를 성취하기 위한 개인의 수단을 약탈하지 않기 때문에 범죄에 크게 영향을 미치지 않는다는 소위 “지위통합(Status Integration)”이라는 말로서 이를 설명하고 있다.

또한, 실업과 범죄의 관계는 사회적 여건에 따라서도 달라질 수 있다. 실업은 연령에 관계없이 특히 재산범죄에 더 큰 영향을 미치며, 실업을 많이 경험한 가정의 자녀가 범행할 확률이 더 많다는 것이다.

결론적으로, 실업이 범죄에 영향을 미치는 것은 사실이나 범행에 가장 많이 노출된 범죄지향적인 사람에게 가장 큰 영향을 미친다는 사실을 고려할 때 실업 그 자체가 법을 기본적으로 준수하는 사람에게는 범행을 야기시키는 영향을 적게 미칠 것으로 보인다.

따라서 현재로서는 실업이 범죄에 기여하는 요인임에 틀림없으나 인과관계가 그리 간단하지 않다는 것이다. 실업이 범죄가 확산되는 사회조건을 결정하는 주요한 요인이지만 실업의 해결이 범죄의 해결을 의미한다고 할 수 없으므로 실업이 범죄의 유일한 원인은 아님이 분명하다.[4)]

4. 범죄예방 및 대책

1) 범죄예방의 의의

범죄는 예방 하는 것이 최선의 방책인데 범죄예방 또는 방범(Crime Prevention 또는 Anti-crime)이란 범죄가 일어나지 않도록 막는 것, 즉 범죄의 실질적 수준을 감소시키거나 범죄의 위험이나 공포를 감소시키기 위하여 사전에 행하는 행동을 말한다. 미국범죄예방연구소(National Crime Prevention Institute : NCPD)는 범죄예방을 범죄적 기회를 감소시키려는 사전활동이며 범죄에 관련된 환경적 기회를 제거하는 직접적 통제활동으로 규정하였고 범죄가 발생하는 요소를 범죄욕구, 범죄기술, 범죄기회로 구분할 경우 범죄예방은 범죄욕구나 범죄기술에 대한 예방이 아니라 범죄기회를 감소시키려는 활동이라는 것이다. 이 외에 최근에 나타나고 있는 범죄예방의 개념으로 "범죄의 위험을 예견, 인식, 평가하여 범죄를 감소, 근절시키기 위한 사전활동" 이라고 정의되고 있는데 이것은 잠재적 범죄자의 범행욕구 등에 초점을 맞추기보다 범죄의 기회를 줄이는 것에 초점을 맞추는 것이라고 볼 수 있다. 이렇게 볼 때 범죄예방이란 범죄가 발생하지 않도록 미리 그 원인을 제거하고 범인성 환경을 정비하며 또 그 피해가 확산되는 것을 방지하는 제반활동이라고 요약할 수 있다.

P. J. Brantingham과 F. L. Faust는 범죄예방의 개념을 다음과 같이 제시하였는데 1차적 범죄예방은 범죄 행위를 조장하거나 범죄의 기회를 제공하는 물리적,

4) 이윤호, http://kuic.kyonggi.ac.kr/~yhlee/crime-3.html

사회적, 환경조건을 개선하여 범죄를 예방하는 것으로 여기에는 자물쇠장치, 조명, 건축설계, 접근통제 등과 같은 환경설계, 민간경비, 이웃감시, 경찰방범 활동, 형벌과 같은 일반예방, 범죄예방 교육 등이 포함된다.

2차적 범죄예방은 잠재적 범죄자를 초기에 발견하고 이들의 범죄기회를 차단하여 범죄를 예방하는 것으로 범죄지역 분석이나 범죄예측 전환제도 등과 같은 것이 여기에 포함된다. 2차적 예방은 범죄 가능성이 높은 환경이나 개인을 대상으로 하기 때문에 이들과 많이 접촉하는 지역사회의 지도자나 부모, 교사 등에게 많이 의존하게 된다.

3차적 범죄예방은 실제 범죄자를 대상으로 범죄자들이 더 이상 범죄를 저지르지 않도록 하기위한 활동을 말하며 체포, 기소, 교도소구금, 치료, 사회복귀와 같은 것이 이에 해당되며 민간운영 교정 프로그램과 지역사회내의 교정활동 등도 이에 포함된다고 하였다.[5)]

광의의 범죄예방은 범죄의 원인을 제거하거나 감소시키는 모든 활동을 뜻한다. 여기에는 범죄의 수사, 재판, 행형, 교정 등과 같은 형사과정 뿐만 아니라 정치, 경제, 사회, 문화의 모든 정책과 범죄 홍보등도 포함된다.

광의의 범죄에 관련해서 볼 때 범죄예방 업무는 어느 하나의 행정이나 사회기관에 의하여 전담되어 질 수 있는 성질의 것으로 볼 수 없고, 이것은 국가 및 모든 사회구성원, 사회단체가 공동하여 해결해야 할 과제로 여겨진다.

범죄예방은 범죄발생의 원인을 제거하거나 범죄억제작용을 하는 여러 원인을 강화함으로서 장래에 범죄가 발생하지 않도록 하는 것이다. 여기에는 범죄문제와 직접적인 관련이 있는 경찰·검찰·교정 등과 같은 형사사법기관의 범죄예방에 대한 제반활동은 물론이고 여러 행정기관·사회단체·민간경비업체의 범죄예방활동들이 포함되며 시민들의 자율방범활동이나 신고 및 협조도 포함된다고 볼 수 있다.[6)]

2) 범죄예방이론

범죄예방이론은 여러 학자들의 많은 이론이 있지만 여기서는 제퍼리(Ray C.

5) 김윤수, “지역사회 범죄예방활동과 민간경비의 역할에 관한 연구”, 용인대학교 경영대학원 석사학위논문, 2001, PP. 6~7.
6) 전대양,「현대사회와 범죄」, 형설출판사, 2002. p.324.

Jeffery)의 형벌에 의한 범죄억제모델, 사회복귀모델, 환경공학적 범죄통제모델에 의한 범죄예방이론을 논하기로 한다.

(1) 형벌에 의한 범죄억제이론

① 의의

이 이론은 18세기에 전개된 고전학파의 범죄이론을 바탕으로 하며 처벌의 억제효과를 강조하여 범죄예방을 시도하려는 논의이다.

억제이론(deterrence theory)이란 인간은 사고능력이 있고 원천적으로 자기 이익에 의해서 동기를 부여 받으며 선택의 자유가 있기 때문에 범죄행위도 합리적 계산의 결과 선택된 것이라고 보는 주장이다. 따라서 범죄행동을 억제하기 위해서는 형벌을 확실하게 집행하고(확실성), 형벌의 정도가 엄격하여야 하며(엄격성). 형벌이 신속하게 부과되어야(신속성) 사람들이 형벌에 대한 두려움을 느껴 범죄를 자제한다는 것이다.[7] 즉 범죄행위에 대한 국가의 강력한 처벌을 통하여 범죄를 억제하려는 것이다. 억제이론에서는 개인이 범죄를 저지를 것인가의 여부는 전적으로 개인 스스로의 책임이지 결초 사회의 책임이 아니다. 그러므로 국가는 범죄를 저지를 사람을 처벌함으로서 그 대가를 받게 하고 이러한 처벌을 통하여 미래의 범죄를 예방하려는 것이다. 이 이론에서는 범죄자보다 범죄행위 그 자체에 관심을 갖게 되어 범죄자가 범죄를 저지르게 되는 동기나 원인, 사회적 환경 등에는 관심이 없고 범죄에 대한 적절한 처벌에 초점을 두어 응보주의적 입장에서 범죄에 대한 대가로서의 처벌과 범죄억제가 고려되어야 한다는 것이다.

---

7) 깁스(J. Gibbs)는 1968년도에 살인범죄에 대해 미국 50개 주를 대상으로 범죄발생률, 범인검거율, 평균형량 등의 관계를 분석하였다. 그 결과 형벌의 집행이 확실하고 형벌의 정도가 엄격한 주일수록 그 지역에서 살인사건 발생률은 낮은 것으로 조사되었다. 이듬해 티틀(Ch. Tittle)은 살인사건 뿐만 아니라 다른 범죄를 포함하여 형벌이 갖는 범죄억제효과를 검증하였다. 그 결과 살인사건의 경우에는 형벌의 엄격성이 높을수록 그 지역에서 살인사건 발생률은 간소하는 경향을 보였다. 그러나 살인사건을 제외한 다른 사건은 이러한 관계를 찾아 볼 수 없었다. 반면에 처벌의 확실성은 모든 범죄에 매우 중요한 영향을 미치는 것이었다. 범죄유형에 관계없이 특정범죄에 관한 검거율이 높을수록 그러한 범죄의 발생률은 대체로 낮은 편이었다.
전대양, 상게서, p.65.

② 억제이론에 대한 비판과 한계

첫째, 억제이론은 합리적 선택이론에 근거하고 있어서 절도 등의 재산범죄에는 어느 정도 적용되지만 충동적 범죄유형에는 적용되기 어려운 점이 있다. 충동적 범죄(주로 폭력범죄)가 개인의 합리적 선택 보다는 주변의 환경과 개인의 성향에 의해서 발생된다는 점에서 억제이론은 그 적용의 한계가 있는 것이다.

둘째, 억제이론은 어떠한 범죄를 저지르면 어떠한 처벌을 받을 것이라는 것을 공중이 인지하고 있어야 한다는 것을 전제하지만 현실은 그렇지 못하다. 일반국민의 대다수는 형벌법규의 구체적인 규정을 알지 못하기 때문이다.

셋째, 억제이론에서는 처벌을 통한 예방효과가 실패하였을 경우, 이를 보완할 다른 대안을 갖고 있지 못하다. 또한 국가가 범죄자를 처벌함에 있어서 범죄자에 대한 응보와 범죄억제효과만을 고려하는 것이 아니라 다른 경제적, 사회적 비용을 고려해야 하기 때문에 처벌을 통하여 범죄행위를 예방하기에는 다른 가변요소로 인한 제약이 너무 많다.

넷째, 억제이론의 가장 큰 단점은 그것이 추론적 논의이기 때문에 처벌의 범죄효과를 경험적으로 연구하기 어렵다. 따라서 억제효과가 있었는지, 있었다면 얼마만큼의 억제효과가 있었는지를 밝혀내기 어려운 것이다.

(2) 사회복귀이론(치료 및 갱생이론)

① 의의

이 이론은 생물학·심리학적 범죄이론에 의한 치료와 갱생이론으로서 19세기에 전개된 것으로 경험론, 다윈의 생물학적 진화론, 콩트의 실증주의, 결정론적 인간관에 바탕을 두고 있다. 이 이론에서는 기본적으로 범죄자를 생물학적·심리학적 결함이 있는 인간으로 보고 있다. 이러한 결함이 정상인과 다른 속성을 갖게 하고 결국 범죄자가 되게 한다는 것이다. 이러한 갱생이론에서는 기본적으로 범죄자를 내재적인 결함이 있는 인간으로 봄으로써 범죄자는 처벌받아야 하는 것이 아니라 치료받아야 한다는 주장이다. 억제이론과는 다르게 범죄를 개인의 책임이 아니라 사회의 책임으로 인식하였으며 사회가 범죄문제를 적극적으로 해결해야 한다고 파악하였다. 처벌에 의한 범죄억제효과를 아주 미약한 것으로 평가하고 범죄자의 치료와 갱생활동을 통한 범죄예방을 강조하였다. 이는 주로 사회단체 및 교도소에서의 범죄예방활동의 이론적 배경이라고 할 수 있는데 교도소는 범죄자의 처벌과 더불어 치료, 갱생, 재사회화를 목적으로 하고 있으며 이러한 활동은 범죄자의 내재적 결함을 치료·교정하여 정상적인 모습으로 사회에 복귀시켜 정상적인 활동을 가능하게 함으로써 다시 범죄를 저지르지 못하게 하려는 것이다.

이를 위해서 법원에서는 처우의 필요성을 결정하고 치유될 수 있는 악폐로서의 행위를 단정하여 부정기형(不定期刑), 보호관찰, 가석방 등의 조치를 취하고 소년법원으로 이송하며, 성범죄나 마약 중독 범죄자에 대한 전문기관에의 위임치유 등을 행한다. 또, 치료를 통한 개별범법자의 복귀, 집단상호작용, 기술훈련, 경우별 감독을 통한 가석방 등의 조치를 교정 기관에서 행하는 것이다.[8)]

② 치료 및 갱생이론의 비판

범죄자에 대한 치료와 갱생활동이 범죄예방효과에 어떠한 영향을 미치는가에 대해서는 비판적인 견해가 지배적이다.

- 치료 및 갱생활동은 비교적 비용이 많이 든다.
- 치료 및 갱생프로그램은 대부분 범죄행위에 대한 간접적 통제활동이기 때문에 적극적인 범죄예방에는 한계가 있다.
- 수형자는 자유인의 환경에 적응하는 것이 아니라 수형자의 환경에 더욱 잘 적응한다.
- 교도소는 갱생에 반대되는 활동을 하기도 한다.

즉 교도소 내의 치료와 갱생활동이 현실적으로 적절하게 이루어지고 있는지에 대한 의문을 갖는 것이다. 아직도 교도소는 치료와 갱생보다는 응보와 처벌이 중요한 기능을 하고 있다고 보여 진다. 높은 재범률은 교도소의 갱생활동의 실패를 보여주는 단면이라고 할 수 있다.

(3) 환경공학적 범죄예방이론

이 이론은 도시정책, 환경정책, 인간관계의 개선, 정치·경제·사회 각 분야에서의 갈등해소를 통하여 범죄예방을 도모하려는 것이다.

8) 이윤호, 전게논문, p.16.

초기의 사회학에 근거한 범죄연구에서 물리적 환경이 관심의 대상이 된 것은 범죄가 일정지역에서 발생한다는 관점에서부터 시작되었다. 이것은 범죄가 모든 지역에 골고루 분포되어 발생하는 것이 아니라 일정지역에서 일정대상을 목표로 일정시간에 주로 반복된다는 사실에 대한 발견이었다. 즉, 범죄발생은 지역이나 피해자측면에서 임의성이 없으며, 대신 일정한 범죄취약지구가 존재하고 대개 이 지역을 중심으로 반복해서 범죄가 발생한다는 것이다. 이 경우 범죄의 지역편중현상을 범죄자의 개인적 성향이나 사회적 배경만으로는 설명하기가 곤란하고, 오히려 그 지역의 환경적 특성의 차이에 기인하는 것으로 보는 것이 더 타당하다는 점이다. 즉, 어느 지역의 내부환경과 구조 환경 등 일정한 물리적 환경의 특성이 범죄기회구조를 제공하여 그 장소에서의 범죄 발생을 유도한다는 것이다.

이와 같은 CPTED의 기본개념은 뉴먼(Oscar Newman)의 "방어공간(defensible space)" 개념에서 출발하여 널리 알려지게 되었으며, 물리적 환경과 범죄를 연결시킨 주요 이론가들은 뉴먼(Oscar Newman), 제퍼리(C. Ray jeffery), 그리고 가디너(Richard A. Gardiner)를 들 수 있다. 뉴먼은 공간의 4가지 기본적인 요소를 제시하면서 환경설계를 통한 범죄예방(CPTED : crime prevention through environmental design) 전략의 이론적 기초를 마련하였다. CPTED는 범죄의 구성요건이 되는 가해자, 피해자, 장소간의 상관관계를 분석하여 범죄를 예방하거나, 범죄로 인한 불안감을 감소시키기 위한 일련의 물리적 설계를 말하는데 이를 위해 거주자들의 공간이용형태와 지역사회화 주거공간의 취약점을 밝혀내어, 보완작업을 하거나 이를 사전의 건축 설계 시에 반영하는 것이다.

이때 환경이 단순히 건축학적인 용어인 물리적 환경만을 의미하는 것은 아니며 넓은 의미에서 그 안에 살고 있는 사람들이 만들어내는 사회적 환경과 문화적 환경을 포함하는 포괄적인 개념이며 그 후 CPTED의 개념을 체계적으로 정립한 사람은 제퍼리이다. 그는 건축 환경을 적절히 이용한다면 범죄에 대한 공포가 감소하고 범죄 발생율이 낮아져 결국 삶의 질을 높이는 결과가 나타난다고 생각했다. 결국 그의 견해에 따르면 CPTED란 물리적 설계, 주민의 참여, 경찰활동 등 3요소를 종합적으로 접합시키는 방법을 통해서 지역사회를 범죄로부터 안전하게 보호하고 범죄에 대한 공포를 제거하는 방범기법을 지칭한다.[9)]

9) 전대양, 전게서, p.367.

3) 범죄예방활동의 필요성

범죄 진압도 매우 중요한 활동이기는 하지만 이는 어디까지나 범죄가 발생한 이후의 일이기 때문에 다음과 같은 미흡함이 있다.

첫째, 범죄는 피해를 수반하기 마련인데 범죄피해는 피해법익에 따라 재산처럼 비교적 신속하고 완전하게 원상회복 할 수 있는 경우도 있지만, 신체·명예·정조 등 원상회복에 시간이 걸리거나 불완전한 경우가 대부분이며, 생명과 같은 법익은 원상회복이 불가능하다.

둘째, 범죄가 발생한 후에는 범죄자의 검거, 재판, 교정 등에 많은 비용이 소요된다. 그런데 그러한 비용부담에도 불구하고 궁극적으로 범죄자에 대한 교정이 어느 정도의 효과를 거두고 있는지 의문스러울 뿐만 아니라, 설령 범죄자 교정에 성공하였다 하더라도 처벌의 낙인효과로 말미암아 종래의 정상적인 인간관계나 사회관계를 복원하기는 매우 어렵다.

셋째, 범죄의 증가는 범죄자와 피해자의 증가를 의미하는데 이는 일상생활에서 시민간의 불신, 범죄피해에 대한 두려움, 형사사법기관에 대한 불신 등으로 이어져서 시민들의 자유로운 활동을 저해하고 사회적 분위기를 위축시키며, 극단적으로는 사회의 해체를 야기할 수도 있다.

결국 범죄 진압으로는 이미 저질러진 범죄의 부정적 영향까지 제거할 수는 없기에 범죄예방의 필요성이 더욱 절실히 부각되는 것이다.

많은 나라들이 엄청난 자원을 투자하여 범죄예방에 힘쓰는 것은 시민의 안전서비스 욕구를 충족시킴과 동시에 범죄의 예방이 그것의 진압보다 여러 가지 면에서 유리하기 때문이다.

범죄가 이미 발생할 경우 그 범죄에 대한 피해는 돌이킬 수 없고 완전한 회복은 불가능하며 범죄로부터의 직간접적인 피해, 사회의 무질서와 혼란, 시민의 인권침해 소지, 형사사법기관의 비대화와 이로 인한 비용 등 범죄예방정책이 실패했을 때 불러올 피해를 고려하면 범죄예방이 최우선 정책이어야 함이 자명하다 할 것이다.[10]

10) 전대양, 상게서 p,324.

4) 범죄대책

범죄가 이와 같이 양적으로 증가하고 질적으로 흉포화·다양화되어 가면 결국에는 사회공동체의 존립과 그 구성원인 개인의 생존이 위협받게 될 것이므로 범죄를 방지하기 위한 대책을 세워 시행해야 함은 시급한 국가적·사회적 과제가 아닐 수 없다. 범죄대책에도 여러 가지 방안들이 있겠는데 이를 크게 둘로 나누면 초범방지 대책과 재범방지대책이 될 것이다.

전자는 범죄가 발생하기 이전에 사전예방 대책을 강구하여 범죄가 애당초 발생하지 않도록 미리 방지하려는 대책인데 이를 일반예방대책이라고 하며, 후자는 일단 범죄가 발생한 후라도 그 범죄인이 다시 재범(2범 이상)을 저지르지 않도록 방지하려는 대책인데 이를 특별예방대책이라고 한다. 그리고 후자는 범죄인의 처우를 통하여 재범을 방지한다는 관점에서 이를 범죄인처우대책이라고 할 수 있을 것이다.

또 범죄방지대책은 형벌이나 보안처분 또는 소년보호처분 등과 같은 국가적인 형사사법제도에 의하려는 형사사법정책과 교육개혁, 경제건설, 사회복지의 향상, 사회정의의 실현 등과 같은 비형사사법적 사회교육정책으로 나눌 수도 있다.

그리고 형벌제도와 같은 형사사법제도의 운용을 통하여 범죄방지효과를 거두고자 할 때에도 형벌로써 일반국민을 위협하거나 범죄인에게 형벌고통을 가중시킴으로써 범죄방지를 꾀하려는 방법과 형벌(특히 자유형)이 갖는 격리기능이나 교육을 통하여 범죄인을 사회로부터 격리시키는 소극적 방법 또는 범죄인을 교정·교화시켜 새 사람을 만드는 적극적인 방법으로 재범을 방지하려는 노력이 있을 것이다.

범죄대책을 국가의 작용에 따라 입법정책·사법정책·행정(행형)정책으로 나눌 수도 있겠는데, 입법에 의한 범죄대책은 주로 형벌예고를 통하여 국민일반을 위하(威嚇)함으로써 범죄를 예방하려는 일반예방대책에 속할 것이고 재판단계에서의 범죄대책 역시 법 위반자를 그 책임에 상응하게 처벌함으로써 형벌위하를 통하여 일반국민으로 하여금 범죄를 저지르지 않게 한다는 점에서는 일반예방대책이라고 할 수 있겠으나 사법정책은 더 나아가서 범죄인의 재범위험성을 고려하여 그 재범방지와 사회복귀에 도움을 줄 수 있는 사법적 처우도 행한다는 점에서는 특별예방대책이라는 성격을 아울러 가진다고 할 것이다.

이와는 달리 재판이 끝난 다음 행형단계에서 범죄인을 시설 내에서 교정처우하거나 사회 내에서 보호관찰이나 갱생보호 등의 보호적 처우를 행하는 것은 전적으로 범죄인의 사회복귀와 재범방지를 목적으로 하는 것이므로 이를 특별예방 대책이라고 할 것이다.

관점을 달리하여 국가작용을 집행하는 기관을 기준으로 범죄대책을 나눈다면, 경찰 · 검찰 · 법원 · 교도소 · 소년원 · 감호소 · 보호관찰소 · 갱생보호공단 등에서 행하는 범죄대책으로 단계별로 나누어 살펴볼 수도 있다. 널리 알려진 바와 같이 경찰에서는 광범한 방범활동과 함께 범죄수사와 범인 검거에 주력함으로써 범죄의 일반예방에 기여하며, 검찰에서도 범죄수사와 범인 소추를 통하여 일반예방을 도모하지만 기소와 불기소를 재량적으로 행한다든지 특히 소년에 대하여 선도조건부 기소유예처분을 행하는 것 등은 특별예방을 목적으로 하는 것이다.

법원에서는 앞에서 본바와 같이 책임에 상응한 형벌부과로써 일반예방을 도모코자 하는 한편 양형과정에서 재범 위험성과 사회복귀 가능성을 고려함으로써 특별예방효과를 거두려는 노력도 기울이며 보안처분과 소년보호처분의 선고는 전적으로 특별예방적 관점에서 이루어진다. 교도소·소년원·감호소 등 교정시설에서는 행형이나 처분집행의 목적을 주로 또는 전적으로 재범방지와 범죄인의 사회복귀에 두고 이들에 대한 교정교화활동을 전개하며, 보호관찰소와 갱생보호공단 등 사회 내 처우기관에서는 각종 유예자와 가석방자(가퇴원자) 및 출소자 등을 지역사회 내에서 지도감독하고 보도 원호하는 방법으로 재범방지와 사회복귀를 위한 활동을 전개하는데, 보호관찰소와 갱생보호공단의 성격상 차이는 그 활동이 전자는 권력적인데 비하여 후자는 임의적이라는 것뿐이다.

마지막으로 범죄대책은 그 담당자에 따라 정부주도의 범죄방지활동과 민간주도의 범죄방지활동으로 나눌 수 있으며 민간범죄방지활동을 다시 순수한 민간 활동과 정부의 위촉 또는 허가에 의한 민간 활동으로 구별 할 수 있다. 그리고 오늘날 민간범죄방지활동은 범죄의 증가와 공무원에 의한 범죄방지활동의 한계라는 상황 속에서 그 중요성이 점점 더 커지고 있는 것이다.[11]

범죄와 범죄두려움에 직면하여 대부분 사람은 사회로부터 도움을 요청하고 있지만, 여러 구성요소를 포함한 형사사법체계를 구성하고 범죄문제에 대처하고 있는 국가나 사회의 힘만으로는 역부족인 실정이 되어 버렸다.

---

11) http://www.mojra.or.kr/thesis/upload_files

하지만 이러한 잠재적인 범죄들은 일상생활 중 조금만 주의를 하면 사전에 피할 수 있으며 무엇보다 범죄 예방은 경찰의 부단한 노력과 주민들의 긴밀한 협조 속에서 완벽한 치안이 유지될 수 있다.

일상적 생활 속에서 사전에 범죄요인이 되는 제 요소들을 점검하고 항상 "누군가의 표적 대상은 되고 있지 않은가"하는 예방의식의 생활화가 필연적이며 "설마" 하는 열외 의식은 절대 금해야 한다.

시민 개개인이 사소한 것부터 자위적으로 방범의식 전환을 생활화하는 것이 무엇보다도 범죄 예방을 하는 최선의 방법이다.

5. 우리나라 범죄 추세

우리나라의 범죄현상을 그 질적인 면에서 살펴보면 우선 살인 · 강도 · 강간 · 방화 등을 비롯한 강력범죄와 폭력범죄가 급격한 증가를 보이고 있으며 그 수법도 날로 흉악화 · 조직화 · 집단화 · 지능화되는 경향을 나타내고 있다. 또 성인범죄에 못지않게 청소년범죄가 증가하고 있는데 이들이 주로 저지르는 범죄가 강·폭력 범죄여서 우리 사회의 폭력범죄가 청소년층에 의해 주도되고 있다는 사실이 더욱 우려할 일이다. 폭력범죄의 증가에도 불구하고 절도, 사기 등 재산범죄가 여전히 전체범죄의 60%가량을 차지하고 있음은 그동안의 경제발전에 비추어볼 때 이상하게 생각될 정도이다. 범죄(특히 재산범죄)가 경제적 빈곤 때문에 발생한다고 생각하면 경제발전의 결과 국민소득 1만 달러를 넘어선 지금에는 범죄일반은 물론 적어도 재산범죄는 줄어야 옳은데 현실은 그 반대이니 말이다. 그러나 이는 조금도 이상하게 생각할 일이 아니다. 범죄학의 연구에 의하면 경제적 빈곤이 범죄의 원인이 된다는 가설에는 실증적 근거가 약하고 선진국의 경험에 의하더라도 경제성장의 결과인 도시화와 산업화, 사회의 가동화(可動化)와 기술혁신 등이 범죄의 원인으로 작용하여 경제발전이 이루어질수록 오히려 범죄는 증가하는 경향을 보이는데, 재산범죄의 경우에는 곤궁적 재산범죄는 약간 감소하는 대신 이욕적(利慾的)재산 범죄는 더 증가하는 것이다.

더구나 고도의 정보산업사회가 전개됨에 따라 컴퓨터의 부정조작에 의한 각종 재산범죄라든지 사이버범죄, 환경범죄, 교통범죄, 마약범죄, 식품위생관계범죄 등 신종범죄(新種犯罪)가 늘어나고 있다. 또 과거에는 살인 · 강도 · 강간과 같은 통상적인 범죄만 범죄시 되고 이런 범죄를 저지르는 범인은 주로 하류계층의 못사는 사람들이라고 생각되어 왔지만 오늘날에는 경제적·사회적으로 상류계층에 있는 사람들이 직무와 관련하여 뇌물을 주고받는 탈세를 하고 국유지 부정 불하나 은행 부정대출을 받으며 사기세일 등 불공정거래행위와 부당노동행위를 하고 부정한 회계조작으로 축재를 하는 등 이른바 화이트 칼라범죄(White color crime)가 크게 문제되고 있다.

지식정보사회를 맞이한 현대에서는 수많은 불안과 위협요소가 산재한 가운데 시민의 최우선 욕구가 '풍요에서 안전'으로 바뀌어 국가의 기능 중 '안전서비스'가 제일의 과제로 대두되고 있는 시점이다.

2000년도 이후에 들어 우리나라에서 발생하고 있는 범죄의 성향은 크게 세 가지 부류로 구분하여 설명할 수 있다. 첫째는 해외여행의 자유화와 많은 외국인의 국내입국 등으로 인한 범죄의 국제화 성향을 들 수 있다. 이에는 마약류 범죄, 각종 밀수범죄, 재산의 해외도피 등과 같은 부유층을 위시한 재산범죄 등이다.

둘째는 최근 들어 IMF사태이후 또 다른 경제불황으로 인한 실직자들을 위주로 한 강도, 절도, 사기 등의 범죄가 급증하고 있다는 것이다. 이는 과거 범죄자들이 많은 전과를 가지고 있는 저학력자들이었던 것에 비하여 최근에는 전과가 없는 높은 학력을 가진 지능범들에 의한 범죄가 갈수록 늘어나고 있다는 것이다.

셋째로는 무기 등 흉기를 사용한 범죄가 늘어나고 있다. 이는 주로 살인, 강도, 절도, 강간 등 개인을 상대로 한 범죄에서 늘어나고 있는 추세이다.

또한 대중매체의 영향으로 1회성 모방범죄가 증가하고, 경제능력이 없는 10~20대의 무분별한 신용카드 사용에 따른 채무변제 자금확보 수단으로 살인, 강 · 절도 등이 증가하고 있는 가운데 최근의 강력범죄는 연소화 · 흉포화 · 집단화되었고, 과거 경제적 궁핍함이 주된 범행동기였던 반면, 지금은 유흥비 마련, 스크린 스타 모방, 스트레스 등 그 범행동기가 비교적 단순화되고, 범행수단에 있어서는 지능화 · 기동화의 경향이 두드러지게 나타났다.[12)]

12) http://kin.naver.com/qna/detail.nhn?d1id=11&dirId=110501&docId=48262541&qb=7Zi47Iug66y06riw7IKs7Jqp6rSA66Co67KV6rec&enc=utf8&section=kin&rank=1&search_sort=0&spq=0&pid=gylRDF5Y7thsscgD4tossc--078848&sid=TyV5lvFeJU8AADjYFRA (검색: 2012.02.01)

1) 5대 범죄

(1) 강도

강도란 폭행 또는 협박으로 타인의 재물 및 재산상의 이익을 취득하거나 제 3자로 하여금 이를 취득하게 함으로써 성립하는 범죄를 말한다. 강도는 대체적으로 범죄자 개인이나 범죄자 집단이 처해 있는 경제적 난관을 해결하기 위한 대안으로 저질러지는 범죄이다.

전문적인 강도범들은 일용생활비를 마련하기 위해서 범행을 저지르고 우발범의 경우는 대개가 유흥비를 마련하기 위해서 강도를 저지르는 경우가 많다.

대개 범죄유형을 대인범죄와 대물범죄, 즉 재산범죄로 구분하고, 강도를 재산범죄로 분류하지만, 법 집행 시에는 강도를 폭력범죄의 하나로 간주한다. 이는 강도가 피해자에 대한 폭력과 폭력의 위협을 가하는 동시에 재물을 취하는 두 가지 특성을 가지기 때문이다. 이점은 피해자를 공포에 떨게 하거나 폭력과 무력의 사용과 위협으로 타인의 가치 있는 물품을 빼앗는 것으로 강도를 정의하는데서도 강도의 폭력성 존재를 암시하고 있다. 이러한 이유 때문에 강도 범죄는 재산범죄의 측면과 폭력범죄의 측면에서 동시에 고려되어야 한다.

우선, 재산범죄로서의 강도는 비교적 이성적이고 계산된 행위이다. 따라서 강도에 있어서는 다음과 같은 세 가지 연속적인 의사결정을 내포하고 있는 것이다. 첫째는 돈의 필요성에 의해 강도하고자 하는 동기, 즉 마음의 결정을 내리는 것이다. 물론, 돈이 모든 강도범에게 유일한 동기는 아니지만 대부분의 강도범은 돈의 필요성을 범행의 동기로 가장 먼저 들고 있다.

강도범이 강도를 결심하게 되면, 그 다음은 목표물 또는 대상물을 선택하는 결정을 해야 한다. 그런데, 목표선정은 일반적으로 취득 가능한 돈의 양, 체포의 위험, 그리고 피해자가 될 사람의 취약성 등을 고려하여 결정되고 있다. 대부분의 강도가 대상의 선정에 있어서 가능한 많은 것을 취할 수 있으면서도 체포될 위험이 적고 잠재적 피해자의 저항이 약한 대상을 목표로 선정한다.

이렇게 강도의 대상이 결정되면, 다음은 어떻게 강도할 것인가의 방법론이 결정되어야 한다. 물론, 상당수의 강도가 무작위적이고 계획되지 않은 경우도 있지만, 반대로 대부분의 강도는 계획적으로 이루어지는 것이다. 그런데, 이러한 계획을 결정하는 것은 목표와 대상의 선정에 크게 좌우되고 있다. 예를 들어, 노약자가 대상인 경우 보다 경비가 철저한 은행강도가 더 많은 계획을 요하는 것이다. 강도방법의 계획과 결정은 탐색과 역할분담이라는 두 가지 주요한 요소를 내포하고 있다. 우선, 강도는 범행 전에 대상물을 조심스럽게 조사하고 관찰하고 연구하게 되는데, 이는 강도 중 있을 수 있는 방해나 저항 또는 장애를 최소화하기 위한 것이다. 사전탐색을 한 다음은 그 결과에 따라 집단강도의 구성원 각자에게 특정임무를 부과하게 된다. 강도사건의 경우 적지 않은 폭력이 수반되고 있다는 점에서 강도를 폭력범죄의 하나로 보는 시각도 있다는 것은 익히 지적한 바와 같다. 이와 같은 강도의 범행 상 특성 외에도 강도를 폭력성범죄로 보는 것은 대부분의 강도범들이 폭력범죄의 전과경력이 많은 사람이기 때문이라는 사실이다. 또한, 범행시 피해자의 저항이 있을 경우는 항상 폭력이 동원될 가능성을 내포하고 있으며 폭력의 위협은 강도를 용이하게 하는 효과도 있기에 강도가 폭력적이거나 적어도 폭력의 잠재성은 항상 존재한다고 보는 것이 타당할 것이다. 이러한 연유로 강도를 폭력범죄로 본다면, 따라서 강도에 있어서 실제폭력성과 잠재적 폭력성을 구분할 필요가 있을 것이다.

먼저, 강도에 동원된 실제폭력은 개인적 무기라고 할 수 있는 물리적 힘의 사용 그 자체가 개인적 무기와 같은 기능을 하여 피해자를 위협함으로 강도를 성공적으로 수행하는 경우다. 상식적으로, 물리적 힘을 사용하는 것은 타인의 재물을 취하기 위한 필수불가결한 행위일지도 모른다. 한편, 대부분의 강도범은 무기를 사용치 않을 경우 피해자들이 위협을 적게 받기 때문에 더 많은 저항을 할 확률이 높다고 예견하여 폭력을 사용하는 경우가 있다. 그런데, 이처럼 강도에 있어서 실제 폭력이 사용되는 경우는 무장 강도의 경우 보다 비무장강도의 경우에 흔히 볼 수 있는데, 그것은 위에서 언급한 바와 같이 비무장일 경우 피해자의 저항이 거셀 것으로 판단하여 강도의 성공적 수행을 위하여 물리적 힘을 사용하기 때문이다.

따라서 폭력이 실제로는 거의 실행되지 않고 단지 폭력으로서의 위협적 영향을 미치게 하는 잠재적 폭력은 무장 강도의 경우가 대부분 차지하고 있다. 총기와 같은 무기의 사용은 잠재적으로 도구적 기능(Instrumental Function)과 표현적 기능(Expressive Function)의 두 가지 기능을 하는 것으로 알려지고 있다. 도구적 기능이란 흉기가 강도의 성공적 수행을 가능케 하는 직접적인 도구로 사용된다는 것을 의미하며, 표현적 기능이란 흉기가 피해자를 위협하고 통제함으로 피해자를 지배해야 할 심리적 필요성을 성취시켜주는 기능을 의미한다. 실제 강도 상황에 있어서는 실제로 흉기가 사용된 경우는 많지 않으며 대부분의 경우 돈을 뺏기 위한 수단으로서 흉기를 보여주거나 흉기에 관해 언급하는 정도이다. 그런데, 흉기의 도구적 기능은 구체적으로 4가지의 기능을 한다.

첫 번째 기능은 흉기가 피해자와 강도범 사이의 완충지대(Buffer Zone)를 제공한다. 흉기를 가짐으로서 넓은 지역을 대상으로 많은 피해자를 동시에 통제할 수 있기 때문이다. 무기의 두번째 기능은 피해자를 위협하는(Intimidate) 것으로, 무기가 가지는 바로 이 기능 때문에 강도가 폭력에 호소할 필요성을 없게 해준다. 사실, 많은 강도가 폭력의 필요성을 회피하기 위해서 무기를 사용하는 이유가 여기에 있다. 세번째 기능은 단순한 위협으로 효과가 없을 때 말을 듣지 않으면 정말로 폭력을 사용할 수밖에 없다는 것을 경고하기 위해서 총기로 피해자를 친다거나 하는 행위이다. 마지막으로, 네번째 기능은 범행 후 도주를 담보하기 위해서 피해자, 목격자 또는 경비원 등을 통제하는 것이다.

(2) 절도

절도란 형사법상 절취할 의도를 가지고 타인의 점유로부터 그 재산을 불법적으로 탈취하여 운반해가는 것을 말한다. 이런 범행의 동기로는 생활비 마련, 우발적인 충동이나 울분, 유흥비 마련, 친구의 부추김이나 호기심 등 여러 가지 동기가 있다. 그 중에서도 생계형 절도가 주로 많은 편이다.

(3) 강간

강간이란 강력범죄의 하나로서, 상대방의 동의 없는 성교라고 할 수 있다. 이 범죄는 최근 점차로 많이 증가하고 있음을 각종 통계수치로도 확인할 수 있지만, 범죄의 특성상 신고 되지 않는 경우가 신고 되는 경우보다 훨씬 많다. 그러나 강간은 이처럼 수적으로, 질적으로 가장 심각한 범죄중의 하나로 인식되고 있음에도 불구하고 살인과 같은 다른 강력범죄와 동일하게 취급되지 않는 면이 있다.

물론, 강간에는 여러 가지 유형이 있을 수 있으나 여기서 우리의 관심을 끄는 것은 역시 집단적 성폭행인 윤간(Multiple Rape)과 강간에 대한 시각의 차이, 즉 강간을 피해자가 촉발한 것으로 볼 수 있는지 아니면 전적으로 가해자의 책임이므로 피해자를 옹호하고 동정해야하는지 하는 것들이다.

우선, 윤간에 있어서 가장 중요한 사실은 대부분의 윤간이 주로 10대 청소년들에 의해서 저질러지고 있다는 사실이다. 임상심리학자들은 이러한 집단강간을 동료강간범들이 상호간 무의식적 성욕을 느끼는 잠재적 동성애의 표출이라고 해석한다. 실제로, 동료집단에게 자신이 어린이가 아니라는 것을 입증하고자 하는 청소년들은 집단윤간을 통해서 성적 욕구보다는 사회적 욕구를 충족시키는 것으로 알려져 있다. 이들 집단강간범들도 일반 단독강간범들과 마찬가지로 평판이 좋지 않은 여성 등 일종의 취약여성들을 선택한다는 점에서는 별 차이가 없다. 강간이란 강력범죄의 하나로서, 상대방의 동의 없는 성교라고 할 수 있다. 이 범죄는 최근 점차로 많이 증가하고 있음을 각종 통계수치로도 확인 할 수 있지만, 범죄의 특성상 신고되지 않는 경우가 신고되는 경우 보다 훨씬 많다. 그러나 강간은 이처럼 수적으로, 질적으로 가장 심각한 범죄중의 하나로 인식되고 있음에도 불구하고 살인과 같은 다른 강력범죄와 동일하게 취급되지 않는 면이 있다.

강간범들은 대다수가 반사회적 성격을 지니고 있고, 남성의 정체의식이 약하고 성의식과 도덕의식이 미숙한 상태에 있는 보고가 있다.

강간범들은 다른 비행집단과 달리 애정결핍이라는 심리적 요인이 중심에 자리잡고 있으며 관계형성에 대한 욕구와 애정욕구를 충족시키기 위해서 방황하고 있다고 보고하고 있다. 강간범들은 대부분 반사회적 성격 장애자들이며 대개가 건전한 초자아 형성에 실패하여 사회규범과 도덕성을 내재화하지 못한 상태에서 사춘기말 이전에 폭력을 배워 범죄인으로 성장한 자들이라는 보고가 있다.

(4) 폭력

폭력이란 강력범죄의 한로서 타인에게 신체적인 공격행위 등 불법한 방법으로 행사되는 물리적인 강제력을 말한다. 폭력의 동기로는 대체로 우발적으로 진행이 된다. 평상시에 친하게 지내다가도 갑작스런 의견의 불일치로 인하여 폭력이 오갈 수 있다.

(5) 살인

살인이란 사람이 사람을 살해하는 행위를 말하며, 살인은 일반적 용어이다. 따라서 범죄가 아닌 살해행위를 가리키기도 한다. 한국의 현행 형법에서는 모살과 고살의 구분을 두지 않고, 보통살인죄(제250조 1항)를 기본유형으로 하여 존속살해죄(제250조 2항)를 그 신분적 가중유형으로, 영아살해죄(제251조)와 촉탁·승낙에 의한 살인죄(제252조 1항)를 그 감경 유형으로 규정하고 있다. 살인죄의 객체는 사람이다. 사람이란 생명이 있는 자연인에 한하므로 법인은 포함되지 않는다. 생명이 있는 이상 반드시 생존능력의 유무는 묻지 않는다. 살해행위는 사망의 결과발생에 의하여 기수로 된다. 살해행위와 사망 사이에는 인과관계가 있어야 하며, 그 결과는 행위에 객관적으로 귀속될 수 있는 것이어야 한다. 본죄가 성립하기 위해서는 살인에 대한 고의가 있어야 한다. 본죄의 고의는 반드시 확정적 고의임을 요하지 않고 미필적(未必的) 고의로도 족하다. 살인의 고의 없이 단순히 과실로 인한 경우에는 과실치사죄가 되고 상해에 대해서만 고의가 있었다면 상해치사죄가 된다. 살인죄의 형은 사형·무기 또는 5년 이상의 징역으로서 그 법정형의 범위가 극히 광범위하다. 본죄의 죄수(罪數)는 피해자의 수에 따라 결정되어야 한다. 따라서 1개의 행위로 인하여 여러 명을 살해한 때에는 여러 개의 살인죄가 성립하여 상상적(想像的) 경합(競合)의 관계에 있게 된다. 또한 동일한 장소에서 동일한 방법에 의하여 시간적으로 접착되어 여러 명을 살해한 때에는 여러 개의 살인죄의 경합범이 된다.[13)]

통계적으로는 살인범죄의 결과 살해되는 사례는 교통사고로 목숨을 잃는 경우보다 훨씬 적음에도 불구하고 우리들이 살인범죄에 대해서 가장 두려워하고 그것을 가장 강력한 범죄행위로 다루고 있는 이유는 무엇인가? 그것은 물론 살인은 사람의 생명을 앗아가는 생명에 대한 위협뿐만 아니라, 살인의 결과 초래되는 피해가 영원히 원상회복될 수 없으며, 더불어 살인으로 인한 피해가족들에 대한 여러 가지 피해도 그 비용이 엄청난 것이기 때문이다. 따라서 살인범죄의 특성을 분석하며, 살인범죄의 원인을 설명해주는 이론을 규명하는 것은 살인범죄의 심각성 측면에서는 물론이고 범죄원인론의 유형화와 특수화라는 관점에서도 가치있는 일일 것이다.

13) http://ikc.korea.ac.kr/~bmkang/britanica_murder.htm

일반적으로 우리는 낯선 사람으로부터의 공격과 살해위협에 대해서 많은 두려움을 갖고 있다. 그러나 대부분의 범죄와 달리 살인은 낯선 사람에 의해서 가해지는 경우가 극히 희박하며 오히려 많은 경우 지면있는 사람에 의해 이루어지고 있는 것이 특징이라고 할 수 있다. 통상, 신체적 상해가 적은 범죄일수록 낯선 사람에 의해서 행해질 확률이 높은 반면, 신체적 상해가 큰 범죄는 낯선 사람에 의해서 저질러질 확률이 오히려 낮은 것으로 분석되고 있다. 실제로, 80% 이상의 살인범죄가 지면관계에 있는 사람에 의해서 이루어지고 있으며, 그 중에서도 상당수는 가족 간의 살인으로 밝혀지고 있다. 즉, 물질적 취득이 주요한 동기인 강도 살인과 같은 경우를 제외하고는 대부분의 살인사건에 있어서 가족 등 근친관계를 통해서 이루어지고 있다. 그 이유는, 가족 간에는 대부분의 시간을 가까이서 보내고 있기 때문에 이들 지근관계에 있는 사람들이 즐거움의 주요근원이기도 하지만 때로는 좌절과 상처의 주요근원이기도 하여, 통상 대단한 감정을 요하는 살인에 있어서 우리가 아무런 감정을 느끼거나 갖지 못한 낯선 이방인을 살해하는 경우는 많지 않기 때문이다.

2) 최근 범죄추세

최근 대외적으로 이라크 내전 악화, 국제 테러행위 증가 및 북한 핵실험 강행 등이 치안불안요인으로 작용하였고 대내적으로는 한미FTA 협상에 대한 격렬한 반대시위, 사행성 게임장 '바다이야기' 파문 등이 사회적 주요사건으로 평가되었다.

경찰은 국내·외 치안환경의 변화에 능동적으로 대응하여 충실히 업무를 수행한 결과, 서울 서남부 지역 및 천안 부녀자 연쇄살인사건, 인천경제자유지역 부동산 투기사건, 서래마을 외국인 영아살해사건 등을 신속하게 해결하여 완벽한 민생치안을 확보하였다.

범죄 검거율 측면에서 보면 전화 환급·인터넷 사기 등 신종 범죄수법의 출현과 인권존중을 위한 수사절차 개선 등 수사환경의 변화에 따라 총범죄 검거율이 전년대비 1% 가량 소폭 하락한 면이 있으나 치안수준과 직결되는 '강력범죄 검거율'은 전년대비 3.8% 증가하여 실질적 국민 체감치안은 향상된 것으로 분석된다.

(1) 범죄 수법

최근 5년간의 절도사건을 범행수법별로 분류한 것 인 바, 2005년의 경우 주거 등 침입절도(이하 침입절도라 함)가 69,690건으로 36.5%, 소매치기 등 치기절도(이하 치기절도라 함)가 17,925건으로 9.4%, 차량이용절도(자동차 등 운전수단을 이용한 절도 및 자동차 등을 운전하여 도주하는 수법의 절도를 의미함)가 3건으로 0.0%를 차지하고 있어 2004년과 유사한 양상을 보이고는 있으나, 차량이용절도가 대폭 감사한 것은 다소 특이한 점이다.

〈표 3-2〉 범죄 수법별 발생건수 (2001~2005년)

구분 / 연도	계	침입절도	치기절도	차량이용 절도	기 타
2001	181,092 (100)	88,295 (100)	9,331 (100)	2,572 (100)	80,894 (100)
2002	178,918 (99)	77,401 (88)	9,742 (104)	2,430 (94)	89,345 (110)
2003	187,488 (104)	77,980 (88)	10,014 (107)	2,462 (96)	97,032 (120)
2004	1554,920 (86)	53,430 (61)	14,555 (156)	2,337 (91)	84,598 (105)
2005	191,121 (106)	69,690 (79)	17,925 (192)	3 (1)	103,503 (128)

(2) 강력범죄의 죄명별 발생현황

살인은 기간 중 약 2배의 증가세를 보이고 있으나 강도, 강간, 강화는 지난 30년간 약 3~5배 증가하였음을 알 수 있다. 살인은 1998년부터 증감을 거듭하다가 2002년 983건으로 다소 감소하였다가 그 뒤에는 비록 약간씩 이긴 하지만 증가 추세를 보이고 있다.

강도는 2002년까지 대체적인 증가세를 보이다가 2003년부터 급격히 증가하였다가 2004년, 2005년 5,266건으로 다시 감소하였다.

강간은 2005년 11,757건으로 지난 30년간 약 3.8배 증가하였다. 연도별로 보면 대체로 지속적인 증가추세를 유지하고 있으며 2005년 11,757건으로 전년대비 5.9% 증가하였다.

방화는 2000년에는 12,78건을 기록한 후 지속적으로 증가하다가 2004년에는 다소 감소하였으나 2005년에는 1,827건으로 전년대비 14.9% 증가하였다.

〈표 3-3〉 강력범죄의 죄명별 발생현황 (1996~2005년)

구분 연도	합 계	살 인	강도	강간 (성폭력 포함)	방화
1996	12,155	690	3,586	7,158	721
1997	12,967	789	4,282	7,120	776
1998	15,416	966	5,407	7,886	1,157
1999	15,633	984	4,712	8,830	1,107
2000	17,780	964	5,349	10,189	1,278
2001	18,480	1,064	5,546	10,446	1,375
2002	17,759	983	5,953	9,435	1,388
2003	20,416	1,011	7,327	10,365	1,713
2004	19,539	1,082	5,762	11,105	1590
2005	19,941	1,091	5,266	11,757	1,827

(4) 강력범죄의 발생시간대별 분석

다음의 〈표 3-4〉는 2005년도 강력범죄의 죄명별 발생시간대별 분석을 나타낸 것이다. 살인에 있어서는 밤(39.5%), 오후(19.7%), 새벽(9.3%)의 순이고, 강도는 밤(43.3%), 새벽(16.7%), 오후(15.9%)의 순이며, 강간은 밤(40.2%), 오후(15.5%), 새벽(13.9%)의 순이고, 방화는 밤(43.6%), 오후(18.1%), 새벽(10.7%)의 순으로 나타나 강력범죄의 발생시간대는 대개 야간에 집중되고 있으나 새벽과 오후도 상당한 비율을 차지하고 있음을 알 수 있다.

〈표 3-4〉 2005년도 강력범죄의 죄명별 발생시간대별 분석

죄명 \ 구분	계	새 벽	아 침	오 전	오 후	저 녁	밤	未詳
살 인	1,091 (100)	101 (9.3)	64 (5.9)	90 (8.2)	215 (19.7)	95 (8.7)	431 (39.5)	95 (8.7)
강 도	5,266 (100)	880 (16.7)	166 (3.2)	379 (7.2)	836 (15.9)	326 (6.2)	2,281 (43.3)	398 (7.6)
강 간 (성폭력포함)	11,757 (100)	1,636 (13.9)	750 (6.4)	671 (5.7)	1,825 (15.5)	717 (6.1)	4,721 (40.2)	1,437 (12.2)
방 화	1,827 (100)	196 (10.7)	66 (3.6)	141 (7.7)	331 (18.1)	141 (7.7)	797 (43.6)	155 (8.5)

*주: 새벽: 04:00~06:59, 아침:07:00~08:59, 오전:09:00~11:59, 오후: 12:00~17:59, 저녁:18:001~9:59, 밤:20:00~03:59

(3) 흉기소지현황

범행 중 흉기를 소지한 비율은 살인이 83.1%, 강도가 60.5%이며, 사용흉기의 종류는 양죄 모두 도검이 주종을 이루고 있는 바, 살인은 54.4%, 강도는 34.7%가 도검을 사용한 것으로 나타나고 있다.

〈표 3-5〉 살인, 강도범죄의 흉기소지 현황

구 분 \ 죄 명		살 인	강 도
흉기 소지 상황	계	1,035(100)	4,063(100)
	무 소 지 흉 기 소 지 총 기 도 검 약 물 둔 기 기 타	175(16.9) 860(83.1) 27(2.6) 563(54.4) 36(3.5) 142(13.7) 104(10.0)	1,603(39.5) 2,460(60.5) 18(0.4) 1,408(34.7) 11(0.3) 378(9.3) 645(15.9)
흉기 준비 상황	계	860(100)	2,460(100)
사 전 준 비 피해자의 것 사용 기 타		366(42.6) 127(14.8) 367(42.7)	1,002(40.7) 263(10.7) 1,195(48.6)

(4) 범죄원인

2006년 경찰에서 처리한 범죄자 총 1,992,777명(법인제외)에 대한 범죄원인을 분석한 결과, 우발적 범행이 17.6%로 가장 많았고 부주의 등 실수가 13.3%, 이욕(利慾:금전욕심) 4.0%, 사행심 1.6%, 호기심 1.3% 등으로 나타났다.

〈표 3-6〉 범죄원인별 현황(2006년)

(단위 : 명, %)

구분/원인별	부주의	우발적	이욕	사행심	호기심	현실불만	유혹	가정불화	보복	기타
계	264,542	351,652	79,960	31,133	25,468	11,283	12,101	7,890	4,421	1,204345
비율	13.3%	17.6%	4.0%	1.6%	1.3%	0.6%	0.6%	0.4%	0.2%	60.4%

* 자료 : 사이버경찰청, 경찰백서, http://www.police.go.kr/info
※ 법인은 제외한 수치임

6. 각종 생활범죄 수법 및 대비책

사회의 고도화 등에 따라 각종 범죄가 증가하고 있으나 한정된 경찰력만으로 모든 범죄를 완전히 예방하기에는 현실적으로 한계가 있다.
'나도 범죄의 피해자가 될 수 있다'는 생각을 가지고 스스로 지키는 자위방범체제를 강화하고자 일상생활 주변에서 발생하는 범죄의 형태와 대비요령을 소개한다.

1) 소매치기

- 소매치기는 사람이 많은 곳에서 예리한 면도칼 따위로 몰래 찢거나 호주머니의 금품을 감쪽같이 꺼내 가는 경우도 있고, 동전과 같은 물건을 떨어뜨려 시선을 돌리게 한 후 목걸이 등을 따는 수법 등이 있다.
- 사람이 많이 몰리는 역·버스터미널·백화점·상가, 혼잡한 버스·지하철 내에서 한눈을 팔거나 주위가 산만해지는 경우를 노리고 있다.
- 대비책
  - 부득이 많은 돈을 가지고 다닐 때에는 여러 곳에 나누어 넣고 주위를 자주 살펴보는 것이 좋다.
  - 소매치기는 공연히 시비나 싸움을 걸고 싸우는 순간, 공범이 말리는 체하면서 돈을 빼내어 가는 수가 있으니, 누군가 시비를 걸어오면 빨리 그 자리를 벗어나는 것이 현명하다.
  - 버스 안에서 소매치기를 발견하였거나 당하였을 때에는 침착하게 기사에게 알려 승객이 내리지 못하도록 하고, 가까운 경찰관서나 경찰관에게 신고해야 한다.

2) 들치기

- 사람이 많은 곳에서 손님과 이야기하는 사이 또는 자신들끼리 싸움을 하여 시선을 집중시킨 후 감시가 소홀한 틈을 타 몰래 들고 가는 수법입니다.

- 대비책
  - 사람이 많은 곳에서는 핸드백이나 가방 등을 잘 챙기도록 하고, 자리를 비울 때에는 아는 사람에게 부탁하는 것이 좋다.
  - 피곤하여 졸거나 신문·잡지 등을 보는 사이에 몰래 들고 가는 경우도 있으므로 주의하여야 한다.

3) 날치기

- 핸드백 · 돈지갑 등을 들고 서 있거나 보행중일 때, 오토바이 등을 타고 뒤따라가 낚아채는 수법이 있고, 특히 금융기관에서 현금을 인출해갈 때 뒤따라가 골목길, 곡각지점 등 한적한 곳이나 횡단보도, 정류장 등 혼잡한 곳에서 핸드백 등을 낚아채어 인근에 대기하고 있던 오토바이나 승용차로 도주하는 2인조 날치기가 많다.
- 대비책
  - 걸어갈 때에는 핸드백을 길 안쪽으로 옮겨 잡거나 끈을 대각선으로 메고 손으로 잡는 습관을 갖는 것이 좋다.
  - 너무 친절하게 접근하는 사람을 경계하고, 외출할 때에는 값비싼 귀금속을 소지하지 말아야한다.
  - 금융기관에서 현금을 인출하거나 맡길 때에는 더욱 주의하여야 하고, 특히 다액을 입 · 출금할 경우 동료와 함께 회사 등의 전용차로 가는 것이 안전하며, 필요한 때에는 은행 청경이나 경찰관의 도움을 요청하는 것이 좋습니다.

4) 노상강도

- 으슥한 골목길 등에서 지나가는 사람의 뒤통수를 치거나, 정면에서 흉기로 위협하거나 술 취한 사람을 상대로 금품을 강탈하는 수법도 있다.
- 대비책
  - 밤거리를 혼자서 다니는 것은 노상강도의 표적이 됩니다.
  - 술에 취했을 때에는 걸어서 귀가하는 것을 삼가야 합니다.

- 대낮이더라도 인적이 드문 골목길, 지하도, 지하주차장 등 한적한 곳은 피하는 것이 좋고 여러 사람이 지나갈 때 함께 가는 것이 좋다.

5) 승용차, 택시운전사 상대 강도

- 버스, 택시를 기다리는 사람을 태워주겠다고 유인하여 강도 행위를 하거나 택시 승객이 강도로 돌변하기도 하며, 주차시켜 둔 차에 범인들이 미리 들어가 있다가 운전자가 승차하자마자 흉기로 위협하여 현금 등을 강탈하는 수법도 있다.
- 대비책
  - 모르는 사람이 차를 태워 주겠다고 할 때에는 자연스럽게 거절해야 한다.
  - 운전 중에는 차문을 잠그고 밖에서 열지 못하도록 하는 것이 안전하다.
  - 차량을 발로 차서 시비를 거는 경우나 접촉사고일 때에는 먼저
  - 주차하는 경우에는 차량열쇠를 뽑은 후 문을 잠그고, 주차장을 이용한다.
  - 차량을 발로 차서 시비를 거는 경우나 접촉사고일 때에는 먼저 상대를 파악한 후 안전이 확인되거나 경찰관이 올 때까지 기다리는 것이 안전하며, 상대방의 차량번호를 확인해 두어야 한다.

6) 어린이 유괴

- 과자를 사주거나 돈을 주는 방법, 부모가 병원에 입원했다고 속이거나 한적한 골목으로 유인 하는 방법, 기타 강제적인 납치 등으로 유괴하여 부모에게 금품을 요구하거나 보복수단으로 삼는 수법이다.
- 대비책
  - 평소 자녀에게 모르는 사람이 주는 돈·과자·음료수 등은 받지 않도록 일러두며, 모르는 사람 이 길을 물으면 알려만 주고 따라가지 않도록 일러둔다.
  - 저녁 늦게까지 바깥에서 놀지 못하도록 하고 귀가시간을 지키도록 일러둔다.
  - 외출할 때에는 집에 행선지를 알리도록 하고, 유치원이나 학교에 갈 때에 친구 등 여럿이 안전한 큰 길로 다니도록 하며 혼자서는 놀지 않도록 일러둔다.

- 낯선 사람이 자동차를 태워주겠다고 하더라도 타지 않도록 하고, 모르는 사람이 따라가자고 면 큰 소리를 질러 도움을 청하도록 일러둔다.
- 어린이가 외출할 때나 나가 놀 때에는 화려한 옷을 입히지 않도록 한다.

7) 부녀자 유인, 납치

- 인신매매의 80% 이상이 허위 광고를 이용하거나 좋은 자리에 취직시켜 준다고 유혹하는 경우가 많다. 또 지나가는 숙녀에게 갑자기 뺨을 때려 부부행세를 하거나 가출한 동생을 강압적으로 데려 가는 오빠행세, 가출한 정신병자를 병원으로 데려가는 가족행세를 하는 수법 등이 있다.
- 대비책
  - "고액보수 보장" 운운 등에 속지 않도록 하고, 화려한 옷차림이나 지나친 노출은 삼가해야 한다.
  - 길을 가는데 갑자기 뺨을 때리거나 오빠·가족행세를 할 때에는 소리를 질러 위급 상황임을 알리고 도움을 청하여 경찰관에게 신고하도록 부탁한다.
  - 평소 주머니나 핸드백에 호각을 넣어 다니다가 긴급한 때에 호각을 불어 구원을 요청하는 것도 피해를 막는 방법이다.
  - 혼자 택시를 탈 경우 가급적 뒷좌석을 이용하고 타기 전에 차량번호를 확인한다.

8) 학교주변 폭력배

- 학교 · 학원 · 독서실 주변 골목길 등에서 등 · 하교하는 학생들에게 시비를 걸어 폭행하거나 금품을 갈취하는 수법이다. 학교주변 범죄는 학교에서 약간 떨어진 주택가 골목길 등에서 방과 전·후와 초저녁 사이에 가장 많이 발생한다.
- 대비책
  - 한적한 시간에 으슥한 골목길을 혼자 다니지 않는 것이 좋다.
  - 불량배들이 모여 있는 곳은 어른이나 다른 학생들과 함께 지나가도록 한다.
  - 귀가시간을 약속하여 부모들이 마중 나가는 것도 좋은 방법이다.

- 화려한 옷을 입고 다니거나 필요 이상의 많은 돈을 가지고 다니지 않도록 한다.
- 폭력배로부터 금품갈취 등 피해를 입었을 경우 경찰관서에 알려 다른 피해자가 생기지 않도록 해야 한다.

9) 지하철 범죄

- 지하철 내에서 혼잡한 틈을 이용하여 떠밀거나 수상한 행동으로 시선을 유도하거나 술에 취해 졸고 있는 사람을 상대로 금품을 절취한다.
- 대비책
  - 지하철 이용 시 지갑 등 귀중품을 남자는 상의 안주머니, 여자는 핸드백에 넣어 앞쪽에 들고 있는 것이 좋다.(바지 뒷주머니는 제일 위험)
  - 선반 위에 가방 등을 올려놓을 경우 관심을 가지고 지켜보는 것이 좋다.
  - 여러 사람이 주위에 몰려들어 수상한 행동을 할 경우 다른 칸으로 이동하거나 경찰관에게 신고한다.[14)]

7. 자위방범 대책

사회의 고도화 등에 따라 각종 범죄가 증가하고 있으나 한정된 경찰력만으로 모든 범죄를 완전히 예방하기에는 현실적으로 한계가 있다.

'나도 범죄의 피해자가 될 수 있다'는 생각을 가지고 스스로 지키는 자위방범체제를 강화하고자 일상생활 주변에서 발생하는 범죄의 형태와 대비요령을 소개한다.

1) 가정방범요령

- 강도는 흉기를 소지하고 침입하기도 하지만, 주로 침입한 주택의 부엌칼 등을

14) 사이버경찰청,http://www.police.go.kr/infodata/pds_06_lifecriminal_03_05_01.jsp#none (검색일: 2010.01.10)

이 용하므로 흉기가 될 만한 과도 등은 깊숙한 곳에 보관, 사용하는 것이 좋다.

- 야간에 도둑이 침입한 경우 가벼운 기침을 하거나, 선잠에서 깨는 것처럼 하품을 하며 이불을 뒤척이면 도둑은 불안을 느껴 도망가는 경우가 많다.
- 강도가 들었을 경우 그들의 요구대로 따르되 자극적인 말은 삼가하고 인상착의를 자세하게 기억해야 한다. 또한 범죄를 당한 경우에는 범죄현장을 손대지 말고 그대로 보존하고 신속히 112전화 신고를 해야 한다.
- 귀중품(귀금속 · 현금 등)은 은행에 예치하는 것이 좋고, 집안에 둘 때에는 적당한 곳에 분산 보관하는 것이 안전하다
- 온 가족이 한 방에서 TV를 볼 때에도 집밖의 인기척에 귀를 기울이고 문단속을 확인해야 한다.
- 부득이한 사정으로 집을 비울 때에는 이웃이나 경비원, 파출소에 부탁하고, 밤에는 형광등이 나 라디오를 켜 놓는 것이 안전하다. 또한 집을 여러 날 비울 때에는 배달물(우유, 신문 등)을 중지하도록 하여 빈집임을 모르게 해야 한다. 범인이 주로 노리는 집의 유형은 다음과 같다.
  - 대문이 열려있는 집
  - 자물쇠가 밖으로 채워져 있는 집
  - 초인종을 눌러도 대답이 없거나 전화를 걸어도 받지 않는 집
  - 초저녁에 불이 꺼져있는 집
  - 대문 · 출입문에 정기 배달물(우유, 신문 등)이 쌓여 있는 집
- 최근에는 검침원, 동사무소 직원 등을 가장하거나 전세방을 얻으러 다니는 것처럼 가장하여 침입하는 경우도 많으므로 낯선 사람을 함부로 집에 들이지 말아야 한다.
- 방범시설 및 장비를 철저히 갖춘다면 더 큰 피해를 예방할 수 있다.(도어체인, 투시경, 경보기, 비상벨 등)
- 범인은 허술한 틈을 이용하여 침입하기도 하므로 창문에는 방범창을 설치하도록 하고, 아파트와 주택단지에서는 집단방범체제를 갖추는 것이 좋다.
- 여름에는 열린 창문 등으로 침입하여 부녀자를 폭행하거나 금품을 강탈하는 경우가 많으므로 견고한 방범창을 설치하는 것이 좋다.

2) 금융기관 등 자위 방범 요령

① 자체경비 인력 · 장비의 지속적 보강

- 금융기관 점포별로 방범책임자를 지정 방범체제 · 방범설비 · 현금호송업무 · 방범훈련 계획, 지도
- 점포별 경비원 2명, 가스총 3정이상 보유하고 규모 및 취약점에 따라 보강
- 모든 영업소에 무인 기계경비설비 설치하고 폐점이후 안전관리를 강화

② CCTV 등 첨단 방범장치 설치, 운용

- 점포 내 출입문·로비, 점포 외부의 현금자동지급기에 설치
- 점포 규모에 따른 카메라의 수, 녹화테이프 확보 및 관리 · 운영 철저
  (범인수사 · 검거자료로 활용할 수 있도록 화질의 선명도 유지)

③ CCTV 관리 유의사항

- 저급한 카메라, 모니터, 녹화기 등은 화질이 좋은 고화질 제품으로 교체 객장규모에 따라 필요한 수량의 카메라 추가설치
- 카메라 1대의 감시 폭은 최대 4.5M를 넘지 않도록 설치
- 카메라 위치는 높지 않게, 가능한 한 사람 얼굴 높이의 정면에 설치하며, 카메라 에 역광이 들지 않게 설치하고, 역광이 있을 때에는 차양막을 설치하도록 한다.
- 충분한 양의 녹화테이프 확보.
  - 녹화테이프는 고해상도용을 사용하고 5회 이상 재사용을 자제.
  - 녹화는 표준방식(60분용→60분 녹화)으로 하여 화질의 선명도를 유지.
  - 녹화된 테이프는 1개월 이상 보존하여 수사자료로 활용.
- CCTV 관리 철저
  - 관리책임자를 지정하여 이상 유무를 수시 확인.
  - 전문업체를 선정하여 시공 및 주기적 A/S를 실시.

④ 현금 호송 시 안전대책 강화

- 현송전문회사를 이용하거나 청경 포함 3명이상이 현금호송을 실시 호송업무는 가급적 남자 직원으로 지정한다.
- 입 · 집금장소가 여러 개소인 경우 자체 현송팀을 구성하여 안전을 확보한다.
- 필요장구 및 안전장비 사용,
  - 가스총, 휴대폰 등 방범 · 통신장비를 반드시 휴대.
  - 현송 전문차량 및 현송용 전자안전가방을 사용.
  - 통신수단을 구축하여 긴급 무선연락망을 운용

⑤ 위기상황에 대비한 방범훈련 실시

- 전체직원을 대상으로 비상신고장치, CCTV 등 무인 기계경비시설 조작요령을 수시 교육한다.
- 사건발생시 신고조 · 관찰조 · 범인대응조 · 추적조 · 현장보존조 등 직원별 임무를 부여하여 주기적으로 모의훈련을 실시한다.

3) 방범비상벨 설치 유형

자위방범에는 사람에 의한 경비와 방범기기에 의한 경비가 있으며, 방범기기를 활용하는 것이 사람에 의한 경비보다 방범효과가 높다.

① 이웃 간 비상벨

2~3개 업소나 가정을 서로 비상벨로 연결하여 범인이 침입할 경우 감지기가 자동 작동되거나 비상 버튼을 누름으로써 이웃업소(가정)에 경보음이 울리면 이웃에서 경찰에 신고함과 동시에 이웃 주민 들이 합세하여 범인을 검거할 수 있는 체제이다(설치비 : 3만원내외).

② 컴퓨터 범죄신고 시스템

일반전화선과 컴퓨터를 이용한 비상 신고 수신장치로서, 범인이 침입하면 가입자가 버튼을 누르거나 자동감응장치의 작동에 의해 경찰서 신고센터 컴퓨터에 가입자의 주소, 성명, 약도 등이 나타나게 되어 파출소와 112순찰차. 형사기동대 등이 현장에 즉각 출동하여 범인을 검거하는 체제이다(설치비 : 20~30만원, 월 유지비 : 2만 원 ~5만원 내외).

③ 전문경비회사의 계약에 의한 기계경비 시스템

전문기계경비업체에서 경비 대상을 정밀 진단하여 각종 감지기 등을 관리하면서 범인 침입 시 감지기가 자동 작동하면 경비회사 상황실에서 즉시 순회차량을 출동시키고 112에 신고하는 체제이다(설치비 : 20~150 만원, 월 유지비 : 10~150 만원).[15]

---

15) 사이버경찰청, http://www.police.go.kr/infodata/pds_06_lifecriminal_03_05_01.jsp#none (겸색일: 2010.01.10)

제4장

성범죄와 안전

1. 인간과 성역할
2. 성범죄의 원인과 특성
3. 성폭력 발생유형 및 범죄사례
4. 성폭력의 피해
5. 성폭력 예방
6. 성범죄 대책

제4장 성범죄와 안전

사회가 빠른 속도로 변화해 감에 따라서 성범죄의 수도 급속도로 증가하고 있으며, 성범죄의 유형에 있어서도 실로 상상만으로도 무서울 정도이다. 매스컴에서 보도되었던 교사에 의한 제자들에 대한 성범죄사건이나 부모에 의한 성폭력, 국회의원에 의한 여기자성추행사건 그리고 우리의 사회를 경악스러움과 공포의 분위기 속으로 몰아넣었던 연쇄 성폭행사건인 '유영철사건', 그리고 대전 등 주변지역에서 택시기사로 활동하면서 다수의 여성을 상대로 공공연하게 성폭행을 벌인 일명 '발발이'사건, 한 초등학교 여학생이 성폭행당한 후 무참하게 살해된 사건 등 이런 일련의 엽기적인 사건들이 많이 발생하고 있다.

여기서 중요시해야 할 것은 성범죄자의 지위나 성범죄 피해자의 연령 등 어떠한 조건에도 얽매임이 없이 모든 조건에서 발생할 수 있다는 것이며, 아울러 성범죄의 경우 암수범죄가 많이 일어나고 있다. 또한 신고율이 낮은 범죄라는 특성에서 살펴보았을 때 다양한 형태의 성범죄가 요즘 매스컴에서 자주 등장하는 것처럼 성범죄 관련 문제는 가시적인 것보다 더 크다고 할 수 있다. 이렇게 늘어만 가는 성범죄의 현실 앞에서 성범죄자에 대한 처벌의 강화와 피해자의 인권을 보호해야 한다는 논의가 활발하게 이루어지고 있으며, 이에 따라서 성폭력범죄를 억제하고자 성폭력범죄처벌법이 이미 제정되어 현재 시행되고 있다.

그러나 그 성폭력범죄처벌법에 대한 실효성과 한계에 대한 논란이 끊이지 않고 있으며, 이에 대한 대책마련이 시급하다는 여론의 움직임이 거세지고 있다. 특히 성범죄자에 대하여 전지 팔찌를 채워서 감시하는 전자감시제도의 도입이'특정성폭력범죄자에대한전자장치부착에관한법률안'의 명목으로 국회의원에 의해서 국회에 발의되어져 있는 상태이며, 미국에서도 이미 도입되어서 시행되고 있으며 우리나라에서도 '청소년성보호에관한법률'상에 신상공개제도가 시행되고 있는 것과 더불어 화학적 거세에 대한 방안이 논의되고 있다. 그러나 이러한 성범죄의 발생을 방지하기위해서 추구되어지는 대안들이 가해자의 인권에 있어서 최소한의 인권보호 등이 무시되고 있다는 측면이 있으며, 우리나라에서 이미 시행되고 있는 '청소년성보호에관한법률'상의 신상공개제도에 있어서도 시행 상에 있어서 법률적으로 문제가 되는 부분들이 있다. 즉, 성범죄에 대한 처벌의 강화만을 강조하여 언론이나 정책측면에서 위에서 제시한 시행상의 문제점을 가진 여러 제도들을 추진하려고 하는 것이다. 이는 보다 처벌강화의 하나의 측면이 아닌 보다 근본적인 성범죄라는 문제의 해결을 위한 포괄적인 접근에서 여러 가지 대응방안에서 나타나고 있는 문제점을 개선·보완하여 시행함이 바람직할 것이다.

따라서 성범죄에 대한 사회적인 처벌강화적인 대책분위기에 대해 다시 한 번 생각해보는 입장에서 성범죄에 대한 일반적인 사항을 고찰해보고, 갈수록 증가해가는 성범죄의 발생 원인이 무엇인지를 분석해보고, 그에 따라서 논의되어지고 있는 대책들에 대한 내용 및 문제점들을 알아보고자 한다.

1. 인간과 성역할

인간은 성적인 특성을 지닌 존재이다. 인간은 태어나는 순간부터 이미 성적인 특성을 지닌 존재로 구분되며 평생을 성적인 존재로 살아간다. 그러므로 인간은 자신의 성적 특성을 알고, 그 사실을 인정하고 수용하며 적응해 나가야 하는 과업을 안고 있다. 남자 혹은 여자로 구분되는 성적인 존재로 태어난 자신을 사랑하는 것이 인간생활에 기본임을 이해하고 행동한다면, 효율적이고 창의적인 생활을 하리라고 기대된다.

남녀의 성 남과 여를 구분할 때 성이란 용어가 사용된다. 성은 남녀 간의 해부학적 차이, 성역할 및 성욕구의 세 가지가 포괄된 것이다.

① 해부학적 차이 - 태어나면서 부터 선천적으로 구분되는 외생식기의 해부학적 특성에 따른 남녀 간의 차이

② 성역할(정신적인 면에서의 구분) - 개인이 태어난 이후 사회, 문화적 환경에 의해 학습된다. 개인의 정신적인 성의 주체성은 환경에서, 특히 부모와 사회의

주체성은 성역할과 관련하여 남녀를 구분 짓는 속성을 내포하고 있다.

③ 성욕구의 표현방식의 차이 – 성욕구, 인간의 성애, 사랑, 남녀 간의 사랑에 대한 태도, 행위 및 인간이 갖고 있는 성욕구의 표현방식 등에 남녀 간에 차이가 있다.

성역할이란 남성이든 여성이든 각자의 성의 특성을 나타내는 사회적 역할내지는 행위를 말한다. 각각의 성에 대해 적절하다고 생각되는 행위에 관한 사회의 문화적 기대라 할 수 있다. 이런 역할은 한 개인이 그가 속해있는 사회에서 규정하는 성에 적합한 행동, 태도 및 가치를 학습함으로써 얻어질 수 있다.

1) 소아기의 성 역할

(1) 성주체성의 확립

성 주체성이란 '나는 여자다', '나는 남자다'라는 개념이다. 출생에서 3세까지 확립되며, 이 개념은 이 단계에서 고정되어 앞으로의 인생에서 변화되지 않는다. 이 내적인 심리학적 개념은 생물학적인 요인과 환경적인 요인에 따라 형성된다.

(2) 성 역할

성 역할을 연출하는 일 (자신이 여성인가 남성인가를 보여주는 언동)도 성주체성이 확립되는 기간에 명확해진다. 그것은 성 주체성의 기본적인 이해에 입각하고 있다. 성역할은 직업을 선택 하거나 부모가 된다는 등의 개인의 생활과 함께 서서히 발전한다.

(3) 성역할의 학습

아이는 자신의 성역할을 기본적인 두 가지 방법으로 학습한다. 첫째, 동성의 행동을 모방함으로써 자신의 성의 의미를 배운다. 즉 남자 아이는 아버지나 다른 남성의 역할을 모방한다. 둘째, 이성을 관찰함으로써 자신의 성의 의미를 명확히 한다. 즉 남자 아이는 어머니나 다른 여성을 관찰함으로써 여자 아이에게 어떤 행동이 기대되고 있는가를 배운다. 이것은 다시 자신의 성에 대해 어떤 행동이 기대되고 있는가, '여자아이 같은 짓을 하지 않으니 나도 남자다'라는 것을 명확히 한다.

2) 사춘기의 변화와 성 역할

사춘기 때의 성 호르몬의 분비는 2차 성징이 나타나게 한다. 또한 남성 의식과 여성의식을 높여준다. 사춘기의 변화가 긍정적으로 경험되느냐 부정적으로 경험되느냐는 매우 중요하다. 성인이 되기 위해서는 누구나 거쳐야하는 자연스러운 성장, 성숙의 과정으로서 2차 성징을 받아들이는 것이 남녀평등과 성역할을 이해하는데 중요하다. 한 개인이 이 시기의 변화를 잘 수용하게 되려면 다음 세 가지가 필수적이다.

① 자신의 성장발달에 대한 적절한 지식
② 자신의 성 역할에 대한 긍정적인 동일시
③ 가족과 동년배의 지지 분위기

3) 남여 성 역할의 전통적 기대

(1) 남성의 성 역할 기대

강하고, 이성적이고, 진취적이며, 사회적이고 외향적이며, 적극적이고 주도적 이어야 함이 기대된다. 즉 신념이 강하고 용단을 잘 내리며 지도자가 될 수 있는 의지력과 자립심이 강한 사람이 되기를 요구한다. 또한 저돌적이고 강압적으로 밀어붙이는 위험한 존재로, 그리고 감수성이나 모성애적 역할은 없다고 보고 있는데, 이 같은 남자에 대한 고정관념은 감정보다는 행동에 많은 비중을 차지하고 있다.

(2) 여성의 성 역할 기대

순종적, 수동적이고, 의존적이며 감정적이어야 한다고 기대되고 있다. 즉, 감상적 이고 타인의 감정에 예민하고, 매력적, 동정적이고 이해심이 많으며 온화함과 부드러움을 지닐 것이 기대된다. 이는 상호 관계적 측면에서는 성숙함을, 문화적 기대 측면에서는 여리고 의존적이며 수동적이기를 요구한다.

(3) 가정 내에서의 성역할 기대

여성은 자녀를 양육하고 남성은 돈을 벌어오는 것으로 기대되고 있다.

4) 성역할의 변화와 바람직한 성역할(양성성)

지금까지 성역할에 대한 개념은 남성성, 여성성을 단일 차원으로 보고 이들은 각기 양극을 대표한다고 보는 양극의 개념으로 이해되었다. 이와 같은 전통적인 성역할을 이상적인 것으로 보고 이러한 고정 관념을 고수해 왔다. 그러나 이와 같은 전통적인 성역할 개념 즉 사회적 통념은 대체로 남녀 간의 실제적 차이를 과장하고 왜곡하는 경향이 있어 청소년들에게 많은 문제와 갈등을 안겨준다. 최근에 와서 여성의 사회적 진출과 성의 해방, 여성해방 운동, 가족구조 및 크기의 변화 등은 지금까지 엄격하게 지켜온 전통적 성역할의 규범을 약화시켰고 가정과 사회에서의 성역할 변화를 초래하였다.

양성성(androyny)[16]이란 성역할에 대한 사회의 고정관념 중에서 바람직한 여성적 특성과 바람직한 남성적 특성이 결합되어 공존하는 것으로, 기존의 성역할에 매이지 않은 건강한 개념이다. 따라서 양성적인 사람은 여성적인 행동과 남성적인 행동을 융통성 있게 수행함으로써 더욱 다양한 행동을 수행해 낼 수 있고 그로 인해 상황에 따라 유연한 반응을 보이며 적절하게 그리고 효과적으로 대처할 수 있다. 오늘날 청소년들은 그들의 성역할을 형성하는데 있어 전 세대들에 비해 훨씬 자유스러울 뿐만 아니라 허용적이다. 그리고 양성성은 그들에게 지금까지 명확하게 구분되어 왔던 어머니=주부, 아버지=생활부양자로서의 전통적인 역할을 변화시켜 주고 있다.

2. 성범죄의 원인과 특성

성폭력은 강간뿐만 아니라 버스나 지하철 등에서 일어나는 성추행, 길거리나 직장 등에서 일어나는 성희롱, 성기노출, 어린이 성추행, 음란전화, 음담패설 등 우

16) ‘andro’란 남성을 그리고 ‘gyny’란 여성을 의미한다.

리 사회에서 일어나고 있는, 성적으로 가해지는 모든 신체적, 언어적, 정신적인 폭력을 말한다. 우리나라 성범죄 발생율은 세계 3위(신고된 것으로)로 나타났지만 실제 피해자는 더 많을 것이다(신고율 2.2%).

성폭력의 개념을 어떻게 규정하느냐에 따라 실제 성폭력의 범죄와 유형은 크게 달라질 수 있다. 먼저 성범죄와 성폭력에 대한 개념을 구분하여 정리하고 또한 학계에서 말하는 여성학적·사회학적 개념을 검토하기로 한다.

1) 성범죄와 성폭력의 개념

(1) 성범죄

성범죄란 성과 관련되어 발생하는 범죄이다. 형법상 규정된 성관련 범죄를 비롯하여 성폭력범죄의처벌및피해자보호등에관한법률, 청소년의성보호에관한법률, 아동복지법, 풍속영업의규제에관한법률, 윤락행위방지법, 경범죄처벌법 등 특별법상 규정된 성관련 범죄 일체를 포함하는 것으로 부녀의 신체의 완전성과 성적 자기결정의 자유를 침해하는 모든 범죄를 말한다.

(2) 성폭력

성폭력은 성범죄를 범하기 위하여 그 수단으로 사용되는 폭행, 협박을 비롯하여 전화·컴퓨터 · 우편 등을 이용하여 상대방에 대하여 성적 해악을 고지하거나, 음란한 언어, 영상 등을 송부함으로써 성적 수치심을 유발하게 하는 등 개인의 성적 자유 내지 애정의 자유를 침해하는 행위를 말하며, 여성에게 가해지는 모든 신체적, 언어적, 정신적 폭력을 포괄하는 개념이다. 따라서 성폭력에 대한 막연한 불안감이나 공포뿐만 아니라 그것으로 인한 행동제약도 간접적인 성폭력이라고 할 수 있다.[17] 현행법상 성폭력범죄에 관하여는 '성폭력범죄의처벌및피해자보호등에관한법률' 제2조에서 성에 관련된 대부분의 범죄를 성폭력 범죄라 하여 포괄적으로 규정하고 있다. 그러나 이와 같이 성도덕의 고양과 피해자의 특별보호를 목적으로 개별 범죄유형의 차이를 무시하고 성에 관한 대부분의 범죄를 획일적으로

17) 박영규, 「성폭력 예방, 처벌의 법률지식」, 청림출판, 1998, pp.313.

설정하여 성폭력 범죄로 일원화 하는 것은 다른 폭력범죄와의 균형상 문제가 있다고 본다.[18]

(3) 성폭력의 여성학적·사회학적 개념

성폭력을 여성학적 입장에서 "당사자의 의사와 관계없이, 그리고 피해자의저항 형태나 정도에 관계없이 상대방의 의사에 반한 강제적인 성관계행위"라고 정의하고 있다.[19]

따라서 성폭력은 일반적인 "폭력"의 개념과는 그 성질 및 강도에 있어 궤를 달리한다고 볼 수 있다. 즉, 여성학과 사회학에서의 성폭력 개념은 법적 개념에서 규정된 성폭력의 유형 외에 음란전화·성적희롱·욕설·가벼운 추행, 그리고 남성이 여성을 통제하기 위한 그 밖의 행위들과 아내 강간 등도 성폭력 범주에 넣고 있으며, 각 유형을 분리하여 파악하는 것이 아니라 여러 형태의 성폭력을 서로 연결시켜 연속선상에서 파악하고 있다.

2) 성폭력에 대한 올바른 이해

① 성폭력은 젊은 여성에게만 일어나는 것이 아니다.

- 피해자가 생후 몇 개월의 갓난아기부터 70세가 넘는 할머니까지 성폭력의 대상이 되고 있다. 성폭력은 피해자의 뜻과는 상관없이 강제로 (폭행, 흉기사용, 위협) 이루어진 것이므로 성관계가 아니라 성적행위를 빌어서 일어나는 폭력행위이다. 따라서 이것은 개인의 인권을 침해하는 사회적 범죄이다.

② 성폭력은 아는 사람에 의해 일어나는 경우가 더 많다.

- 아는 사람에 의한 강간이 전체 범죄의 80%를 차지한다. 낯선 사람만 조심하면 안전한 것이 아니다. 주로 데이트 상대자, 애인, 선·후배, 친인척, 직장동료, 상사, 이웃집 아저씨, 아빠친구, 아는 오빠 등이며 이들 중에는 사회적으로 중요한 위치에 있는 사람도 있다.

---

18) 이영란, "성폭력범죄의처벌및피해자보호등에관한법률", 수사연구, 1994년 8월호, p.33.
19) 이명선, "강간에 대한 여성학적 접근", 이화여자대학교 석사학위 논문, 1989, p.11.

③ 성폭력은 밤중에 한적하고 어두운 곳에서만 일어나는 것이 아니다.

- 낮에 집안에서도 일어난다. 피해자 집, 가해자 집, 학교, 학원주변, 유치원, 화장실, 직장, 공원, 여관, 호텔, 만화방, 가게, 아파트놀이터, 동네뒷산, 새벽의 약수터 등 거의 모든 장소에서 일어난다.

④ 남자 어린이도 피해자일 수가 있다.

- 외국의 경우 남자 어린이의 피해율이 높다. 최근 우리나라도 남자 어린이의 피해사실이 보고되는데, 성폭력의 대상에서 남자도 더 이상 자유롭지 않다. 남학생도 비정상인, 변태성욕자, 연상의 여인에게 희롱 당하거나 정신적인 타격을 입을 수 있다.

3) 성폭력에 대한 편견

① 성폭력은 남성의 성욕이 강하기 때문에 나타나는 어쩔 수 없는 현상이라는 편견.

사실은 전혀 그렇지 않다. 성폭력은 타인을 정신적으로, 인격적으로 파괴시키는 의도적인 공격행동이다.

② 성폭행을 하는 사람들은 정신이 이상한 사람이라는 편견.

사실은 그들은 대부분 멀쩡한 사람들이며 타인들과 별로 다르지 않다.

③ 강간을 당하는 여성들은 속으로는 강간을 당하고 싶은 욕구가 있다는 편견.

성폭행은 피해자의 의지를 꺾고 강제로 이루어진다. 성 피해자들은 성폭행을 당하는 과정에서 극심한 공포심과 수치심을 느끼며 피해를 당한 후에 엄청난 정신적인 상처를 입는다.

④ 성폭행을 당하는 여성들은 옷을 야하게 입거나 유혹적인 행동을 한다는 편견.

성폭행을 당한 여성들의 대부분은 매우 평범한 옷차림과 행동을 하는 사람들이다. 성폭행은 누구나 당할 수 있다. 성폭행은 범죄 행위다. 성 피해자는 아무런 책임이 없다.

⑤ 성폭행은 대부분 낯선 사람에 의해 행해 진다는 편견

75% 이상의 경우 아는 사람에 의해 성폭행 당한다. 한편, 상대가 아는 사람이기 때문에 오히려 성폭행이라고 인식하기가 더욱 어려운 점이 있다.

⑥ 여성들은 흔히 다른 일 때문에 상대방에게 앙심을 품고 복수하기 위해 성폭행 당했다고 주장하는 경우가 있다는 편견.

대부분의 성 피해자 여성들은 자신의 성피해 사실을 말하기를 극도로 꺼려한다.

⑦ 대부분의 성폭행은 매우 한적한 곳에서 일어난다는 편견.

성폭력은 어디서나 언제나 일어날 수 있다. 실제로 60%의 성폭력은 피해자의 집이나 가해자의 집에서 일어난다. 성폭력은 공원이나 어두운 골목길, 지하주차장 같은 곳 이외에도 직장이나 공공건물 옥상 혹은 차 안에서도 일어날 수 있다.

⑧ 성폭행 피해자는 얼굴이나 온몸에 타박상을 입거나 긁힌 상처가 있다는 생각의 편견.

많은 성폭행 피해자들은 신체적으로 전혀 상처가 없는 경우가 많다. 가해자가 말로만 위협해도 피해자들은 공포에 질려 가해자가 시키는 대로 하는 경우가 많다.

⑨ 성폭행 피해자는 정신없이 고함을 지르거나 난폭한 모습을 보일 것이라는 생각의 편견.

사람들마다 위기상황에서 보이는 행동이 전혀 다르다. 어떤 사람들은 아무 말도 하지 않고 우울한 모습만 보이고, 어떤 사람은 공포에 질려 겁먹은 모습을 보이는 사람도 있고, 또 어떤 사람들은 무표정하고 담담한 모습을 보이는 사람도 있다.

4) 성범죄 발생원인

(1) 개인적 원인

① 충동에 대한 자제력 부족

강간 범죄자의 연령분포를 보면 20대 초반까지가 상당히 많은 부분을 차지하고 있는데 이는 신체적으로도 성욕이 왕성하며 순간적 충동이 강간으로까지 이어질 수 있는 가능성도 높은 시기이기 때문이다.[20)]

② 충동의 저변에 깔려 있는 복합적인 개인의 감정 상태를 들 수 있다.

성범죄를 저지를 당시 쉽게 분류하기 어려운 여러 가지 감정이 엉켜져 있다는 것이다. 그로쓰(Groth)는 강간의 유형으로 분노의 표출로서의 강간, 힘을 행사하기 위한 강간 그리고 가학증적인 강간을 제시하고 있는데, 이러한 강간유형의 분류는 강간이 분노의 감정, 힘을 행사하고 싶은 욕구, 가학증 등의 복합적인 감정들에 의해 일어나고 있음을 말해준다.[21)]

(2) 사회 환경적 원인

① 청소년에 대한 건전한 성교육 부족.

청소년 시기는 성에 대한 막연한 호기심을 가질 수 있는 시기인데, 학교에서의 성교육은 남녀의 신체구조나 생리현상 등 생물학적인 성지식 전달 차원에 머물러 있는 것이 우리의 현실이다.

이러한 현실로 인해 우리사회는 성에 대한 가치나 성적 행동에 대해 생각해 보는 열린 교육이 이루어지지 않고 있다. 특히 청소년의 경우 잡지나 포르노 비디오 등에서 보여주는 과장되고 가학적인 성과 또래집단에 떠도는 잘못된 성 지식을 여과하지 않고 받아들임으로써 이들은 의식조차 느끼지 못한 채 성폭력을 행하게 된다.

---

20) 심영희 외, "성폭력의 실태 및 대책에 관한 연구", 한국형사정책연구원, 1990, pp.256~258.
21) 최인섭·전영실, "강간범죄의 실태에 관한 연구", 한국형사정책연구원, 1992, p.183.

② 외설적인 영상매체

폭력성을 담은 비디오 등의 불건전한 매체 및 여성에 대한 공격이 학습될 수 있는 사회적 메카니즘의 영향으로 볼 수 있다.

특히 강간범죄 가해자의 연령층이 점차 연소화 되어 가고 있는데, 이들은 분별력과 자제력이 부족하므로 이러한 것들에 접하는 것이 순간적인 충동을 일으키게 할 수도 있기 때문이다.

③ 전반적인 사회의 가치관 혼란현상을 들 수 있다.

사회의 구성원들을 이끌어 줄 수 있는 올바른 가치관이 제대로 정립되어 있지 않은 사회적 상황이 궁극적으로는 성범죄의 원인이 된다고 볼 수도 있을 것이다.

④ 우리 사회에 존재하는 강간에 대한 잘못된 통념을 들 수 있다.

- 강간에 대한 통념으로 강간범죄의 피해자가 죄책감을 느끼게 되며 이와 더불어 여성의 순결, 정절을 상당히 중요하게 생각하고 있으므로 강간범죄의 피해자는 수치심을 느끼게 되고 신고하기를 꺼리는 것을 이용하여 범행 등을 하는 경우가 있다.
- 특히 강도강간의 경우 피해자가 신고하는 것을 막기 위해 강간하는 예들이 있는데, 이는 여성의 수치심과 강간당한 여성에게 비난과 책임을 묻는 우리 사회의 통념을 이용한 것으로 볼 수 있다.

⑤ 친구집단의 영향

- 성범죄자 중 친한 친구 중에 범죄를 저지른 사람이 있다고 응답한 비율이 46%로써 비교적 높게 나타났다.
- 강간한 동기가 친구들과 어울린 분위기 때문이었고, 강간행위도 친구를 통해서 알게 되었다고 응답한 사람들이 제일 많은 것으로 보아 친구집단의 영향도 성범죄의 원인이 되고 있음을 알 수 있다.

⑥ 성의 이중윤리와 차별적인 사회구조

- 우리사회는 여성이나 어린이를 남성이나 어른에 비해 낮은 존재, 함부로 대해도 되는 존재로 여기고 있다.
- 가정뿐만 아니라 직장, 사회에서도 지배와 복종의 위계관계에 놓이게 됨으로써 여성은 남성들의 성적 폭력에 쉽게 노출되고 있다.
- 이러한 성 차별적인 사회분위기는 성폭력을 부추길 뿐만 아니라 남성에게 성폭력을 허용하게 만들고 나아가 성폭력을 한 경우에도 면죄부를 주게 된다.
- 성적인 자유를 허용하는 남성 중심적인 성규범
- 성폭행을 가해도 남성다운 행동으로 여기거나 한때 저지를 수 있는 실수로 관대히 넘기는 반면 여성은 아름다움과 순종을 덕목으로 삼음
- 순결을 지키기 위해 항상 몸조심을 해야 한다고 강조함
- 유순하고 순종적인 여성일수록 성폭력피해를 많이 당한다. 따라서 여성과 남성은 성의 동등한 주체가 되어야 한다.
- 순결은 남녀 모두에게 중요하다.
- 여성은 평소에 좋고 싫음에 대한 자기주장을 하는 훈련이 필요하다.

⑦ 왜곡된 성문화와 성교육의 부재

- 성에 대한 정보를 거의 친구, 잡지, 비디오 등을 통해 비공식적으로 얻는다.
  이러한 정보들은(특히 저질 출판물, 음란 비디오물) 성을 왜곡시키고 성을 놀이나 쾌락의 도구로 전락시킴
- 성교육을 통해 과학적이고 체계적으로 제대로 아는 것이 중요하다.
- 성은 남성과 여성, 정신과 육체를 통합하는 편안하고 기본 인간관계이며, 상대방에 대한 인격적인 관심이나 정서적인 배려, 예의, 책임감을 갖는 것이 진정한 성의 가치임을 교육받아야 한다.
- 한 살이라도 더 어린 여자를 옆에 앉히고 술을 마시려는 남자들, 그것을 부추기는 향락, 퇴폐문화.
- 건강하고 정상적인 성관계보다는 비정상적이고 변태적인 성행위를 보여주는 음란물.
- 여성의 가치를 오직 '성'으로 다루는 광고와 영화 등 왜곡된 성문화는 여성을 성적 대상, 성폭력의 대상으로 만들고 있다.

⑧ 의사소통의 불일치

- 우리사회에서 남성은 성에 관해서 적극적이고 과장된 표현을 하더라도 용납되지만 여성의 경우는 성에 대해서 무지하고 소극적일 것이 기대된다.
- 이러한 성문화에서 남성과 여성이 솔직한 의사소통이 이루어질 수 없다.
  예컨대 성폭력과 같은 위기상황에서 여성이 거부하는 의사표현을 해도 남성은 이것을 여성들이 흔히 사용하는 내숭 정도로 인식해서 긍정적인 대답으로 인식해 버리는 경향이 있다.

⑨ 성폭력에 대한 사법계의 인식부족.

- 경찰이나 검찰의 조사과정에서 성폭력에 대한 잘못된 통념들을 수용하고 있는 형사나 검사는 남성의 입장에서 사건을 바라보고 처리하기 때문에 피해 여성은 오히려 자신이 죄인이 된 느낌을 받는 경우가 많다.
  따라서 성폭력피해자는 고소를 하고 나서 겪는 이중의 고통을 못 이겨 고소를 취하하거나 아예 고소를 하지 못하게 된다.
- 결국 성폭력에 대한 사법계의 인식부족으로 인하여 피해자는 피해사실을 은폐하거나 법을 통한 해결을 포기하게 되고 가해자는 또다시 성폭력을 반복하게 되는 결과를 낳게 된다.

5) 성범죄의 특성

(1) 일반적 특성

성폭력범죄의 경우 범죄발생 후 기일이 경과한 뒤에 신고되는 경우가 많아 입증 및 증거수집이 곤란하고, 자백 등에 의존하여 범죄사실을 입증하여야 하는 경우가 많다. 또한 신고 후 상당수의 사건이 사후합의가 이루어져 친고죄에 해당되는 성범죄의 경우 공소권이 없어 수사가 중단됨에 따라 수사관들의 수사 의지가 당초부터 약하다.

(2) 피해자의 특성

낮은 신고율과 증거제출 등에 소극적이고 신고자체를 기피하여 암수범죄가 많다는 문제점이 있다.

(3) 가해자의 특성

가해자의 경우 직접적인 물증이 없을 때에는 부인으로 일관하는 경우 많고, 피해자가 가해자에게 먼저 항의한 후 고소하는 경우가 많아 가해자가 조사 전에 답변자료 준비, 증거인멸 등의 시간적 여유를 가지기 때문에 수사상의 어려움이 있다.

(4) 입증상의 특성

피해증거가 소멸하는 경우가 많아 피의자의 자백이나 정황증거에 의존하는 경우가 많기 때문에 피의자가 부인으로 일관하거나 묵비권행사시에는 범죄사실의 증명이 곤란한 경우가 많다.

(5) 형사절차상의 특성

① 친고죄와 비친고죄의 공존

형법 제32장 강간과 추행의 죄 중 강간등상해 · 치상죄, 강간등살인 · 치사죄를 제외한 죄, 성폭력특별법 중 업무상위력등에의한추행의죄 및 그 미수죄, 공중밀집장소에서의 추행죄, 통신매체이용음란의죄는 친고죄로서 고소가 있어야 공소를 제기할 수 있다. 참고로 청소년성보호에관한법률 제10조의 규정 즉, 19세 미만의 청소년에 대하여 강간, 강제추행, 준강간, 준강제추행, 위계위력에 의한 간음·추행의 죄도 친고죄로 본다.

② 고소기간의 차이

형법상 성범죄의 경우 고소기간이 6개월이나 성폭력 특별법의 경우 1년이다.
성폭력범죄에 대하여는 자기 또는 배우자의 직계존속도 고소할 수 있다.

성폭력범죄의 피해자의 신원과 사생활비밀누설금지(성폭력특별법 제21조) 등의 특례와 제한 있다.

6) 성폭력 피해 후유증

성폭력 피해는 일반인들이 생각하는 것 보다 훨씬 광범위하고 그 정도가 심 각하며, 후유증 또한 오래간다. 다만, 그 동안 피해자들의 경험이 겉으로 드러나지 않았기에 피해의 극심함이 제대로 인식되지 못했을 뿐이다.

(1) 신체적 피해

- 임신이나 성병 간염, 신체 상해 등 신체적 피해와 성폭력의 충격과 후유증을 견디다 못해 자해하는 경우도 있다.

(2) 심리적 피해

- 불안이나 불면증, 두려움과 공포, 우울과 좌절, 분노와 배신감, 손상감과 무기력 등이 일반적인 심리적 현상.
- 순결 상실감으로 남자들을 싫어하거나 정상적인 결혼 생활을 기피하게 되고 심하면 대인관계 및 사회 활동에 지장을 초래하기도 한다.

(3) 사회 · 경제적 불이익과 장애 현상들

- 특히 직장 내 성폭력 피해자인 경우 피해자가 오히려 직장을 잃게 되거나, 피해자가 기혼인 경우, 이혼을 당하거나, 그밖에 소문과 협박으로 이중, 삼중의 고통을 받는 경우 등이다.

(4) 사회 전반에 끼치는 심각한 피해

- 가족 관계손상, 매춘 문제 야기, 노동 의욕상실, 인간관계 파괴 등과 여성의 행동 제약 및 사고의 위축, 정상적인 남녀관계 불신 등이다.

3. 성폭력 발생유형 및 범죄사례

성폭력에는 모르는 사람에 의한 성폭력, 혼인을 빙자한 성폭력, 데이트 성폭력, 직장에서의 성폭력, 어린이 성폭력, 집단 성폭력, 강도강간, 근친성폭력 등이 있다. 이중 어린이피해자가 30%이고, 근친성폭력 피해자가 16.7%이다.

1) 발생유형

(1) 낯선 사람에 의한 성폭력

- 학교나 독서실에서 공부하다가 밤늦게 귀가 중 모르는 사람에게 당하는 사례가 빈번하다.
- 지도책임과 보호의무가 있는 사람조차 가해자가 되기도 한다.
- 유흥업소에서 접대여성을 확보하기 위하여 어린 여학생들을 유인, 납치, 인신매매 하기도 한다.

□ 낯선 사람으로 부터의 성폭행 모면 요령

- 머뭇거리지 말고 거부, 반항한다. "안돼요", "싫어요"라고 큰소리지르기, 소리쳐 울기, 도주 등
- 비상시 소장하고 있는 호루라기, 우산, 핀, 돌, 막대기, 빗 등의 도구를 자기방어에 적절히 사용한다.
- 갑자기 달려들 때는 소리를 지르고 깨물거나 때리거나 눈을 찌르고 도망할 기회를 만든다.

(2) 데이트 성폭력

- 평소 알고 있는 사람, 혹은 데이트를 하던 과정에서 당하는 경우(이성 친구, 선후배 등)
- 폰팅, 그룹데이트, 종교집회, 학원, 서클활동 등의 활동을 하는 청소년 중 잘못

된 성지식과 자극적인 상황에 의해 성을 충동적으로 실행하여 큰 문제를 일으키고 있다.

- 미성년자의 가해자, 피해자들은 불량청소년이 되거나 가출하기도 한다.
  (미국 10대 매춘여성의 7%는 성폭력이 원인)
- 가해 청소년은 상습적인 성폭력으로 성에 탐닉하게 되어 성숙한 인간으로 성장하지 못하거나 범법자가 되기 쉽다. 성인이 된 후에도 정상적인 성생활을 하기가 어렵다. 이러한 의미에서 가해자도 성적 피해자. 심리적 피해자가 된다.

□ 데이트 성폭력 예방

- 남성
  - 성을 쉽게 생각하고 성을 통제하려는 자세가 약하다. 성충동을 조절, 자제. 책임지는 훈련을 해야 한다. 여성을 동등한 인격체로 존중하여, 싫다는 표현을 그대로 받아들일 수 있어야 한다. 성폭력 가해자는 평생 자책감과 모멸로 내적 갈등을 가질 수 있다. 자신의 행동으로 상대의 삶이 파괴되고 고통받을 것이라는 인식을 가져야 한다.
- 여성
  - "내가 내 몸의 주인이다"라는 자율권을 분명히 의식한다.
  - 내 행동은 내가 선택하고 책임진다는 자기주장과, 좋고 싫음을 분명히 하는 자기 표현을 하도록 한다.
  - 호신술을 배워두는 것도 좋다.
  - 상대방의 차에 타거나 당일 돌아올 수 없는 먼 거리는 위험하다. (돌아오는 길을 반드시 확인할 것)
  - 상대방의 인격을 잘 모를 때는 집을 방문하거나 외진 곳에 동행하지 않는다.
  - 아는 사람일수록 초기단계부터 분명하고 적극적인 거부나 반항을 한다. 수동적인 저항은 의례적인 것으로 왜곡되기 쉬우며, 설마하는 생각에서 머뭇거리다 피해를 당하는 경우가 많다.

(3) 근친성폭력

- 근친 성폭력은 가족, 친인척 관계에 의해 일어나는 비정상적이고 강제적인 성관

계를 의미한다. (전체 성폭력의 16%이며 증가 추세임) - 계부, 삼촌, 이모부, 사촌오빠 등

- 근친 성폭력의 피해자는 대부분의 10대, 20대이다.
- 다른 성폭력피해자보다 더 심각한 신체적, 정서적 상처를 입는다.
  (가깝고 신뢰하던 사람에 의해 당했다는 사실 때문에 피해자는 수심, 공포심을 느끼며 감추게 된다)
- 근친 성폭력은 피해자, 가해자, 다른 가족, 친족들에게도 깊은 상처를 남기게 된다.
- 사건 자체가 은밀하고 지속적으로 진행된다.
  (피해자 중 76.1%가 지속적 장기 피해자이며 가해자가 함께 살고 있는 경우가 많다.)
- 피해자 대부분이 연령이 낮아 신체적, 정신적 피해가 심하다.
  (피해자의 89% 이혼, 20세 미만이 81% 13세 미만이 57%)
- 가해자 중 다수가 고학력자, 중류층 이상으로 일상생활에서는 지극히 정상인들이다.

□ 근친 성폭력의 예방

- 아무리 가까운 가족이라고 자신의 몸(성기, 가슴, 입술 등)을 만지게 해서는 안 되며 분명한 거절의 표시를 해야 한다.
- 강요. 협박 등으로 괴롭히는 것을 어머니, 선생님, 상담전문가 등 믿을만한 사람에게 털어놓고 의논을 드린다.
- 올바른 성교육에 대해 알아야 한다.
  - 무조건 조심하라, 웃어른의 말씀은 무엇이든 순종하라는 식의 교육은 안 된다.
  - 실제로 어떤 일들이 일어나고 있는지 알아둘 필요가 있다.
- 부모에게 비밀을 강요하는 행위는 잘못된 행위이므로 '나 하나 참는다'는 식의 생각은 버린다.
- 장난이나 호기심이 성폭력으로 발전 할 수 있다.
- 근친 성폭력을 당한 뒤에는 지속적인 피해를 입기 쉬우므로 분리할 수 있는 방법을 찾아야 한다.

2) 성폭력 범죄유형 사례

(1) 강간

- 친구의 집에 놀러 갔다가 친구의 처를 폭행하여 반항을 못하게 한 다음 강제로 강간한 경우
- 여자 친구와 같이 드라이브 중 차량 내에서 강제로 강간한 경우
- 친구 집에 놀러갔다가 친구의 여동생이 혼자 집을 보고 있는 것을 보고 그 여동생을 강제로 강간한 경우
- 승차를 권유하며 피해여성을 유인후 자동차 안에서 반항하면 죽여 버린다며 강간한 경우

(2) 강제추행

- 수수밭에서 피해 여성이 밭일을 하고 있을 때 갑자기 여성에게 덤벼들어 끌어안고 땅에 넘어뜨린 후 배 위에 걸터앉는 등 폭행을 가하고 피해여성의 치마를 찢고 손으로 여성의 음부와 유방을 만지는 등 강제 로 추행한 경우
- 술집에서 여종업원이 낮잠을 자고 있는 틈을 이용하여 여성의 손을 붙잡고 유방을 만지고 속옷으로 손을 넣어 손가락으로 음부를 비비는 등 피해여성이 반항할 수 없는 상태에서 강제로 추행한 경우
- 불량배들이 피해여성이 친구와 산책하는 것을 보고 가는 길을 가로막고 웃옷 블라우스를 잡아당기며 찢은 뒤, 그녀의 양팔을 붙들고 브래지어를 잡아당기며 오른손을 브래지어 속으로 집어넣어 유방을 만지는 등의 행위

(3) 준강간 · 준강제추행

- 피해자인 여인이 자신의 집에서 혼자서 깊이 잠들자 외출한 남편이 귀가한 것처럼 위장하여 침입한 뒤, 무의식적인 반항불능의 상태를 이용하여 간음한 경우
- 의사가 진찰실에 설치된 산부인과용 진찰대에 환자인 피해여성을 눕히고 여성의 가슴위에 커튼을 쳐서 막아 의사로서 필요한 진찰을 하는 것처럼 믿게 하고 그

녀여성을 마취시킨 후 항거할 수 없는 상태를 이용하여 간음한 경우

- 피해자인 여성과 같이 술을 마시다 피해여성이 술에 취하여 의식불명 상태가 되자 이를 이용하여 간음한 경우
- 불임증이 있는 피해여성에게 남편으로부터 부탁을 받고 안수를 하여 주려고 왔다며 거짓말을 하고 여성으로 하여금 옷을 벗고 그 자리에 누워 다리를 벌리게 한 뒤 음부에 손가락을 넣는 등 강제로 추행한 경우

(4) 강간 등 상해·치상

- 소녀를 밭으로 유인하여 강간하고 그로 인해 소녀에게 일주일간의 치료를 요하는 처녀막 파열상을 입힌 경우 강간치상죄 성립
- 지나가는 소녀를 강간하려다 소녀가 소리치며 반항하자 넘어뜨리면서 머리에 2주간의 치료를 요하는 상처를 입게 한 경우 강간치상죄 성립
- 화장실에서 용변을 마치고 나오는 소녀를 보고, 그녀를 가로막고 화장실 안으로 끌고 들어가는 순간 반항하자 주먹으로 때려 반항하지 못하게 한 뒤 음부를 만져 일주일간의 치료를 요하는 상해를 가한 경우 강제추행치상죄 성립
- 피해 여성을 강간하려다 도망하자 그녀의 발을 걸어 넘어뜨려 약 5m 높이의 낭떠러지에 떨어져 그 충격으로 사망하게 한 경우 강간치사죄 성립
- 여관으로 피해여성을 유인한 뒤 그녀를 강간하려 하였으나 구원을 요청하며 반항하자 두 손으로 목 을 졸라 숨이 막혀 숨지게 한 경우 강간치사죄 성립

(5) 미성년자(심신미약자) 간음(추행)

- 여고생인 피해자에게 생활비 등을 주겠다며 거짓말 한 후 같이 술을 마시던 중 피해자가 술에 취 하자 여관으로 유인하여 간음한 경우 미성년자(13~19세)간음죄 성립

(6) 보호자 간음 및 감호자 간음

- 회사 인사과장이 그 회사의 임시직 여직원인 피해자에게 정규직으로 근무하고 싶으면 자신의 말을 잘 들으라며 성관계를 요구하였으나, 피해자가 거절할 뜻을

비치자 직장을 그만두게 하겠다며 위협하여 간음한 경우 보호자 간음죄 성립

- 공장경영자가 피해자인 그 공장의 여공에 대하여 숙직실로 불러들인 뒤, 자신의 말을 잘 들으면 월급도 올려주고 승진시켜 주겠지만 말을 안들을 경우 해고시킨다며 협박한 후, 간음한 경우 보호 자 간음죄 성립
- 교도관이 수감 중인 피해여성을 간음한 경우 감호자 간음죄 성립

(7) 혼인빙자(위계) 간음

- 피해 여성에 대해 혼인할 생각이 전혀 없음에도 독신자인데 결혼하자며 거짓말하여 믿게 한 다음 여러 차례 간음한 경우 혼인빙자간음죄 성립
- 회사 출장 중 우연히 알게 된 미혼여성에게 자신은 28세의 총각인데 금년에 꼭 결혼을 하여야 한다 는 등 거짓말을 하여 믿게 한 다음 그녀와 10회 가량 성교한 경우 혼인빙자간음죄 성립

(8) 미성년자 의제강간(강제추행)

- 집 방안에서 텔레비전을 보고 있던 중 그곳에서 혼자 그림공부를 하면서 놀고 있던 딸(여, 5세)에게 잠시 한번 만져 보자면서 팬티 속에 손을 넣어 음부를 만지는 등 13세 미만의 부녀에게 추행하는 경우 미성년자 강제추행죄 성립
- 자신의 집에서 이웃에 사는 피해 어린이(당11세, 여)가 놀고 있는 것을 보고 그 어린이의 손목을 잡고 자기 방으로 유인하여 이불 속으로 끌어들인 다음 음부를 손가락으로 만지며 성기를 꺼내어 복부에 비벼대는 등 강제로 추행한 경우 미성년자강제추행죄 성립

(9) 특수강도강간 등(성폭력범죄의처벌및피해자보호등에관한법률)

- 야간주거침입절도범이 집안에 있던 부녀를 강간하거나 강제추행 또는 준강간 등의 죄를 범한 경우
- 특수절도범이 절도의 기회에 부녀자를 강간 등을 하였을 경우
- 특수강도범이 범한 강간 및 강제추행, 준강간, 준강제추행죄

(10) 특수강간 등(성폭력범죄의처벌및피해자보호등에관한법률)

- 흉기를 들고 길가는 여인을 끌고 가 윤간한 경우
- 2명 이상의 사람이 피해여성을 여관으로 유인한 후 윤간한 경우
- 승차를 권유하며 피해여성을 유인 후 자동차 안에서 반항하면 죽여 버리겠다고 협박하여 강간하고 다른 가해자가 또 다시 그 여성을 강간한 경우[22]

3) 272명 재소자 분석 논문- 대한민국 성범죄 리포트[23]

하루가 멀다하고 엽기적인 성폭행 사건이 발생하고 있는 요즘의 대한민국은 가히 '성폭행 공화국'이라 해도 과언이 아니다. 더 이상 성폭행은 특별한 여건 하에서 특별한 사람들만 당하는 특별한 범죄가 아닌 시대가 됐다. 기존의 사건들을 보면 성폭행은 언제 어디서 누구에게 어떻게 누가 당할지 모르는 범죄로, 수많은 사람들이 성폭행의 사각지대에 살고 있는 게 현실이다.

원주 한라대학교 경찰행정학과 남재성 교수(31)가 발표한 동국대 대학원 경찰행정학과 박사학위 논문 '강간범죄의 피해자화 요인에 관한 연구'에서 성폭행 범죄의 요인과 경향, 특이점 등을 분석한 논문은 국내 6개 교도소에 성폭행 범죄로 수감되어 있는 272명의 재소자(모두 남성)를 상대로 실시한 심층 면접 설문조사를 토대로 한 것이다.

설문조사 결과에 따르면 성폭행은 계획적인 경우보다 우발적으로 이뤄지는 경우가 압도적으로 많은 것으로 나타났다. 성폭행 범죄자(가해자)의 53.5%는 일시적 감정에 의해 범행을 저질렀다고 대답했으며 35%는 술과 약물 등에 의해 비이성적이고 비합리적인 상태에서 범행을 저질렀다고 답했다.

"가해자가 계획적으로 범행을 저지르지 않았다고 해서 어떤 사항도 고려하지 않고 무작정 범행을 저지르는 것은 아닌 것으로 밝혀졌다"고 전했다. 무계획적인 성폭행일지라도 가해자가 범행 전에 몇몇 '여건'들을 감안했다는 의미다. 이것은 '어떤 경우에 성폭행 피해자가 되느냐' 하는 문제와도 밀접한 관련이 있다.

---

22) http://kr.blog.yahoo.com/kumalli2003/folder/15.html
23) http://media.daum.net/breakingnews/view.html?cateid=100000&newsid=20070315190324859&p=ilyo (검색:2012.01.28)

조사에 따르면 성폭행 가해자는 표적을 선택할 때 범죄와의 근접성, 범죄에의 노출, 표적의 매력성, 보호능력 등을 고려하는 것으로 드러났다. 즉 가해자가 성폭행 대상을 선택할 때 '범행을 하기에 얼마나 가까이 있는가' '얼마나 범행을 쉽게 저지를 수 있는가' '범행 후 피해자가 신고할 가능성이 얼마나 되는가' 등을 먼저 염두에 뒀다는 것. "성폭행 범죄자가 아무런 관계가 없는 여성을 대상으로 아무 장소에서 아무 때나 성폭행을 저지르는 것은 아니다"는 것이다.

이 연구는 성폭행에 대한 기존의 몇몇 통념들을 반영하고 있지만 일부는 전혀 의외의 결과를 보여주기도 했다. 성폭행은 범죄가 다발하는 유흥가나 환경이 열악한 지역에서 주로 발생할 거라는 통념과는 달리 이번 설문조사에 따르면 대부분의 성폭행이 주거밀집지역에서 발생했으며 상당수가 피해자의 집에서 이뤄진 것으로 나타났다. 또한 성폭행 가해자와 피해자가 1년 이상 알고 지낸 경우도 매우 많은 것으로 조사됐다.

이에 대해 성폭행 가해자가 범행을 저지르는 것은 가해자 자체의 특수한 상황보다는 피해자와의 안면 등으로 인하여 신고 가능성이 낮거나 발각될 가능성이 적을 경우에 범행을 시도하기 때문일 거라고 분석했다. 이 부분은 실제로 범행시각이 대부분 자정부터 새벽 4시 사이에 집중되어 있고 대부분의 가해자가 범행 당시 CCTV가 설치된 장소와 경찰의 단속이 빈번한 곳을 피해 범행을 저질렀다는 조사 결과에서도 확인된다.

이 논문에서 주목할 만한 사항은 성폭행과 피해자의 외적인 매력성(외모 몸매 옷차림 등을 포함)에 관한 '함수관계'다. 일반적으로 성폭행 범죄자는 성적인 매력을 분출하는 여성을 상대로 범행을 저지르는 것으로 알려져 있으나 조사결과 가해자들은 '(피해자가) 별로 예쁘지 않았다' '매우 마음에 들지 않은 외모였다'고 답한 비율이 높았다. 즉 피해자의 외적 매력에 이끌려 범행을 저지르는 것은 아니라는 의미다. 이는 야한 옷차림과 진한 화장 등으로 남성의 성적 욕구를 자극하는 여성이 주로 성폭행 범죄의 타깃이 된다는 통념을 깨는 것이기도 하다.

이와 관련해 성폭행 범죄자도 범행을 실행하기에 앞서 일종의 '기회비용'을 따진다는 점이다. 남 교수는 "성폭행 가해자가 예쁘고 섹시한 여성에게 성적 욕망을 분출하기 위한 목적으로 충동적으로 범행을 저지르는 것이 아니다"면서 "범행을 저지르기 쉽고 신고의 가능성이 낮거나 발각의 가능성이 낮은 대상을 타깃으로 정하는 경향을 나타낸다"고 밝혔다. 즉 가해자들이 얼마나 안전하게 성적 욕망을 해소할 수 있는가에 따라 표적의 취사선택이 이뤄진다는 의미다.

이번 조사결과 성폭행 가해자들은 범행 현장에 CCTV가 설치되어 있는지와 상대 여성이 호신장비를 갖추고 있는지를 감안한 것으로 밝혀졌다. 실제로 가해자들 가운데 '현장에 CCTV가 설치되어 있지 않았다'고 답한 경우가 73% 이상이었고 '피해자가 호신장비를 갖고 있지 않았다'고 답한 경우도 82%에 달했다. 또 사건 발생 당시 피해자의 71.3%가 혼자 있었던 것으로 드러났다.

"가해자 집단을 상대로 조사한 결과 성폭행은 가해자에게 빈번하게 노출되고, 범행으로 가해자에게 많은 이익이 제공되며, 범죄에 대한 방어가 부족해 쉽게 접근할 수 있고, 신고 가능성은 낮은 것 등 '표적으로서의 매력성'이 충족될 때 주로 발생한다"고 설명했다.

실제 이번 조사에 따르면 20세 이상의 여성이 가해자와 지인관계일 때, 자정부터 새벽 4시 사이에 가해자와 접촉했을 때, CCTV가 없는 장소나 가해자·피해자의 집에 단둘이 있을 때, 호신장비를 갖추고 있지 않을 때, 가해자와의 사적인 관계나 수치심 때문에 신고의사가 희박해 보일 때' 성폭행 피해를 당할 확률이 높은 것으로 나타났다.

이 연구는 "위에서 언급한 범죄에 노출되는 기회나 요인을 제거하고 스스로 보호능력을 갖추는 것이 성폭행을 피할 수 있는 가장 좋은 방법"이라고 설명했다.

그렇다면 성폭행을 저지르는 범죄자들은 과연 어떤 사람들일까. 성폭행 가해자들 중에는 법적인 배우자를 갖고 있지 않은 31~40세의 이혼자로 월 200만 원 미만의 저소득 자영업자가 가장 높은 비율을 차지했다. 또한 고졸 이상의 학력을 지닌 사람들이 대부분인 것으로 나타나 그들이 보편적 수준의 합리적 판단이 가능한 사람들이라는 사실을 입증해주고 있다. 또 성범죄 전과자가 차지하는 비율이 높아 성범죄의 재범률이 높다는 사실을 다시 한 번 확인해주고 있다.

남 교수는 "가해자의 대부분은 10대에 첫 경험을 한 것으로 나타났다"면서 "성범죄를 줄이기 위해서는 청소년들이 조기에 불건전한 성경험을 하거나 잘못된 성적 속설에 빠지는 것을 차단시키는 사회 정책적 대안이 필요하다"고 지적했다.

청소년기에 정립된 잘못된 성 개념이 남성들을 '여성은 강간당하고 싶은 환상을 갖고 있으며, 고상한 여성은 강간을 당하지 않는다'는 식의 위험한 논리에 빠뜨릴 수 있다는 지적이다.

4. 성폭력의 피해

1) 가해자 측면

- 성폭력범죄 전체 가해자의 20%가 청소년
- 범법자로의 낙인 (청소년 범죄의 30%)
- 왜곡적인 성의식, 성문화 유지(인간중심적인 성이 아닌 폭력적인 성의식, 성인이 되어도 대등한 성의식 소유 어려움)
- 가해자 가족 : 상심, 절망, 아들에 대한 배신감
- 현실 : 처벌(정학, 퇴학 등) 중심의 대책뿐

2) 피해자 측면

- 피해자 절반이 청소년기 여성, 어린이 (20세 미만이 52%)
- 회복 불가능한 정신적 육체적, 후유증으로 상실
- 외상 후 증후군의 증상(우울, 수치감, 죄책감, 순결상실감, 남성 혐오, 대인기피증), 심하면 정신 분열, 자살기도, 가해자 살인
- 피해자 가족 : 행복의 의미 상실

3) 사회적 피해

- 미혼모 발생 : 10대 임신의 증가
- 심리적, 신체적 남성에 대한 피해의식
- 낙태 증가 : 특히 자궁이 미발달된 청소년은 후유증이 심각(죄책감, 우울증, 불안, 불임)

4) 신체적 피해

- 개인의 상태에 따라 다양하다(강간 피해자의 12%가 임신, 10%가 신체 상해를 가져온다)
- 어린이 일수록 피해가 심각하다.

5) 심리적, 정신적 피해

- 두려움과 공포에 떨어 남자를 싫어하거나 무서워하게 된다.
- 심한 우울과 좌절, 불안감을 느끼게 된다.
- 적개심, 복수심, 분노와 배신감등 여러 가지 심리적 후유증 겪는다.
- 순결을 잃었다는 고통에 시달리다가 정신질환을 일으키기도 한다.
- 장래 결혼 생활에 어려움을 갖게 된다.
- 인간관계에 지장을 받는다.

6) 사회 경제적 피해

- 가해자의 협박과 돈 요구에 시달리는 수도 있다.
- 직장 내 피해자인 경우 직장을 잃을 수도 있다.

5. 성폭력 예방

1) 평소 예방법

- 평소 자기주장을 분명히 표현하는 태도를 갖는다.
- 규칙적인 운동과 체력단련을 통해 힘과 자신감을 기른다.
- 성적 의도에 대해 침묵하거나 약하게 항의하면 상대는 동의로 오해하거나 의견을 무시할 수도 있다.

- 선정적인 행동을 하거나 옷을 입으면 상대방이 오해할 수 있다.
- 술이나 약물에 취하지 않도록 한다.
- 단둘이서 방이나 인적이 없는 곳에 있지 않는다.

2) 피해상황에서의 대응요령

- 강간 상황에 처했을 때 분노로 대응한다.
- 위험을 빨리 감지하고 그 즉시 행동한다.
- 상황에 따라 소리 지르기, 힘으로 저항하기, 도망치기를 한다.
- 위 사항이 효과 없으면 애원, 설득, 대화시도를 한다.
- 강간범의 눈, 목, 성기 부분을 공격한다.
- 상대가 흉기를 들었을 땐 도망칠 기회를 노린다.
- 호신술을 배워두거나 호신용품을 소지하고 다니면서 위기 시에 사용할 수 있도록 숙달시킨다.

3) 성폭력 피해 시 대처방안

- 즉시 안전한 장소로 몸을 옮긴다.
- 옷을 갈아입거나 목욕을 하지 말고 24시간 내에 병원으로 간다.
  - 증거채취, 성병감염, 외상, 임신 여부 체크
- 강간은 결코 자신의 잘못 때문이 아님을 명심한다.
- 피해사실을 숨기지 말고 부모님이나 선생님, 보호자, 가까운 사람이나 전문가에게 즉시 알려 가능한 빨리 주위에 도움을 청한다. 혼자서 잊으려고 애쓰거나 부정하는 것은 회복을 막는다.
- 전문가에게 상담을 하도록 한다.
- 신고할 것인지를 결정한다. (6개월 지나면 고소할 수 없다.)
- 후유증이 오래 가더라도 자책하지 않는다.
- 다른 여성들과 대화하여 자신의 경험을 긍정적인 방향으로 이끈다.
- 적절한 기관에서 도움을 받는다.

- 법을 통해 문제를 해결한다.
- 성폭력에 대한 올바른 인식과 극복을 위한 의지와 노력이 필요하다.[24)]

6. 성범죄 대책

1) 예방차원의 대책

(1) 사회환경 개선

최근의 성폭력 범죄, 특히 청소년 성범죄의 증가현상은 우리나라의 경제, 사회, 문화적 환경의 보호와 밀접한 관계가 있는 것으로 보여 진다. 즉 사회풍토가 종래의 가치관이나 윤리 관념을 무시하고 부의 축적에만 몰두하는 가운데 판단 능력이 부족한 청소년들은 자신의 환경을 의지로써 극복하기 보다는 손쉽게 돈을 벌고자 하는 안일하고 위험한 생각을 갖기 쉬우며, 자극적인 퇴폐향락 분위기가 고조되어 퇴폐, 음란물과 유흥업소가 범람하는 속에서 자신의 유흥비를 마련할 목적으로 비행이나 범죄를 저지르게 된다. 더구나 청소년을 위한 잡지나 영화가 이들의 성적인 욕구를 자극시키거나 이를 이용하여 돈을 벌려는 상업주의가 있어서는 안 될 것이며, 외국의 일부 젊은이들의 퇴폐적인 사고방식이 아무 비판없이 모방되어서도 안 될 것이다.

통계에 따르면 1년 동안 강간범죄의 16.6%인 242건이 지하철에서 일어났으며 형법범의 5.1%가 또한 지하철에서 일어났다. 이는 범죄발생장소별 분석에서 네번째로 높게 나타난 수치이다.

이는 공식통계를 기준으로 한 것이므로 신고율이 낮음을 감안하여 추산해 보면 그 발생정도는 엄청날 것으로 판단한다. 따라서 이제는 지상범죄 대책뿐만 아니라 지하공간에서의 범죄에 대하여도 대책을 수립하여야 한다. 지하철뿐만 아니라 지하주차장, 지하상가, 건물의 지하실 등 지하공간에서의 치안유지활동이 요망된다.

사회, 문화, 모든 분야가 개방화되고 있는 만큼 성에 관한 외국문화 침투가 심화되기 전에 사회 각 분야의 책임있는 기관, 단체, 국민 모두는 청소년을 위한 건

24) http://www.gunbuk.ms.kr/edus/edus_22.htm

전한 사화풍토 조성에 특단의 노력을 기울여야 하며, 일부 비행화의 과정을 걷고 있는 청소년이나 일시 범죄를 저질렀거나, 갱생의 길을 걷고 있는 사람 등에 대하여는 따스한 보살핌으로 이들이 다시 범죄를 저지르지 않도록 사회 환경을 개선해 나가야 한다.

(2) 성문화의 개선

앞으로 우리사회에서 성범죄를 예방하거나 근절 또는 억제하기 위해서는 우선 기존 성문화를 평등한 성문화로 개선하여야 한다. 우리의 성문화는 성기중심적, 사물화, 남녀 이중적 성규범, 남성성욕의 무제약성 등의 특징이 있으며 이러한 성문화에서는 강간이나 매춘 등이 확산되지 않을 수 없다. 그러므로 성문화가 변화되어야 하고 그러기 위해서는 가정이나 학교에서 어린이, 청소년을 교육시킬 때 남녀 성관계란 매매나 강제가 아니라 동의와 사랑을 기반으로 하고, 또 성기중심의 감성교육만으로는 환원될 수 없고, 전인적인 감수성의 교류가 포함되어야 하며, 남녀의 성규범이 다를 수 없다는 태도를 갖게 해야 한다.

다음으로 남녀 성역할 고정관념을 개선해야 한다. 성역할 고정관념이란 개인의 특성이나 능력에 상관없이 단지 생물학적으로 남성 혹은 여성으로 태어났다는 사실만으로 사람을 사회적으로 규정된 남성집단의 특성과 여성집단의 특성으로 평가하는 것을 말하는데 이러한 성역할 고정 관념은 남녀의 일구분이나 사회생활 및 정신건강에 영향을 미친다. 그러므로 성역할 고정관념을 변화시키기 위해서는 남성다움과 여성다움이 담고 있는 특성 중 누구나 그와 같은 특성을 지녔을 때 자아를 키우고 타인에 대한 배려를 더 잘할 수 있으며 상황에 대처하는 능력을 높일 수 있다는 것을 건강한 성격으로 사회에서 지지하고 따라서 남녀 모두가 그러한 성격을 지닐 수 있도록 교육하는 사회풍토가 자리 잡혀야 한다. 그러기 위해서는 교육기관은 물론 매스컴 등이 선도적 역할을 담당하여야 한다.

또한 폭력적인 사회문화를 제거해야 한다. 성폭력이나 아동학대 등 특정한 집단에 대한 폭력적 행동은 여성이나 아동학대 등 폭력적 행동을 여성이나 아동을 소유물로 간주하는 태도나 여성에 대한 사회적 편견이나 부정적 고정관념이 사회전반에 만연될 때 아동학대나 성폭력을 발생시키는 하나의 원인이 될 수 인간의 성을 상품화하거나 대상화하는 쪽으로 성문화가 변질되면 노동의 가치를 비하하여 국민의 건강한 정서를 해치고 사회의 생산성을 잠식하게 된다.

따라서 여성들의 사회적 지위향상을 위한 사회적 여건개선과 성문화의 변질 요소가 되는 향락산업 등의 규제 등과 같은 근본적인 개혁정책이 뒤따라야 할 것이다.

2) 교육적 대책

"성"은 가르쳐 주지 않아도 자라면서 자연히 알게 되는 것이라는 생각에서 벗어나야 한다. 오히려 우리의 자녀들은 자극적이고 타락한 성적인 매체에 무방비로 노출되어 있으므로 해서 퇴폐·향락적인 사회 환경에 의해 성에 관한 지식을 왜곡되게 습득하고 있다. 그러나 오늘날 도처에 편안한 사회적·윤리적 환경으로부터 청소년을 분리시키기는 어렵다. 따라서 청소년들 스스로가 유해환경에 비판적으로 대응할 수 있도록 능력을 길러주어야 한다.

특히 여성들을 대상으로 피해가능성이 높은 상황에 대하여 충분히 인식을 할 수 있도록 하고, 각종 범죄가 발생할 수 있는 상황을 최대로 회피할 수 있도록 관련 사회단체에서 적극적으로 교육하여야 할 것이다. 보다 적극적인 의미에서 자기방어 기술의 습득은 여성으로 하여금 신체적으로 뿐만 아니라 정신적으로도 자신감을 가질수 있게 하며 또한 범죄에 대해서도 자신감을 갖고 대처할 수 있게 함으로써 성범죄의 피해를 줄일 수 있는 방법이 될 수 있다.

부모가 자녀의 일차적인 성교육 책임자다. 하지만 대부분의 부모들이 적절한 성교육을 하지 못하고 있으므로 이를 학교가 이차적으로 할 수밖에 없는 상황이다. 이는 미국을 위시한 구 유럽도 마찬가지다. 미국에서도 학교에서 정식으로 성교육을 교과목으로 가르치기 시작한 것은 비교적 최근의 일이다.

성교육의 내용은 아동 및 청소년들의 발달정도에 알맞은 내용이어야 하며, 자기존중감, 가족관계, 친구관계, 성에 대한 가치관, 이성교제에 있어서 의사소통 기술, 의사결정 기술 등을 포함해야 한다.

성교육의 목적은 성인이 되었을 때 원활하고 건강한 성생활을 할 수 있도록 준비시키는 데 있다. 이때 성교육은 긍정적 성가치관을 확립시키고, 아동 및 청소년들이 필요로 하는 성지식과 정보를 알려줌으로써 주체적이며 건강한 성 활동을 할 수 있도록 도와주어야 한다.

많은 학부모들은 성교육을 통해 청소년들이 오히려 성에 대해 더 많은 호기심이 생겨서 결과적으로 문란한 성행동을 초래할 것이라는 우려를 갖고 있지만, 수많은 연구결과에 의하면 그러한 우려는 기우라는 것이 밝혀졌다. 오히려 성교육을 받음으로써 첫 성경험을 연기하는 효과를 가져왔으며, 성병에 걸리는 확률과 원하지 않는 임신을 하는 비율도 훨씬 낮아졌다는 보고가 있다. 또한 성교육을 받은 청소년 들이 성병 예방조치를 잘 취하는 것으로 나타났다. 따라서 단순히 순결교육만 시키는 것은 별로 효과가 없으므로 학교에서의 성교육의 내용은 다음과 같은 내용들을 포함시켜야 한다.

(1) 학교의 성교육 방법

- 해부학적 생물학적 지식만 전달하는 교육은 피할 것
- 올바른 성의식과 성행동에 대한 정보 전달을 할 것
- 올바른 성가치관에 대해 토론식으로 접근할 것
- 실제 이성 관계 상황을 설정하여 서로 의사소통과 협상, 거절기술 등을 연습할 기회를 갖도록 해줄 것
- 성병에 감염되거나 원하지 않는 임신 위험이 있는 성행동을 제시하면서 이를 예방할 수 있는 가능성에 대해 토론식으로 가르칠 것
- 다양한 시청각 자료를 활용해서 학생들의 흥미를 유발시킬 것
- 성행동에 대해 전문훈련을 받은 교사가 교육을 할 것

(2) 성교육 시 전달해야할 정보들

- 인간의 성과, 성장발달, 출산에 대한 지식
- 신체 성 기관에 대한 해부학적, 생리학적 지식
- 자위행동(masturbation)에 대한 지식
- 가족생활과 임신 및 출산에 대한 지식
- 부부생활 및 부모역할에 대한 지식
- 성행위와 남녀 간의 성 반응에 대한 지식
- 이성애와 동성애에 대한 지식
- 피임과 낙태에 대한 여러 가지 지식

- 성폭력과 성 피해 후유증에 대한 지식
- 에이즈를 포함한 각종 성병들에 대한 지식

(3) 성행동과 관련된 기본적 가치관들

- 성은 자연스런 것이며 삶의 중요한 부분이다.
- 모든 사람은 성적이며, 성은 건강한 것이다.
- 성은 신체적, 윤리적, 사회적, 정신적, 심리적 그리고 정서적 차원을 갖고 있다.
- 모든 사람은 각자의 존엄성과 가치를 지니고 있다.
- 청소년들은 자신을 독특하고 가치있는 존재로 여겨야 한다.
- 모든 개인은 각자 다양한 방법으로 성행동을 한다. 따라서 상대방에게 피해를 주지 않는 한 타인의 자유로운 성행동 방식을 그대로 인정해주어야 한다.
  타인에게 절대로 성행위를 강요해서는 안 된다.
- 성을 대가로 돈이나 어떤 무엇이든 주고받아서는 안 된다. 성의 상품화는 성을 타락시키게 되고, 결국 인간성의 타락을 초래하고 만다.
- 모든 어린이들은 사랑으로 보살핌을 받아야 한다. 어린이를 성적인 대상으로 삼아서는 안 된다.
- 성행동은 반드시 책임이 뒤따른다. 무책임한 성행동은 삼가야 한다.
- 아동 및 청소년들은 부모나 책임있는 어른들로부터 성교육을 받음으로써 성장에 도움을 받을 수 있다.
- 청소년들이 자연스럽게 성에 대해 탐색할 수 있도록 보호해주어야 한다.
- 청소년들은 성인이 되어가는 과정에서 성에 대한 올바른 가치관을 형성해야 한다.
- 청소년들이 너무 조기에 성행동을 하게 되면 인격발달에 저해가 된다.
- 순결 자체가 절대적으로 중요한 것은 아니다. 순결에는 신체적인 순결과 정신적인 순결이 있다. 정신적인 순결이 더 중요하다.
- 순결은 빼앗거나 빼앗길 수 있는 것이 아니다. 순결은 물건이 아니기 때문이다. 진정으로 사랑하는 사람과 성관계를 맺는 것이 순결이다. 순결은 없어지는 것이 아니라 오히려 자라나는 것이다. 한때 순결하지 못했던 사람도 새로운 마음으로 상대를 대하고 진정으로 사랑하는 마음을 갖게 되면 그것이 순결이다. 한마디로 순결이란 한 아름다운 영혼이 다른 영혼을 순수하게 사랑하는 마음자세를 뜻한다.

(4) 대인관계 및 이성교제 기술과 관련된 사항들

- 대인관계 의사소통 기술훈련 및 습득(상호 존중적, 지지적이며 친밀한 관계형성, 적절한 의사소통과 상대방의 이해수용)
- 의사결정 기술의 훈련 및 개발 (관계신청과 관계맺음, 성행동과 관련된 의사결정 기술, 관계정리 기술)
- 자기주장 기술의 훈련 및 개발 (자기감정과 욕구의 표현, 부당한 요구의 거절, 도움요청 기술)
- 상호존중적 태도 개발(상대방의 감정과 욕구에 주의기울임, 상대방을 정서적으로 배려하는 태도, 상호 정서적, 신체적으로 보호하는 태도, 안전한 성관계를 위한 배려)

(5) 성행동과 관련된 사실들

- 인간의 일차적 성기관은 남성이나 여성의 경우 모두 대뇌이다. 즉, 어떻게 생각하고 어떻게 느끼느냐에 따라 성의 체험은 달라지며 또한 그로 말미암아 성행동도 달라진다.
- 성은 단순히 육체적인 행위가 아니다. 성은 서로의 깊은 정서적 관계를 토대로 이루어진다. 서로 깊은 정서적 관계가 없으면서 행해지는 것은 기계적 운동일 뿐이다. 그런 행위는 서로 간에 아무런 의미를 가져다주지 못하고 공허하다.
- 성은 쌍방이 원하는 관계에 의해서 이루어질 때 자연스럽다. 어느 한쪽의 의사를 무시한 채 이루어지는 성관계는 서로 간에 불만을 낳게 되고, 결국은 서로를 소외 시키고 만다.
- 남성이 더 강한 성적 욕구를 지니고 있다는 주장은 편견이다. 실제로 성 욕구는 남녀의 차이가 없다. 단지 여성은 성욕구가 행동으로 나타날 수 있기까지 좀 더 많은 장애물을 넘어야 한다. 즉, 심리적으로 좀 더 안정감을 느낄 수 있는 여건이 마련되어야만 자연스럽게 성행동을 할 수 있다.
- 성 욕구는 단지 신체적인 상태에 의해서만 결정되는 것이 아니다. 스트레스나 심리적 불안정감, 경제적인 어려움, 자녀문제, 신체 건강상태, 그 순간의 분위기 등에 의해 복합적으로 영향을 받는다.
- 성관계의 절대적 횟수가 중요한 것은 아니다. 성관계 횟수에 대해 그리고 질에

대해 서로가 어떻게 느끼느냐가 훨씬 더 중요하다. 서로에게 맞는 횟수와 서로에게 맞는 방법을 찾으면 충분하다. 절대적인 기준이 있는 것이 아니다.

- 성은 스포츠 시합이 아니다. 따라서 오르가즘에 도달하는 것을 절대적 목표로 삼을 필요가 없다. 성을 통하여 서로가 더 가까워지고 친밀해지는 느낌을 받으면 그것으로 진정한 목표는 달성되는 것이다. 오르가즘에 도달하는 것을 절대적 목표로 삼다 보면 열등감과 불안감 그리고 불만족을 느끼게 된다. 많은 여성들은 오르가즘에 도달하지 않고도 성생활에 대해 충분히 만족을 느낀다.
- 멋있는 몸매나 완벽한 신체구조를 가져야만 성적으로 매력있을 것이란 생각도 편견이다. 성관계는 몸이 하는 것이 아니라 서로의 마음으로 하는 것이다. 말 그 대로 성관계는 관계이다. 따라서 서로의 관계를 어떻게 만들어 가느냐 그리고 어떻게 지각하느냐에 따라 성은 전혀 다르게 체험된다.
- 성교의 시간이 길어야 만족스러울 것이라는 생각도 편견이다. 통계적으로 평균적인 남성은 실제 성기삽입 후 2 내지 4분 안에 사정을 한다. 전희를 통해 사전의 준비가 잘된 경우 그 시간 내에 충분히 서로가 오르가즘에 도달할 수 있다. 그러나 70% 정도의 여성들은 남성이 아무리 오래 동안 그리고 숙련된 기술로 성 교를 해도 오르가즘에 도달하지 못한다. 그것은 남성이 여성의 반응을 잘 이해하지 못하기 때문이다. 이는 여성의 성 반응에 대해 물어보고 서로 대화를 나눔으로써 해결이 가능하다.
- 파트너가 서로를 즐겁게 해주지만 각자 성적인 만족감에 도달하는 것은 궁극적으로 각자의 책임이다. 그리고 파트너가 자기를 만족시킬 수 있도록 자신의 신체감각이나 감정에 대해 말해주는 것도 각자의 책임이다.
- 성관계를 할 때 남성이 먼저 흥분하고 여성은 천천히 흥분한다는 것도 항상 그런 것은 아니다. 어떤 여성들은 남성보다 빨리 흥분하고 오르가즘에 도달하는데 그것도 역시 정상이다.
- 남자들은 상대방에 대한 정서적인 느낌이 없이도 성관계를 할 수 있다는 말도 더 이상 사실이 아니다. 1970년대에는 59% 의 남성들이 상대방에 대한 감정 없이는 성관계를 할 수 없다고 대답한데 반해, 1990년대에 와서는 비율이 훨씬 더 높아져서 71%의 남성들이 상대방에 대한 감정없이는 성관계를 할 수 없다고 대답했다.
- 남성의 발기불능에 대해 흔히 여성이 자신의 매력이 상실되었다고 생각해 죄책

감을 느끼는데, 무조건 그럴 필요는 없다. 40대가 되면 90%의 남성들이 최소한 한 번의 발기불능을 경험한다고 한다. 대부분 스트레스나 개인적 문제 때문 이며 시간이 지나면서 자연스럽게 해소되므로 그다지 걱정할 필요가 없다.

- 성교를 하지 않아도 얼마든지 서로의 사랑을 나눌 방법이 있다. 성교에 너무 집착할 필요는 없다. 서로 포옹한다거나 애무와 키스를 통해서도 얼마든지 만족스런 성관계를 할 수 있다.
- 불행하게도 많은 부부들은 결혼한 지 몇십년이 되어도 서로의 성관계에 대해 솔직한 대화를 나누지 않는다. 그 결과 늘 같은 패턴의 행위만 되풀이함으로 써 기계적이 되어버린다. 서로 대화를 통해 더 창조적이고 만족스런 관계를 만 들어가야 한다. 관계를 향상시키기 위해서는 서로 투자를 해야만 한다.
- 부부간에 성문제가 있으면 숨기지 말고 이를 솔직히 인정하고 전문가를 찾아 도움을 받아야 한다. 문제를 숨기고 덮으면 점점 문제가 커지고 마침내 파국을 맞게 되기 때문이다. 때로는 서로 문제가 있다는 사실을 밖으로 표현하고 인정하기만 해도 도움이 되는 경우가 있다.
- 결혼한 사람들은 자위(masturbation)를 하지 않는다는 것도 잘못된 인식이다. 많은 사람들에게 자위는 금지된 화제인 것 같다. 남자 청소년들의 자위행위는 비교적 관용되는 편이지만, 여자 청소년이나 결혼한 사람들 혹은 나이 많은 사람들의 경우는 터부시되는 경향이 있다. 하지만 실제로는 거의 대부분의 사람들이 자위를 하고 있으며 이는 자연스런 행동이다. 1990년의 킨제이 보고서에 의하면 94%의 남성과 70%의 여성이 자위를 한다고 한다. 또 다른 보고서에 의하면 50대 남성의 66%와 50대 여성들의 47%가 정기적으로 자위를 한다고 한다. 전문가들은 이런 행위를 정상적인 것으로 본다. 자위는 긴장을 해소시키는 효과가 있으며, 성적인 흥미가 적은 배우자를 가진 사람에게 대체적인 만족감을 가져다준다. 또한 자위는 배우자와 성관계를 할 때 대체적인 수단으로 사용될 수도 있다. 또한 파트너가 성관계를 할 수 없는 상황일 때도 활용될 수 있다.
- 노인들도 성생활을 할 수 있다. 많은 노인들은 성생활에 흥미를 느끼며 실제로 성관계를 자주하는 것으로 나타났다. 그리고 노인들은 성생활이 자신들의 삶에서 매우 중요하다고 말한다. 여성노인들은 남성노인들보다 성적으로 더 능력이 많이 남아 있으며, 실제로 50대 60대에 들어서 성을 더 즐길 수 있게 되었다고 말하는 사람도 많다. 한편, 남자노인들은 발기를 하는데 좀더 직접적인 자극을

필요로 한다. 그러자면 여성이 좀 더 적극적이 되어야 하는데 그렇지 못한 경우가 많기 때문에 이 부분에 있어서 여성은 새롭게 역할학습을 할 필요가 있다.

(6) 성행동과 관련된 의사소통

- 현재 상대방과의 신체접촉 수준이 정서적으로 받아들일 수 있는 수준인지 아니면 거북하거나 싫은지를 반드시 상대방에게 알릴 것. 그렇지 않으면 상대방은 당신이 동의하는 것으로 오해할 수 있다.
- 말하고 나서 이제 어느 수준에서 신체접촉을 계속할지, 아니면 접촉을 그만하고 싶은지에 대해 서로 분명한 의사소통을 할 것
- 성관계를 강요받는 느낌이 든다면 반드시 이것에 대해 서로 대화할 것
- 성관계를 갖고 난 뒤에 서로의 관계가 어떻게 될지에 대해 미리 서로 생각해보고 대화해 볼 것. 즉, 아무 생각없이 행동하지 말고 미리 결과에 대해 생각해보고 행동할 것
- 성관계를 맺은 뒤의 자신에 대해 그리고 상대방에 대해 서로가 어떻게 느낄지에 대해서도 미리 생각해 서로 대화해볼 것
- 성행동을 할지에 대해서 충분히 생각해보고 나서 자신의 결정을 상대방에게 말해줄 것
- 성행동을 하기 전에 임신가능성과 성병감염 가능성에 대해서도 대화해볼 것
- 상대방의 강압에 의해 성관계를 맺는 것이 아닌지 생각해보고 대화해볼 것
- 심리적 불안 (가령, 상대방의 요구를 들어주지 않으면 관계가 끝날 것이라는 두려움 혹은 상대방에 대한 동정 등)에 의해 성관계를 가지려는 것은 아닌지 서로 대화해 볼 것
- 성교 이외의 방법으로 서로 친밀감을 나눌 수는 없는지 대화해 볼 것
- 현재 서로의 정서적 관계가 성교를 할 수 있는 정도의 깊은 관계인지 대화해 볼 것
- 성행동과 관련해서 미리 준비한 자료를 상대방과 함께 읽으면서 서로 대화해 볼 것
- 자신이 하고 싶지 않을 때는 함부로 성관계를 시도하지 말 것
- 과거에 성경험을 가진 적이 있다고 하더라도 지금 시점에서 다시 순결을 지킬 것인지는 항상 새롭게 결정할 수 있다는 사실을 명심할 것

- 성행위에 앞서 약물을 복용하거나 술을 마시지 말 것. 그렇게 함으로써 성행동을 선택하는 결정을 올바로 내릴 수 없게 되기 때문이다. 뿐만 아니라 술을 마신 후에 성관계를 가지면 성병에 감염될 가능성이 훨씬 더 높아지기 때문이다.
- 위의 사항들을 사전에 생각해보고 친구들과 함께 역할연기 연습을 통하여 실제 상 황에서 잘 대처할 수 있도록 미리 연습을 해볼 것

(7) 임신 및 성병 예방 방법

① 성관계 절제

성관계 절제는 임신을 예방하는 가장 안전하고 확실한 방법이다. 서로 사랑하는 사람들 간에 서로의 정서적 관계가 깊어짐에 따라 점차 깊은 신체적 접촉을 갖는 것 은 자연스런 일이다. 그러나 성교는 임신을 초래할 수 있으므로 서로가 아이를 가 질 준비가 되지 않은 상태라면 절제가 좋은 방법이다. 한편, 성관계의 절제는 반드시 임신예방 차원에서만 필요한 것이 아니다. 서로 깊은 정서적인 유대관계도 없이 성관계를 갖는 것은 자신의 성을 소외시키고 왜곡시키는 행위가 되기 때문에 좀더 깊은 정신적, 정서적 관계가 형성될 때까지 성관계를 절제하는 것이 좋다.

② 피임법

월경 주기를 이용한 방법, 피임 알약사용, 콘돔 사용, 루프 사용법 등이 있다. 하지만 가장 안전하고 경제적인 방법은 콘돔 사용법이다. 콘돔의 사용은 예방조치를 취하지 않는 경우보다 에이즈나 기타 성병을 1만 배 더 잘 예방하는 것으로 드러났다. 한편, 콘돔이 찢어지거나 불량품일 수 있으므로 사용에 주의를 기울여야 한다.

③ 응급피임법

강간을 당했거나 계획에 없던 성관계를 가졌을 경우 72시간 내에 응급피임약(emergency contraception pill)을 복용하면 된다. 가장 잘 알려진 ECP 요법으로는 Yuzpe 요법이 있다. 1974년 캐나다의 Albert Yuzpe 교수가 약효를 발표한 후 그의 이름을 따서 이렇게 불렸는데, 두 개의 알약으로 되어 있다. 이는

estrogen과 progestin 호르몬을 배합한 것이다. 성관계를 가진 후 72시간 내에 한 알을 복용하고 다시 12시간 후에 한 알을 복용한다. 1998년 9월에 FDA로부터 시판 허용이 됨.

피임성공률은 98%이며, 부작용은 메스꺼움과 구역질, 두통, 월경불순이 될 수 있다.

④ 응급 피임시술법

강간을 당했거나 계획에 없던 성관계를 가졌을 경우 5일 이내에 병원에 가서 질 내에 IUD를 삽입함으로써 응급피임을 할 수 있다. 본인이 원하면 이를 질 내에 남겨 둠으로써 10년 동안 안전한 피임을 할 수 있다. 혹은 본인의 요청에 따라 월경이 나온 뒤에 제거할 수 있다. 피임성공률은 99.9%이다.

(8) 자녀의 성교육을 위한 부모행동지침

- 부모가 아이들의 성교육을 담당하는 제1책임자다.
- 아이들이 성에 대해 질문할 때 반갑게 여기고 대답하라. 그런 질문을 해준 것에 대해 고맙다고 말하고 대답해주라. 만일 잘 모르겠으면 도서관에 가서 찾아보고 대답해 주겠다고 말하도록 하는 것이 좋다.
- 적절한 기회를 포착하여 성교육을 하라. 예컨대, TV 프로그램에 적절치 못한 내용이 나오면 이에 대해 부모의 의견을 말해줄 수 있다.
- 아이들이 질문할 때까지 반드시 기다릴 필요는 없다. 적절한 때가 되면 중요한 내용들을 가르쳐 주라.
- 아이들의 질문에 당황되거나 어색해지는 것을 굳이 숨길 필요가 없다. 좀 어색하다는 감정을 표현하면 된다. 그리고 자연스럽게 말할 수 있는 부분까지만 하면 된다.
- 성은 자연스런 것이며 즐거움을 가져다 준다는 것을 말해주라.
- 아이들이 성에 대해 질문하면 우선 물어주어서 고맙다고 말하고, 아이들이 왜 알고 싶어 하는지 그리고 얼마나 알고 있는지, 무엇을 알고 싶어 하는지 물어보라.
- 사실만 말해주는 것은 충분하지 않다. 사실과 정보를 말해주는 것과 함께 당신이 뭘 느끼는지, 왜 그렇게 느끼는지, 그리고 어떤 가치관을 갖고 있는지를 함

께 말 해주라. 무조건 그렇게 생각하라는 것은 도움이 안 된다.

- 아이들에게 말할 때는 당신이 아이들의 행복에 관심이 있다는 것을 느끼도록 해주라. 아이를 사랑하는 마음으로 안내해주라.
- 아이들의 질문 뒤에는 숨은 질문이 있다는 사실을 염두에 두라. 예컨대, "월경이 가장 늦게 나오는 사람은 몇 살까지인가요?"라는 물음 뒤에는 자신의 늦은 월경이 비정상이 아닌지 묻고 싶은 마음이 있는 것이다.
- 2살 이하의 아이들에게 말할 때는 신체기관의 이름을 말해주는 정도면 충분하다. 가령, "이것은 팔이고, 이것은 손, 이것은 음경(여자는 음문)이야!"라고 말해준다. 아이가 성기를 만지면 놀라지 말고 조용히 반응함으로써 아이에게 성에 대해 관심 갖는 것이 자연스런 일이라는 느낌을 갖도록 해주는 것이 중요하다.
- 3~4세 되는 아이들은 아이가 어디에서 오는지 등의 질문을 하는데 간단히 대답해주면 된다. 아이들이 자연스럽게 성에 대해 호기심을 갖고 질문할 수 있도록 자유스런 분위기를 느끼도록 해주는 것이 중요하다.
- 5~8세 되는 아이들은 좀 더 복잡한 문제들을 이해할 수 있다. 아이들은 아마 TV에서 영향을 받아 어느 날 갑자기 에이즈가 뭔지 물어볼지도 모른다. 혹은 아이의 출산에 대해 관심을 보일지도 모른다. 어떤 경우든 자연스럽게 대답해주면 된다.
- 9~12 세 되는 아동들은 사춘기 과정에 접어들기 시작한다. 자신의 신체에 관심을 갖기 시작하고 외모에 신경을 많이 쓴다. 조숙한 아동들은 성에 대해 눈 을 뜨기 시작한다. 사회적 환경적 영향을 많이 받기 때문에 부모가 아동과 함께 성에 대해 대화하는 것이 중요하다. 아이들에게 피임에 관한 정보도 들려주는 것이 필요한 시기다. 아이들은 성에 대해 많이 알고 싶어 한다. 이때 정확한 지식과 정보를 제공하는 것이 필요하다. 성행위의 여러 종류(성교, 동성애, 구강성교, 항문성교 등)에 대해서도 알려주어야 한다. 성행위는 임신과 각종 성병을 초래할 수 있다는 사실을 알려주어야 한다. 에이즈가 어떻게 감염되는지 정 보를 제공해주어야 한다. 그리고 왜 성관계는 어른이 될 때까지 기다렸다 해야 하는지도 설명해주어야 한다. 여러 가지 피임법이나 콘돔의 사용법에 대해서도 가르쳐주어야 한다.
- 13~19 세의 청소년들에게 부모는 자신들의 성에 대한 가치관을 말해주어야 한다. 그리고 좀 더 자세하게 성병예방과 피임법에 대해 정보를 제공해주어야 한

다. 많은 부모들은 자녀들에게 무조건 순결을 지킬 것을 요구하지만 오늘날 청소년들에겐 이것이 통하지 않는다. 차라리 자녀들에게 필요한 지식과 정보를 가르쳐주고 자신들의 가치관을 이야기해주는 것이 더 효과적이다. 부모들은 자녀들에게 소위 "안전한 성"에 대해 교육을 시켜주어야 한다. 즉, 성교를 하지 않고 서로 즐길 수 있는 안전한 방법들을 가르쳐주는 것이다.[25)]

3) 경찰의 대응책

(1) 피해 신고의 유도

1997년 한국형사정책 연구원에서 성인남녀 2,000(남 500, 여 1,500)명을 대상으로 조사한 바에 따르면 신고율은 응답자가운데 강간의 경우 14.3%, 강간미수 7.1%, 심한 추행 3.6%, 심한 성폭력 6.1%에 불과하며 가벼운 성폭력이나 추행, 성희롱 등이 1%이내 불과한 것으로 나타났다. 신고율을 볼 때 공식통계상의 수치는 빙산의 일각이라는 생각을 할 수 있다. 따라서 경찰에서는 여성들을 보다 안전하게 보호하고 나아가 범죄를 예방 또는 진압하며 건전한 사회를 보전하기 위해선 이러한 여성관련 범죄에 대한 보다 많은 정보를 얻어 정부부처 및 관련사회단체에 적극 제공하여야 한다.

경찰이 정보를 얻는 방법은 피해에 대한 신고를 받는 것이다. 현재 전국 각급 경찰관서에 청문감사관실을 운영하고 있는바, 이 기능에 종전 여성상담실 운영기능을 통합하여 전담여경을 배치하고 실질적인 여성 상담을 실시하고 성범죄 정보수집을 능동적으로 하여야 한다. 담당여경에게 대하여는 전문적 교육을(상담교육) 시키고 신고된 성폭력 관련사건은 피해자 입장을 고려, 비밀유지와 최대한 신속히 처리하여 신뢰제고 방안을 강구해야 할 것이다.

(2) 성폭력 전과자의 관리

성폭력 피의자 전과관계를 보면 비전과자는 감소추세를 보이는 반면 재범자는 매년 8%~22%씩 증가 지속적으로 증가추세를 보이고 있다. 이러한 재범자들의

25) 성신여자대학교, 김정규교수님 강의록.

증가추세는 여러 측면에서 우려되는 바가 아닐 수 없다. 따라서 각급 경찰관서별로 성폭력관련 전과자에 대하여 현재의 동향과 생활환경 등을 철저히 분석하여 관리카드를 만들고 수시 동향관찰과 우범지역에 대하여 순찰강화 등으로 성폭력 예방활동을 보다 적극적으로 하여야 한다고 본다. 성폭력 전과자에 대해 깊은 연구와 범죄인 교화대책, 특히 청소년의 경우 특별한 교정대책이 요구된다.

(3) 사회단체의 참여 유도

각종 사회단체가 우리 사회의 범죄성 발생정도에 대한 심각한 인식을 바탕으로 하여 범죄의 예방, 진압에 동참할 수 있도록 유도해야 한다.

범죄 예방과 진압이 경찰만의 업무라기보다는 이제 우리 모두의 문제이기 때문이다. 성폭력 범죄의 효율적 대응을 위하여 사회단체 특히, 여성단체들이 적극적으로 자료를 수집하여 경찰에 제공하거나 예방과 진압을 위해 범사회적 차원의 운동을 전개하도록 유도하는 방안도 모색해야 한다.

그리고 가능하다면 강간범죄의 예방 및 피해자에 대한 구조기구를 적극적으로 운영해야 할 것이다. 미국, 캐나다, 유럽 오스트레일리아 등에서도 이미 1970년대 이후 강간위기관리센타(Rape Crisis Centers) 같은 프로그램들이 설립되어 강간예방, 강간범죄 피해자에 대한 서비스, 피해자를 위한 법적 옹호 등의 활동을 하는 것을 볼 수 있다. 이러한 기관들의 설립 및 이에 대한 지원은 결국 강간범죄의 심각성에 대한 사회 전반적인 인식을 제고 시키는 데에도 크게 도움이 될 것이다.

(4) 수사의 신중

수사 과정을 가능하면 비공개로 진행하여 성관련범죄 피해자가 수사단계에서 또 다시 피해를 입거나 수치심을 느끼지 않도록 피해자의 입장에서 신중을 기하고 여성단체나 성폭력 상담소 등에서 제시하는 각종 증거자료 등을 최대한 확보하여 성범죄 수사에 효율화를 제고하고 피해자의 입장에서 성심성의를 다하여 신고하게된 것이 헛되지 않음을 모든 성범죄 피해자가 느낄 수 있도록 수사의 신뢰를 확보함으로서 성관련범죄의 예방, 진압에 성과를 제고하여야 한다.

4) 관련법규 및 제도의 정비

(1) 비친고죄로 개정

1994년 1월 5일자로 '성폭력범죄의처벌및피해자보호등에관한법률'이 제정·공포되어 해당 범죄 피해자의 보호규정을 둠으로써 피해자 보호의 측면에서는 진일보하였으나, 형법상 강간죄·강제추행죄·준강간·준강제추행죄·미성년자간음죄 등을 여전히 친고죄로 남겨둠으로써 피해 여성들이 피해사실을 밖으로 알리지 않는 것이 더 낫다는 잘못된 통념을 바꾸기에는 아직 미흡하며 이들 강간죄 등을 비친고죄로 하는 경우에는 피해자의 명예보호에 중대한 불이익을 초래 할 수 있으나, 특별법에 의하여 심리의 비공개, 증인신문의 비공개, 법정 외의 장소에서 신문이 가능하게 되었으므로 이점을 고려하여 성폭력 범죄(청소년성보호에관한법률 관련 조항 포함)에 대하여는 과감하게 모두 비친고죄로 규정하는 것이 바람직하다는 견해가 많다.[26]

(2) 강간죄의 구성요건의 범위 확대

성폭력에 대한 법규정상의 문제점은 가해자(남성)의 행위를 기준으로 하고 있다는 것이다. 예컨대 강간의 경우 남성 성기를 여성의 질속에 삽입되었을 때만 기수가 된다고 한다면 항문성교, 구순성교 그리고 여성의 질속에 이물질을 투입하는 등 여성의 질속에 남성의 성기를 삽입하는 행위보다 더욱 나쁠 수 있는 행위들은 결국 강간보다 형량이 낮은 강제추행으로만 볼 수 있게 되어 문제가 된다.[27]

강간죄에 대한 법 규정이 남성 성기 중심적인 문화에서 타피한다는 점에서 여성에게 강제로 항문성교 또는 구순성교를 하거나 질속에 이물질을 투입하는 행위 등도 강간죄로 처벌받을 수 있도록 개정될 필요가 있다.

강간 시 폭행 또는 협박이라는 범죄구성요건의 적용에 있어 폭행 또는 협박의 사용이라는 기준이 "피해자의 저항을 현저히 곤란하게 하였는가 아닌가에 있어 법 적용시 가해자의 행동보다 피해자의 행동에 초점을 맞추게 하는 결과를 낳고 있

---

26) 세계일보, 2001. 4. 23.
27) 정대현, "성문화의 오늘과 내일", 「지배문화 남성문화」, 청하, 2000, p.50~55.

다. 예컨대 여관방에서 강간을 당했을 경우 피해자가 왜 구조요청을 하지 못하고 여관방으로 따라 들어갔느냐, 묵시적으로 승낙한 것이 아니냐 등으로 피해자의 행동이 판단의 초점이 되는 경향을 초래하기 쉽다는 것이다.

(3) 피해자 구조기구의 설치

〈표 4-1〉에 나타나 바와 같이 피해 여성들의 억울한 사정을 위로하며 대책을 세울 성폭력 피해구조기구 설치 요구가 전체 50%로서 가장 많았고 다음의 여성전담 경찰과 여검사 제도 도입이 30%이며 이는 그들이 신고나 사법처리과정에서 그들의 입장과 경험을 충분히 전달하기 위함으로 보여 지며, 그리고 전문 신고전화 설치 8.0%, 비공개재판, 사건취급자의 인식의 전환 등을 요구하고 있다. 따라서 '성폭력범죄의처벌및피해자보호에관한법률' 제25조에 의거, 국가 또는 지방자치단체에서 성폭력 피해상담소 설치운영과 피해자 보호 시설을 설치운영하고 있으나 그저 형식적이란 지적이 있으며 상담인력을 확보하여 순회강연, 계몽 등으로 실질적인 효과를 거둘 수 있는 구조기구의 설치가 요망된다.

〈표 4-1〉 요구사항 단위 : 명

요 구 사 항	의 견 명(%)
여성전담경찰과 여검사제도 도입	15(30.2)
전문신고센터 설치	4(8.0)
성폭력 피해자 구조기구 설치	25(50.0)
비공개 재판	3(6.0)
사건취급자의 인식의 전환	3(6.0)

제5장

직장성희롱과 예방

1. 성희롱의 개요
2. 성희롱의 해악
3. 성희롱 예방대책

제5장 직장성희롱과 예방

성희롱은 삶의 장 어디서나 발생할 수 있지만, 가장 빈번히 가장 전형적인 형태로 나타나는 곳이 직장이다. 그래서 대부분의 성희롱에 대한 논의는 직장 내 성희롱에 초점을 맞추고 있다. 직장 내 성희롱은 단지 성적 자율권에 대한 침해일 뿐만 아니라 노동권 침해, 결국 인권침해의 문제로 접근할 수 있는 것이다.

우리나라에서는 1993년 '서울대 우조교 성희롱사건'을 계기로 성희롱이라는 문제가 새롭게 사회적으로 등장하였으며, 그 후 직장 내 성희롱의 심각성을 인식하게 되어 1999년에는 남녀고용평등법에 직장 내 성희롱 규제법령을 정하게 되었다.

성희롱에 대한 논의에서 성희롱에 강간까지 포함시켜 설명하는 경우들도 있으며, 강간을 제외하는 경우들도 있다.

성희롱은 강간이나 강제추행에 비해 육체적, 심리적 침해의 정도가 약하거나 적다고 볼 수 있지만 성희롱, 강간, 강제추행 등은 본질적으로 성적자유를 침해한다는 점에서는 같지만 그 침해의 정도, 방법, 결과 등에 있어서 차이가 있을 뿐이다.

1. 성희롱의 개요

1) 성희롱의 유래

'성희롱(性戲弄, Sexual Harassment)'이란 용어는 1974년 미국 코넬대학의 Lin Farley에 의해 처음으로 사용된 이래 '성적 강제'를 반대하는 미국의 여성단체나 여성학자를 중심으로 채택되고 발전해 온 개념이다. Sexual Harassment를 직역

하면 '성적 괴롭힘, 성적 위협'정도의 의미를 가지지만 실제로는 '원하지 않는 성적 행위의 부과'를 의미한다. Sexual Harassment에는 단순히 지나가는 말에서부터 포옹이나 육체적 접촉, 강간에 이르기까지 다양한 행위들이 모두 포함되는데, 가장 핵심적인 것은 그것이 단순한 성적 욕구에 기초한 행위가 아니라 권력의 불평등과 관련한 행위라는 점이다.

2) 남녀고용평등법상 '직장 내 성희롱'의 개념

남녀고용평등법 제2조 【정의】

이 법에서 "직장 내 성희롱"이라 함은 사업주, 상급자, 또는 근로자가 직장 내 지위를 이용하거나 업무와 관련하여 다른 근로자에게 성적인 언동 등으로 성적 굴욕감 또는 혐오감을 느끼게 하거나 성적 언동 그 밖의 요구 등에 대한 불응을 이유로 고용상의 불이익을 주는 것을 말한다.

3) 성적인 언어나 행동에 의한 성희롱의 예시

(남녀고용평등법시행규칙 제1조의 2 별표)

가. 육체적 행위

(1) 입맞춤이나 포옹, 뒤에서 껴안기 등의 신체적 접촉행위
(2) 가슴, 엉덩이 등 특정신체부위를 만지는 행위
(3) 안마나 애무를 강요하는 행위

나. 언어적 행위

(1) 음란한 농담을 하거나 음탕하고 상스러운 이야기를 하는 행위(전화통화 포함)
(2) 외모에 대한 성적인 비유나 평가를 하는 행위
(3) 성적인 사실관계를 묻거나 성적인 내용의 정보를 의도적으로 유포하는 행위

(4) 성적인 관계를 강요하거나 회유하는 행위
(5) 회식자리 등에서 무리하게 옆에 앉혀 술을 따르도록 강요하는 행위

다. 시각적 행위
(1) 음란한 사진, 그림, 낙서, 출판물 등을 게시하거나 보여주는 행위
(컴퓨터 통신이나 팩시밀리 등을 이용한 경우도 포함)
(2) 성과 관련된 자신의 특정 신체부위를 고의적으로 노출하거나 만지는 행위

라. 기타 사회통념상 성적 굴욕감을 유발하는 것으로 인정되는 언어나 행동

4) 직장 내 성희롱의 4가지 성립 요건

(1) 당사자

남녀고용평등법상 '직장 내 성희롱'의 가해자는 고용 및 근로조건에 결정권을 가지고 있는 사업주나 직장상사를 비롯하여 동료 근로자와 부하직원까지 포함 된다. 성희롱의 피해자는 남녀 구별 없이 직장 내 모든 근로자가 해당되며 협력업체 및 파견근로자를 포함한다. 또한 현재 고용관계가 성립되지 않았다 하더라도 모집, 채용과정에 있는 근로자 역시 성희롱 피해 당사자가 될 수 있다.

남녀고용평등법은 근로기준법과는 달리 근로자의 개념을 정의하고 있지 않기 때문에 최근 노동법상의 근로자로 인정받지 못하고 있는 골프장 캐디나 보험설계사들도 성희롱의 당사자가 될 수 있다. 그러므로 정식 근로자 여부를 떠나서 이 법에 의하여 성희롱에 대한 구제를 받을 수 있다.

(2) 지위를 이용하거나 업무와이 관련성이 있을 것.

상급자가 자신의 지위를 이용하여 하급자에게 원치 않는 성적 행위를 강요하거나 과도한 성적 언어를 남발하는 것, 또는 업무 중에 혹은 업무와 관련지어서 성적불쾌감을 유발할 것을 조건으로 한다. 업무와 관련이 있다 해서 반드시 업무 중

이거나 사무실 내에서의 사건을 대상으로 하는 것은 아니며, 업무와 관련이 있는 회식장소나 출장 중의 차 안, 사내 휴게 공간 등에서 행해지는 성희롱 역시 업무와 관련이 있다고 볼 수 있다. 뿐만 아니라 사적인 만남이라도 업무를 빙자하여 상대방을 불러내는 등 업무와 관련성이 있다고 판단될 만한 요소가 있다면 '직장 내 성희롱'이 될 수 있다.

(3) 성적인 언동

'성적인 행위'라 함은 특정 신체부위를 만지거나 안마를 강요하는 등의 육체적 행위 뿐만 아니라 음란한 사진을 보여주거나 음담패설을 하는 등의 시각적, 언어적 행위가 다 포함된다. 남녀고용평등법상 '성적인 언동 등'의 의미는 위에서 언급한 다양한 유형의 성적행우를 피해자인 상대방이 적극적으로 해 줄 것을 요구하거나 또는 소극적으로 참아줄 것을 바라는 것으로 해석할 수 있다. 기타 사회통념상 성적굴욕감, 혐오감을 유발하는 것으로 인정되는 언어나 행동도 성희롱의 범위에 포함된다. 그러므로 상대방이 원치 않는 성적인 언어나 행동이 반복되는 경우 성희롱으로 성립될 수 있으며 단 한번의 성적 언동이라도 심한 경우에는 직장 내 성희롱이 도리 수 있다.

(4) 성적 굴욕감 또는 혐오감을 느끼거나 성적언동 그 밖의 요구 등에 대한 불응을 이유로 고용상의 불이익을 주는 것.

심각한 고용상의 불이익이 없더라도 피해근로자의 불쾌감이나 혐오감 자체가 성희롱 성립요건이 되는데 이때의 불쾌감이나 혐오감 등은 지극히 주관적인 영역이기 때문에 성희롱 여부를 판단하는 데에는 '합리적 사람'의 기준이 사용된다. 즉 피해자의 주관적인 사항을 고려하되, 사회통념상 합리적인 사람이 피해자의 입장이라면 문제가 되는 행동에 대하여 어떻게 판단하고 대응할 것인가를 함께 고려해서 판단을 내린다.

5) 고용상의 불이익의 종류

(1) 고용조건형(보복형) 불이익

- 성적인 언어나 행동 또는 성적서비스의 제공을 거부할 경우 고용상의 불이익을 주는 것.
- 대체로 가해자는 피해자의 업무능력 부족이나 업무태만을 불이익 조치의 근거라 주장하는 경우가 많다.
- 그러나 피해자의 작업능률저하는 성희롱이라는 불법행위의 결과인 경우가 대부분이므로 이를 이유로 피해자를 해고 또는 근로조건에 불이익을 주는 행위(채용탈락, 감봉, 승진, 전직, 정직, 휴직, 해고 등)는 정당화 될 수 없다.

(2) 고용환경형 성희롱

- 가해자의 성희롱으로 인하여 성적굴욕감 또는 혐오감을 느끼고 피해자의 고용환경에 불쾌한 영향을 주는 것을 말한다.

6) 성희롱과 강간, 강제추행과의 차이점

- 폭행 또는 협박이라는 강제성이 반드시 없어도 성립할 수 있다는 점.
- 간음행위나 추행행위에 까지 이르지 않는 육체적, 심리적 침해행위라는 점.
- 현재 강간죄나 강제추행죄가 형벌이 부과되는 범죄행위인 반면, 성희롱은 징계대상이 되는 것은 몰라도 범죄행위로는 보지 않는다는 점.
- 강간죄나 강제추행죄가 개인에 대한 개인의 성적침해로 접근하는 반면, 성희롱은 직장 내 근로조건의 문제로 접근해 왔다는 점.

2. 성희롱의 해악

1) 성희롱이 피해자에게 미치는 해악

성희롱은피해자에게 신체적, 정신적으로 부정적 영향을 미친다. 헌법 제10조에서는 '인간의 존엄성과 행복추구권'을 규정하고 있고, 헌법 제11조에서는 '성별에 의한 차별'을 금지하고 있는데 성희롱은 피해자의 행복추구권을 침해하는 것이고 성차별의 일종에 해당하는 것이다.

(1) 직장생활에 미치는 영향

〈표 5-1〉 성희롱이 직장생활에 미치는 영향

응 답 내 용	비 율
함께 일하기 싫음	41.4%
스트레스 받음	24.9%
별다른 영향 없음	12.4%
회사 다니기 싫음	11.9%
일의 능률 떨어짐	5%
직장생활 위축	4.3%
* 자료:2001년 여성개발원의 연구 조사 ; 460명의 여성 근로자 대상	

* 이 연구의 결과로 84% 가량이 스트레스 이상의 강도로 직장생활에 영향을 받고 있는 것으로 나타났다.

(2) 신체적 부작용

성희롱을 당한 피해자는 신체적 건강을 잃는 경우가 많다 일반적으로 성희롱 피해자는 울화병, 구역질, 위장병, 등의 현상을 보일 수 있으며, 술을 많이 마시게 되어 술에 취하거나 그것이 반복되어 알코올 중독이 될 수도 있다. 뿐만 아니라

서구의 연구에 의하면 성희롱을 당한 후에 현기증, 두통, 체중감소, 피로, 의욕상실, 폭식, 수면장애, 두드러기 등의 증상을 보이곤 하는데 이런 증상들이 성희롱으로 인한 후유증이라는 사실을 피해자 본인이나 일분의 치료하는 의사들도 미처 깨닫지 못하는 경우가 많다고 한다.

(3) 정신적 부작용

- 성희롱 피해자들은 분노, 두려움, 죄책감 및 무력감을 포함하는 여러 가지 부정적인 정서를 경험한다. 종종 성희롱 피해자들은 그 자체에 의해서도 큰 영향을 받지만, 사무실에 떠도는 헛소문, 임금삭감, 그리고 직업경력의 붕괴와 같은 스트레스를 경험할 수도 있다.
- 성희롱 경험이 궁극적으로 긍정적인 방법으로 해결된다 하더라도 피해자들은 내적·외적상실감으로 고통을 받을 가능성이 높다.
  - 내적 상실감으로는 자신감의 상실, 사람에 대한 믿음의 상실, 공정성 및 형평성에 대한 부정 등이 있는데, 내적 상실감으로 인해 피해자는 타인에 대한 불신과 사회에 대한 부정적 인식을 갖게 된다.
  - 외적 상실감으로는 실직, 수입의 감소, 경제적 불안정, 중요한 직업경력 발전을 위한 기회의 상실, 대인관계 악화, 승진기회의 상실 등을 들 수 있다.
  - 설령 조직에서 성희롱 문제가 슬기롭게 해결되었다 하더라도 잠재의식 속에 부정적으로 반영될 우려가 높으므로 성희롱은 아예 발생을 방지하는 것이 가장 좋은 해결책이다.

2) 성희롱이 가해자에게 미치는 해악

(1) 가해자는 '직장'을 잃을 수 있다.

남녀고용평등법에서는 성희롱 가해자를 부서전환이나 징계 등 조치를 취하도록 규정하고 있다. 만일 이런 조치를 소홀히 하게 되면 사업주는 300만원 이하의 과태료를 물게 된다. 대부분의 회사에서는 회사에 물의를 일으킨 사람에 대해 감봉, 부서전환에서 면직, 해고에 이르는 자체규정을 두고 있다.

(2) 가해자는 '재산'을 잃게 된다.

성희롱 피해자는 그 경중에 따라 가해자를 상대로 민법상의 손해배상 청구소송을 제기할 수 있다. 가해자의 성희롱 행위로 인해 정신적 피해를 입었다고 주장하여 소송을 제기하면 가해자는 소송의 피고가 된다. 우리나라에서도 서울대 우조교 성희롱 사건으로 피고가 된 가해 교수에 대해 법원은 배상 판결을 결정한 바 있으며, 성희롱 행위 금지가 법제화 된 만큼 앞으로 법원의 배상판결 금액은 더욱 높아질 것으로 예상된다.

(3) 가해자는 '명예'를 잃게 된다.

성희롱 가해자는 사람들이 피하기 마련이다. 직장에서는 물론 가정에서도 문제가 될 것이며, 사회에서도 따돌림을 받게 된다. 이처럼 가해자는 직장과 함께 명예를 잃게 된다.

(4) 가해자 가족들도 '상처'를 입게 된다.

성희롱 가해자를 보는 가족들의 눈도 좋지 않게 되며 그 가족들 역시 성희롱 가해자 가족이라는 오명을 쓰게 된다. 이때 가족들이 받는 상처는 피해자만큼 클 수 있다.

3) 성희롱이 조직(기업)에 미치는 해악

(1) 노동생산성 저하

- 피해자들이 성희롱을 경험함으로써 파생되는 부정적인 직무상의 결과로는 직무만족 저하, 직무수행 저하, 결근 증가, 생산성 저하, 동료들과의 인간관계 손상 등을 들 수 있으며 업무와 관련된 기술에서 자신감이 현저히 줄어들 뿐만 아니라 작업동기도 감소될 수 있다. 부서이동이나 전직도 발생하며 유능한 직원의 사직도 발생할 수 있다.

- 성희롱이 있는 곳에선 작업의 생산성과 작업의 질이 일반적으로 하락하게 되며, 팀을 형성하고 있을 경우 피해자는 동료들을 불신할 수 있으며, 그 팀의 단합이 깨어져 그 결과로 생산성이 저하될 수 있다. 또한 비공식적인 따돌림으로도 생산성 저하라는 결과로 연결될 수 있다.

(2) 인력과 시간의 낭비

- 성희롱 문제해결을 위해 투입된 인적, 물적 자원은 만약 그런 불미스러운 일이 발생하지 않았다면 조직의 생산적인 활동에 투여될 수 있었을 것이다. 더구나 노동사무소나 여성 부 또는 소송으로 확대될 경우 성희롱 성립여부를 떠나서 그 조사과정에서 장기간 동안 엄청난 시간과 노력을 허비하게 될 것이다.

(3) 법적 제재

'남녀고용평등법'과 '남녀차별금지및구제에관한법률'에서는 성희롱에 대한 사용자의 책임을 인정하며 성희롱 예방교육을 실시하거나 성희롱 가해자에 대한 적절한 조치를 취하지 않은 경우 경우에 따라 최고 3년 이하의 징역 또는 2천 만 원 이하의 벌금까지 처할 수 있도록 하였다(예: 2000년 6월 노사분규로 성희롱 사건이 제기된 L호텔의 경우 성희롱 예방교육 미 실시와 성희롱 행위자 10명에 대해 징계를 하지 않은 것에 대한 제재로서 3천 만 원의 과태료가 부과되었다).

(4) 민사상 손해배상 발생

먼저 가해자는 민법상의 불법행위에 의해 손해배상을 하여야 하며 또한 가해자를 관리·감독하지 못한 회사의 책임이 인정되는 경우에는 회사도 손해배상 책임을 져야 한다.

(5) 노사관계 악화, 기업 이미지 실추 및 매출 악영향

- 성희롱 문제가 발생할 경우 노동조합측이 해결과정에 개입하여 노사관계가 악화되거나 단체교섭 시 문제 삼는 상황이 발생하기도 한다.

- 또한 남녀고용평등법 제32조와 '남녀차별금지및구제에관한법률' 제33조에서는 필요한 경우에 대외적으로 널리 공표할 수 있는 권한을 규정하고 있으며, 성희롱 사건이 언론에 보도되거나 여성단체, 소비자단체 등에서 문제 삼을 경우 기업 이미지가 실추될 것은 당연한 일이다.[1)]

3. 성희롱 예방대책

직장 내에서 성희롱 예방이 절대적으로 필요한 이유는 그것이 피해자와 가해자, 그리고 기업 3자 모두에게 커다란 해악을 끼치기 때문이다. 반대로 성희롱이 예방되고 잘 해결된다면 밝고 건강한 직장문화를 만들 수 있고 개인과 기업 모두에게 도움이 되며 나아가서는 건강한 사회조성에도 필연적이다.

1) 직장 내 성희롱 예방을 위한 근로자 측의 노력

(1) 가해자가 되지 않기 위한 노력

- 대부분의 성희롱 피해자는 여성, 가해자는 남성이라는 일반론에 입각해 볼 때 성 희롱은 남성의 충동이라는 본능에서 비롯된 자연적인 현상이 아니라는 사실을 알아야 한다.
- 성희롱의 상대방에게서 특별한 반응이 없을 경우 상대방도 이를 즐기고 있거나 수용하고 있다는 것은 오해에서 비롯된 잘못된 학습이라는 것을 깨달아야 한다.
- 우연한 행동을 호감이나 유혹으로 착각하지 말아야 한다.
- 성희롱적인 언동이 남성다움의 표현이라고 생각하는 것은 오산이다.
- 회사의 권리관계와 일반관계를 혼동하지 말아야 한다. 젊은 층으로 갈수록, 맞벌이 부부일수록 남녀평등의식이 강한 것으로 나타나고 있는데 상사 입장에서 볼 때 '동생 같고, 자식 같은 사원'이라 할지라도 인격적으로는 대등한 관계에서 대하여야 한다.

---

1) 김천수, 성희롱예방과 대책, (주)중앙경제, 2002, pp.11~19.

〈표 5-2〉 가해자가 되지 않기 위한 유의사항

* 음담패설을 삼간다.
* 직장 내에 음란한 그림이나 사진은 붙이지 않는다.
* 직원의 외모나 사생활에 지나치게 간섭하지 않는다.
* 타인과의 불필요한 접촉을 하지 않는다.
* 상대방이 거부 의사를 하였을 경우에는 즉각 이를 중지한다.
* 자신의 지위를 이용하여 사적인 만남을 강요하지 않는다.
* 회식자리나 야유회에서 직원에게 술을 따르게 하거나 서비스를 강요하지 않는다.
* 승용차에 동승하는 경우는 가급적 나란히 하지 않는다.
* 직원이 성희롱을 하는 경우에는 이의를 제기한다.
* 성희롱 예방 프로그램에 적극 참여한다.

(2) 피해자가 되지 않기 위한 유의사항

- 성희롱 가해자는 어딘가 이상한 사람이거나 혹은 성희롱은 비정상적인 상황에서만 발생한다는 편견을 버리고 언제, 어디서, 누구에게나, 누구에 의해서나 발생할 가능성이 있다는 것을 유념한다.
- 특히 여성들은 남성들이 자기 본위로 생각하는 경향이 있다는 사실을 알아야 하며, 즉 어느 정도의 성희롱은 여성 쪽에서 수용하거나 반길 것이라고 기대하는 심리가 내재해 있음을 알아야 한다. 때문에 다른 문제에 대해서는 얼마든지 우호적이더라도 성희롱에 관해서는 아주 작은 행위에 대해서도 단호하게 입장을 밝혀야 한다.

〈표 5-3〉 피해자가 되지 않기 위한 유의사항

* 자신의 의사표시를 분명히 한다.
* 새로 직장에 들어갈 경우에는 전임자에게 성희롱이 있었는지의 여부를 알아본다.
* 회사의 사규에 성희롱 예방과 구제절차에 고나한 규정이 있는지 알아본다.
* 회사 내에 성희롱이 받아들여 질 수 없는 분위기를 조성한다.
* 동료들 간의 음담패설에 참여하지 않는다.
* 음란한 사진이나 그림을 붙이는 행위에 대하여 이의를 제기한다.
* 회사에 성희롱 예방대책의 마련을 촉구한다.
* 성희롱을 당한 동료를 비난하지 말고 공동으로 대처한다.
* 업무시간 외에 원하지 않는 만남을 피한다.

2) 노동조합의 역할

- 성희롱 예방교육을 위한 노동조합의 법적인 의무는 없지만 수시 조합원 교육 시 예방교육의 포함, 취업규칙 특히 단체협약에 성희롱 예방에 관한 사항을 포함시키도록 노력하는 것이 바람직하다.
- 이미 성희롱 사건이 발생한 경우는 노사협의회 등을 통해서 신속·공정하게 해결될 수 있도록 조력해야 한다.
- 노동조합 조직 내부에서도 성희롱 사건이 발생하는 경우 조직을 약회시키는 요인이 될 수 있으므로 이 범에 대해서도 경계해야 한다.

3) 기업주(사업주)의 의무

(1) 예방 교육

직장 내 성희롱의 문제는 우리 사회의 성차별적 구조, 여성을 성적 대상으로 여기는 문화에 기반 된 것이므로 근본적으로 남자직원들이 여자직원들을 대하는 생각과 태도를 변화시키는 것이 가장 필수적이다. 말하자면 성희롱에 관한 가장 좋은 대책방법은 성희롱이 발생하고 난 뒤 가해자에 대한 징계, 또는 어떤 조치를 하는 것보다 성희롱행위자체가 발생하지 않도록 사원들의 의식변화를 유도하는 것이다. 너무나 당연한 부분이기는 하지만 성희롱의 문제는 자칫 인권을 유린할 수 있고, 게다가 혹시 성희롱행위자에 대한 징계 과정상의 '실수' 등으로 인하여 남녀직원들이 대립, 대결구도로 가는 경우에 오히려 남녀사원들 간의 업무협조가 소홀하게 되어 기업전체의 생산성에 영향을 미치는 경우도 발생할 수 있다. 따라서 성희롱 예방교육은 다른 어떤 방법보다 중요한 것으로 제기된다.

① 교육의 방법

A. 교육방법의 기본원칙

가. 자유로운 대화와 토론이 선행되어야 한다.

성희롱예방교육에 있어서 중요한 것은 각 직장에서 흔히 발생할 수 있는 성희롱의 유형 (음담패설, 무리하게 술을 따르도록 강요하는 행위 등) 또는 성희롱이 발생하는 근본원인인 성차별적 사고에 대한 각자의 생각을 자유롭게 드러내고 토론할 수 있어야 한다는 점이다. 직장 내 성희롱의 근본적인 문제 중의 하나가 성차별적 문화임(특히 남성다움과 여성다움에 대해 남녀모두가 가지고 있는 고정관념이 서로의 의사소통을 왜곡한다는 점)을 고려할 때 남자직원과 여자직원이 대화 또는 토론을 통해서 서로의 생각의 차이를 확인하고 이해하는 과정은 직장 내 성희롱을 예방하는 데 있어 매우 중요하다.

나. 종업원의 의식수준을 고려한 방법을 선택한다.

성희롱에 대한 교육방법의 또 하나의 원칙은 직장 내 직원들의 성차별과 성희롱에 대한 의식 수준을 확인하는 작업이 반드시 필요하다는 점이다. 이러한 의식수준에 따른 대화와 토론 적절한 사례제시를 통해 인식전환의 계기를 만들 수 있다.

직원들의 의식수준을 확인하는 작업은 기업의 현실에 맞게 실태조사 설문지 조사 등을 실시하여 직원들이 많이 경험할 수 있는 사례로 구체적으로 제시하는 것이 좋다.

다. 기업의 조건을 고려하여 직위에 따라 차별적 교육을 실시한다.

기업이 대규모인가 아니면 중소기업인가에 따라 교육의 방법을 달리 할 수 있다. 특히 영세한 기업의 경우 소규모라는 이유로 교육의 방법이 형식에 그칠 수 있다. 최근 발표된 남녀고용평등법의 시행령과 시행규칙에 영세규모사업장의 교육의 의무를 명시해놓고 있으므로 반드시 교육을 해야 한다. 그러므로 자신의 기업의 규모 및 조직의 특성에 따라 직위에 따라 차별적인 교육방법을 실시한다.

남녀고용평등법의 시행(1999년 2월 8일)으로 직장 내 성희롱의 예방교육이 의무화되었으나 현실적으로 기업주와 인사담당자들은 직장 내 성희롱에 대한 중요성과 심각성을 인식하지 못한 채 과태료300만원을 내지 않는 정도에서 형식적으로 교육을 하려는 경향이 있다. 그러나 성희롱예방교육이 형식적으로만 치우칠 경우 직장내 성희롱의 문제를 해결할 수 없을 뿐만 아니라 성희롱문제로 소송까지 갈 경우 기업주가 충분한 조치를 취하지 못한 것에 대한 손해배상책임을 물을 수 있으므로 사전에 철저히 해두는 것이 필요하다.

B. 구체적인 교육방법

직장 내 성희롱 예방교육은 직원연수교육, 부서별 교육, 정례조회등 기존의 교육방법을 활용해서 하는 방법도 있고 다음과 같이 프로그램을 개발할 수도 있다.

- 시청각교육

시청각교육 중 가장 대표적인 것은 비디오를 활용하는 방법이다. 성희롱예방비디오를 직접 제작해서 상영하고 있는 회사도 있으나 대부분의 회사는 그런 한 여건이 되지 못하므로 관련단체(성폭력상담소, 경영자총연합회 등)에서 나온 직장 내 성희롱 예방비디오를 활용하는 것이 좋다.

그러나 비디오 상영으로 교육을 대신한다고 할지라도 비디오 상영 후 감상소감 및 관련 토론을 할 수 있는 자리를 만드는 것이 바람직하다. 직장 내 성희롱은 친숙한 사안이고 민감한 문제인 만큼 토론시간과 자리만 만들어주면 그다지 많은 노력을 들이지 않고 자연스러운 토론이 이루어지므로 기업은 비디오 상영과 관련 토론만으로 적은 비용과 노력으로 효과적인 교육을 실시할 수 있다.

- 전문 강사에 의한 강의

노동부지침에 의하면 반드시 외부강사를 활용해야하는 것은 아니며 사업주 또는 부서장이 직접 하는 교육도 가능하다. 그러나 현실적으로 성희롱예방교육 관련 강의를 할 만큼의 능력과 시간이 있는 사업주 또는 부서장은 별로 없다. 따라서 사업주, 부서장이 하는 교육은 부서별 교육 또는 정례조회 시에 직장 내 성희롱을 허용하지 않는다는 경고하는 것 이상의 의미를 갖기는 힘들 것이다. 물론 사업주, 부서장이 성희롱을 금지한다는 공식적인 언급만으로도 성희롱예방에 일정정도 긍정적인 영향을 미칠 수 있는 것은 사실이다.

성희롱예방교육은 직원들의 근본적인 의식변화를 통해 성희롱발생자체를 줄이는데 의의가 있다. 그러나 강의식이 한꺼번에 많은 내용을 전달할 때에는 좋으나 참석자들의 피드백의 기회가 적고, 자발적 행동수정에 효과가 크지 않으므로 성희롱에 대한 의식전환과 행동변화를 목적으로 하는 본 교육 프로그램으로 적합하지는 않다. 따라서 외부강사를 활용할지라도 강의식을 지양하고 토론시간을 많이 배치하는 것이 바람직하다.

• 집단토의(Group Discussion)

집단토의방법은 직원연수교육 또는 신입사원 연수교육 시 활용하는 것이 가능하다. 연수교육에서는 소규모로 팀이 구성되기 때문에 성희롱관련사례, 성차별적 사고 사례를 제시하고 자유토론을 하도록 하는 것이 바람직하다.

• 역할극(role play)

역할극 역시 직원연수교육 또는 신입사원 연수교육 때 활용하는 것이 용이하다. 역할극은 성희롱 사례를 제시하고 간단한 대본을 만들어서 남녀가 역할을 나누어 연기연습을 하고 다른 팀과 함께 간단한 역할극 공연을 하는 과정으로 이루어진다. 역할극은 피교육자들의 적극적인 참여가 필요하므로 공연 후 1등을 한 팀에게 상품을 제시하는 등의 보상을 하는 것이 바람직하다.

• 캔미팅(Can meeting)

캔미팅이란 조직 내 의사소통방법의 하나로서 퇴근 후 맥주 집에서 맥주를 마시면서 토론, 대화를 하는 모임을 말한다. 캔미팅은 우리말로 굳이 표현하자면 술자리이면서 동시에 모임의 리더가 특정 화제를 가지고 술자리를 주도해 가는 형태로서 일상적인 회사생활에서 많이 발견된다. 따라서 캔미팅을 활용하여 대화, 토론의 시간을 갖는 것은 교육을 위한 비용을 줄이면서 효과를 극대화시키는 경제적인 방법이 될 수 있다. 왜냐하면 직장 내 성희롱은 성차별적 의식의 문제인 동시 성문제에 관한 남녀의 의사소통이 왜곡되는 데서 비롯되는 것이므로 성(性) 또는 성차별적 고정관념을 소재로 진지한 대화, 토론을 나누는 것은 굳이 결론을 요구하지 않더라도 서로의 생각의 차이를 확인함으로서 성과 관련된 말과 행동에 있어서 다른 사람은 다른 방식으로 생각한다는 것을 인식하여 당사자들이 조심스럽게 행동하게 될 것이기 때문이다. 그러나 성희롱교육 담당자는 캔미팅에서 다루어야 하는 성희롱사례, 성차별적 사고 사례 등 소재를 미리 준비해야 한다. 그렇지 않으면 말 그대로 술자리로서 끝날 뿐이다.

• 지침서 제작 또는 구입 배포

규모가 크고 성희롱전담기구가 있는 기업에서는 지침서를 직접 제작하여 배포하고 있으나 대부분의 기업은 지침서를 직접 제작, 배포할 형편이 되지 못한다. 지침서에는 반드시 성희롱의 정의, 성희롱과 관련된 회사의 방침 및 규정, 성희롱 발생 시 해결 절차 등의 내용이 들어가야 한다. 그러나 소규모기업일 경우 관련단체에서 만든 지침서를 구입, 배포하는 것이 현실적이다. 물론, 해당 기업의 성희롱관련 규정과 성희롱발생시 해결절차에 대해서는 홍보물을 별도로 만들어야할 것이다.

• 게시판 활용

성희롱의 정의, 유형, 관련 회사방침 및 규정, 성희롱 발생 시 해결절차 등을 적어 게시하는 방법이다. 그러나 이러한 방법은 피드백 과정이 없으므로 다른 방법과 병행하여 보조적으로 활용하는 것이 좋다.

• 사보(社報) 등 사내 언론매체를 활용하는 방법

사내신문 또는 사내잡지, 사내방송을 활용하는 방법이 있을 수 있다. 이 방법도 게시판의 활용과 비슷하게 보조적인 방법이 되고 있다.

② 교육내용

A. 노동부 성희롱예방지도지침상의 교육내용

- 남녀고용평등법상의 성희롱관련 규정
- 직장 내 성희롱은 허용하지 않는다는 회사의 방침 또는 정책
- 피해근로자의 고충상담 등 피해구제절차
- 성희롱 행위자에 대한 부서전환, 징계 등 조치사항
- 기타 직장 내 성희롱 예방에 필요한 사항

B. 기업 내 계층별로 차별적 교육실시

• 최고 경영진

최고 경영진에 대한 교육은 직장 내 성희롱을 허용하지 않는다는 기업의 정책을 대내외적으로 강력하게 표명하는 효과를 거둘 수 있다. 최고 경영진을 대상으로 할 경우 성희롱문제의 본질 및 개념, 기업질서와 생산성에 미치는 영향, 직원들의 인권과 노동조건에 미치는 영향을 중심으로 교육을 실시하는 것이 바람직하다.

• 중간관리자

관리자는 직원들의 일상적인 업무수행을 지휘, 감독하는 자로서 직장 내 성희롱과 관련해서도 직접적인 책임을 지고 있다고 볼 수 있다. 따라서 직장 내 성희롱 방지를 위해 관리자들이 적극적으로 대처할 수 있도록 성희롱의 방지와 신속한 해결이 회사의 기본정책이라는 것과 성희롱문제의 방치 시 징계를 취한다는 것을 취업규칙에 규정하고 이에 대한 내용을 이해시키는 것이 필요하다. 또한 직장 내 성희롱에 대한 소극적인 대응은 문제를 더욱더 심각하게 만들 수 있다는 것을 이해시킬 수 있어야 한다. 관리자들은 직장 내 성희롱에 대해서 직접적인 책임을 지는 사람들로서 그들이 적극적으로 대처할 경우 직장 내 성희롱 방지 효과가 두드러질 수 있고 관리자들이 적극적으로 대처하지 않을 경우 기업주가 성희롱 예방 및 해결 의무를 다하지 못한 것으로 판단하여 관리자들의 교육에 있어서는 직장 내성희롱에 대한 적극적 대응의 필요성과 방법을 충분히 이해시켜야한다.

• 일반직원

일반직원은 성희롱행위자와 피해자가 될 수 있는 당사자이기 때문에 성희롱이 될 수 있는 행위유형을 통한 성희롱의 개념이해, 성희롱 발생시 개별적 대처방안에 대해 중심적으로 교육을 실시하여야 한다.

C. 직종별 · 기업별 특성에 맞는 교육 실시

직종별, 기업별 특성에 따라 발생할 수 있는 성희롱의 유형은 다양하다. 따라서 성희롱예방교육을 실시함에 있어 각 기업과 직종의 특수성을 고려하여 교육을 실시하는 것이 바람직하다. 위에서 일반직원의 성희롱 예방교육에 관한 내용을 다루었으므로, 이하에서는 특히 여성들이 성희롱에 많이 노출되어 있는 직종인 영업직 · 판매직과 근로관계가 불안정한 파견노동자를 특화시켜 다루고자 한다.

• 영업직 · 판매직의 경우

영업직, 판매직 여성들은 업무상 개인의 실적을 위해 거래처 직원이나 고객을 상대하다가 피해를 입는 경우가 많다. 말하자면 업무 차 고객의 집과 직장을 방문하거나, 접대를 위해 술을 같이 먹거나, 상대방의 차에 동승하거나, 금전문제가 얽혀진 경우에 성폭력의 피해가 많이 발생하고 이때 원인을 제공했다거나 화간이나 대가성으로 오해받기도 하여 법률적인 대처나 심리적인 후유증 극복에 많은 어려움을 겪게 된다.

위의 영업, 판매직은 모두 서비스직으로 비정규직 여성이 많이 진출해 있는 곳으로 직장 내 성희롱에 있어서 가장 취약한 대상이 되므로 이러한 직종의 사업주들의 직원들의 성회롱 예방교육에 각별히 신경을 써야 할 것이다.

• 파견근로자의 경우

파견근로자의 경우 파견 사업주의 지배관리 범주를 떠나 사용사업주에게 근로를 제공하게 되므로 일률적인 성희롱 예방교육이 힘들고, 또한 각 파견사업주가 다르고 사용사업주는 동일하기 때문에 사업장에서 이루어지는 성희롱의 규제방침 형태도 차이가 있을 수 있다. 따라서 파견사업주는 근로자가 성희롱 가해자, 또는 피해자가 되지 않도록 성희롱에 대한 개념 유형, 발생 시 처리방법을 따로 교육하고 더불어 파견업체의 성희롱 지침에 대해 정보를 제공하여야 한다. 또 파견계약의 내용에 이러한 부분이 발생할 경우 대처방법을 강구해 파견근로자로 하여금 숙지하도록 하여야 할 것이다.

(2) 성희롱관련 기구의 설치 및 운영

① 성희롱전담기구의 설치 및 운영

A. 성희롱 전담기구 설치의 의의

직장 내 성희롱은 성차별 적이고 이중적인 성의식의 변화를 추구하는 근본적인 예방, 해결책이고 성희롱 발생 후 징계처리 과정에서 실수가 발생할 경우 직원들간의 갈등, 반목으로 오히려 업무의 협조가 저하된다는 점에서 예방교육이나 직장 내 성희롱 발생 시 해결과정에서 다른 문제보다 신중함을 요구한다. 따라서 기업은 전담기구를 설치할 필요가 있으며 전담기구를 설치할 여건이 안 될 경우 최소한 성희롱 담당자를 1인 이상 두어야 한다.

B. 대기업의 전담기구 설치 및 운영사례

가. 인사과에 성희롱 대책반을 설치하고 내부적으로 성희롱사례를 적발할 경우 사내에 공개, 경각심을 일깨우는 방안을 강구하고 있다. 게다가 맞벌이 남자직

원 중심으로 연구회를 구성, 근본적인 의식변화 방안을 마련하고 신입사원 연수교육 때 철저한 교육실시하고자 한다.

나. 관리직원 대상의 성희롱예방강연회와 선서식을 가지고 '성희롱유형별 대처법' 책자 발간, 배포하였으며 사내 전자메일을 통한 사례수집, 성희롱 전문 상담원을 두는 조치를 취하고 있다.

C. 전담기구의 효과적인 운영방안

가. 교육 및 실태조사

전담기구는 기업의 실정에 맞는 교육을 실시하기 위해 직장내 성희롱 관련 사례를 수집하고 설문 조사 등을 통해 실태를 조사 분석한 후 교육프로그램을 짜고 교육을 실시하는 것이 바람직하다.

나. 상시적인 상담 및 신고접수

성희롱전문상담원을 두고 상시적인 상담과 신고접수를 받아야 한다. 그리고 성희롱전문상담원의 전용전화 또는 사내통신망에서 전용 창구를 개설하고 사무실 등을 배정해주는 것은 기업에서 성희롱문제에 적극적인 관심을 가지고 있다는 것을 느끼게 하므로 상담원에 대한 신뢰를 높여줄 수 있다.

다. 공정한 성희롱 조사위원회의 구성

성희롱 조사위원회는 피해자의 비밀보호, 여성의 참여보장이라는 측면을 고려하여 인사위원회와는 별도의 체계로 구성되어야 한다. 성희롱여부를 판단할 수 있는 조사위원회는 성희롱 전담기구 산하에 둘 수 있고 조사위원회는 기업측 대표, 남성근로자대표, 여성근로자대표 등으로 구성하는 것이 바람직하고 가능하면 남녀 동수로 구성하는 것이 남성근로자에게 권력이 집중된 기업의 현실에서 공정성과 객관성을 높일 수 있을 것이다.

(3) 고충처리제도의 활용

① 별도의 고충처리절차가 필요하다.

근로자 참여와 협력 증진에 관한 법률 중 고충처리위원회에 관한 규정으로 제

25조 내지 27조에 걸쳐 상시30인 이상의 근로자를 사용하는 사업 또는 사업장에서는 고충처리위원을 두어야 하며, 그 위원은 노사를 대표하는 3인 이내의 위원으로 구성하되, 노사협의회가 구성되어 있는 사업 또는 사업장에서는 그 위원 중에서 선임하고, 협의회가 설치되어 있지 않은 사업 또는 사업장의 경우에는 사용자가 위촉하도록 되어있다.

그러나 성희롱에 관한 고충처리절차는 사내의 일반적인 절차와는 다른 방식의 접근이 필요하다. 직장 내 일반적인 절차와 같이 직속상사를 최초의 창구로 삼는 것은 성희롱문제에 있어서는 적절하지 않다. 왜냐하면 직장내 성희롱의 가해자가 직속상사, 그 이상의 관리자이거나 가까운 관계인 경우가 적지 않기 때문이다. 따라서 성희롱문제를 공정하고 객관적인 입장에서 상담하고 신속하게 다루고 효과적으로 처리할 수 있는 제3의 기관과 절차를 두는 것이 중요하다.

② 전문상담원의 상시 배치

성희롱 고충처리기관에는 성희롱에 대한 상담과 고충을 접수, 처리하는 전문 상담원을 두어야 한다.

노동부의 '직장 내 성희롱 예방 지도지침'에 따르면 고충처리위원회, 노사협의회라는 기존기관을 활용하고 성희롱전문상담원을 두어 성희롱과 관련한 상담 및 신고를 받고 성희롱관련 조사를 할 수 있도록 하고 있다.

성희롱전문상담원은 직장 내 성희롱의 피해자가 대부분 여성이기 때문에 여성관리자 또는 근로자가 되어야 한다.

그리고 고충처리기관은 직장 내 성희롱에 대한 충분한 인식과 이해를 가지고 또 공정하고 객관적인 입장에서 문제를 판단하고 처리해야하므로 한사람보다는 여러 명으로 구성되는 것이 바람직하고, 성희롱 피해자의 대다수가 여성이라는 점을 고려해 여성이 반드시 포함되어야 함은 당연하다. 그리고 고충사항을 청취한 때에는 10일 이내에 조치사항 기타 처리결과를 당해 근로자에게 통보하여야 하며, 사용자는 고충사항 접수 및 처리대장을 작성·비치하여야 한다.

하지만 직장 내 성희롱이 가장 문제시되는 사업 또는 사업장은 '영세사업장'이라 할 수 있다는 측면에서 상시 30인 이상의 요건을 구비하지 못하고 있는 경우 이러한 고충처리위원회 설치에 관한 부분은 임의 규정이 되어 버리는 바, 고충처리위원회를 통한 '직장 내 성희롱'에 대한 대응에는 그 만큼 한계가 있을 수밖에 없다.

(4) 외부 상담소와 연계

소규모 사업체로서 성희롱전담기구 설치 또는 고충처리위원회의 활용이 어려울 때에는 인사부 또는 총무부에 한 명 정도 성희롱담당자를 정해 성희롱 발생 시 상담과 처리를 위하여 외부의 성폭력 또는 성희롱을 상담하는 상담소를 회사의 자문 상담소로 지정, 연계하는 방법을 활용할 수 있다.

외부상담소와 연계를 하더라도 기업의 인사부, 총무부에 성희롱관련 담당자를 두는 최소한의 역할은 해야 한다. 외부상담소와 연계하는 경우 담당자는 성희롱피해 신고자의 접수를 받아 자문 상담소로 연결해준다. 상담과 조사를 자문 상담소에 의뢰할 경우, 상담소가 상담과 조사를 위해 피해자와 성희롱행위자 면담을 요구할 경우, 양자는 이 면담에 응하여야 한다. 성희롱담당자는 외부상담소와 피해자, 성희롱행위자, 참고인을 연결해주는 업무를 맡고 사건진행을 기록한다.[2)]

2) http://www.ddorang.com/board/jobpds_view.

제6장

학교폭력(청소년범죄)과 안전

1. 학교 폭력의 개념과 원인
2. 학교폭력범죄의 실태
3. 폭력청소년의 일반적 특징
4. 정부의 관련범죄 형사정책
5. 학교폭력 예방 및 대처방안

제6장 학교폭력(청소년범죄)과 안전

청소년은 앞으로 이 나라를 이끌어갈 주역이며 얼굴로서 정신적으로나 육체적으로 건강하게 성장하여야 할 것이다. 이들은 쾌적한 환경 속에서 행복을 추구하고 자기발전을 도모하고 보람 있는 생활을 영위할 권리가 있으며 또한 우리 사회는 그들이 가진 창조적 잠재력을 키워주고 정신적, 신체적 건강을 해치거나 해칠 우려가 있는 환경으로부터 보호해 주어야 할 의무가 있다.

그러나 폭력의 증가는 날로 흉폭 해지고 저 연령화, 집단화, 되어가고 있고 이러한 폭력에 대한 많은 조사와 연구들은 폭력이 빈발하는 주요 장소가 유흥가나 외진 골목과 같은 비일상적 장소가 아니라 가정 또는 학교와 같은 일상적 장소라고 보고하고 있다. 학교폭력은 어제 오늘의 일이 아니며 그 심각성은 나날이 커지고 있다. 집단 따돌림, 왕따가 두려워 자살한 학생이 있는가 하면 한 초등학생이 자신의 바지에 물을 흘렸다고 상대방 학생을 칼로 찌른 사건, 얼마 전 부산 G중학교 교실에서 한 학생이 같은 반 급우에게 맞아 사망한 사건 등으로 학교폭력은 이미 우리 사회에 커다란 충격을 안겨 주었다.

가해 학생들은 대체로 자신의 행위에 대해 죄의식을 느끼지 못하고 '당연히 혼내줄 아이를 혼내줬다'며 오히려 정당화한다. 그러나 오늘의 피해자가 내일의 가해자가 되는 역전 현상도 적지 않다.

성장 과정에서 폭력에 많이 노출되었거나 학교생활 부적응, 소속 집단의 거부, 공부나 입시로 인한 강박관념, 가정불화로 인한 갈등, 사회와 대중매체 등이 가해 학생을 만드는 요인이라고 전문가들은 밝히고 있다.

1. 학교 폭력의 개념과 원인

1) 학교폭력의 개념

폭력범죄는 강제력을 사용하여 다른 사람의 생명 · 신체 · 재산에 위해를 가하는 여러 유형의 범죄로 살인, 강도, 강간, 폭행, 상해, 협박, 공갈, 약취, 유인하는 행위 등을 지칭한다.

학교폭력의 개념은 다양하게 정의되고 있으나, 학교 내·외에서 주로 학생들에 의해 가해지거나 당하는 의도성을 가진 신체적 · 물리적 · 정신적 가해 폭력으로, 고의적 괴롭힘이나 따돌림, 금품갈취, 부정행위 강요, 흡연 및 약물 강요, 언어적 놀림이나 협박과 욕설, 신체적 폭행이나 집단적 폭행, 심지어는 성폭력까지 그 범주를 이루고 있다고 할 수 있다. 즉, 학교폭력이란 '자기보다 약한 처지에 있는 상대에게 불특정 다수의 학생이 남에게 보이지 않는 곳에서 신체적 · 심리적인 폭력을 반복하여 행하거나 심각한 공격을 가하는 문제 행동'으로 정의할 수 있다.

'학교폭력예방및대책에관한법률'[1]은 학교폭력의 예방과 대책에 관하여 필요한 사항을 규정함으로써 피해학생의 보호, 가해학생의 선도 · 교육 및 피해학생과 가해학생간의 분쟁조정을 통하여 학생의 인권을 보호하고 학생을 건전한 사회구성원으로 육성함을 목적으로 제정되었는데 이 법률에서는 "학교폭력"이라 함은 학교 내외에서 학생 간에 발생한 폭행 · 협박 · 따돌림 등에 의하여 신체 · 정신 또는 재산상의 피해를 수반하는 행위로서 대통령령이 정하는 행위라고 정의하였다.

이처럼 학교폭력의 범위는 사람들이 일반적으로 폭력이라고 인식하는 구타나 폭행 등의 신체적인 폭행뿐만 아니라, 협박, 따돌림과 같은 비신체적, 정서적인 측면에서의 폭력도 포함하는 것이다. 학교폭력은 가해자나 피해자 또는 발생장소 등에 있어 학교와 관련하여 발생하는 폭력행위로 그 주체나 대상이 모두 청소년이라는 점이 특징이다. 우리나라 학교폭력에서 가장 빈번하게 나타나는 행위는 고의적 괴롭힘이나 따돌림, 금품갈취, 언어적 놀림이나 협박과 욕설, 신체적 폭행이나 집단적 폭행이라고 지적하고 있다.

학교폭력은 피해자나 가해자 대부분이 우리나라 장래의 주인공인 청소년들로 그들의 신체적 · 정신적 피해와 그 비행은 완치됨이 없이 곧바로 다음 세대로 이어질

1) 법률 제7119호, 2004. 1.29

가능성이 많아 적극 대처해야 한다는 정책적 고려와 이들이 다양한 욕구 및 예민한 감수성 등에 적절히 대처, 교화·개선을 통하여 범죄발생을 감소시키고 우리의 자녀들을 평온한 교육환경에서 안심하고 공부할 수 있도록 보호해야 한다는 사회적 요청 때문에 일반범죄와 달리 취급할 필요가 있다.

2) 학교폭력의 원인

(1) 가해청소년의 심리적 특성

심리적 특성으로 소외감, 열등감·좌절감, 정서불안, 자기통제력 부족 등을 들 수 있다. 또한 중학생 이하의 가해학생 비율 증가(저 연령화)에 따른 가치관 미형성에 따른 죄의식 부재 현상 초래.

(2) 가해청소년의 가정교육환경

가정교육환경의 요인으로 방임형부모, 간섭형 부모, 결손가정, 불화가정, 빈곤가정, 가정해체 등 불안정한 가정환경 등을 들 수 있다.

(3) 학교교육환경

학교교육환경의 문제요인으로 입시위주의 교육, 인성교육실종, 처벌중심생활지도, 전문상담교사 부재, 교사의 과중한 업무 등을 들 수 있다.

(4) 유해사회환경

유해사회환경의 문제요인으로 대중매체의 선정성·폭력성, 향락·퇴폐산업의 번창, 건전 오락공간의 부족, 폭력묵인사회풍토, 산업화·도시화로 인한 비인간화 등을 들 수 있다. 휴대폰 문자메시지, 인터넷메신저 등을 통한 언어폭력, 각종 동영상의 무분별한 인터넷 유포로 인한 인권침해 등 새로운 형태의 다양한 학교폭력 발생의 원인이 된다.

(5) 학교폭력대책 추진체계의 문제점

정부에서 학교폭력해소책으로 제시한 정책들이 과연 학교폭력문제를 해결할 수 있는 실효성 있는 대책인가에 관하여는 앞으로 장기적으로 평가·분석해야만 할 사항이다.

2. 학교폭력범죄의 실태

청소년폭력은 단순한 탈선의 차원을 넘어 심각한 범죄의 단계에 이르고 있다. 즉, 일반적인 폭력행사나 금품갈취 이외에도 집단적인 따돌림이나 놀림, 시험지 보여주기를 강요하거나 숙제나 심부름시키기 등의 새로운 형태의 심리폭력이 출현하고 있고, 특히 최근에는 일회성 단순폭력보다 지속적으로 가해지는 학대적 폭력이 증가하고 있다.

학교폭력 집단은 성인 폭력 조직을 모방해 행동 강령을 만들고 금품을 갈취하는 등 조직화되고 있으며 이들 중 70%는 실제로 성인 폭력 조직과 연관된 것으로 드러났고, 학교폭력은 사이버폭력으로도 발전하고 있는데 인터넷에 특정 학생의 안티 카페를 만들기도 하고 폭력과 따돌림을 견디다 못해 전학한 학생에게 계속 메일을 보내 괴롭히거나 전학한 학교 게시판에 글을 올려 계속 따돌림을 당하게 만들기도 한다.

학교폭력과 왕따 문제를 해결하기 힘든 이유는 상황이 심각해진 후에야 뒤늦게 그 사실이 밝혀지고 부모들이 알게 되기 때문이다. 아이들은 왕따를 당하거나 폭력을 당했다는 사실이 창피하고 수치스러울 뿐 아니라 보복이 두려워 부모나 선생님에게 이 사실을 숨기게 된다. 따라서 문제가 심각해지기 전에 자녀를 유심히 관찰하고 많은 대화를 나눠보아야 한다. 감정적이고 직설적으로 왕따를 당하는지 혹 맞은 적은 없는지 물으면 아이는 곧 마음을 닫게 된다. 요즘 기분 나쁘거나 힘든 일은 없는지 우회적으로 물어보는 것이 중요하다. 만약 아이가 평소와는 조금 다른 행동양상을 보인다면 학교폭력의 피해자가 되고 있는 것은 아닌지 세심히 살펴보아야 한다. 다음과 같은 행동을 보이면 학교폭력을 의심해봐야 한다.

몸에 다친 상처나 멍 자국이 자주 발견되어 물어보면 그냥 넘어졌거나 운동하다

다쳤다고 답한다. 비싼 옷이나 운동화 등을 자주 잃어버리거나 망가뜨리는 경우가 있다. 교과서나 공책, 일기장 등에 죽어라 또는 죽고 싶다와 같은 폭언이나 자포자기 표현이 쓰여 있다.

용돈이 모자란다고 하거나 말없이 집에서 돈을 가져가는 경우가 있다. 풀이 죽고 맥이 없거나 식욕이 통 없다. 두통, 복통 등으로 몸이 좋지 않다고 하며 학교에 가기 싫어한다. 친구, 선배들에게 전화가 자주 걸려오거나 통화한 후 외출을 자주 한다. 갑자기 성적이 떨어지고 전학을 보내달라는 말을 자주 한다. 멍하니 있다가 뭔가 심각하게 골똘히 생각하는 경우가 종종 있다. 학교생활, 교우관계 등 자신의 신변에 대해 대화하기를 회피한다.

학교폭력예방센터에 따르면 학교 폭력은 60%가 학기 초에 신고 될 정도로 새학기에 더욱 기승을 부린다. 이는 학기 초에 새로운 친구를 사귀면서 힘을 과시하려는 성향이 있고, 선배들이 후배들을 버릇없다는 이유로 폭행하는 속칭 '물갈이'가 성행하기 때문이라고 전문가들은 분석하고 있다.

학교폭력의 피해자들은 육체적인 피해보다 정신적인 피해를 더 많이 호소하고 있다. 우울증이나 대인기피 증상을 보이기도 하고 피해 정도가 심각한 경우에는 일상생활을 유지하기 어렵게 된다. 학교폭력 전문기관의 조사에 따르면 초등학생 피해자들의 반응은 '복수하고 싶다' '죽이고 싶다' 등 극단적 양상을 띠고 있었으며, 소수지만 '자살충동을 느끼고 시도했다'라는 응답도 있는 것으로 나타났다. 이 같은 피해자들의 감정은 자연 치유가 불가능하며 누군가의 도움이 필요하다는 것이 전문가들의 견해이다.

2004년도에 교육인적자원부, 청소년보호위원회, 경찰청 등 관련부처가 합동으로 전국 초등학교 4학년에서 고등학교 3학년까지 500여만명을 대상으로 조사한 바에 따르면, 신체폭행을 경험한 학생이 2.51%, 협박피해를 경험한 학생이 4.22%, 집단 괴롭힘을 당한 학생이 0.63%로 나타났다.

이것은 2003년도 조사와 비교해보면, 신체적 폭행피해와 집단 괴롭힘은 각각 0.46%p, 0.29%p 감소한 것이며, 협박피해, 금품피해는 각각 1.97%p, 0.73%p 증가한 것이다.

〈표 6-1〉 학교폭력의 피해 현황 (단위 : %)

년도	신체적 폭행피해	협박피해	금품피해	집단괴롭힘
2004년	2.51	3.08	4.22	0.63
2003년	2.97	1.11	3.49	0.92

* 2004년 조사는 전국 초등학교 1학년~고등학교 3학년 500여만명 대상
자료 : 교육인적자원부

3. 폭력청소년의 일반적 특징

청소년기는 다른 어떤 발달시기보다 모험성과 무모함, 스릴추구, 그리고 반항적 행동을 더 많이 나타내는 시기이다. 이러한 특성으로 인하여 청소년들은 운전을 하더라도 더 조급하게 하고, 싸움을 하더라도 더 난폭하게 하며, 성 행동의 경우에도 더 무분별하게 하는 것으로 알려지고 있다. 이것은 청소년들이 다른 어떤 연령단계보다 위험행동(risk behavior)에 더 많이 개입하고 있음을 나타내는 것으로, 청소년의 보편적이며 정상적인 발달적 특성이라고 할 수 있다.

그러나 최근 학교 내에서 발생하는 학교 폭력은 저 연령화와 함께 점차 흉포화되고 있음으로써 극단적 문제행동으로 발전하는 경향이 있다. 학교 폭력이 단순히 이 시기에 있을 수 있는 모험적 행동이거나 반항적 행동이 아니라 의도적이고 극단적인 형태로 나타나는 비행의 일종이 되고 있는 것이다. 이로 인하여 일부 학자들은 학교 폭력의 경우 그것이 어떤 형태의 것이든 그리고 그것을 어떻게 개념규정하든 인간의 존엄성과 생명의 소중함을 무시하는 행위라는 점에서 심각한 사회문제라고 주장한다. 폭력청소년이나 가해청소년의 특징과 이들을 대할 때 유의사항을 정리해 보고자 한다.

1) 폭력 가해 청소년의 일반적 특징

- 중학교 성적이 초등학교보다 상당히 나빠지고, 학교에 대해 부정적인 태도가 심해진다.

- 나쁜 친구들과 어울리고 어릴 때부터 도둑질, 강탈, 음주 등 반사회적 활동에 참가한다.
- 어른들에게 자주 반대하고 공격적이다.
- 성미가 급하고 화를 잘 내며, 충동적이다. 좌절, 장애물을 참지 못하며 규칙을 제대로 지키지 못한다.
- 다른 학생들을 힘과 위협으로 굴복시키거나 자기주장을 강요한다.
- 다른 학생의 물건을 망가뜨리고 괴롭힌다.
- 권력과 지배에 대한 욕구가 강하다.
- 다른 학생의 성장환경에 적대감을 품고 있다.

2) 자녀의 폭력 피해를 부모가 발견할 수 있는 징후

- 비싼 옷이나 운동화를 자주 잃어버리거나 망가뜨린다.
- 상처나 멍이 많이 발견되지만 '그냥 다쳤다', '넘어졌다'고 답한다.
- 가방이나 공책에 '죽이라'와 같은 폭언과 욕설이 쓰여 있다.
- 용돈이 모자란다고 하거나 몰래 돈을 집어간다.
- 맥없는 표정을 짓거나 우울해하고 짜증을 내기도 하며 갑자기 화를 낸다.
- 두통, 복통을 호소하거나 학교에 가기 싫어하며 자주 지각, 결석한다.
- 친구들을 집에 데리고 와 같이 노는 일이 없고, 방에 틀어박혀 있는다.
- 식욕이 없으며, 전화 오는 것을 싫어한다.
- 친구, 선배로부터 자주 전화가 걸려오며 부모 눈길을 피해 슬쩍 나간다.
- 갑자기 전학을 보내달라고 한다.

3) 학생의 폭력 피해를 교사가 발견할 수 있는 징후

- 옷이 지저분하거나 단추가 떨어지고 구겨져 있다.
- 안색이 좋지 않고 평소보다 기운이 없다.
- 눈치를 본다.
- 친구가 시키는 대로 그대로 따른다.

- 항상 힘겨루기 대상이 된다.
- 휴식, 점심시간에 외톨이가 된다. 혼자서만 하는 행동이 두드러진다.
- 험담을 들어도 반발하지 않는다.
- 몸이 아프다며 결석이 잦아진다.
- 성적이 떨어진다.
- 친구의 심부름을 한다.
- 학급 내에서 제대로 발언하지 못하고 불안정한 인상을 준다.

4) 폭력을 피하기 위한 행동수칙

- 다툼은 주먹 대신 대화로 해결하고 싸움 현장에 얼씬거리지 않도록 한다.
- 집 근처 안전한 길과 도움을 받을 만한 장소를 알아두고 본능적으로 위험하다고 느낌이 들면 무조건 피한다.
- 다른 사람이 시비를 걸어오면 상대하지 않고 일단 자리를 피한 뒤 선생님이나 부모님, 또는 주위 사람에게 알린다.
- 폭력을 당했을 때, 혼자 괴로워하지 말고 주위의 도움을 청한다. 더 이상 용납하지 않겠다는 자세를 가진다.
- 더 이상 주위 친구나 후배들이 폭력의 희생자가 되지 않도록 협력하고 폭력을 추방하기 위한 각종 모임에 자발적으로 동참하고 모범을 보인다.

4. 정부의 관련범죄 형사정책

물질 만능주의 팽배, 가치관의 혼란과 극심한 이기주의, 가정의 유대 약화 등 고속 경재 성장의 부작용 등으로 폭력이 지속적으로 발생하고 있고, 이를 척결하기 위한 정부의 계속된 노력에도 불구하고 우리사회의 폭력 문제는 여전히 해소되지 않고 있다. 이를 위해 각종 폭력에 대항 응급 대처하는 대증요법보다는 폭력을 유발하는 환경정화 및 내재된 폭력심리 추방 등 근원을 찾아 치유하는 근본적인 접근이 필요함에 따라 우리사회의 역량을 총집결하여 대대적인 폭력추방활동을 전개해

나감으로써 폭력 없는 안전하고 건전한 사회기풍을 조성할 필요가 있다.

정부는 2005년 3월 관계부처 합동으로 「4대폭력 추방 종합대책」을 내놓았다. 종합대책의 주요내용은 안전하고 활기찬 배움의 공동체 구현을 위한 학교폭력 추방, 사회기강 확립과 건전한 기풍마련을 위한 조직폭력 추방, 건강한 나눔이 있는 이 커뮤니티(e-community)구축을 위한 사이버 폭력추방, 신뢰할 수 있는 정보유통체제 확립을 위한 정보지 폭력 추방 등이다. 학교폭력 대책반에서는 학교폭력 예방 · 근절을 위한 교육 및 지원강화, 학교 및 지역사회 내 상담 · 순찰 강화, 교원의 학생 생활지도 전문능력 제고(이상 교육인적자원부), 학교폭력 집중단속 기간 운영(경찰청), 피해자 보호 및 가해자 선도 강화(경찰청·교육인적자원부·국가청소년위원회 등 합동) 등을 추진하였으며, 학교의 불량서클과 조직폭력의 연대를 차단하기 위해 노력하였다(대검찰청 · 경찰청 · 교육인적자원부 등).

사이버폭력대책반(정보통신부 · 교육인적자원부 · 국가청소년위원회 · 대검찰청 · 경찰청 등) 에서는 사이버 폭력 단속 · 모니터링 및 교육·홍보 강화, 관련 법 · 제도 개선 등을 추진하였으며, 정보지 폭력 대책반에서는 정보지 특별단속(2005.4.1~6.30) 이후 지속적인 모니터링을 실시하였다.

폭력 없는 사회 만들기 국민운동(국가청소년위원회 등)은 운동의 효과적 추진과 지역사회의 참여를 위하여 추진본부 및 지역별 협의회 구성 등 폭력추방 국민운동 추진체제를 구축하고, 폭력추방을 위한 대국민 홍보를 전개하였으며, 16개 지역협의회 중심으로 비폭력 · 반편견 청소년 평화대장정 행사추진, 폭력영상물 및 매체의 영향력에 대한 기초조사 및 실험연구 등 다양한 폭력추방 사업을 전개하는 등 우리사회에 만연한 폭력추방 및 의식개선에 노력하고 있다.

1) 예방

(1) 경찰

2005. 5.1 실종아동 신고·검색 및 관련 자료를 원-스톱으로 제공할 수 있는 실종아동 찾기 센터 홈페이지를 설치 경찰관들은 물론 실종아동가족 및 보호시설 관계자등 일반인이 직접 실종아동 신고 및 검색이 가능하도록 실종아동 정보를 제공하고 있고, 전국의 보호시설 위치 확인 및 시설조회를 가능하도록 하는 등 보

호시설과의 접근성을 높이며, 웹 서비스를 통하여 타 기관·단체 홈페이지등과 실시간 실종아동 정보공유를 함으로써 신속하고 정확한 수배효과 거양 및 전 국민의 지속적인 관심을 유도하고 있다.

(2) 검찰

1981년부터 선도조건부 기소유예 제도를 전국적으로 확대 실시하여 1981년 4,070명에 대하여 선도유예를 실시한 것을 시작으로, 2005년에는 5,511명을 선도유예 하여 범죄예방위원으로 하여금 선도하게 하였다. 2003년까지 선도유예소년의 재범죄율이 점차 감소하다 2004년도에 전년대비 2%가 증가한 것으로 분석됐다. 2005년도에는 재범죄율이 12.1%로써 전년대비 약간 감소하였다.

(3) 국가청소년 위원회

국가청소년위원회의 청소년비행 예방활동 중에서 가장 대표적인 것은 청소년 쉼터의 운영이다. 가출청소년을 위한 보호시설로써 '청소년 쉼터'라는 이름이 사용된 것은 국가청소년위원회(당시 체육청소년부)의 지원으로 1992년에 서울YWCA 청소년 쉼터를 개소한 것이 시작이다. 청소년복지지원법에서는 가출청소년의 일시적인 생활지원과 선도, 가정·사회로의 복귀를 지원하기 위하여 청소년쉼터를 설치·운영할 수 있도록 규정하고 있다. 청소년쉼터의 종류는 일시쉼터와 단기쉼터, 중장기쉼터로 나뉜다. 국가청소년위원회에서 한국청소년쉼터협의회를 통해 위탁 관리하는 행정지원시스템 통계를 근거로 한 것으로 연인원은 140,103명, 해당원에 입소생 들의 합계를 의미하는 실인원은 8,264명으로 나타났다.

2) 사법처리

(1) 경찰

12세 이상 14세미만 형사미성년자(촉법소년)가 발견되면 경찰에서는 범죄내용과 신상관계, 환경 등을 조사하여 가정법원 소년부에 송치하고 14세 이상 범죄소년은 형사사건으로 검찰에 송치한다. 1986년 7월부터 경찰은 소년수사전담반을 구성, 소년범죄를 전담하도록 하고 있으며 소년에 대한 정확한 조사를 위해 2003년 10월부터 소년범조사 시 범죄 심리사 등 전문가를 참여시켜 소년의 재범 위험성 등에 대한 검사를 실시하고 있다.

(2) 검찰

2005년 소년범죄에 대하여 검찰이 처리한 내역을 보면 소년범죄자 85,887명 중 구공판 5.0%, 구약식 12.7%, 기소유예 47.7%, 소년부송치 19.6%등인바, 이를 전체범죄의 기소유예율 12.6%와 비교하면 소년범죄의 기소유예율이 35.1%나 높다. 이는 소년범죄에 대해서는 일반범죄와 달리 선도위주로 처리하고 있음을 보여주는 것이다.

또한 2005년 소년범죄 중 학생범죄의 처리내역을 보면 구공판 2.3%, 구약식 17.3%, 기소유예 51.9%, 소년부송치 15.2% 등이다. 이를 전체 소년범죄의 처리내역과 비교할 때 구공판은 2.7%가 낮은 반면, 기소유예는 4.2% 높게 나타나고 있다. 이는 학생들이 일시적인 잘못으로 범법행위를 하였다고 하더라도 처벌보다는 부모나 학교에서 선도하는 것이 바람직하다는 판단에서 관용으로 처리한 결과라고 볼 수 있다.

(3) 소년분류심사원

소년분류심사원은 소년법 제18조제1항 제3호의 규정에 의해 가정법원 또는 지방법원소년부에서 위탁한 소년을 수용·보호하고 이들의 자질과 비행원인을 과학적으로 진단하여 어떠한 처분이 적합한가를 분류 심사하는 법무부 소속기관이다. 소년분류심사원은 비행소년의 개체적 원인규명, 소년비행의 조기발견과 치료, 소년비행의 실증적 요인규명, 청소년비행 예방 및 재비행 방지를 목적으로 위탁소년의 요보호성 여부와 그 정도를 과학적으로 진단하여 그 결과를 법원소년부에 보내 조사·심리 시에 참작하도록 하며, 소년원·보호관찰소에 처우지침을 제공하고 보호자에게 사후지도 방법을 권고하는 기능을 수행하고 있다. 또한 청소년 적성검사실을 부설하여 학생 등 지역사회 청소년들을 대상으로 적성 · 지능 · 성격 등 심리검사를 종합적으로 실시, 소질과 특성에 맞는 진로지도 지침을 제공하고, 가정·학교·사회단체 등에서 의뢰한 문제청소년에 대하서도 비행성향을 규명하여 구체적인 개선지침을 제시하는 등 청소년 문제 전문기관으로서의 선도적 역할을 수행하고 있다.

한편, 2002년부터 각 시·도교육청과 협의하여 소년분류심사원을 초·중등교육법시행령 제31조제3항(학생의 징계 등)에 의한 중·고등학생 특별교육이수기관으로 지정·운영함으로써 일반 중·고등학생의 문제 학생들에 대한 특별교육을 실시하고, 비행청소년 전문기관으로서의 상담 및 생활지도 등 풍부한 임상적 경험과 전문지식을 활용하여 이들의 잠재적 우범·비행소년 화를 차단하는 등 교육현장에서의 비행예방에 적극적인 역할을 수행하여 2002년 이후 2005년까지 일반학교와 검찰청으로부터 위탁된 학생 4,791명이 특별교육을 수료하였다.

〈표 6-2〉 소년분류심사원의 특별교육 실적

	계	일반학생	선도유예	기소유예	기타
2002	668	372	229	12	55
2003	1367	747	251	271	98
2004	1,333	585	75	465	207
2005	1,423	740	5	630	48
* 자료 : 법무부, 기타는 복학예정자, 보호관찰 체험학습대상자 등,					

(4) 소년법원

소년법원에서는 경찰, 검찰, 법원에서 보내온 소년사건에 대해 비행원인을 조사·심리하여 보호처분을 결정하고 있다. 현재 소년법원은 서울가정법원등 전국에 8개소가 있다. 소년법원은 소년의 성격·환경·비행경위·재비행성 여부에 대한 조사관의 의견과 소년분류심사원 분류심사관의 심사의견, 그 밖의 필요한 경우 관련 전문가의 조언 등을 참고하여 처분을 결정한다.

5. 학교폭력 예방 및 대처방안

최근의 청소년 폭력 문제해결을 위한 우리 사회의 노력은 매우 적극적으로 전개되고 있다. 검찰이 주도적으로 나서서 민간 자원봉사자들과 함께 국민의 일상생활 현장에 접근하여 청소년을 보호하고 선도하려는 취지하에 '자녀안심하고 학교보내기 운동'을 전개하고 있는 것이 바로 그것이다. 초기에는 관이 주도하여 기구 결성과 구체적 운동을 전개하고, 점차 범국민적 참여분위기를 조성하여 순수 민간차원의 범죄예방운동이 될 수 있도록 기틀을 만들었다는 점에서 그 의의를 찾을 수 있는 새로운 가능성을 가진 운동이라고 할 수 있다. 이 운동을 통해 시범학교 사업, 후원회 결성, 전화와 인터넷 신고 상담 운영, 운동의 홍보, 학교폭력과 학교주변의 유해환경을 수시 단속, 지역 범죄예방위원회와의 연결 활동 등 다각적인 사업을 시도하고 있다. 그러나 이 운동이 실효를 거두고 오랜 동안 존속될 수 있으려면 뒷받침되어야 할 사항이 많다. 교육부, 문화관광부, 경찰청, 대검찰청 등 유관 기관 간에 상호 업무 범위를 조정하고 협조 체제를 형성해야 한다. 위 기구 관계자간의 책임 전가가 일어나서는 안 될 것이다. 폭력이 자주 일어나는 지역과 장소와 시간대를 파악하여 알리고, 집중적으로 순찰을 하는 것도 운동을 효율적으로 할 수 있는 하나의 방법이다. 이 경우, 민간인의 신변상 안전을 위해 집단 활동을 권유하는 것이 좋으며, 이들의 폭력관계 신고에 대해 위 기구들은 즉각적 대응을 해야 이들은 나름대로의 참여 활동에 대해 의의를 찾을 수 있고, 활성화를 기대할 수 있다. 부모, 교사, 청소년관계 지도자들은 이러한 활동에 동참하거나 다른 지역사회 협의체에 소속되어 지도활동을 하는 것이 효과적일 것이다.

1) 학교폭력 예방법 및 대처법

무엇보다 중요한 것은 자녀와 많은 대화를 나누는 것이다. 학교생활과 교우관계에 대해 평소에도 관심을 갖는 것이 중요하다. 보통 소극적이고 감수성이 예민한 학생, 자신의 생각이나 의견을 분명하게 말하지 못하고 우물쭈물하는 학생이 피해자가 되기 쉽다. 자녀에게 자신감과 독립심을 길러주고 어떤 경우에도 폭력은 옳지 않다는 사실을 평소에도 주지시켜야 한다. 폭력이나 공격적인 행동을 자제할 수 있도록 해준다. 아이가 욱하는 성격이라면 순간적으로 화가 났을 때 3초만 참는 훈련을 시킨다. 세상은 혼자 살아가는 것이 아니고 더불어 살아가는 것이라는 인성교육도 필요하다. 또 TV나 폭력적인 온라인 게임 등 각종 매체를 적절하게 제어해주는 것도 중요하다. 아이들의 가치관과 정서를 바로잡아줄 필요가 있기 때문이다. 선생님과 학교와 연계해 아이의 학교생활을 점검하는 것이 좋다. 부모의 깊은 애정과 관심이 학교폭력과 왕따를 예방하는 지름길이다. 폭력을 당하거나 왕따를 피하기 위해서는 친한 친구를 최소한 2~3명은 만들어야 한다. 자신을 믿고 도와주고 항상 함께할 친구가 꼭 필요하다. 학교폭력을 당하는 아이들의 공통점을 살펴보면 대인관계에 미숙한 경우가 많다. 따라서 다양한 취미활동과 그룹 활동에 적극적으로 참여하는 것이 좋다. 자신의 문제점이 무엇인지 스스로 판단해보는 것도 좋은 방법. 흔히 왕따의 원인은 3척이라는 말들을 한다. 아는 척, 예쁜 척, 가진 척을 하면 친구들이 곱지 않은 시선으로 보는 것은 당연하다. 친구들의 거부감을 불러일으키는 습관이나 행동을 고쳐나가는 것이 좋다. 학교폭력이 계속 유지될 수 있는 이유 중 하나는 주변 학생들이 방관하기 때문이다. 학교폭력과 왕따 등 옳지 않은 행위를 선생님이나 어른들에게 알리는 것은 고자질이 아닌 용기 있는 행동이라는 인식을 해야 한다. 어려움을 당한 친구와 함께 있어준다든지 정서적으로 안정될 수 있도록 도와주며 서로 함께 어울리면 학교폭력을 예방해나갈 수 있다.

2) 학교폭력을 당했을 때의 대처법

만약 내 아이가 학교폭력 또는 왕따를 당했다면 어떻게 대처해야 할까? 피해 학생 부모의 심정이야 당연히 하늘이 무너지고 감정이 앞서게 된다. 그러나 아이를 위해 감정적인 대응보다는 좀 더 이성적으로 문제를 해결해야 한다. 일회적으로 폭행을 당했고 가해자를 모를 경우에는 우선 경찰에 신고하고 피해를 당한 장소를 피해 다니는 것이 좋다. 자녀가 불안해하면 등하교시 부모가 당분간 동행한다. 왕따를 당했다면 스스로 극복할 수 있도록 도와주는 것이 필요하다. 자신을 왜 괴롭히는지 가해 학생에게 이유를 직접 물어보고 편지로 서로의 마음을 여는 방법도 좋다. 짓궂게 대할수록 더욱 여유를 가지고 대처하는 것이 좋다. 피해 사실을 알고 나면 먼저 학교로 달려가 가해 학생과 선생님에게 따지는 부모들이 많은데 이는 사태를 더욱 악화시킬 뿐이다. 가장 먼저 해야 할 일은 폭력에 대한 증거를 확보하는 것. 가해자의 인적사항과 언제, 어디서, 어떻게 당했는지 피해 자녀의 말을 뒷받침해줄 물증을 확보하고 주변 친구들의 증언도 들어두는 것이 좋다. 법적인 문제로까지 갈 경우를 대비해 신경정신과나 외과 전문의의 진단서도 받아두는 것이 필요하다. 다음은 물증을 공개할지 선생님이나 외부 전문가와 상담한다. 학교마다 자치위원회가 있는데 이곳에 신청한 후 도움을 받는 것도 좋다. 담임교사의 입회하에 가해 학생과 부모로부터 정식으로 사과를 받고 필요한 경우 치료비 등을 배상받아야 한다. 반드시 사건을 드러내고 진심어린 공개사과를 받아야 재발을 막을 수 있다. 문제가 해결된 뒤에는 피해 학생과 가해 학생 모두 전문상담소를 찾아가 상담과 치료를 받는 것이 좋다. 이제 학교폭력은 남의 이야기가 아니다. 내 아이가 피해자뿐 아니라 가해자가 될 수도 있다. 그러나 어떤 일이 있어도 학생은 폭력으로부터 보호받아야 한다. 학교폭력은 학생·부모·학교 그리고 범국민적 차원에서 근절되어야 할 것이다.[2)]

(1) 피해자 부모의 대응방법

- 학교에 가서 교사에게 주의 깊게 관찰해 줄 것을 당부하고 다른 교직원과도 접촉하도록 약속하라.
- 비록 괴롭힘이 중단되었다고 하더라도 학교에 알려라.
- 학교와의 접촉은 괴롭힘을 중단시키기에 충분한 경우가 많다.
- 일단 그 문제가 공개되면 괴롭힘은 일단 중단된다.
- 자녀가 그 문제를 논의하기에 가장 편안함을 느끼는 교사에게 접근하도록 격려하라.
- 그들이 그렇게 했는지 확인, 점검하라.
- 만일 가정 내에서 그 문제를 논의하려고 한다면, 그 자녀가 듣지 않는 곳에서 논의하라.
- 그 문제를 아동과 논의하라.
- 가능하면 아이디어를 공유하기 위해서 다른 부모들과 이야기를 하라.
- 자녀가 밖으로 나가고 새로운 친구를 사귀며 새로운 일을 시작할 수 있도록, 집으로 돌아왔을 때 괴롭힘을 잊도록 조장하라.

---

2) http://gokseong.ms.kr/da/view.

- 가능한 모든 면에서 자녀가 자신감을 가질 수 있도록 조력하라. 자신감의 결여는 괴롭힘을 낳을 수 있다.
- 만약 자녀가 학교를 그만둔 사람들로부터 괴롭힘을 받고 있다면, 경찰에 신고하거나 고발할 필요도 있다.

(2) 가해자 부모의 대응방법

남을 괴롭히는 학생들은 주위의 사랑을 갈망하는 경향이 있다. 즉, 집단 따돌림의 가해자는 외톨이가 되기보다는 남을 괴롭힘으로써 얻어지는 주목에 의지하고 있는지도 모른다. 자신의 자녀가 집단 따돌림의 가해자라면 자녀가 다음과 같은 이유로 외로워하고 자신감이 결여되어 있는지 살펴보고, 원인을 치유해주기 위한 노력을 기울여야 한다.

- 부모 중 어느 한쪽이 집을 나갔는가?
- 새로운 아이가 생겼는가?
- 친구와의 교제가 끊겼는가?
- 가정이나 학교의 기대가 너무 크지는 않은가?
- 가해 학생은 친구들 앞에서 자신을 과시하려고 할 수도 있다.

스스로를 방어할 수 없는 누군가를 해치고 고통스럽게 하는 것은 자신이 우월하다는 것을 과시하는 데 아무런 도움이 안 되며, 이는 비겁한 겁쟁이들이나 하는 행동이라는 점을 분명하게 인식시킨다. 가해 학생은 지배적 행동과 지도력을 혼동할 수도 있으므로, 그 차이를 이해할 수 있도록 도움을 주어야 한다.

가해 학생은 많은 급우들에게 인기가 있을 수 있으나, 약한 아동들을 겁에 질리게 할 수도 있다. 그 행동이 다른 사람에게 미치는 영향을 설명해 주는 접근법은 도움을 줄 수 있다. 가해 학생들은 친구를 잃는 것을 두려워하며, 따라서 자신의 주변에 더 많은 사람들이 모여들도록 하기 위해 학급에서 한 아이를 따돌리게 된다. 이는 낮은 자아상과 자신감의 결여에서 기인될 수 있으며, 이 두가지는 어떤 영역에서 성공을 거둠으로써 도움을 받을 수 있다.

자녀가 다른 아동들을 괴롭히는 것을 직접 목격했거나 자녀의 말을 듣고 난 후 알게 된 부모는 이 사실을 학교에 반드시 알려야 한다. 가해 학생의 또래 집단은 너무 무서워서 못 알릴 수 있고 피해 학생의 부모나 교직원에게 말하기가 쉽지 않기 때문이다.

가해 학생은 다른 사람에 의해 괴롭힘 당하고 있을 수도 있으며, 다른 대상에게도 이러한 원치 않는 주목을 비켜 나가게 하려고 있는 것일 수도 있다.

돈이나 소유물을 얻기 위한 괴롭힘은 범죄가 될 수 있으며, 가해 학생이 그 상황의 심각성을 알도록 해야만 한다. 경찰이 관여하게 될 가능성도 있다.

많은 연구들에 의하면, 처벌적인 훈육 방법이 사용되고, 공격으로만 문제를 해결하려는 대다수의 가정에서 가해 학생들이 나온다고 한다. 따라서 그러한 문제를 가진 가정이라면 자녀들의 양육 방식을 바꿀 필요가 있다. 특히 부모 중 어느 한 쪽만 신체적인 훈육을 사용한다면, 그 부모가 없는 데에서 그 아동의 행동은 극히 통제하기가 어렵게 된다는 사실을 유념할 필요가 있다.

그리고 일단 자기 자녀가 다른 사람의 자녀에게 집단 따돌림의 가해자가 된 경우, 가해자의 부모가 먼저 잘못을 인정하고 피해자와 그 부모에게 정중히 사과를 하는 한편, 자녀의 부정적인 공격 에너지를 정기적인 운동이나 대인관계 훈련, 심성훈련, 상담교육프로그램 참여 등을 통해 긍정적 에너지로 전환할 수 있도록 도와준다. 그럼에도 불구하고 자녀가 자신의 행동에 대해 인정을 하지 않을 경우 전문가와 상담을 하여 행동과 성격을 교정하기 위한 노력을 지속적으로 기울여야 한다.

앞서 언급한 바와 같이 청소년 폭력은 청소년 자신에게 국한된 문제가 아니며, 그 피해는 신체적이거나 금전적인 것에 국한되지 않고 심리적인 측면에 지우기 힘든 커다란 상처를 남기게 된다. 이러한 문제의 심각성을 인식하고, 학부모는 물론 폭력의 피해를 우려하는 많은 시민들이 청소년 폭력을 줄이기 위한 여러 활동에 자발적·적극적으로 참여할 필요가 있다. 그리고 이상에서 정리한 생활과 행동상의 지침을 가정과 학교, 그리고 지침을 청소년 스스로가 참고하고 생활 속에서 실천한다면 폭력으로 인한 가해자와 피해자의 수를 다소나마 줄여갈 수 있을 것이다. 그러나 무엇보다도 선행되어야 할 것은 사회 전반적으로 팽배해져 있는 폭력미화, 폭력 무감주의를 불식시키기 위한 노력일 것이다. 이러한 것들이 사라지지 않는 한 우리사회에서 폭력문화는 사라지지 않을 것이며, 결국 그 가장 큰 피해자는 우리 청소년이 될 것이다.[3]

3) 전명기, 청소년 문제행동의 이해, 자녀안심운동 서울협의회 연구보고서, 2000, pp.142~157.

(3) 폭력에 대한 청소년의 대응

일부 청소년은 폭력에 대한 두려움으로 학교가기를 싫어하거나(12.1%), 사람들을 만나기를 꺼리고(7.9%) 있다. 또한 등하교시 폭력에 대한 대비로 여러 사람이 함께 가거나(18.0%), 빼앗길 돈(life money)(8.5%)나 흉기(4.0%)를 가지고 다니기도 한다. 폭력을 당한 중고등학생들은 대부분 가해자가 시키는 대로 했고, 무서워서 가만히 있거나 도망치는 것과 같은 소극적인 대응이 고작이고, 대항, 항의, 소리 지르기 등과 같은 보다 적극적인 대응은 많지 않은 것으로 나타났다. 폭력의 가해자는 대개 한 사람이 아니고 여러 명이고 몽둥이나 칼과 같은 흉기를 사용하는 경우도 있기 때문에 피해자가 적극적으로 대응한다는 것은 매우 어려운 일이다. 피해 학생들은 가해자가 이유 없이 폭력을 휘두르거나, 불량배이기 때문에, 혹은 나 혼자여서 당할 수 밖에 없었다고 호소하고 있다. 따라서 폭력의 피해자에게 적절한 자구책이 없다는 사실로 '피해자에게 책임이 있다'는 논리는 적합하지 않을 수도 있다.

그런데, 피해를 받은 청소년들도 인정하듯이 밤에 돌아다니거나, 복장이 단정치 못하거나, 폭력조직이나 불량서클에 근접해 있을 때 피해자가 될 가능성이 상대적으로 높다. 이처럼 학생들의 범죄피해는 학생들이 어떻게 행동하고, 언제 그리고 어느 장소에 자주 출입하는가에 따라 학생들의 범죄피해가 달라지며, 학교주변의 환경이 어떠한 가에 따라서도 달라진다. 즉, 학생들이 유흥장소에 자주 출입하고, 저녁에 자주 외출을 하며, 돈을 많이 사용하고, 남의 눈에 띄는 옷차림을 자주 할수록 범죄의 피해자가 될 가능성이 높다.

이와 같이 학생들의 범죄피해는 학생들 개인의 행동양식과 사회의 구조적, 환경적 요인에 의해서 영향을 받는다고 볼 수 있다[4)]

중고등학생들은 폭력의 피해자가 되었을 때, 피해상황에서 매우 소극적으로 대응할 뿐만 아니라, 위기상황에서 청소년이 적절한 도움을 받을 수 있는 도움망도 매우 빈약한 것으로 나타났다. 폭력을 당한 경험이 있는 청소년들은 폭력을 당한 직후에 친구에게 가장 먼저 이야기 했으며(55.0%), 다음은 부모나 가족(14.6%)이고, 경찰(2.1%)이나 교사(0.7%)에게 이야기하는 사람은 극히 소수이며, 아무에게도 이야기하지 않은 사람도 25.1%나 된다. 만약에 폭력의 피해자가 될 때에는 부

4) 김준호 외, '청소년 범죄피해에 대한 연구', 한국형사정책연구원, 1991. p.357.

모님이나 선생님께 이야기 하겠다는 사람의 비율이 늘어나고 있지만, 경찰에 신고는 여전히 낮은 수준인 것으로 나타났다.

이처럼 폭력의 피해를 친구에게 이야기 하거나 혼자만 알고, 성인들에게 도움을 청하지 않은 이유는 별일이 아니어서(18.9%) 이기도 하지만, 이야기해도 소용이 없다(8.4%)고 체념하거나 어떻게 해야 할지 몰라서(8.3%) 이고, 심지어 알려지는 것을 두려워하거나(5.9%) 보복당할까 봐 두려워서(5.6%) 말 못하는 학생들의 비율이 상당히 많은 것을 알 수 있다. 만약의 사태에서도 편하게 잘 이해해 주기 때문에 친구에게 이야기 할 것이고, 부모님이나 선생님 혹은 경찰을 찾는 사람들은 신속하게 문제를 해결하기 위해서 인 것으로 추론된다.

3) 폭력청소년 지도 시 일반적인 유의사항

첫째, 폭력청소년은 일반청소년에 비해 욕구좌절의 경험이 많고, 인내심이 부족하며, 충동적이고, 분노와 공격성을 적절한 방식으로 표출하지 못한다는 점을 알아 두어야 한다. 폭력 가해자인 청소년들은 일반적으로 다음과 같은 특징을 갖고 있다. 또한, 일반적으로 폭력청소년은 죄를 지어서는 안 된다는 것을 관념적 수준에서 받아들이고, 자신의 행위에 따르는 법적 구속력은 알지 못하는 경우가 많다. 따라서 법의 엄격성, 범법 행위에 따르는 장 단기적 불이익을 인식시키도록 한다.

둘째, 폭력청소년을 둔 가정은 대체로 가정 내 다른 폭력이 이미 습관적으로 반복되는 경우가 많으므로 주의 깊게 관찰을 할 필요가 있다. 부부폭력이나 부모자녀 간 폭력은 청소년자녀가 자신도 모르는 사이에 모방하게 되고 폭력에 대해 무감해질 수 있으며, 문제해결 수단으로 폭력 사용을 합리화할 수 있다는 점을 기본적으로 알아두어야 한다. 폭력을 행사한 가해청소년 역시 폭력문화가 빚어낸 피해자라는 시각에서 이들을 대해야 하며, 폭력 가정은 전문적 가족 상담을 요하므로, 관련 기관에 의뢰하도록 한다.

셋째, 청소년 폭력은 흔히 집단적으로 이루어지므로, 피해 및 가해 청소년의 친구관계에 대해 각별히 파악하도록 한다. 이들이 자주 모이는 장소, 시간대, 행동반경, 활동의 종류, 또래간의 협약 등을 파악하여 청소년 지도 시 참고한다.

넷째, 지도자는 피해청소년의 행동적, 심리적 특징을 바르게 알고 적극적으로

도와주어야 한다. 피해청소년은 위협에 시달려 심리적으로 위축되고, 두려움에 사로잡혀 있어 스스로 자기 자신의 주변을 정리하고 의사결정을 할 만한 상태가 아니기 때문이다. 피해청소년은 주변에 도움을 주려는 사람에게 조차 자신의 상태를 알리지 않으려는 경향을 보이므로 지도자는 이들에게 비밀이 보장되고 해결을 위해 적극적으로 임한다는 느낌이 전해지도록 노력해야 한다. 피해청소년 대상으로 폭력이 잦은 지역을 알려주고, 가능하면 그 지역을 피하거나 혼자서 다니는 일이 없도록 지도하는 등 주변의 폭력 행위에 대해 대처할 수 있는 방법과 주변의 도움을 청할 수 있는 시설, 전화번호 등을 알려준다.

다섯째, 우연한 상황에서 돌발적으로 발생하는 폭력에 의해 비행청소년으로 낙인되는 경우가 없도록, 상황에 대한 충분한 이해를 해야 한다. 한번 비행청소년으로 낙인찍히면 이것이 굴레가 되어 다른 비행에도 관련자로 주목받기 쉬운 사회적 풍토 속에서 청소년의 개선 의지는 꺾이기 쉽기 때문이다. 폭력청소년은 소속감 상실, 의미있는 타자와의 관계형성 기회의 상실과 진로나 직업에 대한 정체감 형성기회의 상실을 경험하는 경우가 흔하므로, 사회적 지지망을 형성해서 사회적 응력을 향상시키는 개입활동을 모색하도록 한다. 우범소년과의 결연사업 등을 실시하는 것도 효과를 볼 수 있다. 만약 상습적으로 폭력행위를 하는 경우에는 자원봉사활동을 활용하는 방안을 검토해보는 것이 좋다.

여섯째, 청소년지도자는 폭력 징후에 대해 알아두며, 청소년에 대해 알고 있는 정보 중 가정이나 학교, 또는 상담기관의 협조를 얻어야 할 사항에 대해서는 알리고 유기적인 연대를 도모하도록 한다.

일곱째, 학교폭력의 가해자와 피해자를 조기에 발견하여 법적, 의료적 보호대책을 강구해야 한다. 특히, 폭력은 실정법과 관련된 인권문제로, 법률에 대한 무지로 인해 자기방어를 못하는 경우도 많다. 따라서 학교폭력 피해자와 가해청소년의 구제를 위해 무료법률 지원을 모색하고 관련 전문기관에 의뢰할 필요가 있다.

4) 왕따 대처법

청소년들 간에 흔히 '왕따'라는 용어로 집단내의 특정 성원을 따돌리거나 괴롭히는 행위는 집단 성원간의 인간관계상의 사소한 문제 수준에서부터 '잡음' 정도의 것에서부터 범죄에 이를 만큼 상대방에게 큰 피해를 주는 수준까지 매우 폭넓게 나타날 수 있다. 그리고 이러한 따돌림 현상은 요즘 사회 여론이 주목하는 것처럼 청소년들 사이에서만 발생하는 것이 아니다. 어쩌면 어떤 집단에서나 구성원 중 어느 한 사람이 그 집단을 지배하고 있는 질서에 어긋날 때 그러한 행위를 강제적으로라도 견제하려고 하는 것은 일상적으로 일어날 수 있는 일이기도 하다.

그러나 사회적으로 많은 우려를 낳고 있는 청소년들 사이에서의 소위 '왕따' 현상은 이러한 일반적인 집단 유지의 속성이나 양상과는 많은 차이를 보이고 있다. 어쩌면 학교나 성인 중심의 사회에서 요구하는 권위에 눌려 있는 아이들이 그 권위와 밀접해 있다고 생각하는 어떤 아이를 희생양으로 삼아 감적적인 분풀이를 하는 것일 수도 있다. 따라서 집단 따돌림은 아이들의 삶과 분리된 돌연변이적인 병리현상이 아니라, 우리사회가 아이들의 삶 속에 심어주고 있는 성인들의 문제일 수 있다. 따라서 그 해결방안은 사회전반의 병리적 현상에 대한 진단이 선행되어야 할 것이지만, 여기서는 우선적으로 청소년들의 생활현장에서 다소나마 피해를 줄이기 위한 응급처방과 관련한 방법들을 먼저 생각해보기로 한다.

(1) 왕따가 되기 쉬운 일반적 행동특성

일반적으로 다음과 같은 행동특성을 가진 청소년들이 흔히 왕따가 되기 쉽다고 한다. 청소년 본인 스스로 혹은 부모가 자기 자녀에 대해서 다음과 같은 행동이 두드러지지 않는지 점검해볼 필요가 있다.

- 내성적이며 자기주장을 잘하지 못하는 학생
- 친구들이 놀리거나 괴롭혀도 가만히 있으며 얼굴 표정이 어두운 학생
- 신체외모나 목소리가 특이한 학생
- 잘 씻지 않거나 복장이 지저분한 학생
- 거짓말을 잘하며, 말과 행동이 틀린 학생
- 옷차림, 유행어, 연예인 동경 등과 같은 또래집단의 문화에 잘 어울리지 못하는 학생
- 잘난 척 하며 이기적이고 자신의 생각만 주장하는 학생
- 친구들이 놀릴 때 부끄럼을 많이 타거나 과민반응을 보이는 학생
- 농담과 진담을 구분하지 못하는 학생
- 교사가 편애하는 학생
- 교사의 관심과 애정을 지나치게 원하는 학생

(2) 왕따가 되지 않기 위한 자기 보호 방법

- 가해 학생이 눈에 보이면, 똑바로 서서 자신감 있게 보이도록 노력하라.
- 조용하고 자신 있게 걸어가라.
- 울기, 소리치기, 도망가기 등의 행동은 가해 학생에게 재미를 제공해줄 수 있다. 성난 반응을 보이지 말고 침착하게 행동하라.
- 천천히, 분명히, 확실히 말하라.
- 좀 더 일찍, 혹은 늦게 등교하는 것에 대하여 생각해 보고, 다른 등교길로 이용하라.
- 늘 같은 시간에 같은 길로 등교하는 것은 위험에 처하게 할 상황적 요인이 될 수도 있다.
- 비싼 물건은 집에 놓고 다니고 소지품이나 돈을 자랑하지 말라.
- 만일 누군가가 비싼 물건을 빌려달라고 요구한다면, 부모님께서 확인한다는 핑계를 대라. 만일 뺏으려 하거나 거절할 수 없는 상황이라면, 다시 찾으려고 싸우지 말라. 어른들에게 그 사실을 말하고 도움을 청하라.
- 만일 내가 싫어하거나 나를 험담하는 별명이 있다면, 그것에 익숙해지려고 노력하라.
- 나를 놀리려하는 것을 두려워 말아라. 농담과 간헐적인 조롱은 완전히 무시하려고 노력하라. 만일 이에 대해 과민하게 대응한다면, 이것은 그들에게 재미를 더해주고 오히려 더 놀림을 당하게 될 것이다.
- 만일 내가 괴롭힘을 당하고 있다면, 친구에게 나와 동행해 달라고 도움을 요청하라. 이는 습관적으로 괴롭힘을 가하는 것을 차단할 수 있다.
- 내가 계속적으로 자극을 받고 있다면, 그들을 탓하기 전에 나의 행동 방식을 어떻게 바꿀 수 있는지를 먼저 생각하라.
- 늘 누구에게(어른이면 더 좋다)말하라. 있었던 일을 자세하게 설명하고, 두렵다면 도움을 청하라. 이것은 고자질과는 다르다. 내가 직접적인 피해 학생이 아니더라도, 가해 학생이 다른 사람을 계속 괴롭히는 것을 보았다면, 나는 그 다음 피해 학생이 될 수도 있다. 따라서 아주 사소한 사건들도 어른들에게 언제, 어디서, 어떻게 무엇이, 일어났는지를 적어 두었다가 정확하게 말해라. 다른 대부분의 사람들도 때때로 괴롭힘을 당하는 경우가 있으며, 이는 수치스러운 것이

아니다.

- 다른 곳으로 피해 가기, 침착해지기, 조롱을 웃어넘기기 등을 연습해라.

(3) 왕따가 되었을 때 극복하는 방법

① 넌 왜 나를 따돌리니?

왕따 당하는 아이들에게 왜 따돌림을 당하느냐고 물어보면 대부분 모른다며 "어차피 그 아이들과 얘기해봤자 들어주지도 않을텐데.."라고 대답한다. 실제로 따돌림을 당하게 되는 아이들은 그 이유를 모르는 것이 일반적이다. 따돌림을 당하는 아이는 대부분 무기력한 반응을 보인다. 아이들이 놀리면 당당하게 항의 한 번 못하고 혼자서 속으로만 끙끙 앓고 만다. 이것은 따돌림을 더욱 심화시킬 뿐 문제 해결에는 도움이 안 된다. 따돌림을 당했을 때는 어렵겠지만 성급하게 화를 내거나 그냥 가만히 있지 말자. 이것은 따돌리는 아이들의 공격심리를 부추길 뿐이다. 오해를 성급하게 풀려고 하면 더 어려워질 수도 있다. 이때는 따돌리는 이유가 무엇인지 직접 물어보는 것도 좋은 방법이다. 갈등의 원인을 분명히 밝히고 당당하게 자신의 주장을 이야기한다.

② 나에게 문제가 있을지도 모른다.

자신의 말이나 습관에 이상한 점은 없는지, 아이들을 대하는 태도에 문제점은 없었는지를 찾아본다. 친구들의 개성을 무시하지 않았는지, 자기보다 못하다는 친구를 깔보지는 않았는지 생각해 본다. 만약 자신의 문제라고 판명된다면 나의 단점을 보완하는 데서부터 문제를 해결하도록 하자. 그리고 자신의 실수로 인해 문제가 발생했다면 사과를 하도록 한다.

③ 소질 개발로 나의 개성을 살리자.

자신감과 자부심을 갖도록 하자. 왕따를 당하는 아이들 중에는 자신이 '공부도 못하고, 예쁘지도 않고, 잘난 구석 하나 없어 왕따를 당할 수밖에 없다'고 생각하는 경우가 있다. 그러나 가만히 자신을 들여다보면 분명 다른 사람보다 잘하는 무언가가 있다는 것을 발견할 수 있을 것이다. 이것이 바로 나만의 개성이며 당당하고 활기차게 살아갈 수 있는 이유인 것이다. 자신의 적성에 맞는 취미나 특기 등의 소재를 찾아 개발하자.

④ 친구를 찾아라.

혼자 힘으로 해결할 수 없을 때에는 주변에서 도와줄 수 있는 사람을 찾는 것이 좋다. 평소 나에게 호의적인 친구를 찾아 친해지도록 노력한다. 그 친구와 친분관계를 맺음으로써 자신의 문제를 발견할 수도 있고, 그러다보면 자연히 따돌림에서 벗어날 수 있는 방법을 찾을 수 있다.

⑤ 진실은 언제나 통한다.

따돌림을 당하는 이유 중 하나가 자신을 과대 포장하는 언행 때문인 경우가 많다. 친구와 솔직한 대화가 필요하다. 대화를 할 때는 공감할 수 있는 화제를 찾아야 한다. 비슷한 관심분야를 가지면 주변의 친구들과 동질감 을 느낄 수 있다. 그러기 위해서는 먼저 친구들에게 마음의 문을 열도록 하자. 물론 처음에는 나의 그런 행동이 아이들 사이에서 '아부하려고 한다' '참견한다'는 등의 위선으로 비쳐질 수 있다. 그러나 진실하게 아이들을 대하고 꾸준히 노력하면 언젠가는 통하는 때가 온다.

⑥ 도움을 청한다.

혼자의 방법으로 해결하기 힘들면 부모나 교사에게 도움을 청해보자. 상당수의 학생들은 선생님에게 상담하면 오히려 따돌림에 보복까지 당하게 된다고 상담을 기피하는 경우가 많다. 왕따 학생 3명 중 1명은 왕따를 당하면서도 아무하고도 의논하지 않았다. 그것은 부모나 교사와 상의해 봐도 뾰족한 해결책이 없다고 생각하기 때문이다. 그러나 이것은 틀린 생각이다. 선생님이나 부모님과 머리를 맞대고 고민하다 보면 예상외로 좋은 해결책이 나올 수 있다.

이러한 본인의 노력에도 불구하고 왕따가 되어 괴롭힘을 당하는 경우가 발생할 수 있다. 이 때 피해자의 상처를 빨리 치유하기 위해 가장 중요한 것이 교사와 부모의 노력이다.

학교에서 교사는 자기가 지도하는 학생에 대한 관찰을 보다 주의 깊게 할 필요가 있다. 조롱을 당해도 웃기만 하는 학생이 있다면, 그 학생이 왕따의 피해자가 되지 않도록 그 학생이 갖고 있는 문제의 원인을 찾아낼 필요가 있다. 이러한 학생은 대인 관계의 미성숙함으로 조롱과 우정을 구별 못하고 친구를 잃고 싶지 않은 경우라고 할 수 있다. 그 학생에게는 억눌린 감정을 표출하게 지도하도록 한다. 친구들과의 놀이 방식에 대해 상세하게 물어 보고, 지나치고 옳지 않은 언동들에 대해 자신의 싫어하는 감정을 분명히 표출하게 지도한다. 그리고 평소 학교생활에서 자신의 존재 가치를 느낄 수 있도록 지도한다. 주변에서 그 학생을 조롱을 하는 학생에게는 자신의 행위가 비열하고 잔혹한 것임을 알게 지도하여야 한다. 어떤 학생이 결석이 잦아지는 경우에도 문제가 발생하였는지 의심해보아야 한다. 대부분의 학교폭력이나 집단 따돌림은 교사에게 잘 보이지 않는다. 따라서 피해 학생은 마음속으로 구조를 요청하지만, 그것이 전달되지 않아 도움을 받을 수 없다고 생각할 경우 결석을 할 가능성이 커진다. 매우 어려운 문제이지만, 교사는 평소에 이러한 학생들의 작은 변화를 날카롭게 포착하는 능력을 길러야 한다. 그리고 그러한 문제에 신속하게 대처할 수 있어야 문제 해결의 단서를 찾아낼 수 있다. 학생이 결석한 경우, 결석 당일에 부모와 연락하고, 친구들에게 결석 사유나 학교 폭력 여부를 확인하기 위한 활동을 하여야 한다. 그리고 문제가 있어 결석한 아이와 면담을 하게 되는 경우, 교사의 입장보다는 그 학생의 부모 입장이 되어 결석한 아이의 심정을 이해하기 위해 노력하고 심리적 불안감을 해소시켜주도록 한다.

그러나 교사의 이러한 노력에도 불구하고 지도하는 학생들 사이에 집단 따돌림의 문제가 발생한다면, 불가피하게 그 문제의 원인이 무엇인지 확인하고 해결방법을 찾아야 한다. 먼저 학교에서 교사가 어떤 학생이 친구 사이의 사소한 다툼으로 오해가 생겨서 따돌림을 받거나 아이의 성격적 결함, 전학 등으로 잘 어울리지 못하는 경우를 가장 먼저 인지할 수 있는 입장에 있다. 그 때 교사는 문제가 학생간에 사소한 다툼으로 인한 오해에서 시작된 경우라면 우선 가해학생과 오해를 풀 수 있는 방안을 모색해 나간다. 아이가 지나치게 소극적이거나 내성적인 성격일 때는 앞으로도 따돌림을 받을 수 있는 가능성이 있기 때문에 주위의 자원을 동원하여 아이의 자기주장 훈련을 돕거나 사회성을 개발해 나갈 수 있도록 해 나간다. 집단 따돌림의 경우 가해학생이 다수라서 누구를 대상으로 교정을 해야 할지 문제가 될 수 있는데, 이때에는 우선 따돌림을 주도하는 아이를 알아내어 집중

교정하도록 한다.

교사의 노력과 함께 부모의 역할이 매우 중요하다. 특히 일반적인 학교폭력이건 집단 따돌림이건 청소년 폭력에서는 피해자와 가해자가 모두 돌이킬 수 없는 상처를 입고 일생을 그 그림자 속에서 지내야 하는 심각한 문제를 야기한다. 따라서 피해자와 가해자 부모 모두 지금까지의 자녀 양육 방식에 대해 반성적으로 문제를 검토하는 한편, 집단 따돌림과 관련하여 다음과 같은 대응 방법을 이해하고 실천할 필요가 있다.[5)]

5) 학교폭력 등 청소년 범죄에 대한 정책 방안 제시

우리나라에서 학교폭력 등 청소년 범죄 예방 및 선도보호 활동을 하고 있는 민간기관은 청소년상담지원센터와 각종 NGO 단체 등이 활동하고 있다. 그러나 정부 관련 기관과 민간단체와의 실질적인 협력체제 및 실질적인 예방대책을 세우지 못하고 있으며, 서로 형식적 이벤트성으로 대처하고 있을 정도이다. 학교폭력 등 청소년 비행에 대한 문제는 위기청소년의 적절한 상담과 치료 및 사후관리가 매우 필요하므로 사회 복지적 대책을 통해 지역사회가 모두가 참여하여 도와주어야만 효과적으로 해결할 수 있을 것이다. 특히 우리나라에서는 비행청소년의 1차적 환경인 가정 내에서의 문제에 대해 적극적인 개입보다는 소극적으로 대처하고 있으며, 또한 가해 청소년의 가족 구성원은 현재 가정 내에서의 많은 문제에 대해 그 사실을 외부에 알리는 것 자체를 매우 어려워하고 있는 실정이다. 또한 사회에서는 가해 학생의 가정 내 문제에 대해서는 거의 관심을 기울이지 않고 잘 모르고 있는 것이 태반이다. 그러나 이들 가정에 대한 적극적인 관심을 기울이며 정책적인 개입을 통해 치료를 실행하여 가장 기본적인 환경을 개선해 줄 필요가 있다. 따라서 가족을 동시에 치료에 개입시키기 위해서 먼저 지역사회 상담소, 의료기관, 학교, 중재자 등의 역할을 수행할 수 있어야 하겠다. 그러기 위해서는 다음과 같은 방안이 마련되어야 할 것으로 보인다.

첫째, 비행청소년의 가족 특히 부모를 상대로 교육을 실시하여 부모역할을 재인식 통한 가족 간 유대를 형성하게 하여야 한다.

---

5) http://blog.daum.net/kji208/13169841

둘째, 비행청소년과 가족들을 위한 다양한 프로그램을 마련하여 현장성이 있어야 할 것이다. (예 : 멘토링 프로그램 등)

셋째, 가정과 학교, 사법기관(경찰, 검찰, 법원), 사회단체 등이 서로 협력할 수 있는 종합적이고 체계적인 협력시스템을 구축하여 정보공유 등을 통해 대처하여야 한다.

넷째, 위기청소년을 선도하고 보호 및 사후 관리할 수 있는 프로그램을 마련하고 지속적인 보완을 해야 한다.

다섯째, 외국의 좋은 모델 등을 도입하여 각개 단체들의 실정에 맞게 수정 보완하여 실행해 보아야 한다.

여섯째, 청소년의 가정에 영향을 끼치는 지역사회를 교육하고 변화시키는 홍보나 교육사업이 필요할 것이다.[6)]

6) http://blog.daum.net/mooncsil/12900735

제7장

스토킹과 안전

1. 스토킹이란
2. 스토킹 행위와 피해자의 특징
3. 스토커 유형과 특징
4. 우리나라의 스토킹 사례
5. 스토킹 대응책

제7장 스토킹과 안전

1. 스토킹이란

스토킹은 일반적으로 싫다는데도 의도적으로 반복해서 따라다니거나 타인의 의사에 반하여 편지, 전자우편, 전화, 팩스, 선물, 미행, 감시, 집과 직장 방문 등을 통하여 공포와 불안을 타인에게 반복적으로 줌으로서 정신적, 신체적으로 괴롭히는 행위라고 정의할 수 있다. 스토킹은 오래된 행위이지만, 최근에 들어와 범죄문제로 인식되기 시작하였는데 학자에 따라서는 개인정보 유출, 통신수단의 발달, 익명성의 보장 등 사회발전에 따라 등장한 새로운 유형의 범죄로서 성폭력의 미묘한 변화 형태로 보기도 한다. 최근 우리나라에서도 일부 연예인에 대한 스토킹 피해사례를 계기로 스토킹에 대한 사회적 관심이 증가하고 있는데, 스토킹의 문제는 연예인 등 유명인만의 문제가 아니다. 1999년 5월 삼성생명 사회정신건강연구소가 서울과 경기지역에 거주하는 성인 700명을 대상으로 실시한 설문조사에 따르면 전체 응답자중 8%가 스토킹을 당한 적이 있다고 답하였다. 또한 최근 PC통신과 인터넷상에서 특정인에게 욕설이나 음란한 내용의 메시지를 전송하거나 혹은 특정인에 대한 거짓 정보를 공개하는 등의 사이버 스토킹 사례도 증가하고 있다.

스토킹의 반사회성은 그 자체로 타인의 프라이버시에 대한 침해일 뿐만 아니라 폭행, 협박, 살인 등의 범죄로 발전되어 가는 강한 개연성을 내포하고 있다는 점에 있다. 미국의 경우 여성 중 자신의 남편이나 애인에 의해 살해된 경우 중 90%가 살해 이전에 스토킹을 당하였다는 보고가 있다. 이처럼 스토킹은 그 자체로 피해자에게 정신적·육체적 피해를 반복적·지속적으로 야기하며, 스토킹의 초기 단계에서 저지하지 않으면 이후 폭행, 납치, 살인 등의 중한 범죄로 발전할 가능성을 가진다.

예를 들어 미국에서 존 레넌과 지아니 베르사체가 스토커에 의해 살해되었고, 조디 포스터의 극성팬이 그녀의 관심을 끌기 위하여 레이건 미국 대통령을 저격한 사건이 있었다. 1989년에는 여배우 레베카 쉐퍼가 남성 스토커에 의해 살해되었는데, 이 사건을 계기로 미국에서 스토킹 처벌법이 제정되었다. 우리나라의 경우 일부 연예인들이 스토커에 의해 납치 또는 폭행을 당하는 사례가 발생한 바 있다. 그런데 문제는 현행 법체계상으로는 중한 범죄로 발전되지 않은 스토킹 자체에 대해서는 형사처벌이 매우 어려우며, 스토킹이 중한 범죄로 발전된 경우에만 형법이 작동하게 된다는데 있다.

스토킹에 대한 정의는 다양하지만, 스토킹의 외연을 넓게 정의하거나 아니면 좁게 정의할 때 크게 두 가지 문제가 검토되어야 할 것이다. 하나는 스토킹을 너무 넓게 정의해서 '상대방을 괴롭히는 행위' 정도로 정의한다면, 첫째, 기존의 형사사법 체계 내에서 충분히 다루어질 수 있는 범죄도 스토킹에 포함시키게 된다는 것이며, 둘째, 형사사법체계가 개입하지 않아도 될 사항들에 대해서 범죄의 정의를 확대함으로써 처벌의 그물망을 넓히는(net-widening) 바람직하지 않은 효과를 가져올 수 있다는 것이다. 예를 들어 사이버스토킹이라는 것은 사실상 스토킹이라기보다는 명예훼손에 더 가까운 행위가 많은 것이 사실이며, 이 경우 과연 새로운 입법이 어떤 법익이 있는지 의심스럽다고 할 수 있다. 또한 이성에 대한 구애를 스토킹이라고 정의하고, 이를 처벌한다면 오히려 법이 원활한 사회관계를 악화시키는 결과를 가져올 수 있으며, 점점 형사사법기관이 개입하는 부분을 확대시키는 바람직하지 않은 결과를 가져올 수 있을 것이다.

반대로 스토킹이라는 것을 너무 좁게 정의한다면 보호받아야 할 많은 범죄피해자들이 죄형법정주의에 의해 보호받지 못하는 결과를 가져오게 될 것이다. 그럼에도 불구하고 이 연구에서는 스토킹을 다소 좁게 정의하고자 한다. 왜냐하면 스토킹을 넓게 정의한다면, 그동안 스토킹에 대해 상식적으로 생각해 왔던 것과 너무나 차이를 느끼게 될 것이며, 사회구성원들의 감정과 배치하는 것이 될 것이기 때문이다. 따라서 이 연구에서는 피해자에 대한 최소한의 호감이라도 없는 괴롭힘은 스토킹의 범주에서 제외하고자 하며, 동시에 지속적이지 않은 괴롭힘 역시 스토킹의 범주에서 제외하고자 한다. 반면 스토킹의 수단은 다양한 것이 될 수 있으며, 따라서 직접 따라다니거나 전화를 이용한 스토킹 외에도 편지나 전자메일, 팩스,

선물 등의 다양한 수단을 통한 지속적인 괴롭힘은 모두 스토킹의 범주에 포함되어야 할 것이다.

스토킹이라는 용어의 사용은 대단한 속도로 확산되고 있으나, 그 의미내용과 의의에 대한 사회적 합의가 있는지에 대해서는 의문이 있으며, 따라서 용어의 높은 사용빈도에도 불구하고, 그 피해에 대한 구체적인 대처방법을 마련하는 단계로 들어서면, 개념의 혼란에 빠져서 구체적인 성과를 얻지 못하는 것으로 보인다.

2. 스토킹 행위와 피해자의 특징

스토킹 행위의 역사는 인간관계의 역사만큼이나 오랜 것이고, 아마도 스토킹 행위는 항상 우리 주위에 있었으나 비교적 최근에 와서 새로워진 바는 일탈행위의 독립적인 행위로 규정된 점이다. 범죄로서 규정되기 이전에는 스토킹은 괴롭히거나 화나게 하는 혹은 일부 경우에는 가정폭력으로 취급되어 왔다. 1980년대 후반에서 1990년대 초반 사이에 유명 인사들이 포함된 여러 사건들이 언론의 주목을 받기 시작한 뒤에 이르러서야 그러한 행위들을 스토킹으로 일컫기 시작하였다. 이후부터 스토킹은 대중매체의 큰 관심을 끌게 되어 위험한 정사(Fatal Attraction), 케이프 피어(Cape Fear), 적과의 동침(Sleeping with the Enemy) 등과 같은 헐리웃 영화의 주제로 이용되어 스토킹은 일상생활에서 사용되는 용어가 되었다.

스토킹은 스토커가 단 한명만의 피해자에 대하여 행위를 한다는 점에서 독특한 범죄이다. 스토커는 피해자의 행동과 감정을 통제하는 데에 집착한다. 그들은 피해자를 위협하고, 추근거리고, 또 많은 경우에 피해를 입힘으로써 자신들의 목적을 달성할 수 있다고 믿는다. 스토킹 관련 법률은 타인을 죽음이나, 성폭력, 혹은 신체적인 상해를 입을까 두려움에 처하게 하는 행위들을 범죄적 행위로서 규정하게 되고, 일회성이 아닌 반복적 행위로 발생하는 경우에만 처벌하게 된다. 그렇지만 이러한 법률의 마련을 통해 잠재적인 스토커들의 스토킹 행위를 예방할 수 있고, 일부 스토커들은 체포나 기소, 구금 등의 형사사법적 개입활동을 통해 스토킹을 하지 않을 것이나, 일부 스토커들은 형사사법적 개입에도 불구하고 결코 스토킹을 멈추지 않을 수 있다. 이러한 스토커들은 피해자를 살해할 위험이 아주 높아서 어떠한 처벌의 위협으로도 피해자를 해치려는 망상을 억제하지 않게 된다.

스토킹은 비교적 최근에 범죄로 규정된 행위이기 때문에 다른 폭력범죄들과는 달리 일반적인 범죄 신고를 통하여 스토킹범죄의 발생을 파악할 수 없다. 이용 가능한 경험적 자료가 사실상 없기 때문에 어느 누구도 스토킹의 규모가 어느 정도인지를 알 수가 없는 실정이다. 일부 조사를 통하여 추정한 바로는 미국 내에서 20만명 정도가 현재 스토킹을 당하고 있는 것으로 나타났고, 전 여성의 5%인 20명중 1명이 생애기간 동안에 최소한 한번 이상의 스토킹 표적이 될 수 있다고 추정하고 있다. 1994년 미 의회에서 통과된 범죄법률의 내용은 스토킹 범죄의 추적과 통계의 집계를 규정하여 처음으로 스토킹 범죄의 규모를 공식통계를 통해 파악할 수 있게 되었다.

스토킹의 행위유형은 가정폭력사건들과 많은 점에서 유사하다. 스토커가 피해자의 의지에 반하여 개인적인 관계를 이루려하거나 혹은 이전의 관계를 지속시키려는 것과 관계없이 보통 피해자에 대한 스토커의 의지가 좌절되었을 때 촉발된다. 스토커는 피해자에게 "자신의 사랑을 증명하고자" 꽃이나 선물, 편지 등을 보냄으로써 관계를 만들고자 한다. 그러나 피해자의 반응이 호의적이지 않을 때 스토커는 폭력적으로 돌변한다. 위협적인 시도는 보통 피해자의 생활에 부적당하고, 질시에 찬 침입의 형태로 시작된다. 이러한 접촉은 시간이 흐를수록 보다 빈발해지게 되고 그러한 행위들은 지속적인 추근거림의 형태가 된다. 거듭될수록 추근거리는 행위들이 위협적인 행위로 변하게 되고, 위협은 직접적이거나 간접적인 방식으로 스토커의 행위에 의해 명백히 혹은 은연중에 드러난다. 불행하게도 이러한 수준의 심각성에 이르는 사건들은 대부분이 폭력이나 살인의 결과로 끝을 맺는다.

자신들의 피해자에 대한 권력과 통제관계를 구성하는데 실패한 스토커는 피해자에 대한 지배를 다시 확보하기 위한 수단으로서 폭력을 사용한다. 일부 사건들의 경우에 피해자에 대한 지배를 확보하려는 시도로서 범죄자들은 피해자를 살해하고 결국에는 자살을 시도하기도 한다.

스토커의 사고유형은 보통 "내가 당신을 얼마나 사랑하는 지를 보여줄 수 있다"에서 "당신이 나를 사랑하도록 만들겠다"로, 그리고 "만약 내가 당신을 갖지 못한다면 누구도 당신을 가질 수 없다"의 형태로 변화한다. 행위유형의 변화도 이와 마찬가지이지만 어떤 스토킹 사건도 완전하게 예측할 수 없다. 일부 스토커들은 첫 단계를 넘어서지 않고, 일부 사람들은 첫 단계에서 그대로 마지막 단계로 뛰어

넘기도 하고, 또 다른 사람들은 다음 단계로 넘어가지 전에 전단계로 다시 회귀하기도 한다.

스토커가 어떤 행동을 할 것인지를 예측하기가 어려운 것만큼이나 스토커가 언제 그러한 행동을 할 것인지를 예측하기가 어려운 실정이다. 일부 스토커들은 단지 수주 혹은 몇일 동안에 한 단계를 넘어설 수도 있고, 심각한 스토킹 행위를 보이는 일부 스토커들은 몇 달 동안 혹은 몇 년간이나 연속된 접촉을 시도하지 않는 경우도 있다. 이 같은 스토킹 행위유형의 예측하기 어려운 특징들로 인하여 스토킹 사건에 대하여 효과적인 대응전략을 수립하는 것이 어렵게 되는 것이다.

스토킹은 성 중립적인 범죄로서 남성과 여성 모두 가해자와 피해자가 될 수 있다. 그러나 대부분의 스토커들은 남자들로 나타나 전체 스토킹사건의 75~80퍼센트가 남자가 여자를 스토킹한 사건이었다. 연령은 대부분이 20대에서 중년에 해당하였고 지능수준은 평균 이상을 보이고 있었다. 스토커의 인종이나 사회경제적 배경은 특정한 집단에 해당하지 않고 고르게 분포하여 사실상 누구라도 스토커가 될 수 있고, 스토킹 행위의 피해자가 될 수 있었다.

스토킹 피해자 5명 중 4명이 여성이고, 스토킹피해자 중 38퍼센트는 20세에서 45세 사이의 독신여성들이었지만 10대 소녀나 40대 후반 이후의 여성들이 피해자가 될 수도 있었고, 가정폭력 피난처의 여성 중 1/3가량이 스토킹의 피해자이었다(NIJ, 1994). 전남편이나 애인에 의해 스토킹을 당한 여성 중 21퍼센트는 스토킹이 관계가 끝나기 전에 발생하였고, 43퍼센트는 관계가 끝난 후에 발생하였으며, 36퍼센트는 관계가 끝나기 전과 후에 모두 발생하였다고 응답하였다(VAWGO, 1998 : 10). 전체 미국 여성 중 1.8퍼센트와 전체 미국 남성중 0.8퍼센트가 낯선 사람에 의해 스토킹을 당했고, 전체 여성 1.6퍼센트와 전체 남성 0.8퍼센트가 아는 사람에게 스토킹을 당했다고 보고하였다(Ibid., p.12). 자신들이 왜 스토킹을 당했는지에 대한 인식에 대하여는 스토킹 피해자의 21퍼센트는 스토커의 통제하고자 하는 욕망 혹은 두려움의 주입이라고 응답하였고, 피해자중 단 7퍼센트만이 스토커가 정신적으로 이상이 있거나 약물이나 알코올 중독이라고 응답하였다(Ibid., p.14).

또 다른 연구에 따르면 미국에서 매년 약 백만명의 여성과 40만명의 남성들이 스토킹을 당하고 있다고 추정하였다(NIJ, 1997). 스토킹의 처리과정을 살펴보면 전체 여성 스토킹피해자중 절반가량이 경찰에 피해를 신고하였고, 25퍼센트가 접근금지명령을 받을 수 있었다. 경찰에 스토킹범죄를 신고하지 않은 이유에 대하여 자신들의 스토킹 피해가 경찰의 업무가 아닌 것으로 생각했거나 경찰이 해결할 수 없는 일로 생각하는 비율이 많았고, 세 번째의 미신고 이유로는 스토커의 보복이 두려워서인 것으로 응답하였다. 접근금지 명령 중에서 80퍼센트 가량이 위반된 것으로 나타나 접근금지 명령의 부과가 스토킹 범죄 예방에 그다지 효과적이지 못하였다. 경찰에 신고한 남성피해자들의 19퍼센트에 비하여 경찰에 신고한 여성피해자의 24퍼센트가 자신들의 사건을 기소할 수 있었고 기소된 사건들 중 54퍼센트가 유죄판결을 받았다. 유죄판결 중 63퍼센트 가량이 구치소 구금의 결과를 가져왔다.

대부분의 사건에서 스토킹 기간은 1년 정도 지속되었고, 일부 사건들의 경우에 스토킹이 5년 이상 지속된 경우도 있었다. 일반적으로 전남편이나 애인으로부터의 스토킹사건이 친하지 않았던 사람에 의한 스토킹보다 오래 지속되는 것으로 나타나고 있었다. 스토킹이 멈추게 된 이유에 대하여 피해자의 20퍼센트가 자신들이 멀리 이사를 갔기 때문이라고 응답하였고, 15퍼센트는 경찰의 개입이라고 밝혔다. 또한 상당수의 여성 피해자들의 경우 범죄자들이 새로운 여자친구와의 교제나 결혼관계를 시작하여 자신들에 대한 스토킹을 멈추게 되었다고 응답하였다. 스토킹이 해결된 이유 중 이사를 통한 해결이 가장 높은 비율을 차지한다는 것은 스토킹 피해자에게 주소비공개가 상당히 중요한 사건의 해결방안이자 피해자에 대한 보호방안으로 활용될 수 있을 것임을 보여준다. 스토킹 피해자를 보호하기 위하여 스토커로부터 멀리 떨어진 곳으로 이주를 하고 우편물을 새로운 주소로 발송함에 있어 새로운 주소가 드러나지 않도록 비공개의 원칙과 사서함 제도 등을 이용하는 방안이 효과를 가져올 수 있을 것이다.

스토킹 피해자중 1/3 가량이 심리치료를 받은 것으로 나타났고, 또한 1/5 가량은 스토킹으로 인하여 직업을 잃게 되었고, 7퍼센트의 피해자들은 이후로 직업을 갖지 못한 것으로 나타나 스토킹이 미치는 심각한 부정적인 영향이 드러났다(NIJ, 1997).

스토킹은 많은 경우 감시의 형태로 나타나 피해자들이 어디를 가든 그곳에 있는 경우가 많았다. 또한 무제한의 접촉을 하기도 하는데 하루에 수십 차례의 전화통화를 하거나 피해자가 움직이는 곳마다 출현을 하거나 쪽지를 전달하게 한다. 이러한 스토킹은 정서적인 테러로서 피해자들로 하여금 도망칠 수 없다는 무력감에 빠지게 한다. 스토커들은 피해자의 일과를 확인하는 방법으로는 피해자의 집에 침입하거나 편지를 뜯어보고 주위 사람들에게 접근하는 방법을 동원하기도 한다.[1)]

3. 스토커 유형과 특징

최근까지 연구된 스토커의 특징은 과거 범죄, 위협적이고 파괴적인 행동, 위협, 정신병력, 약물남용, 폭력적인 가정환경, 외롭고 고립적인 행동 등과 같은 전력 및 행위적 특징을 갖는 경우가 많으며 정신장애나 성격장애가 원인이 되어 스토킹을 하는 사례도 있고, 피해자를 추적하고 조종하는 능력을 보유했다는 점에서 볼 때 지능이 우수한 편이라는 특징들을 보이고 있다. 스토커의 행위에 대한 원인으로는 아동기의 모자밀착이나 자아의 미성숙으로 인하여 성인기를 상실하는 등의 애착의 병리에서 찾거나 일반적인 이성에 대한 구애 장애를 갖고, 사회성이 부족하고 고립되어 외로움에 대한 부적응적 반응이 원인이 되기도 한다.

스토커들의 스토킹 행위에는 멀리서 지켜봄, 따라다님, 편지, 선물, 전화, 신체적 접근, 위협, 협박, 납치, 폭행, 살인 등 다양하게 나타나고 있고, 최근 전자통신 매체의 발달에 따라 사이버 스토킹의 유형이 새롭게 등장하고 있다. 이는 사이버세계에서의 익명성이 가능하다는 점과 현실세계에서 이루지 못했던 바를 사이버세계에서 얻을 수 있으리라는 환상에서 나타나는 행위라고 볼 수 있다.

스토커들이 워낙 다양하기 때문에 스토커의 행위를 범주화하기가 어렵고, 또한 행위에 대처하는 효과적인 전략을 찾기가 어려운 실정이다. 범죄심리학자들은 스토커의 정신 상태와 동기에 대하여 이제 연구를 시작한 수준이며, 스토커의 행위와 유형에 대하여 크게 애정망상(love obsession)과 단순망상(simple obsession)의 두 가지로 폭넓게 구분하고 있다.

1) 박철현 · 이상용 · 진수명. "스토킹의 실태와 대책에 관한 연구". 한국형사정책연구원, 2000, http://kr.ks.yahoo.com/service/wiki

1) 애정망상 스토커

애정망상 스토커는 자신들과 개인적인 관계를 갖지 않는 사람들에게 애정망상이나 고착심리를 갖게 된 스토커를 의미한다. 스토킹의 표적은 단지 일상적인 아는 사이이거나 완전히 모르는 사람들이다. 미국의 경우 발생하는 전체 스토킹 사건의 20~25퍼센트가 이 범주에 해당한다. 데이비드 레터맨(David Letterman), 조디 포스터(Jodie Foster), 마돈나(Madonna)와 같은 유명인사를 스토킹했던 스토커들이 애정망상의 범주에 해당하지만, 이 범주의 스토커들은 유명인사들 뿐만 아니라 자신들의 직장동료나 운동 강사, 거리에서 만난 사람들과 같은 보통 사람들에 대하여 고착심리를 갖기도 한다.

애정망상 스토커들의 대부분은 정신분열이나 편집증과 같은 정신이상(mental disorder) 증세를 보이고 있고 거의 대부분의 사람들이 일종의 망상적 사고유형과 행위들을 보인다. 이들은 일상적이고 사회적으로 용인된 수단을 통해서는 정상적인 대인관계를 이룰 수가 없기 때문에 자신들이 거의 알지 못하는 사람들과의 환각적인 관계로 숨어버린다. 자신들의 피해자를 애정의 대상으로 삼아 현실에서 이루었으면 하고 바라는 바의 허구의 이야기를 창조하고는 자신들의 허구적인 상황을 현실세계에서 실현하고자 한다. 5년간이나 데이비드 레터맨을 스토킹했던 여성은 정말로 자신이 그의 부인인 것으로 믿고 있었다고 한다. 그 여자는 레터맨의 사유지에 여러 차례 침입하였는데, 레터맨의 자동차를 운전하다가 체포되기도 하였고 자신의 아이들과 함께 레터맨의 집에 나타나기까지 하였고 매번 자신이 데이비드 레터맨의 부인이라고 주장하였다.

애정망상 스토커들은 자신들의 환상 속에서 생활하려고 할뿐만 아니라 피해자들 역시 자신의 환상 속에서 정해진 역할을 수행할 것을 기대한다. 이들은 자신들의 애정의 대상이 자신들을 사랑하게 만들 수 있다고 믿으며, 결국에는 피해자들과 긍정적인 대인관계를 만들고자 한다. 피해자가 스토커가 바라는 대로 대본을 따르길 거부하거나 반응하지 않을 때 위협과 협박을 통하여 피해자들에게 강제로 반응하도록 하며 위협과 협박이 실패한 경우 일부 스토커들은 폭력적으로 돌변한다. 피해자의 생활 속에서 자신들이 더 이상 긍정적인 부분이 되지 못한다면 부정적인 방식으로 피해자의 생활 속의 일부가 되기를 결심하기도 한다. 심지어는 자신들과 피해자를 영원히 낭만적으로 이어보고자 하는 왜곡된 시도를 통해 피해자들을 살해하려고까지

한다. 이러한 극단적 사례가 미국의 여배우 레베카 쉐퍼(Rebecca Schaffer)에게 총을 쏴 살해한 남자 스토커의 사건이다.

2) 단순망상 스토커

단순망상 스토커는 전체 스토킹 사건의 70~80퍼센트를 차지하며 스토킹 행위가 일어나기 전에 스토커와 피해자 사이에 개인적인 관계나 애정관계가 존재했던 특징을 보인다. 일상적인 연애관계와 마찬가지로 스토킹을 포함한 모든 가정폭력 사건들이 사실상 이 범주에 해당한다.

이 유형의 스토커들은 정신이상증세의 여부와 관계없이, 대부분은 인격장애(personal disorder)를 갖고 있다. 이들의 공통적인 인격적·행태적 특징은 사회적으로 부적응하고 부적절하며, 정서적으로 미성숙하고, 자주 무력감에 빠지고, 사회적으로 용인된 수단에 의한 관계에 성공하지 못하고, 질투심이 강하고 편집에 빠져있으며, 극도로 불안정하고 낮은 자아존중심을 보이는 사람들이다.

단순망상 스토커들의 자아존중은 이들의 상대방과의 관계에 밀접히 연관되어 있어 많은 경우에 이들은 자신들의 상대에 대하여 지배하고 위협함으로서 자신들의 자아존중을 지탱하고자 한다. 타인에 대하여 권력을 행사함으로서 이들은 무력감을 느꼈을 현실에서 일종의 권력의 감정을 갖게 되고, 극단적인 경우에 이러한 심성은 자신의 상대의 삶의 모든 측면을 통제하고자 한다. 이러한 행위 유형은 자신의 피해자인 부인의 생활의 모두를 통제하기 위한 수단으로서 위협과 폭력을 행사한 '적과의 동침'(Sleeping with Enemy)과 같은 영화에 잘 묘사되어 있다.

피해자들은 말 그대로 스토커의 자긍심의 중요원천이 되기 때문에 피해자의 상실은 이들의 가장 큰 두려움이 된다. 이들의 자아가치는 피해자들과 아주 밀접히 결합되어 있어 그 사람을 상실하는 경우 이들은 자신들의 삶을 의미없는 것으로 느끼게 된다. 이러한 측면으로 인해 단순망상 스토커들은 아주 위험한 사람들이어서 이들은 '소유의 상실'을 회복하고, 자신들의 자아 존중감을 되찾기 위하여 모든 가능한 방법들을 동원하게 된다.

대부분의 가정폭력사건과 마찬가지로 스토커들은 자신들의 힘과 자긍심의 원천을 상실했을 때 즉, 피해자들이 자신을 떠났을 때 가장 위험한 상태가 된다. 실제로 가정폭력의 상황에서 나타난 스토킹 사건들이 전체 스토킹 사건들 중 가장 보편적이면서 잠재적으로 가장 위험한 상황이 된다. 폭력적인 관계를 떠난 가정 폭력피해자들은 자신들의 배우자에 의해 살해당할 위험성이 75퍼센트에 이른다.

다른 스토커의 분류로서 조나와 그의 동료들(Zona et. al, 1993)은 ① 단순집착형(Simple Obsessional Stalkers), ② 연애망상형(Erotomania), ③ 연애집착형(Love Obsessional Stalkers)의 세 가지 유형으로 스토커를 분류하고 있다. 단순집착형은 스토킹이 개시되기 전에 피해자와 개인적 친분 또는 연애·성적 관계가 있었던 스토커를 말한다. 이 유형에 속하는 자들의 경우 정신병을 가진 자도 있고 그렇지 않은 자도 있으나, 이들 모두는 인격 장애를 가지고 있다. 예컨대 사회부적응, 감정적 미숙, 무력감, 사회적으로 수용되는 방식으로의 타인과의 관계설정 불능, 편집증적 질투, 낮은 자긍심 등의 특징을 보인다. 이러한 단순 집착형 스토커의 피해자의 다수는 자신의 전 배우자나 전 애인이기에, 이러한 스토킹은 가정 폭력의 연장선에서 이루어진다. 그리고 이 유형의 스토커는 자신의 애인, 아내나 파트너를 지배하고 위협함으로써 자신의 낮은 자긍심을 보강하려고 하는 특징을 보인다. 이 경우 피해자가 스토커의 힘과 자긍심의 원천이며, 피해자가 스토커를 떠났을 경우 스토커는 스토킹을 통하여 상실한 자긍심을 회복하려 하는 것이다.

연애망상형 스토커와 연애집착형 스토커는 자신과 아무런 개인적 관계가 없고 개인적으로 알지 못하는 타인이 자신과 사랑에 빠져 있다는 망상을 가졌다는데 공통점이 있다. 전자의 경우는 그 망상은 타인의 성적인 매력보다는 타인과 자신 사이에 낭만적 사랑과 영적 결합이 있다고 망상하는데서 주로 발생한다. 피해자는 유명인에 제한되지 않고 직장동료, 길거리에 우연히 마주친 사람 등 보통 사람을 포괄한다. 후자는 피해자의 대부분이 거의 언론매체를 통해 알려진 유명인이라는 점에 차이가 있다. 양 부류의 스토커의 대다수는 정신분열증이나 편집증을 갖고 있으며, 이들은 통상의 방법으로 타인과 관계를 맺지 못하며 타인과 환상적 관계를 상상하여 그 속에서 살아간다. 그리고 이들은 자신의 환상속에서 피해자에게 부여한 역할을 피해자가 할 것을 기대하고 나아가 강제하려 한다는데 특징이 있다.

또 다른 스토커의 분류로는 멀린과 그의 동료들(Mullen et al., 1999)의 분류가 있다. 멀린 등은 ① 거절경험 스토커(the Rejected, 애인, 친구, 직장동료 등 과거의 파트너와의 관계가 끝나자 화해와 복수의 이중감정을 갖고 스토킹을 하는 자이다. 앞에서 살펴본 단순집착형 스토커와 유사), ② 친밀감 추구형 스토커(the Intimacy Seeker, 이들은 자신들의 진정한 사랑으로 생각하는 타인과 친밀한 관계를 추구하는 스토커인데, 이들은 정신병을 갖고 있는 경우가 많으며 상기 연애망상형 스토커와 연애집착형 스토커가 이 부류에 속함), ③ 무능력자형 스토커(the Incompetent, 이들은 지적 능력이 부족하고 사회적으로도 무능력한 자로 타인과 친밀한 관계를 구하려는 자이다. 이들은 자신들이 파트너를 가질 자격이 있다고 믿으나 관계를 풀어나갈 능력이 없는 경우인데 친밀감 추구형 스토커와는 달리 피해자에게 미력을 느끼나 이들이 바로 진정한 사랑이라고 믿으며 열중하지는 않음), ④ 분개형 스토커(the Resentful, 이들은 피해자를 놀라게 하고 괴롭히는 것을 자기 목적으로 삼는 자), ⑤ 침탈형 스토커(the Predatory, 피해자를 스토킹함으로써 얻어지는 힘과 통제감에 큰 기쁨을 느끼는 자인데, 이들 다수는 성적 변태(paraphilias)인 경우가 많으며 성범죄의 전과를 가지고 있다)로 분류하고 있다.

4. 우리나라의 스토킹 사례

스토킹은 분명한 범죄이며, 스토커는 정신과 치료가 필요하다는 게 전문 의사들의 공통된 설명이다.

삼성생명 사회정신건강연구소가 1998년 4월 초 연예인 106명과 20~30 대 일반여성 1327명을 대상으로 실시한 설문 조사 결과, 연예인의 41.5% 인 44명과 일반 여성 응답자의 30%인 400명이 각각 "스토킹을 당한 적이 있다"고 답했다. 일반 여성 응답자 중에는 "신체적 폭행이나 감금 을 당한 적이 있다"고 응답한 사례도 있다. 또, 올해 초 서울 S병원의 소속 간호사 107명을 대상으로 한 설문 조사에서는 전체의 33%인 35명 이 스토킹을 당했다는 결과가 나왔다.

20대 후반 남성인 H씨는 대학생이던 5년 전 과외를 가르쳤던 여고생이 "선생님을 사랑한다"며 좇아다니기 시작했다고 한다. 밤낮없는 전화에 시달리던 H씨는 어느날 "영화표를 예약했으니 같이 가야한다"는 전화를 받고 '알아듣게 타이르겠다'는 생각으로 만났다가 혼비백산 한 적도 있다. 영화 내용이 자기를 멀리하는 남자를 납치해 팔다리를 자르고 감금하는 것이었기 때문이다.

미국 등 선진국에서는 오래전부터 스토킹이 사회 문제로 대두돼 사회적 법률적 대책들이 마련됐으나, 국내에서는 1997년 11월 11일 가수 김창완씨를 11년간 좇아다니며 괴롭힌 30대 남성 스토커가 폭력 등 혐의로 경찰에 구속되면서 본격적인 관심을 끌고 있다. 그러나 우리나라 에서도 스토킹 피해는 이미 오래 전부터 광범위하게 일어나고 있다.

서울 어느 대학의 C양은 지난해 같은 과 선배한테 "사귀고 싶다"는 뜻밖의 고백을 들었다. C양은 "미안하다"며 거절했지만, 남학생은 포기하지 않고 전화와 선물 공세를 펴는 등 여학생에게 매달렸다. C양은 처음에는 '얼마 그러다 말겠지'싶었으나, 나중에는 매일 새벽 친구까지 데리고 C양 집 앞에 나타서 "C양과 사귀게 해달라"는 기도를 할 정도였다고 한다. 여학생 부모가 아무리 타이르고 꾸짖어도 막무가내였다. C양은 학교에서 모르는 사람이 아는 척을 하면 소스라치게 놀랐고, 외출하는 것도 무서워하게 됐다. 정상적인 생활이 불가능해진 A양은 얼마 전 휴학한 뒤 도망치듯 미국으로 어학연수를 떠났다.

한 종합병원 전문의는 현재 20대 후반 여성에게 스토킹을 당하고 있다. 이 여성은 병원 복도에서 우연히 이 의사를 보고 '저 의사가 나를 좋아한다'는 환상을 갖게 됐다. 이 여성은 현재 정신과 통원 치료를 받고 있지만 스토킹을 멈추지 못하고 있다고 한다.

다른 대학병원의 신경정신과 교수도 환자 보호자에게 2년 이상 스토킹을 당했다. 스토커인 그 중년 여성은 당초 정신 질환에 걸린 다른 가족을 데려왔다가 이 교수를 스토킹하기 시작했다고 한다. 이 여성은 결국 다른 신경정신과 전문의에게 치료를 받으면서 어렵게 스토킹에서 벗어났다.

20대 후반의 한 여성은 맞선을 본 남성으로부터 스토킹을 당한 경우. 국영기업체 중간 간부로 근무하는 이 남성은 맞선에서 딱지를 맞자 집으로 전화 공세를 펴는 것은 물론, 여성의 직장 상사에게까지 전화를 걸어 "만나게 해달라"며 폭언을 일삼았다고 한다. 이 남성의 주변에서는 남부럽지 않은 직장과 조건을 갖춘 그가 스토킹을 하리라고 는 상상도 못했다고 한다.

그러나 국내의 스토킹 사례는 유명인을 대상으로 한 극히 일부를 제외하면 거의 알려져 있지 않다.

배우 김미숙이 30대 여성 스토커로부터 1억 원을 요구받는 일이 벌어졌다. 이 스토커는 1억 원을 주면 스토킹을 멈추겠다는 쪽지를 전달했다가 공갈미수 혐의로 경찰에 구속됐다. 피의자가 김미숙을 괴롭힌 기간은 무려 17년. 참다못한 김미숙은 이미 2000년에 스토킹 혐의로 경찰에 수사를 의뢰한 바 있으며, 이 스토커는 2002년 김미숙의 사무실에 무단침입, 소지품 등을 훔쳐 3년간 복역하기도 했다.

그는 출소 후에도 김미숙을 괴롭히다 1억 원까지 요구, 다시 구속됐다.

방송인 강병규는 지난해 한 여성으로부터 7개월에 걸쳐 스토킹에 시달렸다. 그는 수백 차례에 걸쳐 음란한 내용이 담긴 이메일과 전화협박을 받아 결국 이 여성을 고소했고, 피의자는 실형을 선고받았다.

이외에도 가수 이현우가 자신의 집에 들어와 있는 여성 스토커를 보고 깜짝 놀란 경험이 있다고 고백한 바 있다.

가수 겸 탤런트 김창완 역시 동성 스토커에게 11년 동안 고통을 받았다. 무수히 이사를 했고 전화번호를 변경하는 피해를 겪고 10여 차례 신고를 했는데도 그때마다 훈방으로만 풀려나서 코뼈가 다치는 폭행을 당하고서야 고소를 할 수 있었다. 가수 이현우를 괴롭히던 20대 후반의 여성은 언론에 공개된 이후 잠시 잠잠하더니 다시 나타나 더 심한 스토킹 행위를 했다. 오피스텔에 찾아와 문을 두드리며 더 이상 그곳에 살 수 없게 만들어 접근금지를 당했다. 탤런트 최진실은 지난 98년 광적인 스토커로 추정되는 사람에게 자신의 집 엘리베이터에서 납치당할 뻔한 경험을 한 적도 있고, 또 다른 스토커가 깨진 병을 들고 휘두르는 바람에 당시 그를 보호하던 매니저가 대신 상처를 입은 적도 있다.

2007년 12월 23일 김종진의 콘서트 현장에서 10여 년간 김종진의 스토킹을 해왔던 30대중반의 한 여성에 의해서 부인 이승신이 피습을 당했다. 공연장에서 1차 공격을 가한 후 재차 공격을 가하는 것을 관계자들이 저지했으며 경찰서로 후송 조치되어 조사를 받고 24일 새벽 1시 30분경 귀가조치를 했다. 가해자는 이전에도 수차례 포스터를 찢고 CD를 던지는 등 이상한 행동을 해왔던 것으로 밝혀졌으며 이렇게 신체적으로 상해를 입은 피해자 이승신은 두려움에 떨고 있으며 밤에도 가해자의 얼굴이 계속 떠올라 밤에 잠을 못 이루고 있으며 계속 되는 두통에 시달리며 괴로워하고 있다.[2] 이외에도 사생활이 노출된 연예인의 피해사례는 부지기수이다.

연예인들에 대한 스토킹은 현실적인 이미지보다는 대중매체를 통해서 일방적으로 좋은 면만 들어오는 연예인들한테 호감이나 감정들을 가지게 되고 이런 것들이 망상의 증상으로 커지게 되는 경우가 많다.

현재 많은 연예인들이 스토커들에게 수많은 스토킹을 당하면서도 공인이라는 이유만으로 선처를 해주거나 법적처벌은 용서를 해주는 사례가 많았지만 신체적 상

2) 조이뉴스, http://joynews.inews24.com/php/news_view.

해를 입히는 경우에는 강력히 대응하고 있으며, 경찰에서도 강력처벌을 해주기를 바라고 있다. 이렇게 스토킹이 심각한 실태에 비해 공론화되지 못하는 이유는 피해자들이 대부분 스토킹 사실을 창피하게 생각하기 때문이다. 피해자의 대부분인 여성들은 '남자관계가 문란하다'는 식으로 엉뚱한 소문이 날까봐 쉬쉬하는 경우도 있다.

피해자가 경찰 등에 신고해도 별다른 도움을 받지 못하는 것도 스토킹이 드러나지 않는 한 원인으로 지적되는데 스토킹은 워낙 형태가 다양하고 피해 입증이 어려워 현행 형법 등만으로는 사실상 처벌이 어렵기 때문에 피해가 더 커질 것이 분명히 예상되는데도 속수무책인 경우가 많다

1997년 '영국정신학회지'에 발표된 한 연구 논문에 따르면, 연구 대상 스토킹 피해자 100명 중 83%는 심한 불안감, 55%는 스토커와 관련 된 악몽이나 플래시백(flash back·나쁜 기억이 갑자기 되살아나면서 깜짝 놀라거나 정신적인 불안을 일으킴) 현상이 나타났다. 또한 피해자의 25%는 자살 충동을 느꼈으며, 37%는 외상 후 스트레스 장애(큰 사고를 당한 뒤 사회적응과 정상 생활에 어려움을 겪는 것)를 일으켰다.

심한 스토킹 피해자는 외상 후 스트레스 장애에 준한 치료를 받아야 한다. 피해자에게 문제가 있어서 받는 치료가 아니므로 전혀 부끄러워하거나 죄책감을 가질 필요가 없다. 이것은 삼풍백화점 생존자들이 일정 기간 심리적 안정과 사회적응을 위한 치료를 받은 것과 마찬가지라는 설명이다.[3]

5. 스토킹 대응책

1) 법률적 대응

스토킹은 일방적이고 병적인 행동으로 피해자에게 단지 공포만을 느끼게 하는 것뿐만 아니라 결국 협박·폭행·상해·강간·살인 등 심각한 결과를 초래 할 수 있는 엄연한 범죄 행위이다. 그러므로 이러한 스토킹 행위를 근절시키기 위하여 스토커를 처벌하거나 정신적 치료를 하는 등의 구체적인 제도적 대응이 필요하며, 스토

3) http://www.lawpia.pe.kr/build/board.

킹행위로 인해 정신적·육체적으로 고통을 받고 있는 피해자들은 마땅히 법적으로 보호 받을 수 있도록 되어야 한다.

그렇지만 현행 법체계상으로 스토킹이 중한 범죄로 발전되지 않는 한에서는 형사처벌이 매우 어려우며, 피해자가 중한 물리적 피해를 입은 후에만 형법이 작동하게 된다.

(1) 외국의 스토킹 행위 규제

① 미국의 스토킹 방지법[4)]

미국에서 가장 먼저 제정된 스토킹 방지법률은 캘리포니아주의 스토킹 방지법이다. 캘리포니아주의 스토킹 방지법은 스토킹 행위를 다음과 같이 규정한다. '스토킹 범죄'란 "고의로 그리고 악의적으로 타인을 뒤쫓거나 또는 괴롭히는 행위를 반복적으로 행하는 것 및 생명 또는 신체에 대한 상당한 위해를 가할 것을 위협함으로써 타인으로 하여금 공포심을 느끼게 할 의도로 상당한 위협을 가하는 것"을 말한다고 규정하고 있다(캘리포니아주 형법 646.9 (A)). 또한 '괴롭힘(harassment)'이란 "특정한 사람을 심하게 놀라게 하거나 괴롭히거나 또는 고통을 주는 행위로 어떠한 정당한 목적도 지니지 않는 고의의 악의적인 일련의 행위(course of conduct)를 말한다. 이러한 '일련의 행위'는 합리적인 사람에 대해서 중대한 감정적인 괴로움을 야기할 만한 것으로 또한 실제로 그 사람에 대해서 중대한 감정적인 괴로움을 가하는 것이어야 한다"고 한다(동법 646.9 (e-g)).

이런 캘리포니아주 스토킹 방지법은 미연방의 여타 다른 주의 모범적인 입법이 되었고 다른 주들도 이런 입법형태를 취하고 있는 것으로 나타난다. 그러나 구체적인 입법의 모습은 서로 상이한 부분도 많은 것으로 나타나고 있다. 특히 다른 주들의 스토킹 방지법들 중에는 구성요건 상의 "위협(threat)"에 관한 규정이나 주관적 요건에 대한 규정들이 실제로 소송상에서 입증되기 어렵다는 점들로 말미암아 스토킹 행위자들을 규제하는데 곤란하다는 문제가 제기되고 있기도 하다.[5)]

플로리다주의 스토킹 방지법은 경죄(misdemeanour)의 스토킹과 중죄(felony)의 가중된 스토킹(aggravated stalking)으로 구분하고 있다. 악의로 반복해서 다른

4) 이건호 · 김은경 · 황지태, "스토킹 피해실태와 입법쟁점에 관한 연구", 형사정책연구원. 2002, p.141.
5) Mullen, Path, Purcell, Stalkers and Their Victims, 2000, pp. 259~260.

사람을 쫓아다니거나 괴롭히는 경우에 경죄의 스토킹 범죄를 구성하며 행위자는 1년 이하의 징역형에 처해진다. 스토킹 행위의 과정에서 다른 사람의 생명 또는 신체에 대한 안전을 위협함으로써 그 사람으로 하여금 상당한 공포를 느끼게 하거나 또는 법원이 부과한 금지명령을 위반하고 스토킹 행위를 계속하면 '가중된 스토킹'을 구성하게 된다. 가중된 스토킹 행위자에 대해서는 5년 이하의 징역형이 부과된다.

이외에도 보다 구체적으로 스토킹의 행위에 따른 처벌을 강화하고 있는 사우스캐롤라이나 주의 경우 스토킹 행위를 다음의 〈표 7-1〉과 같이 6가지로 구분하여 처리하고 있다.

〈표 7-1〉 사우스캐롤라이나 주의 스토킹 대처

범죄내용	취급	형벌
스토킹	경죄	1,000달러까지의 벌금과 1년 구금형
접근금지명령을 받은 스토킹	경죄	2,000달러까지의 벌금과 2년 구금형
최근 7년 이내 스토킹이나 괴롭힘으로 유죄판결을 받은 스토킹	중죄	5,000달러까지의 벌금과 5년 구금형
가중스토킹	중죄	5,000달러까지의 벌금과 5년 구금형
접근금지명령을 받은 가중스토킹	중죄	7,000달러까지의 벌금과 7년 구금형
최근 7년 이내 스토킹이나 괴롭힘으로 유죄판결을 받은 가중스토킹	중죄	10,000달러까지의 벌금과 15년 구금형

이런 여러 주의 스토킹 방지법들 중에는 그 규정의 추상성과 모호한 의미를 지닌 용어 사용으로 말미암아 여러 차례 위헌소송이 제기되고 있다. 플로리다주의 스토킹 방지법에 대해서도 이미 1997년까지 주 항소법원에서 26차례의 위헌심사가 청구된 바 있다. 최초로 상급법원에 의해서 스토킹 방지법이 위헌으로 판단된 것은 1994년 Commonwealth v. Kwiatkowski 판결에서 메사CB세츠주의 스토킹 방지법에 대해서 위헌심사가 청구된 경우이다. 위헌심사를 한 법원은 법률이 모호하다는 피고인의 주장을 받아들였다. 주법률 상의 '반복해서 행해진 괴롭힘 행위'에 대한 정의가 잘못 되었다고 판단하였다. 1995년에는 Oregon v. Norris-Romine · Finley 판결에서 오레건주 스토킹 방지법의 "정당한 이유 없이"란 규정이 의미가 불명확

하여 법률을 모호한 것으로 만든다는 이유에서 위헌으로 판단되었다. Starr v. Eccles 판결에서는 법규정이 광의로 규정되어 헌법상의 여러 권리들을 제한한다는 근거에서 위헌으로 판단되었다. 또한 1996년의 State v. Bryan 판결에서는 캔사스주의 스토킹 방지법이 피해자의 주관적인 감정에만 근거해서 공포나 괴로움을 판단한다는 이유에서 위헌으로 판단되었다.

이상 살펴본 바에 의하면 미국의 연방 스토킹 방지법과 각 주들의 스토킹 방지법은 스토킹 행위를 구성하게 되는 금지되는 행위들을 규정하고 이를 통해서 보다 단일한 하나의 범죄행위형태로 규정함으로써 이에 대해서 형벌을 부과하는 방식을 취하고 있다는 점을 알 수 있다.[6] 단일한 스토킹 행위를 상정하고 이를 구성요건화하여 효과적으로 대응하려는 과정에서 보다 추상적인 문언을 사용하게 될 수밖에 없었으리라는 점을 추론할 수 있다. 이런 입법방식이 이후에 구체적인 사건에 적용되는 과정에서 헌법상의 권리를 침해할 수 있는 해석의 가능성을 제공하였을 것이며 이 점이 위헌심사로 이어졌을 것으로 생각된다. 물론 이런 대응형태가 스토킹 규제에 효과가 없다고 일방적으로 주장할 수는 없지만 다양한 스토킹 행위유형을 고려한 효과적이고 보다 유연한 대응은 보다 힘들 것으로 생각된다. 물론 미국의 경우 경찰제도나 민간의 피해자구조제도가 우리의 경우보다 더 조직적으로 형성되어 있다는 점을 고려한다면 위에서 살펴본 법률형태는 그 나름대로 효과적인 대응방식인 것으로 생각할 수 있을 것이다.

② 영국의 스토킹 방지법

영국의 경우 '괴롭힘 방지법(Protection from Harassment Act)'이 1997년 제정되어 현재 잉글랜드, 웨일즈, 스코틀랜드 및 북아일랜드에서 적용되고 있다.[7] '괴롭힘 방지법'에서 금지하고 있는 행위유형은 '괴롭힘(harass- ment)'과 '사람으로 하여금 폭력에 대한 공포를 느끼게 하는 행위'이다(Section 1). 법률은 '괴롭힘'이 무엇을 말하는지에 대한 상세한 규정은 두고 있지 않다. 이런 일련의 행위(course of conduct)는 피해자로 하여금 놀라게 하거나 두려움을 느끼게 하는 두

6) Lamplugh, D., Infield, P., "Harmonising Anti-stalking Laws", *George Washington International Law Review* 2003, 34, 4, pp. 861~863에서는 미연방 각 주의 입법형식을 일본의 스토킹 방지법과 함께 이른바 나열형(list model)으로 분류하고 있다.

7) 영국의 "괴롭힘 방지법"에 대한 보다 상세한 소개로는 이건호·김은경·황지태, 전게논문, 158면 이하 참조.

개의 행위와 관련되어 있어야 한다고 규정되어 있다(Section 7). 이런 괴롭힘 행위는 경죄(misdemeanor)에 해당하며 6월 이하의 징역형이 부과된다.[8]

금지된 두 번째 행위유형은 '사람으로 하여금 폭력에 대한 공포를 느끼게 하는 행위'로서 이런 행위는 중죄(felony)를 구성하게 된다. "그의 일련의 행위가 최소한 2회 이상 다른 사람으로 하여금 공포를 느끼도록 한 경우에 그가 각각의 경우 그 행위가 다른 사람이 공포를 느끼게 할 것이라는 점을 알거나 또는 그러한 사실을 알 수 있었어야만 하는 경우에는 그러한 위반사실은 그의 범죄가 유죄라는 점에 대해서 불리한 증거로 이용될 수 있다"(Section 4). 이런 행위가 유죄로 인정되면 행위자에 대해서 5년 이하의 징역형을 부과할 수 있다.

영국의 1997년 괴롭힘 방지법의 특징은 법률 자체에서 무엇이 스토킹 행위인지 또는 괴롭힘(harassment)이 무엇인지를 구체적으로 설명하고 있지 않다는 점이다. 결국 영국의 법률은 스토킹 행위나 괴롭힘 행위에 대한 구체적인 판단은 법원을 통해서 이루어지도록 기대하는 것으로 보인다.[9]

영국의 1997년 괴롭힘 방지법의 경우에도 미국의 각 주들에 의한 스토킹 방지법률들보다 더 추상적이기는 하지만 스토킹 행위를 경죄와 중죄라는 단일한 범죄행위의 형태로 규제하고 있다는 점을 알 수 있다. 전통적인 형법상의 범죄행위형태로 스토킹 행위를 규정하고 이에 대해서 형벌을 부과하는 입법형식을 선택한 것이다. 전술한 바와 같이 이런 단일한 규정형식은 다양한 스토킹 행위유형을 포섭하기에는 미흡하다고 생각되며 따라서 다양한 스토킹 행위형태 중 그 결과가 중대한 행위만을 대상으로 한다고 할 수 있다.[10] 다만 영국의 경우에는 법원이 다양한 스토킹 행위들을 다양한 금지명령을 통해서 규제할 수 있다는 점[11]이 다양한 스토킹 행위에 대한 유연한 대응을 가능하게 해 줄 수도 있으리라고 생각된다.

---

8) Finch, The Criminalization of Stalking, Cavendish Publ., 2001, p. 217 이하.

9) Lamplugh, D., Infield, P., "Harmonising Anti-stalking Laws", pp. 863~856. 위 글에서 저자들은 영국의 괴롭힘 방지법을 "일반적 금지형(general prohibition model)"으로 분류하고 있다.

10) *Ibid.*, pp. 866 f. 위 글에서 저자들은 스토킹 방지법률의 존재를 인식하고 있는 스토킹 행위자들은 규정된 범죄형태를 벗어나는 유형, 예를 들면 사이버스토킹(cyberstalking)과 같은 악의적인 괴롭힘 행위를 할 수 있다는 점을 들어서 스토킹 방지법률을 국제적으로 통일시킬 필요성을 강조한다.

11) Mullen, Path, Purcell, *Stalkers and Their Victims*, p. 275.

③ 일본의 스토킹 방지법

일본에서는 2000년 5월 “스토커 행위 등의 규제에 관한 법률”이 제정되어 같은 해 11월부터 시행되고 있다. 위 법률은 스토킹 행위를 “따라다니기 등 행위”와 “스토커 행위”로 구분하여 규정하고 이에 대해서 각각 다른 대응방식을 취하고 있다. “따라다니기 등 행위”는 보다 피해자에 대한 침해유형이 가벼운 형태로서 따라다니기, 잠복하여 기다리기, 진로 막아서기, 전화를 반복하여 하기 등이 여기 해당된다(동법 제2조 1항). 이런 행위에 대해서는 경찰서, 경찰본부 등에 신고를 할 수 있으며 신고를 받은 때에는 경찰본부장이 행위자에 대해서 “따라다니기 등 행위”를 다시 하지 말 것을 경고할 수 있다. 위 경고에도 불구하고 행위자가 동일한 행위를 반복하여 행했을 때에는 그 행위자에 대해서 국가공안위원회가 동법 제5조에 규정한 바 재차의 위반행위를 하지 말라는 금지명령을 발할 수 있다.

이보다 침해유형이 중한 스토커 행위는 동법 제2조 제1항 1호에서 4호까지의 행위를 반복하여 행함으로써 상대방의 신체의 안전, 주거 등의 평온 혹은 명예가 침해되거나 또는 행동의 자유가 현저히 침해되는 불안을 느끼게 하는 것을 말한다. 이런 스토커 행위에 대해서는 그 행위자를 6월 이하의 징역 또는 50만엔 이하의 벌금에 처할 수 있도록 규정하고 있다(동법 제13조). 위 금지명령 등에 위반하여 스토커 행위를 한 자는 1년 이하의 징역 또는 100만엔 이하의 벌금에 처한다(동법 제14조 제1항). 또한 금지명령 등에 위반하여 따라다니기 등을 한 자도 동일한 형으로 벌한다(동조 제2항).

일본의 스토킹 행위에 대한 규정의 방법은 경죄와 중죄를 구분하고 있는 영국의 경우와 유사한 것으로 보인다. 일본의 스토킹 방지법의 특징이라면 경미한 행위유형에 대해서는 경찰이 우선적으로 경고를 발하도록 하고 또한 이에 위반한 경우에 국가공안위원회가 금지명령을 발하도록 함으로써 형벌의 부과를 뒤로 미루고 있다는 점이다. 생각건대 형사제재의 부과를 이와 같이 경고 및 금지명령과 형벌로 단계화한 입법형식은 위에서 살펴본 여러 가지 스토킹의 유형 중 보다 경미한 형태인 애정추구형 스토킹 행위자를 보다 경하게 제재하고자 하는 의도인 것으로 생각된다. 이런 점을 고려할 때 영국이나 미국의 입법형식보다 일본의 법률이 스토킹 행위에 대해서 보다 유연하게 효과적으로 대처할 수 있다고 생각된다.

그러나 일본의 스토킹 방지법도 다양한 스토킹 행위들의 특성들을 충분히 고려한 것으로 보기에는 미흡한 점이 있다고 생각된다. 스토킹 행위에 대해서 언제 수사기관이나 형사사법기관이 개입하여야 하는가에 대해서 스토킹 행위에 대한 문외한인 스토킹 행위의 피해자가 결정하도록 하는 방법을 취하고 있기 때문이다. 그러나 피해자의 신고에 기해서 수사기관이나 형사사법기관으로 하여금 스토킹 행위에 잠재된 위험에 대한 정확한 평가 없이 개입하도록 하는 것은 일정한 스토킹 행위자에게는 극단적인 폭력행위를 촉발하는 계기가 될 수도 있기 때문이다. 이런 위험을 회피하기 위해서는 스토킹 사건의 위험성에 대한 전문가의 분석이 필요하다고 생각되며 또한 수사기관이나 형사사법기관의 종사자에 대한 교육도 필요하다고 생각된다.[12)]

(2) 우리나라의 스토킹행위에 대한 형사법의 적용가능성 검토

현재 우리나라에서는 스토킹행위에 대한 처벌을 일부 포함하는 법률이 있으나 종국에 심각한 결과를 가져올 수 있는 스토킹 행위 자체에 대해 적절하게 대처할 수 있는 법률은 아직 없다. 1999년 제15대 국회에서 '스토킹처벌에 관한 특례법안'이 같은 해 5월에 발의되어 국회에 상정되었지만 제15대 국회에서 처리되지 못함으로써 국회 임기만료로 자동 폐기되었고, 다시 법안상정이 시도되고 있으나 입법여부는 아직 불투명하다.

스토킹 행위에 대해서 현행법을 통해서도 대응이 전혀 불가능한 것은 아니다. 상대방이 원하지 않는데도 반복해서 따라다니거나 또는 전화하는 행위 등에 대해서는 형법과 여러 가지 특별법상의 처벌규정들이 적용가능하다. 이 점을 살펴보면 다음과 같다.

① 스토킹 행위와 적용 가능한 형법 및 특별법상의 구성요건들

스토킹 행위는 타인의 법익을 침해하는 여러 가지 행위 유형으로 구성되어 있다. 예를 들면 자신이 연애감정을 충족시키기 위하여 또는 자신의 연애감정을 거부당한데 대한 원한감정에 기하여 타인을 쫓아다니거나 타인에 대해서 자신의 모습을 드러내거나 선물이나 물건을 보내거나 전화를 하거나 타인의 주거 근처를 배회하거나 또는 성행위 또는 일정한 행위를 요구하거나 협박하는 행위를 하는 경우가 그것이다. 또는 이런 행위를 반복적으로 함으로서 타인에 대해서 자신 또

12) 이건호, "스토킹행위에 대한 형사법적 대응과 그 한계", 형사정책 제16권 제2호, 2004년, pp.145~150.

는 자신의 가족구성원 또는 친구의 생명, 신체의 안전에 대해서 위험이 발생할 지도 모른다는 생각이 들게 함으로써 그에 대해서 상당한 공포감을 느끼게 만드는 행위에 대해서는 형법상의 각칙규정들이 적용될 수 있다.

개별적인 스토킹 행위에 대해서는 그것의 행위형태에 따라서는 형법상의 폭력행위와 관련된 여러 범죄구성요건이 적용될 수 있으며 그 법률에 규정된 형벌이 부과될 수 있다. 형법상의 협박죄(제283조), 특수협박죄(제284조), 명예훼손죄(제307조), 모욕죄(제311조), 주거침입죄(제319조), 주거·신체수색죄(제321조), 강요죄(제324조), 공갈죄(제350조), 재물손괴죄(제366조) 등이 그러한 규정들이다. 예를 들면 스토킹 행위자가 자신을 만나주지 않으면 상대방이나 그 가족에 위해를 가할 것을 위협하였다면 협박죄가 적용될 수 있으며 또는 스토킹 행위자의 반복된 전화나 추적행위로 인해서 그 상대방이 심각한 수면장애나 정신장애를 겪게 되었다면 상해죄의 구성요건도 적용될 수 있을 것이다.

또한 스토킹 행위는 행위자가 이용한 행위방법이나 수단에 따라서는 성폭력범죄의처벌및피해자보호등에관한법률 제14조 통신매체이용음란 및 제14조의 2 카메라등 이용촬영 위반으로도 처벌될 수 있다. 전자의 행위는 1년 이하의 징역 또는 300만 원 이하의 벌금에 처하며 후자의 행위는 5년 이하의 징역 또는 1천만원 이하의 벌금에 처한다. 그리고 '정보통신망이용촉진및정보보호에관한법률' 제65조 제1항 3호는 "정보통신망을 이용하여 공포심이나 불안감을 유발하는 말, 음향, 글 화상 또는 영상을 반복적으로 상대방에게 도달하게 한 자에 대해서 1년 이하의 징역 또는 1천만원 이하의 벌금에 처한다고 규정하여 이메일 등에 의한 '사이버스토킹'을 규제하고 있다. 동법 제61조 제1항 및 제2항에서는 정보통신망을 통한 명예훼손행위를 규제하고 있으며, 동법 제65조 제1항 제2호에서는 정보통신망을 통해서 성폭력 내용을 담은 음란한 화상이나 동영상을 게재하거나 전달하는 행위를 1년 이하의 징역 또는 1천만원 이하의 벌금에 처하도록 규정하고 있다.

② '가정폭력범죄의처벌등에관한특례법'의 적용

스토킹과 관련하여 구체적인 사건에서 "가정폭력범죄의처벌등에관한특례법"(일부개정 2002. 1. 26, 시행일 2002. 7. 1)이 적용될 수 있다. 이 법률에 의하면 가정폭력이란 가족구성원 사이의 신체적·정신적 또는 재산상 피해를 수반하는 행위를 말한다(법 제2조 1호). 가족구성원에는 배우자(사실상 혼인관계에 있는 자를 포함)

또는 배우자 관계에 있었던 자, 자기 또는 배우자와 직계존비속 관계(사실상의 양친자관계를 포함)에 있거나 있었던 자, 양부모와 자의 관계 또는 적모와 서자의 관계에 있거나 있었던 자, 동거하는 친족관계에 있는 자가 포함된다(동조 제2호).

가정폭력범죄라 함은 가정폭력으로서 법 제2조 3호에 규정한 각목의 1에 해당하는 범죄를 말한다. 이 중 스토킹 행위와 관련될 수 있는 범죄들에는 협박죄(형법 제283조), 특수협박죄(형법 제284조), 명예훼손죄(형법 제307조), 모욕죄(형법 제311조), 주거·신체수색죄(형법 제321조), 강요죄(형법 제324조), 공갈죄(형법 제350조), 재물손괴죄(형법 제366조)를 들 수 있다.

진행 중인 가정폭력범죄에 대하여 신고를 받은 사법경찰관리는 즉시 현장에 임하여 1) 폭력행위의 제지 및 범죄수사, 2) 피해자의 가정폭력관련상담소 또는 보호시설 인도(피해자 동의가 있는 경우), 3) 긴급조치가 필요한 피해자의 의료기관 인도, 4) 폭력행위의 재발시 제8조의 규정에 의하여 임시조치를 신청할 수 있음을 통보하는 등의 조치를 취하여야 한다(법 제5조). 사법경찰관리는 가정폭력범죄를 신속히 수사하여 사건을 검사에게 송치하여야 한다(법 제7조).

검사는 법 제5조의 규정에 의한 응급조치에도 불구하고 가정폭력범죄가 재발할 우려가 있다고 인정하는 때에는 직권 또는 사법경찰관리의 신청에 의하여 제29조 제1항 1호 또는 2호의 임시조치를 법원에 청구할 수 있다(법 제8조). 또한 검사는 가정폭력범죄로서 사건의 성질, 동기 및 결과, 행위자의 성행 등을 고려하여 이 법에 의한 보호처분에 처함이 상당하다고 인정할 때에는 가정보호사건으로 처리할 수 있다. 이 경우 검사는 피해자의 의사를 존중하여야 한다(법 제9조). 이 때에는 검사는 그 사건을 관할 가정법원 또는 지방법원에 송치하여야 한다(법 제11조). 법원은 행위자에 대한 피고사건을 심리한 결과 이 법에 의한 보호처분에 처함이 상당하다고 인정하는 때에는 결정으로 사건을 가정보호사건의 관할 법원에 송치할 수 있다. 이 경우 법원은 피해자의 의사를 존중하여야 한다(법 제12조).

스토킹 행위가 가정폭력범죄와 관련되는 경우 판사는 가정보호사건의 조사 심리 또는 피해자의 보호를 위하여 필요하다고 인정하는 때에는 결정으로 행위자에게 1) 피해자 또는 가정구성원의 주거 또는 점유하는 방실로부터의 퇴거 등 격리, 2) 피해자의 주거, 직장 등에서 100미터 이내의 접근금지, 3) 의료기관 기타 요양소에의 위탁, 4) 경찰관서 유치장 또는 구치소에의 유치 등의 임시조치를 할 수 있다(가정폭력범죄처벌등특례법 제29조 1항).

법원은 임시조치를 결정한 때에는 이를 피해자에게 통지하여야 한다(제3항). 임시조치 중 격리 및 접근금지기간은 2월, 위탁 및 유치기간은 1월을 초과할 수 없다. 다만 피해자의 보호를 위하여 그 기간의 연장이 필요하다고 인정하는 경우에는 결정으로 1회에 한하여 각 기간의 범위내에서 이를 연장할 수 있다(제5항).

이 법률에 따라서 행위자에게 부과할 수 있는 보호처분의 내용은 다음과 같다. 판사는 심리의 결과 보호처분이 필요하다고 인정하는 때에는 결정으로 ①행위자가 피해자에게 접근하는 행위의 제한, ②친권자인 행위자의 피해자에 대한 친권행사의 제한, ③보호관찰등에관한법률에 의한 사회봉사 수강명령, ④보호관찰등에관한법률에 의한 보호관찰, ⑤'가정폭력방지및피해자보호등에관한법률'이 정하는 보호시설에의 감호위탁, ⑥치료기관에의 치료위탁, ⑦상담소 등에의 상담위탁 등의 처분을 할 수 있다(법 제40조 1항). 위 각 처분은 이를 병과할 수 있다(동조 2항). 법원은 보호처분의 결정을 한 때에는 지체 없이 그 사실을 검사, 행위자, 피해자, 보호관찰관 및 보호처분을 위탁받아 행하는 보호시설, 의료기관 또는 상담소등의 장에게 통지하여야 한다. 다만 수탁기관이 민간에 의하여 운영되는 기관인 경우에는 그 기관의 장으로부터 수탁에 대한 동의를 얻어야 한다(동조 4항).

법원은 보호처분을 받은 행위자가 제3호 내지 제7호의 보호처분의 결정을 이행하지 않거나 그 집행에 응하지 않는 때에는 직권, 피해자의 청구, 보호관찰관 또는 수탁기관의 장의 신청에 의하여 결정으로 그 보호처분을 취소하고 사건을 대응하는 검찰청 검사에게 송치하여야 한다(법 제46조). 제1호 및 제2호의 규정에 의한 보호처분이 확정된 후에 이를 이행하지 아니한 행위자는 2년 이하의 징역이나 2천만원 이하의 벌금 또는 구류에 처한다(법 제63조).

그러나 이 법률에 위한 임시조치나 보호처분이 가능한 경우란 행위자가 가정생활을 영위할 의사와 능력이 존재하는 경우라고 하여야 할 것이다. 만약 행위자에게 이러한 의사와 능력이 존재하지 않는다면 형법을 적용하여 형사처벌을 하는 것이 타당하다고 할 것이다.

③ 형사법적 대응의 한계

스토킹 행위는 위에서 살펴본 바와 같이 하나의 단일한 범죄행위로 파악하기 어려운 여러 가지 특성을 지닌다. 이런 특성이 스토킹 행위에 대해서 법률적 대응, 특히 형사법적인 대응을 어렵게 만드는 점이라고 할 수 있다. 그런 어려움을 구체적으로 말해본다면 첫째로 그것은 스토킹 행위가 나타나는 외형적인 결과들에도 불구하고 그것이 단일한 행위형태인가 하는 점에 대해서 의문이 제기된다는 점일 것이다. 그것이 단일한 행위형태로 파악하기 힘든 이유는 법률적인 관점과 사회학적 또는 심리학적 관점으로 나누어 볼 수 있을 것이다.

먼저 법률적인 관점에서 볼 때 앞에서도 언급한 바와 같이 그것이 다양한 구성요건적인 행위로 이루어지거나 또는 법률적인 규제대상이 될 수 없는 행위들로 이루어졌다는 점일 것이다. 다양한 구성요건적 행위로 이루어졌다는 것은 스토킹 행위가 반복해서 전화하기나 혐오스런 물건보내기 등과 같이 하나의 행위로만 파악하기에는 그 특성을 충분히 파악하기 힘들다는 점에 기인할 것이다. 기존의 형법상의 구성요건이란 이미 하나의 단일한 행위형태와 결과만으로도 그 규제의 필요성이나 형벌을 부과할 필요성이 충분히 파악되는 행위들인 것이 보통인 반면에 스토킹 행위는 하나의 행위로는 범죄행위가 구성되기 힘들만큼 불법성이 뚜렷하지 못하기 때문일 것이다.

또한 스토킹 행위 중 하나의 행위는 피해자가 당한 피해를 누적적으로 가중시키는 여러 가지 괴롭힘 행위들 가운데 하나일 뿐이므로 그 단일의 행위에 대해서만 형벌을 부과하거나 행위를 규제하는 것은 다른 형법상의 범죄와 달리 행위자가 실제로 행한 불법이나 책임에 미치지 못하는 형벌을 부과하게 될 가능성이 커지게 된다. 이런 문제점은 어떤 스토킹 아닌 행위는 협박으로 처벌되는 반면 반복해서 사랑한다는 전화나 편지를 보낸 행위자는 상대방에게 신체나 생명에 대한 위해가 미칠지 모른다는 두려움을 가한 스토킹 행위임에도 불구하고 경미한 경범죄나 협박죄보다 경한 형벌을 부과 받게 될 것이다. 이런 결과는 불법과 책임에 상응하는 형벌이라는 형사법상의 중요한 책임원칙을 행형화시킬 수 있을 것이기 때문이다. 따라서 스토킹 행위를 기존의 형법상의 구성요건과 동일하게 구성요건을 구성할 수 있는 입법기술이 요청된다고 볼 수 있다.

반면에 스토킹 행위를 기존의 형법상의 구성요건과 동일하게 범죄행위로 구성하기 위한 방법의 하나로서 스토킹 행위의 구성요건을 보다 명확성의 요건을 완화시킨 구성요건표지들을 사용하는 방법이 있을 것이다. 예를 들면 "상대방에게 반복해서 상대방이 거절하는 편지 보내기, 따라다니기 등 행위를 함으로써 상대방에게 심각한 두려움 등을 유발한 사람은 몇 년 이하의 징역 등에 처한다"는 형식이 될 수 있을 것이다. 그러나 이렇게 구성요건표지를 추상성이 높은 용어들을 사용하여 규정하는 것은 형법상의 죄형법정주의원칙 중 명확성의 원칙을 침해하게 될 우려가 있다. 미연방의 여러 주들의 경우 스토킹 방지법률들이 위헌판결을 받은 것도 이와 같이 추상적인 문언의 사용이 미연방 수정헌법에 위반되었기 때문임은 아래에서 보는 바와 같다. 따라서 스토킹 행위를 단일하게 하나의 구성요건으로 규정하고자 하는 시도는 재고되어야 할 것이다.

다른 한편 스토킹 행위를 단일한 범죄행위로 구성하기 힘든 근거는 스토킹 행위에 대한 사회학적 연구 및 심리학적 연구에서 찾아 볼 수 있다. 스토킹 행위나 피해자화에 대한 연구들에 의하면 스토킹 행위는 그 공통적인 특성이 존재하기는 하지만 이를 단일한 행위자 유형이나 피해자 유형으로 파악하기 힘든 성질들이 존재한다는 점이다. 가장 뚜렷하게 구분될 수 있는 스토킹 행위는 스토킹 피해자가 과거에 배우자였던 경우와 스토킹 피해자가 대중적인 인기가 있는 연예인인 경우라고 할 수 있을 것이다. 예를 들면 각각의 스토킹 행위자가 상대방이 접촉을 거부했음에도 불구하고 행위자에게 계속적으로 접촉을 시도하거나 그런 접촉이 거부당했을 때 협박편지를 한 경우를 살펴보면 그것이 침해된 불법을 중심으로 평가하는 형법적 관점에서는 유사하다는 점을 알 수 있다. 그러나 이 두 가지의 유형의 스토킹에 대해서 사회학자와 심리학자는 다른 견해를 주장할 것이다. 사회학자 등은 후자의 연예인에 대한 스토킹보다 과거의 배우자에 대한 스토킹 행위가 더 위험하다고 평가할 것이다. 이런 주장의 경험적인 근거는 이미 우리나라의 경우에도 2002년의 조사에서 나타난 바 있다.[13]

결론적으로 말하면 스토킹 행위를 형법적으로 규제하기 위해서는 사회학적 연구나 심리학적 연구의 성과가 입법기술의 측면에서 반영되어야만 보다 효과적으로 스토킹 행위를 규제할 수 있을 것이라는 점이다. 따라서 스토킹 행위를 단일한 구성요건으로 규정하여 획일적으로 형벌을 부과하기보다는 그 행위태양을 세분화 및 단계화하고 그 침해불법유형을 세분하여 규정하는 한편 각 행위유형이 침해하는 불법한 결과를 방지하기 위한 규제수단들을 다양하게 규정할 필요가 있다는 점이다.[14] 예를 들면 가정폭력의 연장선상에서 파악할 수 있는 과거의 배우자에 대한 스토킹 행위는 다른 스토킹 행위보다 폭력적인 가해행위로 발전할 가능성이 크다는 점[15]을 고려할 때 수사기관이나 형사사법기관이 보다 조기에 개입하는 전

13) 이건호 · 김은경 · 황지태, 전게논문, p.82.
14) 김은경, 전게논문, p.128.

략을 구사할 필요가 있을 것이다. 반면에 청년이 미혼의 여성에게 행한 스토킹 행위에 대해서는 보다 완화된 대응이 필요하다고 생각된다. 경찰과 같은 수사기관에 의한 행위중지의 경고나 반복행위 적발 시의 처벌경고가 그 예가 될 것이다. 이런 후자의 경우라고 할지라도 처음부터 상대방의 생명, 신체에 대한 안전을 위협하는 협박이나 폭력행위가 행해진 경우에는 보다 중한 처벌이 부과되어야 할 것이다.

④ 스토킹 행위에 대한 형사사법기관을 통한 대응의 한계

스토킹 문제를 경찰이나 검찰과 같은 형사사법기관을 통해서 형사법을 적용함으로써 해결하려는 것은 다음과 같은 이유에서 볼 때에도 처음부터 근본적인 한계를 가진 것이 될 수밖에 없다. 경찰이나 검찰과 같은 형사사법기관은 범죄와 같이 불법성이 명확한 행위들을 규제하는 것을 그 중요한 목적으로 하고 있기 때문에 스토킹 행위와 같이 그 성격이 불법인가의 여부가 불명확한 행위유형들을 규제하기는 어렵다. 또한 경찰과 검찰과 같은 기관들은 이미 지나간 시기에 발생한 행위를 그 결과를 근거로 규제하는 것을 그 기능으로 하므로 스토킹 행위와 같이 행위 당시에는 그 위험성이 명확히 드러나지 않는 행태들을 규제하기 곤란하다. 따라서 이와 같은 스토킹 행위에 적절히 대처하기 위해서는 현재에 발생할 지도 모르는 위험성이나 위험을 내포한 행위를 규제할 수 있는 수단을 갖춘 공공기관이 존재할 것을 필요로 한다고 하겠다.[16)]

이와 같은 관점에서 볼 때 경찰 또는 검찰과 같은 형사사법기관이 스토킹 행위에 대처하기 위해서 할 수 있는 역할이란 제한적인 것일 수밖에 없다. 검찰은 본래적인 임무가 범죄수사와 형사소추에 제한되어 있을 뿐이며 실제 위험방지에 투입할 수 있는 전문 인력이나 치안요원과 같은 현재적인 위험에 대처할 수 있는 역동적인 개입수단을 지니고 있지 못한 형편이다. 그나마 경찰의 경우에는 스토킹 행위에 대처할 수 있는 행정작용들을 할 수 있다. 그러나 경찰이 지닌 행정작용도

15) Mullen 등은 스토킹 행위가 극단적인 폭력으로 발전할 수 있는 가능성을 예견할 수 있는 지표로서 약물과 알코올에 대한 의존성 전력(prior history), 과거 폭력행위를 한 전력, 그리고 스토킹 상대방과의 성관계 유무 등을 들고 있다. Mullen, P. E., Path　, M., Purcel, R., Stuart, G. W., "Study of Stalkers", *American Journal of Psychiatry*, Aug. 1999, pp. 156, 158 et 1249. 가정폭력이 살인사건으로 발전된 극단적인 사례에 대해서는 Albrecht, S. F., "Stalking, Stalkers, and Domestic Violence", Davis, J. A.(ed.), Stalking Crimes and Victim Protection, pp. 88~92.

16) Ugolini, Kelly, *op.cit.*, p. 311.

현재로는 경찰이 지닌 사회적인 안전 확보를 위한 위험방지작용에 제한되고 있다고 할 것이므로 개인적인 안전 확보를 위해서 경찰력을 투입한다는 것은 매우 어려운 일일 것으로 생각된다. 경찰이 현재 치안유지란 임무에 투입되는 자원과 에너지를 충족하기에도 부족한 것이 현실이기 때문에 더욱 그러하다.

또한 스토킹 행위의 반복적 성격이나 계속적 성격은 스토킹 행위자에 대한 일회적인 형벌부과가 종국적인 문제해결이 될 수 없다는 점을 보여주고 있다. 즉 스토킹 행위자가 형법이나 특별법을 통해서 그 당시에는 처벌된다고 하더라도 이후에 다시 스토킹 상대방에게 스토킹 행위를 계속하거나 또는 보복범죄를 하는 경우를 쉽게 생각할 수 있기 때문이다. 이런 점은 스토킹 행위에 대한 형사법적인 대응이 지니게 되는 한계를 잘 보여주는 사실이라고 하겠다.

이러한 현재의 상태를 변화시키기 위한 유일한 방법은 입법적인 수단을 통해서 검찰 또는 경찰의 형사사법기관에 적절한 대응수단들을 사용할 수 있는 법률적인 권한을 부여하는 것이라고 생각된다. 검찰이나 경찰과 같은 형사사법기관에 대해서 적절한 규제권한을 부여하기 위해서는 현행의 형법이나 특별법 이외에 스토킹을 규제하기 위한 '스토킹 방지법률'을 입법하는 것이 필요하다고 생각된다.[17)]

2) 스토킹에 대한 일반적 대응

일반적으로 스토킹이 심각한 문제라고 지적되는 데는 스토킹 그 자체가 심각한 경우도 있겠지만, 보통 다른 유형의 범죄를 낳는 요인이 되기 때문이라고 할 수 있다. 그 중에서도 스토킹이 폭력행위로 이어지는 경우는 상당히 많다고 할 수 있는데, 보통 폭력으로 이어지는 경우는 25~35% 정도이며, 살인은 2% 미만으로 알려져 있다. 폭력의 방법은 기물파괴나 제3자보다는 주로 피해자에게 직접적으로 폭력을 행사하는 경우가 많으며, 무기는 사용하지 않는 것이 많다고 할 수 있다. 일반적으로 스토커에게 내려지는 접근금지 명령만으로는 효과적이지 못한 것으로 알려져 있다.

스토킹의 피해를 당한 사람들은 보통 심각한 심리적 고통(깜짝 놀람, 불안, 불면, 악몽 등)을 호소하거나, 일상생활을 하는데 어려움(혼자 집에 있거나 외출 불

17) 김건호, 전게논문, PP.137~145.

가능)을 겪는다든지, 좀 더 심하면 전화번호 변경하고 직장을 그만 두거나 폭행, 살인 등의 직접적인 신체적 피해를 당하는 것으로 알려져 있다.

스토킹에 대한 피해자의 대응은 문화권에 따라 상이한 것으로 알려져 있는데, 미국의 경우 신고율이 매우 높은 것으로 알려져 있는데 한 연구는 여성피해자의 경우 55%, 그리고 남성피해자의 경우 48%가 경찰에 신고했다고 보고하고 있다. 그러나 한국의 경우 단지 젊은 여성들의 1.8%만이 경찰에 신고한 것으로 나타나며, 단지 1.5% 자신에 대한 스토킹에 대해서 상담을 한 것으로 나타난다.

스토킹을 당하고 있는 상황에서 더 큰 피해를 방지하거나 법률적인 도움을 받기 위해서 피해자들은 더 이상의 접촉을 원하지 않는다고 스토커에게 분명하게 이야기하고, 인근 경찰서에 스토킹 피해를 신고하고, 법률적인 해결을 위해서 스토커의 행동에 대한 기록을 챙기고, 위협적인 전화를 녹음하고, 스토커의 행동을 녹화해놓고, 스토커의 신원을 확인할 수 있는 기본 정보들을 확보하고 스토커와의 접촉(날짜, 시간, 장소, 대화내용, 수신한 편지나 전화내용 등)기록을 확보하여야 한다.

범죄심리학자들은 "스토커들은 상대방이 자신에게 관심이 있다는 환상을 가지고 있고 상대방에게 폭력을 행사하면서도 절대적으로 자신이 피해자라고 생각한다"고 지적한다. 특히 '한번 만나주면 더 이상 괴롭히지 않겠구나'하고 스토커의 말을 믿었다가는 큰일 난다. '역시 나를 좋아하는 군' 하고 받아들이기 때문이다.

스토킹을 당하게 되면 등·하교 경로와 전화번호를 바꾸고 직접 전화를 받지 말아야 한다. 또 편지나 이메일, 전화나 핸드폰 등 모든 사항을 기록하고 녹음하고 갈무리해 형사 처벌에 필요한 증거를 모아야 한다. 특히 수사기관에서도 스토킹에 대한 이해가 별로 없기 때문에 앞뒤에 정황을 잘 설명해 줄 스토커의 행동에 대한 기록을 챙기고, 스토커의 신원을 확인할 수 있는 기본 정보들을 확보하고 스토커와의 접촉(날짜, 시간, 장소, 대화내용, 수신한 편지나 전화내용 등)기록 확보 등의 피해일지를 작성하여 인근 경찰서나 사이버성폭력 피해신고센터(3145-0182)에 스토킹 피해를 신고하는 것이 필요하다. 그러나 스토킹에 대한 법률적 대응이 있느냐 하면 그렇지 않다. 스토킹 처벌법이 마련되어 있지 않는 우리나라에서는 개별적인 피해사항에 대해서 법적 처벌을 요구할 수 있을 뿐이다. 즉 집에 무단침입했으면 주거침입죄로, 구타를 당하면 폭력죄로, 납치를 당하면 체포·감금죄로 고소하는 것이다. 그러나 이처럼 물리적인 유형으로 가해진 경우가 아닌 대부분의 스토킹은 피해자에겐 '피를 말리는 공포'지만 법적으로는 처벌근거가 없거나 단순히 경범죄에 해당되거나 벌금형 혹은 구류정도로 처벌하고 있는 경우가 대부분이기 때문에 현재로서는 스토커에 대한 법적 처벌이 피해자의 피해에 대한 정신적 보상이 전혀 이루어지고 있으며, 피해자의 안전을 보장해주지 못하고 있는 실정이다.

따라서 스토킹 예방을 위해서 한국성폭력상담소는 '스토킹 예방 및 대책을 위한 다음과 같은 10대 수칙'을 제시하고 있다.

첫째, 상대의 인격을 존중하기 보다는 소유, 정복하려는 사람, 자기중심적이고 집요한 성격의 사람은 조심한다.

둘째, 상식을 벗어난 호의나 친절을 베풀거나, 상대의 불쾌나 고통을 받아들이지 않는 일방적인 사람은 조심한다.

셋째, 일단 스토킹이라는 의심이 들면 단호하고 분명한 거절의 태도를 보인다.

넷째, 타이르거나 설득하지 말고 상대방에게 말려들지 않도록 대화는 간단히 끝낸다.

다섯째, 혼자서 해결하려 하지 말고 주변사람에게 도움을 청해 동반하거나 보호를 요청한다.

여섯째, 피해를 계속 수집하고 사건경위를 육하원칙으로 자세히 기록해둔다.

일곱째, 상담소나 경찰에 도움을 청해 법적 보호를 받을 수 있는지 알아보고 단호한 입장을 보여주기 위해 미약한 처벌이 나오더라도 계속 신고, 고소를 한다.

여덟째, 전화번호 변경, 이사 등 적극적으로 피하는 것도 필요하다.

아홉째, 가해자의 가족에게 알려 교정, 치료를 받도록 유도한다.

열번째, 피해를 드러내고 여론화하여 인권침해 범죄라는 인식을 확산시켜 처벌법안을 제정하는데 참여한다.[18]

18) http://www.lawpia.pe.kr/build/board.

제8장

안전운전 및 방어운전

1. 교통사고의 개념과 요인
2. 교통사고와 인간의 특성
3. 자동차 안전관리 및 점검요령
4. 안전운전과 방어운전요령
5. 자동차 응급조치 요령
6. 교통사고 예방대책
7. 교통사고 시 처리요령

제8장 안전운전 및 방어운전

경제 성장과 더불어 사회가 급격히 변화하면서 심각한 문제로 대두된 것이 바로 교통사고이다. 뉴스 등의 언론매체를 통해서 하루에도 수십 건씩 교통사고 소식을 전해 듣고 실제 생활 속에서 작은 사고부터 큰 사고까지 쉽게 접하는 것이 현실이다. 이렇듯 빈번히 일어나는 교통사고는 사람들의 인식 속에서 늘 발생하는 사고이지만 나에게는 일어나지 않을 것이라는 안일한 생각 때문에 사고의 예방이 쉽지 않아 매년 늘어나는 추세이며 오늘날 자동차의 대량 보급으로 자동차는 도로상에서 보행자와 가장 밀접한 관계에 있으므로 자동차사고는 그 발생건수가 급증하여 하루도 빠짐없이 사고발생 상황이 보도되고 있으며, 커다란 사회문제가 되고 있다.

오늘날 사회문제로까지 떠오른 교통사고의 원인은 주로 운전자나 보행자의 부주의라 하겠으나 도로 폭이 좁고, 안전시설이 불충분한 상황에서 지켜야 할 안전수칙 등 그 원인이 너무 많은 데에 있다.

또한 교통사고를 범죄라고 인식하지 못하는 경우가 많은데 공공의 사회질서와 안녕을 위하여 지켜야 할 법과 의무를 위반하는 것으로 이는 사회에 심각한 영향을 끼치는 것이기에 명백한 범죄이며, 졸음운전이나, 음주 운전 등으로 생명을 잃거나 인간의 삶을 영위할 수 없을 만큼의 자신의 행위와 의지에 상관없는 파괴를 가져오는 경우도 있어, 교통사고를 범죄라고 인식하고 중한 사고는 물론 경미한 사고까지도 주의를 기울여야한다.

우리 국민들의 삶과 행복을 지키기 위해서 교통사고에 대한 예방대책을 마련하는 것은 무엇보다 중요한 일이며 국가 경쟁력과 이미지의 질을 높이기 위해서 교통사고를 줄이는 예방대책이 시급하다.

따라서 늘어나는 교통사고의 추세를 전국 교통사고발생추세, 지역별교통사고 발생추세, 여성운전자별 교통사고 발생추세, 대구 교통사고 발생추세, 대구 행정구역별 교통사고 발생추세 로 나뉘어 알아보았으며 국가적 차원, 사회적 차원, 개인적 차원으로 나뉘어 살펴봄으로써 구체적이고 현실 가능한 예방대책을 세워보았다.

1. 교통사고의 개념과 요인

1) 교통사고의 개념

도로교통법 상 교통사고는 차의 교통으로 인하여 사람을 사상하거나 물건의 손괴한 것을 말한다(교통사고처리지침 제2조 제1호). 여기서 차라 함은 자동차·건설기계·원동기장치 자전거·자전거 또는 사람이나 가축의 힘에 의하여 도로에서 운전되는 것으로서, 철길 또는 가설된 선에 의하여 운전되는 것과 유모차 및 신체장애자용 의자차외의 것을 말한다(道路交通法 제2조 제 13호). 그러나 도로교통법 상 교통사고의 개념은 도로에서 발생한 사고를 전제로 한 것이므로, 도로가 아닌 개인 주택의 정원, 자동차 교습소, 역구내, 경기장, 주차장, 차고 등에서 일어난 사고는 도로 교통법상 교통사고라 할 수 없다. 도로교통체계를 구성하는 요소는 운전자 및 보행자를 비롯한 도로사용자, 도로 및 교통신호등 등의 환경, 차량들로 이 요소들이 제 기능을 다하지 못할 때 체계의 이상이 초래되고 그 결과는 교통사고를 비롯한 갖가지 교통문제로 연결된다.

2) 교통사고의 요인

교통사고에는 반드시 원인과 요인이 있다. 교통사고의 원인이란 반드시 사고란 결과를 초래한 그 어떤 것을 말하며, 사고의 요인이란 교통사고원인을 초래한 인자를 말한다. 따라서 요인이 반드시 결과(교통사고)로 연결되는 것은 아니다.

교통사고의 요인은 아래 그림과 같이 간접적 요인 · 중간적 요인 · 직접적 요인 등 3가지로 구분된다. 여기서는 사고의 요인 중 사람(운전자)에 대한 것만 살펴보기로 한다.

(1) 간접적 요인

간접적 요인은 교통사고 발생을 용이하게 한 상태를 만든 조건으로 운전자에 대한 홍보활동결여 또는 훈련의 결여 차량의 운전 전 점검습관의 결여 안전운전을 위하여 필요한 교육태만, 안전지식 결여 무리한 운행계획 직장이나 가정에서의 인간관계불량 등이 있다.

(2) 중간적 요인

중간적 요인만으로 교통사고와 직결되지 않는다. 직접적 요인 또는 간접적 요인과 복합적으로 작용하여 교통사고가 발생한다. 중간적 요인은 운전자의 지능 운전자 성격 운전자 심신기능 불량한 운전태도 음주·과로 등과 관계있다.

(3) 직접적 요인

직접적 요인은 사고와 직접 관계있는 것으로 사고 직전 과속과 같은 법규위반 위험인지의 지연 운전조작의 잘못, 잘못된 위기대처 등이 있다. 경찰 통계에 따르면 매년 운전자가 제1당사자(가해자)가 되어 발생한 교통사고 비율이 90% 이상이다. 따라서 교통사고 방지대책을 마련하고 시행할 때에는 직접적 요인만큼이나 간접적 요인도 고려하여야 한다. 교통사고가 인적요인에 의할 때는 운전자의 심리적-생리적 배경을 분석하여 교통사고예방활동을 전개하는 것이 효과적이다.

(4) 사고의 심리적 요인

교통사고 관련자(운전자, 보행자 등)는 그들만이 갖는 특성 혹은 특유의 심리가 있는 것으로 전문가들은 분석하고 있다.

교통사고를 유발한 운전자의 특성은 선천적 능력(타고난 심신기능의 특성)부족, 후천적 능력(학습에 의해서 습득한 운전에 관계되는 지식과 기능)부족, 바람직한 동기와 사회적 태도(각양의 운전 상태에 대하여 인지, 판단, 조작하는 태도)결여, 불안정한 생활환경 등이다.

착각의 정도는 사람에 따라 다소 차이가 있지만, 착각은 사람이 태어날 때부터 지닌 감각에 속한다.

① 크기의 착각

어두운 곳에서는 가로 폭보다 세로 폭의 길이를 보다 넓은 것으로 판단한다.

② 원근의 착각

작은 것은 멀리 있는 것 같이, 덜 밝은 것은 멀리 있는 것으로 느껴진다.

③ 경사의 착각

- 작은 경사는 실제보다 작게, 큰 경사는 실제보다 크게 보인다.
- 오름 경사는 실제보다 크게, 내림경사는 실제보다 적게 보인다.

④ 속도의 착각

- 좁은 시야에서는 빠르게 느껴진다. 비교 대상이 먼 곳에 있 것을 때는 느리게 느껴진다.
- 상대가속도감(반대방향), 상대 감속도감(동일방향)을 느낀다.

⑤ 상반의 착각

- 주행 중 급정거 시 반대방향으로 움직이는 것처럼 보인다.
- 큰 것들 가운데 있는 적은 것을 적은 것들 가운데 있는 같은 것 보다 적어 보인다.
- 한쪽 곡선을 보고 반대방향의 곡선을 봤을 경우 실제보다 더 구부러져 있는 것처럼 보인다.

이와 같은 맥락에서도 유추할 수 있는 것과 같이 교통사고의 3대 요인은 인적요인(운전자, 보행자 등), 차량요인, 도로·환경요인이다. 도로·환경요인을 도로요인과 환경요인으로 나누어 4대 요인으로 분류하기도 한다.

인적요인은 신체, 생리, 심리, 적성, 습관, 태도 요인 등을 포함하는 개념으로 운전자 또는 보행자의 신체적 생리적 조건, 위험의 인지와 회피에 대한 판단, 심리적 조건 등에 관한 것과 운전자의 적성과 자질, 운전습관, 내적태도 등에 관한 것이다.

차량요인은 차량구조장치, 부속품 또는 적하(積荷) 등이다.

쉬운 이해를 위하여 도로 · 환경요인을 도로요인과 환경요인으로 나누어 보면 다음과 같다.

도로요인은 도로구조, 안전시설 등에 관한 것이다. 여기서 도로구조는 도로의 선형, 노면, 차로 수, 노폭, 구배 등에 관한 것이며 안전시설은 신호기, 노면표시, 방호책 등 도로의 안전시설에 관한 것을 포함하는 개념이다. 환경요인은 자연환경, 교통환경, 사회환경, 구조환경 등의 하부요인으로 구성된다.

- 자연환경은 기상, 일광 등 자연조건에 관한 것
- 교통환경은 차량교통량, 운행차의 구성, 보행자교통량 등 교통상황에 관한 것
- 사회환경은 일반국민·운전자·보행자 등의 교통도덕, 정부의 교통정책, 교통단속과 형사처벌 등에 관한 것
- 구조환경은 교통여건변화, 차량점검 및 정비관리자와 운전자의 책임한계 등

일부 교통사고는 위 3대 요인(또는 4대 요인) 중 하나의 요인만으로 설명될 수 있으나 대부분의 교통사고는 둘 이상의 요인들이 복합적으로 작용하여 유발된다. 이들 요인들을 중심으로 좀 더 자세히 다루고자한다.

2. 교통사고와 인간의 특성

1) 운전자특성

자동차를 운행하고 있는 운전자는 교통상황을 알아차리고(인지), 어떻게 자동차를 움직여 운전할 것인가를 결정하고(판단), 그 결정에 따라 자동차를 움직이는 운전행위(조작)에 이르는 "인지-판단-조작"의 과정을 수 없이 반복한다. 운전자 요인에 의한 교통사고는 이 3 과정의 어느 특정한 과정 또는 둘 이상의 연속된 과정의 결함에서 비롯된다.

먼저 운전자라고 하여 외부정보를 받아들이고 처리하는 과정이 보통의 다른 사람과 다를 바 없다는 점을 밝혀 두고 본론으로 들어간다.

운전자의 정보처리과정은 다음과 같다. 감각기관의 수용기로부터 입수되는 차량 내 · 외의 교통정보(운전정보)는 구심성 신경을 통하여 정보처리부인 뇌로 전달된다. 이렇게 전달된 교통정보는 당해 운전자의 지식 · 경험 · 사고 · 판단을 바탕으로

의사결정과정을 거쳐 다시 원심성 신경을 통해 효과기(운동기)로 전달되어 운전조작행위가 이루어진다.

이 같은 과정은 매우 짧은 순간마다 행해지며, 동시에 수정·보완되는 피드백(Feed-Back) 과정을 끊임없이 반복한다.

'내외의 교통환경을 인지하고 이에 대응하는 의사결정과정'과 '운전행위로 연결되는 운전과정'에 영향을 미치는 운전자의 신체적 · 생리적 조건은 피로 · 약물 · 질병 등이며, 심리적 조건은 흥미 · 욕구 · 정서 등이다. 이들은 인간-기계(차량)의 정보처리과정 또는 행동을 촉진하거나 억제한다.

이 같은 운전특성은 일정하지 않고 사람 간에 차이(개인차)가 있다. 개인 내에 있어서도 그의 신체적 · 생리적 및 심리적 상태가 항상 일정한 것은 아니어서 인간의 운전행위를 공산품의 공정처럼 일정하게 유지시킬 수 없다. 환경조건과의 상호작용이 매우 가변적이기 때문이다. 이러한 인간의 특성은 운전뿐 아니라 인간행위, 삶 자체에도 큰 영향을 미친다.

인간의 뇌는 약 100,120억 개의 뉴런이라는 전문화된 세포로 구성되어 있다. 뉴런은 학습과 정신기능의 비밀을 간직하고 있는데 그 메카니즘에 관해서는 이제 겨우 실마리를 풀기 시작했을 뿐이다. 이 실마리가 좀 더 풀리면 인간의 운전특성을 포함한 인간행동 전반에 대한 한 차원 높은 이해를 바탕으로 보다 안전하고 편리한 교통생활을 영위할 수 있을 것이다.

(1) 시각(視覺)특성

운전자가 운전에 필요한 정보의 약 80~90%는 눈을 통해 시각적으로 얻어지는데 시각과 관련된 인간공학적 요소는 가시거리, 시야, 암순응과 명순응, 현혹 등이 있다.

① 가시거리(可視距離)

운전자가 전방의 물체 또는 대상물을 볼 수 있는 거리로 가시거리는 기본적으로 주위의 밝기에 의해 제한되며 차량속도, 대상물의 반사율 등에 영향을 받는다. 따라서 어두운 야간에 반사율이 낮은 검은색계통의 물체는 발견이 용이하지 않다. 또한 시력(視力)은 운전자 또는 대상물이 정지되어 있는 때보다 이동하고 있을 때

더 낮아지기 때문에 주행속도가 높을수록 운전자가 볼 수 가시거리는 짧아지게 된다.

② 시야(視野)

일반적으로 양쪽 눈으로 볼 수 있는 좌·우의 범위를 시야라고 하는데 정상적인 시력을 가진 사람의 양안 시야는 보통 약 180~200° 정도이며, 한쪽 눈의 시야는 좌·우 각각 약 160°정도, 양쪽 눈으로 색체를 식별할 수 있는 범위는 약 70°정도이다. 시야는 눈의 이동속도에 영향을 받게 되는데 예를 들어 정지 상태에서 정상인의 시야는 약 200°정도이나 약 40km/h에서 운전자의 시야는 100°정도, 100km/h일 때는 40°정도로 좁아진다. 또한 시야의 범위는 한곳에 주의가 집중되어 있을 때에는 인지할 수 있는 시야범위가 주의집중정도만큼 좁아지는 특성이 있다.

〈그림 8-1〉 눈의 이동속도에 따른 시야특성

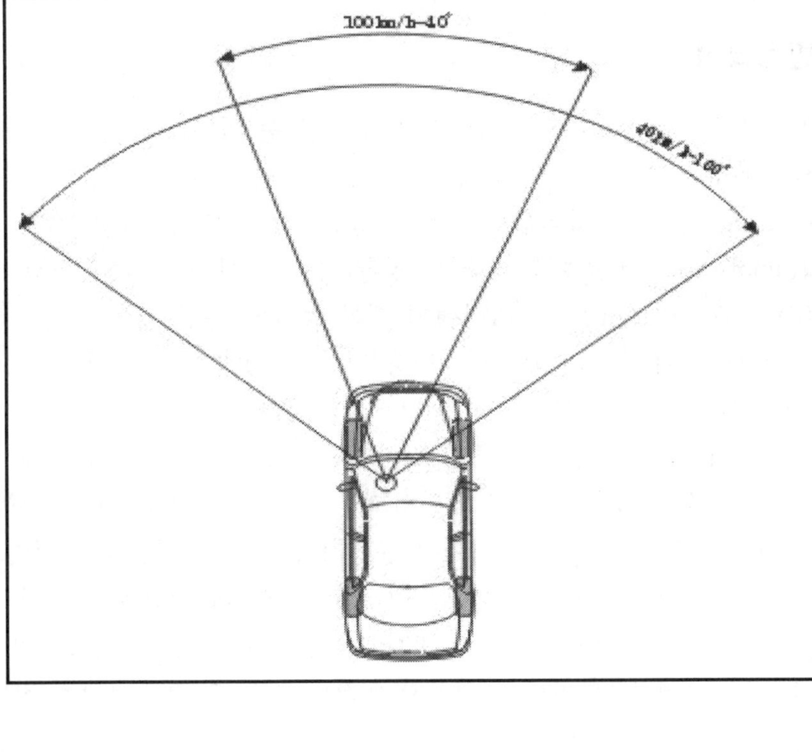

③ 암순응(暗順應)과 명순응(明順應)

밝은 장소를 주행하던 운전자가 터널 등의 어두운 장소로 진입하게 되면 일시적으로 심한 시력저하가 발생하는데 이것을 암순응이라고 하며 암순응의 반대현상으로 터널 등 어두운 장소에서 밝은 장소로 진입할 때 일시적으로 눈이 부셔 일시적으로 시력저하가 발생하는 현상을 명순응이라고 한다. 암순응과 명순응에 의한 시력저하가 발생하게 되면 다시 시력을 회복하기까지는 일정의 시간이 필요하게 되는데 일반적으로 시력의 회복시간은 명순응에 비해 암순응이 상대적으로 매우 느리다.

④ 눈부심(glare)

상대방의 전조등 불빛, 햇빛 등에 의해 일시적으로 시각장애를 일으키는 현상이다. 눈부심은 전방의 강한 광원에 의해 눈이 부셔 일시적으로 앞을 볼 수 없는 현상으로 때때로 가로등 불빛, 앞 차량의 후미 등 불빛, 브레이크 등 불빛 등에 의해 나타나기도 한다.

(2) 인지반응특성

운전자의 인지반응특성은 아래의 4단계로 구분할 수 있다.

- 지각(perception) : 상황 또는 위험을 시각적으로 인식
- 확인(identification) : 시각적으로 인식한 상황 또는 위험을 식별·이해
- 의사결정(emotion) : 식별 또는 이해한 상황(위험)에 대한 반응의 결정
- 반응(volition & reaction) : 의사결정에 대한 동작의 수행

교통사고공학에 있어 제동과정의 인지반응특성을 살펴보면 일반적으로 운전자가 전방의 위험을 인지하고 오른발을 가속페달에서 떼어 제동의 행동에 들어가기까지의 인지 · 반응시간은 약 0.4~0.5초, 오른발을 가속페달에서 떼어 브레이크페달로 옮기는 시간이 약 0.2~0.3초, 브레이크페달을 밟아 실제제동이 이루어지기까지는 약 0.1~0.2초가 소요된다. 여기에서 운전자가 전방의 위험을 인지하고 브레이크를 조작하여 바퀴(타이어)에 실제제동이 걸리기까지의 시간을 공주시간이라고 하며, 공주시간 동안의 주행거리를 공주거리로 정의한다. 공주시간은 차량의 구조, 운전자의 반응특성 등에 따라 개인차가 있으나 보통 약 0.7~1.0초 정도이다.

(3) 음주운전

경찰청 발표 교통사고통계에 따르면 음주운전 발생하는 교통사고는 최근 몇 년간 매년 전체의 약 10%를 점한다. 음주운전 교통사고가 미치는 개인적 사회적 악영향을 고려할 때 하루 빨리 감소시켜야 할 사고유형 중의 하나이다.

술을 마시게 되면 생리적으로 지각·반응시간이 연장되고 시야가 좁아지며 시력저하·감각둔화·동작의 불안정 등의 운전능력이 저하된다. 또한 정신적·심리적으로 판단력과 자제력이 떨어지게 된다. 술의 알코올 성분은 주로 인체의 소장에서 흡수되며 혈액 중의 알코올 농도는 개인차가 있으나 섭취 후 1~2시간 내에 최고농도에 이르고, 그 이후 술을 마시지 않으면 점차적으로 감소하게 된다.

음주운전 교통사고와 신체의 변화를 요약하면 아래와 같다.

① 음주운전 시 신체반응의 변화

- 가속페달조작, 핸들조작, 브레이크조작 등의 운전조작능력이 떨어진다.
- 거리판단, 속도판단, 상대 물체와의 간격 등 상황인식능력이 저하된다.
- 청력과 평형감각이 저하되며 기계적인 오조작의 가능성이 커진다.
- 좌우시력, 특히 야간시력이 저하된다.
- 정서의 불안정, 감정억제력이 저하된다.
- 주의력부족, 위험대처능력이 떨어진다.

② 음주운전 교통사고의 특징

- 주차 중인 자동차와 같은 정지 물체 등에 충돌한다.
- 전신주, 가로시설물, 가로수 등과 같은 고정물체와 충돌한다.
- 대향차의 전조등에 의한 현혹 현상 발생 시 정상운전보다 교통사고 위험이 증가된다.
- 치사율이 높다.
- 차량단독사고의 가능성이 높다(차량단독 도로이탈사고 등)

(4) 졸음운전

졸음운전은 만성적인 피로, 수면부족, 장시간의 운전 등 운전자 심신의 내적상태에 의해 유발되는 피로형 졸음운전과 도로환경이나 운전조작의 단조로움 등에서 유발되는 단조감형 졸음으로 구분할 수 있다.

피로형 졸음운전은 심신의 기능과 대뇌의 기능이 저하되면서 피로가 축적되어 인지지연, 판단 및 조작의 착오빈도가 늘어나 졸음으로 연결되는 경우가 많고, 단조감형 졸음운전은 고속도로와 같이 선형의 변화와 운전조작의 변화가 적어 긴장감이 둔화되고, 주의력이 떨어지면서 최면상태를 유발시키게 된다.

(5) 운전피로

운전 작업에 의해서 일어나는 신체적인 변화, 신체적으로 느끼는 피로감, 객관적으로 측정되는 운전기능의 저하를 총칭한다. 순간적으로 변화는 운전환경에서 오는 운전피로는 신체적 피로와 정신적 피로를 동시에 수반하지만, 신체적인 부담보다 오히려 심리적 부담이 더 크다.

① 운전피로의 특징

피로의 증상은 전신에 걸쳐 나타나고 이는 대뇌의 피로(나른함, 불쾌감 등)를 불러온다. 피로는 운전작업과 요인의 생략이나 착오가 발생할 수 있다는 위험신호이다. 단순한 운전피로는 휴식으로 회복되나 정신적 심리적 피로는 신체적 부담에 의한 일반적 피로보다 회복시간이 길다.

② 운전피로의 요인

운전피로는 수면·생활환경 등 생활요인, 차내 환경·차외환경·운행조건 등 운전작업 중의 요인, 신체조건·경험조건·연령조건·성별조건, 성격·질병 등의 운전자 요인 등 3요인으로 구성된다.

③ 피로와 교통사고

운전자의 피로가 지나치면 과로가 되고 정상적인 운전이 곤란해진다. 대체로 운전피로는 운전조작의 잘못, 주의력 집중의 편재, 외부의 정보를 차단하는 졸음 등을 불러와 교통사고의 직접-간접원인이 된다.

가. 피로의 진행과정

- 피로의 정도가 지나치면 과로가 되고 정상적인 운전이 곤란해진다.
- 피로 또는 과로 상태에서는 졸음운전이 발생될 수 있고 이는 교통사고로 이어질 수 있다.
- 연속운전은 일시적으로 급성피로를 낳게 한다.
- 매일 시간상 또는 거리상으로 일정 수준 이상의 무리한 운전을 하면 만성피로를 초래한다.

나. 장시간 연속운전

장시간 연속운전은 심신의 기능을 현저히 저하시킨다. 운행계획에 휴식시간을 삽입하고 생활 관리를 철저히 해야 한다.

다. 수면부족

적정한 시간의 수면을 취하지 못한 운전자는 교통사고를 유발할 가능성이 높다. 예로써, 오후 9시 이후에 사고를 일으킨 운전자 가운데 피로나 수면부족을 호소하는 운전자가 많다는 연구보고가 있다.

④ 피로와 운전착오

피로가 운전기능에 미치는 영향의 정도는 확실치 않지만, 피로가 발생되면 운전자의 정보수용기구(감각, 지각), 정보처리기구(판단, 기억, 의사결정), 그리고 정보효과기구(운동기관)의 각 기구에 어떤 부정적인 영향을 주는 것은 확실하다.

그 중 몇 가지를 요약하면 다음과 같다.

- 운전작업의 착오는 운전업무 개시 후·종말 시에 많아진다. 개시직후의 착오는 정적 부조화, 종말시의 착오는 운전피로가 그 배경이다
- 운전시간 경과와 더불어 운전피로가 증가하여 작업타이밍의 불균형을 초래한다. 이는 운전기능, 판단착오, 작업단절 현상을 초래하는 잠재적 사고로 볼 수 있다.

- 운전착오는 심야에서 새벽사이에 많이 발생한다. 각성수준의 저하, 졸음과 관련된다.
- 운전 피로에 정서적 부조나 신체적 부조가 가중되면 조잡하고 난폭하며 방만한 운전을 하게 된다.
- 더욱이 피로가 쌓이면 졸음상태가 되어 차외, 차내의 정보를 효과적으로 입수하지 못한다.

2) 보행자의 특성

(1) 보행자 사고의 요인

우리나라 보행 중 교통사고 사망자 구성비는 미국, 프랑스, 일본 등에 비해 1.53배이며, 특히 어린이는 45배 정도 높다.

차대 사람의 사고가 가장 많은 보행유형은 어떻게 도로를 횡단하였든 횡단 중(횡단보도횡단, 횡단보도부근횡단, 육교부근횡단, 기타 횡단)의 사고가 가장 많다.

다음으로 어떤 형태이든 통행중의 사고가 많으며, 연령층별로는 어린이와 노약자가 높은 비중을 차지한다.

- 교통사고를 당했을 당시의 보행자 요인은 교통상황 정보를 제대로 인지하지 못한 경우가 가장 많고, 다음으로 판단착오, 동작착오의 순서로 많다. 일본의 사례연구에 따르면 보행자가 교통상황 정보를 제대로 인지하지 못한 경우가 58.6%, 판단착오 24.5%, 동작착오가 16.9%였다.
- 보행자의 인지결함, 판단착오, 동작착오 중 교통사고와 가장 큰 관련이 있는 교통정보 인지결함의 원인을 살펴보면 대체로 다음과 같다.

  ① 술에 많이 취해 있었다.
  ② 등교 또는 출근시간 때문에 급하게 서둘러 걷고 있었다.
  ③ 횡단 중 한쪽 방향에만 주의를 기울였다.
  ④ 동행자와 이야기에 열중했거나 놀이에 열중했다.
  ⑤ 피곤한 상태여서 주의력이 저하되었다.
  ⑥ 다른 생각을 하면서 보행하고 있었다.

  횡단보도를 두고도 비 횡단보도를 횡단하는 보행자 상태는 대체로 다음과 같다.

- 횡단거리 줄이기 : 횡단보도로 건너면 거리가 멀고 시간이 더 걸리기 때문.
- 평소습관 : 평소 교통질서를 잘 지키지 않는 습관을 그대로 답습.
- 자동차가 달려오지만 충분히 건널 수 있다고 판단해서.
- 갈 길이 바빠서.
- 술에 취해서 등이다.

(3) 보행속도

일반적으로 사람의 보행속도는 각 개인의 운동능력, 신체적조건, 보행의 목적, 주변의 환경, 교통밀도 등에 따라 달라지나 약 1.1~1.5m/s의 속도범위에 있으며 장년층 보다는 청년층이, 여자보다는 남자의 보행속도가 빠르며, 특히 인도 또는 자유보행 시 보다는 횡단보도에서의 보행속도가 상대적으로 더 빠르게 나타나는 것으로 조사되고 있다.

3) 교통약자와 안전

(1) 고령자(노인층) 교통안전

① 고령자의 교통행동

고령자는 오랜 사회생활을 통하여 풍부한 지식과 경험을 가지고 있으며, 행동이 신중하여 모범적 교통 생활인으로서의 자질을 갖추고 있다.

그러나 신체적인 면에서 운동능력이 떨어지고 시력·청력 등 감지기능이 약화되어 위급시 회피능력이 둔화되는 연령층이다. 특히 교통안전과 관련하여 움직이는 물체에 대한 판별능력이 저하되고 야간의 어두운 조명이나 대향차가 비추는 밝은 조명에 적응능력이 상대적으로 부족하다.

고령자는 교통 생활인으로서의 건전한 자질에도 불구하고 이러한 신체적인 취약조건들로 인하여 어린이, 신체허약자와 함께 교통사고 피해자의 상당수를 점하고 있다.

② 고령 운전자의 태도 및 의식관계

가. 고령 운전자의 의식

- 고령자의 운전은 젊은 층에 비하여 상대적으로 신중하다 과속을 하지 않는다.
- 또한 고령자의 운전은 젊은 층에 비하여 상대적으로 반사신경이 둔하고, 돌발사태시 대응력이 미흡하다. 이는 재빠른 판단과 동작능력이 젊은 층에 비하여 뒤진다는 것을 의미한다.

나. 고령 운전자의 불안감

- 고령 운전자의「급 후진」「대형차 추종운전」등은 고령 운전자를 위험에 빠뜨리고 다른 운전자에게도 불안감을 유발시킨다.
- 고령에서 오는 운전기능과 반사기능의 저하는 고령 운전자에게 강한 불안감을 준다.
- 좁은 길에서 대형차와 교행할 때, 연령이 높을수록 불안감이 높아지는 경향이 있다. 특히 60세를 넘으면 불안감은 더해진다.
- 전방의 장애물이나 자극에 대한 반응은 60대 70대가 된다 해도 급격히 저하되거나 쇠퇴해지는 것은 아니지만, 후사경을 통해서 인지하고 반응해야 하는「후방으로부터의 자극」에 대한 동작은 연령의 증가에 따라서 크게 지연된다.

다. 고령자 교통안전 장애 요인

고령의 운전자 또는 보행자를 막론하고 교통안전 장애 요인은 다음과 같이 요약된다.

- 자동차 주행속도와 거리의 측정능력 결여
- 시력 약화
- 위험한 교통상황에 대처함에 있어서 이를 회피할 수 있는 능력의 부족
- 청력 약화
- 기동성 결여
- 자동차 교통의 주행속도와 교통량(자동차 대수)의 증대
- 반사 동작의 둔화
- 노화에 따른 전반적인 체력약화
- 도로 횡단시간이 부족함에 대한 두려움
- 주의 · 예측 · 판단의 부족

라. 고령 보행자 교통안전 계몽 사항

- 필요시 안경착용
- 단독, 다수 또는 부축을 받아 도로를 횡단하는 방법
- 야간에 운전자들의 눈에 잘 보이게 하는 방법 (의복, 야광재의 보조)
- 필요시는 보청기 사용
- 도로 횡단 시 2륜 자동차(모터사이클)를 잘 살피는 것
- 필요시 주차된 자동차 사이 통과방법
- 기타 필요한 사항

마. 노인 보행자 안전수칙

- 안전한 횡단보도를 찾아 멈춘다.
- 횡단보도 신호에 녹색불이 들어와도 바로 건너지 않고 오고 있는 자동차가 정지했는지 확인한다.
- 자동차가 오고 있다면 보낸 후 똑바로 횡단한다.
- 횡단하는 동안에도 계속 주의를 기울인다.
- 횡단보도를 건널 때 젊은이의 보행속도에 맞추지 말고 천천히 건너면서 손을 들어 자동차에 양보신호를 보낸다.
- 횡단보도 신호가 점멸중일 때는 늦게 진입하지 말고 다음 신호를 기다린다.
- 주차 또는 정차된 자동차 앞뒤와 골목길, 코너는 운전자가 볼 수 없는 지역이므로 일단 정지하여 확인한 후 천천히 이동해야 한다.
- 음주 보행은 신체적, 정신적 능력을 저하시키므로 최대한 삼가야 한다.
- 생활 도로를 이용할 때 길 가장자리를 이용하여 안전하게 이동해야 한다.
- 야간 이동시에는 눈에 띄는 밝은 색 옷을 입어야 한다.

(2) 어린이 교통안전

A. 어린이의 일반적 특성과 행동능력

어린이 교통사고 사상자는 연령이 낮을수록 많이 발생한다. 그 이유는 인간 발달의 일반적인 특성에서 찾을 수 있는데 이는 출생에서 청소년기에 이르는 인간의 행동과 능력을 4단계로 분류한 아동 발달의 일반적 특성과 행동 능력과의 관계를 알아보는 것으로 쉽게 이해할 수 있다.

① 감각적 운동단계(0~2세)

자신과 외부 세계를 구별하는 능력이 매우 미약하다. 따라서 교통장면에 대처할 능력도 전혀 없다. 전적으로 보호자에게 의존하는 단계이다.

② 전 조작 단계(2~7세)

직접 존재하는 것에 대해서만 사고(思考)하며, 이 사고도 고지식하고 자기중심적이어서 한 가지 사물에만 집착한다. 다시 말하면 2가지 이상을 동시에 생각하고 행동할 능력이 매우 미약하다.

③ 구체적 조작단계(7~12세)

이 시기에 접어들면 추상적 사고의 폭이 넓어지고, 개념의 발달과 그 사용이 증가한다. 따라서 교통장면을 충분히 인식하며, 추상적 교통규칙을 이해할 수 있는 수준에 도달한다. 이 시기에 잘 지도하고 습관화시킴으로서 현재와 미래의 올바른 교통사회인을 육성할 수 있다.

④ 형식적 조작단계(12세 이상)

대개 초등학교 6학년 이상에 해당한다. 논리적 사고가 발달하고 다소 부족하지만 성인 수준에 근접해 가는 수준을 갖추고 보행자로서 교통에 참여할 수 있다.

B. 어린이 교통사고의 특징

최근 10년간 어린이를 대상으로 사고를 분석한 결과 다음과 같은 몇 가지 특징을 보였다.

① 어릴수록 그리고 학년이 낮을수록 교통사고를 많이 당한다. 어릴수록 그리고 학년이 낮을수록 교통사고가 많다. 따라서 중학생 이하 어린이 교통사고 사상자 구성비는 취학 전 아동, 초등학생, 중학생의 순서로 높다.
② 보행 중 교통사고를 당하여 사상당하는 비율이 절반 이상으로 가장 높다.
③ 시간대별 어린이 사상자는 오후 4시에서 오후 6시 사이에 가장 많다.
④ 보행 중 사상자는 집에서 2km이내의 거리에서 가장 많이 발생되고 있다. 중학

생 이하 어린이 교통사고 예방을 위해서는 무엇보다 보행안전을 확보해야 한다는 사실을 알 수 있다.

C. 어린이의 교통행동 특성

어린이들은 연령의 증가에 따라 점차 추상적 사고의 폭이 넓어지고 개념의 발달과 그 사용이 증가한다. 그러나 사고의 폭이나 개념의 인식정도에는 개인차가 큰 경우가 있다. 어린이의 일반적인 교통행동 특성은 다음과 같다.

① 교통상황에 대한 주의력이 부족하다

한 가지 일에 몰두하게 되면 다른 일에 대한 주의력이 급격히 떨어진다. 예를 들면, 공놀이를 하다가 공이 도로로 굴러가게 되었을 때 자동차 등에 주의를 기울이지 못하고 공을 따라 무심코 도로에 뛰어들어 위험을 자초하는 경우이다.

② 판단력이 부족하고 모방행동이 많다

어른의 행동을 모방한다는 것은 성장하고 있다는 바람직한 증거이다. 문제는 옳고 그름에 대한 판단력이 부족하여 옳지 못한 것도 금방 모방하는 경우이다. 예를 들면, 신호를 무시하고 횡단하는 어른의 행동을 보았을 때 그것이 잘못인줄도 모르고 그대로 따라서 무단 횡단하는 사례가 그것이다. 어른이 먼저 교통질서를 준수하는 올바른 행동을 보여줌으로써 어린이의 부족한 판단력을 보완 해주고 어린이들이 옳은 모방행동을 보이도록 해야 한다.

③ 사고방식이 단순하다

사물이나 현상을 단순하게 이해하는 경향이 있다. 손이나 깃발을 들고 도로를 횡단하면 자동차가 멈추어 줄 것으로 생각하고 행동하는 경우가 그 좋은 예이다.

④ 추상적인 말은 잘 이해하지 못하는 경우가 많다

대상물에 대한 개념의 형성이 미약하기 때문이다. 이 결과 '위험하다', '주의해라' 등 구체성이 없는 말은 왜 위험한지, 무엇에 왜 주의해야 하는지 잘 이해할 수 없게 된다. 이런 경우는 더욱 구체적으로 그 이유를 잘 설명해 주고 위험을 잘

피할 수 있는 방법을 행동으로 보여주거나 이해시켜 주어야 한다.

⑤ 호기심이 많고 모험심이 강하다

이것은 어린이들의 일반적인 현상으로 무엇인가에 직접 접촉해보고 직접 해결해 보고자 하는 욕구에서 출발한다. 달리는 자동차에 가까이 가보고자 한다거나 움직여보고 싶어 하는 것이다. 어린이들의 호기심과 모험심은 키워주되 지나친 호기심과 모험심을 발휘하여 뜻밖의 교통사고를 당하지 않도록 주의시켜야 한다.

D. 어린이들이 당하기 쉬운 교통사고 유형

어린이 교통사고는 성인의 교통사고 유형과 다른 특성이 있다. 어린이 교통사고는 대체로 통행량이 많은 낮 시간에 주로 집 부근에서 발생하며, 또한 보행자 사고가 대부분이고 성인에 비하여 치사율도 대단히 높다. 어린이가 당하기 쉬운 교통사고 유형을 살펴보면 다음과 같다.

① 도로에 갑자기 뛰어들기

어린이 보행자 사고의 대부분(약 70% 내외)은 도로에 갑자기 뛰어들기로 인하여 발생되고 있다. 특히 뛰어들기 사고는 주거지역내의 폭이 좁고 보도와 차도가 구분되지 않은 이면도로에서 많이 발생하고, 어린이의 정서적·사회적 특성과도 관계가 있다. 예를 들면 시야가 나쁜 골목이나 대문 밖이 바로 도로인 집 앞에서 그대로 도로에 뛰어들어 달려오는 차와 부딪치는 경우, 길 건너편에서 어머니가 부르거나 공이나 풍선 등을 잡기 위하여 도로에 뛰어드는 경우 등이다.

② 도로 횡단 중의 부주의

어린이는 몸이 작기 때문에 주차 또는 정차한 차량 바로 앞뒤로 도로를 횡단하면 차를 운전하는 운전자는 어린이를 볼 수 없는 경우가 있으며, 어린이 역시 주차나 정차된 차에 가려 다른 차를 볼 수 없는 경우가 있다.

③ 도로상에서 위험한 놀이

어린이들이 길거리나 주차한 차량 가까이서 놀다가 당하는 사고도 자주 발생한다.

예를 들면 어린이들이 노는 것에만 열중하다 자신도 모르게 달려오는 자동차에 뛰어들어 사고를 발생되기도 하고, 집 앞에 주차되어 있는 차의 뒤나 옆에서 놀던 어린이가 운전자가 확인하지 않고 차를 후진하거나 움직이는 바람에 사고를 당하는 경우가 있다.

④ 자전거 사고

차도에서 자전거를 타고 놀거나 골목길에서 일단 멈추지 않고 그대로 넓은 길로 달려 나오다가 자동차와 부딪치는 사고가 발생하기도 한다.

어린이들이 자전거를 사달라고 한다고 그냥 사 줄 것이 아니라 자전거의 안전장치가 이상이 없는지에 대한 점검과 안전하게 자전거를 탈 수 있는 장소와 타서는 되지 않는 장소 등에 대한 지도가 필요하다.

⑤ 차내 안전사고

자동차가 빠른 속도로 달리다 급정지 할 경우에는 관성에 의해 몸이 앞으로 쏠리면서 차 내부의 돌출물에 부딪치게 된다. 그렇기 때문에 반드시 안전벨트를 착용하게 하고 차안에서 장난치거나 머리나 손을 창밖으로 내밀지 않도록 해야 한다. 간혹 운행 중에 차문을 여는 경우도 있으므로 안전장치의 확인에도 신경을 써야 한다.

E. 어린이가 승용차에 탑승했을 때 주의점

① 안전띠 착용

자동차의 시트와 안전띠는 어른의 체격에 맞도록 되어 있으므로 어린이를 그냥 앉히고 안전띠를 착용시키면 위험하므로 가급적 어린이는 뒷좌석 2점 안전띠의 길이를 조정하여 사용한다.

② 여름철 주차 시

여름철, 햇볕 속에 주차시켜둔 차의 실내 온도는 50 이상이 되며, 때에 따라서는 더 높은 온도까지 올라가기도 한다. 이럴 때 차내에 어린이를 혼자 태우고 방치하면 탈수현상과 산소부족으로 생명을 잃는 경우가 있으므로 주의하여야 한다.

③ 문은 어른이 열고 닫는다.

어린이가 문을 열고 닫을 때 부주의하여 손가락이나 다리를 다칠 경우도 있고 주위의 다른 차량이나 자전거 등에 부딪칠 경우도 있으므로 반드시 어린이는 제일 먼저 태우고 제일 나중에 내리도록 하며, 문은 어른이 열고 닫아야 안전하다.

④ 차를 떠날 때는 같이 떠난다.

어린이가 차안에 혼자 남아 있으면 차의 시동을 걸거나 각종 장치를 만져 뜻밖의 사고가 생길 수 있으므로 어린이와 같이 차에서 떠나야 한다.

⑤ 어린이는 뒷좌석에 앉도록 한다.

어린이가 앞좌석에 앉으면 운전 장치나 물건 등을 만져 운전에 지장을 줄 수 있고 사고의 위험도 있다. 반드시 뒷좌석에 태우고 도어의 안전잠금장치를 잠근 후 운행한다.

3. 자동차 안전관리 및 점검요령

1) 일상점검

매일 그날 최초의 운행을 개시하기 전에 각종 장치의 기능이 정상상태인가를 운전자가 점검하는 일종의 안전관리이며 운전자는 반드시 일상점검을 의무화하여야 한다. 일상점검 유의사항은 다음과 같다.

- 눈으로 똑똑히 보고 확인한다(시각).
- 손으로 대어보고 확인한다(촉각).

- 냄새를 맡아보고 확인한다(후각).
- 차에 일정량의 충격을 주어 그 상태를 보고 확인한다(청각).
- 계기 등으로 기준 치수와 무게 등의 차이를 확인한다.

(1) 시동 전 점검사항

① 후드(본네트)를 열고

- 엔진오일, 냉각수, 브레이크 오일, 와셔액 등이 충분한 지, 새는 곳은 없는지를 점검한다.
- 각종 벨트, 특히 발전기벨트의 손상유무 및 장력을 점검한다.
- 배터리 충전상태와 배터리 액을 점검한다.

② 자동차 둘레를 돌며

- 타이어의 외관이 손상되지 않았나 또는 타이어의 접지 면에 이물질이 끼었는지, 타이어와 노면의 접지상태를 보고 공기압이 적당하지를 점검한다.
- 진행하려는 방향 쪽에 장애물은 없는지, 차 밑에 장애물이 없는지 또는 차 밑바닥에 냉각수나 오일이 떨어져 있지 않은지 살핀다.

③ 운전석에 앉아

- 조향핸들을 잡을 때 자연스럽게 잡을 정도로 시트위치 및 등받이를 조정한다.
- 브레이크 및 클러치페달 유격을 점검한다.
- 전면유리가 깨끗한지 점검한다.
- 외부 후사경의 위치를 알맞게 조정한다.

(2) 시동 후 점검사항

① 차량 밖에서

- 스위치를 작동시켜 각종 램프류의 작동상태를 점검.
- 엔진 작동음 및 배기가스의 색깔을 점검.
- 자동변속기 오일 수준을 점검.

② 운전석에 앉아

- 계기판에 있는 각종 계기 및 경고등의 작동상태를 점검.
- 키를 II단 'ON'위치에 놓았을 때 오일경고등, 충전경고등, 브레이크 경고등(주차 브레이크를 채운 경우), 엔진정비지시등의 점등되었다 시동 후에는 꺼지는지 확인.
- 취급설명서를 참고하여 각종 스위치 위치와 작동방법을 익혀 둔다.
- 연료가 목적지까지 운행하는데 충분한지 확인.
- 안전벨트를 바르게 착용.
- 초행길의 경우 출발 전에 지도를 보고 목적지 근처의 지명을 숙지한 후 출발

(3) 운행 중 점검 사항

- 자동차 어느 부분에선가 이상한 소리가 나지 않는가
- 이상한 냄새가 나지 않는가
- 계기판 경고등에 불이 들어오지 않는가
- 냉각수 온도계기는 정상을 가리키는가
- 브레이크, 엑셀레이터, 핸들 조작 시 이상한 감각이 느껴지지는 않는가 등이며, 이상 시에는 확인 점검과 함께 응급조치 후 출발해야 한다.

(4) 운행 후 점검 사항

- 핸드 브레이크의 정확한 작동
- 언덕길 주차 시 굄목 삽입이나 기어 변속
- 각종 전기 장치 스위치를 끈 후 다시 한번 확인
- 문(Door)의 잠김 상태 확인
- 차체 외관과 타이어 상태 확인

(5) 점검 시 유의사항

- 엔진 냉각 펜은 엔진온도가 상승되면 자동으로 회전하는 전동식 팬이다. 팬이 불

시에 회전하여 사고를 당하는 일이 없도록 항상 시동을 끄고 점검하도록 한다.

- 엔진이 회전하는 상태에서 점검을 해야 할 경우에는 회전부위에 옷자락이나 넥타이 등이 접촉되지 않도록 주의한다.
- 시동을 켠 상태에서는 절대로 점화 계통을 손으로 만지지 않는다.
- 잭으로 차량을 받친 상태에서는 차량 밑으로 들어가지 않는다.
- 연료장치, 배터리 근처에서는 불꽃을 멀리해야 한다.
- 엔진을 회전시키면서 점검을 해야 할 경우는 반드시 통풍이 잘되는 곳에서 실시한다.[1)]

2) 고장이 자주 일어나는 부분

고장은 반드시 전조 현상을 가져온다. 따라서 평소에 운전하면서 이상하게 느꼈다면 어느 곳에서, 무엇이, 언제, 어떠한 현상으로 나타나는가를 잘 파악해야 한다. 만약, 이 전조 현상을 느끼고도 그대로 방치한다면, 결국 고장을 불러일으킬 수밖에 없다. 흔히 말하는 오감이란 시각·청각·촉각·후각·미각을 말하는데, 이 다섯 가지 감각을 잘 활용한다면 자동차의 고장을 사전에 충분히 예방하거나 빨리 발견하여 조치할 수 있다.

(1) 진동과 소리로 구분할 수 있는 고장

① 엔진의 점화 장치 부분

주행 중 차체에 이상한 진동이 느껴질 때는 엔진에서의 고장이 주원이다. 플러그 배선이 빠져있거나 플러그 자체가 나쁠 때 이런 현상이 나타난다.

② 엔진의 이용

엔진의 회전수에 비례하여 쇠가 마주치는 소리가 날 때가 있다. 거의 이런 이음은 밸브 장치에서 나는 소리로, 밸브 간극 조정으로 고쳐질 수 있다.

---

1) http://k.daum.net/qna/openknowledge/view.html

③ 팬벨트

가속 페달을 힘껏 밟는 순간 '끼익!' 하는 소리가 나는 경우가 많은데, 이때는 팬벨트 또는 기타의 V벨트가 이완되어 걸려 있는 풀리와의 미끄러짐에 의해 일어난다.

④ 클러치 부분

클러치를 밟고 있을 때 "달달달" 떨리는 소리와 함께 차체가 떨리고 있다면, 이것은 클러치 릴리스 베어링의 고장이다. 이것은 정비공장에 가서 교환하여야 한다.

⑤ 브레이크 부분

브레이크 페달을 밟아 차를 세우려고 할 때 바퀴에서 "끽!" 하는 소리가 나는 경우를 많이 경험할 것이다. 이것은 브레이크 라이닝의 마모가 심하거나 라이닝에 오일이 묻어 있을 때 일어나는 현상이다.

⑥ 조향 장치 부분

핸들이 어느 속도에 이르면 극단적으로 흔들린다. 특히 핸들 자체에 진동이 일어나면 앞바퀴 불량이 원인일 때가 많다. 앞 차륜 정렬(휠얼라인먼트)이 흐뜨러졌다든가 바퀴 자체의 휠 밸런스가 맞지 않을 때 주로 일어난다.

⑦ 바퀴 부분

주행 중 하체 부분에서 비틀거리는 흔들림이 일어나는 때가 있다.

특히 커브를 돌았을 때 휘청거리는 느낌이 들 때는 바퀴의 휠 너트의 이완이나 공기 부족일 때가 많다.

⑧ 현가장치 부분

비포장도로의 울퉁불퉁한 험한 노면 상을 달릴 때 "딱각딱각" 하는 소리나 "쿵쿵" 하는 소리가 날 때에는 현가장치인 쇽업쇼버의 고장으로 볼 수 있다.

(2) 냄새와 열로 구분할 수 있는 고장

① 전기 장치 부분

고무 같은 것이 타는 냄새가 날 때는 바로 차를 세워야 한다. 대개 엔진실 내의 전기 배선 등의 피복이 녹아 벗겨져 합선에 의해 전선이 타면서 나는 냄새가 대부분인데, 보닛을 열고 잘 살펴보면 그 부위를 발견할 수 있다.

② 브레이크 장치 부분

치과 병원에서 이를 갈 때 나는 단내가 심하게 나는 경우는 주브레이크의 간격이 좁든가, 주차 브레이크를 당겼다 풀었으나 완전히 풀리지 않았을 경우이다. 또한 긴 언덕길을 내려갈 때 계속 브레이크를 밟는다면 이러한 현상이 일어나기 쉽다.

③ 바퀴 부분

바퀴마다 드럼에 손을 대보면 어느 한쪽만 뜨거울 경우가 있는데, 이때는 브레이크 라이닝 간격이 좁아 브레이크가 끌리기 때문이다.

(3) 배출 가스로 구분할 수 있는 고장

자동차 후부에 장착된 머플러(소음기) 파이프에서 배출되는 가스의 색을 자세히 살펴보면, 엔진의 건강 상태를 알 수 있다.

① 무색

완전 연소 시 배출 가스의 색은 정상 상태에서 무색 또는 약간 엷은 청색을 띤다.

② 검은색

농후한 혼합 가스가 들어가 불완전 연소되는 경우이다. 초크 고장이나 에어 클리너 엘라이먼트의 막힘, 연료 장치 고장 등이 원인이다.

③ 백색

엔진 안에서 다량의 엔진 오일이 실린더 위로 올라와 연소되는 경우로, 헤드 개

스킷 파손, 밸브의 오일 씰 노후 또는 피스톤 링의 마모등 엔진 보링을 할 시기가 됐음을 알려준다.[2)]

4. 안전운전과 방어운전요령

1) 방어운전이란

운전자는 자동차를 운전함에 있어서, 안전운전과 방어운전을 별도의 개념으로 양립시켜 운전할 수는 없다. 두 가지 중 어느 것 하나라도 소홀히 하면 곧 바로 교통사고로 연결되어 사람의 귀중한 생명과 재산상의 손실을 초래할 수 있기 때문이다.

(1) 안전운전

"안전운전"이란 운전자가 자동차를 그 본래의 목적에 따라 운행함에 있어서 운전자 자신이 위험한 운전을 하거나 교통사고를 유발하지 않도록 주의하여 운전하는 것을 말한다.

(2) 방어운전

"방어운전"이란 운전자가 다른 운전자나 보행자가 교통법규를 지키지 않거나 위험한 행동을 하더라도 이에 대처할 수 있는 운전자세를 갖추어 미리 위험한 상황을 피하여 운전하는 것, 위험한 상황을 만들지 않고 운전하는 것, 위험한 상황에 직면했을 때는 이를 효과적으로 회피할 수 있도록 운전하는 것을 말한다.

방어운전이란 다른 사람의 잘못이나 불리한 교통상황에도 불구하고 이에 빠져들지 않고 사고를 피해 가는 운전, 즉 적극적인 자기보호 운전법을 말한다. 방어운전은 예측이 가장 중요하며 어떤 조건하에도 사고의 발생 가능성을 예견하여 미리 대비하는 것이 기본이다. 사고발생 가능성의 예견이나 실제 교통 상황 하에서

2) http://tong.nate.com/dowong/39236378

발생 가능한 모든 사고를 미리 생각해 둔다는 것인데 이러한 생각자체만으로도 상당히 중요한 의미를 갖는다. 사고발생 가능성을 미리 생각해두면, 교통상황을 다시 한번 확인하게 되고, 불확실성을 간과하거나 요행을 바라는 등의 모험을 하지 않게 되며, 항상 방어운전을 생각해두고 있어 자기의 안전을 철저히 지킬 수 있기 때문이다.

2) 방어운전의 기본

(1) 능숙한 운전 기술

적절하고 안전하게 운전하는 기술을 몸에 익혀야 한다.

(2) 정확한 운전지식

교통표지판, 교통관련 법규 등 운전에 필요한 지식을 익힌다.

(3) 세심한 관찰력

자신을 보호하는 좋은 방법 중이 하나는 언제든지 다른 운전자의 형태를 잘 관찰하고 타산지석으로 삼는 것이다.

(4) 예측능력과 판단력

① 예측력

앞으로 일어날 위험 및 운전 상황을 미리 파악하는 안전을 위협하는 운전 상황의 변화요소를 재빠르게 파악하는 등 예측 능력을 키운다.

② 판단력

교통 상황에 적절하게 대응하고 이에 맞게 자신의 행동을 통제하고 조절하면서 운행하는 능력이 필요하다.

(5) 양보와 배려의 실천

운전할 때는 자기중심적인 생각을 버리고 상대방의 입장을 생각하며 서로 양보하는 마음의 자세가 필요하다. 운전자 상호간에도 서로 상대방의 입장에서 운전해야 한다.

운전은 자기 혼자만 하는 것이 아니라 주위에서 같이 달리는 자동차의 운전자와 길을 건너고자 하는 많은 보행자를 같이 생각해야 하는 것인 만큼 양보와 배려가 습관화 되도록 한다.

(6) 교통상황 정보수집

변화무쌍한 교통상황에서 방어운전을 제대로 하기 위해서는 유용한 정보가 요구된다. TV, 라디오, 신문, 컴퓨터, 도로상의 전광판 및 기상예보 등을 통해 입수되는 다양한 정보는 안전운전에 긴요하다. 그러나 운전중이라면 그 교통현장의 정확하고 빠른 교통정보인지가 더욱 중요하다.

(7) 반성의 자세

운전의 세계에서 흔히 볼수 있는 현상은 다른 차의 잘못에 대해서는 신경과민이지만 자기 자신의 독선적인 운전 따위에 대해서는 그것을 느끼지 못하고, 비록 느꼈다고 하더라도 반성하지 않는 경향이 강하다.

자신의 운전행동에 대한 반성을 통하여 더욱 안전한 운전자로 거듭날 수 있다.

(8) 무리한 운행 배제

사람이나 자동차 모두가 건강하여야 안전운전 방어운전이 가능하다. 졸음상태, 음주상태, 기분이 나쁜 상태 등 신체적 심리적으로 건강하지 않은 상태에서는 무리한 운전을 하지 않는다. 또한 자동차 고장이나 이상이 있는 경우에는 아무리 사소한 것이라도 수리·정비한 다음이 아니면 무리하게 차를 운행하지 않는다.

3) 방어운전 실천요령

- 운전자는 앞차의 전방까지 시야를 멀리 둔다. 장애물이 나타나 앞차가 브레이크를 밟았을 때 즉시 브레이크를 밟을 수 있도록 준비 태세를 갖춘다.
- 뒤차의 움직임을 룸미러나 사이드미러로 끊임없이 확인하면서 방향지시등이나 비상등으로 자기 차의 진행방향과 운전 의도를 분명히 알린다.
- 교통신호가 바뀐다고 해서 무작정 출발하지 말고 주위 자동차의 움직임을 관찰한 후 진행한다.
- 보행자가 갑자기 나타날 수 있는 골목길이나 주택가에서는 상황을 예견하고 속도를 줄여 충돌을 피할 시간적 공간적 여유를 확보한다.
- 일기예보에 신경을 쓰고 기상변화에 대비해 체인이나 스노우타이어 등을 미리 준비한다. 눈이나 비가 올 때는 가시거리 단축, 수막현상 등 위험요소를 염두에 두고 운전한다.
- 교통량이 너무 많은 길이나 시간을 피해 운전하도록 한다. 교통이 혼잡할 때는 조심스럽게 교통의 흐름을 따르고, 끼어들기 등을 삼가 한다.
- 과로로 피로하거나 심리적으로 흥분된 상태에서는 운전을 자제한다.
- 앞차를 뒤따라 갈 때는 앞차가 급제동을 하더라도 추돌하지 않도록 차간거리를 충분히 유지한다. 4-5대 앞차의 움직임까지 살핀다. 대형차를 뒤따라갈 때는 가능한 앞지르기를 하지 않도록 한다.
- 뒤에 다른 차가 접근해 올 때는 속도를 낮춘다. 뒤차가 앞지르기를 하려고 하면 양보해 준다. 뒤차가 바짝 뒤따라올 때는 가볍게 브레이크 페달을 밟아 제동등을 켠다.
- 진로를 바꿀 때는 상대방이 잘 알 수 있도록 여유있게 신호를 보낸다. 보낸 신호를 상대방이 알았는지 확인한 다음에 서서히 행동한다.
- 교차로를 통과할 때는 신호를 무시하고 뛰어나오는 차나 사람이 있을 수 있으므로 반드시 안전을 확인한 뒤에 서서히 주행한다. 좌우로 도로의 안전을 확인한 뒤에 주행한다.
- 밤에 마주 오는 차가 전조등 불빛을 줄이거나 아래로 비추지 않고 접근해 올 때는 불빛을 정면으로 보지 말고 시선을 약간 오른쪽으로 돌린다. 감속 또는 서행하거나 일시 정지한다.

- 밤에 산모퉁이 길을 통과할 때는 전조등을 상향과 하향을 번갈아 켜거나 껐다 켰다 해 자신의 존재를 알린다. 주위를 살피면서 서행한다.
- 횡단하려고 하거나 횡단중인 보행자가 있을 때는 속도를 줄이고 주의해 진행 한다. 보행자가 차의 접근을 알고 있는지 확인 한다
- 어린이가 진로 부근에 있을 때는 어린이와 안전한 간격을 두고 진행한다. 서행 또는 일시 정지한다.
- 다른 차의 옆을 통과 할 때는 상대방 차가 갑자기 진로를 변경할 수도 있으므로 미리 대비한다. 충분한 간격을 두고 통과한다.
- 대형 화물차나 버스의 바로 뒤를 소형차로 뒤 따라서 진행할 때에는 전방의 교통상황을 파악할 수 없으므로, 이럴 때는 함부로 앞지르기를 하지 않도록 하고, 또 시기를 보아서 대형차의 뒤에서 이탈 해 진행한다.
- 신호기가 설치되어 있지 않은 교차로에서는 좁은 도로로부터 우선순위를 무시하고 진입하는 자동차가 있으므로, 이런 때에는 속도를 줄이고 좌우의 안전을 확인한 다음에 통행한다.

4) 충돌사고 방어운전법

(1) 앞차와의 충돌사고 예방운전법

앞차의 사전예고 없는 급정거나 급회전을 예견해야 한다. 그러면 차간거리를 저절로 유지하게 되며 앞차의 통행을 수시로 확인하게 됨과 동시에 멀리 전방상황의 파악에도 게으르지 않게 된다. 또, 다급한 상황에 처해서야 급제동을 거는 것은 사고의 유발 가능성이 높은 운전습관이므로 위험이 예견될 때에는 항상 미리 브레이크를 사용하는 것을 습관화 해야 한다.

(2) 뒤차와의 충돌사고 예방운전법

천천히 부드럽게 정지하여 뒷차에게 시간적 여유를 주고 정지시 차간거리를 유지할 수 있도록 한다. 그리고 감속하거나 정지하기 전에는 반드시 미리 브레이크 등을 밝히거나 수신호를 하여 뒷차에게 신호를 주도록 한다. 따라서 브레이크 등

이 들어오지 않거나 더렵혀져 불빛이 희미해지지 않도록 늘 살피는 습관을 가져야 한다.

(3) 정면충돌 사고 예방운전법

상대가 중앙선에 접근하여 위협적으로 다가오거나 자신의 차로를 침범한 채 다가올 경우 우측으로 붙어야 한다. 최악의 경우 우측으로 도로를 이탈하는 한이 있더라도 섣불리 다가오는 차를 피해 반대로 중앙선을 넘어서지 말아야 한다. 자신의 차로를 침범해 계속 달려오는 차는 다시 자기 차로로 되돌아갈 가능성이 많으며 또한 뒤따라오는 차도 있을 것이기 때문이다.

만일의 경우에도 상대 차와의 정면충돌보다는 개울에 빠지거나 전복되는 경우의 피해가 적을 수 있으며 자기 차의 단독 사고의 경우가 생명을 건질 가능성이 더 높다. 커브 길에서는 브레이크를 밟지 않음으로써 미끄러짐을 최소화해야 한다. 또한, 비보호 좌회전지역 또는 신호없는 좌회전지역에서는 마주 오는 차와 충돌하지 않을 확신이 선후 주행해야 한다.

(4) 교차로 사고 예방 운전법

교차로를 통과할 때 자신이 우선이라거나 상대가 양보해 줄 것이라고 생각해서는 안 된다. 교차로에 접근할 때는 항상 액셀러레이터 페달에서 발을 떼고 브레이크 페달을 밟을 준비를 하는 습관을 가져야 한다. 교차로에 접근하면 먼저 좌측을 그리고 우측을 확인해야 하며 예상치 못한 위험이나 보이지 않는 위험이 항상 도사리고 있기 때문에 건너기 전에 확실히 확인해야 한다.

(5) 추월당할 때의 운전법

무리하게 추월하는 차가 있더라도 그 차의 추월을 도와주어 자신을 보호해야 한다. 추월을 용이케 해줌으로써 사고를 방지할 수 있어야 한다. 그리고 행동하기 전에 신호하고 상대가 충분히 뜻을 알아들었는지 확인한 후에 행동해야 한다. 좌·우회전을 하기 위해 적정한 차로에 다가설 때는 충분히 이루어진 후 안전에 확신이 설 때에 행동해야 한다.

※ 우연사고를 가장한 고의충돌 테러 및 범죄가 늘어나고 있으며 차량 결함을 은밀히 만들어 놓아 사고를 유발케 하는 범죄도 늘어나고 있다. 따라서 주행시에는 방어운전법에 최선을 다해야 하며 주행 전에는 차량점검을 하여 차체결함 여부를 확인 후 주행해야 한다.(차체점검 수시로)

(6) 겨울철 운전 10대 요령

- 여유 있는 마음으로 임한다.
- 시동은 두 번에 나누어 한다.
- 워밍업은 필수요건으로 한다.
- 액셀은 약하게, 클러치는 서서히 밟는다.
- 앞바퀴의 출발 방향은 직진으로 향한다.
- 변속은 평소보다 낮은 rpm에서 시작한다.
- 엔진브레이크와 병행으로 주행한다.
- 브레이크는 짧게 여러 번 나누어 밟는다.
- 눈 쌓인 언덕길 2단 스타트로 출발한다.
- 코너링 도중 브레이크는 삼가 하여야 한다.
- 운전 중 흔히 부닥치는 사고위험 상황
- 겨울철 새벽에는 노면이 쉽게 얼어 매우 미끄럽다.
- 터널출구나 다리 위는 초겨울에도 결빙되는 수가 많다.
- 야간에는 앞에 오는 차의 불빛 때문에 길옆 보행자·자전거·경운기 등이 보이지 않는다.
- 터널을 나올 때 앞에 고장차량이 서있는 경우가 많다.
- 앞서가던 자전거나 오토바이가 갑자기 넘어지는 경우가 있다.
- 안전기준보다 높고 표시도 안된 과속 방지턱이 갑자기 나타날 수 있다.
- 야간 간선도로변에 주정차 표시도 없이 고장 난 차량이 서있는 경우가 있다.
- 지하철공사 현장의 복공판은 아스팔트 노면보다 상당히 미끄럽다.
- 도로중간에 검문·검색을 위한 바리케이드가 안보일 경우가 많다.
- 골목길에서 갑자기 보행자·자전거·자동차 등이 튀어 나온다.
- 차도와 인도의 구분이 없는 도로에서 보행자가 갑자기 차도로 뛰어 들 수도 있다.

- 앞서가는 차량을 추월하려 할 때 앞창의 옆에서 갑자기 보행자가 뛰어나온다. 반대쪽 차량이 갑자기 중앙선을 침범하며 달려오는 경우가 있다.
- 심야에 택시를 잡는 보행자들이 도로 중앙까지 나와 있다.
- 도로의 차선이 갑자기 줄어들거나 경사·곡선 등이 갑자기 나타날 경우를 대비해야 한다.
- 대형차의 사이에 끼여 있을 겨우 대형차는 시야가 높고·멀기 때문에 앞의 소형차를 못 볼 수도 있다.
- 신호가 없는 교차로에서 갑자기 좌·우에서 차가 나타나기도 한다.

5) 상황별 운전요령

(1) 교차로

교차로는 자동차, 사람 이륜차 등의 엇갈림(교차)이 발생하는 장소로써, 교차로 및 교차로 부근은 횡단보도 및 횡단보도 부근과 더불어 교통사고가 가장 많이 발생하는 지점이다. 교차로에서의 차대차 또는 차대사람 등의 엇갈림(교차)으로 인한 교통사고를 예방하고 교통의 원활한 소통을 도모하는 방법은 신호기를 설치하거나 교차로 자체를 입체화(입체교차로 설치)하는 것이다. 이때 신호기는 교통 흐름을 시간적으로 분리하는 기능을 하며 입체교차로는 교통 흐름을 공간적으로 분리하는 기능을 한다.

A. 사고발생유형

교차로 교통사고의 대부분은 운전자가 다음과 같이 운전한 경우이다.

가. 앞쪽(또는 옆쪽) 상황에 소홀한 채 진행신호로 바뀌는 순간 급출발

나. 정지신호임에도 불구하고 정지선을 지나 교차로에 진입하거나 무리하게 통과를 시도하는 신호무시

다. 교차로 진입 전 이미 황색신로임에도 무리하게 통과시도

B. 교차로 안전운전, 방어운전

가. 신호등이 있는 경우 : 신호등이 지시하는 신호에 따라 통행

나. 교통경찰관 수신호의 경우 : 교통경찰관의 지시에 따라 통행

다. 신호등 없는 교차로의 경우 : 통행우선순위에 따라 주의하며 진행

라. 섣부른 추측운전은 하지 않는다.

통행하는 차량이나 사람이 없으니까, 혹은 잘 아는 곳이니까 하는 생각으로 일시정지나 서행을 무시하거나 형식적으로 통과하면 위험하므로 반드시 자신의 눈으로 안전을 확인하고 주행한다.

마. 언제든 정지할 수 있는 준비태세를 갖춘다.

교차로에서는 자전거 또는 어린이 등이 뛰어 나올 수 있다는 것을 염두에 두고 이에 대처할 수 있도록 언제든지 정지할 수 있는 마음의 준비를 하고 운전해야 한다.

바. 신호가 바뀌는 순간을 주의한다.

교차로 사고의 대부분은 신호가 바뀌는 순간에 발생하므로 반대편 도로의 교통 전반을 살피며 12초의 여유를 가지고 서서히 출발한다.

C. 교차로 황색신호

황색신호는 전신호와 후신호 사이에 부여되는 신호로, 전신호 차량과 후신호 차량이 교차로 상에서 상충(상호충돌)하는 것을 예방하여 교통사고를 방지하고자 하는 목적에서 운영되는 신호이다.

① 황색신호시간

가. 교차로 황색신호시간은 통상 3초를 기본으로 운영한다. 교차로의 크기에 따라 46초까지 연장 운영하기도 하지만, 지극히 부득이한 경우가 아니라면 6초를 초과하는 것은 금기로 한다.

나. 교차로 황색신호시간은 이미 교차로에 진입한 차량은 신속히 빠져나가야 하는 시간이며 아직 교차로가 진입하지 못한 차량은 진입해서는 안 되는 시간이다. 그러나 현실적으로는 무리하게 진행하는 차량이 많은 실정이다.

② 황색신호 시 사고유형

교차로 황색신호시간에 일어날 수 있는 교통사고는 크게 다음과 같은 4가지 유형으로 구분할 수 있다.

가. 교차로 상에서 전신호 차량과 후신호 차량의 충돌
나. 횡단보도 전 앞차 정지 시 앞차 충돌
다. 횡단보도 통과 시 보행자, 자전거 또는 이륜차 충돌
라. 유턴 차량과의 충돌

C. 교차로 황색신호 시 안전운전 방어운전

가. 황색신호에는 반드시 신호를 지켜 정지선에 멈출 수 있도록 교차로에 접근 할 때는 자동차의 속도를 줄여 운행한다. 교차로 내는 물론 교차로 부근에 걸쳐 위험요인이 산재하므로 교차로에 무리하게 진입해서는 안 된다. 교차로 또는 교차로와 접해 있는 횡단보도 및 그 부근, 유턴구간 및 그 부근 등 사고다발 지점인 경우가 많기 때문이다.
나. 교차로에 무리하게 진입하거나 통과를 시도하지 않는다. 황색신호 진입 시 마주 오는 차로의 차량도 황색신호에 출발할 수 있기 때문에 만일 사고가 일어난다면 대형사고가 될 가능성이 높다.

(2) 커브길

커브길은 도로가 왼쪽 또는 오른쪽으로 굽은 곡선부를 갖는 도로의 구간을 의미하는데 곡선부의 곡선반경이 길어질수록 완만한 커브길이 되며 곡선반경이 극단적으로 길어져 무한대에 이르면 완전한 직선도로가 된다. 곡선반경이 짧아질수록 급한 커브길이 된다. 곡선부의 곡선반경이 극단적으로 길어져 무한대에 이르면 완전한 직선도로가 된다. 커브길은 주로 다음과 같은 교통사고 요인을 갖고 있다.

가. 도로 이탈의 위험이 뒤따른다.
나. 중앙선을 침범하여 대향차와 충돌할 위험이 있다.
다. 시야불량으로 인한 사고의 위험이 있다.

A. 커브길 주행요령

① 완만한 커브길

다음과 같은 순서로 주의하여 주행한다.

가. 커브길의 경사도나 도로의 폭을 확인하고 가속 페달에서 발을 떼어 엔진 브레이크가 작동되도록 하여 속도를 줄인다.

나. 엔진 브레이크만으로 속도가 충분히 떨어지지 않으면 풋 브레이크를 사용하여 실제 커브를 도는 중에 더 이상 감속할 필요가 없을 정도까지 줄인다.

다. 커브가 끝나는 조금 앞부터 핸들을 돌려 차량의 모양을 바르게 한다.

라. 가속 페달을 밟아 속도를 서서히 높인다.

② 급커브길

다음과 같은 순서로 주의하여 주행한다.

가. 커브의 경사도나 도로의 폭을 확인하고 가속 페달에서 발을 떼어 엔진 브레이크가 작동되도록 하여 속도를 줄인다.

나. 풋 브레이크를 사용하여 충분히 속도를 줄인다.

다. 후사경으로 오른쪽 후방의 안전을 확인한다.

라. 저단 기어로 변속한다.

마. 커브의 내각의 연장선에 차량이 이르렀을 때 핸들을 꺾는다.

바. 차가 커브를 돌았을 때 핸들을 되돌리기 시작한다.

사. 차의 속도를 서서히 높인다.

③ 커브길 핸들조작

커브길에서의 핸들조작은 슬로우 인 패스트 아웃(Slow-in, Fast-out) 원리에 입각하여 커브 진입직전에 핸들조작이 자유로울 정도로 속도를 감속하고, 커브가 끝나는 조금 앞에서 핸들을 조작하여 차량의 방향을 안정되게 유지한 후, 속도를 증가(가속)하여 신속하게 통과할 수 있도록 하여야 한다.

B. 커브길 안전운전 및 방어운전

가. 커브길에서는 미끄러지거나 전복될 위험이 있으므로 부득이 하지 않으면 급핸들 조작이나 급제동은 하지 않는다.
나. 핸들을 조작할 때는 가속이나 감속을 하지 않는다.
다. 중앙선을 침범하거나 도로의 중앙으로 치우쳐 운전하지 않는다.
라. 주간에는 경음기, 야간에는 전조등을 사용하여 내 차의 존재를 알린다.
마. 항상 반대 차로에 차가 오고 있다는 것을 염두에 두고 차로를 준수하며 운전한다.
바. 커브길에서 앞지르기는 대부분 안전표지로 금지하고 있으나 금지 표지가 없더라도 절대로 하지 않는다.
사. 겨울철에는 빙판이 그대로 노면에 있는 경우가 있으므로 사전에 조심하여 운전한다.

(3) 차로 폭

차로 폭이란 어느 도로의 차선과 차선 사이의 최단거리를 말하며, 차로의 폭은 차선의 중심선에서 인접한 차선의 중심선까지로 한다. 차로 폭은 아래 〈표8-2〉와 같은 관련 기준에 따라 도로의 설계속도, 도로의 구분, 지형조건 등을 고려하여 달리할 수 있으나 대개 3.0m~3.5m를 기준으로 한다. 다만, 교량 위, 터널 내, 유턴차로(회전차로) 등에서 부득이한 경우 2.75m로 할 수 있다.

〈표 8-2〉차로의 최소 폭(미터)

<table>
<tr><th>도로의 구분</th><th colspan="3">지방지역</th><th>도시지역</th></tr>
<tr><td>고속도로</td><td colspan="3">3.50</td><td>3.50</td></tr>
<tr><td rowspan="4">일반도로</td><td rowspan="4">설계속도(Km/h)</td><td>80 이상</td><td>3.50</td><td>3.25</td></tr>
<tr><td>70 이상</td><td>3.25</td><td>2.25</td></tr>
<tr><td>69 이상</td><td>3.25</td><td>3.00</td></tr>
<tr><td>60 미만</td><td>3.00</td><td>3.00</td></tr>
</table>

A. 차로 폭에 따른 사고 위험

① 차로 폭이 넓은 경우

운전자가 느끼는 주관적 속도감이 실제 주행속도 보다 낮게 느껴짐에 따라 제한 속도를 초과한 과속사고의 위험이 있다.

② 차로 폭이 좁은 경우

차로 폭이 좁은 도로의 경우는 차로수 자체가 편도 1-2차로에 불과하거나 보차 분리시설이 미흡하거나 도로정비가 미흡하거하고 자동차, 보행자들이 무질서하게 혼재하는 경우가 있어 사고의 위험성이 높다.

B. 차로 폭에 따른 안전운전 방어운전

① 차로 폭이 넓은 경우

주관적인 판단을 가급적 자제하고 계기판의 속도계에 표시되는 객관적인 속도를 준수할 수 있도록 노력하여야 한다.

② 차로 폭이 좁은 경우

보행자, 노약자, 어린이 등에 주의하여 즉시 정지할 수 있는 안전한 속도로 주행속도를 감속하여 운행한다.

(4) 언덕길

운전자는 오르막 내리막으로 구성되는 언덕길에서 차량을 운행할 경우 평지운행에 비하여 보다 많은 주의를 기울여야 한다.

A. 내리막길 안전운전 방어운전

가. 내리막길을 내려가기 전에는 미리 감속하여 천천히 내려가며 엔진 브레이크로 속도를 조절하는 것이 바람직하다. 엔진 브레이크는 자동차에 별도로 장착된 제동장치가 아니라 기어와 엔진 회전수 사이의 상호 관계를 활용한 속도 조절

방법이다.

나. 엔진 브레이크를 사용하면 페이드(fade) 현상을 예방하여 운행 안전도를 더욱 높일 수 있다.

다. 도로의 오르막길 경사와 내리막길 경사가 같거나 비슷한 경우라면, 변속기 기어의 단수도 오르막 내리막을 동일하게 사용하는 것이 적절하다. 이는 앞서 사용한 기어단수가 적절하였다는 가정 하에서 적용하는 것이다.

라. 커브 주행 시와 마찬가지로 중간에 불필요하게 속도를 줄인다든지 급제동하는 것은 금물이다.

마. 비교적 경사가 가파르지 않은 긴 내리막길을 내려갈 때 시선은 통상 먼 곳을 바라보는 경향이 있기 때문에 가속 페달을 무심코 밟게 되어 자신도 모르게 순간 속도가 높아질 위험이 있으므로 조심해야 한다.

바. 내리막길에서 기어를 변속할 때는 다음과 같은 요령으로 한다.

- 변속할 때 클러치 페달을 밟고 떼는 속도와 변속 레버의 작동은 신속하게 한다.
- 변속 시에는 머리를 숙인다던가 하여 다른 곳에 주의를 빼앗기지 말고 눈은 교통상황 주시상태를 유지한다.
- 왼손은 핸들을 조정하며 오른손과 양발은 신속히 움직인다.

B. 오르막길 안전운전 방어운전

가. 정차할 때는 앞차가 뒤로 밀려 충돌할 가능성을 염두에 두고 충분한 차간 거리를 유지한다.

나. 오르막길의 사각 지대는 정상 부근이다. 마주 오는 차가 바로 앞에 다가올 때까지는 보이지 않으므로 서행하여 위험에 대비한다.

다. 정차 시에는 풋 브레이크와 핸드 브레이크를 동시에 사용한다.

라. 출발 시에는 핸드 브레이크를 사용하는 것이 안전하다.

마. 오르막길에서 앞지르기 할 때는 힘과 가속력이 좋은 저단 기어를 사용하는 것이 안전하다.

바. 좁은 언덕길에서 대향차와 교차할 때 우선권은 내려오는 차에 있다.

C. 언덕길 교행

언덕길에서 올라가는 차량과 내려오는 차량의 교행시에는 내려오는 차에 통행 우선권이 있다. 올라가는 차량이 양보한다. 이것은 내리막 가속에 의한 사고위험이 더 높다는 점을 고려한 것이다.

(5) 앞지르기

앞지르기란 뒷 차가 앞차의 좌측면을 지나 앞차의 앞으로 진행하는 것을 의미하며 다음과 같은 사고의 위험을 갖고 있다.

가. 앞지르기는 앞차보다 빠른 속도로 가속하여 상당한 거리를 진행해야 하므로 앞지르기할 때의 가속도에 따른 위험이 수반된다.

나. 앞지르기는 필연적으로 진로변경을 수반한다. 진로변경은 동일한 차로로 진로변경 없이 진행하는 경우에 비하여 사고의 위험이 높다.

A. 앞지르기 사고의 유형

가. 앞지르기 위한 최초 진로변경 시 동일방향 좌측 후속차 또는 나란히 진행하던 차와 충돌

나. 좌측 도로상의 보행자와 충돌, 우회전차량과의 충돌

다. 중앙선을 넘어 앞지르기하는 때에는 대향차와 충돌

중앙선이 실선인 경우 중앙선침범이 적용되고, 중앙선이 점선인 경우 일반 과실 사고로 처리된다.

라. 진행 차로 내의 앞뒤 차량과의 충돌

마. 앞 차량과의 근접주행에 따른 측면 충격

바. 앞지르기 당하는 차량의 좌회전 시 충돌

사. 경쟁 앞지르기에 따른 충돌

B. 앞지르기 안전운전 방어운전

① 자차가 앞지르기 할 때

가. 과속은 금물이다. 앞지르기에 필요한 속도가 그 도로의 최고속도 범위이내일 때 앞지르기를 시도한다.

나. 앞지르기에 필요한 충분한 거리와 시야가 확보되었을 때 앞지르기를 시도한다.
다. 앞차가 앞지르기를 하고 있는 때는 앞지르기를 시도하지 않는다.
라. 앞차의 오른쪽으로 앞지르기하지 않는다.
마. 점선의 중앙선을 넘어 앞지르기 하는 때에는 대향차의 움직임에 주의한다.

② 다른 차가 자차를 앞지르기 할 때

가. 자차의 속도를 앞지르기를 시도하는 차의 속도이하로 적절히 감속한다. 앞지르기를 시도하는 차가 안전하고 신속하게 앞지르기를 완료할 수 있도록 함으로써 자체와의 사고 가능성을 줄일 수 있기 때문이다.
나. 앞지르기 금지 장소나 앞지르기를 금지하는 때에도 앞지르기하는 차가 있다는 사실을 항상 염두에 두고 주의 운전한다.

(6) 철길 건널목

철도와 도로법에서 정한 도로가 평면 교차하는 곳을 의미한다. 제1종 건널목, 제2종 건널목, 제3종 건널목으로 구분한다.

A. 건널목의 종류

① 1종 건널목

차단기, 경보기 및 건널목 교통안전 표지를 설치하고 차단기를 주·야간 계속하여 작동시키거나 또는 건널목 안내원이 근무하는 건널목

② 2종 건널목

경보기와 건널목 교통안전 표지만 설치하는 건널목

③ 3종 건널목

건널목 교통안전 표지만 설치하는 건널목

B. 철길 건널목 사고원인

가. 운전자가 건널목의 경보기를 무시하거나, 일시정지를 하지 않고 통과하다가 주로 발생한다.
나. 일단 사고가 발생하면 인명피해가 큰 대형사고가 주로 발생하게 된다.

C. 철길건널목 안전운전 방어운전

① 일시정지 후, 좌 · 우의 안전을 확인한다.

건널목 직전에서 일시정지 후 확인하며, 차단기가 내려졌거나, 내려는 중이거나, 경보음이 울릴 때에는 진입하지 않는다.

② 건널목 통과 시 기어는 변속하지 않는다.

엔진이 정지되지 않도록 가속 페달을 조금 힘주어 밟고 건널목을 통과하고 있을 때는 기어 변속 과정에서 엔진이 멈출 수 있으므로 가급적 기어 변속 을 하지 않고 통과한다(수동변속기).

③ 건널목 건너편 여유 공간 확인 후 통과

앞 차량을 따라 계속 건너갈 때는 앞 차량이 건너간 맞은편에 자기 차가 들어갈 여유 공간이 있을 때 통과한다.

D. 철길 건널목 내 차량고장 대처요령

가. 즉시 동승자를 대피시킨다.
나. 철도 공무원에게 알리고 차를 건널목 밖으로 이동시키도록 조치한다.
다. 시동이 걸리지 않을 때는 당황하지 말고 기어를 1단 위치에 넣은 후 클러치 페달을 밟지 않은 상태에서 엔진 키를 돌리면 시동 모터의 회전으로 바퀴를 움직여 철길을 빠져 나올 수 있다.

(7) 야간

야간에는 주간에 비해 시야가 전조등의 범위로 한정되어 노면과 앞차의 후미 등 전방만을 보게 되므로 주간보다 속도를 20%정도 감속하고 운행해야 한다.

커브 길이나 길모퉁이에선 헤드라이트를 비춰도 회전하는 방향이 제대로 비춰지지 않아 앞이 제대로 보이지 않으므로 더욱 속도를 줄여 주행해야 한다.

야간에는 운전자가 좁은 시계로 인해 앞차의 위치를 확인할 수 있도록 근접거리까지 차간거리를 좁혀 주행하게 되는데 이렇게 한정된 시계로 주행하다 보면 안구동작이 활발치 못해 자극에 대한 반응이 둔해지게 되고 심하면 근육이나 뇌파의 반응도 저하되어 졸음까지 오게 되니 주의한다.

특히 마주 오는 대형차가 전조등을 상향등 상태로 주행하게 되면 조명 빛으로 인해 보행자의 모습을 볼 수 없게 되는 증발현상과 운전자의 눈 기능이 순간적으로 저하되는 현혹현상 등으로 인해 교통사고를 일으키게 된다. 이럴 때는 상대방의 불빛을 무시하고 약간 오른쪽을 보며 상대방의 전조등을 정면으로 보지 않도록 한다.

(8) 안개길

안개로 인해 시야의 장애가 발생되면 우선 차간거리를 충분히 확보하고 앞차의 제동이나 방향 전환등의 신호를 예의 주시하며 천천히 주행해야 안전하다.

운행 중 앞을 분간하지 못할 정도로 짙은 안개가 끼었을 때는 차를 안전한 곳에 세우고 잠시 기다리는 것이 좋다. 이때에는 지나가는 차에게 내 자동차의 존재를 알리기 위해 미등과 비상경고등을 점등시켜 충돌사고 등에 미리 예방하는 조치를 취한다.

(9) 빗길

비가 내려 물이 고인 길을 통과할 때 물의 깊이가 자동차의 범퍼보다 깊을 경우 자동차의 바닥 매트와 차체 철판 사이의 물기가 스며들게 되고 그 후에도 제거되지 않아 곰팡이와 이상한 냄새가 지속되므로 주의하여 통과한다.

빗물 고인 곳을 벗어난 다음 주행 시 브레이크가 듣지 않을 경우에는 브레이크를 여러 번 나누어 밟아 마찰열로 브레이크 패드나 라이닝의 물기를 제거하거나 기어를 저단으로 하여 엔진 브레이크상태를 만든 다음 왼발로 브레이크 페달에 저항이 걸릴 정도로 밟고, 오른발은 가속페달을 밟아 물기를 제거한다.

(10) 비포장 도로

깨끗하게 포장된 도로와는 달리 울퉁불퉁한 비포장도로는 노면 마찰계수가 낮고 매우 미끄럽다. 이런 길에서는 브레이킹, 가속페달 조작, 핸들링 등을 부드럽게 해야 한다.

모래, 진흙 등에 빠졌을 때 주의할 점은 엔진을 고속 회전시키지 않는다는 것이다. 몇 차례의 시도로 차가 밖으로 나오지 못하면 변속기의 손상과 엔진의 과열을 방지하기 위해 견인을 한다.

6) 계절별 안전운전요령

(1) 봄철

봄은 겨우내 잠자던 생물들이 기지개를 켜고 새롭게 생존의 활동을 시작한다. 겨울이 끝나고 초봄에 접어들 때는 겨울 동안 얼어 있던 땅이 녹아 지반이 약해지는 해빙기이다. 특히 날씨가 온화해짐에 따라 사람들의 활동이 활발해지는 계절이다.

대륙성 고기압의 활동이 약화되고 대륙에서 분리된 고기압과 기압골이 통과함에 따라 날씨의 변화가 심하며, 기온이 상승하고 낮과 밤의 일교차가 커지며 강수량은 증가한다. 특히 추운 겨울이 물러가고 본격적인 봄 날씨로 접어들면서 일기 변화가 심하게 나타나 환절기 환자가 급증하고 새벽에는 찬 공기가 옷 속까지 스며들면서 한낮에는 영상 20도까지 오르는 날씨가 되기도 한다.

또한 흙먼지가 날려 운행에 불편을 주고 중국에서 발생한 황사가 강한 편서풍을 타고 우리나라 전역에 미쳐 운전자의 시야에 지장을 준다.

A. 봄철 교통사고의 특징

보행량 및 교통량의 증가에 따라 특히 어린이 관련 교통사고가 겨울에 비하여 많이 발생한다. 춘곤증에 의한 졸음운전 교통사고에 주의해야 한다.

① 도로조건

날씨가 풀리면서 겨우내 얼어있던 땅이 녹아 지반 붕괴로 인한 도로의 균열이나 낙석의 위험이 크며, 특히 포장된 도로를 운행할 때 노변을 통하여 운행하는 것은 노변의 붕괴 또는 함몰로 인한 대형 사고의 위험이 높다. 또한 바람과 황사 현상에 의한 시야 장애도 종종 사고의 원인으로 작용한다.

② 운전자

기온이 상승함에 따라 긴장이 풀리고 몸도 나른해진다. 춘곤증에 의한 졸음운전으로 전방주시태만과 관련된 사고의 위험이 높다.

③ 보행자

추웠던 날씨가 풀리면서 도로변에 보행자가 급증하기 때문에 모든 운전자들은 때와 장소의 구분 없이 보행자 보호에 많은 주의를 기울어야 한다.

특히 교통상황에 대한 판단능력이 부족하고 어린이와 신체능력이 약화된 노약자들의 보행이나 교통수단이용이 겨울에 비해 늘어나는 계절적 특성으로 어린이 노약자 관련 교통사고가 늘어난다. 주택가나 학교 주변 또는 정류소 등 보행자가 많은 지역에서는 차간 거리를 여유 있게 확보하고 서행하여야 한다.

B. 봄철 안전운행 및 교통사고 예방

① 교통 환경 변화

봄철 안전운전을 위해 중요한 것은 무리한 운전을 하지 말고 긴장을 늦추어서는 안되며, 도로의 지반 붕괴와 균열로 인하여 도로 노면 상태가 1년 중 가장 불안정하여 사고의 원인이 되므로 시선을 멀리 두어 노면 상태 파악에 신경을 써야 한다.

도로 곳곳에 웅해 노면이 있어 큰 사고에 직면할 수 있으므로 도로 정보를 사전에 파악하고, 변화하는 기후 조건에 잘 대처할 수 있도록 방어운전에 힘써야 한다.

② 주변 환경 대응

포근하고 화창한 외부환경 여건으로 보행자나 운전자 모두 집중력이 떨어져 사고 발생률이 다른 계절에 비해 높으며, 특히 신학기를 맞아 학생들의 보행 인구가 늘어나고 각 학교의 소풍이나 수학여행 그리고 본격적인 행락철을 맞아 교통수요가 많아져 통행량도 증가하게 된다.

이런 때일수록 들뜬 마음이나 과로 운전이 원인이 되어 교통사고로 이어질 가능성이 크다는 점에 유의하여 충분한 휴식을 취하고 운행 중에는 주변 교통 상황에 대해 집중력을 갖고 안전 운행하여야 한다.

③ 춘곤증

봄이 되면 낮의 길이가 길어짐에 따라 활동 시간이 늘어나지만 휴식·수면 시간이 줄고, 신진대사 기능이 활발해지지만 야채나 과일류 섭취 부족으로 비타민의 결핍을 가져와 무기력해지는 춘곤증이 생기게 된다.

춘곤증은 피로 · 나른함 및 의욕저하를 수반하여 운전하는 과정에서 주의력 집중이 안되고 졸음운전으로 이어져 대형 사고를 일으키는 원인이 될 수 있다. 시속 60km로 달리는 자동차의 운전자가 1초를 졸았을 경우 무의식중의 주행거리가 약 16.7m나 되어 대형 사고의 원인이 될 수 있으므로 무리한 운전을 피하고 장거리 운전 시에는 충분한 휴식을 취해야 한다.

C. 봄철 자동차관리

봄철 자동차관리는 해빙기라는 계절적 변화에 착안하여 기본적인 사항에 대한점검을 실시한다.

① 세차

자동차를 물로 자주 씻는 것은 그리 바람직하지 못하나 겨울을 보낸 다음에는 전문 세차장을 찾아 차체를 들어 올리고 구석구석 세차를 해야 한다. 노면의 결빙을 막기 위해 뿌려진 염화칼슘이 운행 중에 자동차의 바닥부분에 부착되어 차체의 부식을 촉진시키기 때문이다.

② 월동장비 정리

겨울을 나기 위해 필요했던 스노우타이어, 체인 등 월동장비를 잘 정리해서 보관한다. 관리의 잘못으로 기껏 장만한 비싼 장비를 한철도 쓰지 못하거나 재사용이 불가능해지는 경우가 많기 때문이다.

③ 엔진오일 점검

주행거리와 오일의 상태에 따라 교환해 주거나 부족시 보충해야 한다. 오일을 교환할 때는 다른 오일과 혼합해서 사용하지 말고 동일 등급의 오일을 사용하며 반드시 오일 필터도 함께 교환하도록 한다.

④ 배선상태 점검

전선의 피복이 벗겨진 부분은 없는지, 소켓 부분이 부식되지는 않았는지, 등을 살펴보고 낡은 배선은 새것으로 교환해주어 화재발생을 예방할 수 있도록 한다.

(2) 여름철

봄철에 비해 기온이 상승하며, 6월말부터 7월중순까지 장마전선의 북상으로 비가 많이 오고, 장마 이후에는 무더운 날이 지속되며, 저녁 늦게까지 기온이 내려가지 않는 열대야 현상이 나타난다.

태풍을 동반한 집중 호우 및 돌발적인 악천후, 본격적인 무더위에 의해 기온이 높고 습기가 많아지며 한밤중에도 이러한 현상이 계속되어 운전자들이 짜증을 느끼게 되고 쉽게 피로해지며 주의 집중이 어려워진다.

A. 여름철 교통사고의 특징

여름철에 발생되는 교통사고는 무더위, 장마, 폭우로 인한 교통환경의 악화를 운전자들이 극복하지 못하여 발생되는 경우가 많다.

① 도로조건

돌발적인 악천후 및 무더위 속에서 운전하다 보면 시각적 변화와 긴장·흥분·

피로감 등이 복합적 요인으로 작용하여 교통사고를 일으킬 수 있으므로 기상 변화에 잘 대비하여야 한다. 장마와 더불어 갑자기 소나기가 내리는 변덕스러운 기상 변화 때문에 도로 노면의 물은 빙판 못지않게 미끄러워 교통사고를 유발시킨다는 점도 유의하여야 한다.

② 운전자

기온과 습도 상승으로 불쾌지수가 높아져 적절히 대응하지 못하면 이성적 통제가 어려워져 난폭운전, 불필요한 경음기 사용, 사소한 일에도 언성을 높이며 잘못을 전가하려는 행동이 나타난다. 또한 수면부족과 피로로 인한 졸음운전 등도 집중력 저하 요인으로 작용한다.

③ 보행자

장마철에는 우산을 받치고 보행함에 따라 전·후방 시야를 확보하기 어렵고, 장마 이후엔 무더운 날씨로 낮에는 더위에 지치고 밤에는 잠을 제대로 자지 못해 피로가 쌓여 불쾌지수가 증가하여 위험한 상황에 대한 인식이 둔해지고 안전수칙을 무시하려는 경향이 강하게 나타난다.

B. 여름철 안전운행 및 교통사고 예방

① 뜨거운 태양 아래 오래 주차 시

기온이 상승하면 차량의 실내 온도는 뜨거운 양철 지붕 속과 같이 되므로 출발하기 전에 창문을 열어 실내의 더운 공기를 환기시키고 에어컨을 최대로 켜서 실내의 더운 공기가 빠져나간 다음에 운행하는 것이 좋다.

② 주행 중 갑자기 시동이 꺼졌을 때

기온이 높은 날에는 운행 도중 엔진이 저절로 꺼지는 일이 발생하기도 한다. 이 같은 현상은 연료 계통에서 열에 의한 증기로 통로의 막힘 현상이 나타나 연료 공급이 단절되기 때문으로, 자동차를 길 가장자리 통풍이 잘되는 그늘진 곳으로 옮긴 다음, 보닛을 열고 10여분 정도 열을 식힌 후 재시동을 건다.

③ 비가 내리는 중에 주행 시

비에 젖은 도로를 주행할 때는 건조한 도로에 비해 마찰력이 떨어져 미끄럼에 의한 사고 가능성이 있으므로 감속 운행해야 한다.

도로교통법령에서도 비가 내려 노면에 습기가 있을 때(노면에 눈이 20mm 미만 쌓인 때 포함)에는 최고속도의 100분의 20을 줄인 속도로, 폭우(폭설·안개포함)로 인해 가시거리가 100m 이내인 경우 최고 속도의 100분의 50을 줄인 속도로 운행하도록 하고 있다.

C. 여름철 자동차관리

여름철에는 무더위와 장마, 그리고 휴가철을 맞아 장거리 운전하는 경우가 있다는 계절적인 특징이 있으므로 이에 대한 대비를 해야 한다.

① 냉각장치 점검

여름철에는 무더운 날씨 속에 엔진이 과열되기 쉬우므로 냉각수의 양은 충분한지, 냉각수가 새는 부분은 없는지, 그리고 팬밸트의 장력은 적절한지를 수시로 확인해야 하며, 팬벨트는 여유분을 휴대하는 것이 바람직하다.

② 와이퍼의 작동상태 점검

장마철 운전에 없어서는 안 될 와이퍼의 작동이 정상적인가 확인해야 하는데, 유리면과 접촉하는 부위인 브레이드가 닳지 않았는지, 모터의 작동은 정상적인지, 노즐의 분출구가 막히지 않았는지, 노즐의 분사각도는 양호한지, 그리고 워셔액은 깨끗하고 충분한지를 점검해야 한다.

③ 타이어 마모상태 점검

과마모 타이어는 빗길에서 잘 미끄러질뿐더러 제동거리가 길어지므로 교통사고의 위험이 높다. 노면과 맞닿는 부분인 트레이드 홈 깊이가 최저 1.6밀리미터 이상이 되는지를 확인하고 적정 공기압을 유지하고 있는지 점검한다.

④ 차량 내부의 습기 제거

차량 내부에 습기가 찰 때에는 습기를 제거하여 차체의 부식과 악취발생을 방지한다, 폭우 등으로 물에 잠긴 차량의 경우는 각종 배선에서 수분이 완전히 제거되지 않아 합선이 일어날 수 있으므로 시동을 건다든지 전기장치를 작동시키지 않고 전문가의 도움을 받는다.

(3) 가을철

천고마비의 계절 가을은 아침저녁으로 제법 선선한 바람이 불어 즐거운 느낌을 주기도 하지만, 심한 일교차로 건강을 해칠 수도 있다. 대륙성 이동성 고기압의 영향으로 맑은 날씨가 계속되고 기온도 적당하여 학교 소풍이나 수학여행, 직장 또는 지역 단위의 교통수요가 많다. 연중 가장 심한 일교차가 일어나기 때문에 안개가 집중적으로 발생되어 대형 사고의 위험도 높아진다.

해양성 고기압의 세력이 약해져 대륙성 고기압 전면에 들거나 이로부터 분리된 고기압이 자주 통과하여 기온이 낮아지고 맑은 날이 많으며 강우량이 줄고, 아침에는 안개가 빈발하며 일교차가 심하다. 특히 하천이나 강을 끼고 있는 곳에서는 짙은 안개가 자주 발생한다.

A. 가을철 교통사고의 특징

① 도로조건

추석 교통량 증가로 전국 도로가 모살을 앓기는 하지만 다른 계절에 비하여 도로조건은 비교적 좋은 편이다.

② 운전자

추수철 국도 주변에는 경운기·트랙터 등의 통행이 늘고, 높고 푸른 하늘, 형형색색 물들어 있는 단풍을 감상하다보면 집중력이 떨어져 교통사고의 발생 위험이 있다.

③ 보행자

맑은 날씨, 곱게 물든 단풍, 풍성한 수확, 추석, 단체여행객의 증가 등으로 들뜬 마음에 의한 주의력 저하 관련 사고가능성이 높다.

B. 가을철 안전운행 및 교통사고 예방

① 이상기후 대처

안개가 발생되는 날은 예측하기가 어렵고, 예고 없이 발생하기도 하며 발생 지역의 범위도 매우 다양하다. 안개 속을 주행할 때 갑작스럽게 감속을 하면 뒤차에 의한 추돌이 우려되고 반대로 감속하지 않으면 앞차를 추돌하기 쉽다. 안개 지역에서는 처음부터 감속 운행한다.

또한 늦가을에 안개가 끼면 노면이 동결되는 경우가 있는데, 이때는 엔진 브레이크를 사용하면서 감속한 다음 브레이크를 밟아야 하며, 급 핸들 및 급브레이크 조작을 삼가 한다.

② 보행자에 주의하여 운행

사람들은 기온이 떨어지면 몸을 움츠리는 등 행동이 부자연스러워진다. 보행자도 교통 상황에 대처하는 능력이 저하되므로 보행자가 있는 곳에서는 보행자의 움직임에 주의하여 운행한다.

③ 행락철 주의

행락철인 가을에는 각 학교의 수학여행·가을 소풍, 회사나 가족단위의 단풍놀이 등 단체 여행의 증가로 행락질서를 문란케 하고 운전자의 주의력을 산만하게 만들어 대형 사고를 유발할 위험성이 높으므로 과속을 피하고, 교통법규를 준수하여야 한다.

④ 농기계 주의

추수시기를 맞아 경운기 등 농기계의 빈번한 사용도 교통사고의 원인이 되므로, 농촌지역 운행 시에는 농기계의 출현에 대비하여야 한다. 농촌 마을 인접 도로에서는 농지로부터 도로로 나오는 농기계에 주의하여 서행한다. 도로가에 심어져 있는 나무 등에 가려 간선 도로로 진입하는 경운기를 보지 못하는 경우가 있으므로 주의해야 한다.

그리고 경운기에는 후사경이 달려있지 않고, 운전자가 비교적 고령이며, 자체 소음이 매우 커서 자동차가 뒤에서 접근한다는 사실을 모르고 급작스럽게 진행 방향을 변경하는 경우가 있으므로, 안전거리를 유지하고 경적을 울려, 자동차가 가까이 있다는 사실을 알려주어야 한다.

C. 가을철 자동차관리

가을철의 자동차 관리는 여름철의 연장으로 생각하면 되고 여행이나 추석 귀향 등 장거리 운행을 할 경우가 있으므로 출발 전에 자동차 점검을 철저히 해서 고장 없이 운행할 수 있도록 한다. 또한 겨울철을 앞두고 월동준비에도 많은 신경을 써야 한다.

① 세차 및 차체 점검

바닷가로 여행을 다녀온 차량은 바닷가의 염분이 차체를 부식시키므로 깨끗이 씻어내고 페인트가 벗겨진 곳은 부분적으로 칠을 해서 녹이 슬지 않도록 한다. 그리고 진공청소기를 사용해서 차 내부 바닥에 쌓인 먼지를 제거한다.

② 서리제거용 열선 점검

기온의 하강으로 인해 유리창에 서리가 끼게 되므로 열선의 연결부분이 이탈하지 않았는지, 열선이 정상적으로 작동하는지를 미리 점검한다.

③ 장거리 운행 전 점검사항

여행, 추석 귀향 등으로 장거리 여행을 떠날 때는 출발 전에 점검을 철저히 하여야 한다.

가. 타이어의 공기압은 적절하고, 상처 난 곳은 없는지, 스페어타이어는 이상 없는지를 점검한다.

나. 본넷을 열어보아 냉각수와 브레이크액의 양을 점검하고, 엔진오일은 양 뿐 아

니라 상태에 대한 점검을 병행하며, 팬벨트의 장력은 적정한지, 손상된 부분은 없는지 점검하고 여유분 한 개를 더 휴대한다.

다. 헤드라이트, 방향지시등과 같은 각종 램프의 작동여부를 점검한다.

라. 운행 중의 고장이나 점검에 필요한 휴대용 작업등, 손전등을 준비한다.

마. 출발 전 연료를 가득 채우고 지도를 휴대하는 것도 필요하다.

(4) 겨울철

겨울철은 차가운 대륙성 고기압의 영향으로 북서 계절풍이 불어와 날씨는 춥고 눈이 많이 내리는 특성을 보인다. 교통의 3대요소인 사람, 자동차, 도로환경 등 모든 조건이 다른 계절에 비하여 열악한 계절이다.

겨울철은 습도가 낮고 공기가 매우 건조하다. 또한 한랭성 고기압 세력의 확장으로 기온이 급강하하고 한파를 동반한 눈이 자주 내린다. 이상현상으로 기온이 올라가면 겨울안개가 생되기도 하지만 눈길, 빙판길, 바람과 추위는 운전에 악영향을 미치는 기상특성을 보인다.

A. 겨울철 교통사고의 특징

① 도로조건

겨울철에는 눈이 녹지 않고 쌓여 적은 양의 눈이 내려도 바로 빙판이 되기 때문에 자동차의 충돌·추돌·도로 이탈 등의 사고가 많이 발생한다. 또한, 노면이 평탄하게 보이지만 실제로는 얼음으로 덮여있는 도로 구간이나 지점도 접할 수 있다. 폭설이 도로조건을 열악하게 하는 가장 큰 요인이 된다.

② 운전자

한 해를 마무리하고 새해를 맞이하는 시기로 사람들의 마음이 바쁘고 들뜨기 쉬우며 각종 모임으로 인한 음주운전이 사고가 우려된다.

추운 날씨로 인해 방한복 등 두꺼운 옷을 착용함에 따라 움직임은 둔해져 위기상황에 대한 민첩한 대처능력이 떨어지기 쉽다.

③ 보행자

겨울철 보행자는 추위와 바람을 피하고자 두터운 외투, 방한복 등을 착용하고 앞만 보면서 목적지까지 최단거리로 이동하고자 하는 경향이 있다. 이런 욕구가 더 강해지면 안전한 보행을 위하여 보행자가 확인하고 통행하여야 할 사항을 소홀히 하거나 생략하여 사고에 직면하기 쉽다.

B. 안전운행 및 교통사고 예방

① 빙판길 출발 시

노면에 눈이 쌓였거나 결빙되어 미끄러운 곳에서 출발할 때는 차가 나가지 못하고 바퀴가 헛돌기만 하는데, 이때는 출발 방법을 달리해야 한다.

가. 승용차의 경우 평상시에는 1단기어로 출발하는 것이 정상이지만, 미끄러운 길에서는 기어를 2단에 넣고 반클러치를 사용하는 것이 효과적이고, 만일 핸들이 꺾여 있는 상태에서 출발하면 앞바퀴의 회전각도 자체가 브레이크 역할을 해서 바퀴가 헛도는 결과를 초래하므로 앞바퀴를 직진 상태에서 출발한다.

나. 눈이 내린 후 차바퀴 자국이 나 있을 때에는 선(앞)차량의 타이어 자국위에 자기 차량의 타이어 바퀴를 넣고 달리면 미끄러짐을 예방할 수 있고, 눈이 새로 내렸을 때는 타이어가 눈을 다지는 기분으로 주행하고, 기어는 2단 혹은 3단으로 고정하여 구동력을 바꾸지 않는 방법으로 주행한다.

다. 눈이 쌓인 미끄러운 오르막길에서는 주차 브레이크를 절반쯤 당겨 서서히 출발하며, 자동차가 출발한 후에는 주차 브레이크를 완전히 푼다.

② 전 · 후방 주시 철저

겨울철은 밤이 길고, 약간의 비나 눈만 내려도 물체를 판단할 수 있는 능력이 감소하므로 전·후방의 교통 상황에 대한 주의가 필요하다. 특히 미끄러운 도로를 운행할 때에는 돌발 사태에 대처할 수 있는 시간과 공간이 필요하므로 보행자나 다른 자동차의 흐름을 잘 살피고 자신의 자동차가 다른 사람의 눈에 잘 띌 수 있도록 한다.

③ 주행 시

빙판이나 눈길같이 미끄러운 도로를 주행할 때에는 다양한 운전 기술을 필요로 한다. 미끄러운 도로에서의 제동시 정지거리가 평소보다 2배 이상 길기 때문에 충분한 차간거리 확보 및 감속이 요구된다.

가. 미끄러운 오르막길에서는 앞서가는 자동차가 정상에 오르는 것을 확인한 후 올라가야 하며, 도중에 정지하는 일이 없도록 밑에서부터 탄력을 받아 일정한 속도로 기어 변속 없이 한 번에 올라가야 한다.

나. 주행 중 노면의 동결이 예상되는 그늘진 장소도 주의해야 한다. 햇볕을 받는 남향 쪽의 도로는 건조하지만 북쪽 도로는 동결하는 경우가 많다. 교량 위·터널 근처가 동결되기 쉬운 대표적인 장소인데, 교량은 지면에서 떨어져 있어 열기를 쉽게 빼앗기고 터널 근처는 지형이 험한 곳이 많아 풍량이 강해서 동결되기 쉬우므로 감속 운행해야 한다.

다. 눈 쌓인 커브 길 주행 시에는 기어 변속을 하지 않는다. 기어 변속은 차의 속도를 가감하여 주행 코스 이탈의 위험을 가져온다. 또한 커브 진입 전에 충분히 감속해야 하며, 햇빛 · 바람 · 기온 차이로 커브길의 입구와 출구 쪽의 노면 상태가 다르므로 도로 상태를 확인 및 감속하여야 한다.

④ 장거리 운행 시

장거리 운행을 할 때는 목적지까지의 운행 계획을 평소보다 여유 있게 세워야 하며, 도착지 · 행선지 · 도착시간 등을 타인에게 고지하여 기상악화나 불의의 사태에 신속히 대처할 수 있도록 한다. 특히, 비포장도로나 산악 도로를 운행 시에는 월동 비상 장구를 휴대하도록 한다.

C. 겨울철 자동차관리

자동차도 사람처럼 추위를 타기 때문에 차량관리에 각별히 유의하지 않으면 사고의 위험성이 커진다.

① 월동장비 점검

겨울철의 눈길이나 빙판길을 안전하게 주행하기 위해 스노우타이어로 교환하거나 체인을 장착해야 하고, 체인은 구동 바퀴에만 장착해야 하며, 시속 50km이상을 주행하면 심한 진동과 소음이 생기고 체인이 벗겨질 위험도 있으므로 과속하지 않도록 한다.

② 부동액 점검

냉각수의 동결을 방지하기 위해 부동액의 양 및 점도를 점검한다.

③ 정온기 상태 점검

엔진의 온도를 일정하게 유지시켜 주는 역할을 하는 정온기를 점검하여 엔진의 워밍업이 길어지거나, 히터의 기능이 떨어지는 것을 예방할 수 있다.[3)]

5. 자동차 응급조치 요령

(1) 주행 중 브레이크가 미끄러질 때

브레이크에서 이상 음이 들리지 않는 경우는 브레이크액의 누설, 브레이크 페달을 밟을 때 '끼'하는 이상 음이 발생하는 경우는 브레이크 라이닝의 마모나 헐거움을 생각할 수 있다.

① 주행 중에 브레이크의 제동력이 떨어졌음을 느꼈으면, 엔진회전에 맞추면서, 기어단수를 서서히 감속한다.

② 충분히 감속이 되었으면, 핸드 브레이크를 천천히 당겨 더욱 감속하여 정지시킨다. 이 때 급격히 핸드브레이크를 당기면 균형을 잃어 스핀하거나, 브레이크의 와이어가 끊어질 우려가 있으므로 주의하여야 한다. 또한, 당황하여 엔진스위치를 끄면 핸들이 무거워 방향성을 잃게 되므로 도리어 위험하다.

③ 차를 정지시켰으면 본넷을 열고, 브레이크액의 양을 점검한다. 줄어 있다면, 브레이크 파이프 등에 액 누설은 없는지 점검한다. 경상일 경우에는 브레이크

3) http://cafe212.daum.net/_c21_/bbs_search_read

액을 보충하면 다소 주행할 수 있으나, 탱크가 비었거나 하는 경우는 전문가에게 연락하여야 한다.

④ 브레이크에서 이상 음이 발생할 경우 전문가의 점검을 받을 것.

※ 타이어가 수몰되어 휠이 잠기는 물웅덩이를 지나간 후에는 브레이크의 제동력이 약해지는 수가 있다. 드럼과 슈에 물이 묻어 마찰력이 떨어지기 때문이다. 물웅덩이를 빠져나온 경우에는, 브레이크 페달을 2~3회 가볍게 밟아주면, 마찰열에 의해 수분이 증발하여 브레이크는 원상태로 회복된다.

(2) 주행 중 타이어가 펑크 났을 때

최근의 자동차는 일반적으로 튜브리스 스틸 래디얼 타이어를 사용하고 있어서, '뻥'하고 요란스럽게 펑크 나는 일은 없어졌다. 주행 중에 자동차의 주행이 부자연스러워 타이어를 조사해 보니 펑크가 나 있더라는 경우가 많다.

그러나 펑크가 난 것을 인식하지 못하고 그대로 주행을 계속하면, 브레이크 페달을 밟거나 핸들을 꺾거나 했을 때 차가 한쪽 편으로 쏠려 대단히 위험하다. 차의 이상한 흔들림이나 타이어의 이상음에 주의하여, 일찍 펑크를 발견하도록 유념하여야 한다.

① 타이어가 펑크 난 것을 인지하였으면, 급브레이크를 밟는 것은 금물이다. 펑크 난 타이어 쪽으로 미끄러질 수가 있다. 브레이크 페달을 여러 번 나누어 천천히 밟고, 차를 길가 안전지역에 정지시킨다. 이것을 펌핑 브레이크(단속 브레이크)라고 한다. 펌핑 브레이크를 이용하면, 스피드 컨트롤이 가능해 짐과 동시에, 순조로운 스피드 다운에 의해, 주의의 상황을 파악할 여유가 생긴다. 또한, 제동 등이 점멸하므로, 후속 차에게 이상발생을 알려 주의를 환기시킬 수 있다.

② 고속 주행 중에 펑크가 나서 타이어의 공기가 급격히 빠지거나 파열이 일어나면, 파열된 쪽으로 차체가 기울어져 급격히 핸들을 빼앗긴다. 이때는 핸들을 단단히 잡고 직진방향으로 누르듯이 하고, 엔진브레이크로 서서히 속도를 떨어뜨려 길가에 댄다. 브레이크를 밟아서는 안 된다. 급브레이크를 밟으면 콘트롤을 잃어버려 오히려 위험하다

(3) 차가 모래 · 길 밖 · 진흙웅덩이 · 눈길에 빠졌을 때

① 모래에 빠졌을 때

여름 휴가철에 해수욕장을 갔을 경우에 가끔 발생하는 것 중에 하나가 모래에 차가 빠졌을 경우다. 이럴 때는 아무리 나오려 해도 모래만 밀려나오고 차가 더 깊숙이 들어가게 된다. 이 경우는 물을 모래에 부으면 모래가 물다짐으로 단단하게 되며 구동축 타이어의 공기를 빼내면 접지력이 높아져 쉽게 나올 수 있다. 이때 중요한 것은 기어를 1단이 아닌 2단을 넣어야 한다. 그래야만 회전수가 줄어들고 미끄러짐이 없이 서서히 빠져 나올 수 있다.

② 바퀴가 길 밖으로 빠졌을 때

바퀴가 하나만 빠졌을 때는 차를 좀 더 길 밖으로 내민 다음, 크게 핸들을 꺾으면서 전진하면 올라 올 수 있다. 홈이 깊어 차바퀴가 공중에 떠 있을 때는 도로선에 거의 직각이 되게 바퀴를 돌려 후진하면 된다. 그래도 안 되면 자키를 이용한다.

③ 진흙웅덩이에 차가 빠졌을 때

나무나 돌, 잡지, 신문지 등을 집어넣은 후 기어를 2단에 놓고 천천히 출발시킨다. 그래도 안 되는 경우는 구동축이 되는 타이어의 공기압을 약간 뽑으면 빠져 나올 수 있다. 나온 뒤에는 반드시 타이어의 공기압을 보충해 주어야 한다.

④ 눈길에 차가 빠졌을 때

바퀴 밑에 흙이나 돌을 뿌린 후 낮은 단수의 기어를 넣고 천천히 빠져 나온다. 그래도 안 되면 차를 앞뒤로 반복해 움직이면서 트랙션을 더 크게 얻어 빠져 나온다. 겨울에는 삽을 싣고 다니면 유용하게 쓸 수 있다.

(4) 오버 히트 되었을 때

최근의 자동차는 냉각계통 장애 이외의 원인으로 돌연 오버히트되는 일은 거의 없다. 오버히트가 일어나는 것은 냉각수의 누설, 부족, 팬벨트의 이완 절단, 라디에이터의 막힘이 주원인이다.

① 차를 그늘이나 통풍이 잘되는 곳에 세운다.
② 엔진이 작동하고 있는 상태로 본넷을 열어두어 통풍을 좋게 한다.
③ 온도가 떨어지면 엔진을 정지시킨다.
④ 엔진이 충분히 냉각되고 나서, 냉각수의 유무, 라디에이터 코어부(방열부)에 현저한 오염이나 오물 부착은 없는가, 팬벨트가 느슨해져 있지 않은가 등을 점검한다.

■ 냉각수 부족일 경우

냉각수가 부족하다면 보충하여 주는데 수돗물이 좋다. 개울물이나 생수는 철분성분 때문에 부식가능성이 있다. 부득이 생수를 사용했다면 나중에 교체하도록 한다.

■ 라디에이터 호스가 손상된 경우

호스가 찢어져 있으면, 청테이프나 비닐테이프를 칭칭 감아 보수한다.

호스가 젖어 있으면 접착력이 약해지므로 천 등으로 잘 닦고 나서 테이프를 많이 그리고 단단히 감아준다. 이대로 엔진의 시동을 걸면 압력이 걸려 보수 부위로부터 재차 누수가 발생하므로 라디에이터 캡을 열고 주행한다. 단, 엔진회전수를 올리지 말고, 서행하면서 수리공장으로 직행하도록 한다.

■ 팬밸트에 문제가 있는 경우

팬벨트는 냉각팬과 워터펌프를 작동시키고 있다. 느슨해져 있으면 규정된 함량으로 조정한다. 또한 팬벨트가 끊어진 경우 ("뻥"하고 엔진이 폭발하는 것 같은 소리가 남)에는 곧 엔진을 정지시켜야 한다. 끊어진 벨트가 계속 돌면 배선이나 배관을 손상하기도 하고, 회전축에 감겨버리기도 한다. 끊어진 벨트가 엔진룸 내에 있으면, 철사를 이용하여 일시적으로 보수할 수 있으나, 벨트 없이도 수온계에 주의하면서 저속으로 주행하면 2~3km는 주행할 수 있다. 곧 수리공장에 집어넣는다. 단, 발전기도 움직이지 못하게 되므로, 카세트나 히터 등 전기를 사용하는 것은 모두 꺼 두어야 한다.

■ **라디에이터 코어 부분에 이물이 끼어 막혀 있으면 제거해 준다.**

라디에이터 캡을 열 때 열이 어느 정도 식은 다음 여는 것이 좋다. 냉각수에 압력이 걸려 있으므로 증기나 뜨거운 물이 분출되어 뜻하지 않은 화상을 입는 수가 있으므로 수건 등을 덮고 캡을 조금 열어 증기를 일단 빠지게 하는 것이 좋다.

(5) 배터리가 방전되었을 때 시동하는 방법

배터리 방전으로 엔진시동이 불가능한 경우라도, 다른차의 배터리를 전원으로 하여 엔진의 시동을 걸 수가 있다. 점퍼 와이어는 보통 빨강코드가 +용, 검정코드가 −용이다.

① 점퍼 케이블을 아래 번호순서대로 접속한다.
   a. 배터리가 나간 차의 배터리 +단자에 +용 케이블(빨강 코드)의 집게를 물린다.
   b. 그 케이블의 나머지 집게를 구원차 배터리 +단자에 연결한다.
   c. −용 케이블(검정코드)의 집게를 구원차 배터리의 −단자에 연결한다.
   d. 그 코드를 나간 차 배터리로부터 30cm 이상 떨어진 엔진본체(훅등)에 연결한다.
   ※ 배터리와 배터리를 직접 연결하면 배터리에서 발생하는 가연성 가스에 인화하여 폭발이 일어날 우려가 있다.

② 접속 후 구원 차의 엔진회전수를 약간 높게 해 둔다. 이것은 전기를 받는 차의 엔진 시동이 어려워, 양쪽차가 모두 시동이 되지 않는 것을 방지하기 위함이다.

③ 배터리가 나간 차의 시동을 건다.

④ 엔진의 시동이 걸리면, 연결시의 역순으로 점퍼 케이블을 분리한다.
   스타트가 돌아 엔진의 시동이 걸렸어도, 잠시 동안은 다소 엔진속도를 높여 그 장소에서 배터리를 회복시킨 후 주행을 시작하도록 한다.

■ **부스터 케이블이 없을 때**

우산을 배터리코드 대용으로 사용할 수가 있다. 우선 2대의 자동차범퍼를 서로 맞대고, 배터리의 플러스 단자끼리 금속제 우산대를 연결시키고 시동을 건다. 접속을 확실히 하기위해 철사나 끈으로 매어 둔다.

(6) 브레이크가 고장났을 때

풋 브레이크가 고장 났을 경우에는 엔진 브레이크 및 주차브레이크를 사용하면 된다. 우선 고장을 알리기 위해 비상등을 켜고 엔진브레이크를 사용하면서 속도를 줄여 나가는 것이다. 커브가 급하지 않은 곳에서는 엔진 브레이크를 사용하면서도 충분히 속도를 줄일 수가 있다. 갑작스럽게 주차브레이크를 당기면 차량이 흔들리고 핸들이 틀어져 있을 경우에는 차량이 돌아갈 수 있다. 이는 보통 주차 브레이크는 뒷바퀴에 연결되어 있어 뒤쪽에만 제동이 되기 때문이다.

매뉴얼 차량은 기어를 1단에 넣고, 오토매틱 차량은 레버를 'L'에 옮긴다. 우선 엔진을 끄고 속도가 줄면 사이드브레이크를 잡아당긴다.

두 번째는 갑작스러운 돌발상황 시의 문제이다. 이때는 주차브레이크를 이용하여 차량을 90도 회전시켜 정지하는 방법으로 왼손으로 핸들을 오른쪽으로 45도 정도 돌리는 동시에 주차 브레이크를 오른손으로 당겨 올리면 차머리가 오른쪽으로 틀리며 미끄러지면서 멈출 수 있다. 왼쪽으로 차머리를 틀리게 하려면 핸들 방향만 왼쪽으로 돌리고 조작방법은 동일하다

(7) 전조등이 안 켜질 때

밀봉식 헤드라이트의 경우 전조등 렌즈 위를 '탕탕' 때려본다. 끊어진 필라멘트가 붙을 수 있기 때문이다. 일반적으로 헤드램프는 하향등이 끊어지므로 상향등을 켠 후 윗부분을 청테이프 등으로 살짝 가리면 하향등 대용으로 쓸 수 있다

(8) 와이퍼가 작동되지 않을 때

와이퍼를 작동시키는 모터소리가 들리지 않는다면 휴즈가 끊어진 것이다.

만일 예비용 휴즈가 없다면 담배꽁초나 비누를 앞창에다 골고루 칠한다. 담배나 비누의 계면활성성분이 빗방울이 생기는 것을 막아주기 때문이다. 비오는 날 사이드 미러가 잘 보이지 않는다면 이 방법을 응용할 수 있다.

(9) 키가 돌아가지 않을 때

차 시동을 걸려고 키를 돌려도 키가 돌아가지 않을 때가 있다. 이것은 핸들의 잠금장치가 작동하고 있기 때문이다. 이때는 키를 가볍게 돌리면서 핸들을 좌우로 툭툭 치듯이 돌리면 잠금장치가 풀리면서 키가 돌아가게 된다.

(10) 시동이 걸리지 않을 때

우선 시동 시에 스타트 모터가 돌아가는가를 점검한다. 이 경우는 배터리나 모터에는 이상이 없는 것으로 연료계통에 이상이 있을 수 있다. 연료가 충분한 경우에는 연료펌프에 이상이 있을 수 있으며, 연료가 부족한 경우에는 연료탱크가 있는 뒤쪽을 흔들어 시동을 걸면 시동을 걸 수가 있다. 이 경우는 연료탱크 안에 있던 물이 아래로 내려가 물이 호스로 올라와 시동이 안 걸리는 수가 있기 때문이다.

또 한 가지는 타이밍 벨트가 끊어지거나 마모된 경우로 이 경우는 정비를 받아야만 한다. 모터가 안도는 경우는 배터리가 방전되었거나 발전기가 고장난 경우다.

발전기가 정상적으로 작동한다면 다른 차와 점프를 하면 시동이 걸리고 시동이 꺼지지 않는 한 운행을 할 수가 있지만 발전기가 고장 난 경우는 점프선을 떼면 시동이 꺼진다. 이 경우는 발전기를 교환하여야 한다. 응급조치로는 배터리만 갈면 배터리의 힘으로 어느 정도는 주행할 수가 있다.

■ 배터리가 나가 시동이 안 걸릴 때

수동변속차량은 키를 시동 거는 위치에 놓고, 기어를 2단에 넣은 다음 크러치를 밟은 상태에서 자동차를 내리막길로 내려가게 하거나 평지에서 뒤쪽에서 다른 사람이 밀게 한다. 차가 움직여 어느 정도 탄력을 받았다고 판단이 되면 밟았던 클러치를 떼면서 시동을 걸 면 된다. 그러나 오토매틱 차량은 이 방법을 쓸 수 없으므로 평상시 부스터케이블을 가지고 다니도록 하는 것이 좋다.

■ 배터리가 약해 시동이 안 걸릴 때

배터리가 약하고 불안한 경우는 시동을 끄기 전 모든 전장품의 가동을 중지시키고 10분정도 쉰 후 다시 걸어본다. 그러나 시동모터를 지나치게 돌려서 배터리가 방전되었을 경우 30분 정도 기다린 후 다시 걸어본다.

■ **더위로 시동이 안 걸릴 때**

이는 열기로 인해 연료 펌프나 연료 파이프 속의 연료가 대기열과 엔진열에 의해 증기로 변화되어 연료의 양이 부족하여 생기는 베이퍼록 현상이다. 이로 인해 연료 펌프가 충분히 제 역할을 한다 해도 연료 라인내의 공기가 이그러져(고무풍선 이그러지듯) 연료가 압송되지 못하게 되고 이에 따라 연료 공급이 제대로 이루어지지 않아 시동이 꺼지게 된다.

이때는 본넷을 열어 열을 식히거나, 헝겊을 물에 적셔 연료펌프나 연료 파이프를 식혀주면 시동이 쉽게 걸린다.

(11) 스위치를 꺼도 시동이 꺼지지 않을 때

엔진이 오버히트하면 스위치를 꺼도 시동이 꺼지지 않을 때가 있다. 이때는 가속페달을 꽉 밟아 휘발유가 기화기에 다량 분출되면 혼합가스가 진해져 시동이 꺼진다.

(12) 신호대기 중 시동이 저절로 꺼질 때

점화계통 불량일 가능성이 많다. 이때는 차를 한가한 곳으로 옮겨 플러그와 디스트리뷰터 연결부위의 금속을 점검한다. 평상시 플러그와 디스트리뷰터는 점검을 해 두는 것이 좋다.

(13) 주차중인 차의 기어가 빠지지 않을 때

비탈길에 주차된 차를 발차시킬 때 기어가 잘 빠지지 않는 경우가 있다. 이때는 사람들이 자동차를 앞뒤로 밀면서 움직이면 된다. 이런 현상은 노후된 차에 자주 생기며 기어의 틈새가 벌어져 서로 완전히 물리지 않아 빠지지 않는 것이다.

(14) 밟은 엑셀이 빠지지 않을 때

주행 중 액셀을 밟은 상태에서 나오지 않는 경우, 이때는 차가 가속된 상태이므로 급브레이크를 밟으면 차가 미끄러지거나 돌 수 있다. 먼저 안전한 곳에서 시동을 끄고, 엔진브레이크를 걸어서 속도가 떨어지도록 하며, 길가로 대피시킨다.

(15) 경음기가 꺼지지 않을 때

배터리의 마이너스극(-) 쪽을 빼놓는다. 자동차의 배선은 전화계통, 라이트 계통, 와이퍼계통, 워셔계통으로 분리되어 있다. 라이트나 경음기에 이상이 생기면 그 계통의 커넥터나 휴즈를 제거하면 된다. 배터리는 12V로 감전은 염려 안 해도 된다.

(16) 연료가 떨어졌을 때

계기판이 E를 가리킬 때 기어를 1단이나 2단에 넣고 키를 돌리면 스타팅 모터의 구동력에 의해서 조금씩 10여M는 갈 수 있다. 그래도 안 되면 연료탱크 밑바닥에 잇는 너트 (드레인 플러그)를 풀면 약 2.5리터의 휘발유가 나오므로 20km 정도는 갈 수 있다.

(17) 머플러에서 흰 연기가 날 때

액셀레이터를 밟았을 때 머플러에서 흰 연기가 나면 엔진오일이 타는 것이다. 엔진오일이 과소모되는 이유는 피스톤, 링이 불결하거나 실린더, 밸브, 핀 가이드 등이 마모됐을 경우에 나타난다. 즉시 수리를 받도록 하는 것이 좋다.

(18) 라디에이터에서 물이 샐 때

먼저 라디에이터 캡을 열어 냉각계통의 압력을 줄여주어야 물이 새는 것을 줄일 수 있다. 임시로 구멍 난 곳에 밥알을 으깨어 붙이면 밥알이 말라붙으면서 구멍을 메워준다.

(19) 차안에 벌이 들어 왔을 때

운전 중에 벌레를 몰아내려 하면 매우 위험하다. 이때는 우선 창문을 열고 송풍팬의 스위치를 켠 후, 전면 윈도우 쪽으로 바람이 세게 가게 하면 바람에 밀려 벌이 창밖으로 나가게 된다. 가장 확실한 방법은 차를 세워 몰아낸 후 주행하는 것이다.

(20) 차가 물속에 빠졌을 때

물이 있는 곳을 지나가다 시동이 꺼져 정지했는지 아니면 차 전체가 물속에 잠겼는지에 따라 조치방법이 달라진다.

우선 물 있는 곳을 지나가다 시동이 꺼졌을 경우는 보통 점화장치 부품인 배전기와 점화코일, 점화플러그, 점화플러그 배선에 물기가 묻어 전기가 정상적으로 흐르지 못하고 엔진으로 누전되어 시동이 꺼졌다고 볼 수 있다.

점화장치 부품에 묻어 있는 물기를 닦고 시동을 걸면 되는데 상태가 심각할 경우 한쪽으로 주차시킨 후 긴급 봉사반이나 정비업소에 의뢰하는 것이 좋다.

차가 물에 잠겼을 때에는 즉시 차에서 빠져 나와 견인 요청을 해야 한다.

그런데 문제는 물에 잠긴 차를 곧바로 시동을 걸어도 되는지, 운행해도 되는지의 여부이다. 일반적으로 본넷트를 기준으로 그 아래까지 물에 잠겼다면 에어클리너 교환 및 케이스 내부 세척과 엔진 옆 부품 특히 점화장치 부품을 세척해야 운행이 가능하다. (정비업소나 세차장까지 운행)

그러나 본넷트 위까지 물에 잠겼다면 엔진내부까지 물이 침입했을 우려가 있으므로 견인차로 견인해 정비업소에서 정밀 진단을 받아야 한다.

수해지역에서 자동차가 침수되었을 경우에는 절대로 시동을 걸지 않아야 한다. 시동을 걸 경우 엔진 내부가 파손될 우려가 많기 때문이다. 그리고 앞. 뒤 바퀴의 허브 베어링 그리스를 점검해 필요 때 교환해주고 브레이크 드럼에 이물질이 묻었을 때에는 드럼이나 라이닝이 이상 마모를 일으키므로 분해 점검하고 라이닝을 교환해 주는 것이 좋다. 전기장치 부품과 실내 부품도 점검해 수리하거나 건조시켜 주어야 한다. 에어클리너와 엔진오일, 오일 필터등도 교환해 주어야 하며 연료탱크도 세척한 후 연료를 새로이 주입해야 한다.[4]

4) http://tong.nate.com/ccs1004/8938400

6. 교통사고 예방대책

우리나라의 교통사고 발생추세는 지역별로 약간이 차이가 있기는 하나 꾸준히 늘어나던 추세에서 사회 여론 등의 관심의 증가로 주춤하는 추세를 보이고 있기는 하지만 여전히 발생률이 높은 수치에 머물러 있으며 사회변화에 따라 그 중에서도 여성운전자의 비율이 증가하면서 여성운전자의 교통사고 발생률이 늘어나고 있으며 고령화 사회로 접어들면서 노인의 교통사고피해율 역시 증가하고 있다.

여성이 과거와 달리 점차 사회경제활동의 많은 영역에 진출하게 됨으로써 그들의 사회적 지위가 향상되고 그에 따라 자동차 이용률 역시 증가하는 것은 당연한 일이다. 그러나 오랫동안 보이지 않는 벽에 갇혀있던 여성들이 사회에 진출하면서 예기치 못한 문제들이 발생하기도 하며 여성운전자의 교통사고발생추세가 증가하는 것 역시 이와 같은 맥락으로 볼 수 있다. 노인들 역시 국가의 노령사회에 대한 대책이 제대로 마련되지 않은 현실 속에서 교통의 사각지대에 방치되어 피해를 보는 경우가 많다. 어린이 교통사고 발생율도 상당히 심각하게 증가하는 추세를 보이며 이 경우 역시 전자와 같이 배경지식이 부족하고 약한 어린이들에 대한 보호를 소홀히 하여 일어나는 우리 사회의 안타까운 모습이라 할 수 있다.

이렇듯 사회적 약자에 대한 예방대책이 우선시 되어야 하며 유동적이고 급진적인 사회에서 그에 걸 맞는 융통성 있고 실천 가능한 교통사고예방대책을 세우는 것이 중요하다.

예방적 측면에서는 국가적 차원, 사회적 차원, 개인적 차원으로 나뉘어 각각 구체적으로 알아보았는데 교통사고라는 것이 누구든지 조금의 방심과 실수로 인하여 가해자 또는 피해자가 될 수 있기에 각 개인이 보행자일 때와 운전자일 때 두 가지 경우를 모두 생각하여 각기 다른 대처방안과 예방방안을 습득하여야 한다. 또한 여기서 앞서본 자료에서와 같이 법규위반별 교통사고 발생현황에서 안전운전 불이행이 가장 큰 비중을 차지한 것만 보아도 우리의 안전 불감증이 얼마나 위험한 것인지 알 수 있다.

그리고 교통사고의 원인이 도로 폭이 좁거나, 안전시설이 불충분한 상황에서 지켜야 할 안전수칙이 너무 많다는 제도적인 측면에 있기도 하다는 점을 생각하였을 때 국가가 제도적 차원에서 제도를 재정비하고 경찰의 예방역할에 관심을 두고 집중적으로 보완하는 것이 중요하다.

또한 제도적으로 한계가 있거나 개인만의 예방으론 부족한 빈 공간을 채우기 위하여 교통안전법 개정운동, 정지선 지키기 캠페인, 국도지방도인도설치운동, 교통사고처리특례법 개정운동 등 지역 사회적인 차원의 예방이 필요하다.

우리나라는 매년 교통사고로 인하여 많은 사람이 부상을 입고 사망을 당하는 인명피해가 발생하고 있으며, 이로 인한 사회적손실비용도 막대하며 우리나라의 교통안전의 사업 등이 아직도 후진국 수준에 머물고 있다.

2004년도 우리나라 총 교통사고비용은 14조5000억원으로 국내총생산(GDP)의 1.86%에 달한 것으로 나타났다. 화폐가치로 환산한 결과 14조5000억원으로 조사되었으며, 이 같은 2004년 교통사고비용은 판교 신도시를 연간 약 2개(1.8개) 건설할 수 있는 규모라는 조사에서 알 수 있듯이 교통사고로 인한 사회적 손실비용이 얼마나 우리 사회와 경제에 큰 타격을 입히는지 알 수 있으며 왜 교통사고를 예방 하는데 에 주력을 해야 하는지 잘 알려 주는 대목이다.

개인의 생명과 행복한 삶의 영위를 위하여, 사회 공공의 질서와 안녕을 위하여, 국가적 이미지실추와 사회적 손실을 줄이기 위하여, 교통사고를 미연에 방지하고 줄여 나가야 할 것 이다.

1) 국가적 차원

(1) 제도적 측면

첫째로 신호등의 대기시간의 연장이 필요하다는 점을 들 수 있다. 횡단보도에서는 보행자 사고가 많이 일어나는 경우가 많은데, 노인과 어린이의 경우에는 신호등의 대기시간이 문제가 된다. 일반인의 횡단보도 보행시간과는 달리, 노약자는 걸음걸이가 일반인에 비해 다소 느리기 때문에 지금과 같이 일반인 위주의 교통신호 대기시간 체계에서는 노약자 교통사고가 많이 발생할 수밖에 없다. 물론 대기시간을 늘린다면 교통흐름의 정체가 조금 예상되지만, 교통체증보다 사고를 예방하여 생명을 구하는 것이 더 우선되는 가치이기에 시도해볼 만한 정책이라고 생각된다.

두 번째로는 현 운전면허시험체계의 개편이 필요하다. 지금의 시스템에서는 다음과 같은 수순으로 면허증이 발급된다. 이러한 시험체계는 현실성이 떨어진다.

다시 말하면 운전면허 학원의 교육방식은 실제 도로운전과는 매우 동떨어져 있다는 것이다.

◎ 운전면허 시험장에서 운전면허 응시표, 작성 후 신체검사
◎ 학과 시험(필기시험) 응시 - 1종 70점 이상, 2종 60점 이상 합격
◎ 도로교통 안전교육 3시간 의무교육(학원 및 시험장에서)
◎ 장내 기능시험 - 기능시험 학원에서 교육 수료 후 자체 시험(전문학원)
◎ 도로주행 시험 - 합격 후 면허증 발급

먼저 도로교통 안전교육을 살펴보면 대부분의 학원에서 시청각 수업으로 이루어지는데, 수업에 사용되는 비디오가 대부분 90년대의 것이라 지금의 도로교통사정과는 차이가 많다. 또한 형식적인 경우가 많아 대부분의 운전자들이 시간 때우기에 급급하다. 이러한 형식적이고 질 낮은 교육은 실제 운전에 도움을 주지 않을뿐더러 시간 낭비이므로 교육 내용을 현실에 맞게 개선하는 것이 필요하다. 시청각 자료에 대해서도 운전자들이 쉽고 재밌게 받아들일 수 있도록 보충되어야 할 것이다.

장내 기능시험의 경우 운전학원의 한 관계자의 말에 따르면, 장내 운전 속도가 20km 이하인 것은 컴퓨터 시스템이 감지할 수 있는 최대의 속도 이므로 그 이상의 속도를 낼 수가 없다고 말했다. 물론 초보자이기 때문에 처음에는 20km 미만의 속도로 운전하는 것이 안전하지만, 수업이 진행될수록 운전자의 실력도 향상되기 때문에 그에 맞게 속도를 현실성에 맞춰 높이는 방안이 필요하다.

다음으로 도로주행에 대해서 살펴보면 교육내용이 도로주행에 치우쳐 있어, 실제 운전생활에 필요한 주차에 대해서는 소홀히 하고 있는 것이 사실이다. 실제로 채점과정에 주차 부분은 빠져있다. 운전을 해보면, 주차가 운전의 많은 부분을 차지하고 있고, 초보자의 경우 대형마트나 영화관에서 주차로 인해 교통사고가 생기는 사례가 빈번하기 때문에 그런 점들은 보완되어야 한다.

(2) 경찰의 활동

교통사고 예방을 위한 경찰의 주된 활동으로는 단속 강화를 제일 먼저 들 수 있

다. 지금의 단속시스템은 외근경찰이 절대적으로 부족하다. 외근경찰은 주로 단속의 업무를 맡고 있는데 이렇게 협소한 인원으로는 제대로 된 단속을 해내기가 힘들다. 인원이 확충된 이후에는 교통사고의 원인이 될 수 있는 안전띠미착용, 정지선위반, 속도위반, 신호위반, 음주운전 등을 다는 아니더라도 최대한 단속 하는 것이다. 이렇게 단속이 강화되면, 운전자 스스로도 위압감을 느껴 위법행위를 줄일 것으로 예상된다. 위법행위의 감소는 교통사고 예방으로 이어진다. 지금의 무인카메라 시스템은 교통사고를 줄이는 데 많은 역할을 하고 있다. 이런 무인 카메라를 사고 다발지역에 더 많이 설치하는 것 또한 필요할 것이다. 양적측면과 질적측면의 모두를 강화하는 것이 필요하다.

다음으로 현행법 상 관할 행정기관에 있는 불법 주정차 단속권을 경찰이 가져오는 것이 필요하다. 좁은 도로에서 불법 주정차는 교통흐름에 영향을 끼칠 뿐만 아니라 나아가서 교통사고의 원인이 되기도 한다. 지금의 주정차 단속은 관할 행정기관에 맡겨지고 있는데, 실질적인 단속이 잘 이루어지지도 않을뿐더러 단속자는 일반행정공무원과 공익근무요원으로 일반시민에게 위엄성을 발휘하지 못한다. 실제로 불법 주정차로 인한 교통사고가 발생했을 때, 경찰은 불법 주정차가 경찰의 영역이 아니므로 불법 주정차 운전자를 처벌할 수가 없다. 경찰은 일반행정공무원에 비해서 외근이 많기 때문에 경찰이 불법 주정차 단속권을 갖게 된다면 효율적인 단속이 이루어질 뿐만 아니라 추후의 사고가 발생했을 때도 시시비비를 명확하게 가릴 수 있어 선호된다.

2) 사회적 차원

(1) 정지선 지키기 캠페인

정지선 지키기 캠페인은 그야말로 도로상에 표시된 정지선을 지켜 보행자를 보호하고 운전자 역시 정지선을 지키기 위하여 서행하여 과속을 방지하여 사고를 줄이자는 것으로 정지선 지키기 캠페인은 아래와 같은 약속들을 내 걸고 거리홍보 유인물 홍보 TV광고 등을 하고 있다.

- 횡단보도 정지선은 도로에서의 약속! 꼭 지키자.

(도로 교통법 제 24조 모든 차의 운전자는 보행자가 횡단보도를 통행하고 있는

때에 는 그 횡단보도 정지선에서 일시 정지하여 보행자의 횡단을 방해하거나 위험을 주어서는 안 된다.)

- 도로주행 중 횡단보도 차량 신호등을 발견하면 우선 속도 줄이기.
- 횡단보도 정차 시 보행신호등이 빨간불이 켜질 때까지 출발 하지 않는다. 빨간불이 켜지면 아직 횡단하지 못한 보행자가 있는지 한 번 살펴 본 후 출발해도 늦지 않다.
- 횡단보도 가장자리로부터 10미터 이내의 곳은 주·정차 금지. (도로 교통법 제 28조)
- 횡단보도 횡단 시 우측통행이 안전.
- 녹색불이 깜박일 때 무리하게 뛰어서 횡단보도에 진입하지 않는다.
- 어린이들은 건너가기 전 좌우로 차가 오는지 살핀 다음 손을 들고 운전자와 눈을 맞추며 건너야 합니다.
- 자전거, 이륜차가 횡단보도를 건널 땐 내려서 횡단.

(2) 국도 · 지방도 인도 설치운동

우리나라에서 특별시 및 광역시 지역의 도로를 벗어나 국도나 지방도, 시 · 군이 관리하는 도로의 가장자리를 걸어가는 것은 목숨을 담보로 하는 위험천만한 행동이다. 국도 · 지방도나 시 · 군도로는 기본적으로 보행자·자전거·농기계 등이 자주 다니는 곳임에도 자동차 편의 위주로 도로관리정책이 시행되고 있어 인도가 거의 설치돼 있지 않기 때문이다.

우리나라 교통사고로 인한 보행 사망자는 3,595명으로 이 중 44.8%인 1,609명이 일반 국도 및 지방도에서 사망했다. 35.5%인 1,276명이 시 · 군이 관리하는 도로에서 사망해 전체 사고의 80.3%가 특별 · 광역시 도로 및 고속도로 이외의 지방도로에서 발생했다. 보행 사망자 10명 중 8명꼴로 대도시가 아닌 지방 도로에서 발생하는 것이다. 인구 10만명당 보행 사망자수(2001년 기준)가 6.75명으로 미국(1.71명) · 일본(2.22명)보다 훨씬 많다.

2002년 경기 양주시 지방도에서 미군 장갑차에 깔려 숨진 여중생 심미선·신효순양도 인도가 설치되지 않은 도로 가장자리를 걸어가다 변을 당했다. 이렇듯 국도, 지방도로의 인도 미확보로 인하여 교통사고가 발생하고 있으며 인근 지역 주민들의 불안도 높아져 있는 상황이기 때문에 녹색교통운동 등의 시민단체에서 국도, 지방도로의 인도설치를 주장하는 운동이 열리고 있다.

(3) 교통사고처리특례법 개정운동

과실로 교통사고를 일으킨 운전자에 대한 형사처벌 등의 특례를 위하여 1981년에 제정한 법률이 바로 교통사고 처리 특례법이다.

교통사고처리특례법은 10개 항목의 예외조항을 제외하고는 교통사고를 일으켜 상대방에게 신체상 피해를 가하여도 합의하거나 자동차 종합보험에 가입되어 있으면 형사상 공소권을 면제받도록 법률로 규정하고 있다.

선의의 운전자를 보호하려는 당초의 취지를 벗어나 금전 만능주의와 인명경시 풍조, 피해자에 대한 진심어린 사죄와 위로마저 외면하는 현 세태의 원인을 제공함은 물론 난폭 공격형 운전자까지도 과보호하고 교통사고에 대한 경각심을 희석시킴으로써 사고예방에 부정적인 영향을 초래하고 사고 증가로 인한 사회적 비용을 확대하는 요인이 되고 있다는 지적을 받고 있다.

교통사고처리특례법의 위헌성, 인권침해 가능성, 교통사고 예방의 부정적 영향 및 사회적 비용의 증가 등과 같은 문제점과 폐해에 대해 조사 연구하고 해외 사례 등을 참고하여 이 법 폐지 등의 경우에도 이를 대체할 수 있는 합리적 대안 법제 또는 개정안을 연구하여, 교통사고 처리의 형평성, 효율성과 함께 난폭운전자 규제와 교통사고 예방효과를 동시에 거둘 수 있는 제도적 방안을 강구해 나가야 한다.

3) 개인적 차원

(1) 보행자 측면

- 보행자는 부득이한 경우를 제외하고는 보도를 통행하며 보도. 차도의 구분이 없는 경우에는 도로의 좌측 또는 길 가장자리로 통행한다.
- 보행자는 모든 차의 바로 앞이나 뒤로 횡단하면 안 된다.
- 어린이는 교통이 빈번한 도로에서 보호자 없이 놀지 못하고, 유아 혼자 보행 하면 안 된다.

(2) 운전자 측면

- 물이고인 곳을 운행할 때는 고인 물을 튀게 하여 보행자에게 피해를 주는 일이 없도록 한다.
- 보호자 없이 어린이가 횡단하거나, 맹인이 도로를 횡단할 때는 일시정지 해야 한다.
- 자동차 창유리를 지나치게 낮게 하여 10m거리에서 차안에 승차한 사람을 명확히 식별할 수 없는 차, 속도측정기탐지용 장치를 한 차 등은 운전해서는 안 된다.
- 도로에 자동차를 세워둔 채 시비. 다툼 등의 행위로 다른 차의 통행에 방해를 주지 않는다.
- 운전자는 정당한 사유 없이 반복적이거나 연속적으로 경음기를 울리는 행위를 해서는 안 된다.
- 운전자는 주차 시 제동장치의 시동을 끄고 정지 상태를 안전하게 유지하여 다른 사람이 함부로 운전하지 못하게 한다.
- 운전자는 안전을 확인하지 않고 차문을 열거나 내려서는 안 되며 승차자가 교통의 위험을 느끼지 않도록 필요한 조치를 취한다.
- 긴급자동차 및 정차중인 자동차를 제외하고는 운전 중에는 휴대전화를 사용해서는 안 된다.

7. 교통사고 시 처리요령

1) 교통사고 관계자가 유의할 사항

교통사고란 항공기, 선박, 자동차 등 모든 교통수단에 의하여 발생하는 사고를 말하는 것이지만 여기서는 주로 도로상에서 발생하는 자동차사고에 관하여 설명하기로 한다.

(1) 구호의무

교통사고가 나면 사고차량의 운전자나 승무원은 자기에게 과실이 있건 없건 즉시 차를 세우고 사상자를 구호하는데 필요한 조치를 취하여야 한다. 구호조치를 취하지 아니하면 설사 수사 결과 교통사고 자체에 과실이 없다고 판단되더라도 처벌을 받게 된다. 뿐만 아니라 현장에서 도주해 버리면 수사상 과실이 많은 것으로 불리한 취급을 받게 되고, 일단 도주차량의 혐의가 인정되면 일반 교통사고와 달리 징역1년 이상 사형까지 엄중한 법의 심판을 받게 된다.

(2) 신고의무

교통사고의 내용이 인적피해, 물적피해 어느 쪽이든 간에 전술한 구호조치가 끝난 다음 즉시 가까운 경찰관서에 신고를 하여야 한다. 설사 피해자가 신고하지 않기를 원한다고 하더라도 신고의무를 위반하면 처벌받게 된다. 다만, 자동차만 손괴한 것이 분명하고, 사고 후 또 다른 사고가 나지 않게 함은 물론 교통소통에도 장애가 없도록 필요한 조치를 한 때에는 신고의무가 면제된다.

2) 사고운전자의 사고처리 요령

인사 또는 접촉 사고가 발생했을 때는 도로교통법 제50조(사고발생시의 조치) 규정에 의하여 다음과 같은 의무를 진다.

(1) 즉시 정차하여야 함

이 조치를 취하지 않고 운전을 계속 하다가는 사고야기 도주로 간주되어 후일 몹시 불리하게 처리되는 수가 있음(다만 운전자가 판단하여 다른 교통에 방해가 되지 않도록 사고지점 부근의 도로 측면에 정차시킨다던가, 부상자의 이송을 위하여 즉시 현장을 떠나도 법적으로는 현장 이탈의 책임을 지지 않음).

(2) 부상자를 구호함

이러한 의무는 사고 운전자가 취해야 할 준수사항 중에서 가장 중요한 의무이며, 이 의무의 위반은 뒤에서 볼 신고의무의 불이행과 병합하여, 이른바 뺑소니 행위도 적용되어 교통사고처리특례법에서 규정한 형사면책혜택에서 제외될 뿐만 아니라 특정범죄가중처벌법에 의하여 큰 벌을 받게 됨(또 운전자가 피해자를 사고장소로부터 옮겨 유기하고, 피해자를 치사 후 도주하거나 도주 후 피해자 사망의 경우는 가중처벌 되며, 형법상의 유기죄와도 경합).

(3) 위험방지 조치를 취함

부상자가 없고, 접촉사고 등의 경우는 현장보존을 위해 정차한 장소부근의 교통의 지장이 없도록 경고등이나 표시기재를 사용한 교통정리로 더 큰 사고의 발생을 미연에 예방하여야 한다.

(4) 경찰관서에 신고

인적, 물적 사고를 막론하고, 사고발생 3시간 내에 이행하여야 하며, 그 이후의 신고는 지연신고로 규정되어 행정처분을 받는 경우가 있다(다만 학교운동장이나 정비공장 등 일반공장 내, 공원, 부대의 연병장 등 도로가 아닌 곳에서의 차에 의한 사고는 행정상의 교통사고로 분류되지 않으므로 신고의무 없음).

(5) 경찰관의 지시를 받는다.

필요한 긴급조치가 끝나면 신고를 받고 현장에 출동한 경찰관의 지시를 받는다. 이때 유의점은 사고운전자가 당황하여 자신의 과오를 인정하는 듯한 주관적인 경솔한 말을 하여서는 안 된다. 이는 후일 불리하게 이용될 때가 있다.

(6) 보험회사나 차주에게 즉시 통고함

사고운전자의 과실이 교통사고처리특례법의 8대 과실에 해당되지 않은 부상사고의 경우에는 차량이 종합보험 등에 가입되어 있을 경우나 피해자와 합의가 성립되었을 경우는 “공소권 없음”처분으로 일단 석방된다.

(7) 인사사고의 증거확보

교통사고가 나면 교통계와 형사계 직원은 현장에 나가 스키드마크를 비롯한 현장 약도나, 현장의 유기물, 차량의 파손상태 등을 조사하여 사고발생 과정과 피해 경위를 추리하는데 필요한 객관적인 자료를 수집하여 일건 서류에 첨부한다. 사고 운전자들은 대부분 이런 조사에 별로 주의를 하지 않고 방관하고 있는 것이 상례이다. 그러나 이러한 자료들은 후에 사실의 진부를 가리는데 결정적인 열쇠가 되므로 운전자는 자기에게 유리한 증거가 있을 때는 꼭 기억해 두었다가 후에 진술해야 한다. 한편 물적 증거뿐만 아니라 인적 거도 중요하므로 목격자의 확보가 무엇보다 중요하다.

(8) 인사사고 운전자의 사고대응 요령

① 경찰조사 대응 요령

초동수사를 비롯하여, 구속기간의 수사과 직원에 의한 진술조서 작성 때 운전자는 정신을 똑바로 차려, 자신이 도로교통법을 위반하였는지, 업무상 주의의무를 다하였는지, 자신의 진술이 조서에 그대로 반영되었는지, 자신에게 유리한 증거는 확보되어 있는지 등에 세심한 주의가 필요하다.

흔히 세간에서는 돈을 써야 나온다는 말이 있는데 이를 진실로 알고 수사관을 매수하여 사건을 유리하게 해결하려고 안간 힘을 다 쓴다. 그러나 이는 수사관의 취조태도의 완화정도나 기대할 수 있을 뿐, 사건 브로커의 이익을 채워주는 결과밖에 되지 않음을 명심.

사고 운전자는 자신이 절대로 무죄라고 생각되면 끝까지 과실인정을 거부하고 정식재판 청구의사를 표명하고 스티커 발부도 거부해야 한다(운전자가 스티커에 서명, 날인하는 것은 자신의 범칙행위를 인정하는 것이고, 그에 따른 민·형사, 행정상의 책임을 승복하겠다는 의사표시가 되는 것이다)

② 불구속운전자의 대응요령

사고운전자가 특례법의 형사면책 사유에 해당되면 '공소권없음'으로 행정처분만 받고 석방되거나 그것도 면책되어 무혐의로 석방되어 나온다. 또 피해정도가 경미한 사건 등 사안에 따라서는 비록 사고원인이 운전자의 10대 과실에 해당되는 경우라도 검사의 재량권에 의해 불구속입건이 되어 석방되는 경우도 있다. 그러나 불구속이라고 안심하지 말고 피해자에게 도의적인 책임이 있으므로 찾아가 진심으로 사과 위로하여 성의를 표명하는 한편, 피해자 측의 대응 자세를 살펴보고 심상치 않다고 느껴지면 이에 대응하는 준비를 게을리 하면 안 된다.

(9) 구속운전자 가족의 유의사항

사건의 진상을 정확하게 알아보고 이에 대한 대처방안을 연구해야한다.

피해자나 그 가족을 찾아가 운전자의 석방을 청원하는 진정서나 형사합의서를 얻어 오도록 노력하는 것이 중요하다.

사고운전자의 과실이 10대 과실에 해당하거나 사망사고, 뺑소니사고 등의 경우에는 비록 사고차량이 종합보험 등에 가입됐거나 피해자와 합의했더라도 사고운전자는 일단 구속 입건된다. 그러나 교통사고는 반의사불벌죄 개념을 원칙으로 하고 있기 때문에 피해자가 가해 운전자의 처벌을 원하지 않을 경우에는 사안에 따라 검사가 기소유예 또는 불구속기소 혹은 약식명령 청구 등 관대하게 처분할 수 있고, 구속재판의 경우라도 판사의 선고유예 또는 집행유예 등의 은전을 기대할 수 있다. 변호사를 찾아가서 피해자와 가해자의 주장과 경찰의 수사내용을 사실대로 설명하고 객관적인 법률상담을 청하는 것이 좋다. 대부분의 가족은 가해자에게 유리한 주장만을 말하여 변호사의 판단을 그르칠 경우가 있는데 이런 자세는 오히려 운전자에게 이익이 되지 못한다.

3) 인사사고 피해자의 사고처리 요령

- 즉시 가족 또는 친지에게 피해사실을 연락하여 줄 것을 요청하고, 전화번호 또는 주소, 성명을 알려 주어야 한다.
- 병원관계자에게 가해자의 신원과 사고차량의 소속이나 차량번호 등을 정확히 파

악하여 줄 것을 요청해야 한다.

- 가해자의 신원이 파악 됐으면 종합보험이나 공제조합에 가입하였는지 여부를 알아봐야 함. 또한 종합보험에 가입하였어도 보험료의 미납으로 보험계약이 실효가 된 경우가 있으므로 이런 점도 철저히 알아 두어야 한다.
- 가해자의 재산 상태를 조사한다. 가해자에게 동산이나 부동산의 소재가 파악되면 피해의 정도를 감안한 손해액을 대강 산출하고 이들 재산에 가압류 조치를 취한다.
- 경찰에 연락한다. 교통사고의 신고의무는 사고야기 운전자에게만 있는 것이 아니라 피해운전자나 피해자에게도 있다고 봐야 한다.
- 어떤 경우에는 가해운전자가 자신의 성의와 능력을 다하여 피해자에게 억울함이 없도록 책임을 다할 것이니 신고를 하지 말아 달라고 요청해 오는 경우가 있다. 이런 때에는 운전자의 신원을 확실히 파악하고 보호자와 상의하여 손해배상 방법이 합리적이라고 생각되면 피해자의 요청을 받아들이는 것도 좋다.

4) 형사합의 요령

(1) 피해자가 유의할 사항

- 보통의 합의서에는 흔히 "앞으로 쌍방이 민, 형사상 일체의 책임을 묻지 않기로 합의한다."는 내용을 기재한다. 그런데 이런 합의서는 이 교통사고에 대한 민·형사상 일체의 조건이 합의 되었을 때의 말이고 형사합의서는 운전자의 형사문제에 대해서만 우선적으로 합의하여 주는 것이므로 절대로 위와 같은 문장이 기재된 합의서에 서명, 날인해서는 안 된다.
- 합의금은 민사배상 문제의 종합보험처리나 차주와의 직접 합의일 때에는 공제되지 않지만, 소송을 통한 손해배상청구일 경우에는 청구액에서 공제받는다.
- 피해자 측은 소송까지 가지 않고 보험처리 혹은 차주와의 직접 합의할 의사가 있는 경우에는 가해자 측에서 형사합의를 제의하여 오면 가해자 측이 도저히 감당할 수 없는 무리한 합의금을 요구하지 말고 적정한 수준의 합의금으로 합의를 하는 것이 좋음

(2) 가해자가 유의할 사항

특례법의 입법취지는 "피해자의 명시한 의사에 반하여 가해자를 처벌하지 않는다."는 반의사불벌죄의 개념을 교통사범에 적용시킨 것이다. 따라서 형사합의서에는 이점을 분명히 하여 "피해자 측은 사고운전자의 형사상 처벌을 원하지 않는다"는 문장을 꼭 기재해 두어야 한다.

형사합의는 빠를수록 좋다. 대부부의 경우 합의금액을 놓고 흥정의 줄다리기를 하여 시일을 끄는데, 이것은 구속운전자에게 좋지 않다. 합의서는 1심판결 이전에 제출되어야 한다.

피해자가 무리한 합의금의 요구를 하면 가해자 측은 적정선을 제시하여 관례를 설명하고, 가정형편을 이해시켜 여러 번 설득을 시도하다가 그래도 합의가 안 되면 검사의 조사기간이 끝나고 법원에 송치되기 전에 할 수 없다. 몸으로 떼우라고 할 수 밖에 없다하고, 합의포기를 선언하고 자리를 뜨는 모션을 써 보기도 한다. 그러면 의외로 합의가 잘되는 수도 있다.

합의 시에는 피해자 측 당사자의 신분을 확인하는 것이 중요하다. 피해자와 직접 합의할 때에는 별 문제가 없으나, 친족대표나 교통사고처리에 능숙한 대리인 등을 교섭 대표로 앞세우는 경우가 있는데 이 경우 피해자나 그 배우자가 합의에 불복하고 합의의 무효를 주장하는 수도 있다. 따라서 될 수 있으면 피해자의 직계 상속권자와 합의하고 그렇지 못할 때는 이들의 위임장과 인감증명서를 받아 놓고 합의하는 것이 안전하다.

합의서외에 진정서를 함께 받아 두면 더욱 좋다. 진정서도 호소력을 가질 수 있다.

형사합의는 어디까지나 법관의 양형결정의 참작 사유가 될 뿐 뺑소니사건 등 죄질이 워낙 악질이거나 전과가 많을 때에는 효과를 얻지 못하는 경우도 있을 수 있음에 유의.

5) 공탁제도

(1) 피해자와의 형사합의 교섭과정에서

- 피해자 측에서 합의금액에 관계없이 강력히 가해자의 처벌을 원할 경우,

- 피해자 측이 관행이나 상식을 벗어나는 과대한 합의금을 요구할 때,
- 관행상 합당한 금액을 피해자 측에서 요구하지만 가해자 측이 능력이 없을 때 등의 경우 가해운전자의 불구속이나 형사처벌의 완화를 바라는 가해자 측 가족은 공탁제도를 이용하는 방법이 있다.

(2) 가해자 측의 공탁제도 이용

- 피해자와의 형사합의가 결렬된 가해자 측은 자신이 상당하다고 생각하는 합의금을 법원이 지정하는 은행에 공탁하고, 공탁증명서를 발급받아 형사사건이 계류 중인 관청에 제출한다.
- 이 공탁서로서 합의가 된 것으로 간주하여, 가해자에 대한 형자처리에 참작사유로 반영시켜 주고, 피해자 측에게는 공탁금입금을 통고하여 준다.
- 가해자의 형사법원 1심판결 선고 전까지 피해자 측에서 공탁금을 찾아가지 않을 때는 공탁금의 효력은 소멸하고 공탁자가 공탁은행에서 환불 받을 수 있고, 피해자측의 민사소송을 받을 수밖에 없다.

6) 사고운전자의 형사상 책임

(1) 교통사고처리특례법(약칭 특례법) 개요

- 동법 제3조 제1항 : “차의 운전자가 형법 제268조(업무상 과실 또는 중대한 과실로 사람을 사상에 이르게 한 자는 5년 이하의 금고 또는 2,000만원 이하의 벌금에 처한다.)의 죄를 범한 때에는 5년 이하의 금고 또는 2,000만원 이하의 벌금에 처한다.”의 규정에 근거하여 형사상 책임을 진다
- 또한 접촉사고를 낸 운전자는 도로교통법 제108조(제차의 운전자가 업무상 주의의 태만으로 교통사고를 야기하여, 타인의 건조물을 손괴했을 때에는, 2년 이하의 금고 또는 500만원 이하의 벌금에 처한다.)와 특례법에 근거하여 처벌 받음.
- 특례법 제3조에서 형법 제268조와 도로교통법 제108조를 범한 운전자라도 뺑소니 운전자와 아래의 10가지 유형에 의한 교통사고를 제외하고는, 피해자가 사망하지 않았고 피해자와 가해자 간에 피해배상의 합의가 이루어졌을 때에는 피해

자가 가해자의 처벌을 원하지 않는 것으로 간주한다는 반의사불벌죄를 적용하여 검사의 공소권을 배제하였음.

- 또 특례법 제4조에서는 가해차량이 피해배상의 무한보상을 보장하고 있는 대인 자동차종합보험이나 영업용 차량 등의 공제조합에 가입되어 있을 경우에는 피해자와 합의가 이루어지지 않았을 경우에도 합의가 성립된 것으로 간주하여 형사 처벌을 면제함.

(2) 형사면책에서 제외된 10대 과실

- 경찰관이나 안전표시 또는 신호 등의 지시를 위반
- 중앙선 침범 또는 고속도로상의 횡단, 회전, 후진 등
- 당해도로의 제한속도의 20km/h 이상 과속
- 부당한 추월
- 건널목 통과방법 위반
- 횡단보도상의 보행자 보호 의무를 이행하지 않았을 때
- 무면허운전
- 주취 또는 약물복용으로 정상운전이 어려울 때
- 보도를 침범하거나 보도횡단 방법을 위반
- 개문발차 등 승객의 추락방지의무를 위반

(3) 특례법 운영 실태

- 사고원인이 위의 예외사항에 해당되지 아니한 가벼운 사고라도 가해차량이 종합보험이나 공제조합에 가입치 않았거나, 합의가 안됐을 때에는 운전자에게 과실이 있을 경우 형사처벌을 받는다.
- 형사입건 된 위 제3조 제1항의 경우의 교통사범으로 경찰, 검찰, 법원 등에 계류 중인 사건이라도, 1심판결 선고 전에 피해자와 합의가 이루어지면 즉시 검사의 공소권은 소멸되고 당일로 형사사건은 종결지음
- 형사면책 된 사고라도 사고발생 원인이 운전자의 교통법규위반에 있을 때 또는 다른 과실이 운전자에게 있을 때에는 결과별 행정처분 벌점제에 의한 운전면허증의 정지처분 등 행정상의 처벌로 사건은 종결

- 가해차량이 특례법의 적용으로 형사면책사유가 될 때에는 비록 피해자가 가해자의 처벌을 원하더라도 형사면책 됨.
- 사고발생 원인에서 사고의 불가피성이 법원에서 인정되면 행정상으로도 운전자는 면책가능

7) 민사상 손해배상책임의 근거사례

(1) 맡긴 차의 사고의 경우

① 사건개요

자동차의 수리, 정비, 점검 등 일을 시키기 위해 이들 업소에 차를 맡기고 열쇠를 종업원에게 맡기거나, 또는 식당, 호텔 등 시설에 들어가 자동차를 주차장에 넣게 하기 위해 안내인에게 차를 맡겼는데 종업원이나 안내인이 교통사고 야기

② 대법원 판결

차의 보관을 종업원에게 맡긴 때로부터 차의 운행지배는 소유주로부터 종업원에게 넘어간 것이고, 종업원이 차를 운행시킨 것이 차의 소유주의 이익을 위한 것이라고 볼 수 없으므로 차의 소유주에게 배상책임 없음(1988.10.25.대판)

결국 이 사고의 배상책임은 민법 제756조(사용자책임)의 규정에 의하여 이들 업소의 주인이 지게 됨.

(2) 무단 운행한 사고의 경우

① 사건개요

자기 볼일을 보기 위해 상사나 차량관리자의 승낙없이 회사차를 무단운행 하다가 교통사고를 야기하였음.

② 대법원 판결

회사는 자기를 위하여 차를 소유하였고, 그 차의 운행이익과 운행지배는 회사에

서 떠났다 하더라도 회사는 직원의 감독을 소홀히 한 과실이 있으므로 회사에 배상책임이 있음(1981.7.7.대판)

회사는 피해자에게 손해배상을 해준 후, 사고를 낸 자에 대하여 민법 제756조 규정에 의하여 구상권을 행사할 수 있음.

(3) 도난차에 의한 사고의 경우

① 사건개요

도둑이 차고에 있던 차를 훔쳐 운행하다가 인사사고를 냈는데 배상능력이 없을 경우 사안을 나누어 살펴볼 수 있다.

첫째, 차량소유주가 차고의 문을 잠그고 차의 열쇠를 뺐는데도 도둑이 차고의 자물쇠를 부수고 대리열쇠 등으로 절취하여 갔다면 그 차의 운행이익과 운행지배권은 완전히 차량소유주로부터 배제되었고, 차량관리를 위한 그 이상의 주의의무를 차량관리자에게 요구할 수 없으므로 차량소유주에게는 배상책임이 없음

둘째, 차량소유주가 차고의 문단속을 소홀히 한 경우, 차의 열쇠를 그대로 꼽아 두었던 경우 등은 차의 소유주로서 차량관리를 소홀히 한 과실이 있으므로 차량소유주는 자동차손해배상보장법 제3조의 규정에 의하여 배상책임을 져야 함(1988.3.22.대판). 단, 대물사고의 경우에는 차주의 배상책임은 자배법에 규정 없으므로 배제.

(4) 빌려준 차에 의한 사고의 경우

① 사건개요

갑은 가족과 들놀이를 하기 위해 을로부터 자동차를 빌려 운행하다가 인사사고를 야기하였음.

② 대법원 판결 :

비록 갑이 일시적으로 차를 운행하였다 하더라도 을도 차의 대여로 정신적 만족감 또는 경제적 이익이 있는 것이며 완전히 을의 운행이익과 은행지배권을 잃었다고 볼 수 없으므로, 을에게도 배상책임이 있음(1987.1.27.대판)

(5) 운전자에게 술을 권한 자의 배상책임

① 사건개요

잔치집에 갔다가 잔치집 주인의 권유로 술을 마시고 차를 운행 하다가 도로 밖으로 추락하는 사고 야기하였음.

② 대법원 판결

운전자에게 술을 먹이면 사고발생의 원인이 된다는 것은 사회의 상식이다. 이러한 위험을 유발케 한 잔치집 주인은 현대에서 사회인이 지켜야 할 주의의무를 태만한 과실이 있으므로 차주와 부진정연대책임 있음(1982.3.15. 대법원 판결)

(6) 미등록 이전차량 사고의 배상책임

① 사건개요

갑은 을에게 대금을 전부 받고 차량을 인계하였으나 자동차등록원부상 이전등기는 아직 되지 않은 상태에서 을의 운전사가 교통사고 야기

② 대법원 판결

비록 등록원부 상 명의는 갑으로 되어 있으나 매매대금이 결재 되었고, 차의 운행지배권과 운행이익은 을에게 넘어갔고, 을은 운전사의 선임과 감독을 소홀히 한 과실이 있으므로 을에게 배상책임이 있다(1983.12.13. 대판).

제9장

화재와 생활안전

1. 화재의 개념
2. 화재현상
3. 화재의 특수현상
4. 소화(消火)의 원리
5. 화재 시 행동요령
6. 화재예방대책

제9장 화재와 생활안전[1]

현대생활에 있어 불의 사용량 증가와 더불어 화재발생 가능성은 대단히 높다. 또한 화재란 일단 발생하면 평생 동안 모은 귀중한 재산을 순식간에 태워 버림은 물론 소중한 인명마저 앗아가는 무서운 재난중의 하나이다. 사람들은 화재의 무서움은 인식하면서도 그것을 예방하고 경계하는 면에서는 적극적이지 못하며 소방업무를 시민들의 일상생활과는 전혀 무관한 기술적인 전문업무로 생각하는 경향이 많다. 따라서 사람들의 잘못된 인식을 바꾸어 스스로 화재예방의 중요성을 자각하고 우리의 안전한 생활을 위해선 화재예방을 생활화하여야 한다.

1. 화재의 개념

1) 불의 기원

인류는 최초로 화산에서 불을 발견하고 문명의 발달과 함께 불을 만드는 법을 알게 되었다. 과학문명의 발달과 함께 불은 우리 산업 사회에서 가장 중요한 에너지가 되고 있다. 불은 인간에게 유용한 것인 동시에 무서운 재앙으로 변하기도 한다. 원치 않는 상황에서 발생하는 불과 싸워야 했고 따라서 불을 끄는 기술도 발전하게 되었다.

1) http://www.ad119.go.kr

2) 화재(火災)의 정의

화재란 사람의 의도에 반하여 발생 혹은 확대되거나 또는 방화에 의하여 발생하여 소화의 필요가 있는 연소현상이다. 이것을 소화하기 위하여 소방시설 또는 그것과 같은 정도의 효과가 있는 것의 사용을 필요로 하는 경우와 그와 같은 것을 사용하지 않는 경우에도 화재로 취급하는 것도 많이 있다.

화재는 건물 기타 가연물이 연소에 의해 소실되는 것이지만 사용목적과 해석 등에 따라서 반드시 일정하지는 않다.

3) 화재의 원인

화재의 원인에는 단순하게 혹은 복잡한 경로를 따라서 발생하지만 발생에 이르는 동기를 크게 나누어 보면 화기와 가연물의 사용상 부주의, 방화 등 인위적인 것과 낙뢰, 화학변화 등에 의한 자연적인 것도 있다.

발생빈도는 인구 및 건축물, 기타 가연물의 밀도에 대체로 비례하여 대도시일수록 화재가 많이 발생하고 있다.

4) 화재의 분류

일단 화재가 발생하면 5분 이내에 진화해야만 한다. 그 이유는 화재가 발생하고 5분 정도 지난 다음부터는 불길이 커져 막을 수 없을 만큼 빠른 속도로 번지는 힘이 생기기 때문이다. 이러한 불이 얼마나 많은 피해를 가져오는가 하는 것은 바람의 속도, 기압 또는 나무와 같이 불에 잘 타는 물질 등 여러 가지 조건에 의해 좌우된다. 화재를 그 특성에 따라 구분하면 다음과 같다.

(1) 대상별에 의한 분류

- 건물화재(건조물포함)
- 차량화재

- 선박화재
- 항공기화재
- 임야화재
- 위험물화재

(2) 소실정도에 의한 분류

① 전소화재

전체의 70%이상이 소실된 것. 그 이하라 할지라도 보수를 행하여도 재사용 할 수 없는 것을 말한다.

② 반소화재

전체의 30%이상 70%미만 소실된 것을 말한다.

③ 부분소화재

전소, 반소, 즉소화재에 해당하지 않는 것을 말한다.

④ 즉소화재

화재발생 즉시 소화된 화재로 인명피해가 없고 피해액이 경미한(동산, 부동산을 포함하여 30만원이하) 화재로서 화재건수에 포함시킨다.

(3) 원인별에 의한 분류

① **실화 :** 과실에 의해 화재가 발생하여 물건 등이 소손한 것을 말한다.

② **방화 :** 의도적으로 화재를 발생시킨 것을 말한다.

③ **자연발화 :** 산화, 약품혼합, 마찰 등에 의해 발열, 발화한 것을 말한다.

④ **천재(天災)발화 :** 지진, 낙뢰, 분화 등에 의해서 발화한 것을 말한다.

(4) 가연물에 의한 분류

① 일반(보통)화재(A급화재-백색)

연소 후 재를 남기지 않고 냉각효과, 발생건수가 많다. 목재, 섬유류, 종이, 나무 플라스틱처럼 다 타고 난 이후에 재를 남기는 화재를 말하며 이런 화재를 일반화재 또는 보통화재라 한다.

② 유류화재(B급화재-황색)

연소 후 재를 남기지 않음, 연소열이 크고 연소성이 좋음, 포 등을 이용한 질식소화. 휘발유 또는 석유와 같이 불에 타기 쉬운 가연성 액체는 프로판 가스와 같은 가연성 가스 류 화재 또는 가스 화재라 한다.

③ 전기화재(C급화재-청색)

전기기기가 설치되어 있는 장소에서의 화재, 소화 시 물 등의 전기전도성을 가진 약제를 사용하면 위험. 변압기, 전기다리미, 두꺼비집 등 전기기구에 전기가 통하고 있는 기계나 기구 등에서 발생하는 화재를 말한다.

④ 금속화재(D급화재)

가연성 금속류(칼륨, 나트륨, 마그네슘, 알루미늄)가 가연물이 되는 화재, 폭발성이 강한 수소발생, 수계소화기 사용불가.

2. 화재현상

1) 연소의 3요소

연소라 함은 일반적으로 공기 중 또는 산소 속에서 물질이 심하게 산화반응을 일으키면서 열과 빛을 발생시키는 산화현상이다.

(1) 불(연소)의 3요소

불은 연료(가연물), 열(점화원), 산소 등 3가지 조건이 갖추어 져야만 불의 발생이 가능한 것이다. 그래서 우리는 이 3가지를 "불의 3요소"라 부른다. 다시 말해서 불이 일어나기 위해서는 불의 3요소 중 한 가지라도 없으면 불은 일어나지 않는다.

〈표 9-1〉 불의3요소

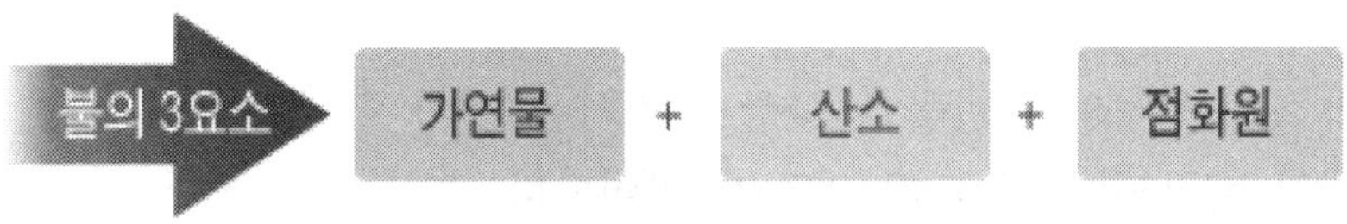

① 연료(가연물)

불에 탈 수 있는 물건을 말하며 이는 고체, 액체, 기체연료의 3가지로 구분된다.

* 고체연료 : 연탄, 나무, 종이, 옷, 고무, 플라스틱 등
* 액체연료 : 석유, 휘발유, 알코올, 방커C유 등
* 기체연료 : 프로판가스, 메탄가스, 부탄가스 등

② 열(점화원)

물질이 타서 불붙기 위해서는 반드시 열이 있어야 하는데, 이 열은 높은 열이어야 하며 그 양도 적당히 있어야 한다.

예를 들어, 성냥불의 불꽃은 보통 가연물에 불을 붙이기에는 충분한 온도를 가졌으나 그 양이 적은 까닭에 통나무와 같은 큰 부피의 물체를 태울 수는 없다.

그러나 수천 개비의 성냥불을 동시에 가져다 댄다면 그 양이 많기 때문에 통나무를 능히 태울 수 있다.

③ 산소(공기)

물질이 열을 받아서 타려면 산소가 있어야 하며 산소가 없으면 불이 일어나지 않는다. 우리가 호흡할 때 들이 마시는 공기 중의 약 21%는 산소이며 연소하기 위해서 필요로 하는 산소의 양은 가연물질의 종류에 따라 서로 다르다. 대부분의 액체는 공기 중 산소 함량이 15% 이하로 줄어들면 불붙기 어려우며, 고체의 경우에는 6% 이하로 줄어들지 않으면 불은 계속 붙거나 그을면서 탄다.

2) 연소범위

- 가연성 가스와 공기의 혼합물은 항상 연소하는 것이 아니고 양자가 어느 비율의 범위 내에서 혼합되어 있을 때 연소가 일어난다.
- 혼합물중 가연성가스의 농도가 너무 희박해도 또는 농도가 너무 농후해도 연소는 일어나지 않는다.
- 이 희박한 측의 한계를 연소하한계라하고 농후한 측의 한계를 연소상한계라하며 양한계의 농도범위를 연소범위라 한다.
- 불연소되는 이유 : 가연성가스의 분자와 산소와의 분자 수가 상대적으로 한쪽이 많으면 유효충돌횟수가 감소하여 충돌했다 하더라도 충돌에너지가 주위에 흡수·확산되어 연소반응의 진행이 방해되기 때문이다. 수소, 일산화탄소를 제외하고 온도와 압력이 상승함에 따라 연소범위는 확대되어 그 위험성이 증가한다.

3) 인화점과 발화점

(1) 인화점(인화온도)

① 인화점은 착화원이 있을 때 가연성액체나 고체의 표면에 연소하한계 농도의 가연성 혼합기가 형성되는 최저온도로 하부인화점이라 한다.

② 가연성액체나 고체가 인화점 이상의 온도로 유지될 때 발화의 위험성이 존재한다→착화의 위험성을 평가하는 중요한 지표이다.

③ 일반적으로 가연성의 액체 또는 고체의 온도가 상승하면 그 표면의 가연성가

스의 농도는 상승되어 먼저 연소하한계에 도달하고 더욱 온도가 상승하면 연소상한계에 도달한다.

이보다 온도가 상승하면 연소범위를 초과하게 되므로 착화원의 존재의 유무와 관계없이 발화의 위험성이 없어진다.

④ 상부인화점

가연성액체나 고체의 표면에 연소상한계 농도의 가연성혼합기를 형성하는 온도를 말한다.

⑤ 인화점이 낮은 액체나 고체일수록 점화원과 접촉하여 인화할 위험성이 대단히 높다.

(2) 발화점(발화온도)

① 발화점은 착화원이 없는 상태에서 가연성물질을 공기 또는 산소 중에서 가열하였을 때 발화되는 최저온도를 말한다.

② 발화점은 물질을 가열하는 용기의 표면상태, 가열속도 등에 의한 영향을 받는데 측정조건에 따라 값이 달라진다.

③ 가연성액체중 이황화탄소, 에틸에테르, 아세트알데히드는 200℃이하의 낮은 온도에서 발화하므로 취급 시 주의해야 한다.

④ 일반적으로 산소와의 친화력이 큰 물질일수록 발화점이 낮고 발화하기 쉬운 경향이 있다.

4) 연소의 확대(불의 성장과 확산)

앞에서 불의 원리에서 말한 바와 같이 일단 불이 나면 불은 외부 공기로부터 산소를 공급받아서 불꽃으로부터 되돌아온 열에 의해 재점화, 확산하여 다른 가연물질을 태우면서 확대해 나가는데 이러한 확대 현상은 직접 물질이 화염에 접촉하면서 진행하는 것이 대부분이나 일부열의 이동이나 불꽃(불티)이 날아가는 현상(비산), 이 두 가지 물리적인 상태가 단독 또는 중복해서 불이 진행하게 된다. 이 중에서 특히 열의 이동에 의해서 확대되는 경우에는 전도, 대류, 복사의 세 가지 작용에 의하여 진행된다.

(1) 전도(conduction)

전도는 열이 물질을 매체로 하여 고온 측에서 저온 측으로 이동하는 현상을 말한다. 열전도도는 금속이 가장 높으며 공기는 열전도가 아주 낮다. 따라서 열전도도가 높은 물질일수록 열전달은 빨라진다.

(2) 대류(convection)

대류는 유체의 분자가 이동하여 고온유체와 저온유체가 혼합함으로써 열전달이 일어나는 현상으로 액체 또는 기체의 온도를 높이면 비중이 가벼워져 상승함으로써 열이 전달된다.

연소되는 불에 스친 공기는 따뜻해지고 가볍게 되어 상승하는 반면에 주위의 차가운 공기는 흘러 들어와서 가열되어 상승한다.

이와 같은 회전이 빨라지면 바람이 일게 되는데 화재현장에 바람이 불고 화염이 불똥(비화)를 일으키게 되는 것은 이와 같은 현상이다.

(3) 복사(radiation)

모든 물체는 온도에 따라 그 표면으로부터 모든 방향으로 열에너지를 전자파로 복사한다. 이 복사에너지가 물체에 일부 흡수되면 그 물체의 온도는 상승한다. 이와 같은 열전달 현상이 복사이다.

겨울철에 난로주위에 있을 때 따뜻한 것을 느낄 수 있는 것은 복사열을 받기 때문이며 화재현장에서 주위의 건물을 연소시키는 것은 복사가 주원인이다.

특히, 바람이 부는 방향의 상층부나 좌우부의 연소는 대개 복사열에 의하여 이루어진다.

(4) 비화(불똥)

비화는 수㎜에서 수㎝정도의 크기를 갖는 화염덩어리를 말한다.

대화재는 비화에 의하여 연소되는 경우가 많으며 불똥은 기류를 타고 타 건물의 가연성물질에 옮겨 붙어서 착화하게 한다.

3. 화재의 특수현상

1) 플래시오버(Flash Over)현상

실내에서 화재가 발생하는 경우 온도변화는 화원의 크기, 종류, 내장재의 종류, 실내의 개구부의 크기에 따라 좌우되지만, 일반적으로 다음과 같이 변화한다.

발화점은 담배를 이불속에 방치하거나 쓰레기통에 던져 버린다든가, 점화되고 있는 석유스토브에 급유를 하다가 인화되거나, 튀김기름에 불이 붙어 화재가 발생했을 때 등이 해당된다.

그 후 발화원인인 화원이나 착화물의 종류에 따라 시간적 경과는 각기 다르며, 비교적 낮은 온도에서 번져가지만 일단 벽체의 내장재나 가구 등에 착화하여 불이 커져 천장에 이르면 급속도로 수평방향으로 불이 번져 연소면적이 넓어짐과 동시에 복사열에 의해 실내에 있는 가연물의 열분해가 한층 촉진되어 가연성가스와 공기가 혼합되면서 연소범위에 들어가게 되며 연소중의 불에 인화하여 급속히 화재가 확대, 실내 전체가 불길에 휩싸여 온도는 상승하기 시작한다.

이 현상을 플래시오버(FO)라 부르며 이후 화재장소의 온도는 상승하여 최고점에 도달하게 된다. 발화원이 성장하여 내장재에 착화된 후 이 FO가 발생할 때까지의 시간은 방의 창이나 개구부의 크기, 내장재, 화원의 크기에 따라 다소 달라지겠으나 내장재가 가연성 재료인 경우에는 3~4분, 난연재료인 경우에는 5~6분, 준불연재료의 경우에는 7~8분으로 화재실험 등에 의해 밝혀져 있다.

플래시오버(FO)가 실내에서 발생했다면 그 실내는 불꽃 때문에 사람이 생존할 수 없고, 유독가스를 포함한 짙은 연기가 분출되어 복도는 검은 연기로 가득 차게 되어 복도를 통한 피난이 불가능해지며 화재는 최성기를 맞아 더더욱 많은 연기를 뿜어댄다.

2) 백 드래프트현상(back draft: hot air explosion, smoke explosion)

적절하게 배연이 되지 않는 상태에서 화재로 인하여 산소가 결핍된 실내에 산소가 급격하게 유입되었을 때 발생하는 고열(화재)가스의 폭발 또는 급격한 연소를 말한다. 지하실, 창고, 선박 등에서 장시간 연소되면 실내에 다량의 일산화탄소,

기타 가연성가스가 발생, 체류하여 백드래프트 현상을 일으키는데 이것을 연기폭발이라고도 한다.

백 드래프트 현상은 일산화탄소 12.5~74.2%의 범위에서 온도 600℃이상일 때에 새로운 공기가 들어가면 발생한다. 미국에서는 이 현상을 '소방관 살인현상'으로 불려진다.

3) 유류화재 현상

(1) 열파(heat wave)현상

원유나 중유와 같은 중질유는 상당히 넓은 비점 범위를 갖고 있어 이와 같은 중질유의 탱크 화재 시에는 고열의 열유질을 유면에서 밑쪽으로 전달하며 그 층의 두께는 연소시간의 경과에 따라 증대한다. 이와 같이 밑 부분으로 전도하는 열유층(熱油層)을 열파라고 한다.(원유:50~200℃, 중유:250℃이상, 전파속도 : 0.4~1.3m/h

(2) 보일오버(boil over)현상

석유탱크 화재 시에는 발화된 액체위험물 밑 부분에 비점이 낮은 불순물(물 또는 습기를 다량으로 포함한 찌꺼기 등)이 있어 연소에 수반하여 고열의 열파가 내려가게 되면 급격한 기화로 인해 다량의 기름이 탱크 밖으로 넘치는 현상을 말한다. 이러한 보일오버 현상의 조건은 다음과 같다.

① 열파를 형성하는 유류일 것

② 탱크 밑 부분에 물 또는 습도를 함유한 찌꺼기 등이 있을 것

③ 거품을 형성하는 고점도의 성질을 가진 유류일 것

보일오버 현상을 예측하기 위해선 탱크측판에 시온도료 사용, 변색현상 주시, 분무방수에 의한 수증기 증발현상 등에 의한다. 보일오버 현상 발생 예측은 화염이 갑자기 높아지는 경우, 화염이 갑자기 빛나는 경우, 유면 밑에서 기화소음을 발생하는 경우 등이다.

(3) 슬롭오버(slop over)현상

액체위험물이 화재 시 계속되는 연소로 연소물은 계속 가열되고 고온화하여 더욱 가연성 가스를 활발하게 생성시킨다. 이때 물이나 수분을 포함한 소화약제를 방사하게 되면 물의 비점(100℃0이상일 경우 급작스러운 기화로 1700배 정도의 부피로 확장되어 이로 인해 열유를 교란시켜 탱크 밖으로 밀어 올리거나 비산시키는 현상을 말한다. 보일오버 현상에 비하면 그 규모는 작다.

(4) 화이어볼(fire ball)현상

용기 내에 액화석유가스 등이 저장된 상태에서 화재가 발생하면 그 열에 의하여 용기가 계속 가열하면 액체는 빠른 속도로 기화하여 내부압력을 증대시킨다.

그리하여 내압을 견디지 못한 용기는 파열 또는 폭발하고 가연성가스 덩어리가 분출되고 공기와 혼합 확산한다.

이때 착화하게 되면 거대한 화염 덩어리가 되는데 이 경우 파괴력을 수반하여 폭굉을 발하는 경우도 있으며, 특히 복사열이 강하여 수열(受熱)피해와 화염피해, 원거리 연소 등의 현상이 나타나기 때문에 각별한 주의가 필요하다.

이와 같은 현상을 브레비현상 또는 비등액체 팽창증기폭발(boiling liquid expanding vapor explosion)이라고도 한다.

4) 화재 시 연기의 위험성

화재와 연기의 위험성에 대한 상관성은 크게 산소의 부족(공기 중 8%이하)과 유독가스(일산화탄소. 이산화황, 암모니아, 시안화수소 등)의 발생현상으로 압축할 수 있는데 공기 중에 포함된 산소의 농도는 보통 21%이지만, 화재 시 연소에 의해 산소가 소비되면 사람의 호흡에 필요한 산소의 부족현상과 아울러 산화탄소와 이산화탄소의 농도는 증가한다. 사람이 당황하게 되면 평소의 3배 호흡량이 많아 다량의 유독가스를 흡인하게 된다. 실제로 연소가스 중에는 2~3%의 산소가 함유되어 있을 뿐이므로 이러한 저농도 산소는 사람이 1회의 호흡만으로도 의식불명이 될 수 있다고 연구되고 있다.

최근 화학제품의 보급이 확산됨에 따라 화재 시에는 엄청난 유독가스가 발생하고 있다. 화학제품이 탈 때는 보통 목재류가 탈 때보다 10~25배 이상의 연기가 발생하고 그 외 청산, 염화수소, 포스겐 등의 유독가스를 발생시킨다.

이 가스는 극히 미량으로도 호흡장애나 마비를 일으켜 죽음으로 몰고 간다. 보통 사람은 일산화탄소 1% 포함한 공기를 약 2분 정도 호흡하면 질식으로 생명을 잃게 된다. 연기가 이동하는 속도는 수평방향으로 1초에 약 1~2 m 정도로 보통 사람이 걷는 속도와 같고, 수직방향으로 상승하는 속도는 1초에 약 3~5 m 정도이다. 그러므로 화재 시 막혀있는 장소의 높은 곳은 극히 위험하다.

(1) 산소농도의 저하와 인간의 반응

① 산소농도 21~18% : 긴급탈출 가능
② 산소농도 16~14% : 두통과 맥박이 증가하고 현기증, 구역질
③ 산소농도 12~10% : 의식불명, 구토와 실신
④ 산소농도 8~7% : 의식불명, 실신, 7~8분 이내에 사망에 이름
⑤ 산소농도 6%이하 : 호흡정지, 경련, 6분 이내에 사망에 이름

(2) 연기의 이동속도

인간의 보행속도를 1~1.2m/sec로 가정하였을 경우 수평방향(복도 등)으로는 0.5m/sec인 반면, 수직방향으로는 화재초기에는 1.5m/sec, 중기이후에는 3~4m/sec로서 사람의 보행속도 보다 훨씬 빠르다(발화10~15분이면 복도·계단 등의 공용부분은 통행이 불가능 하다) 따라서 화재 시 계단을 통해서 대피할 경우에는 신속히 아래층으로 대피하고, 아래층으로 대피하기 어려울 때에는 상층으로 대피하되 반드시 옥상으로 탈출하여 구조를 기다려야 한다. 그렇지 않고 상층부에 머무를 때는 다량의 연기가 상층부에 집중되므로 매우 위험한 상황에 처할 수 있다.

4. 소화(消火)의 원리

화재의 소화는 연소의3요소 즉 가연물, 산소 및 열(발화에너지)의 세가지중에서 어느 한 가지 이상을 제거함으로써 연소반응을 중지시키는 것이며 그 방법은 다음과 같이 분류할 수가 있다.

1) 소화(消火)의 분류

(1) 질식소화법

가연물의 연소에는 보통 산소의 공급을 필요로 하므로 이것을 차단하면 연소는 중단한다. 이것을 질식소화법이라 하며 다음과 같은 방법이 있다.

① 불연성기체로 덮는 방법

무거운 불연성의 기체를 연소물의 위에서 덮으면 그 기체와 산소가 희석 또는 차단되어 소화할 수가 있다. 현재 사용되고 있는 것으로는 이산화탄소(CO2), 질소(N2) 등의 기체와 할로겐화합물 등이 있다.

② 불연성의 홈(foam)으로 연소물을 덮는 방법

연소하고 있는 물질을 공기나 이산화탄소, 질소 등으로 발포시킨 홈(foam)으로 덮으면 소화할 수 있다. 유지류 등의 소화에 가장 많이 사용되고 있는 홈으로는 화학포, 공기포가 있으며 이들 홈으로 연소물을 덮은 경우 홈에 섞여있는 수분은 열에 의하여 증기로 되고 또 파괴되지 않은 홈은 공기를 차단한다. 따라서 이러한 의미에서 질식과 동시에 냉각작용도 하고 있다고 말할 수 있다.

③ 고체로 연소물을 덮는 방법

화면(火面)이 작은 경우는 담요 등으로 연소물을 덮으면 소화할 수 있다. 후라이팬의 화재 시에 주위에 있는 타올을 사용하는 경우 등으로서 이 방법은 초기소화에는 유효하다. 또, 불연성 가스나 물속에서도 연소가 계속될 때는 건조사(마른모래)로 소화하는 것도 이 방법이다.

④ 연소실을 완전 밀폐하여 소화하는 방법

창고나 선실 등을 밀폐하여 산소를 단절하여 소화할 수 있다.

(2) 희석소화법

가연성 기체가 연소하기 위해선 그것이 산소와 연소범위에 있는 혼합기를 만들어야 한다. 따라서 산 소농도가 가연물의 조성을 연소범위 이하로 희석시켜 소화할 수가 있다. 이와 같이 기체, 액체, 고 체에서 나오는 분해가스의 농도를 엷게 하여 연소를 중지시키는 방법을 희석소화법이라 한다.

① 액체의 농도를 희석하여 소화하는 방법

연소중인 액체를 불연성의 다른 액으로 엷게 희석하면 액면상의 가연성 증기량이 감소하고 연소하한계 이하 로 되어 연소하지 않게 된다. 예를 들면 메탄올, 아세톤 등의 수용성액체가 연소하고 있는 경우에 물을 대 량으로 쏟아 넣으면 소화할 수 있다.

② 강한 바람으로 불어서 소화하는 소화법

연소물에 강한 바람을 대면 가연성의 증기가 바람에 날려 농도가 엷어지게 되어 소화할 수 있다.

③ 연성의 기체에 의한 희석소화법

연성의 기체를 불꽃 속에 넣으면 산소농도가 엷어지게 되므로 소화할 수가 있다. 질식소화와 거의 같으며 이것을 이용하여 이산화탄소, 질소가스등의 불활성가스를 연소실에 불어넣어 산소농도를 10%이하로 하여 소화한다.

통상 공기 중에는 약21%의 산소가 포함되어 있다. 이것을 더욱 엷게 하면 불꽃의 발생은 점점 약해지게 되고 결국에는 꺼진다. 이것을 응용한 것으로서 지하주차장등의 소화설비에 이산화탄소를 사용하거나 또는 드라이아이스를 창고, 선실에 넣고 소화하는 방법이 있다

(3) 제거소화법

연소물이나 화원을 제거하면 소화할 수 있다. 이것을 제거소화법이라 한다. 이 방법은 가연성물질을 파괴, 제거, 이동 등을 하여 수열면을 작게 하여 연소를 저지시키는 방법이다. 화재현장에서 복도를 파괴 하 거나 대형화재의 경우 어느 범위의 건물을 제거하여 방어선을 만들어 연소를 방지한다. 또 산림화재를 미리 예상하여 평소에 방화선을 설정하고 있는 것은 이곳에서 차단시키기 위한 것이다.

(4) 냉각소화법

소화제(물을 포함한다)의 냉각효과에 의하여 연소물을 냉각시키고 그 온도를 발화점이하로 내려 소화할 수가 있다. 이것을 냉각소화법이라 한다. 소화제에는 기체의 연소에 대한 고체의 냉각작용과 주수(홈냉각을 포함한다)의 냉각작용이 있다. 물에 의한 소화는 가연물을 발화점 이하로 냉각하는 데에 가장 실용 적이고 일반적이라고 말할 수 있다. 보통 가연물의 발화점은 각각 다르지만 대개 250℃ 이상이기 때문에 주수로 그 이하가 되게 하면 소화할 수 있다.

그러나 주수기피 물질이나 금수성물질 등과 같이 물과 반응을 심하게 일으키는 것은 소화 작업 시 충분히 주의하여야 한다. 물은 고체, 액체, 기체의 세 가지 형태로 변화하지만 액체에서 기체로 변화할 때 흡수하는 경우의 열량은 최대의 냉각효과를 얻을 수가 있는 것이다. 1g의 물이 증발하는 데는 538cal의 열을 흡수하고 약1,700배의 수증기가 되어 공기 중에 체류하며 연소물 등의 냉각과 함께 산소를 희석시킨다. 그래서 소화에 있어서는 주수한 물이 전부 수증기화 하는 것이 가장 이상적이다.

2) 소화기 분류 · 사용법

화재는 무엇보다 그 발생초기에 진압을 하는 것이 가장 중요하며, 화재를 초기에 진압할 수 있는 기구가 소화기이다. 또한 소화기는 화재발생시 건물 내에 있는 사람이 가장 손쉽게 사용할 수 있는 소방기구 중의 하나로써 화재를 초기에 진압하는 데 중요한 역할을 담당한다.

소화기는 화재가 발생할 경우 단 한번 사용하게 되는 것이므로 그 중요성을 잊어버리고 방치해 두는 일이 많으나 만일의 경우를 대비하여 항상 소화기를 양호하게 관리하여 사용에 지장이 없도록 해야 한다.

(1) 소화기의 분류

A. 소화능력단위에 의한 분류

① 소형소화기 : 능력단위 1단위 이상이면서 대형소화기의 능력단위 미만인 것
② 대형소화기 : 능력단위가 A급소화기는 10단위, B급소화기는 20단위 이상인 것

B. 가압방식에 의한 분류

① 축압식

소화기의 용기 내부에 소화약제와 압축공기 또는 불연성가스(질소,CO2등)를 축압시켜 그 압력에 의해 약제가 방출되며, CO2소화기와 할론1301 소화기외에는 모두 지시압력계가 부착되어 내부의 압력을 지시하고 있으며 압력계의 지시침이 적색부분을 지시하면 비정상압력, 녹색부분을 지시하면 정상압력 상태이고 8.1~9.8 kg/㎠정도로 축압시킨다.

② 가압식

수동펌프식, 화학반응식, 가스가압식으로 분류되며 수동펌프식은 펌프에 의한 가압으로 소화약제가 방출되고 화학반응식은 소화약제의 화학반응에 의해서 생성된 가스의 압력에 의해 소화약제가 방출되며 가스가압 식은 소화약제의 방출을 위한 가압가스용기가 소화기의 내부나 외부에 따로 부설되어 가압가스의 압력에 의해서 소화약제가 방출된다.

C. 소화약제에 의한 분류

소화기 내부에 저장된 소화약제에 따라서 물소화기, 산알카리소화기, 강화액소화기, 할로겐화합물소화기, 이산화탄소소화기, 분말소화기 등으로 분류된다.

① 분말소화기

현재 우리나라에서 가장 많이 보급되어 있는 소화기로 인산암모늄이 주성분이며, 방사 된 약제는 연소면의 피복에 의한 질식, 억제작용에 의해 일반화재, 전기화재 등 모든 화재에 효과적이나 소화약제는 다른 종류의 분말 소화약제와는 화학성질이 다르므로 혼합되지 않도록 해야 한다.

이 소화기는 건조된 분말을 주성분으로 하고 분말상태가 장기간 유지되도록 방습제 등을 첨가하여 용기본체에 충전하고 분말약제를 방사할 수 있도록 압축가스를 봉입한다. 이 압축가스의 봉입방법에 따라 용기 본체에 직접 봉입하는 축압식과 별도의 용기에 충전하여 소화기 본체에 부착하는 가압식이 있다.

이 소화기는 안전핀을 제거하고 손잡이를 누르면 봉판이 파괴되고 이 때 압축가스에 의해 약제를 방사하게 된다.

② 이산화탄소(CO2)소화기

이산화탄소는 고압으로 압축되어 액상으로 용기에 충전되어 있으며, 고압가스용기를 사용하기 때문에 중량이 무겁고 고압가스의 취급이 용이하지 못하다는 단점이 있으나 소화약제에 의한 오손이 적고 전기절연성도 크기 때문에 전기화재에 많이 사용된다.

③ 하론 소화기

하론소화기는 할로겐화합물로 충전되어 있으며 화재가 발생하면 소화기의 노즐을 발화지점을 향해 소화하면 된다.

할로겐화합물은 쉽게 변질되지 않으므로 소화기 자체에 붙어있는 사용범위를 알려주는 압력계를 관찰하여 사용범위 내에 있으면 충전할 필요가 없이 사용 가능하다. 또 소화용도로 사용한 때에는 용기에 재충전하여 쓸 수 있으며, 주로 전자계산실이나 중요한 서류, 문서실, 귀금속을 보관한 장소에서 사용된다.

D. 소화기의 화재적응성

소화기의 화재 적응성에 따라 화재의 종류는 3가지(A,B,C급 화재)로 구분할 수 있다.

① A급화재-목재, 섬유류, 종이, 플라스틱처럼 타고나서 재를 남기는 일반화재를
② B급화재-기름, 알코올 등과 같이 타고나서 재가 남지 않는 유류나 가스화재
③ C급화재-전기설비 또는 기구에서 일어나는 전기화재를 말한다.

(2) 소화기 사용법

화재를 발견하면 소화기를 들고 화재장소 가장 가까운 직선거리로 이동한다.

① 안전핀을 뽑는다. 이때 손잡이를 누른 상태로는 잘빠지지 않으니 침착하도록 한다.
② 호스걸이에서 호스를 벗겨내어 잡고 한손으로 노즐(호스)을 화재가 발생한 쪽으로 향한다.
③ 다른 한손으로 손잡이를 움켜쥐면 약제가 방사되어 소화된다.
④ 불의 아래쪽에서 비를 쓸 듯이 차례로 덮어 나간다.
이때 바람을 등진 쪽에서 비로 쓸 듯이 좌우로 뿌리는 것이 효과적이며 당황하지 말고 침착하게 소화기를 사용해야 한다.
⑤ 불이 꺼지면 손잡이를 놓는다(약제 방출이 중단된다)

(3) 소화기 관리 및 점검요령

평소 소화기는 눈에 잘 띄는 곳에 비치하고 언제라도 사용가능한 상태로 유지하여야 하며 다음과 같은 방법으로 수시로 점검을 하여야 한다.

① 가압식소화기의 점검방법

안전핀과 노즐을 확인하여 이상 유무를 확인하고, 소화기를 거꾸로 들어 약제의 유동여부(소리)를 귀로 확인 한다. 이때 약제가 유동되는 소리가 들리지 않는 경우는 응고되어 사용이 불가능한 상태이므로 약제를 교환하여야 한다.

② 축압식소화기의 점검방법

안전핀과 노즐을 확인하여 이상 유무를 확인하고, 압력게이지를 확인하여 바늘

이 녹색부분에 위치하고 있는 경우는 정상상태이다.

바늘이 적색부분에 위치하고 있을 때는 과충전 상태이며, 황색부분에 위치하고 있을 때는 압력이 충분하지 못한 상태이므로 소화기판매점이나 소방설비업체 등에 의뢰하여 가스와 약제를 재충전하여야 한다.

5. 화재 시 행동요령

불이 나면 누구든지 당황하고 공포감에 싸이게 되며 때로는 흥분하여 평상시보다 판단력이 떨어져 우왕좌왕하다 연기에 질식되거나 높은 데서 뛰어내려 귀중한 인명피해가 발생하기도 한다. 이런 경우 혼자 불을 끄려고 노력하다 불이 확대되어 미처 피난하지 못하는 경우도 있다. 화재가 발생하면 최초 발견자는 큰소리로 다른 사람에게 화재가 발생했다는 사실을 알려야 하고 즉시 소화기나 모래, 옥내소화전 등을 이용하여 소화 작업에 임해야 한다. 이때 주의해야 할 사항은 불 쓰는 일에만 정신이 팔려 연기에 질식하거나 불길에 갇히는 일이 없도록 하고 소화약제는 화염이나 연기에 방사하는 것이 아니라 화원에 방사해야 한다.

화재는 무엇보다 그 발생초기에 진압을 하는 것이 가장 중요하며, 화재를 초기에 진압할 수 있는 기구가 소화기다.

또한 소화기는 화재발생시 건물 내에 있는 사람이 가장 손쉽게 사용할 수 있는 소방기구 중의 하나로써 화재를 초기에 진압하는 데 중요한 역할을 담당한다.

소화기는 화재가 발생할 경우 단 한번 사용하게 되는 것이므로 그 중요성을 잊어버리고 방치해 두는 일이 많으나 만일의 경우를 대비하여 항상 소화기를 양호하게 관리하여 사용에 지장이 없도록 해야 한다.

초기소화가 불가능하다고 판단되면 지체 없이 소방관서에 신고를 하고 대피해야 하는데 이때는 연소속도를 늦추기 위하여 반드시 출입문을 닫고 대피하여야 한다.

따라서 화재 시 행동요령을 평상시 염두에 두고 훈련하여 항상 대비해야 한다.

1) 화재신고요령

(1) 화재 시 119 신고요령

어른들이 119신고를 하면서 소방교육을 받은 어린이만큼도 못하게 당황하여, 주소도 알리지 못하고 전화를 끊는 경우가 많다. 119신고 시 정확한 주소나 찾기 쉬운 주변건물을 알려야 한다.

과거의 예를 볼 때 화재를 당하게 되면 당황한 나머지 우왕좌왕 하게 되어 신고가 지연됨에 따라 피해가 확대되는 사례가 많았는데 화재를 당했을 경우에는 침착함을 잃지 말아야 한다.

일반 화재가 발생하면 최초발견자는 큰소리로 "불이야"를 외치거나 비상벨을 누르거나 소리 나는 물건을 두드려 다른 사람들에게 화재사실을 알려야 한다.

소방관서에 화재신고를 할 때에는 침착하게 화재발생 장소, 주소, 주요건축물 또는 목표물, 화재의 종류 등을 상세하게 설명하여야 하며 침착한 신고를 위해서는 평소에 유사시를 예상한 마음자세와 훈련이 필요하다.

또 만일의 경우를 대비하여 전화기 가까운 곳에 집주소나 주요건축물 또는 목표물 등을 적어서 부착시켜 놓고 유사시 이것을 보고 신고하면 효과적이다.

(2) 초기소화

전기화재는 전기스위치를 내린다. 분전반이나 차단기 등 석유난로 등에 의한 화재일 때는 담요나 이불을 물에 적셔서 뒤집어씌우며, 가스화재는 용기의 밸브를 잠근다. 기본적인 조치가 끝나면 소화기나 물을 이용하여 불을 끌 수 있을 때까지 노력해야 하며 이때 주의해야 할 점은 전기화재에 물을 사용하면 안 된다. (감전 위험) 또한 기름 종류의 화재에 물을 사용하면 불을 키우는 경우가 있으며, 가스화재는 폭발성이 있으므로 갑자기 문을 열거나 전기스위치 등을 조작하면 안 된다.

2) 대피유도 및 긴급피난

(1) 피난 유도

불이 나면 물질이 연소할 때 연기 속에 독성이 강한 가스 등이 많이 포함되어 있다. 연기는 짧은 시간에 쉽게 건물의 수직부분으로 올라가므로 연기의 피해로 인명피해가 증가하는 것이 최근 화재의 특징이다(연기의 이동속도: 1초당 수직으로 3～5m, 수평으로 1m) 또한 불특정 다수인이 출입하는 백화점이나 고층복합건물 등에 화재가 발생하였을 경우 건물구조를 상세하게 알지 못하는 사람들은 당황하거나 겁을 먹게 되어 이성을 잃고 무분별한 행위를 하게 되므로 화재 시에는 그 건물구조에 익숙한 사람이 적절한 피난유도를 해야 한다.

① 만일의 경우를 생각하여 실험실이나 연구실의 피난계획을 세워둔다.

② 과거 수많은 대형 참사가 적절한 피난유도가 이루어지지 않아 발생했다는 사실을 직시할 때 평소 피난통로의 확보와 피난유도 훈련을 철저히 실시한다.

③ 평소에 가급적 엘리베이터 사용을 자제하고 계단이나 피난 통로를 걸어서 이용하는 습관을 들여 유사시 신속하게 대피할 수 있도록 지형지물에 익숙해지도록 노력을 한다.

④ 피난 유도 시에는 큰 소리로 외치는 것보다 가급적 불안감을 느끼지 않도록 차분하고 침착하게 행동하여야 한다.

(2) 안전한 긴급대피 요령

- 화재가 나면 엘리베이터의 이용은 위험하다(정전 시 갇히게 된다). 소방시설은 정전 후 20분 이상 비상전기가 공급되므로 피난할 시간은 충분하다.
- 모포, 수건을 적셔 얼굴을 가리고 몸을 보호한다.
- 피난할 때는 열기나 연기의 방향을 보고 불이 난 반대쪽의 비상구, 비상계단을 찾아 1층 또는 옥상 중 가까운 쪽을 선택한다.
- 연기, 열기 속을 움직일 때는 자세를 최대한 낮추고 행동을 최소한으로 하여 산소소모를 줄여 숨을 적게 쉬도록 노력한다.
- 닫힌 문을 통과할 때는 문을 열기 전에 먼저 손으로 만져본다. 문짝이나 손잡이

가 뜨거울 때는 문 반대편에 강한 화연이 있다는 뜻으로, 이럴 때는 문을 열지 말고 다른 방향을 찾아야 한다.

- 엘리베이터는 정전으로 갇힐 위험이 있으므로 반드시 계단을 이용한다.
  숙박시설, 유흥업소에는 화재 시 피난통로 유도표지와 비상전등이 비치되어 있으니, 평소 미리 눈여겨보아 두는 습관을 갖는다.
- 공포감을 극복하고 주변상황을 정확히 판단한다.
- 실내에 갇혀 있을 때에는 갑자기 문을 열면 안 된다.
- 상황판단 없이 높은 데서 뛰어내리면 안 된다.
- 피난 시 화장실이나 통로의 막다른 곳은 위험하다.
- 고립되면 각종 수단을 동원하여 자기가 있는 곳을 알려야 한다.
- 연기가 많은 곳에서는 팔과 무릎으로 기어서 이동하되 배를 바닥에 대고 가지 않도록 한다.
- 옷에 불이 붙었을 때에는 두 손으로 눈과 입을 가리고 바닥에서 뒹굴어 준다.

(3) 불길에 갇혀 피난이 불가능한 경우 대응요령

- 소방대원의 지시가 없이 창문으로 뛰어내리는 등 무모한 행동을 하지 않아야 한다.
- 열기, 연기에 갇혀 비상구를 찾지 못할 경우에는 문을 닫은 다음, 문틈을 최대한 막고 물을 뿌려 연기의 침입을 방지한다.
- 화재 시 카펫, 가구 등이 탈 때는 강한 유독가스가 발생하므로 연기를 마시지 않도록 호흡과 신체활동을 적게 하여 산소 소모를 줄여야 한다.
- 창문이나 문밖에 수건을 걸어 놓거나, 외부에 사람의 기척이 있을 경우, 수건 등을 흔들어 구조요청을 한다.
- 아래층에서의 화염이나 연기가 창문을 통하여 위층으로 올라올 수도 있으니, 계속 문을 열고 있지 않는 것도 중요하다.
- 소방대가 도착해도 구조준비에 약간의 시간이 소요되므로, 조급히 서두르지 않아야 한다.

6. 화재예방대책2)

1) 원인별 화재예방요령

A. 전기화재 예방요령

(1) 주요원인

일상생활에 있어 없어서는 안 될 전기는 우리나라 화재발생 원인 중 수위를 점하고 있다. 전기화재는 낡은 전기기구나 부실공사로 인해 발생도 하지만 대부분은 전기용품에 대한 지식이나 상식부족 또는 사용하는 사람의 부주의나 방심으로 인하여 전기기구의 과열 및 탄화상태를 가져와 발생하는 것으로 날로 증가하고 있는 실정에 있으므로 전기용품을 사용 시에는 올바른 사용법의 숙지와 세심한 주의가 필요하다.

① 전선의 합선 또는 단락에 의한 발화

전선이나 전기기구의 절연체가 파괴되거나 두 가닥의 전선이 어떤 원인에 의해 서로 접촉하면서 순간적으로 큰 전류와 많은 열을 발생하는 현상

② 누전에 의한 발화

전선이나 전기기구 등이 낡아 절연불량 등의 원인으로 전류가 건물 내의 금속체를 통하여 흐르게 되어 이로 인한 저항열에 의해서 발열을 일으키는 현상

③ 과전류(과부하)에 의한 발화

전선의 허용 전류를 초과한 전류를 과전류라 하며 에어컨, 전기다리미, 전자레인지, 동력 등을 동시에 사용할 시 적정용량을 초과하여 불이 붙는 현상

---

2) http://www.kfsa.or.kr/info/information/fireprotection4.htm?pgid=117_118_307_311/ (검색일: 2012.01.07)

④ 기타 원인에 의한 발화

규격미달의 전선 또는 전기기계기구 등의 과열, 배선 및 전기기계기구 등의 절연불량 상태, 또는 정전기로부터의 불꽃

(2) 예방요령

- 전기기구를 사용하지 않을 때에는 스위치를 끄고 플러그를 뽑아 둔다.
- 가전제품의 플러그를 뽑을 때에는 선을 잡아당기지 말고 플러그 몸체를 잡고 뽑도록 한다.
- 개폐기(두꺼비집)는 과전류 차단장치를 시설하고 습기나 먼지가 없는 사용하기 쉬운 위치에 부착한다.
- 개폐기에 사용하는 퓨즈는 규격퓨즈를 사용하고 퓨즈가 자주 끊어질 경우 근본적으로 그 원인이 무엇인가를 규명, 개선한다.
- 각종 전기공사 및 전기시설 설치 시 전문 면허업체에 의뢰하여 정확하게 규정에 의한 시공을 하도록 한다.
- 콘센트에 플러그를 깊숙이 꽂지 않으면 흔들려 열이 발생하므로 완전히 꽂아 사용하도록 한다.
- 누전으로 인한 화재를 예방하기 위해서 누전차단기를 설치하고 한 달에 1~2회 작동유무를 확인한다.
- 전선이 꼬이거나 묶어서 사용하면 열이 발생하여 위험하므로 전선이 꼬이지 않도록 한다.
- 전기담요는 자주 밟거나 접어서 사용하면 접힌 부분에 열이 발생하며, 각종 장식용 트리 등에 설치한 소형전구는 너무 오랫동안 사용치 않도록 한다.
- 한 개의 콘센트나 소켓에서 여러 선을 끌어 쓰거나 한꺼번에 여러 가지 전기기구를 꽂는 문어발식 사용을 하지 않는다.
- 비닐전선은 열에 견디는 힘이 약하다. 따라서 백열전등이나 전열기구 등 고열을 발생하는 기구에는 고무코드 전선을 사용한다.
- 비닐전선이나 양탄자 밑으로 전선이 지나지 않도록 한다.
- 전기기구 구입 시 『전』, 『검』, 또는 『KS』 표시가 있는지 확인하고 사용 전에는 반드시 사용설명서를 읽어본다.
- 전선이 쇠붙이나 움직이는 물체와 접촉되지 않도록 한다.

B. 유류화재 예방요령

유류는 인화성 물질로서 주로 석유류 등을 말하며 우리생활에 많은 도움을 주지만 화재위험이 높고 불이 붙으면 순식간에 확대되므로 그 취급에 세심한 주의를 기울여야 한다.

(1) 주요원인

- 석유난로에 불을 끄지 않고 기름을 넣을 때
- 주유 중 새어나온 유류의 유증기가 공기와 적당히 혼합된 상태에서 불씨가 닿을 경우
- 유류기구를 사용도중 이동할 때
- 불을 켜놓고 장시간 자리를 비울 때
- 난로 가까이에 불에 타기 쉬운 물건을 놓았을 때
- 튀김요리 중 튀김기름이 가열되어 넘치는 경우

(2) 예방요령

- 유류는 이외의 다른 물질과 함께 저장하지 않도록 하고, 유류저장소는 환기가 잘 되도록 하고 가솔린 등 인화물질은 용도에 맞게 사용한다.
- 급유 중 흘린 기름은 반드시 닦아 내고 난로 주변에는 소화기나 모래 등을 준비해 둔다.
- 석유난로, 버너 등은 사용 도중 넘어지지 않도록 고정시켜 둔다.
- 튀김기름은 가열을 시작하여 15분 정도 지나면 발화하게 되므로 튀김요리 도중 절대로 자리를 비우지 말아야 한다.
- 석유난로 주변은 늘 깨끗이 하고 불이 붙어있는 상태로 이동하거나 주유를 해서는 안 된다.
- 보일러나 난방기구에 이상이 있을 때에는 즉시 수리해서 사용 한다.
- 휘발유 또는 신나(희석제)는 휘발성이 극히 강해 낮은 온도(겨울철)에서도 조그마한 불씨와 접촉하게 되면 순식간에 인화하여 화재를 일으키기 때문에 절대로 담뱃불이나 불씨를 접촉시켜서는 안 된다.

- 열기구 가까이에 가연성 물질을 놓아서는 안 되며, 한 방향으로 열기가 나가도록 되어 있는 열기구의 경우에는 가연물이 그 방향으로부터 적어도 1m이상은 떨어져 있도록 해야 한다.
- 석유난로를 사용할 시 주전자의 물이 끓어 넘쳐흐르면 불꽃이 튀기 때문에 위험하다.
- 열기구의 받침은 열을 전달받는 금속체를 피하고 석면과 같이 열을 받지 않는 것을 사용하여야 한다.
- 주유소나 기타 위험물취급 장소에서는 절대로 담배를 피우지 않도록 하고 불조심에 대한 교육을 실시한다.
- 실내에 페인트, 신나 등으로 도색작업을 할 경우에는 창문을 완전히 열어 충분한 환기를 시켜준다.

C. 가연성 가스화재 예방

현대생활에 있어 가스는 사용하기에 편리할 뿐더러 열량이 높고 공해가 적어 가정이나 직장 등에서 주 에너지로 사용되고 있으나 잘못 다루면 가스중독 또는 폭발을 동반한 대형화재를 유발시킨다. 따라서 가스배관과 연소기 등에 대한 정기점검을 철저히 실시하고 가스사용 안전수칙을 준수하여야 한다.

(1) 연료가스의 종류와 특성

① 액화석유가스(LPG : Liquefied Petroleum Gas)

- 프로판과 부탄이 주성분으로 공기보다 1.5배~2배 정도 무거워 누설되면 낮은 곳에 체류하게 된다.
- 주로 용기에 충전하여 사용하며 수도권 이외 지역의 도시가스로도 공급되고 있다.
- 화학공업의 원료로도 사용된다.
- 순수한 LPG는 아무런 냄새나 색깔이 없으나 가정이나 영업소에서 사용하는 LPG는 누설을 쉽게 감지하기 위하여 마늘 썩는 냄새가 나는 부취제가 섞여 있다.

② 액화천연가스(LNG : Liquefied Natural Gas)

- 메탄이 주성분으로 공기보다 0.65배 가벼워 누설되면 높은 곳에서부터 체류하게 된다.
- 액체온도가 -162℃ 이하로 냉열산업에 이용하고, 기화시켜서 전국적으로 청정연료인 도시가스로 공급되며 주로 화력발전 연료로 사용된다.

③ 도시가스

- 도시가스는 LPG, LNG, 납사 등을 주원료로 혼합가스를 만들어 파이프라인을 통하여 계획도시의 수요자에게 공급되는 가스연료로 현재 도시지역에서는 천연가스, 기타 지역에는 LPG에 공기를 혼합한 가스를 사용하고 있다.

(2) 가스화재의 주요 원인

〈표 9-2〉 가스화재의 주요 원인

공 급 자	사 용 자
*용기밸브의 오조작 *용기교체 작업 중 *잔량 가스처리 및 취급미숙 *가스충전 작업 중 누설폭발 *고압가스 운반기준 미 이행 *배관내의 공기치환작업 미숙 *용기보관실 화재(연탄 등) 사용 *배달원의 안전의식 결여	*실내에 용기보관 가스누설 *점화 미확인으로 누설폭발 *환기불량에 의한 질식사 *가스사용중 장기간 자리이탈 *성냥불로 누설확인 중 폭발 *호스 접속불량 방치 *조정기 분해 오조작 *코크 조작 미숙 *인화성물질(연탄 등) 동시 사용

(3) 예방요령

① 사용 전

- 가스 불을 켜기 전에 새는 곳이 없는지 냄새를 맡아 확인한다.
- 가스 연소 시에는 많은 공기가 필요하므로 창문을 열어 실내를 환기시킨다.
- 가스레인지 주위에는 가연물을 가까이 두지 않도록 한다.

② 사용 중

- 점화용 손잡이를 천천히 돌려 점화시키고 불이 붙어 있는지 꼭 확인한다.
- 요리 시에는 자리를 뜨지 않도록 한다.
- 가스 연소 시에는 파란 불꽃이 되도록 공기 조절기를 조절하여 사용토록 한다.

③ 사용 후

- 가스사용 후에는 코크와 중간밸브를 반드시 잠근다.
- 장기간 집을 비울 때에는 용기밸브(LPG 경우)나 메인밸브(도시가스)까지 잠궈 두는 것이 안전하다.
- 가스레인지는 자주 이동하지 말고 한곳에 고정하여 사용한다.

④ 평상시

- 연소 시 불구멍(버너헤드)이 막히지 않도록 항상 깨끗이 청소를 하고 호스(배관)와 이음새 부분에서 혹시 가스가 새지 않는지 비눗물이나 점검액 등으로 수시 누설여부를 확인한다.
- 이사할 경우 가스시설의 철거나 설치는 반드시 관할도시가스 대행업자에게 의뢰하여 철거나 설치를 하도록 한다.
- LPG용기는 직사광선을 피해 보관하도록 한다.
- 휴대용 가스레인지를 사용할 경우 그릇의 바닥이 삼발이보다 넓은 것을 사용하지 않도록 하고 다 쓰고 난 캔은 반드시 구멍을 뚫어 잔류가스를 제거하고 버리도록 한다.

⑤ 가스 누설 시

- 가스누설을 발견한 즉시 코크와 중간밸브, 용기밸브(도시가스는 메인밸브)까지 잠근다.
- 주변의 불씨를 없애고 전기기구는 조작하지 말아야 한다.
- 창문과 출입문 등을 열어 환기시키며, 빗자루나 방석, 부채 등으로 쓸어낸다.

D. 담뱃불 화재예방요령

담뱃불로 인한 화재가 전체화재의 큰 비중을 차지하고 있다. 담뱃불의 온도는 약 섭씨 500℃이고 피우고 있을 때에는 약 섭씨 800℃나 되는 열을 지니고 있다. 따라서 담배는 지정된 장소에서 흡연하는 습관을 가져야 하며 담배꽁초는 불씨를 완전히 제거한 후 재떨이에 버려야 한다. 새로 제정 공포된 '국민보건증진법'에도 다중 출입장소, 공공장소, 일정규모 이상의 건축물에는 반드시 흡연 장소를 지정하여 흡연토록 지정하고 있다.

(1) 주요원인

- 술에 취한 채 잠자리에서 흡연
- 어른들의 무심코 버린 담배꽁초가 발화
- 담배 불씨를 완전히 끄지 않은 채 휴지통에 버려서 발화
- 재떨이의 담배 불씨를 완전히 끄지 않은 채 재떨이를 쓰레기통에 비우고 퇴근하여 발화

(2) 예방요령

- 휘발유, 가스, 화학약품 등 인화성이 강한 물질이 있는 장소나 실내에서는 금연을 하며, 이러한 곳에는 "금연구역" 표시판을 붙여 주의를 환기시켜 준다.
- 잠자리에서는 담배를 피우지 않도록 한다.
- 보행 중에는 흡연을 삼가고 꽁초는 아무데나 버리지 않는다.
- 흡연은 지정된 장소에서 하도록 하고 담배꽁초는 반드시 재떨이에 버리도록 한다.
- 불씨가 튀지 않도록 재떨이에 약간의 물을 부어 놓는다.
- 담배를 피울 수 있는 장소는 편리하고 안전한 곳을 택하여 "흡연구역"으로 지정한다.
- 담배를 피우다가 급한 용무로 잠깐 자리를 비울 경우 반드시 담뱃불을 끄고 나가야 한다.

E. 불장난화재

어린이는 놀기를 좋아하며 호기심이 많아 하고 싶은 일이 있으면 서슴없이 행하는 습성이 있다. 따라서 어린이들은 성냥, 라이타, 촛불, 모닥불, 폭죽놀이 등 손에 닿기 쉬운 것이면 무엇이던 가지고 불장난을 하게 되므로 어린이들에 대한 어른들의 각별한 주의가 필요하다

(1) 주요원인

성냥, 라이터, 난롯불, 아궁이불, 전기다리미, 촛불놀이, 폭죽놀이, 화약놀이 등에 의해 발화되며 불장난하는 어린이들은 6세에서 13세 미만의 어린이가 가장 많고 부모가 외출중인 토요일 오후나 일요일, 공휴일 등 학교수업이 없는 날에 많이 발생하고 있다.

(2) 예방요령

- 성냥, 라이터 등은 어린이들의 손에 닿지 않는 곳에 보관한다.
- 성냥, 라이터, 폭죽놀이, 깡통놀이 등을 하지 않도록 단속한다.
- 어린이들에게 불에 대한 올바른 인식을 갖도록 교육시킨다.
- 어린이들에게 석유난로 등을 켜거나 끄도록 심부름을 시키지 않는다.
- 외출 시에는 모든 화기의 안전점검을 하고 어린이들에게 불조심에 대한 주의를 환기시킨다.
- 어린이들에게 119허위신고(장난전화)를 하지 못하도록 교육시킨다.

F. 방화(放火)

강력범죄인 동시에 공공안전에 관한 범죄인 방화(放火)는 최근 들어 계속적으로 증가하고 있는 실정이다. 더욱이 방화에 의한 화재는 의도적으로 발생하기 때문에 초기진압이 어려워 많은 재산과 인명피해를 가져오는 화재이다.

(1) 주요원인

방화의 원인으로는 가정불화가 가장 많고 부부 또는 친구 등과의 싸움, 비관자살, 주벽, 정신이상 등으로 비정상적인 심리 상태에서 발생하며, 주요 방화장소는 차량, 주택, 음식점, 점포, 작업장 순이다.

특히 사회의 발달에 따라 보험과 관계된 방화는 더욱 지능화, 전문화되는 양상을 보이고 있다.

(2) 예방요령

- 차량방화를 예방하기 위해서 주택가나 도로상에 주차하지 않는다.
- 빈집 또는 건물의 화재예방을 위해 시간장치 후 외출한다.
- 주변의 정신질환자에 대한 행동을 항상 예의주시하고 보호자는 성냥이나 라이타 등의 보관에 유의한다.
- 실내청소 후 내다버린 쓰레기 중 타기 쉬운 물건을 방치하지 않도록 하며 항상 깨끗이 정리정돈 한다.

2) 장소별 화재예방요령

A. 주택·아파트 화재 예방

사람들의 주 생활공간인 주택은 소방행정력이 미치지 못하는 관계 등으로 화재 발생 위험요소가 가장 많이 상존하고 있으며, 최근 5년간 주택화재 발생 추세는 년 평균 11%로 화재가 가장 많이 발생하는 장소이다.

주택화재의 주요원인은 전기로 인한 화재가 가장 많고 불장난, 방화, 가스 등의 순서로 나타나 있다.

(1) 주요원인

- 용접 부주의로 불티가 가연물에 떨어져 화재 발생
- 용접물체가 가열되어 주위의 가연물에 착화되어 화재 발생

- 모닥불, 소각장 등의 불티가 바람에 날려 화재 발생
- 배관의 용접, 절단 시 배관의 보온 재료에 불티가 옮겨 붙어 화재 발생
- 용접작업장 인근에 방치되어 있는 위험물, 가연물 등에 불티가 튀어 화재 발생

(2) 예방요령

- 용접작업이나 쓰레기를 소각할 때는 소화기나 소화수 등을 비치한 후 작업에 임한다.
- 용접작업장 부근의 연소위험이 있는 위험물 및 가연물을 제거 후 작업한다.
- 천정 부근에서 용접작업 시 불티가 떨어져 화재위험이 없는지 확인한다.
- 모닥불 등의 처리는 충분히 소화하고 재연소의 발화 위험을 없애기 위해서 땅속에 완전히 묻는다.
- 쓰레기나 문서 등을 소각할 때는 감시인의 책임 하에 안전하게 한다.
- 모든 화기는 사용 시 취급상의 안전수칙을 반드시 준수하도록 한다.
- 전열기구 사용 시에는 하나의 콘센트에 여러 개의 전기기구 플러그를 접속시켜 사용하지 않도록 한다.
- 외출할 때에는 집 안팎을 반드시 점검하며, 동일유형의 다세대 주택에서는 반상회 등을 통하여 주민 스스로가 화재에 대비한다.
- 성냥이나 라이터, 양초 등은 어린이들의 손이 닿지 않는 곳에 보관하고 어린이들에게 불에 대한 무서움을 일깨워준다.
- 난로 곁에는 가연성 물질을 치우고 세탁물 등을 널어놓지 않는다.
- 잠자리에 들기 전에는 전기, 가스, 석유, 전기기구 등의 안전을 확인하는 습관을 생활화하고 휴지통에는 불씨가 남아있는 담배꽁초 등을 버려서는 안 된다.
- 식용유를 사용하는 튀김냄비 등을 불에 올려놓은 채 주방을 장시간 떠나지 않도록 한다.
- 가정에 적합한 소화기를 비치하고 그 사용법을 익혀둔다.

B. 차량화재 예방

(1) 주요원인

생활경제가 윤택해짐에 따라 차량의 보유가 급속하게 증가함에 따라 차량으로 인한 화재가 계속적으로 증가하여 주택화재 다음으로 많은 화재 발생율을 기록하고 있다. 자동차 화재의 특징은 유류를 사용하고 통풍이 좋기 때문에 순식간에 확대되어 인명피해의 위험이 높다는 점이다. 자동차 화재의 발생형태는 일시에 폭발하는 경우와 불길이 보이면서 서서히 타오르는 두 가지 형태로 나타나는데 엔진에서 새어나온 가솔린이 전기배선의 합선이나 피복이 벗겨진 곳에서 일어난 스파크에 의해 화재가 발생하거나 점화계통의 스파크로 인해 일어나는 경우가 많다.

차종별로는 승용차, 화물차, 승합차, 버스에서 많이 발생하는데 소화기 비치 의무차량이 아닌 차량의 화재 발생율이 높이며, 자동차화재 발화의 주요원인별 추세는 방화에 의한 화재가 가장 많으며 전기, 담뱃불, 불장난, 이동탱크의 유류누출 순이다.

(2) 예방요령

- 평상시 배선의 상태, 연료계통, 점화장치의 일일점검을 철저히 한다.
- 주행 중 차내에서 흡연을 삼가고 담배꽁초를 밖으로 버리지 않는다. 무심코 버린 담배꽁초에 의해 뒤따라오던 화물차량의 적재물에 화재가 발생하기 때문이다.
- 어린이들의 불장난 화재를 예방하기 위해서 차내에 라이터나 성냥을 방치하지 않도록 한다.
- 야간 주차 시에는 주차장에 안전하게 주차하여 사전에 차량방화를 예방한다.
- 만일의 사태에 대비하여 모든 차량에 자동차용 소화기를 비치하고 그 사용법을 익혀둔다(차량용 소화기 비치 의무차량 : 위험물 운송차량, 가스운송 화물차, 7인승 이상의 승합자동차).

C. 공장 · 작업장 화재

(1) 주요원인

산업사회의 발달에 따른 대단위 공장의 증가는 화재발생 우려를 가중시키고 있다. 특히 공장에서 발생한 화재는 대형화재로 번질 가능성이 높고 실제로 대형화재가 많이 발생하여 재산피해가 다른 장소에서의 피해보다 훨씬 높다.

그리고 공장화재는 화재로 인한 직접적인 손실 즉 물적 손실은 물론 생산중단으로 인한 간접적인 손실은 실로 측정하기가 어렵다. 지금까지 발생한 공장화재의 원인별 분석은 전기로 인한 화재가 가장 많고 유류, 가스, 담배 등이 주요원인이 되고 있다.

(2) 예방요령

- 소방시설을 완비하고 자체점검을 철저히 하며, 소방시설 사용요령 등에 관한 교육과 훈련을 정기적으로 실시한다.
- 전기시설을 함부로 설치하거나 무질서한 전기배선을 하지 않는다.
- 중앙공급식 난방을 설치하여 겨울철에 이동식 석유난로를 사용하지 않도록 한다.
- 화재 시 연소 확대를 방지하기 위하여 내장재는 단열재를 사용하고 방화구획, 자동방화셔터 등을 설치한다.
- 상품은 정리정돈을 철저히 하고 손님들의 담뱃불에 주의를 기울인다.
- 화재 시 소방차의 진입을 원활히 하기 위해 소방차의 진입로에 상품을 진열하거나 좌판을 설치하지 않도록 한다.
- 화재가 발생하지 않도록 예방대책을 강구하고 철저히 관리한다.
- 대규모 시장건물에는 스프링클러 설비 등 반드시 적합한 자동소화설비를 충분히 설치해야 한다.

D. 시장(점포)화재

(1) 주요원인

시장은 불특정 다수인이 출입하고 대량의 상품들이 진열 전시되기 때문에 화재의 위험성이 높아 소방관서에 의해 화재취약대상으로 특별관리 되고 있다.

시장화재의 특징은 일단 발화하게 되면 밀집된 점포와 대량으로 적재된 상품 등으로 인하여 급격하게 연소가 확대될 뿐만 아니라 석유화학제품은 짙은 연기와 유독가스를 발생시켜 진압이 어려워 대형화재로 확대된다.

시장화재의 발생요인은 무질서하게 연결해서 사용하는 전기배선, 즉 전기로 인한 화재가 가장 많고 수 없이 드나드는 상인이나 손님들이 버린 담뱃불, 겨울철 난방을 위해서 사용하는 난로 등이 주요원인이다.

(2) 예방요령

- 자위소방활동을 원활히 수행할 수 있도록 자위소방조직을 편성하고 유사시 각자 맡은바 임무를 철저히 수행할 수 있도록 정기적인 교육과 훈련을 실시한다.
- 공장이나 창고 등에 제품을 적재할 때에는 정리정돈을 철저히 하고 발화위험물질은 따로 분리하여 정리한다.
- 공장이나 작업장에서 화재위험지역으로 판단되는 곳은 "화기금지" 구역으로 설정하고 방화에 대한 철저한 확인 감독을 실시한다.
- 공장규모에 맞는 소방시설을 철저히 완비하고 그 사용에 관한 교육과 훈련을 실시한다.
- 화재 시 화재확대의 최소화를 위하여 내부시설의 단열내장재 처리와 방화구획의 설정 및 방화문을 설치한다.
- 담뱃불로 인한 화재의 예방을 위해서 종업원들의 흡연 장소를 안전한 곳에 설치한다.

E. 고층건물 화재예방

(1) 주요원인

현대사회의 특징은 건축물의 고층화, 주거지역의 밀집화, 인구의 과밀화 등으로 나타나고 있다. 최근의 고층건물은 사무실용도 뿐만 아니라 식당을 비롯하여 각종 점포, 쇼핑센터 등으로 구성되어 있고 내부의 유동인구가 수천명이 넘어 하나의 도시를 형성하고 있다.

따라서 그만큼 화재의 위험에 노출되어 있는 상태이며 일단 화재가 발생하면 막대한 재산과 인명피해가 뒤따르는 것이 보통이다.

또한 이러한 화재는 사무실용 건물보다도 호텔이나 복합건물 등에서 많이 발생하고 있으며 고층건물 화재 시 소방차의 고가사다리가 미치지 못하는 고층건물이 많고 건물이 밀집되어 있어 헬기조차도 접근하기 어려워 화재 시 구조작업의 문제점으로 나타나고 있다.

(2) 예방요령

- 고층건물에는 화재에 대한 신속한 감지를 위하여 건물전체에 자동화재탐지설비를 설치하여 집중적인 감시를 한다.
- 화재발생 가능성이나 발화시 유독가스로 인한 인명피해를 최소화하기 위하여 건물내장재를 불연화하고 연소가 용이한 수납물을 적재하지 않는다.
- 화재 시 계단 및 기타 수직개구부는 연소 확대의 통로가 될 뿐만 아니라 연소를 돕는 작용을 하므로 모든 계단은 층별 발화구획이 되도록 피난계단 또는 특별피난계단 구조로 하고 냉난방닥트 등에는 방화 댐퍼와 같은 유효한 방화설비를 설치한다.
- 화재의 성장을 한정된 범위로 억제하기 위하여 층별, 면적별 방화구획을 설정하고 또한 방연구획도 병행하도록 한다.
- 고층건물이나 백화점 등의 대규모 건축물을 계획할 경우에는 반드시 구조계획서 및 방재계획서를 작성 비치하도록 한다.
- 화기를 사용하는 기구나 시설에 대해서는 사용상의 안전수칙을 철저하게 주지시켜야 한다.

3) 계절별 화재예방 요령

A. 봄철 화재

(1) 주요원인

화재는 자연발생적으로 일어나는 경우도 있지만 대부분이 사람들의 사소한 부주의에 의해 발생하고 있으며 이러한 화재가 발생하는 데는 기상조건과 밀접한 관계가 있다.

화재발생과 밀접한 관계가 있는 기상요소는 습도와 바람으로서 습도는 공기 중의 수분 함유량을 나타내는 상대습도보다 물체의 건조도를 나타내는 실효습도를 가르키는데, 일반적으로 실효습도가 50% 이하가 되면 인화되기 쉽고 40% 이하에서는 불이 잘 꺼지지 않고 30% 이하일 경우에는 자연발생적으로 불이 일어날 가능성이 커지게 된다.

봄철이라 함은 3월에서 5월 사이를 말하는데 봄철에는 이동성 고기압의 영향으로 실효습도가 50%이하로 떨어지는 일수가 많고 바람도 강하게 불어 조그마한 불씨라도 삽시간에 큰 불로 확대될 수 있는 위험한 연소조건을 형성하고 있다.

이러한 연소조건과 더불어 화창한 봄 날씨로 인해 사람들의 긴장이 해이되면서 화기취급상의 부주의, 태만, 관리 소홀이 주된 원인이 되고 있다.
또한 행락 철을 맞아 산이나 야외로의 나들이 기회가 많아지는데 이때 함부로 버린 담뱃불이나 불법 취사행위, 어린이들의 불장난으로 인하여 산림화재(산불)가 많이 발생하고 있으며, 일단 발화한 불은 건조한 날씨와 강한 바람으로 삽시간에 대형화재로 번진다.

중앙기상대에서는 화재와 깊은 관계가 있는 특보로서 건조주의보와 건조경보를 발표하고 있는데 건조주의보는 실효습도가 50% 이하이고 당일 최소습도가 30 % 이하이며 최대 풍속이 7m/sec 이상의 상태가 2일 이상 계속될 것이 예상될 때 발표한다. 건조경보는 실효습도 40% 이하이고 당일 최소습도가 20% 이하이며 당일 최대 풍속이 10m/sec 이상의 상태가 2일 이상 계속될 것이 예상될 때 발표한다. 건조주의보와 건조경보는 화재경보를 알리는 적신호로서 이 기간 중에는 각별한 방화관리가 필요하다.

(2) 예방 요령

- 봄철 화재의 취약대상을 파악하여 집중적인 방화관리와 지도로 화재발생 위험요소를 제거한다.
- 행락 철, 집을 비울 때에는 사용하지 않는 전기기구의 플러그를 뽑고 가스기구의 중간밸브를 잠그도록 한다.
- 소방시설의 안전점검을 철저히 하고 소방교육 및 훈련을 통하여 방화에 대한 경각심을 고취시킨다.
- 산이나 야외에서는 불법 취사행위를 하지 않도록 하고 특히 산에 오를 때에는 라이터나 성냥 등 화기물질을 소지하지 않도록 한다.
- 어린이들의 불장난을 예방하기 위하여 성냥이나 라이타 등 불을 일으킬 수 있는 물건들은 어린이들의 손이 닿지 않는 곳에 보관한다.
- 논두렁이나 밭두렁, 기타 농산폐기물을 소각할 때에는 바람이 없는 날을 택하여 하고 주의와 감시를 철저히 한다.

일 년 사계절 중 산불이 가장 많이 발생하는 계절이 바로 봄철이다. 봄철에는 날씨가 건조하여 낙엽들이 바싹 말라있기 때문에 조그마한 불씨라도 가해지면 눈에 띄지 않고 순식간에 번져나간다. 그래서 봄에 일어나는 불을 여우불이라 하며, 세심한 주의가 필요하다. 산림화재의 원인은 대부분이 입산자들의 사소한 부주의로 인한 실화, 한식날을 전후한 성묘객들의 담뱃불, 논·밭두렁 또는 농산폐기물 소각 중 실화, 어린이들의 불장난 등이다.

B. 여름철 화재

(1) 주요 원인

여름철은 고온다습하고 장마기간 동안 비가 많이 내리기 때문에 다른 계절에 비해 화재 발생율이 낮지만 최근에는 냉방을 위하여 에어컨이나 선풍기 등 전기제품의 사용이 증가함에 따라 이를 사용하는 사람들의 부주의나 제품불량으로 인한 화재가 점차 늘어가고 있는 실정이다. 그리고 LNG나 LPG가 취사연료로 보급되면서 가스사용 중 가스누설로 인한 가스폭발 화재사고가 발생하고 있다. 또한 여름철에는 잠자리에서 모기향을 피워놓고 자다가 모기향불이 이불에 옮겨 붙어 화재가 종종 발생하고 있다.

(2) 예방요령

- 주택에서 물기가 있는 장소에 공급하는 전로에는 반드시 누전차단기를 설치하여 누전으로 인한 화재를 예방한다.
- 개폐기에 사용하는 퓨즈는 과부하나 합선 시 자동으로 끊어질 수 있도록 반드시 규격퓨즈를 사용한다.
- 하나의 콘센트에 여러 개의 전기제품을 사용하지 않도록 하고 기존배선을 연결하여 늘려서 사용하고자 할 경우에는 전선의 허용전류를 초과하지 않도록 각별히 주의한다.
- 장마기간 동안 가스용기의 부식으로 가스누출의 위험이 있으므로 가스용기는 바람이 잘 통하고 비나 직사광선이 닿지 않는 외부의 장소에 보관한다.
- 여름휴가로 장기간 집을 비울 때 LPG의 경우에는 중간밸브 뿐만 아니라 용기밸브까지 잠그도록 하고 도시가스는 메인밸브와 중간밸브, 코크를 잠근 다음 관리사무소에 연락을 하여 필요한 조치를 취해 놓도록 한다.

C. 겨울철 화재

(1) 주요원인

겨울철에는 차가운 계절풍이 불고 습도도 낮아 주위의 물체들은 매우 건조한 상태로 놓이게 된다.

더구나 일 년 중 가장 기온이 낮아 난방 기구를 많이 사용하게 됨에 따라 난방기구 취급부주의로 인한 화재가 많이 발생하고 있다. 사계절 중 겨울철 즉 12월에서 2월 사이에 화재는 가장 높은 발생율을 기록하고 있다.

석유난로에 불이 붙었을 경우에는 난로를 절대로 옮기지 말고 소화기나 물에 적신 담요 등을 덮어 질식소화를 하여야 한다. 그리고 가스스토브의 경우에는 가스공급을 차단하여 소화하고, 전기스토브에 불이 붙었을 경우에는 스위치를 끄거나 플러그를 뽑아 전류를 차단하고 소화하면 된다.

(2) 예방요령

- 사용하지 않는 전열기구는 반드시 플러그를 뽑아두도록 하고 콘센트에서 플러그를 뽑을 때에는 몸 전체를 잡고 뽑는다.
- 두꺼비집의 퓨즈는 정격용량의 규격퓨즈를 사용하고 고온의 절연기구에는 반드시 절연 고무코드를 사용한다.
- 석유난로는 불이 붙어 있는 상태에서 주유하거나 이동하지 않는다.
- 전기난로 및 가스기구 등은 충분한 거리를 유지하여 설치하고 주변의 인화성 물질을 제거한다.
- 난로 주위에서는 절대로 세탁물을 건조하지 않도록 하고 특히 커튼이나 가연물질이 난로에 닿지 않도록 각별히 주의한다.
- 난로 주위에는 항상 소화기나 모래 등을 비치하여 만일의 상황에 대비한다.
- 난로 주변에 어린이들만 남겨둔 채 자리를 뜨거나 외출하는 것을 삼가고 특히 성냥이나 라이터 등 화재를 일으킬 수 있는 물건들은 어린이들의 손이 닿지 않는 안전한 장소에 보관하며, 불에 대한 무서움을 인식시켜 불장난을 하지 않도록 한다.[3]

3) http://www.kfsa.or.kr/info/information/fireprotection4.htm?pgid=117_118_307_311/(검색일: 2012.01.07)

제10장

스트레스관리

제10장 스트레스관리

현대 사회에서는 예측 불가능한 각종변화, 날로 심각해져가는 자연환경의 파괴, 복잡한 사회 구조 속에서 맺어지는 다양한 인간관계, 언제 닥쳐올지 모를 각종 재난과 질병으로부터의 위협 등 예전에는 예상도 못했던 새로운 스트레스가 늘어나고 있는 가운데 인간이 노출된 체 생활하고 있다.

인간이 생활하는 곳에는 언제, 어디에서나 스트레스가 존재한다. 그 중에는 가벼운 스트레스도 있고, 심한 것도 있으며, 적절히 경험하면 생애 활력을 주며 도움이 되는 것이 있는가하면 때로는 신체적으로 정신적으로 커다란 위해를 가져오기도 하며 계속적 스트레스는 병을 초래하는 것도 있다. 또 사람들 가운데에는 운동이나 오락활동을 통하여 자신들이 가진 스트레스를 해결하려 하면서도 반대로 거기서 스트레스를 해소하기보다는 그로 인하여 스트레스를 더하고 있기도 하며, 또 어떤 이는 그러한 스트레스를 통하여 만족감을 느끼기도 한다.

이렇게 스트레스는 생활의 일부지만 적절히 해소하거나 대처하지 못하여 스트레스가 쌓이게 되면 만병의 근원이 될 뿐만 아니라 의사결정의 효율성이라든지, 원만한 대인관계, 작업능률이나 생산성 등에 나쁜 영향을 가지고 있다는 것은 잘 알려진 사실이다. 따라서 우리는 스트레스의 징후를 알고 적절히 관리하기 위해서 이에 대한 지식을 습득해야 한다. 스트레스란 무엇이며 그것을 일으키는 원인은 무엇인지, 우리가 어떻게 효과적으로 대처해 나아갈 것인지를 이해하는 것은 보다 만족한 삶을 영위하기 위해서 매우 중요한 일이 될 것이다.

1. 스트레스의 개요

1) 스트레스의 개념

스트레스(stress)라는 말은 이미 대중화된 말이지만, 과거에는 압력(pressure), 물리적 압박(physical strain)등으로 사용된 물리학, 공학의 전문 용어였다. 이와 함께 어려움, 곤란, 역경 등으로도 사용되었다. 그 후 생리학에서 외부 자극에 대한 생명체의 반응이라는 개념을 통해, 현재는 정신 건강 혹은 질병과 연관된 의미로 널리 쓰인다. Hans Selye는 스트레스를 "어떤 요구에 대한 신체의 비특이적 반응"이라고 정의하였는데, 쉽게 이야기하자 면 우리가 극복하기 어려운 상황에 노출되었을 때 생기는 정신적, 신체적인 반응 혹은 외부의 자극에 대한 생체반응이라고 할 수 있다. 즉, 스트레스란 외부환경으로부터 오는 새로운 요구나 변화에 대응해야 할 때 우리에게 발생하는 긴장이나 불안 같은 것을 의미한다. 아주 일상적인 일에서부터 커다란 사건까지 우리가 스트레스를 받는 일은 매우 다양하다.

적당한 스트레스는 오히려 삶에 도전과 의미를 제공해서 활력을 줄 수도 있습니다. 하지만 지나치게 많은 스트레스는 정신적 신체적 건강에 큰 해를 끼치게 된다. 많은 스트레스를 장기간 받게 되면 집중력이 떨어지고 무기력해져 학업이나 업무에도 지장을 받게 되고, 예민하고 짜증이 많아져 대인관계에서도 갈등이 많아지기 쉽다. 또한, 면역기능이 떨어져 감기에도 자주 걸리게 되며 두통, 만성 피로, 소화불량, 불면증 같은 신체적인 증상도 경험하게 된다. 따라서 수영이나 에어로빅 같은 운동을 배우듯이 건강하게 살기 위해서는 누구나 스트레스를 예방하고 조절하는 방법도 배워야 합니다. 스트레스를 잘 관리하게 되면 몸과 마음을 건강하게 지키게 될 뿐 아니라 학업, 업무, 대인관계에서도 자기능력을 충분히 발휘하고 만족스런 삶을 꾸려가게 될 수 있다.

2) 스트레스에 대한 반응

모든 정상적인 활동은 스트레스를 유발한다. 따라서 스트레스로부터 자유롭게 된다는 것은 죽은 상태를 의미하며 일상생활에서 스트레스를 완전히 피할 수는 없을 것이다. 어떻게 생각하면 스트레스 없는 삶은 살 가치가 없는 것이라고 할 수도 있다. 사람의 삶에서 스트레스는 전구의 불을 밝게 해 주는 전류에 비유할 수 있는데 스트레스가 없다면 우리 인생의 불은 켜지지 않을 것이며, 적당한 스트레스가 있을 때만이 가장 적절한 효율성과 생산성을 가지고 인생의 불을 밝힐 수 있고, 스트레스가 과도하게 지속되면 전류가 지속적으로 과도하게 흐를 때 전구의 필라멘트가 끊어지듯 사람도 여러 가지 스트레스 반응을 나타내며 육체 및 정신적 질병에 걸리게 된다. 병원에서 신체의 이상을 발견할 수 없는데도 많은 갖가지 증상을 호소하는 사람이 많다.

우리의 몸은 어떤 손상을 받는 상황에서 3단계의 반응을 보이는데, 첫번째는 경보 반응으로 신체가 아직 적응해 본 적이 없는 자극에 노출되었을 때 대부분의 신체 조직의 활동이 증가되는 단계이고, 두번째는 저항기로 증상의 유발 없이 신체가 적응하는 단계이며, 세번째는 탈진기로 신체가 적응하는 능력, 즉 에너지가 고갈되어 스트레스의 증상을 유발하는 단계를 말한다. 따라서 과도한 스트레스가 지속되면 어떤 일정 시간 동안만 견딜 수 있으며 그 후에는 질병이 생기거나 사망하게 된다.

스트레스를 받게 되면 다음과 같은 몸과 마음의 증상을 겪을 수 있다.

① 기분 – 불안, 신경과민, 근심걱정, 우울, 분노, 좌절감
② 생각 – 집중력과 판단력 저하, 기억력 저하, 우유부단, 비관적 생각
③ 행동 – 안절부절못함, 손톱 깨물기, 다리떨기, 흡연, 폭음, 폭식, 화를 잘 내게 됨
④ 신체 – 두통, 근육통, 만성피로, 불면증, 식욕부진, 소화불량, 가슴이 답답하고 두근거림.

인체에는 중추신경계(뇌와 척수)와 말초신경계 이외에 자율신경계가 있는데, 자율신경계는 교감신경계와 부교감신경계로 나뉘어져 있고 이들은 서로 상호작용을 통하여 항상 균형을 이루고 있다. 스트레스를 받으면 중추신경계는 감각신경(예 "시각)을 통해 인지한 후 자율신경계(교감신경계)로 하여금 스트레스를 이길 수 있는 생리적 대비를 하게 하는데 이러한 생리적 반응은 자율신경계의 직접적인 조절에 의해 맥박이 빨라지고 혈압이 상승하며, 동공 확대, 호흡수의 증가, 근육 긴장, 산소 소비율 감소 등의 반응이 나타나게 되지만[1] 다른 한편으로는 관련된 호르몬의 분비를 조절하여 수행하기도 한다.

1) http://www.healthpro.or.kr/health/viewC.

- 갑상선 호르몬(thyroxine)의 증가
- 엔돌핀(endorphin)의 소진
- 성호르몬(sex hormone)의 감소
- 소화기관(digestive tract)의 활동 감소
- 포도당과 인슐린의 증가
- 콜레스테롤(cholesterol)의 증가
- 심장박동수의 증가
- 감각기관이 예민해짐2)

3) 스트레스와 질병

스트레스와 관계있는 질병의 종류는 아래의 〈표 10-1〉과 같다.

〈표 10-1〉 스트레스와 관련된 질병

심혈관계	빈맥(頻脈), 부정맥(不整脈), 고혈압, 협심증, 심근경색증 등
소화기계	식욕부진, 신경성 구토, 위경련, 가슴앓이, 딸꾹질, 위궤양, 십이지장궤양, 변비, 설사, 과민성대장증후군, 궤양성 대장염 등
호흡기계	신경성 기침, 기관지 천식, 과호흡 증후군 등
내분비계	당뇨병, 비만증, 갑상선 질환 등
비뇨생식기계	빈뇨(頻尿), 발기 부전, 불감증, 조루증, 월경불순, 불임증 등
신경계	긴장성 두통, 편두통, 수전증, 뇌졸중 등
근육계	근육통, 만성적 요통, 류머티스 관절염 등
면역계	저항력 감소, 자가면역성질환
피부계	여드름, 두드러기, 습진, 원형탈모증, 가려움증, 신경성 피부병, 다한증(땀이 많이 남) 등
정신계	불면증, 우울증, 불안증, 약물남용, 알코올중독, 신경증, 정신분열증, 자살 등
기 타	피로 및 무기력, 각종 암, 돌발적인 사망 등
*자료 : http://www.healthpro.or.kr/health/viewC.	

2) http://www.pion-tech.com/knowledge/stress.

2. 연령 별 스트레스 특징

1) 아동스트레스

흔히 스트레스는 어른들이나 겪는 것으로 알고 있다. 그러나 성인 못지않게 어린 아이들도 스트레스에 시달리고 있으며 나이가 어릴수록 스트레스로 인한 악영향을 많이 받는다. 아이들은 성인과 달리 스트레스를 스스로 해결하는 방법을 모르기 때문에 정신적, 신체적 질환 및 이상 현상으로 나타나 일생에 큰 지장을 줄 수도 있다.

(1) 아동스트레스의 원인

아동 스트레스를 유발하는 요인들은 도처에 널려있다. 처음 놀이방이나 어린이집에 가는 날과 재롱잔치와 같은 행서 전날은 물론, 학령기에 들어 어린이의 기대수준과 발달과제를 수행하는 것이 스트레스로 작용한다.

또한 부모 또는 가족의 사망, 부모이혼, 부모간의 갈등, 맞벌이 부부의 증가, 부모의 정신적·신체적 학대, 형제간의 차별 등 가정문제는 어린이들에게 심리적 장애를 유발케 한다. 잦은 이사 등으로 인한 가까운 친구의 상실, 친구 관계의 붕괴, 친구 사귀기의 어려움, 또래에서의 따돌림 등 또래와의 문제도 간과할 수 없다.

(2) 아동스트레스질환

① 외상 후 스트레스 장애

범죄에 노출되거나 유괴, 골수 이식과 같은 큰 수술, 심한 화상 등을 경험한 경우에 발생률이 높으며, 주요 증상으로 어둠, 부모로부터의 격리, 혼자 있는 것, 밖으로 나가는 것, 낯선 사람에 대한 두려움, 동물이나 괴물에 대한 공포심 등의 전반적 불안과 사건과 연계된 상황의 회피, 야경증, 몽유증 또는 잠꼬대 같은 수면장애가 많이 나타난다.

② 적응장애

흔한 적응장애의 요인으로는 전학, 이사, 친구관계의 변화, 급격한 성적저하, 부모의 이혼 등의 가족 내 환경변화 등이 있으며, 불안과 우울, 파괴적·공격적 행동의 증가, 무단결석 등의 비행 등을 보이거나 복통, 마비, 졸도 등의 증상을 보인다.

③ 불안 장애

가족들의 과잉 기대로 인해 민감해진 아동들에게 많이 생기며 특히 학업성적에 관심이 많고 타인의 인정을 받으려는 욕구가 강해서 자존심에 상처를 입을 상황이 예측될 때 심한 불안을 보인다. 만성적 긴장으로 인하여 불면, 소화불량, 두통, 식욕부진, 흉부 압박감이 동반되기 때문에 신체 질환으로 오인하기 쉽다.

④ 사회 공포증

가족 이외의 낯선 사람을 피하고 두려워하는 대인공포 증세로 사회 활동을 피하고 친구도 잘 사귀지 못한다. 심한 경우 집밖 외출도 피하고 심지어는 외부인과는 대화를 못하기도 한다.

⑤ 분리 불안 장애

과거 학교 공포증, 혹은 학교 거부증이라고 불리던 이 장애는 학교 가기를 싫어하고 거부하는 증세이다. 등교 거부사유를 말로 표현하지 않고 두통, 복통, 구토 등 신체 증상을 호소해 표현한다. 대개 학교 자체에 문제가 있기 보다는 부모와 떨어지는 것에 대한 두려움이 등교 거부의 원인이 된다.

(3) 아동스트레스 대처방안

어린이들은 자신의 감정을 언어로 표현하지 못하는 경우가 대부분이다. 따라서 부모들의 관심이 매우 중요하다. 충분한 수면과 적절한 영양섭취, 규칙적인 운동도 권장되며, 스트레스로 인해 심각한 불안 및 우울 증상이 동반된 경우에는 소아정신과 전문의와의 상담 및 진료를 통해 인지 행동치료 등 치료적 도움을 받아보는 게 좋다.

2) 청소년 스트레스

청소년기는 신체적, 심리적 측면의 급격한 변화로 갈등과 불안정에 의한 스트레스를 경험하는 시기이다. 우리나라 고등학생의 90%정도가 한 가지 이상의 적응곤란(가정, 학교, 대인관계 등)을 호소하고 있으며, 30% 정도는 다양한 심리적인 부적응(신경증, 우울증, 성격장애, 정신분열 등)으로 인한 극심한 스트레스를 받고 있다. 이러한 심리적인 부적응으로 인한 스트레스는 단순한 행동뿐만 아니라 심각한 수준의 청소년 비행으로 표출되기도 한다.

(1) 청소년 스트레스의 원인

청소년 자체의 정상 발달 과정 중에 생기는 내적 갈등이나 자기인식(identity) 형성의 갈등, 학업 및 진로 문제와 입시 경쟁 등이 스트레스로 작용한다.

또한 가족의 사망, 부모간의 갈등, 부모의 정신적·신체적 학대, 형제간의 차별 등의 가정문제와 가까운 친구의 죽음, 동성이나 이성친구 간 문제, 학내 폭력, 학습부진, 선생님과의 관계 등 학교와 관련된 문제, 뜻하지 않은 신체적 폭행이나 성폭행, 대형사고 등의 사고나 질병 등이 심리적으로 나타난다.

(2) 청소년 스트레스질환

① 외상 후 스트레스 장애

대부분의 사람들에게 일상적 스트레스의 양보다 엄청난 스트레스를 경험했을 때 나타나는 장애이다. 주요 증상으로는 위협적이었던 사고나 사건의 반복적 회상, 악몽에 시달림, 외상을 상기시키는 환경의 회피, 감정둔화 혹은 과민상태, 불면증, 자율신경계 향진으로 인해 호흡 맥박의 증가, 신체마비가 있다.

② 적응 장애

스트레스를 받은 지 3개월 이내에 일어나는 비적응적 반응으로 환자는 스트레스의 정도에 비해 지나 친 정도의 기능 장애를 나타내며, 주요 증상으로 불안과 우울증상, 파괴적, 공격적 행동의 증가, 무단결석, 약물 남용, 신체적 통증이나 기능 장애를 호소한다.

③ 신체형 장애

스트레스로 인한 정신적 갈등이 불안이나 우울 같은 정신 증상보다는 신체 증상으로 전환되어 나타날 때 이를 신체형 장애라 하며, 전환 장애, 신체화 장애, 건강 염려증, 신체 변형 장애, 심인성 통증 장애를 나타낸다.

이 외에도 불안 장애, 시험 불안, 과잉 불안 장애, 회피 장애, 사회 공포증, 이별 불안 장애, 강박 장애 등을 나타난다.

(3) 청소년스트레스 대처방안

또래 집단과의 대화요법을 통한 스트레스 해소방법이 있으며, 심할 경우 전문의와의 상담과 함께 정신, 약물 치료를 함께 병행한다.

3) 산모스트레스

스트레스가 미치는 영향은 개인에 따라 그 의미가 다르므로 임신과 출산자체만으로도 때로는 더 큰 스트레스가 될 수 있다. 특히 산모의 정신건강이 새로운 생명의 성장에 정신적, 육체적으로 미치는 영향은 매우 중요하다.

(1) 산모스트레스의 원인

여러 가지 호르몬 수치의 변화나 신체·정신·사회 경제적 변화, 출산에 따르는 흥분과 공포의 해소, 산후 불편감과 통증, 수면장애, 피로, 육아에 대한 불안감 등이 강한 스트레스로 작용한다.

(2) 산모스트레스 질환

① 산욕기 정신장애

정신적으로 건강하던 산모에게서 출산 후에 나타나는 장애를 말한다.

② 산후 우울증

출산 후 산모에게 생기는 감정의 변화로 약간의 기분 변화부터 병적인 상태에 이르기까지 근심, 침울함, 실패감, 무력감 및 무가치감을 나타내는 정서장애다. 출산 후 6주 이내에 발생하는 경우가 가장 흔하지만 사람에 따라서는 1~2년 이상 계속되기도 한다.

③ 산후 정신병

가장 심한 상태의 산모 스트레스 질환으로 천명에 하나 둘 꼴로 발생하며, 예고 없이 갑작스레 발병하는 경우가 흔하고 출산 후 1개월 이내에 발병한다. 불면, 급작스런 불안 초조, 급속한 기분 변동, 예측이 불가능한 심리 상태의 변동, 비현실적인 의심, 환각, 망상, 의식혼란 등이 흔하다. 자살 충동이 흔하며 영아살해 충동을 일으키기도 한다. 위험한 결과를 초래하므로 즉각적인 치료 개입이 필요하며 즉각적인 약물 치료를 요한다.

(3) 산모스트레스 대처방안

임신 출산으로 호르몬의 변화가 올 수 있는 산후 질환을 예방하고 원래의 상태로 빨리 회복하도록 증상에 따라 약물 또는 정신치료 등으로 스트레스나 불안, 우울증, 불면증, 두통, 편두통과 같은 정신, 신경장애를 관리한다.

4) 성인 · 직장인 스트레스

복잡한 현대사회는 모든 사람들에게 스트레스로 작용할 요인들이 너무나 많다. 대인관계에서 오는 스트레스부터 직장의 상하관계, 경제적 어려움, 자녀의 교육문제 등은 현대인들에게 가장 큰 스트레스로 작용하여 성인의 대부분의 스트레스는 본인 내부의 요인 보다 외부요인에 의해 생기는 것이 많기 때문에 스트레스 개선이 쉽지 않다.

(1) 성인 · 직장인 스트레스의 원인

경기침체가 이어지면서 스트레스를 호소하는 직장인이 늘고 있다. 과거 직장인의 스트레스는 과도한 업무량이나 인간관계로 인한 스트레스가 많았으나, 최근 스트레스는 직업의 안정성이나 장래성에 대한 우려, 미래에 대한 불투명에서 오는 스트레스로 긴장감, 불안감, 우울증 등 정신적 압박감을 호소한다.

(2) 성인 · 직장인 스트레스질환

스트레스로 인한 증상을 크게 4가지로 나눌 수 있다.

① 신체적 증상 : 피로 · 두통 · 불면증 · 근육통이나 경직(특히 목, 어깨, 허리), 심계항진(맥박이 빠름), 흉부통증, 복부통증, 구토, 전율, 사지냉감, 안면홍조, 땀, 자주 감기에 걸리는 증상이 나타난다.

② 정신적 증상 : 집중력이나 기억력 감소, 우유부단, 마음이 텅빈 느낌, 혼동이 오고 유머감각이 없어진다.

③ 감정적 증상 : 불안, 신경과민, 우울증, 분노, 좌절감, 근심, 걱정, 불안, 성급함, 인내부족 등의 증상이 나타난다.

④ 행동적 증상 : 안절부절, 손톱 깨물기 · 발 떨기 등의 신경질적인 습관, 먹는 것, 마시는 것, 흡연, 울거나 욕설, 비난이나 물건을 던지거나 때리는 행동이 증가한다.

(3) 성인 · 직장인 스트레스의 대처방안

규칙적이고 건전한 생활 리듬을 유지하며, 자신에게 맞는 취미생활, 오락, 스포츠 등으로 심신의 스트레스를 해소한다. 적극적인 대인관계와 대화를 통해 정서적 안정을 취하는 것이 좋으며, 자신이 맡은 일에 주인의식을 갖고 즐겁게 충실하려는 노력과 습관을 갖는다. 필요한 경우에는 전문가와 상담하고 지도를 받는 것도 도움이 된다.

5) 노인스트레스

노년은 생활사건과 일상의 혼란뿐만 아니라 노화과정에 따른 심리적, 신체적변화도 큰 스트레스로 느끼고 있다. 하지만 노인스트레스의 경우 가족들조차도 스트레스나 스트레스정도에 대하 잘 알지 못하고 있어 숨겨진 질병이 되어 치명적이거나 더 큰 질환을 부르기도 한다.

(1) 노인스트레스의 원인

노년은 변화로 가득 찬 인생의 시기이다. 즉, 노년기의 건강상태의 변화, 사회적 고립, 경제적 빈곤, 만성질환 위험성, 가까운 사람의 죽음, 이전의 역할과 직위 상실 등은 정신사회적인 스트레스 요인이 된다.

또한 노화과정에 의한 변화도 노인에게 신체·심리적인 반응을 유발하며, 이러한 스트레스 반응은 신체적 질병과정에 매우 큰 영향을 미친다.

(2) 노인스트레스 질환

노인 스트레스는 복합적인 반응을 초래하는데 긴장, 신경 예민, 근심, 자율신경계 활동 등의 불안이 특징적이며, 가장 일반적으로 나타나는 증상은 우울과 불안이다. 궁극적으로는 신체적인 피로와 여러 신체기관에 장애를 일으켜 중추신경계군, 우울증상군, 불안증상군, 인식력장애군 등 각종 질환을 초래하며 두통이나 가슴통증, 당뇨, 중풍, 신경증, 심신증 등의 질병에 노출될 확률이 높다.

(3) 노인스트레스의 대처방안

퇴직 전처럼 규칙적인 생활과 간단한 취미활동을 통해 생활의 무기력함을 줄이고, 단체 활동이나 집단 간의 교류를 통해 대인관계를 활발하게 하는 것이 좋다.

노인 스트레스의 경우 이전의 역할과 직위 상실에 따른 자아상실 등이 많은 부분을 차지하기 때문에 퇴직 후 스스로 처리할 수 있는 소일거리를 갖는 것도 좋은 방법이며, 가족들의 깊은 관심과 많은 대화를 통해 소외감을 느끼지 않도록 하는 것 또한 중요하다.

3. 스트레스관리

산업화에 따라 인간의 생활 방식이 복잡해지면서 스트레스에 대한 관심과 논의가 최근 들어 많이 증가하였다. 스트레스가 심리적인 건강뿐만 아니라 신체적인 건강에까지 영향을 끼친다는 사실에 대한 과학적인 증거가 입증되면서, 연구자와 일반인의 관심이 확산되는 추세이다. 스트레스는 인간이 살아가면서 항상 느끼는 정신적 갈등으로 태어나면서부터 죽음에 이르기까지 지속되는 삶의 일부라 할 수 있다. 스트레스는 20세기의 세균이라 할 수 있으며, 인간의 삶이 복잡해지면 복잡해질수록 그 요인이 더욱 다양해지고 그 강도도 강해지고 있다. 대학 생활도 스트레스의 연속이다. 대학 생활은 중간고사, 기말고사, 보고서 작성, 취업 준비, 다양한 인간관계 형성 등을 통해 자신이 원하는 사회 분야로 진출하기 위해 부단히 노력해야 하는 생활의 연속인데, 이러한 과정이 스트레스를 준다. 스트레스는 전염되는 질병과 마찬가지로 전염성이 강하다. 친하게 지내는 친구가 스트레스로 인해 기분이 나빠지면, 주변의 사람들도 같이 스트레스를 느끼게 되는 일이 종종 있다.

스트레스는 느끼는 정도가 개인마다 차이가 있을 수 있으나, 일반적으로 다음의 공통점을 가지고 있다고 여겨진다.

첫째, 스트레스는 정도의 차이가 있지만 심리적이고 신체적인 반응이 동시에 일어난다. 신체적인 위협감으로 시작된 스트레스도 심리적 스트레스를 동반한다. 반면에 심리적인 요인으로 인한 스트레스도 신체적인 반응을 수반한다. 즉, 심리적 스트레스와 신체적 스트레스는 중복되는 경향이 있으며 많은 경우 상호 작용을 한다.

둘째, 스트레스에 대한 반응 양식이 개인마다 다르듯이 대처 방안에도 개인차가 있다. 동일한 상황에서 유사한 정도의 스트레스를 받는 사람들이 각기 다른 반응 또는 대처 방안을 보인다. 바꿔 말해, 스트레스를 대처하는 방법이 개인마다 나름대로 준비되어 있다. 이러한 대처 방법은 학습의 결과이다. 운동을 통해 또는 폭식 등을 통해 대처하는 방법조차도 행동주의 심리학자들의 견해에 따르면 학습의 결과이다. 즉, 이전에 한번 해결했던 방법이 개인에게 편안하게 느껴졌을 때 유사한 심리적 상황이 다시 발생하면 같은 방법으로 해결을 시도한다.

셋째, 스트레스를 느끼는 사람들은 스스로 스트레스를 만들어 내는 경향이 있다. 갑작스런 신체적인 상해나 주변 사람들의 사고 등으로 인한 스트레스를 제외하고, 사람은 스스로 스트레스를 받을 만한 상황을 만들어 낸다. 자신에 대한 기대감이 비현실적으로 큰 사람일수록 이러한 경향이 크게 나타난다.

넷째, 스트레스는 발생할 때마다 해결하지 않으면 누적된다. 우리는 학교생활 등의 일상생활을 통해 스트레스를 계속 받고 있다. 말하기 싫거나 보기 싫은 사람을 매일 마다 대해야 하는 경우, 그 사람과의 관계를 해결하지 않으면 불편함이 누적되어 심리적 압박감과 정서적 불안 상태로까지도 발전될 수 있다.[3)]

스트레스를 경험하는 모든 사람에서 질병이 생기는 것은 아니다. 또한 스트레스가 적은 삶이 건강을 보장해 주지는 못한다. 스트레스는 개인차, 대응 및 주위의 환경과 영향에 따라 그 반응이 다르다.

① 개인차 : 스트레스를 경험하는 개인의 반응 스타일과 성격에 따라 그 결과는 달라진다. 배짱있는 성격(hardy personality) 즉, 자신 스스로가 환경을 조절할 수 있다는 믿음과 삶에 대한 열정이 있고 환경의 변화를 자신을 위한 기회로 받아들이는 경우에는 질병의 발생 가능성이 낮다.

② 대응 : 스트레스에 효과적으로 대처하는 전략을 가지고 있은 경우는 그 결과가 달라진다.

③ 주위 환경의 영향 : 스트레스를 공감하고 염려해 주며 도움을 주는 사회적 지지 체계가 좋은 사람은 스트레스를 극복하기 쉽다.

대체로 스트레스를 잘 이겨내는지 아닌지에 대한 차이를 보면 다음의 〈표 11-2〉와 같다.

〈표 10-2〉 스트레스반응과 성격유형

스트레스를 정복하는 유형	스트레스에 정복당하는 유형
* 문제해결에 낙천적이고 좌절에도 불구하고 사기가 높다. * 근본적 혹은 이상적인 해결책을 구하기 전에라도, 해결해야만 될 즉각적 문제와 장애물에 초점을 맞추어 행동한다. 큰 문제를 해결 가능한 작은 문제로 나누어 본다.	* 자신에 대한 기대가 과도하고, 경직된 시야를 가지고 있다. 판단의 기준에 융통성이 없고, 타협이나 남에게 도움을 구하는 것을 꺼린다. * 어떤 상황에서는 마땅히 어떻게 행동해야 한다는 식으로 견해가 좁고 절대적이어서 관용적일 여지가 없다.

3) http://mentor.hallym.ac.kr/life/view.

* 가능한 많은 전략과 전술 중에서 해결책을 선택하고 결코 배수진을 쓰지 않는다. 삼국지의 제갈공명 스타일이다. * 가능성이 있는 다양한 결과를 생각해 보고 대응책을 세운다. * 남의 제안에 개방적이고 융통성이 있다. 하지만 최종 결정권은 가진다. 내 자신의 문제이니 내가 나서겠다는 식이다. * 판단력이 흐려질 수 있으므로 극단적인 감정 을 피하려 노력하여 매우 침착하다.	* 편견에 사로잡혀 있고, 그럴 듯한 견해에 충동적으로 따르거나 매우 피암시성이 강하다. * 지나치게 부정을 하거나 합리화를 사용하고, 당면한 문제에 초점을 맞추지 못한다. 문제를 덮어두려고 하는 사람들이다. 손바닥으로 태양을 가리려 한다. * 알맞은 대안(차선책)을 찾지 못하기 때문에, 수동적이고 스스로 행동을 시작하지 못한다. 우유부단하다
*자료 : http://drchoi.pe.kr/STRES2.htm	

1) 스트레스의 예방

• 원만한 가정, 직장, 학교생활을 유지하도록 노력하고 사교모임, 종교생활, 취미활동에 적극적으로 참여하여 자신을 위한 사회적 지지 체계를 강화한다.

자신이 환경을 다스린다는 신념과 배짱을 가진다.

시간 관리에 힘쓰고 현실적 목표를 설정하여 행동하고, 일의 우선순위를 설정하는 식으로 자신의 생활을 조직화한다.

규칙적 운동을 한다.

스트레스가 될 만한 사건을 미리 대비한다.

2) 스트레스를 극복 방법

(1) 일상생활에서 스스로 할 수 있는 것

① 카페인의 섭취 줄이기

많은 사람이 카페인(커피, 차, 초콜릿, 콜라)이 신체에 스트레스 반응을 일으킬 수 있는 강력한 자극제라는 사실을 간과하고 있다. 실제로 스트레스를 많이 받는 사람이 카페인의 섭취를 중단하면 신경이 덜 과민해지며 덜 불안하고 편한 수면을 취할 수 있다. 또한 속이 덜 쓰리고 근육통이 상당히 감소하는 것을 알 수 있다. 카페인을 줄이거나 끊고 난 후에 사람들이 극적으로 좋아지는 것을 느낀다. 그러나 한 가지 주의할 점은 서서히 줄여 나가야 한다는 점이다. 편두통 같은 금단 현상이 생길 수 있기 때문이다.

② 규칙적인 운동

스트레스 에너지를 발산시킬 수 있는 방법에는 운동이 있다. 사람들은 흔히 학교나 직장에서의 압박감, 상사의 명령, 교통 혼잡 등이 스트레스라고 생각한다. 그러나 이는 스트레스 반응을 일으키는 유발인자이며 스트레스란 위험시기에 그것을 방어하기 위해 각성이 증가되어 있는 고에너지 상태이다. 즉 스트레스 반응은 밖에 있는 것이 아니고 우리 몸 안에서 일어나므로 운동은 이러한 과도한 에너지를 분산시키는 가장 합리적인 방법이다. 신체적 운동은 스트레스가 몸에 쌓이는 것을 막아준다. 걷기나 달리기, 수영, 요가 등 자기에게 맞는 운동을 정기적으로 하는 것이 큰 도움이 된다. 또한 좋은 식습관과 숙면 역시 우리 마음을 건강하게 유지하게 한다. 우리의 마음과 몸은 서로 연결되어 있기 때문에 자기 몸을 건강하게 잘 돌보는 것이 스트레스를 잘 견디는데 도움이 되고 스트레스를 잘 조절하면 신체건강도 잘 유지할 수 있다. 규칙적인 운동은 스트레스에 대한 배출을 할 수 있게 하고 신체 조절이 가능하게 한다. 운동은 하루나 이틀 간격으로 계속해야 하는데 적어도 한 번에 30분씩 일 주일에 3번 이상 하는 것이 좋다.

③ 심호흡 · 근육이완 · 명상

스트레스에 대하여 우리의 몸은 자동적이고 즉각적인 반응을 보이지만, 우리의 몸은 또한 의지에 의해서 스트레스 반응의 효과를 반전시킬 수 있다. 이를 이완반응이라고 하는데, 이완 반응은 맥을 느리게 하고, 혈압을 하강시키고, 호흡을 감소시키고 근육을 이완시킨다.

스트레스를 받게 되면 우리는 호흡을 얕게 하거나 자기도 모르게 멈추고 있게 되는데 그러면 우리 몸에 산소 공급도 줄고 근육긴장을 일으켜 두통을 일으키게 된다. 스트레스를 받는다고 느끼면 잠시 몇 분이라도 느긋하게 앉아서 깊고 천천히 숨을 들이쉬고 내쉬는 것을 반복한다. 하루 중 일정한 시간을 이렇게 긴장을 푸는 시간으로 쓰면서 눈을 감고 편안하고 안락한 장소에 있다고 느끼면서 심호흡을 해본다. 조용한 호수가나 벽난로 가에 앉아 있는 다든지 애완동물을 가볍게 쓰다듬는다든지 흔들의자에 앉아 휴식을 취할 수 있는 등의 이완 방법이 있다. 또한 명상이나 자기 최면 등을 통한 깊은 이완 상태는 수면보다 실제적으로 편안함을 제공한다. 운동이 불가능한 날에는 이완 방법으로 신체의 스트레스 정도를 낮출 수 있다. 운동은 스트레스 에너지를 분산시키고 이완 방법은 스트레스를 중화하여 진정하는 효과를 가져다준다. 하루에 한 번이나 두 번식 적어도 20분 정도가 몸에 유익하다.

④ 수면

일반적으로, 수면은 스트레스 해소에 매우 중요하다. 만성 스트레스 환자에게는 대부분 스트레스로 인한 불면 증세와 피곤을 느끼는 악순환이 반복된다. 스트레스 환자의 경우 숙면은 피로 회복에 도움을 주어 보다 원활하게 일상생활에 적응할 수 있게 하는 원동력이 된다. 대부분 사람들은 자신의 필요 수면량(평균 7~8시간)을 잘 알고 있지만 의외로 많은 사람이 만성적으로 수면이 부족한 상태이다. 먼저 보통 때보다 30~60분 먼저 수면을 취하고 수일이나 수주 후 결과를 본 뒤 그래도 피곤하면 그보다 30분 더 빨리 자도록 한다. 너무나 많은 잠 역시 좋지 않다. 낮잠은 짧게 오전에 취하는 것이 좋다. 30분 이상의 낮잠은 몸을 오히려 나른하게 만들 수 있으며, 특히 불면증이 있으면 낮잠을 피해야 한다.

※ 효과적인 수면을 취하는 방법

- 얼마나 잠자야 될지 알아내라
- 수면을 자연 리듬에 맞추려면 일어나는 시간을 일정하게 하라
- 점심 먹고 노곤해질 땐 활동적인 일을 해라
- 커피나 술은 수면의 적
- 잠자리에서 딴 짓 하는 것 손해
- 운동이 수면제

⑤ 휴식 및 여가

일을 할 때, 일의 속도를 조절하는 것과 일과 휴식의 균형을 이루는 것이 중요하다. 일을 할 때 먼저 스트레스와 에너지 상태를 점검하고 이에 따라 자기 자신이 속도를 조절한다. 속도 조절에 있어서 중요한 열쇠는 주기적인 휴식이다. 나쁜 스트레스를 받을 때 가장 먼저 나타나는 증상이 피로인데, 사람들이 이를 무시하는 경향이 있다. 그러나 극도의 피로감을 느끼는 것은 반드시 피해야 한다. 잠을 자더라도 깊은 잠과 꿈을 꾸는 잠이 약90~120분 간격으로 이루어지는 것과 마찬가지로 하루를 통해 에너지와 집중력이 최고조에 달하기까지에는 저 에너지와 비능률 상태가 되는 주기가 있다. 따라서 2시간 일에 20분 정도의 휴식이 필요하다고 할 수 있다. 일과 여가의 균형에 있어서 여가 시간과 스트레스 수준은 반비례한다. 여가가 적으면 더 많은 스트레스를 받는다. 여가란 라틴어로 허가를 뜻한다. 충분한 여가를 갖지 못하는 사람은 자신에게 여가를 즐길 수 있는 시간을 허락하지 않는다는 의미이다. 여가란 가장 즐거운 스트레스 해소책의 하나이다.

⑥ 시간 관리

많은 경우 스트레스는 지나치게 많은 일을 하려고 하거나 시간 관리를 잘 못했을 때 오게 된다. 욕심을 부리지 말고 미리 자기에게 적절한 스케줄을 정하고자기가 할 수 있는 한계를 아는 것이 제일 중요하다. 해야 할 일의 목록을 먼저 만든 다음 하나씩 해결해 나가는데 이때 중요도를 정해서 가장 중요한 것을 가장 먼저 하도록 한다.

⑦ 대화

스트레스를 받으면 긴장도가 올라가는데 긴장도를 낮춰주지 않으면 엉뚱한 곳에서 터질 수가 있다. 긴장도를 낮추는 방법 중 하나는 다른 사람에게 얘기를 하는 것이다. 가장 믿을 수 있는 가족이나 친구, 부모님, 교수님이나 동료가 될 수도 있다. 얘기를 하는 동안 긴장이 풀리면서 스스로 문제의 핵심을 이해하게 되기도 하고 다른 사람들의 새로운 견해를 듣게 되면 생각보다 문제가 쉽게 풀리기도 한다.

⑧ 금연 · 금주

스트레스를 받게 되면 술이나 담배를 더 하게 되는 경우가 많다. 술이나 담배는 스트레스의 원인을 해결해주지는 않는다. 일시적으로는 마음이 편안해진다고 느낄 수 있지만 문제를 잠시 가려둘 뿐이다. 괴로워서 술이나 담배를 오랫동안 사용하거나 의존하게 되면 이로 인해 오히려 더 많은 문제들이 발생하고, 악순환이 생기면 스스로도 빠져나올 수 없게 된다.[4)]

(2) 사고의 변화

① 현실적 기대

일반적으로 스트레스는 비현실적인 기대로부터 생긴다. 사람은 태어날 때부터 긴장하고 있지는 않는다. 성장하면서 자기가 어떤 일에 기대했던 것과 일치하지 않을 때 당황하고 긴장한다. 실제로 주어진 상황의 문제 해결은 직면해서 하는 것보다 시간적 여유를 확보해서 대처하는 것이 능률적이다. 사람들에게 그들의 예상이나 기대가 비현실적이라는 것을 알려주는 것이 매우 큰 도움이 될 수 있다.

② 재구성하기

독창적이고 효율적인 스트레스 해소법 가운데 하나가 재구성이다. 재구성이란 어떤 일에 대해 더 좋은 방향으로 사물을 볼 수 있도록 방법을 변화시키는 기술이다. 재구성하기는 똑같은 상황을 해석하는 데 여러 방법이 있다는 것에서부터 시작한다. 보는 관점에 따라 대답만 다를 뿐 상황은 똑같다. 물이 반밖에 남지 않았다고 인지하는 것과 물이 아직도 반이나 남아있다고 인지하는 것에는 심리적으로 큰 차이가 있다. 즉, 재구성하기란 같은 사물을 보는 많은 방법 중에서 나은 것을 선택하는 것이다.

재구성은 외부의 사실을 변화시키는 것이 아니고 단순히 어떠한 일을 새로운 각도에서 보도록 도와주는 것이다. 경우에 따라 어떤 어려운 문제를 오히려 자기에게 주어진 좋은 기회로도 활용할 수 있다.

---

4) 서울대학교 정신건강센터, http://wellbeing4u.snu.ac.kr/html/stress

③ 관념의 방식

많은 스트레스가 관념으로부터 생긴다. 우리가 사실상 진실이라고 믿고 있는 것은 수많은 전제와 가설을 바탕으로 한다. 우리들이 가지고 있는 관념의 대부분은 자기도 모르는 사이에 무의식적으로 형성되고 지켜지고 있다. 관념이 스트레스를 일으키는 경우는 두 가지가 있다. 첫째는 관념의 결과로 생긴 행동이다. 예를 들어, 즐기기 전에 일을 해야만 한다고 믿는다면 결과적으로 여가를 적게 갖게 된다. 관념이 스트레스를 일으키는 두 번째 경우는 다른 사람들의 관념과 갈등이 있을 때이다. 자기 아이가 옷을 갈아입지 않고 몇일 동안 같은 옷을 입고 다녀 그 아이를 나무라는 부모가 있었다. 그 부모에게 왜 참지 못하고 야단을 치냐고 물었더니, 사람은 매일 옷을 갈아입어야 한다고 자기 어머니가 가르치셨다고 대답하였다. 이는 진실이라고는 할 수 없고 단지 자기가 자라온 방법에 기본을 둔 의견일 뿐이다.

이러한 갈등의 문제는 옷이 아니라 단지 의견의 차이일 뿐이다. 사람은 자신의 믿음이 진실이 아니라는 것을 알게 되면 분노가 사그라지는 것을 느끼는 경향이 있다. 즉, 마음을 여는 연습을 하면 할수록 스트레스가 감소될 수 있다.

④ 감정의 표출

흥분이 된 상태에서 자신의 문제를 남에게 이야기하고 나면 좀 나아지는 것을 느낄 수 있다. 상대방이 이야기하거나 울거나 자백할 때, 믿고 명확히 들어준다면 상대방의 불안감이 상당히 줄어든다. 듣는 사람은 말을 많이 해서는 안 되며 정중하게 듣고 관심을 보여주어야 한다. 감정을 표출하게 하고 보조를 잘 해주는 것이 매우 도움이 된다. 감정 표출의 또 하나의 방법은 화가 났을 때 화를 나게 한 사람에게 편지를 쓰는 것이다. 물론 이 편지는 보내서는 안 되며 한 번 쓴 다음에는 읽지 않고 없애버려야 한다. 그 편지를 다시 읽게 되면 다시 혼란스러워지고 분노의 불길이 되살아나는 것이 되기 때문이다. 글을 씀으로서 자기의 감정을 표출할 수 있어서 당면한 스트레스를 벗어날 수 있다.

⑤ 유머

유머는 훌륭한 스트레스 억제제이며 개인적인 훈련에 의해 습득할 수 있는 능력이다. 어떤 사람에게는 재미있는 이야기가 다른 사람에게는 상처를 줄 수도 있다. 만약 도움이 될 수 있을 것 같은 우스운 얘기가 생각났다면, 이 얘기가 상대방의 긴장을 풀어줄 것 같거나 상처를 주지 않을 것이라고 느낀다면 그것을 이야기하는 것이 좋다. 유머는 여유 있는 마음으로부터 시작되며, 유머를 통해 긴장이 이완되고 불안 상태를 벗어 날 수 있다.

⑥ 건전한 자존심을 높여주기

건전한 자존심 수준은 스트레스를 감소시키는 데 결정적이다. 자존심을 향상시켜야 한다면, 언제나 따라다니면서 부정적인 영향을 미칠 수 있는 독백을 제거하고, 성공했던 경험을 되새겨 보는 시간을 마련해 보도록 하라.

⑦ 내적 통제감을 갖는 것이 관건

내적 통제감이란 자신의 삶이 외부 요인에 의해 결정되는 것이 아니라 스스로의 힘으로 일구어질 수 있다는 믿음을 말한다. 자존심을 높이게 되면 내적 통제감이 늘어나는데, 높은 통제감은 신체적 건강과 정신 상태에 유익한 효과를 미칠 수 있다.

3) 스트레스에 대한 자극강도 줄이기

현실적이고 구체적인 목표를 설정한다. 원대한 목표를 달성하기 위해 우선 현재 할 수 있는 일들을 구체적으로 계획하여 한 단계씩 진행한다.

인생과 삶에 대해서 좀 더 낙관적 견해를 갖도록 노력한다. 낙천성은 스트레스의 나쁜 영향을 경감시켜 준다. 항상 긍정적인 마음으로 자신과 남의 좋은 점들을 발견하도록 애쓰며 그 점을 칭찬한다.

4) 반드시 지녀야 할 마음자세들

- 아무리 조그만 것이라도 좋은 일이 있으면 감사하는 마음을 가진다.
- 항상 웃는 얼굴을 가져라.
- 주변에 넓고 깊은 사회 지지망을 가져라. 정서적 지지망 중에 대표적인 것은 가

정으로 가족과의 따뜻한 애정, 다양한 계층의 사람들과의 교류는 삶을 살찌게 하고 쌓인 스트레스를 해소하는 좋은 기회가 된다.

- 대화를 즐겨라.

  마음을 연 대화야말로 쌓인 스트레스를 해소하는 가장 좋은 방법이다. 정신과적으로는 이를 '환기(ventilation)'라고도 하는데, 비단 자신에게 쌓인 불만을 털어놓을 때만 스트레스 해소의 효과가 있을 뿐 아니라, 서로 일치되고 이해하고 공감하는 대화야말로 평소에 쌓인 스트레스를 없애주는 가장 좋은 청량제가 된다. 특히 부부간의 대화가 중요하다. 누구보다도 가장 쉽게 자신의 마음을 이해할 수 있는 사람은 배우자로 부부는 결혼 초부터 서로 대화하는 방법을 익혀야 한다. 나이가 들수록 주위의 사람들은 멀어져가고 부부간의 원활한 의사소통이 스트레스를 예방하고 해소할 수 있는 가장 손쉬운 방법이다.

- 즐거운 마음으로 일을 해야 한다.

  물론 자신에게 적합하지 않은 임무나 적당히 거절해도 좋은 일들은 피하는 것이 좋으나 이 바쁘고 복잡한 사회생활을 하다보면 그것이 그리 용이하지 않다. 이럴 때는 짜증을 내고 화를 내가며 일하는 것보다는 이왕에 처리해 내야 할 일들이라면 긍정적인 자세로 적극적으로 일을 처리해 나가야 한다.

  사실 일하는 것만큼, 또 어떤 일을 완수해 냈을 때만큼 마음의 충족감을 얻을 수 있는 경우도 많지 않다.[5]

5) 스트레스 관리지침

- 부정적인 스트레스 반응을 예방하는 방법은 업무 세계에서 자신에게 적절한 분야를 찾는 것이다.
- 생활에서 스트레스를 정직하게 인정한다.
- 당신 업무와 가치사이의 적합성을 살펴본다. 당신이 중요하다고 여기는 활동에 시간과 에너지를 쓰고 있는가? 예를 들어 당신이 가족과 친구에 가치를 둔다면, 그들과 함께 있을 수 있는 선택을 하겠는가? 반대로 당신이 일에서의 생활이 개인적 혹은 가족생활보다 더 재미있다고 생각한다면 그것도 정직하게 직면해야 한다. 일반적으로 사람들은 실제로 하기 원하는 것과 진심으로 가치를 두는 것

5) http://www.kfta.or.kr/board/pds/view.

을 위해 시간을 낸다. 스트레스 관리는 가치 있게 여기는 것을 명확히 하는 것이다.

- 개인적 그리고 직업적 생활 모두에서 긍정적인 부분을 인식하고 즐기는 시간을 갖는다. 당신의 업무에서 부족한 것과 부정적인 부분에 집착하지 않는다. 유머 감각을 키운다. 일을 열심히 하고 최선을 다해서 하지만 너무 지나치게 떠맡지는 않는다.
- 일과는 매우 다른 활동에 참여할 수 있는 외부 관심과 취미를 개발한다. 무언가 다른 일을 하는 것은 작은 휴가와 같다. 일상생활의 단순한 일로부터 얻을 수 있는 진정한 즐거움을 과소평가하지 않는다.
- 운동, 양질의 영양섭취, 적절한 수면을 통해 스트레스의 해로운 영향으로부터 자신을 보호할 수 있다. 알코올, 니코틴, 카페인 등 다른 약물사용을 줄이거나 끊는다. 정기검진을 받고 고혈압, 비만, 우울 등을 치료 가능한 상태로 유지하게 위해 필요한 조치를 취한다. 복잡하고 분화된 건강관리 체계에서 자신의 건강에 책임을 지는 것이 필수적이다.
- 일하는 동안에 여러 차례의 휴식을 취한다. 간단하지만 즐거운 휴식을 취한다. 예를 들어 점심시간에 산책하는 것, 계절의 변화를 알아차리는 것, 유머 책을 읽는 것, 놀고 있는 아이를 바라보는 것 등이다. 서류 작업 동안 간단한 신체적 운동도 휴식을 가져온다. 혹은 계단을 몇 개 오른다.
- 시간 관리를 배운다. 결과적으로 시간관리는 스트레스 관리이다. 적절히 시간을 관리할 때, 보다 많은 것을 성취하고 효과적일 수 있다. 이것은 업무에 대한 만족감에도 기여한다.
- 통제할 수 없다는 느낌은 스트레스의 주요 원인이다. 당신이 업무에서 통제력을 잃게 된다면, 자신이 하는 일을 즐기는 것처럼 보이는 경험 있는 사회복지사에게 자문을 구한다. "당신이라면 무엇을 하겠는가?" 변화를 시도하지 않으면 문제는 더욱 나빠질 것이다. 우선순위를 정하는 것이 첫 단계이고, 다음은 우선순위에 따라 시간과 에너지를 투자한다.
- 당신의 좌절을 공유할 수 있는 동료 혹은 친구로 지지 집단을 마련한다. 함께 시간을 보낼 즐거운 방법(외식, 영화보기, 산책하기, 여행 등)을 찾는다.
- 업무와 관련된 대부분의 과업에서, 완전함을 요구하지 않음을 인식한다. 당신과 다른 사람 모두는 실수를 했고 앞으로도 계속할 것임을 인정한다. 이전의 성취를 생각하는 것은 실수 혹은 패배로부터의 회복을 돕는다.

- 장거리 선수와 같이 지치지 않고 지속할 수 있는 속도로 페이스를 조절한다. 대부분의 사람의 경우, 많은 일을 못하는 것보다 몇 가지 일을 잘하는 것이 더 낫다. 적어도 매일 한 가지의 중요한 일을 달성하기 위해 업무 활동을 배치한다. 이것이 놀랄 만한 만족감을 가져다 줄 것이다.
- 개인적 문제가 있을 때 믿을 만한 친구 혹은 전문가로부터 도움을 구한다. 도움을 구하지 않은 기간이 길어질수록, 생활의 점점 많은 부분이 부정적인 영향을 받게 될 것이다.
- 특별한 의미를 갖는 생각 혹은 격언, 정신을 고양시키거나 달래 주는 것에 귀를 기울인다. 예를 들면 다음과 같다. "갑작스러운 불행에서 너를 보호할 영적인 힘을 키워라. 그러나 불길한 상상으로 자신을 괴롭히지 말라. 많은 공포는 피곤과 외로움으로부터 나온다. 몸에 좋은 훈련 이상으로, 자신에게 부드러워져라."
- 스트레스 관리기법을 배우고 필요한 변화를 만들기 시작한다. 너무나 빨리 많은 변화를 만들려고 하지 않는다. 작은 단계들이 올바른 방향으로 증가될 것이다. 클라이언트에게 사용하는 기법을 자신에게 적용한다. 예를 들어, 스트레스가 많은 사람들 사이의 과업에 직면할 때 불안감을 줄이고 자신감을 키우기 위해 행동 시연 혹은 역할 연습기법을 사용한다.
- 두려움을 다루는 기법으로 두려움을 매우 과장하도록 한다. 예를 들어, 당황하는 것을 두려워한다면, 홍당무가 되고 땀을 몹시 흘리고 팔목에서 시계가 진동할 정도로 몹시 떨고 있는 자신을 마음속에 그려본다. 우스울 정도까지 자신의 두려움을 과장하는 것은 웃음을 자아내고 두려움을 관조하게 돕는다.
- 대부분의 업무환경에 공통된 스트레스 원인, 즉 열악한 작업조건, 비합리적 마감시간, 과중한 업무량, 방해 등에 문제해결과 조직변화 기법을 적용한다. 심각한 문제는 주의 깊은 분석과 개입을 요구한다. 개입하지 않으면, 스트레스의 원인이 사라지지 않는다. 무엇이든 해야 한다

이러한 특징들이 우리가 경험하는 스트레스를 야기하지만 보통 사람들은 그러한 영향을 인식하지 못한다. 매일 해야만 하는 결정의 수를 줄임으로써 속도를 늦추고 생활을 단순화시키는 방법을 찾는다. 예를 들어, 옷장과 음식을 간단하게 하면 무엇을 입고 무엇을 먹을 것인가에 대한 결정이 줄어들 것이다. 불필요한 소지품, 주의를 요하고 시간과 돈을 소비하지만 기쁨과 여유는 거의 제공하지 않는 활동을 포기한다. 생활에서 '일'을 가족 및 친구와의 의미 있는 관계로 대체한다.[6)]

6) http://web.search.daum.net/wsa/search

〈표 10-3〉 스트레스 진단 점검표

◎ **다음은 YMCA 시민 자구 운동 본부에서 활용되고 있는 자가 진단표이다.**
현재 자신이 느끼고 있는 스트레스 상태가 어느 정도 인지 점검해 보기 위해 해당 항목에 체크하시오.

문항	스트레스 상태	체크(V)
1	즐겁고 재미있는 일이 있어도 마음으로는 즐길 수 없으며 웃지 않는 일이 있다.	
2	커피, 담배, 술 등이 늘어나고 있다.	
3	사소한 일, 쓸 데 없는 것에 마음이 끌려 어쩔 줄 모른다.	
4	매사에 집중할 수 없는 경우가 있다.	
5	아찔할 때가 있다.	
6	타인의 행복을 부럽게 느끼는 경우가 있다.	
7	기다리는 것을 참지 못할 때가 있다.	
8	욱하거나 신경질을 낸다	
9	잠이 얕고 도중에 잠이 깰 때가 있다.	
10	때때로 머리가 아플 때가 있다.	
11	잠들기가 어렵다.	
12	식욕이 이상할 정도로 떨어진다.	
13	자신감을 가질 수 없고, 이전과 같은 자신감이 사라져 가고 있다.	
14	등, 목덜미, 어깨가 쑤시거나 아프거나 할 때가 있다.	
15	쉽게 피곤하고 늘 피곤한 느낌을 갖고 있다.	
16	타인의 대화가 자신에 관한 일이 아닌가 하고 마음이 쓰인다.	
17	사소한 일에도 식은땀이 나고 가슴이 두근거릴 때가 있다.	
18	뭔가 자신에게 나쁜 일이 일어나지 않을까 하고 불안해지는 경우가 있다.	
19	타인에게 의지하고 싶은 마음이 강해진다.	
20	나는 이제 틀렸다고 생각하는 일이 있다.	
총계(체크 표시한 문항 수)		

※ 체크 표시를 한 항목이 0~6개 일 때 : “심신 상태 양호”
체크 표시를 한 항목이 7~15개 일 때 : “그대로 방치하면 스트레스가 쌓여 몸의 상태를 무너뜨릴 우려가 있다”
체크 표시를 한 항목이 16~20개 일 때 : “스트레스가 상당히 누적되어 건강을 해치고 있는” 상태이며, 전문가와 상담하여 도움을 받는 것이 좋다.

※ 스트레스를 극복하기 위해, 어떤 긍정적인 활동을 하는 지 말해보자. 이러한 활동을 하기 전과 하는 동안에 어떤 기분이 들었는지 말해보자.

* 자료 : http://mentor.hallym.ac.kr/life/view.

제11장

생활 속의 응급대처

1. 응급처치의 개요
2. 응급의료
3. 응급을 요하는 증상
4. 외상처치
5. 응급질환
6. 위험환경 및 위험물에 의한 응급처치
7. 기본 인명구조술

제11장 생활 속의 응급대처[1)]

1. 응급처치의 개요

1) 응급처치의 기본 개념

응급환자란 응급의료에 관한 법률에 질병, 분만, 각종사고 및 재해로 인한 부상이나 기타 응급상태에서 즉시 필요한 처치를 받지 아니하면 생명을 보존할 수 없거나 기타 심신상의 중대한 위해가 초래될 것으로 판단되는 환자라고 되어있다.

그러나 일반적으로 일반인이 응급환자인지 아닌지 정확히 구별하기는 쉽지 않으므로 상식적으로 급하다고 생각되는 환자는 일단 응급환자로 생각하고 응급처치를 준비하는 것이 좋다. 여기서 응급처치란 응급환자에게 행하여지는 기도의 확보, 심박의 회복, 기타 생명의 위협이나 증상의 현저한 악화를 방지하기 위하여 긴급히 필요로 하는 처치를 말하며 일반인도 어느 정도 할 수 있지만 이를 위하여 응급처치에 대한 교육을 받아야만 한다. 이러한 응급처치 또는 응급의료의 목적은 급한 신체적 이상에 대해 환자의 생명을 구하고 환자의 상태를 최단시간 내에 정상 내지는 이에 가까운 상태로 회복시켜 계속 요구하는 치료의 효과를 높이는데 있는 만큼 응급처치만으로 모든 것을 해결하려 들면 안 되고 신속하게 의료기관으로 이송하는 것도 중요하다 우리가 응급처치를 시행하여야 하는 이유는 생명을 유지시키고, 상태의 악화를 방지하고 회복을 촉진시키는 것임을 명심해야 한다.

1) http://www.emergency.or.kr/sens/html/emer01_02.htm(검색일: 2012.01.07)

2) 응급처치의 중요성

현장에서 응급처치를 하는 목적은 사망률과 불구가 될 확률을 감소시키자는 것이다. 병원 도착 전의 응급처치여부에 따라서 사망률과 불구가 될 확률에 많은 차이가 있음은 이미 선진국에서 증명된 바 있다. 이 목적을 달성하지 못한다면 현장에서 응급처치를 해야 할 이유가 없다.

사인(死因)분류가 가능한 사망원인을 분석한 결과 고혈압성 질환, 뇌혈관질환, 동맥경화증, 심장질환과 같은 순환기계 질환으로 숨진 이가 사망자 전체의 1위를 차지하였고, 암으로 인한 사망이 2위, 교통사고와 자살과 같은 각종 사고사가 3위였다. 이들 3대 사망원인은 전체사망의 3분의 2정도를 차지하고 있다.

응급처치의 주요 대상 질환은 순환기계 질환과 각종 사고이다. 순환기계 질환으로 인한 사망과 각종 사고는 전체적으로 증가율을 보이는 추세이다. 전체적으로 이들 3대 사인 질환이 사망에서 매우 중요한 부분을 차지하고 있다.

미국의 통계자료를 보면 1972년 이후 심혈관계 질환으로 인한 사망률은 급격한 감소를 보였는데 이중 뇌혈관질환은 1958년에 50%까지 사망률이 감소하였고 관상동맥질환으로 인한 사망률은 30%이상 감소하여 평균 약 35%의 사망률 감소를 나타냈다. 사망률이 감소하는 원인은 최근 10년간의 한국의 사망률을 볼 때 의학의 발전에서 찾을 수 있다고 생각할 수 있다. 우리나라에서도 병원에서의 진료의 질은 좋아졌으나 신속하고 효과적인 응급처치가 병원도착 전에 체계적으로 충분하게 이루어지지 않고 있는 실정이다. 만일 병원에 이송되기 전 단계 응급처치가 충분히 이루어진다면 선진국의 예에서처럼 사망률을 현저하게 감소시킬 수 있을 것이다.

비정상적 심장박동으로 인한 심장정지를 일반인도 교육만 받으면 시행할 수 있는 기본심폐소생술과 전문가에 의한 전문심장소생술을 실시하게 되면 43%의 생존율을 나타내지만 기본심폐소생술과 전문심장소생술이 늦어지면 생존확률은 점점 떨어져서 12분이 경과하게 되면 100% 사망하게 된다.

주요 심혈관 질환의 발병률을 보면 뇌졸중이나 관상동맥질환은 고혈압에 비하여 대단히 적게 발생한다. 그에 반하여 사망숫자는 심장마비와 뇌졸중이 대부분을 차지하고 있다. 관상동맥질환이나 뇌졸중은 발생률에 비하여 사망률이 매우 높다는 것이다. 이러한 급성 부정맥 사망의 주요원인은 급성심근경색증과 같은 관상동맥질환이다. 따라서 사망은 이미 병원 밖에서 발생하기 때문에 병원 전 응급처치에 대한 대책이 절실히 필요하다.

심장이 정지된 환자가 현장에서 즉시 심폐소생술을 하면서 구급차를 불러 전문소생술을 실시한다면 30~40%가 살아날 수 있다. 즉시 구급차호출, 심폐소생술, 제세동술에 이어 전문소생술을 하는 과정이 잘 연계되면 환자는 최대의 생존확률을 가질 수 있다. 이때 만일 아무런 처치도 하지 않는다면 100%가 사망하게 된다. 최대한 생존율을 보장하기 위해서는 신고, 심폐소생술, 제세동술, 전문소생술의 이 4가지 과정이 연쇄적으로 신속하게 이루어져야 한다. 이 4가지 과정을 응급처치에서 가장 중요한 개념으로 생존의 연쇄고리(Chain of survival)라고 부른다.

미국의 경우 1960년경에 심폐소생술이 도입되었다. 관상동맥질환에 의한 사망률을 비교해보면 심폐소생술이 도입된 1960년 이후 급격하게 떨어져서 1984년에는 사망률이 35%가량 감소하였음을 보여주었다. 특히 뇌졸중에 의한 사망은 50%까지 감소하였다. 뇌졸중은 심장이 아닌 호흡정지나 의식상실이 원인이 되어 기도폐쇄로 사랑하는 수가 많아 기도유지와 인공호흡만으로 소생이 가능하기 때문이다. 심폐소생술은 현장에서 즉시 하지 않으면 그 효과가 전혀 없기 때문에 현장응급처치의 중요성을 단적으로 잘 보여주는 대표적인 예라 하겠다. 따라서 국민들은 이러한 현장응급처치방법과 응급의료체계의 이용방법 등에 대하여 잘 알아야 한다.

상기한 바와 같이 응급환자가 살 수 있는 방법은 현장에서 즉시 응급처치가 이루어지면서 신속히 전문적 처치와 연계되어야 한다. 그러나 사람이 살아가다 보면 어느 상황에서나 응급상황을 겪을 수 있는데 이러한 경우 주위의 사람이 응급처치와 신고를 해 주어야 한다. 따라서 여기에 필요한 것은 응급처치 교육이라는 기본적 지식, 능력의 배양과 타인을 응급상황에서 구해주고자 하는 시민정신이다. 이 책의 내용은 이러한 시민정신이 발휘된다는 가정 하에 기술되어 있다. 선진국에서는 선한 사마리아인법이라고 하여 응급상황에 처한 사람에 대한 응급처치를 시행하면 일반인이 하여도 그 결과에 대하여 면책 받을 수 있도록 응급처치자에 대하여 법적 보호가 되어 있다. 우리나라는 특히 시민정신이 강조된다고 하겠다.

2. 응급의료

1) 응급의료체계의 개요

응급의료체계란 일정지역 내에서 응급환자 치료를 위한 양질의 응급의료 서비스를 제공하는데 필요한 인력, 장비, 자원 등의 모든 요소를 효과적으로 운영하기 위하여 조직화한 체계라고 볼 수 있다. 그러나 일반인이나 환자가 실제적으로 느끼는 응급의료체계는 응급환자가 발생하였을 때 신속히 조직적으로 누군가가 도움을 주는 체계일 것이다. 예를 들어 가정에서 간단한 상처가 나서 스스로 소독을 하고 지혈을 했다면 여기서 응급의료체계란 말을 이야기 할 필요는 없을 것이다. 그러나 스스로나 가까운 일반인의 힘으로 어떤 응급환자에 대하여 해결하려 하면 꼭 응급의료체계가 필요하며 이에 대하여 접근, 이용하는 방법에 대하여 국민 누구나 알고 있어야 한다. 아무 지식은 없더라도 적어도 119에 신고하면 응급환자에 대한 도움을 받을 수 있다는 것만 알더라도 응급의료체계로의 접근은 가능하다

2) 응급의료체계의 내용

응급의료체계는 환자 발생에서 의료기관으로 도착 전까지의 병원전단계, 의료기관에서 진료를 시행하는 병원단계로 대략 단계를 구분할 수 있는데 실제로 국민들이 더 급하게 느끼고 제대로 못하는 단계가 병원전단계이다. 이러한 체계 내에서 도움을 줄 수 있는 사람은 의사, 간호사, 응급구조사, 소방구급대원, 신고접수자, 경찰, 구조대원, 안전관리자 등 다양하다. 그러나 가장 중요한 것은 자신의 동료, 가족이 신속히 현장에서 응급처치와 신고를 하여 도움을 주어야 한다는 것이다. 이것이 응급의료체계의 출발이다. 이것이 없이 잘못된 응급환자를 갖고 누구를 탓할 필요가 없다. 우리나라에서는 모든 현장 응급환자의 처치, 이송 신고는 119번호로 통일되었고 병원정보, 상담, 등은 1339를 이용할 수 있다. 게다가 이러한 이용이 현재까지는 무료라서 선진국조차도 없는 무료이송을 하고 있다는 것을 참고하기 바란다.

3) 응급의료체계의 이용

주변에서 응급상황이 발생한 경우에는 119나 1339로 전환하여 응급처치를 위하여 빨리 도움을 요청한 후 그 다음 누구라도 간단한 응급처치를 시행하는 것이 중요하다. 119에 전화를 하면 환자 이송 및 응급처치의 도움을 받을 수 있으며, 응급환자 정보 센터인 1339에 연락 시에는 응급처치 요령, 병원안내, 질병상담 등 전화로 도움을 받을 수 있다. 응급상황이 발생하면 증상이 경미한 경우에는 인근의 의료기관(병 · 의원)을 직접 방문하는 것이 바람직하며, 증상이 매우 심하다고 판단되는 경우에는 친지나 주위사람보다 바로 응급의료체계 즉 소방서의 119구급대에 즉시 연락하여 도움을 요청해야 한다. 119로 전화가 연결되면 119상황실 통신 근무자(전화상담원)에게 기본적인 사항을 정확히 구두로 전달하여야 하며, 구급차가 현장에 도착할 때까지 연락체계를 계속 유지함으로써 간단한 응급처치법 등에 대한 조언을 받아가며 위급한 상황에 대처해야 한다. 다음과 같은 상황은 반드시 119 연락하여 빨리 도움을 받아야 하는 응급 상황들이다.

〈표 11-1〉 반드시 119로 연락하여 빠른 도움을 받아야 할 응급상황들

1	기도폐쇄	8	경련 환자
2	호흡곤란이나 무호흡	9	마비환자
3	심장마비	10	물에 빠졌을 때(익수)
4	심장질환이나 흉통	11	중증도 이상의 화상(火傷)
5	의식이 없는 경우	12	전기손상
6	심한 출혈	13	자살기도
7	척수 손상이 의심되는 경우	14	분만

〈표 11-2〉 응급환자 신고 시 반드시 전달해야 할 사항

1	환자가 발생한 위치, 주소 및 전화번호를 정확히 알려 준다
2	응급상황이 발생할 경위와 환자상태
3	주위의 위험요소 유무 : 화재, 사고, 위험물질 등
4	환자의 수

〈표 11-3〉 경미한 증상이라도 반드시 응급진료가 필요한 경우

1	기침 시 혹은 가래에 피가 섞여 나오는 경우
2	소량이라도 피를 토하는 경우
3	흉통(가슴에 갑자기 통증을 느낀 경우)이 발현한 경우
4	잠시라도 의식을 잃었던 경우
5	신체에 마비증상이 일시적이라도 나타났던 경우
6	기타(갑자기 숨이 찬 경우)

4) 응급상황에 대비한 준비

응급상황 발생 시를 위한 최소한의 필요한 준비를 반드시 하여야 하며, 몇 가지 준비물품들을 비롯하여 신고할 전화번호 등도 알아두어야 한다. 그러나 가장 기초적인 준비는 기본적인 응급처치법에 대한 교육을 받아두는 것이다. 또한 평소에 응급물품들을 점검하여 예기치 못한 상황에서 오는 응급상황을 미리 준비해야 한다.

준비물품으로는 전화기, 반창고, 핀셋, 거즈, 방부제, 거즈패드, 운동화, 신고전화 손전등, 예비 건전지, 물수건, 구급함, 일회용 장갑, 마스크, 다양한 크기의 밴드 및 얼음주머니 등이 있다.

준비하는 방법으로 일단 구급함부터 준비하도록 한다. 여러 물품이 여기저기 흩어져 있으면 응급상황 시 대처하기 어렵고 같이 모아져 있어도 손에 들고 달려갈 수 있어야 한다. 구급함이 준비되어 있으면 들어갈 물품의 목록을 적고 구급함에다 붙여둔다. 여기에는 비상 시 연락할 수 있는 연락처들도 적어야 한다. 응급의료체계의 접근 전화번호가 가장 중요하지만 의료기관, 도움을 줄 수 있는 동료, 친지 등의 연락처도 급할 때 유용하다. 아직 우리나라의 응급의료체계가 완벽하게 구비되지 않았기 때문에 의료적인 도움 외의 사회적인 도움을 구할 수 있는 전화번호도 유용할 수 있다.

5) 기본 응급처치함의 상비품목

〈표 11-4〉 기본 응급처치함의 상비품목

(기구) 가위, 주머니칼, 소독장갑, 핀셋, 체온계, 얼음주머니, 손전등, 면봉, 안전핀, 신호탄, 다용도 부목, 흡입기, 넓은 은박지(보온용), 마스크	(붕대 및 상처처치 물품) 거지, 패드, 반창고, 거즈붕대, 압박붕대, 일회용 반창고, 일회용 소독거즈, 알코올 처리패드, 화상처치용 수용성 소독패드, 소독수건
(연고류) 일회용 얼음팩, 항생제 연고, 항진균연고, 스테로이드 연고, 칼라민로션, 자외선 차단 크림, 벌레 물린 곳 통증제거용 연고	(구급약) 진통제(아스피린, 이부로펜, 아세트아미노펜), 항히스타민제, 소화제, 변비약, 멀미약, 기침약, 먹고 있던 약

6) 응급처치의 우선행동

- 환자에게 다가가지 전에 자신이나 환자에게 위험한 요인이 없는지 반드시 현장의 안전을 먼저 확인하고 필요하면 소방, 경찰서 등에 먼저 연락 하여야 한다.
- 환자를 응급처치 할 때에는 위험물질이나 전염성 질환으로부터 자신과 환자를 보호하기 위한 준비를 하여야 한다. 가능하면 장갑, 보호경, 마스크 등을 착용하도록 하며 사용한 거즈 등은 비닐봉지에 담아 처리해야 한다.
- 119에 신고하여 도움을 요청해야 한다. 119에 신고함으로써 응급의료체계를 활성화시켜 구조대원, 응급구조사, 응급의학과 전문의 등 전문가의 도움을 받을 수 있도록 해야 한다.
- 흔들거나 자극을 주어 의식을 확인한다. 의식이 없으면 즉시 도움을 요청하고 환자의 생명과 직결되는 문제 즉, 기도(숨길)는 유지되는지, 호흡은 있는지, 순환(맥박)은 유지 되는지 심한 출혈은 없는 지를 먼저 확인하여야 한다.
- 일차평가 후에는 머리에서 발끝까지 살펴야 한다. 다친 경우에는 상처가 있는지, 변형이 있는지, 만지면 아픈 곳은 없는지 붓지는 않았는지를 살핀다.
- 일차평가를 시행하는 동안 환자가 숨을 쉴 수 있는지, 숨을 쉬고 있는지 확인하여야 합니다. 호흡이 없다면 인공호흡을 시행해 주어야 한다.

의식 확인, 구조요청(119), 기도유지, 인공호흡, 순환(맥박)의 확인, 흉부압박으로 이루어지는 심폐소생술은 환자의 생명을 구할 수 있다.

- 과민반응, 출혈 등으로 쇼크증상(불안, 찬 피부, 식은 땀, 어지러움, 힘 빠짐 등)이 있으면 다리를 높여주고 체온을 유지해 주어 쇼크의 진행을 늦추어 주어야 한다.
- 연부 조직이나 피부의 손상, 출혈에 대한 올바른 처치는 환자의 고통을 덜어 주고 상처의 회복이 빠르게 해줄 수 있다.
- 근육이나 뼈의 손상이 의심되면 골절에 준해서, 다친 부위를 올바른 방법으로 고정하고, 차게 해주고, 압박해 주고, 올려 줄 수 있어야 한다.
- 모든 외상환자는 척추(특히 목뼈)손상을 주의해야 한다. 간단한 주의로 예방할 수 있지만 잘못하면 등골이 손상되어 전신 마비, 하반신 마비 같은 평생 장애를 남길 수 있다.
- 어려움에 처한 사람을 도와주는 것은 당연 하지만 응급처치팀을 기다리지 않고 환자를 옮기거나 승용차 등을 이용하여 병원으로 이송하는 것은 매우 위험하다

3. 응급을 요하는 증상

1) 의식변화

(1) 혼수상태

의식의 변화는 간단한 사고의 장애로부터 완전히 의식이 없는 상태까지 매우 다양하게 나타나며, 혼수상태는 아무리 강력한 외부 자극을 주었을 지라도(예 : 환자를 꼬집어보는 등) 전혀 반응하지 않고 깨어나지 못하는 경우를 말한다. 일반적으로 의식변화는 다음과 같은 원인들로 오게 된다.

① 구조적 병변 : 외상, 뇌종양, 간질, 두 개내 출혈 등
② 대사성 : 무산소증, 저혈당, 당뇨성 케토산증, 간부전, 신부전
③ 약물
④ 심혈관계 : 고혈압성 뇌증, 쇼크, 과민성 쇼크, 부정맥, 심정지, 신부전

⑤ 감염

원인이 이와 같이 다양하므로 일반인들이 이를 감별하기란 어렵다. 그러나 이런 상태에 있는 사람을 발견했을 경우 가장 먼저 확인해야 할 상황은 그 사람이 숨을 쉬고 있는지에 대한 여부이다. 원인이 어떠하건 간에 의식이 없는 사람은 혀가 목구멍 뒤로 쳐지기 쉬우며 기도를 막아서 숨을 쉬지 못하여 생기는 것이 가장 시급하게 해결해야 되는 사항이다. 만일 호흡이 좋지 못하다면 기도를 유지하여 환자의 호흡이 가능하도록 한다. 만일 환자가 호흡이 없다면 기도유지를 다시 하고 인공호흡을 통하여 그 사람에게 산소를 공급할 수 있도록 한다.

또한, 이런 경우에 처해 있는 사람의 주변인들은 다음과 같은 것에 주의하여 정보를 모아 처치자가(예: 응급구조사, 119 구급대원 등) 도착하였을 때 정보를 제공하는 것이 중요하다. 처치자가 여유시간이 좀 있다면 환자를 더욱 자세히 관찰하여야 하는데 이때에는 자극에 반응하는지, 호흡의 상태나 횟수, 깊이 정도를 알아보아야 한다. 또한 가능하다면 다음도 확인하는 것을 잊지 않도록 한다.

① 의식변화의 기간이 얼마나 되는가?

② 갑자기 시작 되었는가 혹은 서서히 시작되었는가?

③ 최근 4주 이내에 두부외상이 있었는가?

④ 현재 치료 중인가?

⑤ 술을 마셨다거나 약을 먹었는가?

⑥ 변화이전의 특별한 행동이 있었는가?

⑦ 현재 먹고 있는 약이 있는가?

– 이때 행할 수 있는 처치는 다음과 같다.

① 기도를 열어주기 위해 고개를 들어준다.

② 호흡이 없다면 인공호흡을 실시한다.

③ 만일 경추(목)손상이 의심되는 사람이라면 함부로 건드리지 말고 전문 처치사에게 조언을 받아서 행동 할 수 있도록 한다.

환자의 머리와 신체가 정중앙에 오게 한 후 환자의 이마는 눌러주고 턱은 검지와 중지 두 손가락으로 들어준다.

기도유지를 해준 상태에서 환자의 얼굴에 구조자의 얼굴을 가져가대고 구조자의 눈은 환자의 가슴을 보며 환자의 10초간 호흡유무를 확인한다.

a. 구강 대 비강법 : 구조자는 손으로 환자의 입을 막고 환자의 코에 구조자의 입을 댄 후 공기를 불어넣는다.
b. 구강 대 구강법 : 구조자의 손가락으로 환자의 코를 마고 환자의 입에 구조자의 입을 댄 후 공기를 불어넣는다.

(2) 경련

경련은 흔히 간질이라고 이야기되는 대발작부터 소아의 열성 경련, 그 외, 다양한 형태로 나타나므로 평소 경험이 없던 일반인들은 당황하기 십상이다. 어른은 간질이 원래 있던 사람은 평소에 약을 잘 복용하는 것이 중요하고 갑자기 처음으로 생기는 경련은 의료 기관에 가서 궁극적으로 원인을 알아서 처치해야 한다. 소아는 열이 심하게 날 때 경련이 생기기 쉬우므로 해열제나 옷을 벗기고 물로 닦아주는 노력을 해야 한다.

경련의 증상은 갑자기 이상한 행동이 나타나는데 눈이 뒤집힌다던가, 온 몸을 부르르 계속하여 떨고 거품을 물며 신체가 비정상적인 행동이 반복하는 등이다. 물론 이러한 증상 중의 일부는 진짜 경련이 아니고 정신적인 문제 때문에 나타날 수도 있어 겉으로만 급한 것 같고 내용적으로는 응급환자가 아닐 수도 있다. 이는 일반인으로서는 감별하기 힘들다.

① 처치

무엇보다도 숨을 쉴 수 있도록 기도확보가 중요하다. 원인적 치료는 의료기관에 이송하여 실시할 수 있지만 도착하기 전까지 숨을 쉴 수 있도록 기도확보를 잘 실시하여야 한다. 대발작 환자 중에는 쓰러져서 다른 물체에 부딪히기 쉽고 혀를 깨무는 동시에 혀와 구강 내 손상을 최소화 할 수 있도록 경구기도기를 입 속에 삽입하도록 하며 없을 때에는 임시로 딱딱하고 부드러운 막대같은 물체로 이를 대신할 수 있다.

소아는 이와 더불어 열성경련이 많으므로 미지근한 물로 몸을 닦아주도록 하며 이에 앞서 옷을 전부 벗겨서 수분의 증발 시 체온이 떨어질 수 있도록 한다.

② 주의

대발작 시는 환자가 발작하며 다칠 수 있으므로 주위에 부딪혀서 다치거나 찔릴 만한 물건을 치워주어야 한다.

무엇보다도 경련 자체보다도 기도확보를 통하여 숨을 계속 쉴 수 있게 하여야 하며 경련 중에는 호흡이 멈출 수도 있으므로 인공호흡을 하며 신속히 이송한다.

2) 통증

(1) 복통

복통은 흔히 오심(구토할 것 같은 느낌), 구토, 배 근육의 수축, 다른 부위의 통증과 같이 나타나는 경우가 많으며, 어떤 경우는 배가 아픈 상황이 수술에 의해 치료 받지 않는다면 치명적일 수도 있으므로 심한 통증 호소의 정도를 평가하고 그냥 지나치지 않는 것이 필요하다. 계속되는 복통은 꼭 응급실에 이송되어 진찰되도록 해야 한다는 것도 잊어서는 안 된다.

배 아픈데 대한 민간요법도 많은 것이 사실이나 배 아픈 원인이 수백 가지 이상 있을 수 있고 그에 대한 치료도 조금씩 다를 수 있다는 것을 이해해야 한다. 중요한 것은 단순 배앓이가 아닌 상황을 가볍게 넘기지 말아야 한다는 것이다. 배가 아픈 환자들은 때로 토하거나 춥다고 하고, 설사나 변비, 소변이나 대변에 피가 섞여 나오거나, 열이 나기도 하며 환자의 자세는 다양하게 나타나는데 움츠리는 행동을 하거나 움직이지 않으려고 할 수도 있다. 또한 배가 아플 때 위험한 것 중 하나는 신체 내에서 일어나는 출혈인데 피가 나는 정도를 눈으로 알 수 없기 때문에 혈액량의 감소를 생각하고 쇼크가 일어나는지 주의 깊게 관찰해야 한다. 피를 토한다던지 변이 붉게 나오면 출혈이 같이 있는지 알지만, 짜장 색깔 같은 검은 변이 나와도 상부위장관의 출혈이 있다는 신호이므로 철저히 점검되어야 한다.

이런 사람에게 병원으로 가기 전 취해 줄 수 있는 처치로는 편안한 체위를 취해주며, 어떤 음식도 주지 않고 또, 그 통증부위를 배꼽을 경계로 하여 4부위로 나누어 어느 쪽에 통증이 있는지도 조사해두어 처치자가 도착했을 때 정보를 주면 도움이 되며, 혈액을 토하거나 또는 변에 섞여 나왔는지 그 양과 색깔을 알아두고 그 증거물을 처치자가 도착할 때까지 보존할 수 있으면 그렇게 하도록 한다.

그러나 이런 사람을 병원으로 이송하기 전에 현장에서 할 수 있는 처치는 그리 많지도, 효과적이지도 못하므로, 너무 오랜 시간을 끄는 것은 도움이 되지 않으므로, 병원으로 빠르게 이송할 수 있도록 신고하는 것이 중요하다.

(2) 두통

두통의 흔한 원인은 축농증, 감기, 긴장, 눈의 피로, 수면부족, 배가 고플 때 등 다양하다. 그러나 머리나 척추에 손상이 있을 때도 역시 두통을 유발한다. 그 증상은 머리의 아무 부분이나 지속이거나 가끔씩 통증이 오는데, 처치는 환자의 이마에 찬 것이나 뜨거운 물을 담은 병을 싸서 누르며, 환자로 하여금 어두운 방에 누워 있도록 권한다. 만약 두통이 계속되고, 구역질 구토, 열, 목이 뻣뻣해지거나, 시력이 혼란스럽거나, 두부손상, 혼란, 점진적인 의식의 소실이 동반된다면, 의학적 도움을 요청하여야 한다. 평소 느끼던 두통과 느낌이 다르고 너무나 심하고 오래간다던지, 상기한 다른 심한 증상이 같이 있을 때는 뇌수막염, 뇌졸중, 뇌출혈 등 다양한 뇌의 병변이 동반될 수 있을 가능성이 있다. 이는 응급상황이므로 빨리 이송하여야 한다.

(3) 치통

치통의 가장 흔한 원인은 이빨의 에나멜질의 부식에 의한 것이다.(즉, 이빨이 썩는 것) 그러나, 농양, 잘못 깨물어서 가해진 압박에 의해서 유발될 수도 있으며, 안면신경의 염증으로 인해 유발된 통증이 방사되어 치통을 유발할 수 있다. 그 증상은 치아와 턱의 통증이 있으며 지속적이거나 가끔 통증이 있고, 치통은 찬 것이나 뜨거운 것을 먹거나 하면 더 심해진다. 치료는 심하고 지속적인 통증이 있으면 뜨거운 물을 넣은 병을 싼 것이나 뜨거운 헝겊으로 상한 이가 있는 쪽의 얼굴에 댄다. 만약 증상이 계속되면, 혹은 그 이 주위로 열이 나고 부으면 지체하지 말고 의사나 치과의사를 찾아가도록 한다.

(4) 귀의 통증

귀의 통증은 그 통증이 굉장히 심하다. 이것은 귀 안이나 귀 주위의 감염에 의해 초래되다. 즉, 귀의 종기나 농양 등에 의해 초래된다. 그러나 가장 흔한 이유는 특히 어린아이에 있어서 목을 통해 세균이 귀로 퍼져 유발된 중이염에 의한 것이다. 이런 종류의 감염은 편도선염, 홍역, 감기 등을 앓고 나서 잘 온다. 귀의 통증은 귀지가 너무 많을 때 또는 비행기 여행이나 잠수 시 갑자기 고막에 가해지는 압력의 변화가 있을 때도 잘 나타나며, 그 증상은 지속적이거나 가끔 귀의 통증이 생기고, 치료는 심하고 지속적인 통증을 해소하기 위하여 아픈 쪽 귀에 뜨거운 것을 다물고 침을 삼키거나 양 볼이 불룩해지도록 불게하며, 통증이 지속적이건, 분비물 · 열 · 청각의 이상이나 들리는 정도가 다를 때는 즉시 의학적 도움을 구하도록 한다.

(5) 목이 아플 때

가벼운 통증이나 경직이 목의 근육에 발생하는 경우로는, 장시간 한 자세로 앉아 있거나 누워있는 경우나 장기를 두거나 정신적 긴장이 계속될 때 생길 수 있지만 바이러스성 질환이나 타박에 의해서도 유발 될 수 있다. 그 증상은 목 부위의 통증이 있고 움직이면 심해진다는 것이고, 치료는 통증을 해소하기 위해서 아픈 부위에 뜨거운 것으로 찜질을 하고 목을 부드럽게 움직이도록 한다. 증상이 계속되거나, 목이 붓고 구역질이나 구토, 두통, 혼란, 의식의 상실, 명백한 목의 외상이 있을 때 의학적 도움을 구하도록 한다.

3) 기절 · 절도

기절이란 잠깐 동안 의식을 잃는 것이다. 흔히 뇌로 가는 혈액의 일시적 감소로 인해 생기는 현상으로 회복은 빠르고 완전하게 된다. 통증이나 공포에 대한 신경반응으로 올 수 있으며 혹은 감정적 혼란의 결과, 탈진, 굶었을 때도 일어날 수 있다. 그러나 실제로 오랫동안 움직임이 없었을 때 신체의 다리에 많은 양의 피가 고이게 되어 다른 부분의 순환을 감소시킬 때가 더 흔하다. 이런 사람의 특징적인 증상은 매우 창백해 보이고 맥박이 느리고 약한 것을 알 수 있으며 그 처치는 다음과 같다.

(1) 처치

① 만일 환자가 불안정해 하면 앉히고 두 무릎 사이에 머리를 앞으로 기울이게 하여 심호흡을 하도록 한다.
② 목이나, 가슴, 허리의 조이는 옷을 풀어 준다.
③ 의식을 찾으면 환자를 안심시키고 점차 앉은 자세로 일으킨다.
④ 의식을 완전히 찾을 때까지는 입으로 아무것도 주지 말고 회복 후 찬물을 조금씩 마시도록 한다.

(2) 주의

일반인들은 졸도한 것과 다른 심각한 질병으로 인하여 의식을 잃은 것과 구별하기 힘들다. 따라서 기절한 현장에서 회복을 바라고 너무 오래 시간을 끌지 않도록 하며 의료기관에서 확인하는 과정이 필요하다. 중간에 환자의 호흡과 맥박은 계속 확인하고 없으면 신속히 그에 대한 조치를 해야 한다.

4) 이물질 삽입

(1) 눈의 이물 - 귀나 눈의 이물질, 낚시 바늘, 못

① 처치

눈에 가해지는 손상은 모두 심각할 가능성이 있다. 왜냐하면 이물이나 조각들이 안구에 손상을 주고 그 결과 안구 내부의 손상과 감염을 일으킬 가능성이 있기 때문이다. 눈은 자극적인 이물질을 씻어내기 위하여 눈물의 생성과 분비가 증가하여 계속 눈물을 흘리는데, 대부분의 경우에 눈물로 이물을 제거 될 수 있다.

환자의 대부분은 눈에 이물이 들어가면 눈을 비비게 되는데, 그것을 멈추게 하고 환자를 의자에 앉힌 후 불빛을 마주보게 하고 뒤로 기대게 한다. 환자의 뒤에

서서 손가락으로 환자의 눈을 상하로 벌린 후 가능한 눈의 모든 부위를 살펴본다. 만약 눈 속의 이물이 보이면 소독된 물이나 생리식염수를 이용하여, 머리를 이물이 들어간 눈 쪽으로 기울여서 눈을 씻어낸 물이 다른 쪽 눈으로 가지 않고 뺨을 따라 흘러내리도록 한다. 만약 이것이 어렵거나 물이 없고, 또 이물이 눈에 박혀 있지 않으면 젖은 솜이나 깨끗한 손수건의 구석을 적셔 이물을 제거한다. 만약 이물 제거가 실패하면 상처받은 눈에 안대나 거즈를 대고 그 반대편 눈도 가려 병원으로 신속히 온다.

② 주의

눈에 들어간 이물질 중에서 날카로운 것은 절대로 물로 닦거나 문지르지 않도록 한다. 예를 들어서 유리조각이 튀어 들어갔을 때 눈이 입는 손상은 유리조각의 오염보다는 유리조각에 긁히거나 찔리는 것이 더 심각할 것이다. 이러한 상황에서 물로 씻던지 비비면 눈의 상처만 더 증가시킬 뿐이다. 이는 의료기관에서 전문 장비를 갖고 해결해야 할 문제이다.

(2) 코의 이물

① 처치

코의 이물은 자갈이나, 공기돌, 또는 가지고 놀던 장난감 등을 코에 집어넣을 수 있는 어린아이들에게서 흔히 일어 날수 있는 일이다. 부드러운 것은 코 안에서 꽉 끼게 되지만 날카로운 것은 코의 조직에 손상을 줄 수 있다. 이때 환자는 코로 숨쉬는 게 힘들고 코가 붓게 되는데, 입으로 숨을 쉬고 코로 공기를 밖으로 배출하게 한다. 이것으로 이물이 밖으로 빠져 나오면 좋지만, 그렇지 못할 경우 당황해져서 코의 이물을 가정에서 흔히 집게나 기타 도구로 제거하려는 시도를 많이 하게 되는데 이 방법은 코의 이물을 코 속으로 더욱 깊이 들어가게 할 수 있다. 그러므로 환자를 입을 통해 숨 쉬게 하고, 안심시킨 후 병원으로 빠르게 이송한다.

② 주의

이물질이 겉에서 보인다고 억지로 잡아 빼려고 너무 노력하지 않는다. 쉽게 나오는 것은 괜찮지만 반복하고 힘을 가할 때는 코에 상처를 주게 된다. 특히 날카로운 물질이 들어갔을 때에는 이러한 노력을 시도하지 말고 병원에서 처치받아야 한다.

(3) 귀의 이물

귀의 이물은 어린 아이들에게 있어서 가장 흔한 형태이다. 귀의 이물은 일시적으로 귀가 들리지 않지만, 깊은 침투는 고막의 손상을 유발한다. 예를 들어 벌레나 파리 또는 작은 곡식 알갱이 등이 귀에 들어가는 경우가 그것이다. 귀에 이물이 들어가면 환자는 귀의 통증을 호소하고 벌레가 들어간 경우에는 귀 속에서 진동을 느끼게 되거나 이물이 들어간 쪽의 청각에 이상을 호소한다. 벌레가 들어가서 움직일 때에는 그 통증은 매우 심하다.

우선 환자를 안심시킨 후 만약 벌레가 들어갔으면, 미지근한 물을 귀에 부어 흘러넘치게 한다. 미지근한 물을 사용하는 것은 환자에게 차가운 물로 귀를 씻어 낼 경우 환자가 떨림이나, 어지러움을 호소할 수 있기 때문이다. 다른 이물이 들어갔을 때 애써 가정의 도구로 제거하려 할 경우에 이물이 더욱 깊이 들어갈 수 있으므로 제거하려 하지 않도록 하고 병원으로 빠르게 이송한다.

5) 기타 응급증상들

(1) 흉통(가슴이 아플 때)

① 처치

흉통이나 흉부에 불편함이 있다고 하는 것은 심장질환에서는 흔한 증상이다. 흉통은 심근경색의 가장 흔한 증상이다. 흉통을 호소하는 환자와 마주친다면, 병력에 대한 다음 것들을 알아두어 처치자가 도착하였을 때 자료를 제공해 주어야 한다.

a. 흉통의 특별한 위치
b. 통증이 옮겨가는 위치(예 : 턱, 등 또는 어깨)
c. 통증의 시간
d. 통증이 나타나게 된 이유(예 : 운동, 스트레스 등)
e. 통증의 양상이나 질 (예: 둔함, 심함)
f. 통증에 따라 오는 현상(예: 메스꺼움, 호흡곤란)
g. 통증을 심하게 하는 행동이나, 약화시키는 행동
h. 유사한 통증이 예전에 있었는가?

가슴이 아프다고 하여 이것이 꼭 심장에 이상이 있는 것은 아니다. 그러므로 병력을 조사하여 처치자에게 정보를 주는 것은 중요하다는 것을 알아야 한다. 이런 사람에게 해 줄 수 있는 응급처치는 통증을 경감시킬 수 있는 자세를 취해주거나, 그 사람이 그럴 때 먹는 약이 있다고 하면, 그 약을 먹을 수 있도록 도와주고, 옷을 느슨하게 하여 호흡하기 편할 수 있도록 도와준다.

② 주의

심장질환으로 인한 흉통은 갑자기 사망에 이를 수 있는 위험한 것이다. 이러한 경우 갑자기 심장마비가 생길 수도 있으므로 증상이 시작된 시간부터 얼마나 빨리 응급실에 도착하고 정확한 치료가 신속히 되었는가가 중요한 향후 전망을 결정짓는 요소이다. 상기한 설명은 신고하고 기다릴 때 해당되는 것이지 신고하지 않고 시간을 지체하라는 뜻은 아니다. 앞가슴이 빠근하게 짓누르는 듯이 아프고 더불어 식은 땀, 메스꺼움, 어깨나 목 또는 등의 통증이 같이 있을 때는 지체 없이 119에 신고하여 응급실로 가도록 한다.

4. 외상처치

1) 상처의 소독 · 보호-드레싱

드레싱은 상처를 덮어주어 균으로부터 보호하고 지혈과정을 돕는다. 가능하면 치료용도로 포장된 소독붕대를 사용한다. 만일 소독된 것이 없으면 깨끗하고 보풀이 없는 삼각건이나 손수건으로 붕대를 대신할 수 있다. 보풀이 있는 천은 상처에 붙어 오염시킬 수 있으므로 사용하지 않는 것이 좋다.

드레싱의 일반수칙은 다음과 같다.

a. 상처 부위에는 소독거즈를 두텁게 덮어야 한다.
b. 거즈는 상처 위에 직접 놓는다. 옆에서 밀어 놓지 않도록 하고 비껴진 것은 제자리에 놓는다.
c. 만일 소독된 붕대가 하나밖에 없으면 그것을 상처 위에 놓고 다른 깨끗한 물품으로 덧댄다.
d. 처치자는 장갑을 착용하고, 붕대는 바깥쪽이 상처부위에 닿도록 한다.

또한 처치자의 호흡이나 손에서 상처부위로 균이 옮는 것을 최소화하기 위해서는 다음 사항을 지키는 것이 좋다.

a. 가능하면 1회용 장갑을 착용한다.
b. 처치 전 손을 깨끗이 씻는다.
c. 상처에 손을 대거나 닿은 때는 붕대를 건드리지 않는다.
d. 상처에 대고 이야기 하거나 기침을 하지 않는다.

(1) 멸균드레싱

- 이 드레싱은 붕대가 달린 드레싱 패드를 말한다. 멸균된 드레싱은 다양한 크기가 있고 낱개로 잘 포장되어 있다. 만일 포장이 파손되면 그 드레싱은 더 이상 무균상태가 아니다.
- 포장을 벗기고 붕대 끝을 찾아 들어 놓는다. 멸균된 패드를 펴놓되 과정 중 닿아서 오염되지 않게 조심한다.
- 패드 양쪽의 붕대를 잡고 상처 위에 바로 패드를 놓는다.
- 붕대의 짧은 쪽을 팔이나 다리에 한번 돌려 잘 고정한다.
- 붕대의 긴 쪽으로 상처부위를 감싸고 있는 거즈의 전체를 고정하며 감는다.
  만일 드레싱이 벗겨 나가면 제거하고 새 드레싱을 사용한다.
- 붕대 끝을 매듭으로 묶고 고정한다. 매듭은 상처부위 위에 묶어 압력을 가할 수 있게 하고 만일 출혈이 새어 나오면 그 위에 다른 드레싱을 덧댄다.
- 피가 잘 통하는지 점검한다.

(2) 거즈 드레싱

- 멸균된 드레싱이 없으면 거즈 패드를 사용할 수 있다. 이것은 거즈를 몇 겹으로 접어서 만들며 부드럽고 유연하게 상처를 감쌀 수 있다.
- 거지패드의 가장자리를 잡고 상처 위에 곧바로 놓는다.
- 거즈 위에 몇 겹을 덧댄다.
- 반창고로 고정하거나 감은 붕대로 잡는다.

(3) 접착 드레싱

- 흔히 반창고(밴드)를 이용하는 것으로 작은 상처에 사용한다.
- 포장을 벗기고 패드를 아래로 향하게 하영 보호대를 잡는다.
- 보호막을 벗기되 완전하게 떼어내지 않는다. 드레싱패드는 만지지 않도록 하면서 상처 위에 놓는다.
- 보호막을 떼어 내어 끝을 눌러 붙인다.

(4) 냉찜질

- 타박상이나 삔 곳은 차갑게 하면 부식와 통증을 줄일 수 있다. 다친 부위를 흐르는 찬물에 대고 있거나 물 안에 담글 수 있다. 상처 부위가 머리나 가슴같이 다루기 힘든 부위이거나 장시간 냉각시켜야 하는 경우는 얼음주머니나 냉습포를 이용한다.
- 비닐주머니에 절반이 넘을 정도로 얼음을 채운다. 주머니 끝을 묶고 수건 같은 헝겊으로 싼다.
- 부상부위에 얼음주머니를 놓는다.
- 20-30분간 상처부위를 냉찜질 하고 얼음을 보충한다.

(5) 냉습포 대기

- 수건이나 천을 아주 찬물에 담갔다가 건져 찬 기운과 물기가 남아 있을 만큼만 짜내고 상처부위에 갇다 댄다.
- 같은 방법을 5분 동안 반복하여 냉기를 유지시킨다.

(6) 붕대감기

붕대를 감는 데는 여러 가지 목적이 있다. 드레싱을 제자리에 고정시키고, 출혈을 억제하며, 부상부위를 지지 고정시키고, 붓기를 감소시키는 것이다.

① 붕대감기 전

- 부상자에게 무엇을 하려는 지 설명한다.
- 가능하면 앉거나 눕는 자세로 부상자를 편하게 한다.
- 항상 부상자 앞에, 가능하면 부상 입은 쪽으로 서 있는다.

② 붕대감을 때

- 멈추고 드레싱을 고정시킬 수 있도록 단단히 감아야 하나 혈액순환에 지장이 없도록 한다.
- 다친 부위를 받쳐준다.
- 가능하면 손가락이나 발가락이 붕대 끝으로 나오게 하며 혈액순환 상태를 점검할 수 있게 한다.

③ 다리고정을 위한 붕대감기

다리 사이에 부드러운 패드를 대준다. 넓은 붕대로 무릎 위를 고정하고 좁은 폭의 붕대로는 발과 발목을 팔자붕대로 하여 고정한다.

④ 혈액순환상태를 식별하는 법

다음과 같은 경우에는 혈액순환 상태가 좋지 않을 가능성이 있다. 물론 신경, 근육 등이 같이 손상되었을 수도 있다.

- 손발의 피부가 차고 창백하다.
- 나중에는 피부가 거무스레한 회색이나 푸른색을 띤다.
- 저리거나 따끔거린다.
- 그 부위를 움직일 수 없다.

(7) 롤붕대 감는법

- 붕대 꼬리를 부상 부위 아래에 대고 안쪽에서 바깥쪽으로 두 번 머리를 똑바로 돌려 감는다.
- 사지를 나선형으로 감아나간다. 전 층의 1/2-2/3를 덮는다.
- 끝날 때는 한번 똑바로 감고 끝을 고정한다.
- 팔 다리의 순환을 점검한다.

(8) 팔꿈치와 무릎에 붕대감기

- 부상 입은 팔을 약간 구부린 자세로 유지한다.
- 붕대꼬리를 팔꿈치 안쪽에 댄 뒤 관절주위를 한번 반쯤 감아 돌려 팔꿈치를 덮는다.
- 붕대머리를 팔꿈치 뒤에서 상박 쪽으로 가져가 한번 돌리되 그 전 층의 절반을 덮도록 감는다.
- 붕대머리를 팔꿈치 관절 바로 아래로 가져와 아래쪽 팔을 한번 돌려 감되 처음에 똑바로 돌려 감은 것의 절반을 덮도록 한다.
- 이런 식으로 양쪽 계속 감아 나가는데 항상 전 층의 2/1내지 3/2를 덮으면서 감는다.
- 붕대감기를 끝내려면 두 번 똑바로 감은 뒤 끝을 고정한다.
- 혈액순환 상태를 점검하고 붕대가 너무 꽉 조이면 손의 혈액순환이 회복될 때까지 붕대를 풀었다가 느슨하게 다시 감는다.

(9) 삼각붕대

① 붕대 접기

- 삼각붕대를 수평으로 밑변에 닿게 한다.
- 붕대를 다시 반으로 접는다.

② 삼각붕대로 손, 발에 감기

- 붕대의 밑변을 따라 가장자리를 한번 접는다. 드레싱을 위로 오게 하여 부상자의 손을 붕대 위에 얹고 정점을 손목 위에 오게 덮는다.
- 두 끝을 손목 주위에 오게 하여 엇갈리게 하고 매듭으로 묶는다. 정점을 끌어당겨 붕대가 단단히 되게 한 다음 매듭위로 덮어서 그 밑에 밀어 넣는다.

③ 삼각붕대로 머리 감기

- 붕대 밑변의 중앙부를 부상자 이마에 맞추어 눈썹 바로 위에 오게 한다. 정점은 머리 뒤로 떨어지게 한다.
- 양끝을 귀 바로 위로 하여 뒤쪽 머리를 감는다. 목덜미에서 정점 위로 양끝을 교차 시킨다.
- 양끝을 돌려 앞으로 오게 한 뒤 이마 가운데서 매듭으로 묶는다.
- 부상자의 머리를 흔들리지 않게 하면서 붕대 정점을 잡아당겨 탄탄히 한 뒤 머리 정수리로 올리고 안전핀으로 고정한다.

④ 삼각건을 이용한 걸대

- 붕대를 팔과 가슴사이에 놓는다. 한끝을 목 위로 돌려 다친 쪽으로 잡아당긴다.
- 붕대의 아래쪽 끝은 부상자의 아래팔을 넘어서 위로 올려 어깨에서 다른 끝과 만나게 한다.
- 부상 측 쇄골 위 오목한 곳에서 맞매듭으로 묶고 끝을 그 밑으로 집어넣는다.
- 고정하기 위해서 정점을 팔꿈치 앞으로 당긴다. 붕대의 느슨한 부분은 모두 정점 밑으로 밀어 넣고 안전핀으로 팔꿈치 위에서 고정한다. 만일 안전핀이 없으면 걸대가 팔꿈치에 편안하게 맞을 때까지 정점을 비틀어 꼬아서 정점을 팔 앞부분에서 걸대 안으로 밀어 넣는다.

⑤ 임시 팔걸이 만들기

- 환자가 자켓을 입고 있다면 자켓 자락을 위로 올려 손상된 팔을 놓고 자켓 가슴에 핀으로 고정한다.
- 환자가 자켓이나 코트를 입고 있다면 단추를 풀고 손상된 쪽의 손을 넣고 단단

히 잠근다.

- 환자의 소매를 반대쪽 셔츠나 자켓의 가슴부위에 핀으로 고정한다. 임시팔걸이를 높게 하려면 소매를 더 올려 어깨를 고정한다.
- 벨트 타이 부목 또는 타이즈를 이용해 목걸이형 걸대 지지대로 만들 수 있다. 그러나 팔의 골절이 의심되는 경우에는 이 방법을 사용하지 않는다.

(10) 폐쇄성 손상

- 넘어지거나 무딘 물체로 맞았을 때 생기며 타박상 또는 반상출혈(즉 멍)을 유발.

  폐쇄성 손상이 심하면 혈압이 저하되어 의식을 잃을 수도 있다. 손상 직후에 얼음물 찜질이나 상처부위를 압박하여 조직 안의 출혈을 조절하고 부목으로 고정하여 심장보다 위쪽으로 상처를 올려준다.

(11) 개방성 손상

① 베인 상처 : 칼이나 면도칼 혹은 날카로운 종이의 끝으로 상처를 입는 것
② 찢어진 상처 : 철조망, 기계 혹은 동물이 발톱등과 접촉하여 피부가 불규칙하게 찢긴 상처
③ 찔린 상처 : 못, 바늘, 압정 등에 의한 상처로 깊이 다칠 수 있다.
④ 벗겨진 상처 : 보통 미끄러져 넘어지는 것이 원인

(12) 총상

총알이 몸에 박혀있거나, 뚫린 상처를 말하며 처지(지혈, 오염방지, 부목고정)는 다음과 같다.

- 상처에 소독 거즈를 덮고 손으로 압박하여 지혈시킨다.
- 누르고 있던 상처를 들어 올리고 압박붕대로 감는다.
- 출혈이 계속되면 압박붕대 위에 다시 소독 거즈로 덧대어 압박한다.
- 상처 부위를 부목으로 고정한다.

2) 출혈 시의 처치

(1) 외부 출혈의 조절

출혈이 심하면 즉시 상처부위를 지혈하고 출혈부위를 심장 높이 보다 높게 해야 한다. 상처가 크거나 출혈이 심한 경우에는 병원에서 수술을 받게 될 수도 있기 때문에 부상자에게 물을 주어서는 안 된다.

① 지혈 방법은 직접압박, 간접압박, 지혈대 사용 등의 방법이 있다.

a. 직접압박: 압박붕대나 손으로 출혈부위를 직접 압박.

b. 간접압박(선택적 동맥 압박) : 국소 압박으로도 지혈되지 않을 때 출혈부위에서 몸통 쪽으로 가까이 위치한 동맥부위를 압박한다.

c. 지혈대 : 지혈의 마지막 수단으로 이용된다.

- 출혈부위 가까운 곳에 7-10cm넓이의 띠를 2번 감는다.
- 띠를 묶어서 매듭을 짓고, 그 위에 막대를 놓는다.
- 막대를 매듭하고 출혈이 멈출 때까지 막대를 감는다.
- 출혈이 멈추면 막대 감는 것을 멈추고, 막대를 다시 고정한다.

(2) 코의 출혈

피가 액체나 흘러나오도록 손상 받은 쪽으로 귀를 기울인다. 소독 거즈로 귀를 덥고 접착성 테이프로 살짝 붙인다. 이때 귀를 마개로 막거나 혈액이 흐르는 것을 방해 하지 말 것.

(3) 내부 출혈의 지혈

내부출혈은 겉에서는 출혈이 보이지 않지만 신체 내부에서 출혈이 되는 것을 말한다. 출혈 시에는 직접적으로 시행할 수 있는 지혈법이 아무것도 없으므로 빨리 병원으로 이송되어져야 한다. 이송 시 다음과 같은 점에 유의한다.

- 이송 시 다리를 들어 준다.
- 목이나 가슴을 죠이는 의복은 느슨하게 풀어주고 환자를 안심시킨다.
- 다른 손상이 없는지 확인하고 필요하면 처치를 한다.
- 부상자에게 입으로 어떤 것도 주지 않도록 한다.

3) 골절(삐거나 뼈가 부러진 경우)의 처치

(1) 골절의 종류

① **폐쇄 골절 :** 손상 뼈의 주위 피부가 찢어지지 않은 골절이다.

② **개방 골절 :** 골절로 피부 표면이 상처가 나거나 깨진 뼈가 피부를 뚫은 경우의 골절로 외부 출혈 뿐 아니라 세균이 살과 깨진 뼈로 들어갈 수 있기 때문에 감염의 위험이 심각하다.

③ 골절이 있음을 의심할 수 있는 경우

• 변형

본래의 상태에 위치하지 않고 짧아지거나, 각이 지거나 사지가 회전하게 되는 것을 말한다. 변형상태를 검진할 때에는 반드시 손상 받은 사지와 반대편의 정상적인 사지를 비교해야 한다.

• 압통

그 부위를 부드럽게 압박하면 골절부위에 통증이 있다.

• 운동제한

손상부위를 움직이면 통증을 느끼므로 움직이려 하지 않고 움직임이 어렵거나 제한된다.

• 부종 및 반상출혈

골절부위에서 부어오르거나 피부 밑으로 출혈된 것이 피부색 변화로 보인다.

• 마찰음

골절부위에서 골절된 양측 뼈의 면이 맞부딪힐 때 마찰을 감지할 수 있다.

• 가성 운동

관절이 아닌 부위에서 관절처럼 골격의 움직임이 관찰되기도 한다.

④ 골절환자의 일반적 처치 원칙

- 골절 환자를 함부로 옮기거나, 다친 곳을 건드리어 부러진 뼈끝이 신경, 혈관 또는 근육을 손상시키거나 피부를 뚫어 복잡골절이 되게 하는 일이 없도록 조심한다.
- 골절 부위에 출혈이 있으면 직접압박으로 출혈을 방지하고 부목을 대기 전에 드레싱 먼저 시행한다.
- 뼈가 외부로 노출된 경우 억지로 뼈를 안으로 밀어 넣으려 하지 말고, 만약 뼈가 안으로 다시 들어간 경우에는 반드시 의료진에게 알려 주어야 한다.
- 골절 환자를 가능한 한 움직이지 말아야 한다. 환자를 편안하게 해주고 손으로 지지하여 더 이상의 이상과 통증을 유발시키지 말아야 하다.

⑤ 부위별 골절 처치

- 척추 골절 : 환자를 움직이지 말고 손으로 머리를 고정하고 감은 옷을 따라 대어 환자를 지지한다. 모포로 환자를 덮고 의료 지원을 기다린다.
- 팔 골절 : 상처 입은 쪽의 팔을 가슴에 대고 가슴과 팔 지지해준다. 가슴과 팔 사이에 부드러운 헝겊 조각 같은 것을 끼워준다.
- 골반 골절 : 다리를 펴준 채로 환자를 눕히거나 무릎을 구부리는 것이 더 편안하다고 하면 무릎 밑에 담요를 말아서 대준다. 골반 골절 시에는 과다의 출혈로 쇽에 빠질 수 있으므로 주의해야 한다.
- 발의 골절
  환자를 눕히고 구두와 양말을 조심스럽게 벗긴다.
  아픈 쪽의 발을 들고 발바닥에 헝겊을 대고 부목을 받쳐준 후 고정한다.
- 쇄골 골절
  환자를 앉히고, 손상된 쪽 팔을 가슴을 지나 반대쪽으로 가게 한다.
  넓은 천으로 다친 쪽 팔을 가슴에 고정시키고 병원으로 이송한다.(삼각건으로 고정)
- 골반 골절 : 자동차 사고나 추락 사고로 흔히 발생한다. 다리를 펴고 등으로 눕도록 도와주며, 묶어서 다리를 고정하는데 관절 사이에는 패드를 넣는다.

(2) 탈구

- 탈구는 관절에서 원래 있던 뼈가 빠져 나가는 것이다. 탈구는 어깨, 팔꿈치, 손가락, 턱 등이 자주 발행한다. 탈구와 골절을 구별하기 힘들 때의 처치는 골절과 같은 치료를 한다.
- 베개나 쿠션을 사용하여 부상자를 가장 편한 자세로 유지해 준다. 가능하면 붕대나 삼각붕대로 고정시켜 준다.

(3) 염 좌

- 관절 주위의 인대나 조직이 갑자기 뒤틀렸을 경우 발행하는 손상으로 예를 들어 걷거나 뛸 동안 발이 예기치 않은 방향으로 뒤틀렸을 경우 발목에서 발생한다. 흔히 삐었다고 이야기 하는 것이 이에 해당된다.
- 부상자가 가장 편한 자세로 관절을 지탱해주고 손상 받은 부분을 높게 해준다. 찬 얼음으로 부은 것과 통증을 감소시켜주면 효과적이다. 그리고 골절과 같은 처치로 부목을 대준다.

(4) 부목법

부목은 통증을 감소시켜 줄 뿐만 아니라 부러진 뼈끝이 움직이지 않도록 하여 근육·신경·혈관이 더 이상 손상되지 않도록 방지해 준다. 따라서 폐쇄골절이 개방골절로 되는 것을 예방할 수 있다. 부목사용 시 원칙 및 주의사항은 다음과 같다.

- 다친 부위가 보일 수 있도록 해야 한다.
- 부목 대기 전에 다친 곳 아래를 만져보아 감각이 있는지, 맥박을 만져 피가 잘 통하는지, 사지를 움직이게 하여 운동 능력이 있는지 확인한다.
- 개방된 상처는 부목 대기 전에 깨끗하게 드레싱 해주고 부목은 개방 상처의 반대편에 대어준다.
- 부목의 사용 시는 손상 받은 곳의 위·아래의 관절을 함께 고정하여 움직이지 않도록 한다.
- 골절이나 탈구가 의심되는 곳은 가능한 부목을 대준다.

4) 수지절단 시 대처법

(1) 절단 부위의 처치

- 환자를 안정시키고 절단부 상태를 살펴본다.
- 절단 부위를 직접 압박하고 올려준다. 불완전 절단 시에는 절단 부위와 연결 부위를 같이 드레싱하고 올려준다.
- 압박드레싱을 시행한다.
- 출혈의 정도를 확인하고 지혈이 안 되면 지혈점을 찾아 압박한다.
- 계속 출혈이 되면 마지막 방법으로 절단 부위 5cm 이내에서 고무줄 등으로 묶어 압박을 시행하며 이 때 압박을 시작한 시각을 기록한다.

(2) 절단된 신체 부분의 관리

- 절단된 부위를 생리식염수로 깨끗이 씻은 후에 젖은 멸균 거즈로 싸서 물이 새지 않는 비닐봉투나 플라스틱 용기에 넣는다.
- 이를 다시 다른 비닐 봉투에 넣고 주위에 물을 채운 후 얼음을 몇 조각 넣는다.

(3) 주의점

- 얼음이 직접 절단 피검물에 닿지 않도록 유의한다.
- 드라이아이스는 사용하지 않는다.
- 절단 부위를 직접 물속에 넣지 않는다.

5) 환자를 옮기는 방법

(1) 환자를 옮길 때 고려 사항

- 구조자가 하고자 하는 일을 환자에게 설명하여 환자가 협조하도록 한다.
- 도움이 가능하면 환자를 혼자 옮기지 않으며 돕는 사람들에게 할 일을 미리 설명하여 각각이 충분히 협조하도록 해야 한다.

- 여러 사람들이 환자를 움직일 때는 한 사람만이 말로 지시해야 한다.
- 환자를 들어서 움직이는 경우 척추 손상에서 보호하기 위해 항상 정확한 이송 방법을 사용해야 한다.

(2) 담요로 들기

- 담요의 반을 길이로 말아서 평행하게 놓는다. 환자를 담요가 있는 반대쪽으로 굴린 후 환자의 등에 담요말이를 놓는다.
- 환자를 담요 위 반대쪽으로 굴린다. 담요말이를 펴고 환자를 편안히 다시 눕힌다.
- 펴진 담요자락을 환자 쪽으로 단단히 다시 감는다. 이것은 운반자가 손잡이로 사용한다.
- 환자의 몸통과 다리 쪽에 한편에 2명씩 운반자가 앉아 담요말이를 단단히 잡는다.
- 신호에 맞춰 4명의 운반자가 등을 기울인 채 무릎을 피는 동작으로 환자를 들어올린다.

(3) 들것 옮기기

- 들것의 네 손잡이마다 1명씩 운반자가 선다. 운반자가 3명뿐일 경우 2명이 머리 쪽에 선다.
- 운반자들의 앉아 손잡이를 잡는다. 신호에 따라 같이 일어나 들것의 평행을 맞춘다.
- 신호에 따라 보폭을 짧게 하여 바깥쪽의 발부터 걷기 시작한다.
- 환자를 내려놓을 때는 신호에 의하여 정지한다. 신호에 따라 앉고 들것을 땅에 조심스럽게 내려놓는다.

5. 응급질환

A. 심각한 응급질환

1) 뇌졸중

뇌졸중은 뇌에 있는 혈관이 터지거나(뇌출혈) 막혀서(뇌경색) 생기는 병이다. 흔히 중풍이라고 들 말하지만 그 결과는 다양하다. 멀쩡해 보이는 사람이 어느 날 갑자기 쓰러져 사망하거나 반신불수가 되는 등 치명적인 결과를 가져올 수 있기 때문에 공포의 대상이다. 실제로 50대 이후 사회적으로 어느 정도 성취하여 중추적인 역할을 할 시기에 뇌졸중을 포함한 뇌혈관 질환이 사망 원인 중 수위를 차지하고 있어 그 예방과 처치를 잘 알아두어야 한다. 뇌졸중은 사망하지 않더라도 평생, 혹은 오랜 기간 동안 식물인간, 반신불수, 언어장애 등 그 후유증이 심각하기 때문에 사회적으로 미치는 손실은 실로 크다 할 것이다. 뇌졸중과 관련하여 식사, 운동, 담배 등 생활 전반이 규칙적이고 합리적이라야 한다. 이로 인한 고혈압, 심장질환, 고지혈증 등으로 뇌졸중 발생의 확률을 높일 수 있기 때문이다. 예를 들어 고혈압 환자는 혈압 조절, 식사, 운동, 적절한 투약으로 뇌졸중의 발생을 최소화할 수 있다. 또한 심한 뇌졸중은 종종 치명적이지만, 많은 사람들이 미소 뇌졸중으로부터 성공적인 회복을 한다. 따라서 나이 드신 분들이 잠시 행동이 이상하거나 마비 증상을 겪으면 가벼이 보지 말고 의료기관으로 가서 치료에 임하여야 한다.

(1) 증 상

뇌졸중 다음과 같은 증상이 있을 수 있다.

- 갑작스럽고 심한 두통이 있다.
- 심한 구토를 한다.
- 환자는 방향감각을 잃고 혼동하며, 불안해하기도 한다.
- 현기증과 의식소실도 가능하다.
- 입가가 밑으로 처지고 침을 흘리며, 말을 더듬거나 발음이 어눌해진다.
- 한쪽 내지 양쪽 사지가 약해지거나 움직이지 못한다.

- 몸의 감각이 이상해지거나 없어진다.
- 눈동자는 한쪽만 확장될 수 있고 동공이 좁아질 수도 있다.
- 방광과 장 조절이 약해질 수 있어 소변을 잘 보지 못하고 변비가 생긴다.
- 의식이 없어진다.

(2) 치료

뇌졸중은 시간이 경과함에 따라 급격히 악화될 수 있다. 따라서 환자의 의식 상태와 관계없이 즉시 응급의료체계에 도움을 요청한다. 호전될 수 있는 환자가 상태가 안 좋아지는 상황의 많은 수가 뇌졸중인지 모르고 집에서 방치하고 있다가 치료시기를 놓치는 것이다. 뇌혈관이 막힌 경우에는 증상 발생 후 빨리 치료에 임하게 되면 적절히 막힌 혈관을 뚫어주는 약물요법을 사용할 수도 있지만 시간이 지나면 약물을 사용해도 소용없게 되고, 뇌출혈인 경우에는 신속히 수술 등의 치료를 해야 할 상황인데도 적절한 수술시기를 놓칠 수 있다. 일반적으로 일반인이 병원 도착 전 할 수 있는 뇌졸중의 응급치료는 보완적인 것이다. 그러나 그러한 처치가 없어 사망할 수도 있다. 치료의 원칙은 간단하고 일반적이다. 기도를 확보하고 심폐소생술이 필요하면 시작한다. 그러면서 가능한 빨리 병원에 후송한다. 뇌졸중 환자는 의식이 떨어진 상태에서 구토를 하게 되는 경우가 많다.

이런 경우에 기도가 막혀 제대로 된 치료도 못해보고 숨을 못 쉬어 사망하게 되는 수도 많다. 병원에 도착할 때까지 의식이 없는 뇌졸중 환자는 기도를 확보하여 숨을 잘 쉬게 해 주는 것이 가장 중요한 것임을 명심하여야 할 것이다.

(3) 병원 도착 전의 구체적 치료

- 의식이 있다면 환자의 머리와 어깨를 약간 올리고 지지한 채로 환자를 눕힌다.
- 머리를 한쪽으로 기울인 상태로 이물이 입으로 흘러나오게 한다.
- 목이나 가슴을 쪼이는 옷을 풀어 순환과 호흡을 원활하게 한다.
- 환자에게 입으로 아무것도 주지 않는다.
- 환자가 의식을 잃으면 회복자세로 둔다.
- 호흡과 심박동이 멈추면, 즉시 심폐소생술을 시행한다.
- 치료 자세를 유지하면서 즉시 병원으로 이송한다.

2) 심근경색

사람은 어떤 원인이든 사망 시에 심장이 정지되어 사망하게 된다. 따라서 심장 자체에 문제가 있어 갑자기 심장이 멎어버리고 다시 돌아오지 않으면 그 사람은 신속히 사망에 이르게 되는데 이렇게 되는 흔한 원인이 심근경색증이다. 심장은 심장 내의 관상동맥이라는 혈관을 통하여 혈액을 공급 받아 에너지를 얻는데 이 관상동맥이 어떤 원인으로 막혀버려 혈액을 받지 못하고 시간이 지나 심장이 썩게 되는 것이 심근경색증이다. 이러한 원인으로는 담배, 스트레스, 고혈압, 비만, 당뇨나 콜레스테롤이 높은 경우 등 다양하므로 심근경색증의 예방을 위하여 식사, 운동, 생활습관의 조절 등을 통하여 갑작스러운 심근경색증 발현을 막아야 한다. 심근경색증은 식사 습관의 서구화, 사회 발전으로 인한 스트레스의 증가 등으로 증가 일로에 있으므로 모든 응급질환 중에 가장 주목해서 알아두어야 한다.

(1) 증 상

- 갑작스럽게 짓누르는 쪼이는 것 같은 통증이 앞가슴 중앙에 있으며 팔이나 목과 턱 혹은 어깨 등이 같이 아프기도 하다. 증상 중에는 앞가슴의 통증이 가장 중요하다.
- 갑작스러운 어지러움이나 현기증으로 주저앉거나 벽에 기대게 된다.
- 피부는 잿빛 같고 입술이나 사지는 푸르러 진다.
- 토하고 싶거나 식은땀이 나기도 한다.
- 숨이 차서 헐떡거릴 수도 있다.
- 의식이 없어질 수 있다.
- 갑자기 호흡과 맥박이 정지할 수 있다.

(2) 치료

갑자기 앞가슴의 통증을 호소하는 모든 이는 신속히 응급실로 가야 한다. 증상 시작 시간부터 전문 치료의 시작 시간이 그 환자의 장래를 결정짓는 중요한 요소이다. 이 시간이 그 환자의 장래를 결정짓는 중요한 요소이다. 이 시간이 짧을수록 환자가 생존할 확률은 높아지며, 그 사회의 응급의료체계가 제대로 되어 있는지의 평가 기준이 되기도 한다.

(3) 병원 도착 전 구체적 치료

환자를 적절한 안정 자세로 하여 이송한다.

환자가 움직이거나 여러 어지러운 환경적 요인에 의하여 스트레스를 받게 되면 심근경색증을 악화시키게 되므로 조용하게 움직이지 않도록 하여 즉시 병원으로 옮기도록 한다. 산소를 줄 수 있는 상황이면 산소를 흡입하도록 한다. 의식이 있으면 부드럽게 받쳐주고 머리와 어깨를 지지하고 무릎을 구부린 반쯤 앉은 자세로 유지한다. 또한 목이나 가슴, 허리를 쪼이는 옷을 풀어준다.

때로 갑자기 환자가 의식을 잃으며 심박동이 정지할 수 있으므로 이때는 즉각 심폐소생술을 실시한다. 이러한 경우에 119 구급차를 통해 이송중이라면 자동제세동기를 통하여 응급구조사가 전기쇼크를 주어 처치할 수도 있다.

3) 협심증

심장근육으로의 산소공급이 결핍되면 환자는 가슴에 통증을 느끼게 되는데 이것을 협심증이라 한다. 이는 심장으로 혈액을 공급하는 관상동맥이 좁아지거나 막히는 것 때문에 나타나며 때로는 심근경색증으로 갈 수도 있다. 정신적 스트레스, 과다한 식사, 흥분상태 등에서 잘 유발된다.

(1) 증상

급작스럽게 발생하고 가슴을 쥐어짜는 고통 등을 호소하며 다음과 같은 특징을 갖고 있다.

- 휴식을 취하면 통증이 없어지기도 한다.
- 통증이 3-8분(드물게 10분) 지속된다.
- 호흡곤란, 메스꺼움, 식은땀이 동반되기도 한다.
- 환자에게 휴식을 취하기도 한다.
- 편안한 자세를 취하도록 한다.
- 니트로글리세린을 환자의 혀 밑에 넣는다.(복용하고 있는 약)
- 여전히 통증이 계속되면 병원으로 이송한다.

B. 특수한 상황에서의 응급질환

1) 여행 중 응급

여행 중 일어날 수 있는 응급 상황은 아주 다양하다. 일반적으로 뼈가 부러지는 골절 사고, 기도가 막혀 숨을 못 쉬는 기도 폐쇄, 심한 운동으로 인한 심장 마비, 더운 날씨에 체온이 심하게 올라가는 열사병, 추운 곳에 오래 방치된 경우 체온이 떨어지는 저체온증 등 일어날 수 있는 상황은 상당히 많다. 따라서 평소에 생각하지 못하는 예기치 못한 응급상황에 대처하기 위하여 일반적 응급처치법과 아울러 예방도 중요하다고 하겠다.

(1) 해외여행자를 위한 안전식사 요령

관광여행, 상용여행, 또는 기타 목적의 해외여행 시, 오염된 식사나 음료는 건강에 치명적인 영향을 줄 수 있다. 많은 여행자들이 식중독에 의한 설사에 자주 시달린다. 더욱 언어의 장벽 때문에 적절한 치료를 받을 수 없게 되면 육체적인 아픔과 불쾌감 때문에 해외여행의 즐거움을 망치게 되는 수도 있다.

이러한 경우에 대비하여 미리 예방법과 대처법을 알아야 한다.

① 비위생적인 식사나 음료에 의한 질병의 예방과 식중독 발생 시 조치 요령

먼저 가고자 하는 여행목적지에는 어떤 질병이 많은지, 예방접종은 필요한지 기타 예방방법은 무엇인지에 대해 의사의 조언을 구하는 것이 좋다. 또한 탈수보충용 염류제제(Oral Rehydration Salts, ORS : 설사 시 깨끗한 물에 녹여서 마심)와 식수소독약을 다른 구급약품과 함께 반드시 준비한다.

다음의 사항은 노상의 간이음식점에서 뿐만 아니라 호텔에 있는 고급 음식점에도 지키도록 한다.

- 조리 된 음식이라 하더라도 실온에서 3-5시간 이상 방치되면 식중독을 일으킬 위험이 대단히 높아진다.
  따라서 드시는 음식이 완전히 조리 된 것인지, 먹을 때 아직 뜨거운 상태인지 아닌지를 확인한다.

- 껍질을 벗기거나 깎을 수 있는 과일과 채소 이외에는 조리 되지 아니한 어떠한 음식도 피하도록 한다. 또한 껍질이 손상된 과일도 피한다. "익히거나, 껍질을 벗길 수 없으면 버리시오"라는 격언을 기억해야 한다.
- 제조회사 또는 제조 원료가 확실하지 않은 아이스크림은 보통 오염되어 있어 질병을 일으킬 수 있으므로 의심이 되면 먹지 않는다.
- 어떤 나라에 있는 특별한 어패류는 충분히 가열된 경우에도 치명적인 독을 가지고 있을 수 있다.
- 현지 사람에게 조언을 구하도록 한다.
- 살균 안된 우유는 반드시 끓여서 먹는다.
- 음용수의 안전성이 의심되면 끓이거나 식수소독약으로 소독하여 먹는다. 식수소독약은 약국에서 구입할 수 있다.
- 안전한 물로 만들어졌다고 확신 되지 않는 얼음은 먹지 않는다.
- 뜨거운 홍차, 커피 등 음료와, 병 등에 포장된 포도주, 맥주, 탄산음료, 과일주스는 일반적으로 안전하므로 마셔도 된다.

② 설사 시 대처법

대부분의 설사는 자연 치유되어 2-3일 안에 낫는다. 중요한 것은 탈수증상이 나타나지 않도록 하는 것이다. 설사가 시작되면 바로 병 포장된 것, 끓인 것 또는 처리된 음용수나 약하게 탄 홍차를 많이 먹는다. 안전한 물로 희석한 과일주스나 스프를 먹어도 좋다. 만약 설사가 하루 이상 지속되면 탈수보충용 염류제제용액을 아래와 같이 마시고, 식사는 정상적으로 한다.

* 탈수보충용 염류제제용액 또는 섭취하여야 하는 수분량

- 2세 미만의 어린이 : 매 설사 시마다 1/4-12컵(50-100ml)
- 2-10세 어린이 : 매 설사 시마다 1/2-1컵(100-200ml)
- 10세 이상의 어린이 및 성인 : 제한 량 없음

설사가 3일 이상 지속되면서, 물 같은 설사가 자주 나오거나, 대변에 피가 섞여 나오거나, 구토가 반복되거나 열이 있을 경우에는 의사의 도움을 구한다. 대변에 피가 섞여 나오는데 의사의 치료를 받을 수 없으면 Contrimoxnzole을 5일간 복용한다.

예방을 위하여 항생제를 복용하는 것은 필요하지 않다.

지사제(예를 들어 loperamide)의 복용은 필요하지 않지만, 성인에 한하여 증세를 완화시킬 목적으로 물이나 스프와 같이 복용할 수 있다. 어린 아이에게는 어떠한 경우에도 지사제를 사용하여서는 안 된다. 만약 다른 증상이 나타나면 의사의 도움을 구한다.

2) 항공기 탑승 중 응급

항공여행 중에 발생하는 응급상황은 전문인의 도움을 구하기 어려운 경우가 많다. 그러나 통계에 의하면 일반 여객기 내에는 탑승자 중에 의료인이 동승하는 경우가 많으므로 일단 항공사 직원에게 도움을 청하는 동시에 기내의 의료인을 찾을 수 있도록 부탁해본다. 또한 항공여행 도중의 상황은 지상에서의 상황과 다른 경우가 많으므로 미리 위험요소가 있는 사람은 자문을 구하여 탑승할 지를 결정해야 하며 여행에 앞서 몸 상태를 점검해보아야 한다.

□ 해외 항공여행 건강안전 10대 수칙

- 출발 전 과음을 삼가자.
- 과중한 업무로 출발 전 과로를 하지 말자.
- 목적지 지역의 풍토병을 예방 하자.
- 기내에서 충분한 수분을 섭취하자.
- 기내에서 혈액순환 촉진을 위해 운동하자.
- 도착시간에 맞추어 음식섭취를 조절하자.
- 건강과 쾌적한 기내환경을 위해 금연하자.
- 첫출발부터 시차극복을 위한 노력을 하자.
- 무리한 수면유인을 위해 과음을 피하자.
- 끓인 물을 마시고 평소 개인위생을 실천하자.

□ 병약 승객에 대한 항공 의학적 지침

항공여행을 함에 있어 여객의 신체적, 정신적 적합여부를 판정함에는 아래와 같은 기준이 있다. 허약한 승객은 항공기 객실 내에서 아래와 같은 상태가 야기된다는 점을 명심하여야 할 것이다.

- 비교적 산소분압이 떨어짐
- 비교적 기압이 떨어짐(내장내의 Gas가 팽창될 수 있음)
- 거친 기류(불안을 초래할 수 있음)
- 타 여객에 대한 안전과 쾌적성을 염두에 두어야 함.

상기한 여러 조건에도 불구하고 때에 따라서는 여객의 생명을 구하기 위하여 이송치 않으면 안 될 경우가 있다. 물론 개별적으로 각 항공사에 재량에 따라 다르나 아래에 속하는 경우에는 원칙적으로 항공여행에 부적합한 것으로 되어 있다.

□ 항공여행에 부적합한 자

- 대단히 심하고 중태에 빠져있는 심장질환, 예컨대 심한 대체 불능성 심부전 환자, 또는 최근 심근경색으로 관상동맥폐색을 일으켰던 환자, 상기의 경우에는 그 상태가 중하지 않더라도 보통 발병 후 약 6주 이내에는 적합지 않다.
- 생후 14일 미만의 초생아
- 32주(8개월) 이상 된 임부
- 중증 중이염환자.
- 최근에 기흉 또는 뇌실조영으로 뇌신경 계통에 공기주입 등 체강 내에 기체가 포함되어 있는 환자
- 거대한 종격실 종양, 또는 처치되지 않는 거대한 탈장증, 장폐색증, 뇌압상승을 수반하는 두부질환, 두개골 및 비골골절, 또는 하악골절로 최근 하악을 금속으로 영구식 고정을 한 환자
- 다량의 진정제 사용을 요하는 정신질환 또는 명백히 알코올, 약품 등의 중독 상태에 있는 자
- 창상 치료에 충분한 시간을 못 가진 최근 수술환자(흉부 및 복부수술 후 10일 미만인자)
- 발병 후 1개월 미만의 소아마비환자, 연수성 소아마비환자의 경우에는 특수한 조치를 하지 않는 한 항상 부적합함
- 급성감염성 질환 또는 전염병 환자.
- 감염성을 가진 또는 타 승객에게 혐오감을 일으키게 하는 피부질환환자.

3) 일상적 응급질환

(1) 급성 복통

급성 복통은 흔한 배앓이로 쉽게 생각할 수도 있지만 다양한 질환이나 손상에 의하여 발생될 수 있으므로 증상이 복통을 유발하는 원인에 따라 다르게 나타날 수 있다.

① 급성복통의 증상과 증세

- 국소적 또는 전반적인 복통.
- 국소적 또는 전반적인 복부 압통(배를 누르면 통증이 생김.)
- 식욕감퇴, 메스꺼움, 구토.
- 움직이면 통증이 심해지므로 환자가 반듯이 누워있는 경우도 있다.
- 복통 때문에 빠르고 얕은 호흡을 한다.
- 복부강직, 복부팽만
- 전이통(등이나 옆구리 등이 같이 아프기도 한다)
- 열
- 변비 혹은 설사.

② 급성복통 환자의 응급처치

- 환자의 증상만으로 특정한 질환으로 추정하지 않는다.
- 기도를 유지한다.
- 구토에 대비한다.
- 입으로 아무것도 투여 하지 않는다.
- 진통제나 진정제를 무조건 복용하면 안 된다.
- 편안한 자세를 취해주며, 병원으로 이송한다.

(2) 당뇨병

당뇨병은 혈속의 당을 조절하는 능력이 약화되어 에너지원으로서 당을 이용하지 못하게 되는 질병을 말한다. 당뇨가 있는 사람은 근본적으로 당뇨를 없애기는 어려우나 평소에 식사, 운동, 생활습관, 적절한 처치에 의해 문제없이 살아갈 수 있다. 그러나 평소에 할 일을 게을리 했다든지 당뇨 자체가 심해져 응급상황을 맞이할 수도 있는데, 당뇨가 있는 환자는 당뇨성 혼수와 저혈당증이라는 두 가지 응급상황에 빠질 수 있다. 이는 하나는 혈당치가 높고 또 하나는 혈당치가 낮은 대비되는 상황이지만 실제로 둘 다 혼수상태로 발견되기 쉬우므로 혈당치를 측정하여 감별할 수 있다. 따라서 당뇨가 있는 분은 집 안에 혈당측정기를 갖고 있는 것이 좋으며 가족들에게도 혈당 측정법을 가르쳐주어야 한다.

(3) 당뇨성 혼수

고혈당에 의한 당뇨성 혼수는 실제 의학적으로는 케톤성, 비케톤성이라 하여 두 가지로 다시 구분되나 일반인이 쉽게 구별하기는 어렵고 그것보다는 빨리 발견하여 기도, 호흡을 제대로 유지하면서 이송하도록 하는 것이 더 중요하다.

① 원인

- 당뇨에 대한 치료를 받지 않은 경우
- 과식, 식사조절을 하지 않은 경우
- 인슐린 투여량이 심하게 적은 경우
- 당뇨환자로 다른 질환이 발생한 경우

② 징후

- 깊은 호흡을 하고 호흡 시에 달콤하고 향긋한 냄새가 난다(케톤성 혼수의 특징)
- 맥박은 약하고 빠르게 뛰고, 의식 장애가 있다.
- 혈압은 정상이거나 약간 저혈압인 경우가 있다.

③ 처치

- 기도, 호흡의 유지가 가장 중요하다.
- 혈당측정기로 혈당을 측정해본다.

- 혈당이 높다고 무조건 인슐린을 투여하지 않는다.
- 혼수상태인 사람에게 먹을 것을 주지 않는다. 신속히 병원으로 이송한다.
- 혼수상태에 있다가 깨어났다고 해도 혈당 조절 및 기타 문제의 처치를 위하여 병원으로 이송해야 한다.

(4) 저혈당증

저혈당증은 보통 당뇨 환자는 자기 자신이 그 증상으로 보아 어느 정도 느끼는 것이 보통이나 그 느낌이 항상 맞는 것은 아니다. 게다가 심한 저혈당증으로 혼수상태가 되었을 때 주위 사람들이 의식이 없어진 이유를 제대로 알지 못하기도 한다. 따라서 가까운 사람이 환자가 당뇨가 있음을 알고 대처해야 하며 혈당측정기 사용을 할 줄 알아야 한다. 혈당 측정기가 없는 경우에 설탕물이나 사탕 같이 당분을 섭취하면 증상의 호전이 있을 수 있다. 그러나 완전히 의식이 없어진 사람에게는 기도 확보 문제가 더 시급하므로 오히려 당분 섭취는 금해야 한다.

① 원인

- 너무 많은 인슐린을 투여한 경우
- 식사를 거르거나 적게 한 경우
- 과다한 운동이나 스트레스로 혈액 내의 당이 고갈된 경우

② 징후

- 정상이거나 빠른 호흡을 한다.
- 창백, 차고 축축한 피부, 식은 땀, 어지러움과 두통, 실신, 발작, 혼수 등이 있을 수 있다.
- 신경이 날카로울 수 있고 술에 취하거나 정신이상처럼 보일 수도 있다.

③ 처치

- 식사 여부를 묻는다.
- 의식이 있는 경우 : 각설탕, 가루설탕, 꿀, 과일시럽, 음료수, 초콜릿 등을 먹인다.

- 의식이 없는 경우 : 입으로는 아무것도 먹이지 말고, 병원에 이송하여 계속적 처치를 받아야 한다.

(5) 쇼크

이것은 체내의 혈액이나 체액의 부피가 감소하는 손상이나 병으로부터 오는 전체 신체의 약화된 상태이다. 더 정확히 이야기하면 여러 원인으로 심장혈관계통이 정상적인 혈압, 맥박 등의 유지를 하기 힘든 상태라고도 이야기할 수 있다. 정신이 아찔한 상태부터 졸도까지 다양한 증상이 나타나나 이 정도로 쇼크라고 하지는 않고 몸에서 정상상태를 유지하려고 해도 그러한 보상 작용이 잘 일어나지 않는 상태이다. 쇼크는 대표적으로 혈액이나 체액손실에 의하여 일어날 수 있지만 균에 감염되어 전신에 염증이 심하거나 척추를 다쳤을 때, 심장에 문제가 생겼을 때도 일어날 수 있다.

① 원인 및 증상

- 전신이 약해지고, 아찔하며, 현기증이 나고 불안하여 안정을 취하지 못한다.
- 환자는 아프거나 토한다.
- 갈증을 느낄 수도 있다.
- 피부가 창백해지고 차갑고 땀이 난다.
- 호흡이 약해지고 빨라지며, 환자는 하품을 하거나 한숨을 쉰다.
- 맥박수가 증가하나 약해지고 때로 혈액이나 체액의 부피가 감소함에 따라 불규칙해진다.
- 의식이 없어질 수도 있다.
- 외부나 내부손상과 연관된 증거가 있을 수도 있다.

② 치료

- 즉각 안정시키고 환자를 편안하게 한다.
- 만일 환자의 상태가 허락하면 환자를 모포 위에 눕힌다.
- 혈압계가 있다면 혈압을 측정하여야 한다.
- 다리골절이 의심되지 않으면 다리를 든다.

- 환자를 따뜻하게 한다.
- 꽉 쪼이는 옷은 풀어주어 순환과 호흡이 용이토록 한다.
- 환자가 갈증을 호소하면 물로 입술을 적셔주되 절대로 마시게 해서는 안 된다.
- 만일 호흡이 어려워지거나 토할 것 같으면 회복자세로 둔다.
- 호흡과 맥박이 정지하면 즉시 심폐소생술을 실시한다.
- 치료 자세를 유지하면서 즉각 병원으로 이송한다.

(6) 과호흡증후군

흔히 사람들은 놀라거나 심한 정신적 충격을 받았을 때 실신하거나 온몸을 떨거나 주위 사람들이 놀랄만한 증상을 보일 때가 있다. 때로는 진짜로 심한 질병이 있어서 온 몸을 어쩔 줄 몰라 하는 경우도 있지만 정신적인 원인이 처음에 작용하여 숨을 가쁘게 몰아쉬고 온 몸이 마비되는 증상을 호소하는 경우가 많다.

이럴 때에 사람들은 '쇼크 먹었어요' 라고 흔히 표현하지만 실제로 이는 의학적 용어가 아니고 과호흡증후군인 경우가 많다. 이러한 과호흡증후군은 숨을 가쁘게 쉬다보니 몸 안의 이산화탄소를 숨을 내쉴 때 과도하게 배출시켜 몸의 산·염기의 균형이 깨지게 되는 것이 근본적 문제이므로 이러한 균형을 교정하는 것이 치료의 원칙이 된다.

① 원인

- 정신적인 충격
- 심장, 폐, 신경계 질환
- 과도한 운동이나 스트레스
- 불분명한 경우도 있음.

② 증상

- 숨을 매우 가쁘게 쉰다.
- 손발이 마비되는 느낌이 들며 저리다.
- 손발이 뒤틀리고 움직이지 않는 경우도 있다.
- 가슴이 답답하다.

- 숨이 막혀 죽을 것 같은 느낌이 든다.

③ **처치**

- 비닐봉지로 입, 코를 중심으로 얼굴을 느슨하게 덮어주어 자기가 내쉰 숨을 도로 들이 마실 수 있게 해주어야 한다. 너무 비닐봉지를 얼굴에 꽉 밀착시켜 질식을 시킬 정도가 되어서는 안 되니 주의하여야 한다.
- 환자를 최대한 안정시켜야 한다.
- 신속히 병원으로 이송한다.

6. 위험환경 및 위험물에 의한 응급처치

화재가 발생하였을 때 현장에서의 응급처치를 환자의 생명을 좌우할 만큼 중요하다. 따라서 숨을 쉬고 맥박이 뛸 수 있게 하는 처치가 우선되어야 하고 더불어서 화상에 대한 간단한 상식과 처치를 알면 도움이 된다. 화상은 원인에 따라 열상화상, 화학화상, 전기화상으로 분류할 수 있다. 일반적으로 지칭되는 화상은 열상화상을 의한다. 열상화상은 다시 화재에 의한 피부손상 혹은 기도 화상(Flame burn이라함), 끓는 물에 의한 조직손상(scalding burn이라 함) 및 주전자나 온돌방등과 같은 뜨거운 물질에 접촉하여 발생하는 화상(Contact burn)이 있다.

화상은 환자의 피부손상 이외에도, 기도가 부어서 생기는 기도 폐쇄, 기관지염이나 폐부종, 쇼크, 근육 파괴에 의한 신부전증, 부정맥 등이 발생할 수 있다. 인체의 피부는 표피, 진피, 피하조직으로 되어 있으며 세균침입 방지와 체온조절, 수분의 침투와 증발을 방지한다. 따라서 화상으로 인해 피부 소상 시엔 감염과 체액손실, 온도 조절 장애 등으로 죽음을 초래할 수도 있다.

1) 일반적인 화상의 진단

화상의 정도와 인체의 피해를 고려하여 다음과 같은 상황을 생각하여야 한다.

① 화재장소가 막힌 공간인지, 열린 공간인지? 화재장소에 독극물이 있는가? 환자가 호흡기에 문제가 있는가?

② **화상범위 :** 화상이 심한 정도는 몸의 표면적 가운데 화상을 입은 부위의 비율에 따라 큰 영향을 받는다. 따라서 대략 그 비율을 알아두는 것이 좋다.

- 성인 : 얼굴 18%, 배18%, 팔 각각9% 다리 각각18%, 성기 1%
- 소아 : 얼굴 18%, 배18%, 팔 각각9% 다리 각각13.5%, 성기 1%

③ **화상의 깊이**

- 1도 화상 - 화상을 입은 부위가 붉게 변하지만 물집은 생기지 않고 붓고 경미한 통증을 동반하며 병원치료 시 후유증 없이 치유된다.
- 2도 화상 - 약간 더 깊이 침범한 화상으로 물집이 생기고 붓고 심한 통증이 발생하며 병원에 입원하여 전문적인 치료를 받아야 된다.
- 3도 화상 - 피부 전체 층이 화상을 입은 상해를 말하며 피부가 탄 것처럼 보이기도 하고 신경이 죽음으로 통증이 없기도 한다.

2) 화상의 종류

(1) 열화상

화재나 뜨거운 증기, 기름, 물, 주방기구, 등에 의해서 화상을 입으며 주로 어린이들에서 많이 발생한다.

① 처치

환자를 안전한 곳으로 옮기고 타고 있거나 그을린 옷은 먼저 제거한 다음 찬물이나 얼음물을 이용하여 물수건으로 30분 이상 식혀준다. 만약 환자가 심한 화상으로 인해서 정신을 잃거나 맥박과 호흡이 희미해지면 쇼크로 인해 위험하므로 빨리 119나 큰 병원으로 옮겨야 한다.

② 주의

물집은 세균에 감염을 일으키므로 벗기거나 터드리지 않는다. 어린아이들은 체온손실로 인한 저체온증에 빠질 수 있으므로 화상부위를 찬물에 10분 이상 담그

지 마십시오. 로션, 된장, 간장, 소주 등은 감염을 일으킬 수 있으므로 바르지 않는다.

모든 환상은 병원으로 이송하여 치료를 받아야 한다.

(2) 화학 화상

화학반응을 일으키는 물질이 피부와 접촉할 때 발생한다. 때로는 화학물질의 연기가 호흡기나 눈에 화상을 일으키기도 한다. 예를 들면 수산화나트륨, 수산화칼륨, 페놀 등 화합물은 매우 조심하여 다루어야 한다.

① 피부와 접촉되었을 때

a. 처치

환자의 손상된 부위를 물로 씻어주며 옷은 제거하고 통증이 사라진 후에도 10 이상 씻어준다. (옷을 벗긴 상태에서 샤워기 등을 이용하여 물로 씻어준다).

마른 고형 화학물질은 (생석회, 소다회)물과 합쳐지면 더욱 심한 조직 손상을 유발하므로 씻기 전에 고형물질을 털어 낸 후 씻어준다.

b. 주의

안전을 위해 장갑을 착용한다. 씻을 때는 높은 압력의 물을 사용하지 않는다.

때로는 화학물질이 피부 깊숙이 침투할 수 있다.

② 눈에 들어갔을 때

a. 처치

눈 손상은 짧은 시간의 노출로 영구적인 실명을 초래할 수도 있으므로 빨리 물로 씻어준다. 이때 눈꺼풀을 벌려주어 세척이 잘되도록 하고 다른 눈으로 오염물질이 들어가지 않도록 주의한다.

b. 주의

눈을 비비거나 만지지 못하게 한다.

최소한 15분 이상 씻어낸다.

양쪽 눈에 보호대를 대고 즉시 병원으로 이송한다.

③ **기체를 마셨을 때(흡입손상)**

순식간에 호흡부전을 일으킬 수 있으므로 가능한 빨리 병원으로 이송한다. 인공호흡과 산소투여를 해 주어야 한다.

(3) 전기 화상

감전 사고는 전기 에너지에 의해 부정맥을 유발시켜 심정지를 발생시킬 수 있고 근육을 수축시켜 뼈가 부러지거나 빠질 수 있고, 또한 외견상 보이는 화상보다 조직 안쪽에 손상을 주기 때문에 매우 위험하다. 이때도 현장에 구조자가 감전당할 수 있는지 확인하는 것이 매우 중요하며 안전한 곳에 기본소생술에 의거하여 환자를 처치한다. 실제로 가정용 전기에 노출될 때에도 심장 정지가 올 수 도 있으며 고압전기 감전은 안전한 곳으로 환자를 일단 구출한 후 소생을 시행하여야 한다.

3) 고온이나 저온에 의한 손상 응급처치

(1) 고온에 의한 손상

열손상은 신체가 견뎌낼 수 있는 한계보다 더 많은 열에너지에 노출되었을 때 발생하는 것으로 종류에는 열경련, 열피로(일사병), 열사병 등이 있다.

① **열경련**

더운 기후나 심한 운동 후에 주로 나타나며 땀을 많이 흘림으로 신체의 전해질을 변화 시켜서 손과 발, 복부에 경련을 일으킨다고 생각되고 있고 때로는 어지러워 쓰러질 수도 있다.

환자를 그늘지고 시원한 장소로 옮겨서 편안한 자세를 해주고 의식이 있는 경우 입으로 이론 음료를 마시게 한다. 만약 없다면 물을 먹여도 좋다. 경련이 있는 부위는 압력을 주어 마사지하거나 찬 수건을 대어주는 것이 좋다. 만약 경련이 계속

된다면 병원으로 이송한다.

② 일사병(열피로)

열 손상 중에 가장 흔히 발생하는 것으로 더운 곳에서 열심히 운동을 하였거나 장시간 햇볕을 쬐면 일어나는 것으로 토할 것 같은 느낌과 어지러움, 두통, 경련, 일시적으로 쓰러질 수도 있다.

시원한 장소로 옮긴 후 편안한 자세로 하여주고 옷을 벗겨준다. 부채질을 해주거나 이온 음료 또는 물을 준다. 단, 의식이 없다면 입으로 아무것도 주지 않는다.

일사병은 보통 시원한 곳에서 안정시키면 좋아지는 경우가 많으나 주위가 덥고 의식이 없어졌다고 하여 다 일사병은 아니다. 따라서 의식이 없는 환자는 의료기관에서 확인하는 것이 중요하다.

③ 열사병

흔히 일어나지는 않지만 치료하지 않으면 매우 위험한 병이다. 격렬한 신체활동이 있으면서 밀폐된 공간에서 자주 발생하고 때론 잠겨 진 차량 안에서도 어린이에게서 많이 발생한다. 또한 우리나라보다는 열대지방, 사막지방에서 더 흔히 발생할 수 있다. 이런 환자들은 피부가 뜨겁고 건조하며 붉은 색을 띠고 땀을 흘리지 않을 수 있는 것이 특징이다.

시원한 장소로 환자를 옮긴 후 옷을 벗기고 젖은 수건이나 담요를 덮어주고 부채질을 해준다. 가장 중요한 것은 체온을 내려주는 것이다. 그리고 병원으로 이송하여 신속히 치료를 받는다.

열사병 환자는 몸의 표면보다 중심체온이 상승한 것이 근본적인 문제이다. 따라서 겉의 피부만 시원하여서는 근본적 처치가 되지 않는다. 즉 얼음물로 환자를 식혀 체온을 놓이려고 하였다가는 몸 표면의 혈관이 수축되어 몸 안의 열이 잘 발산되지 않는다. 따라서 혈관이 수축되지 않을 정도의 너무 차지 않은 물로 자꾸 닦아주고 바람을 일으켜 열이 증발할 수 있도록 도와주어야 한다. 열사병은 앞에서 언급한 일사병과 달리 사망에 이를 수 있는 응급 상황이므로 신속한 이송도 중요하다.

(2) 저온에 의한 손상

① 저체온증

차가운 물에 감겼을 때 또는 여러 시간 추운 환경에 노출되었을 때 발생하며 체온이 35C이하로 떨어지면 신체의 중요 장기들의(심장, 폐, 뇌 등) 기능이 저하되고 열을 생산하는 방어기전이 상실하게 된다.

a. 처치

먼저 따뜻한 장소로 옮기고 움직임을 최소화 시키고 젖은 옷은 벗겨 담요를 덮어 보온하여서 병원으로 이송한다. 환자는 평평한 자세를 처치나 이송 시 유지하여야 하고 경증의 환자에게는 따뜻한 물, 당분을 공급할 수도 있다. 가능하면 처치, 이송 시에 따뜻한 환경을 만들어주도록 하여야 한다. 의료기관에서는 전문적인 가온법을 사용하여 환자를 처치하게 된다.

b. 주의사항

저체온증은 몸의 표면도 체온이 하강하지만 그 보다 중심체온이 하강한 것이 근본적인 문제이다. 따라서 겉의 피부만 따뜻하게 하여서는 근본적 처치가 되지 않는다. 또한 급히 열을 공급하면 환자의 신체가 온도의 급격한 변화로 적응하지 못하는 경우도 있다. 따라서 천천히 환자를 안정시키며 보온을 해 주어야 하며, 특히 심한 저체온증 환자는 환자에 대한 약간의 기계적 자극으로 심장이 멈출 수도 있기 때문에 조심해서 다루어야 한다. 저체온증에 오래 빠진 사람은 심폐소생술을 오래 하여도 돌아오지 않는다고 포기하지 말고 계속 시행하는 것이 원칙이다. 포기 여부는 체온이 정상화되고 의료기관에 이송된 다음 상황에 따라 의사가 결정하여야 한다.

② 동상(동창)

동상은 신체의 일부분이 추운 환경에 노출 시 발생하며 노출된 신체의 부분이 냉각되어 조직이나 세포의 수분이 얼어버린 상태를 말한다. 비슷한 것으로 참족병이란 것이 있는데 주로 발쪽에서 찬물이나 차가운 환경에 지속적으로 노출된 경우 나타난다. 주로 도보 여행자, 사냥꾼, 군인들에게서 자주 발생하며 피부에 주름이 잡히고 창백하고 차게 되다가 그 부분이 썩게 될 수도 있다. 흔히 귀나 코끝처럼 신체의 말단 부분이 혈액 순환이 미약하여 낮은 온도에 취약할 수 있는데 겨울에 귀, 코끝이 시린 것은 그곳의 결빙 상태는 아니나 저온으로 인해 통증을 느끼는 것이다.

* 처치

환자를 따듯한 장소로 옮기고 따뜻한 물체에 접촉시켜 손상부위를 따뜻하게 한다. 이 때 자극을 주거나 문지르지 않게 하고 걷는 것도 못하게 된다. 동창이나 참족병은 젖은 신발이나 양말을 벗기고 점차적으로 따뜻하게 한다. 동창은 신속하게 손상된 부위를 가온시키는 것이 가장 효과적인 치료이기는 하나 무조건 가온하는 것보다 차라리 따뜻하게 보온시키면서 병원에서 전문적인 가온을 하는 것이 환자의 통증도 경감시키고 안전할 수 있다. 만약 이러한 상황에서 의료기관을 빨리 이용 할 수 없을 때는 38-42°C정도 되게 깨끗한 물을 가온하여(꼭 온도계로 정확한 온도를 측정하여야 한다) 손상된 발을 담가야 한다. 동창부위가 따뜻해지면서 붉은 색이 돌아올 때까지 계속 한다. 이렇게 할 수가 없을 때는 보온하면서 신속히 의료기관으로 이송하는 것이 더 좋다. 주의사항 38-42°C의 적당한 물의 온도를 지키기가 힘들 때에는 현장에서 가온을 하지 말아야 한다. 특히 50°C 이상의 뜨거운 물을 사용하게 되면 환자는 고온으로 인한 손상을 더 입게 되고 조직 손상도 커져서 환자에게 해를 끼치게 된다.

4) 위험물 중독

중독으로 일어나는 응급상황은 어떤 물질이 적은 양이라도 체내로 들어와 인체 조직에 기능의 장애를 주는 것을 말하며, 신체에 그러한 물질이 들어올 수 있는 방법은 먹거나(복용), 기체를 마시거나(흡입), 찔리거나(주사) 또는 피부나 점막을 통하여(흡수) 가능하다. 여기서 말하는 중독은 마약중독처럼 약물을 끊지 못하는 경우나, 몇 십 년 동안 노출되는 만성 중독은 아니고 갑자기 어떤 물질이 체 내에 들어와 발생시키는 변화를 말한다.

(1) 복용에 의한 중독

① 처치

약물, 음료수, 오염된 음식물이나 독성식물을 먹었을 때는 먼저 한 두 컵의 우유나 여러 잔의 물을 마시게 하여 독물을 희석시키고 손가락으로 목구멍을 자극해서 토하게 한 후 병원으로 신속히 이송한다. 구급함에 들어갈 수 있는 약물 중에는 시럽으로 되어 있는 구토유발제가 있는데 억지로 토하기 힘들 때 이 약을 먹으면 구토가 쉽게 유발될 수 있다.

② 주의

환자가 의식이 없을 때는 먹이거나 토하게 하지 않는다. 오히려 기도를 막아 호흡을 방해할 수 있다. 만약 구토물이 호흡기로 들어가면 심각한 화학성 폐렴을 유발시킬 수도 있다. 강산(염산, 황산 등), 강알카리(양잿물 등), 세척액, 석유화학제품, 광택제 등은 토하게 하지 않는다. 이러한 물질은 접촉 자체만으로 자극을 주어 토하면 위나 식도에 자극을 더 주게 되는 셈이 된다.

(2) 흡입에 의한 중독

천연가스, 일산화탄소, 연소가스 등의 기체를 흡입하여 생긴 중독 시엔 저산소증, 기도폐쇄 등이 나타날 수 있다.

① 처치

신선한 공기가 있는 곳으로 환자를 옮긴다. 보통 이러한 중독이 일어나는 상황은 주위에 유독 가스가 많은 상황인 경우가 많다. 구조가 자신의 안전이 문제될 수 있으므로 구조자도 유독가스에 노출되지 않도록 한다. 즉 구조를 위하여 현장에서 오래 처치할 필요가 없이 빨리 안전한 곳으로 환자를 이송한다. 이후 인공호흡 등의 기본 소생술을 시행한다.

② 주의

독성가스 유출이 심한 곳에는 환자가 있더라도 함부로 접근하지 않도록 한다. 인공호흡자체로도 구조자에게 독성가스의 피해가 있을 수 있다. 가능하면 전문 처치팀에게 많은 처치를 맡겨도 일단 안전한 곳으로 환자를 옮기는 것을 먼저 해야 한다.

(3) 피부를 통한 중독

양잿물이나 세척액 등과 같이 부식성 물질이 피부나 눈 등에 직접 접촉됨으로써 손상을 입을 시엔 감염, 화상이나 발작을 동반한다.

① 처치

흐르는 물에 씻어 준다. 눈 오염 시엔 20분정도 세척하여 준다.

② 주의

산이나 알칼리에 피부가 노출되었다고 해서 중화를 시키려고 반대되는(예를 들어 산에 노출되었을 때 알칼리 사용) 성분을 이용하여 닦아내면 절대로 안된다. 오히려 다른 성분에 의한 손상만 받을 뿐이며 깨끗한 물을 갖고 많이 씻어냄으로써 희석시켜야 한다. 자극성 물질이 아니더라도 물로 씻어 내면 흡수되는 양을 줄일 수 있다.

5) 물에 빠졌을 때의 응급처치

물에 빠진 사람을 발견하였을 때는 무조건 뛰어들면 안 된다. 왜냐하면 물에 빠져 겁에 질린 사람으로 인해 구조하러 들어간 사람까지도 위험해 질 수 있다. 물에 빠진 사람은 급하여 아무 것이나 손에 잡히는 것은 붙잡기 마련인데 구조자가 환자에게 잡혔다가 행동이 제한되면 같이 위험하다.

(1) 처치

구조 시 제일 좋은 것은 줄이나 긴 막대, 튜브를 이용하거나 배로 다가가야 한다. 하지만 이 방법으로 구조할 수 없을 때는 환자의 앞이 아닌 뒤로 접근해서 구조하여야 한다. 만약 환자가 숨을 쉬고 있지 않다면 수면에서라도 인공호흡을 하여야 한다. 물에서도 인공호흡은 가능하나 흉부압박은 되지 않으므로 신속히 육지로 인공호흡을 하며 이송하여야 한다.

환자의 체온이 낮다면 담요로 보온을 해주어야 한다. 그러나 가장 중요한 것은 숨을 쉬고 맥박이 뛰는 것이므로 기본 심폐소생술에 의거하여 처치를 시행한다. 그리고 환자가 토한다면 얼굴을 한 쪽으로 돌리게 한다. 환자가 물을 마셨다고 하여 물을 빼는 것은 도움이 되지 않고 산소 공급이 더 중요하다.

(2) 주의

물에 빠진 사람을 구조한 다음에 흔히 배를 눌러 마신 물을 토해내는 것이 필요하다고 생각하기 쉬운데 하지 말아야 할 행동이다. 물에 빠져 의식이 없는 사람에게 배를 눌러 위 속의 내용물이 역류하여 올라오면 기도 유지가 되지 않아 숨을 못 쉬게 될 수도 있고 이러한 구토물로 인하여 화학성 폐렴이 생겨 환자가 살아도 중하게 될 가능성이 있다.

6) 감전되었을 때의 대처

(1) 감전 시 대처

전기 손상 즉, 감전은 가정에서 쉽게 일어날 수 있는 사고이다. 물에 젖은 손으로 전기 제품을 만진다거나 아이들의 장난으로 생길 수 있다.

사고가 일어나면 환자에게 바로 접근하지 말고 전원을 차단하는 등 환자 주변의 위험 물질을 없애야 한다.

만약 전원을 차단할 수 없다면 전기가 통하지 않는 막대나 고무장갑 등으로 위험 물질을 환자의 주변에서 치운다. 특히 고압전선에 감전된 사람에게는 구조자가 절연물질로 구조하는 지혜가 필요하며 구조자가 감전되지 않도록 주위의 환경, 안전에 신경 써야 한다.

환자가 위험에서 벗어나면 119에 신고하여 구조 요청을 하고 정신이 드는지, 숨은 쉬는지 맥박이 뛰는지 살핀다. 환자를 안전한 장소로 옮겨서 다시 의식, 호흡, 맥박을 확인하고 즉시 병원으로 옮겨야 한다. 만약 환자가 숨을 쉬지 않고 심장이 뛰지 않는다면 심폐소생술을 시행한다.

(2) 낙뢰(번개)에 의한 손상

엄청난 에너지를 발생하기 때문에 신체내의 신경, 심장, 현관 등에 손상을 주며, 심정지를 초래할 수 있다. 낙뢰 손상은 전기가 지나가는 것이지만 일반 감전과 달리 몸의 표면으로 지나가는 경우가 많고, 엄청난 에너지와 열을 발산하므로 물이 갑자기 수증기로 변화하면서 부피의 팽창으로 옷이 터지고 호상의 흔적이 있다. 따라서 비 오는 날 번개가 치고 이러한 환자가 의식이 없이 발견되면 한번쯤 낙뢰 손상을 의심할 수도 있다. 번개에 맞아 모두 죽는 것은 아니며 기억 상실, 시력 상실, 말을 할 수 없게 되는 경우도 있다. 이런 증상들은 일시적으로 나타났다가 사라지지만 부정맥(심장이 불규칙하게 뛰는 것)을 유발하는 경우가 있다. 또한 뼈에 손상을 입을 수 있기 때문에 함부로 옮기지 말고 119에 신고한다.

보통 현장에서 심정지에 이르는 사람이 많고, 그렇지 않더라도 큰 손상을 입기 쉬우므로 기본소생술에 입각하여 처치하게 된다. 꽉 끼는 옷가지는 제거하고 신속히 의료기관으로 이송한다. 번개에 맞는다고 다 사망하는 것은 아니므로 조기에 처치에 임하고, 최선을 다한다.

7) 벌레나 동물에 의한 손상

(1) 뱀에 물렸을 때

뱀에 물린 사고가 많지만 독사의 종류는 세 종류 정도이다. 생물학적 분류 상 논란은 있지만 대략 우리나라에는 살모사, 까치살모사, 불독사의 세 가지 독사가 있는 것으로 알려져 있다. 독사는 머리가 위에서 보았을 때 삼각형 모양으로 생겼고 일반적으로 독이 없는 뱀과 구별되므로 독사에 물렸을 때는 확인을 위해 뱀을 잡아 나중에 치료방침을 결정하는 데 도움이 되기도 한다.

① 처치

환자를 안정시킨다. 물린 부위를 물로 씻어내고 깨끗한 넓은 천 같은 것으로 물린 부위의 위, 아래쪽에 적당한 압력으로 묶는다. 이 때 너무 꽉 묶어 전혀 피가 통하지 않게 하면 안 되고, 정맥피는 몸으로 되돌아가는 것을 막고, 동맥피는 어느 정도 흐를 수 있는 적당한 압력이 좋다. 몸을 고정시키고 손상부의를 심장보다 낮게 한 다음 빨리 병원으로 이송한다. 단 입으로 어떤 것도 주지 않는다. 환자를 안정시키고 움직이지 않게 하는 것이 중요하며 자꾸 움직이면 독이 몸으로 더 퍼질 수 있다

② 주의

뱀에 물린 상처를 빨아내는 것은 도움을 줄 수도 있지만 아직 확인된 사항은 아니다. 특히 입에 상처가 있는 상태에서 시행하면 구조자의 몸에도 독이 흡수될 수 있다는 것을 명심한다.

상처 자체의 처치에는 여러 민간요법이 내려오지만 가능하면 된장 등 다름 물질을 상처에 바르는 것은 결코 도움이 되지 않는다. 오히려 상처를 자극하고 더럽히는 결과가 되기 쉽고, 또한 칼로 상처를 절개하는 경우도 있는데 학문적으로 반드시 도움이 되지 않는다고 이야기 되는 부분이므로 처치를 절대적으로 할 필요는 없다. 오히려 이러한 처치 때문에 의료기관으로의 이송시간이 늦어지는 것이 환자에게 해로울 수 있다는 것을 명심하고, 전문가의 처치에 따라야 한다.

(2) 개에 물렸을 때

개한테 물린 사고는 겉보기에 작은 상처라도 이빨에 찍힌 상처라 좁고 깊은 상처가 생긴다. 개나 동물의 입안은 세균 등으로 파상풍 및 기타 감염에 걸릴 수 있어 주의해야 한다. 파상풍 말고 조심해야 할 질병은 광견병인데 광견병 예방 접종을 했는지 알아보고 만약 확인이 되지 않으면 의료기관에 향후 치료를 상의한다.

① **처치**

입 속에는 세균이 많으므로 심한 감염이 발생 할 수 있으며 우선 환자를 안심시킨 후 비누나 물고 씻고 난 후 깨끗한 거즈로 덮어 주고 병원으로 이송한다.

② **주의**

개에 물린 상처에 된장을 바르거나 피가 난다고 지혈가루를 뿌린다면 상처 치료에 도움이 되지 않으므로 바르지 않는다. 아기들은 피부 조직이 부드럽고 두께가 얇아 개에 심하게 물리면 목숨이 위험할 수도 있다. 따라서 현장에서 얼른 개와 격리하고 단순히 상처만 보지 말고 숨 쉬고 맥박 뛰는 것은 확인하는 것이 급선무이다.

(3) 벌에 쏘였을 때

벌에 쏘이면 그 부위는 붓고 아프다. 벌에는 꿀벌과 말벌이 있어 침을 쏘는 방식이 다른데 꿀벌은 침이 계속 살에 꽂히는 반면 말벌은 그냥 찌르기만 한다. 어떤 벌이든 쏘인 자리가 붓고, 가렵고, 아픈 경우가 대부분이고 때로는 두통, 어지럼증, 구토, 호흡곤란 및 심하면 쇼크 증세까지 보인다. 몰론 이러한 전신 증상까지 보이면 신속히 의료기관으로 이송하여야 한다.

① **처치**

벌에 쏘인 자리는 얼음주머니를 대주면 독에 의한 붓기를 가라앉히고, 아픔이 가시는데 도움이 된다. 꿀벌은 침이 박혔나 살펴 침을 제거해 주는 것이 좋은데 침제거는 바늘로 살살 긁어 주어 시행한다. 여러 곳을 쏘인 후 온 몸이 붓고 가렵고 숨쉬기가 힘들어지면 빨리 병원으로 가서 치료를 받는 것이 좋다.

② **주의**

벌침이 박힌 자리는 핀셋이나 손톱으로 제거하다 보면 벌침이 더 들어가는 경우가 많다. 바늘이나 칼로 긁어주는 것이 좋으며 없으면 신용카드 등으로도 긁어서 제거할 수 있다.[2)]

7. 기본 인명구조술

1) 기본 인명구조술의 기본 개념

심장마비에 의한 사망이 전체 사망원인 중 가장 높은 비중을 차지하고 있어 이에 대한 예방과 대책 마련이 요구되고 있다. 심장마비는 심장이 원인인 경우 이외에도 물에 빠진 경우나 질식, 감전, 약물 중독 등에 의해 나타날 수 있다. 그러나 심장마비가 일어난 경우에도 부상자가 주위로부터 심폐소생술의 훈련을 받은 자의 즉각적인 도움을 받을 수만 있다면 심장마비에 의한 사망은 크게 줄어들 수 있을 것이다. 심정지환자를 소생시키려면 심정지가 발생한 후부터 빠른 시간 내에 호흡을 유지하고 혈액 을 순환시켜서 조직으로 산소(혈액)를 공급해 주어야 한다.

호흡이 정지되거나 심장이 멈추게 되면 4-6분 이내에 심폐소생술이 시행되지 않으면 환자를 생존의 가능성이 낮다. 구급차가 환자에게 도착하기까지 적어도 4-5분 이상 소요되므로 일반인들도 심폐소생술을 시행할 수 있어야 한다.

환자의 연령이 9세 이상이거나 체중이 30kg 이상인 경우에는 아래의 심폐소생술의 단계에 따라 심폐소생술을 시행하지만, 8세 이하의 어린이의 경우에는 성인의 심폐소생술 시행 방법과는 차이가 있다. 일반적인 심폐소생술의 주요 단계별 처치는 다음과 같다.

〈표 11-5〉 심폐소생술의 단계별 처치

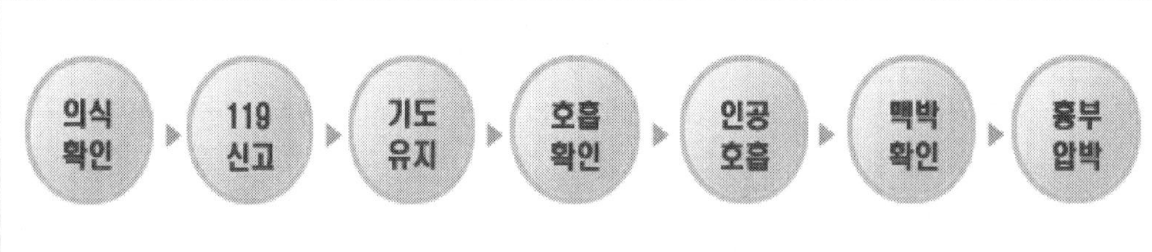

2) http://www.emergency.or.kr/sens/top.htm

2) 기도유지 및 기도폐쇄의 처치

(1) 기도 유지

사람이 의식이 없을 때 가장 흔히 기도폐쇄의 원인은 혀가 뒤로 말려서 기도를 막는 경우이다. 막힌 기도를 열기 위해서는 기도를 유지시켜야 한다.

① 두부후굴 하악거상법

- 환자의 머리 쪽에 있는 처치자는 환자의 이마에 손바닥을 얹고 머리를 뒤로 젖혀 준다.
- 다른 손의 손가락을 환자의 아래턱뼈 밑에 대고 끌어 올린다.
- 턱 선과 바닥면이 수직이 되도록 한다.
- 턱밑에 손가락을 댈 때 연한 조직을 누르면 기도가 막힐 수 도 있으므로 주의한다.

② 하악 견인법

- 처치자는 환자의 머리 위쪽에 위치하여 두 손으로 환자의 하악골을 잡고 밀어 올린다. 이때 구조자의 팔꿈치는 바닥에 닿도록 한다.
- 목에 손상이 의심되는 환자에게 하악 견인법은 기도확보를 위해 처음 시도되는 안전한 방법이다.
- 이 방법을 시도할 때 머리를 뒤로 젖히거나 옆으로 뒤틀리지 않게 조심스럽게 지지해야 한다.

(2) 기도폐쇄

일반적인 상황에서는 기도가 막히는 경우(기도폐쇄)가 발생하지 않지만, 다음의 경우에는 기도가 폐쇄 될 수 있으므로 유의해야 한다.

□ 기도가 패쇄되는 경우

- 소아나 고령자 : 이물질(사탕, 고기, 땅콩 등)을 삼키다가 기도가 막히는 경우

- 외상/사고 : 입안이 손상되어 부러진 치아나 출혈 등에 의해 기도가 막히는 경우
- 의식이 없는 경우 : 혀가 뒤로 말리는 바람에, 또는 구토물에 의해 막히는 경우

□ 기도가 폐쇄될 때에 나타나는 증상

- 완전기도폐쇄 증상

기도가 완전히 막히면 말을 하지 못하면서 양쪽 손으로 목을 쥐는 '촉킹-싸인(Chocking-sign)'이 나타나면서 얼굴과 입술이 파랗게 변하는 청색증이 관찰된다.

- 촉킹싸인 : 기도폐쇄 환자에서 일반적으로 나타나는 현상 양손으로 목을 쥐는 경우도 있고 한손으로 목을 감싸 쥐는 경우도 있다.

- 부분기도폐쇄 증상

환자는 기침과 말을 하며 안전부절 못하는 행동을 나타낸다. 청색증은 나타나는 경우와 나타나지 않는 경우도 있다

3) 기도폐쇄가 발생하였을 때의 응급처치법

(1) 기도 폐쇄 처치

호흡상태가 정상이고 의식이 있는 경우에는 계속 기침을 하도록 유도하며, 지속적으로 기침을 해도 이물질이 배출되지 않을 때에는 즉시 응급의료체계(전화 119)로 연락을 취한다.

① 부분기도폐쇄

- 기도 폐쇄에 대한 처치 중 의식이 있고 기침을 할 수 없는 경우에는 하임리히법을 시행한다. 환자의 뒤에 서서 환자의 허리를 팔로 감싸고 한 쪽다리를 환자의 다리 사이에 지지한다.
- 구조자는 한손을 주먹 쥐고 주먹 쥔 손의 엄지를 배꼽과 검상돌기 중간에 위치한다.

- 다른 한 손으로 주먹 쥔 손을 감싸고 빠르게 위로 밀쳐 올린다.
- 이물질이 밖으로 나오거나 환자가 의식을 잃을 때까지 계속한다.

② 완전기도폐쇄

의식이 없는 완전 기도폐쇄 환자의 변형된 하임리히법을 시행한다.

- 환자는 바닥에 반듯이 눕힌다.
- 구조자는 환자의 허벅지 쪽에 무릎은 꿇고 앉는다.
- 한 손을 이용하여 환자의 배꼽과 명치 사이에 손 꿈치를 놓고 다른 한 손을 포갠다.
- 4~5회를 빠르게 밀친다.
- 구조자의 위치는 환자의 복부 중앙에 위치하여 좌, 우 어느 쪽으로도 치우치지 않게 해야 한다.
- 밀쳐 올리기는 4~5회를 실시한 후 입안의 이물질을 꺼낸다.

4) 성인과 어린이의 이물에 의한 기도 폐쇄

기도에 이물이 걸려 있으면 기도가 부분적으로 막히거나 완전히 막히게 된다.

이물이 기도를 부분적으로 막고 있으면 호흡이 가능한 경우도 있으나 경우에 따라 호흡을 제대로 할 수 없다. 호흡이 가능한 경우 질식한 사람은 억지로 기침을 해서 이물을 뱉어내려고 할 수 있다. 이런 경우 질식한 사람이 기침을 계속하라고 독려한다. 호흡이 어느 정도 가능하다가 아주 힘들어지는 경우도 가끔 발생한다.

호흡이 어려운 경우는 기침이 약하고 제대로 할 수 없기 때문에 숨쉬기가 더욱 힘들어진다. 이때 피부나 손톱, 그리고 입안이 청회색으로 변한다. 숨을 들이쉬면 날카롭고 높은 소리가 난다.

기도가 부분적으로 막혀 호흡이 어려운 경우는 기도가 완전히 막힌 경우와 같은 방법으로 처치해야 한다. 질식 상태이지만 의식이 있는 경우로서 완전히 기도가 막히는 경우는 보통 식사 중 흔히 발생한다. 목에 무엇인가 걸린 사람은 말을 제대로 못하고 숨을 헉헉거리며 기침을 하지 못한다. “말할 수 있겠어요?” 라고 물어도 대답을 하지 못한다. 이물에 의한 완전 기도 폐쇄 환자는 본능적으로 목을 길게 빼고 손으로 목을 감아쥐며 숨이 막혔다는 것을 알리려는 태도를 한다. 이러한 모습이 나타나면 주위 사람들은 숨통이 막혀 위험하다는 것을 알아야한다. 질식한 사람은 당황하여 어쩔 줄을 모르고 피부가 창백하게 변한다. 완전히 기도가 막히면 공기가 폐로 들어가지 못하기 때문에 몇 분도 채 안되어 산소부복 현상이 나타난다.

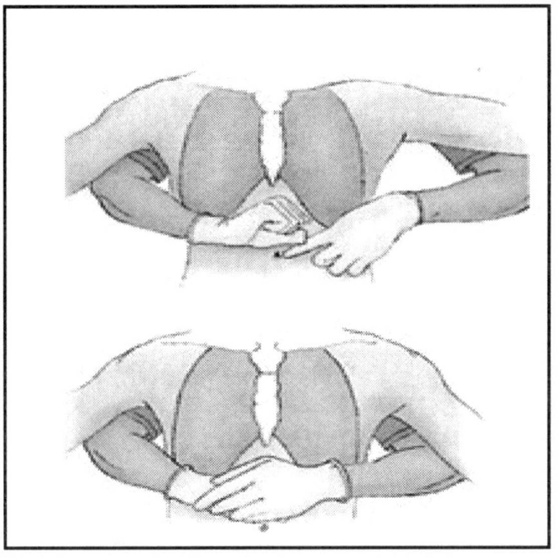

처치자는 부상자의 등 뒤에 선다. 한 팔로 부상자의 허를 감싼다.(이때 팔뚝이 갈비뼈에 닿지 않도록 주의한다.)

- 한 손으로 주먹을 쥐고 엄지를 부상자의 배꼽 바로 위와 흉골의 바로 아래에 둔다.
- 다른 한 손으로 주먹 쥐 손을 감싼다.
- 주먹으로 부상자의 복부를 누르면서 빨리 위로 밀어 올린다. 5회 반복한다.
- 이물을 제거하기 위해서는 매 번 동작이 분병하고 분리되어야한다.
- 매 5회 실시한 수 부상자의 처치 방법을 점검한다.
- 주의: 부상자가 임신 말기나 비만일 경우는 가슴 밀기를 실시한다.
- 부상자가 이물을 뱉어내거나 다음의 상황이 일어날 때까지 복부 밀쳐 올리기를 5회씩 반복한다.

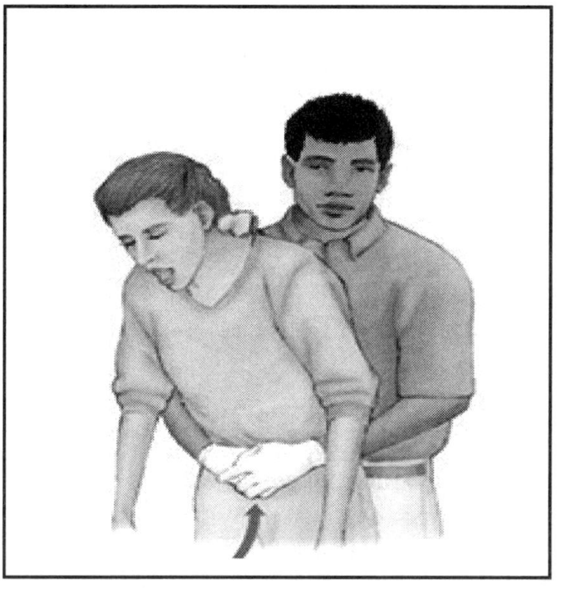

- 부상자가 호흡이나 기침을 힘차게 시작할 때까지
- 부상자가 의식을 잃게 될 때 119에 구급 요청을 하고 손가락을 사용하여 이물을 제거한다.
- 응급구조원이나 다른 훈련된 사람이 올 때까지 계속한다.
- 매 5회 실시 후 부상자의 상태와 처치방법을 다시 확인 한다.

5) 심폐소생술(cardiopulmonary resuscitation : CPR)

심폐소생술(cardiopulmonary resuscitation : CPR)이 도입되기 이전에는 병원 이외의 장소에서 심정지가 발생한다는 것은 곧 죽음을 의미하였다. 그러나 1960년대 초에 현대적인 방법의 심폐소생술이 도입되어 환자가 발생한 장소에서부터 심폐소생술이 시행됨으로써, 병원 이외의 장소에서 심정지가 발생한 환자를 소생시킬 수 있게 되었다. 그 후로부터 심폐소생술은 의료인뿐만 아니라 일반인도 반드시 익혀 두어야 할 중요한 응급처치술이 되었고, 심폐소생술이 광범위하게 보급되면서 병원 이외의 장소에서 심정지가 발생한 환자 중에서 상당수가 생존할 수 있게 되었다.

심폐소생술이란 심정지환자를 소생시키기 위하여 환자의 흉부를 압박하고 인공호흡을 시행하는 치료술기로 정의되어 왔지만 점차 심정지환자의 치료방법이 발달하면서 흉부압박과 인공호흡만을 시행하는 기본 인명구조술과 전문적인 의료기술(전문 심장구조술)을 모두 포함하는 용어로 정의되고 있다. 심폐소생술은 심정지로 인한 주요 장기의 비가역적 손상을 막기 위하여 인공순환과 인공호흡을 시행하여 조직으로의 산소 공급을 유지하고, 궁극적으로는 환자의 심박동을 회복시켜서 심정지 환자를 소생시키기 위한 치료기술이다.

일반인이 심폐소생술을 시행하면 의료법에 저촉되는가?

주위에 의료진이 없는 경우에는 법에 저촉되지 않는다. 의사나 간호사 등이 있는데도 일반인이 심폐소생술을 독자적으로 시행한다면 의료법에 저촉되지만, 주위에 의료진이 없는 경우에는 일반인이 심폐소생술을 시행한다 해도 법적인 책임은 없다. 선진국에서는 일반인이 하는 심폐소생술을 보호하는 법적 방안으로 소위 '선한 사마리아인법'이라고 하여 응급상황에서 주위의 사람이 구조자로서 한 응급처치 행위에 대한 책임을 법적으로 면책하여 주는 장치가 되어 있기도 하다.

전문의료인이 아닌 일반인이 심폐소생술을 시행한다면 별로 효과가 없을까?

효과는 매우 크다. 심폐소생술을 시행하면 뇌로 피가 흐르기 때문에 시행하지 않는 것보다는 효과가 매우 큰 것이다. 특히, 심장병(심근경색 등)에 의해 심장마비가 발생한 경우에 일반인이 심폐소생술을 정확히 시행한다면 환자가 생존할 확률은 10배 이상 높아진다. 심폐소생술을 정확히 시행하기 위해서는 6개월-1년마다 실습을 해보는 것이 바람직하다.

(1) 의식 확인

쓰러져 있는 사람을 발견하면 가볍게 어깨를 두드리며 "여보세요. 괜찮으세요?" 라고 말한 다음 반응을 살핀다. 환자는 지나치게 자극하면 목뼈를 다칠 수 있어 주의해야 한다.

(2) 구조요청

의식이 없으면 소방서 119전화에 즉시 신고하여 장소, 전화번호, 환자 발생 상황, 필요한 응급처치 등을 알려주어야 한다.

(3) 기도유지

의식을 잃은 환자는 혀가 뒤로 말리는 바람에 기도가 막힐 수도 있으므로 환자의 머리를 뒤로 제치고 턱을 들어주어 기도를 유지한다.(두부후굴 하악거상법). 그러나 사고에 의한 경우에는 경추손상(목뼈가 부러짐)이 있을 가능성이 있으므로 턱만 살며시 들어준다(하악견인법). 소아에서도 턱만 살며시 들어준다(하악거상법).

(4) 호흡확인

기도를 유지한 상태에서 눈으로 가슴의 움직임을 관찰하고, 귀로는 호흡음을 들으며, 뺨의 촉감을 이용하여 호흡유무를 3~5조 이내에 확인한다. 3~5초 동안 관찰한 후에도 호흡이 없거나 공기의 흐름이 느껴지지 않으면, 우선 환자를 바르게 누인 후에 입안의 이물질(부러진 치아나 구토물 등)을 제거한다.

그 다음에는 2회의 인공호흡을 시행해서 이물질에 의한 기도폐쇄가 있는지 확인한다.

(5) 회복자세

호흡이 있으면 환자를 왼편으로 눕힌 다음 한 팔을 머리 아내 넣고 환자의 다리를 굽혀주어 기도 안으로 토한 것이 침이 흘러 들어가지 않게 한다.

(6) 인공호흡법

부상자가 의식이 없는 경우 회복 자세로 눕혀 놓는다. 그러나 호흡이 정지된 경우라면 구강대 구장, 구강대 비강, 구강대 기공, 구강대 보호대 중 어느 한 방법으로 인공호흡을 실시하여야 하는데 가장 많이 쓰는 방법은 구강 대 구강 이공호흡법으로 다음과 같이 시행한다.

a. 이마를 누르면서 턱을 들어 기도를 유지한 다음 환자의 입을 벌린다.
b. 환자의 코를 막고 자신의 입을 환자의 입에 밀착시킨다.
c. 공기를 서서히(성인 ; 1.5-2초, 소아 1-1.5초)불어 넣는다.
d. 잡았던 코를 놓고 입을 떼어 불어 넣은 공기가 밖으로 배출될 수 있도록 한다.
e. 입으로 인공호흡을 할 수 없을 때는 입을 막고 코로 인공호흡을 할 수 있다.

■ 인공호흡법의 종류

① 구강 대 구강 인공호흡

구강 대 구강 인공호흡법은 응급상황에서 실시되는 가장 빠르고 간단하며 효과적인 방법이다. 인공호흡 시행 시 인공치아(틀니)는 인공호흡에 장해가 되는 경우를 제외하고는 제거하지 않는 것이 좋다. 헐렁하게 끼워져 있는 틀니라도 부상자의 입 모양을 유지해 주는데 도움을 주기 때문이다.

② 구강 대 비강 인공호흡

대부분의 경우 구강 대 구강 인공호흡법이 가장 효과적이지만 입으로 숨을 불어넣을 수 없는 경우가 있으니 즉, 입을 벌릴 수 없거나, 이를 꽉 다물고 있거나, 부상자의 입에 처치자의 입을 완전히 밀착시키기가 어려울 때와 입 주위가 심하게 다쳤을 때, 그리고 치아가 전혀 없을 때와 부상자의 입이 너무 클 때는 코를 통하여 구강 대 비강 인공호흡을 할 수 밖에 없다.

방법은 한 손으로 부상자의 턱 끝을 들어 올리면서 입을 막고 코로 숨을 불어넣는다. 다음 단계는 부상자의 폐에서 공기가 나가는데 방해가 되지 않도록 부상자의 입을 벌린다. 기타 시술은 구강 대 구강법에서와 같다.

③ 구강 대 기공 인공호흡

성대와 관련된 질환이나 암 환자는 대개 후두 제거 수술이 필요하다. 이들에게는 기공이라는 작은 구멍을 만들어 숨을 쉬게 한다. 기공은 목의 앞쪽 아랫부분에 위치하며 기관과 연결되어 있다.

구강 대 기공 인공호흡에서는 기공을 통해서 공기가 폐로만 전달되는 것이 아니라 후두를 통해서 기도 위쪽으로도 흘러가기 때문에 숨을 불어넣을 때 부상자의 코와 입을 막아야 한다.

응급처치자는 한 손으로 부상자의 코와 입을 막고, 부상자의 기공을 관찰하고 소리를 들어보고 느끼면서 인공호흡을 하여야 한다. 이때 부상자의 머리와 목은 수평으로 유지한다.

④ 보호기구를 이용한 인공호흡

보호기구를 이용한 인공호흡법은 처치자를 보호하기 위하여 부상자의 얼굴에 보호기구를 얹은 후 이를 통한 인공호흡법을 말한다. 이러한 인공호흡용 보호기구에는 안면 마스크형과 안면 보호형 두 가지가 있다.

- 안면 마스크형

이는 부상자의 입과 코를 덮고 대부분의 종류는 공기가 한쪽으로 통하도록 밸브가 있기 때문에 부상자가 내쉬는 숨이 처치자의 입안으로 들어가지는 않는다. 안면 마스크형이 안면 보호형보다 인공호흡 시 더 효과적이다.

- 안면 보호형

처치자가 숨을 불어 넣을 수 있는 부분이 장착된 투명한 플라스틱 관이다. 부상자의 혀 위로 삽입 할 수 있는 짧은 공기 통로가 부착된 종류도 있으니 안면 마스크형 보다 부피가 작고 값이 싸다.

그러나 안면 보호형은 그 주위로 공기가 새어나올 수 있으면 보호형을 사용할 때에는 코를 막아주어야 한다. 장비를 사용한 인공호흡 시 턱을 충분히 들어주고 목을 뒤로 신전시켜 실시한다. 방법은 구강 대 구강호흡과 같다.

(7) 심정지 확인

심정지의 확인하기 위해서는 목의 양측에 있는 동맥(경동맥)을 손으로 만져서 맥박의 유무를 확인하는데, 10초 이내에 확인해야 한다. 맥박은 성인의 경우 목에 있는 경동맥이, 소아에서는 팔꿈치에 있는 상완동맥이 잘 만져진다.

* 주의 : 심정지를 확인하기 위해 10초 이상 허비해서는 안 된다.

맥박이 뛰는 것이 확인되면 인공호흡만 계속 시행하면서 1분마다 맥박을 다시 확인하며, 맥박이 만져지지 않거나 맥박이 확실하지 않으면 흉부압박을 시작한다.

(8) 흉부 압박 위치 찾기

쉽게는 흉골의 가운데를 압박하면 되지만 좌, 우의 갈비뼈가 만나는 곳(검상돌기)에서 두 손가락 넓이만큼 위쪽이 정확한 위치이다.

(9) 흉부압박

맥박이 뛰지 않으면(경동맥박이 만져지지 않으면) 흉부(가슴)를 압박해야 하는데, 압박하는 위치와 압박하는 깊이를 정확히 알고 있어야 한다. 압박할 위치 위에 한 손을 올려놓고 그 위에 다른 손을 올려놓거나 깍지를 낀다(소아는 한 손만 사용). 이때 환자는 바닥이 평평하고 단단한 곳에 수평자세에서 흉부 압박을 시작하여야 한다.

① 흉부(가슴)를 압박하는 자세

- 흉골의 하부 1/2에 한 손을 올려놓고 그 위에 다른 손을 겹쳐서 깍지를 껴서 손가락이 흉벽에 닿지 않도록 한다.
- 흉부를 압박하는 동안에 손가락이 가슴에 닿으면 늑골(갈비뼈)이 골절되어 합병증이 발생할 수 있기 때문이다.
- 팔꿈치는 곧게 펴고 어깨와 손목이 팔과 일직선이 되게 한다.
- 흉골 위에 수직으로 구조자의 체중을 실리도록 한 다음 압박해야 한다.

② 흉부(가슴)를 압박하는 방법

- 성인의 경우에 흉부가 압박하는 깊이는 가슴이 4-5cm정도 함몰되도록 압박한다.
- 압박하는 속도는 1분에 100회 정도이다.
- 압박과 이완의 비율은 50:50 정도가 바람직하다.

③ 흉부를 압박하는 방법

- 압박지점 : 흉골의 하부 1/2 지점
- 압박깊이 : 4 - 5cm
- 압박속도 : 100회/분 (5회/3초)
- 압박주기 : 압박 : 이완 = 50: 50

(10) 재평가(순환과 호흡의 재확인)

1분 동안 심폐소생술을 시행한 후에 다시 맥박과 호흡을 평가한다. 회복되지 않았을 경우 구조자가 도착할 때까지 계속한다.

인공호흡과 흉부압박을 지속적으로 시행하는 일련의 행위를 심폐소생술이라고 하는데, 심폐소생술의 방법은 현장에 있는 사람의 수에 따라서 다르다.

① 한 사람인 경우

구조자가 한 사람밖에 없는 경우에는 흉부압박을 15회 계속한 후에 이공호흡을 2회 시행하는 15:2의 비율로 시행하여, 1분 동안에 8번의 호흡과 60번의 흉부압박이 이루어지게 한다. 이와 같은 방법(15:2)으로 4차례 반복한 후에는 다시 맥박을 손으로 만져보아 환자상태를 평가한다. 즉, 6초 이내에 2회 인공호흡과 9초 이내에 15회의 흉부압박을 시행하는 것은 1사이클로 하여 4사이클을 시행한 후에 다시 맥박과 호흡을 확인한다.

② 두 사람인 경우

2명의 구조자가 있을 경우에는 환자의 양쪽에 1명씩 위치한 다음 마주본다. 1명은 환자의 머리 쪽에 위치하여 인공호흡을 시행하며, 다른 1명은 환자의 가슴 쪽에 위치하여 흉부를 압박한다. 흉부압박을 5회 시행한 후에 이공호흡을 1회 시행하는 5:1의 비율로 반복하는데, 흉부압박을 시행하는 사람이 구령과 함께 5회의 흉부압박을 한 후에 다른 사람이 인공호흡을1회 시행한다.

(11) 심폐소생술 종료

- 환자의 맥박과 호흡이 회복된 경우
- 심폐소생술 교육을 받은 사람과 교대 할 때
- 의사나 의료인이 도착하여 응급처치를 시행 할 때
- 지쳐서 더 이상 심폐소생술을 시행 할 수 없을 때
- 의사가 사망 선언을 할 때
- 사망의 증거가 명백할 때[3]

3) http://www.emergency.or.kr/sens/html/emer01_01.htm

제12장

대규모 행사자의 군중안전관리

1. 응급처치의 개요
2. 응급의료
3. 응급을 요하는 증상
4. 외상처치
5. 응급질환
6. 위험환경 및 위험물에 의한 응급처치
7. 기본 인명구조술

제12장 대규모 행사자의 군중안전관리

최근 국제화, 개방화, 다양화의 경향으로 각종 체육·예술·문화 등과 같은 수익성 대규모 행사들은 기존의 활동범위를 넘어서 필연적으로 대규모 행사추세에 있는데 이는 86.아시안게임, 88.올림픽, 93.대전엑스포, 2002.한일 월드컵 등의 국제행사, 국내행사 뿐만 아니라 각 지방단체, 민간단체가 경쟁적으로 벌이고 있는 다양한 지방 문화행사 등 그 숫자를 헤아릴 수 없을 정도로 급격히 증가하고 있다.

그러나 반면에 사회현상과 정치문화의 다양한 변화로 각종 범죄의 흉포화, 전통적 가치관의 혼란, 안전의식의 몰락 등으로 여러 종류의 대규모 행사진행 시 국민의 자발적인 질서의식 보다는 불편 등 자기중심적으로 변화되고 있어서 압사사고 등으로 인한 인명피해는 물론 국제적 행사를 비롯한 각종 행사의 원활한 진행에 잠재적으로 큰 위협요인이 되고 있다.

대규모 행사장의 운집된 군중에 의한 크고 작은 혼란사태 및 사고는 선진 외국은 물론 우리나라에서도 경험한지 오래이다. 그 대표적인 사례로 2005년 10월3일 경북 상주 '가요콘서트' 녹화연장 참사사건[1],과 1996년 10.16일 과테말라 마테오 플로레스 스타디움의 관중 81명 압사 사고[2], 2006.2.4일 필리핀 마닐라 교외의 한 경기장에서 열린 인기 TV게임 쇼의 관객들이 한꺼번에 몰려들면서 최소 74명

1) newsen@newsen.co.kr.
2005.10.3일 개천절인 경북 상주에서 열린 상주 자전거 축제에서 열릴 예정이었던 MBC 성인가요프로그램 '가요콘서트'의 녹화 현장에서 군집, 입장하던 상주시민 11명이 압사하고 100여명이 중경상을 입는 참사가 벌어졌다.

2) http://blog.naver.com/sempee98.
1996년 10월 16일 과테말라에서 있었던 '98월드컵 예선전. 과테말라는 코스타리카를 맞아 마테오플로레스 스타디움에서 경기 2시간 전, 정원 4만5천명의 경기장에 6만 여명의 관객이 입장하면서 입장객 일부가 위에서 아래로 밀리는 사태가 발생. 이 날 사고로 81명이 압사하고 147명이 중상을 입었다.

이 사망하고 500여명이 부상하는 사고[3])는 행사장의 군중통제 실패의 전형이라 볼 수 있다.

소방방재청이 국회행정안전위원회에 제출한 '지역축제 안전사고 현황'에 따르면 지난 2004년부터 2009년까지 전국 지역축제에서 총 26건의 안전사고가 발생, 318명의 사상자가 발생했다. 목숨을 잃은 사람이 25명, 재산피해액은 228억7500만원에 달했다. 전국 각 지방자치단체 등이 열고 있는 지역축제에서 발생한 안전사고 사상자가 2005년 10월 경북 상주 자전거축제 콘서트 압사사고, 2009년 2월 경남 창녕 화왕산 억새태우기 사고 등 대형사고 외에도 알려지지 않은 크고 작은 사고가 많은 것으로 드러나면서 안전관리대책 마련이 시급하다는 지적이 나온다.

대형 사고가 발생했을 때마다 간헐적으로 지역축제의 안전성 문제가 도마 위에 올랐지만, 자료에 나온 각종 안전사고 사례를 보면 지역축제의 안전불감증이 얼마나 심각한지 여실히 드러난다. 2009년 5월 전남 여수 '거북선·국제 범선축제'에서는 반환점을 돌던 요트가 붐대에 부딪쳐 승선객 1명이 사망했고, 길놀이 축제 도중에도 행사 폭죽소리에 놀란 말이 기수를 땅에 떨어뜨려 숨지게 하는 사건이 벌어졌다.

2008년 10월 충남 공주·부여 '백제문화제'에서도 행사 카메라 플래시 등에 놀란 말에서 기수가 떨어져 중상을 입었고 그해 4월 경남 진해 '군항제'에서도 꽃마차를 끌던 말들이 행사장 폭죽 소리에 놀라 날뛰다 승용차에 충돌, 관람객 2명이 다쳤다. 2007년 9월 충남 금산 '인삼축제'에서는 활쏘기 행사 도중 경기보조원이 화살에 맞아 목숨을 잃었다. 2008년 10월 강원 삼척 '소방방재장비 엑스포'에서는 화재 대피용 완강기 하강 시연을 하던 사람이 보조 연결고리가 끊어지면서 추락해 사망하기도 했다.

교통사고나 익사사고도 많았다. 2008년 10월 충남 계룡 '계룡문화축제 지상군페

---

3) www.segye.com.
필리핀과 브라질에서 지난 주말 대형 압사사고가 연달아 발생했다. 필리핀에서는 4일 오전 마닐라교외의 한경기장에서 열린 인기 TV 게임쇼에 관람객들이 한꺼번에 몰려들면서 최소 74명이 사망하고 500명 이상이 부상하는 사고가 일어났다. 필리핀 압사사고 희생자는 대부분 나이 든 여성이었으며, 이들은 마닐라 파시그시티 울트라 경기장 행사장의 좁은 철제문에 한꺼번에 몰리면서 부딪히거나 밟혀 숨진 것으로 알려졌다.
이날 ABS-CBN TV 네트워크가 주관한 인기 게임쇼 '워워위(Wowowee)'에는 100만페소(약 2000 만원)의 상금 외에 미니버스, 아파트 등의 경품이 걸려 있어 정원 1만7000석을 훨씬 뛰어넘는 3만명가량이 새벽부터 운집해 있었던 것으로 알려졌다.

스티벌'에서는 병영체험장 인근에서 한 초등학생이 행사용 셔틀버스에 치여 숨졌고 같은 해 5월에도 충북 제천 '자동차마니아 페스티벌'에서도 퍼레이드 묘기를 부리던 오토바이가 인도로 돌진해 1명이 사망하고 1명이 부상을 당했다. 2007년 7월 경남 합천 '황강 레포츠축제', 2005년 7월 경북 영주 '강수욕 축제' 등에서는 어린이 익사사고가 발생했다.4)

따라서 이러한 대규모 행사장의 군중혼잡으로 인한 군중의 안전관리에 대한 관심은 그 어느 때보다 크게 요구되고 있으므로 본 장에서는 혼잡한 대규모 행사장의 군중통제 및 군중의 안전관리 방안에 대해서 주로 살펴보고자 한다.

1. 군중심리의 특성

1) 군중심리의 개념

군중심리(群衆心理, crowd mind)란 많은 사람들이 모인 군중 속에 있는 사람은 자기 이상의 행동을 하게 되는데, 이러한 자기 개인이 군집(群集)의 한 성원이 되었을 때 일어나는 독특한 사회심리상태로 개별 주체의 일상적인 사고와 다르거나 혹은 같더라도 그 범위를 뛰어넘는 행동을 하게 되는 심리 상태를 말한다.

군집이 나타내는 심리특성으로는 성별·직업성격·지능 등의 차이와 무관한 심리적 동질성과, 폭력이나 단순한 영웅주의 등의 충동성, 군집의 무명성(無名性)에서 오는 무책임성, 감정의 고조와 그에 따른 이성의 약화로 인한 판단의 비합리성 및 의식 범위의 축소에 따른 상상이나 억측에 의한 암시성 등을 들 수 있다. 이상의 행동은 사회적으로 위험하고 억제할 수 없는 집단난동·폭동·파괴를 일으키기도 한다.5)

군중행동을 야기하고 강화시키는 자극의 유형으로는 2가지를 들 수 있다.

첫째는, 군중 대부분이 느끼는 공통된 동인(動因)으로서, 예를 들면 화재가 발생했을 때 모든 사람이 그 위급으로부터 달아나려 하는 강한 동인 같은 것이다. 둘째, 동인과는 명확하게 구별해야 할 것으로서, 다른 사람이 동인에 쫓겨 하는

4) 문화일보, '지역축제 잔혹사', http://www.munhwa.com/news/view.html?no=2009100901070827163002 (검색일: 2012.01.27)

5) http://terms.naver.com/entry.nhn?docId=511796(검색일: 2012.01.07)

행동(화재 시 사람들이 큰 소리를 지르고, 당황하여 달리는 등의 행동) 그 자체를 보는 것이 동인이 되는 경우이다. 사람은 과거의 경험 속에서 다른 사람이 어떤 사태에 대하여 강한 반응을 나타내는 것을 보고 자기도 그와 마찬가지로, 또는 그 보다 더 빨리 반응함으로써 보수와 강화(强化)를 받아 왔음을 체험한다. 이렇게 개인의 동인은 타인의 반응에 자극을 받아 상승하게 되어 결국은 군중의 흥분이 극에 달하게 되는 것이다.

군중행동의 규정인자는 다음과 같다.

① **상호자극작용** : 상호 간의 행동이 눈·귀·피부를 통해서 동인자극이 된다.

② **접근성** : 신체적·물리적 접근성뿐 만 아니라 라디오나 텔레비전의 사회적 접근성의 역할도 크다.

③ **인원수** : 군중을 형성하고 있는 절대수가 모여 있는 사람들에게 일치된 행동을 하게 하는 2차적 동인이 된다.

④ **리더의 권위 효과** : 사람은 어려서부터 연장자나 선배, 부모를 추종·모방하는 습관이 있어 이런 습관에 따라 리더를 추종한다. 또한 리더는 군중을 형성하고 있는 각 개인이 반사회적 반응을 일으킬 때 가지는 불안을 제거한다.

⑤ **자극의 반복** : 자극의 반복은 흥분을 누증시킨다.

⑥ **리듬** : 리듬은 군중반응을 쉽게 하는데, 간결한 구호일수록 군중행동을 강하게 한다.

군중의 공통심리는 다음과 같다.

① **무명성**(無名性) : 군중 속에 일체화되어 자기의식을 잃는다.

② **무책임성** : 개개인의 행동이 불분명하므로 책임소재가 불분명하다.

③ **무비판성** : 정보가 한정되어 있기 때문에 상상과 억측으로 판단한다.

④ **감정성** : 동인과 반응의 상승작용으로 격앙된 흥분 때문에, 또는 책임성과 비판성의 결여 때문에 감정적이 된다.

⑤ **암시성** : 군중의 관심이 하나에만 집중되어 있기 때문에, 의식의 범위가 좁아지므로 외부에서 가해지는 영향에 대한 저항성이 아주 낮다.

⑥ **친근감** : 무책임성·무명성·감정성 때문에 일체감과 친밀감을 느끼게 된다.

위기상태에서 위기를 피하여 도피하는 상황을 공황(恐慌:panic)이라 하며, 일정한 대상을 공격하는 군중을 폭도(暴徒:mob)라 한다. 이 2가지의 경우에 군중심리와 행동은 강렬하고 과장된 형태로 표현되나, 여러 면에서 반대되는 메커니즘을 가지고 있다.

① **리더 :** 공황에 처했을 때 좋은 리더가 있으면 파멸적 상황을 피할 수 있으나, 폭도의 경우는 군중의 지향방향이 명확하여 파괴적 상황이 일어나기 쉽다. 소위 선동자가 그것이다.

② **구성원의 친밀도 :** 공황에 있어서는 구성원 간의 친밀도가 두터우면 파국을 피하는 데 도움이 될 수 있다. 하지만, 폭동에 있어서는 친밀도가 두터우면 친밀감이 무책임성과 무명성을 증진시키므로 오히려 파괴력을 높여 준다.

③ **대상자에 대한 우월감 :** 폭도들은 공격상대에 대해서 늘 우월감을 가지고 있는 경우가 많다. 그러나 이러한 우월감이 열등감에서 온 것인 경우, 이것은 계기만 있으면 폭발할 가능성이 많다.

④ **바이탤러티(vitality):**공황의 경우에는 생리적 쇠약이 난동상황을 초래하기 쉽다.[6)]

2) 군중심리의 종류와 특징

(1) 정상군중심리(Normal Crowd Psychology)

불특정 다수의 대규모 군중이 운집한 상황에서 안전사고가 발생하는 이유는 시설물 자체의 결함에서 비롯되기도 하지만 경우에 따라서는 평상시에 가지고 있는 정상적인 심리적 균형상태가 깨지고 이로 인해 보다 사태를 악화시키는 경향이 있다. 물론 불특정 다수의 군중이 모였다 하더라도 항상 위험한 상황이 발생하는 것은 아니지만, 일반적으로 정상적인 상황에서는 군중들은 호기심, 동정심, 안전수치심, 집단동질성 등과 같은 정상군중심리를 가지고 주어진 상황을 파악하게 된다. 정상군중심리는 구성원들 상호간의 신임, 충성, 단결 등의 내적심리기재가 작동하게 된다.

정상군중심리는 정부와 국민간의 신임·충성·단결 등과 관련되어 있다.[7)]

6) 네이버백과사전, http://100.naver.com/100.nhn?docid=23644(검색일: 2012.01.07)

7) 경찰대학, 「경찰경비론」, 1998, pp.10~11, 최선우, 「민간경비론」, 도서출판 진영사, 2008, p.619, 재인용.

〈표 12-1〉 정상군중심리의 특징

호기심리	새로운 상황에 직면했을 때 탐구를 통한 상황인식 및 문제이해를 하게 되는 심리
동정심리	다른 사람의 슬픔, 기쁨 등에 대하여 동질적인 감정을 갖게 되는 심리
안전심리	타인과의 상호작용 속에서 자신의 안전을 추구하는 심리
수치심리	타인의 시선을 의식하고 자신의 명예나 최면을 이식하는 심리
집단심리	사회적 동물인 인간이 타인과 어울려 집단을 구성하려는 심리

*참고: 최선우, 「민간경비론」, 도서출판 진영사, 2008, p.619,

(2) 이상군중심리(Abnormal Crowd Psychology)

대규모 군중이 운집한 상황에서 특별한 외부의 자극(욕망충동, 생명위협 등)이 주어지면 비정상적인 이상군중심리(Abnormal Crowd Psychology)가 발생하기도 하는데, 그 중에는 불만, 항거, 냉소, 파괴 등의 행위와 관련 된다.[8] 예컨대 격렬한 시위현장, 월드컵과 같은 열광된 경기장, 대형화재가 발생한 호텔 등이 그 좋은 예이다.

〈표 12-2〉 이상군중심리의 특징

정서의 충동성	정서적 평형작용의 붕괴로 슬픔, 두려움, 분노 등 개인의 강렬한 감정아래 주관적으로 경험하는 심리적 격동상태
추리의 단순성	추리의 일종인 이지적(理智的) 활동이며 대뇌사고의 기능으로서 개인이 혼자 있을 때에는 이지적 판단력이 지배하지만 군중 속에 있으면 정서적 충동에 크게 지배되는 현상
욕망의 확장성	사회적 평가와 제약 때문에 개인적으로 추구하지 못했던 누적된 욕망이 증폭되면서 군중 속에서 비합법적인 수단을 강하게 표출하는 심리상태
도덕적 모순성	개인이 군중 속에 있을 때 정서적 격동에 의하여 이지의 소멸과 욕망의 확장에 따라 개인이 군중 속에 들어가면 도덕관념이 모호해져서 모순된 가치체계를 동시에 갖게 되는 현상

*참고: 최선우, 「민간경비론」, 도서출판 진영사, 2008, p.620,

8) 경찰대학, 「경찰경비론」, 1998, pp.11~14, 최선우, 「민간경비론」, 도서출판 진영사, 2008, p.620, 재인용.

3) 군중관리의 원칙[9)]

대규모 군중이 운집한 상황에서는 때때로 무모하고 잔인한 반사회적인 행동이 일어나는 경향이 있는가 하면, 조금만 질서를 지키면 모두가 안전하게 대피할 수 있음에도 밀고 밀리는 혼잡의 와중에 대형 사고가 발생하기도 한다.

이와 같이 사람들이 큰 무리를 형성할 때 비합리적이고 비도덕적이며 퇴행적인 행동을 함으로써 사회 전반의 안녕 질서의 파괴와 인명·재산의 손실을 초래한다.

공연 · 행사 안전확보의 성공은 군중통제(Crowd Control)보다는 효율적인 군중관리(Crowd Management)에 그 초점이 있다.

군중관리에 있어 공연 · 행사를 집행하는 안전관리요원과 공연 · 행사에 참가하는 군중은 서로 다른 철학과 생각을 가지고 있다는 것을 명심해야 한다.

○ 군중통제는 안전관리요원들이 수행해야 할 많은 사항 중 한 가지에 불과하고, 안전관리요원은 군중에게 지시 사항을 알려주고, 시설물을 안내하며, 위험지역이나 허가가 나지 않은 지역으로 군중이 들어가지 않도록 하는 일들을 수행한다.

○ 군중관리와 군중통제의 가장 기본적인 차이점은 군중통제가 군중에게 강압적인 방법을 사용하는 것이라면, 군중관리는 개개인이 아닌 대중에게 초점을 맞추고 있다는 것이다.

○ 효율적인 군중관리는 군중이 공연·행사를 즐기도록 하는 것이고 그들에게 지원 · 설득 · 제재를 적절히 잘 활용하는 것이다.

○ 지원은 규율이나 지시 사항에 대한 정보를 군중에게 제공하는 것을 말하는데, 이러한 지원을 통하여 군중이 자발적으로 협조할 수 있는 토대를 마련해야 한다.

○ 또한 설득을 통하여 상호 개인 간의 의사소통 스타일을 존중하면서 공연·행사에 참여하는 군중에게 바라는 바를 전달하고, 이러한 지원과 설득에 의하여 효율적인 군중관리가 이루어지지 않을 경우 최종적인 수단인 제재를 사용해야 한다.

○ 안전관리요원은 이러한 군중심리를 잘 이해하고 초기 단계부터 대응해 나갈 필요가 있다.

9) 소방방재청, 공연·행사장 안전매뉴얼, 2007, pp.10~11.
http://www.nema.go.kr의 내용을 참고, 인용하였음.

〈표 12-3〉 군중관리의 원칙

밀도의 희박화	제한된 면적의 특정한 지역에 사람이 많이 모이면 상호간에 충돌현상이 나타나고 혼잡을 야기하게 되므로 가급적 많은 사람이 모이는 것을 피하게 하는 것
이동의 일정화	군중은 현재의 자기 위치와 갈 곳을 잘 몰라 불안감과 초조감을 갖게 되므로 일정 방향을 향해 일정한 속도로 이동시켜 주위의 상황을 파악할 수 있는 여건을 조성시킴으로써 안정감을 갖도록 하는 것
경쟁적 사태의 해소	군중이 질서를 지키면 손해를 볼 수 있다는 분위기를 느끼게 되면 남보다 먼저 가려고 하는 심리상태로 인하여 혼란상태가 발생하므로 안내방송을 통해 질서를 지킴으로써 모두가 안전할 수 있다는 것을 납득시켜야 한다. 차분한 목소리로 안내방송을 하는 것도 한 방법임
지시철저	자세한 안내방송으로 지시를 철저히 해서 혼잡한 사태와 사고를 예방함

*참고 : 소방방재청, 공연·행사장 안전매뉴얼, 2007, p.11.

(1) 안전사고의 원인

사람이 몰리면 위험도 몰리게 마련인데 한꺼번에 많은 사람들이 갑자기 모여들면서 타박상이나 너무 흥분한 나머지 과호흡이나 심장마비 증상이 일어나기도 하며 심지어는 압사사고도 발생한다.
또, 폭죽이나 불꽃놀이로 인한 화상도 일어나고 있는데. 어린이날 전북의 한 공원에서 풍선이 폭발하는 사고도 있었다. 낮 한 시쯤 어린이날을 홍보하는 대형 풍선이 대형 풍선이 땅바닥에 떨어져 있어서 호기심에 풍선 근처에 갔다가 갑자기 풍선이 터지면서 어린이 4명이 화상을 입는 사고가 발생하였다. 이와 같이 행사장 같은 곳은 여러 사람이 움직이다 보니까 통제가 어렵고 또, 각종 시설물 관리에 소홀해서 갑작스런 사고가 빈번하게 일어나고 있다.

소방방재청은 2005년 10월, 경북 상주 시민운동장 사고와 2006년 3월, 서울의 한 놀이동산에서 있었던 사고를 계기로 2006년 6월에 공연, 행사장에 대한 안전매뉴얼을 개발해 배부한 바 있다. 이 메뉴얼은 공연법, 경비업법, 체육시설의 설치, 유지에 관한 법률, 그리고 관광진흥법 상 공연장 및 공연장 이외의 장소에서 국가기관이나 지방자치단체, 또는 민간단체 등이 주최하는 지역단위의 축제, 각종 공연, 또 이벤트성 공연이나 행사 등 문화예술과 체육행사 활동 영역에 포괄적으로 적용할 수 있다.

대규모의 군중이 운집하는 행사장의 안전사고의 원인 및 그 종류를 보면 ①행사장소의 협소 ②주차장확보 및 차량통제 곤란 ③참여시민의 질서의식 부족 ④경찰·전경 등 치안인력의 지원상 문제 ⑤안전요원의 행사진행의 주최의식 부족 ⑥안전관리부문의 집행예산부족 ⑦안전 및 경비전문업체의 활용 미진 ⑧행사주관 부서의 행사·의전·안전에 따른 3중고 등 여러 가지가 있지만[10] 그 가운데서도 운집된 군중에 의한 크고 작은 혼란사태 및 압사사고의 경우에는 대체로 안전관리인력의 부족, 안전관리계획의 미비, 공연 주최 측의 안전불감증 등이 가장 큰 주요원인 및 문제점으로 지적되어 옴에 따라 정책적 노력, 실무적 차원의 행정적 노력, 국민의 질서의식과 같은 대응을 기울여 왔지만 우리 사회 곳곳의 공연·행사장에서는 아직 관중의 안전에 대해 무관심하거나, 무질서, 부주의, 안전불감증 등으로 인명피해 사고가 자주 발생하고 있으며 그 위험요소는 항상 도사리고 있는 실정이다.

대규모행사는 그 성격에 따라 주최, 수익성, 장소, 참가자 등 행사의 구성요소가 점점 다양하고 복합적이어서 전형적인 모델을 찾기가 쉽지 않다. 이에 반하여 일반적으로 행사주최자는 행사성공의 요체를 행사내용의 공감대 확산을 통한 수익이나 홍보효과를 확대시키는데 주안점을 두고 있다. 따라서 행사계획도 이러한 점에 충실하려는 것이 일반적인 현상으로 그 외의 질서나 안전관리 등에 관한 계획은 소홀히 하는 경향이 있는 것이 사실이다.[11]

① 안일한 사고방식과 관심 부족

○ 공연·행사안전의 1차적 책임자는 행사 주최자이나 행사 주최자는 공연·행사진행·의전에 많은 비중을 두고 질서유지나 안전관리는 소홀히 하는 경향이 있고, 이는 안전사고의 원인과 직결되고 있으므로, 설마하는 안전 불감증이 대형 안전사고를 유발한다.

10) 이윤근, 민간경비론, 엑스퍼트, 2004, p.252,

11) 송철호, 대규모행사 시 안전관리 작성 방법, 서울특별시 시민안전대책 워크샵, 2001, p.1, 이윤근, 민간경비론, 엑스퍼트, 2004, p.251, 재인용.

② 현장 관리 능력 부족

○ 현장 안전관리요원들의 전문지식 부족으로 구체적인 임무와 행동요령에 대한 이해가 부족하다.(2005. 10. 3 상주공설 운동장 직3문에서 일어난 안전사고도 출입문을 관리하는 담당자가 현장상황을 제대로 예측하지 못하고 출입문 개방)

○ 현장 안전관리요원은 대부분 자원봉사자로서 전문 경비업체의 경비원에 비해 질서유지 및 안전관리요원으로서의 기본지식이 부족하다.

○ 공연 · 행사 경비(經費)를 줄이기 위해 무자격 경비업체에 경비용역을 줌으로써 안전관리요원들에 대한 관리와 감독이 소홀하다.(2005. 10. 3 「상주 MBC 가요콘서트」 경비책임을 맡았던 경비업체는 무허가였음)

③ 동선 관리 소홀

- 동선 관리는 장소 · 시설 등 구조물의 활용, 대상자·행사 스케줄 등 시간의 적절한 관리(지연), 이동 거리의 연장과 단축, 대상자별 이동로 · 통로의 분리 등 안전관리의 핵심적인 요소임
- 충돌이 예상되는 열성팬, 응원단 간에 공간이나 동선을 사전에 분리하지 않아 분위기 과열 시 압사·집단충돌·폭력난동 상황으로 발전하는 수가 있다.
  - 1992.02.18, 외국 인기그룹 뉴키즈온더블록 공연장에서 열광한 뒷좌석 관람객이 무대 쪽으로 몰리며 앞좌석 관객이 넘어져 사상자 발생(사망 1명, 부상 19명)
  - 2000.10.14, 올림픽공원 합동콘서트장에서 팬클럽 회원 상호간에 야유하다가 물리적 충돌
  - 2001.07.28, 프로축구 수원 對 대전 경기 직후 흥분한 양 팀 응원단이 수원 경기장 밖에서 집단 충돌(수원 150명, 대전 80명)

  ⇒ 블록 설정과 시차별 간격을 두고 해산을 유도하여 자연스럽게 동선이 분리되도록 조치가 필요하다.
- 수만 명 이상이 모이는 경기나 공연 등을 초청장이나 입장권 없이 선착순 또는 무료입장시키는 경우

  ⇒ 무료입장 공연 · 행사의 경우 특히 현장 동선관리가 중요하다.
- 다수의 인원이 모이는 광장 등 개활지에 임의의 통제선을 설치하지 않는 경우

- 다수의 인원이 일시에 출입문에 운집할 경우를 대비한 통제선 미설치
  - 2005.10.03 상주운동장에서 개최 예정이던「상주 MBC 가요콘서트」를 관람하기 위해 운동장 직3문 출입문에 모여 있던 관람객 5천여 명이 출입문이 열리자 일시에 밀리면서 압사 사고 발생(사망 11명, 부상 162명)[12)]

(2) 관람객 행동요령

- 공연 · 행사장 입장 시 뛰거나 앞사람을 밀면 안전사고의 원인이 되므로 걸어서 입장을 하여야 한다.
- 관람객은 진출입시 안전관리요원의 안내를 받아 줄을 서서 이동통로와 출입문을 이용하여 입 · 퇴장한다.
- 관람객은 공연 · 행사 시간을 사전에 확인하고 입장 및 퇴장을 하여 공연시간을 잘 지켜야 한다.
- 공연 · 행사 주최자 및 시설물 운영자는 관람객에게 공연·행사 시작 전에 위급상황 발생 시 대처방법을 충분히 설명하여야 하며 관람객은 이를 숙지하여 위급상황 발생 시 협조하여야 한다.
- 공연 · 행사장 등 공공장소에서는 흡연을 하여서는 안 된다.
- 공연 · 행사장내에서 관람객이 소리를 지른다거나 장난을 쳐서는 안 되며, 특히 어린이와 함께 공연 · 행사를 관람하는 경우에는 더 주의가 요구된다.
- 공연 · 행사 시간에는 핸드폰이 울리지 않도록, 진동으로 하거나 꺼두어야 한다.
- 공연 · 행사장내에서는 공연·행사 주최자의 안내에 따라 행동을 하여 공연 · 행사가 잘 진행될 수 있도록 협조하여야 한다.
- 공연 · 행사시간에는 옆에 있는 관람객이 관람을 하는데 지장을 주는 행동을 하여서는 안 된다.
- 공연 · 행사장에서는 폭죽, 폭음탄 등 위험물을 사용하는 경우에는 화재 위험성이 있으므로, 사용하지 말아야 한다.
- 공연 · 행사장에 관람객이 가지고 온 물건 등은 버리지 말고 가져가야 한다.
- 공연 · 행사장에서 관람객 행동요령을 잘 지켜 공연 · 행사가잘 끝날 수 있도록 협조하여야 한다.[13)]

---

12) 소방방재청, 공연·행사장 안전매뉴얼, 2007, pp.12~13.

2. 공연 · 행사장 단계별 검토사항

1) 공연 · 행사의 계획

(1) 공연 · 행사계획 타당성 검토[14)]

■ 공연 · 행사단계별 계획 검토

- 준비단계의 계획에는 무대 위치, 통제선, 공연 · 행사장 내 대형 스피커 위치, 출입구, 비상 대피로, 응급처치실, 화장실, 가판대(매점) 위치까지 고려해야 한다.
- 설치단계의 계획은 기초 공사가 끝나면 나머지 공연·행사에 필요한 모든 장비 및 부대시설을 공연 · 행사장으로 들여와 설치한다. 예를 들어 공연·행사자에게 필요한 장비를 무대 위에 설치하거나 무대 밖 통제선 설치 구역에 필요한 장비를 인도하는 일이 여기에 해당한다.
- 공연 · 행사 단계에서는 관중운영 및 교통관리, 화재대비, 응급 처치, 공연·행사 중 발생할 수 있는 경미한 사고 및 대형 사고에 대비해 계획을 세운다.
- 철거단계의 계획 수립은 무대 및 막 시설에 설치된 관련 장비 및 부대시설이 안전하게 철거되도록 해야 한다.
- 3천명이상 모이는 공연·행사 주최자는 화재예방 및 인명피해 방지를 위한 조치사항 등의 내용이 포함된 재해대처계획서를 시장·군수 또는 구청장에게 제출해야 한다.

■ 공연 · 행사장 설계 시 고려사항

● 최대 수용인원

- 최대 수용 인원은 관중 수용 면적 및 비상 탈출구 수에 따라 결정된다.
- 그 외연 · 행사장에 좌석이 비치될 경우 최대 수용 인원은 좌석이 차지하는 공간과 비상에는 수용 인구 밀도 수를 이용해 계산한다.

---

13) 전게서, p.14.
14) 전게서, pp.17~39.

● 비상 탈출구 및 대피로

- 공연·행사장에 필요한 탈출구 및 대피로는 예상 수용 인원과 공연·행사장 구조에 의거, 대피에 소요되는 시간에 따라 달라진다.
- 공연·행사장 담장에 비상 탈출구를 마련하고 관람객들이 쉽게 알아볼 수 있도록 표시한다.
- 출구 안팎으로 장애물이 없도록 한다.

● 공연·행사장 진입

- 공연·행사장 진입은 교통수단에 대한 계획 및 위치, 주차시설, 진입 도로에 관한 계획 등을 다룬다.
- 공연·행사장 진입로는 주차시설 위치에 따라 달라지며, 진입로는 최대한 여러 군데로 분산하여 한 곳으로 집중되지 않도록 한다. 아울러 진입로는 최대한 단순하고 찾기 쉽도록 하며 교차지점을 피하여 직선으로 만든다.

● 공연·행사장 입구

- 출입구를 같이 사용하는 공연·행사장이 있는가 하면 축구 경기장처럼 출구와 입구를 분리하는 경우가 있다. 출연자와 귀빈을 위한 출입구는 별도로 계획하여야 한다.
- 입구와 관련된 설계 및 위치는 필요한 입구 숫자와 어디에 위치할 것인지, 각 입구별 수용 가능한 최대 인원은 몇 명인지에 따라 달라진다. 관중이 질서 정연하게 공연·행사장 안으로 들어가기 위해서는 최대 수용 인원에 맞춰 입구를 충분히 마련해야 한다.
- 출입구의 출입문은 피난 방향으로 열려야 하며, 출입구의 각 모서리 등은 안전사고 방지를 위한 보호조치를 한다.
- 출입로의 모든 문은 손잡이로 열리거나 또는 수평압력을 이용하여 스스로 밖으로 열려야 한다.
- 공연·행사장 출입구는 평지로 계획하여 안전사고를 예방한다.

● 관람객 시야

- 관중이 무대 중앙으로 몰리는 것을 막기 위해 관람객과 무대 사이에 시야를 방해 하는 장애요소가 있어서는 안 된다. 최대한 관람객 시야를 넓혀 관람객이 무대 앞으로 몰려 부상자가 발생할 가능성을 최소화 하여야 한다.

● 좌석 배열

- 관람객이 흥분하여 무대 앞으로 몰릴 위험이 있다고 판단되는 경우, 공연 · 행사를 좌석 공연 · 행사로만 계획하는 것이 바람직하다.
- 관람객을 위한 좌석과 입석은 그 자리에서 시야가 가려지지 않고 공연·행사가 어려움 없이 관람될 수 있도록 배치되어야 한다.
- 각 좌석열 사이에는 관람객이 이동을 할 수 있는 공간이 있어야 한다.

● 경사도

- 앞쪽은 관중이 넘어지거나 다칠 경우를 최소화하기 위해 가능한 평지에 계획한다.

● 공연 · 행사장 기초 시설 및 무대 뒤 시설

- 공연 · 행사장 기초 시설은 공연 · 행사의 특성과 규모, 기간에 따라 달라진다. 전형적으로 관련 사무실, 휴식 공간, 작업자 및 공연 · 행사자를 위한 숙소, 분장실, 창고, 장비 등은 무대 뒤에 설치된다.
- 소방 장비, 진입로, 이동 공간, 음향장치, 응급처치실, 구급차, 안전 장비 등과 같은 요소를 고려해야만 한다.
- 기초 시설 및 작업장과 별도로 공연·행사자를 위한 공간도 계획한다.

● 소방 시설 및 응급 설비

- 주차장, 응급처치실, 대피처, 환자 대기소 등은 사전점검 후 눈에 띄는 지점에 설치한다.
- 소방 시설은 공연·행사장 곳곳에 비치하며 특히 각 시설물별 50m 이내에 비치하도록 한다.
- 비상 진입로를 마련하고 장애물이 가로막지 않도록 하여야 한다.

● 무대 앞 통제선과 배치

- 무대 앞 통제선(barrier)은 관중이 앞으로 몰릴 것으로 예측될 때 설치한다. 공연자 및 관중성향, 예상수용인원 등을 종합적으로 판단하여 통제선의 유형과 설치 유무를 결정한다.

● 안내판

- 설계시 안내판 설치 위치 및 크기는 매우 중요하다. 실내 공연 · 행사장 및 상설

공연 · 행사장의 경우 비상구, 소화기 위치, 입구, 주차장, 소방차 진입로 등이 표시 되어 있지만 야외 공연·행사에도 필요한 안내판이 설치되어야 한다.

- 안내판을 효율적으로 이용하기 위해서는 위치 안내 및 방향이 명확하게 표시되어 비상시 관람객 흐름을 원활히 할 수 있도록 해야 한다. 아울러 잘 보이며 쉽게 이해 할 수 있도록 해야 한다. 저녁시간의 어두울 때를 고려하여 조명이 들어오도록 설치하여야 한다.
- 현장상황을 알리는 상황판을 비치하여 공연·행사 예상 소요시간 및 협조사항을 알려주고 관중의 질서유지를 유도하여야 한다.

● 위생 시설

- 화장실, 수도, 그 외 관련 위생 시설은 공연·행사 특성과 예상수용인원에 따라 달라진다.
- 화장실은 관중 시선을 방해하지 않은 곳, 사용 인원이 가장 많을 것 같은 매점이나 간이식당 근처로 배치한다.
- 화장실은 잘 찾을 수 있는 위치에 설치하고 안내 표지판을 설치하도록 하며, 줄을 섰을 때 공연 · 행사장 입구나 비상 진입로를 막아서지 않도록 한다.
- 수도시설은 주로 화장실 옆에 설치한다. 물탱크를 사용할 경우 충분한 공간과 배수로를 마련해야 한다.

● 예상 인원 초과

- 공연 · 행사 예상 인원이 초과했을 경우를 대비할 필요가 있다. 설계 시 초과 인원이 대기하거나 줄을 설 수 있는 곳을 미리 마련해 두는 편이 바람직하다.

● 전기설비

[전기설비 계획 시 체크할 사항]

- 머리위로 지나는 전력선이나 땅에 묻혀있는 전력선의 위치
- 현장의 전체적인 전력 필요량
- 전력 공급 망에 대한 접근
- 발전기의 이용
- 무대의 위치
- 무대 조명, 음향, 특수효과, 긴급 조명 그리고 승강장비에 전력공급을 통제하는 주절연체

- 음향, 영상 조정자 등의 위치
- 크레인이나 이동식 장비가 필요한 전력 공급

[전기설비 계획 시 고려할 사항]

- 간이식당 설비, 응급치료소, 사고 통제실, CCTV 카메라 등을 위한 전력 공급, 냉난방을 위한 전력 공급
- 자연조명이 충분하지 않은 공연·행사장과 어두울 때도 사용되는 공연·행사장은 전체 공연·행사장을 충분히 밝힐 수 있도록 전기조명 설비를 갖춰야 한다.
- 관중을 위한 공간과 이동로에는 관중의 안전을 저해시키지 않는 배선만 허용된다.
- 관중이 출입한 직후부터 공연이 끝날 때까지 관중이 이용하는 모든 통로와 공간은 충분히 조명되어야 한다.
- 안전조명장치는 관중이 있는 동안에는 항상 작동되어야 한다.

● 폐기물 관리

- 폐기물 계약업체와 접근 또는 높이제한과 관련해 특별한 필수요건 즉, 차량의 주차공간 또는 쓰레기 수거차량이 협조하는 문제 등을 공연·행사계획에서 검토하여야 한다.
- 폐기물 저장소는 공연·행사장 주변에 배치하거나 또는 다른 구역 내에 배치할 수 있다. 저장소 선택과 크기, 위치에 대하여 주의가 필요하다.
- 폐기물 업체와 공연기간 동안의 수집 방법 즉, 공연·행사 전에 할지 또는 공연·행사 종료 후 할지에 대해 논의해야 한다.
- 대형 수집 장소에는 대형 차량의 무게를 견딜 수 있는 통행로가 마련되어 있어야 한다.
- 이동식 등 화장실에서 발생하는 오수처리문제에 대하여도 계획 시 처리방법을 검토하여야 한다.

● 장애인을 위한 시설 등

- 공연·행사장을 계획할 때, 특별한 보호가 필요한 사람들을 위해 어떻게 시설을 이용할 수 있는 지를 고려한다.
- 노약자, 장애인, 어린이(동반가족 포함) 전용 입·퇴장 통로 설치를 계획하여야 한다.

■ 관중입장 및 매표방법

- 지정좌석제가 아닌 공연의 경우, 입구가 개방되면 사람들이 무대 앞으로 한꺼번에 몰리면서 넘어지거나 부상당할 위험이 있다. 따라서 무대 앞쪽을 어떻게 관리하고 안내할 것인지 사전에 고려해야 한다.
- 입구를 개방하는 시점에서 관중이 한꺼번에 몰릴 경우에 대비해 안전선을 설치하거나 안전 요원을 배치하여 질서를 유지하여 현장위험을 예방하여야 한다.

● 현금판매

현금 지급을 통해 입장할 경우 관람객 입장을 원활히 진행하기 위해서는 입장권 가격을 큰 단위로 하여 거스름돈 교환으로 발생하는 불필요한 시간을 없애도록 한다.

● 티켓판매

입장권으로만 입장을 허용할 경우에는 현금 판매보다 입장 속도가 훨씬 빠르다. 현장에서만 매표할 경우, 매표소를 별도로 설치하도록 한다. 매표소가 쉽게 눈에 띌 수 있도록 안내 표지판을 설치하며, 줄을 섰을 때 다른 입구와 서로 엉키지 않도록 위치 선정에 유의한다.

● 지정 좌석표 판매

지정좌석제의 경우 구역별로 판매되어, 관중 특성별(예: 자녀 동반하는 경우)로 나눌 수 있으며, 동시 입장도 가능하다. 지정좌석제의 경우 드문드문 자리가 비는 경우를 사전에 예방할 수 있으며, 관중이 늦을 경우에도 진행요원이 따로 빈 좌석으로 찾아 자리 잡거나 관중 이동을 유도하지 않아도 된다.

● 지정좌석제가 아닌 표 판매

지정좌석제가 아닐 경우 상대적으로 공연·행사 운영이 수월하다. 그러나 관중이 임의대로 자리를 잡기 때문에 중간에 빈 좌석이 드문드문 생길 수 있다. 이러한 이유로 지정좌석제가 아닌 표를 판매할 경우에는 수용 관중 수보다 좌석 수를 축소하여 판매할 필요가 있다. (공연 · 행사에 따라 5~10%정도 축소)

● 현장에서 표를 판매하지 않는 경우

공연 · 행사 전에 표가 매진되거나 현장에서 판매하지 않는 경우에는 매체를 통해 사전에 반드시 알려야 한다. 공연·행사장에도 관련 안내 표시판을 세워, 사람들이 불필요하게 대기하지 않도록 한다.

● 온라인(인터넷) 판매

유료 공연 · 행사장에서는 매표소의 혼잡을 방지하기 위하여 사전에 온라인이나 인터넷을 통하여 매표하여야 한다.

● 어린이 동반 입장

어린이는 짓밟히거나 압사의 위험이 있으므로 공연·행사 성격에 따라 어린이 동반 입장(특히 5세 이하의 경우)을 금해야 하는 경우가 있다. 어린이 동반을 금할 경우에는 사전에 미리 공지하도록 한다.

● 귀빈/VIP/제한 구역

귀빈 및 VIP, 공연 · 행사장 및 관련 스텝, 현장 작업자 및 공무원, 소방 등의 경우 진입로 및 출입구 역시 별도로 설치하여 일반 관람객이 몰리지 않도록 한다. 이들은 진행 요원이 쉽게 파악할 수 있는 별도의 표시를 하여 진행 요원의 입장 통제를 돕고 입장 지연을 방지할 수 있다. 별도 표시로는 특별 입장권을 만들거나 손목 밴드 등을 사용할 수 있다.

- 무료 공연 · 행사인 경우에는 공연·행사주최자는 수용 능력에 맞는 관중인원을 산정하고 구역별 지정 좌석 관람권을 인터넷 또는 예매처를 활용하여 사전에 배부하여야 한다.
- 가급적 인터넷 예매, 발권시스템 등을 활용하여 공연 · 행사 당일 매표로 혼잡하지 않도록 사전 조치하여야 한다.
- 공연·행사장에서 수용할 수 있는 인원 범위 내에서 입장하도록 통제하고 안내 방송을 통하여 홍보를 강화하여야 한다.
- 전화상 폭파 위협을 받았을 경우, 정확한 통화 기록과 함께 경찰을 통해 확인한다.

● 대형사고 대처(대응)계획 수립 시 고려사항

- 상황판단 핵심인력 확보
- 공연 · 행사 중지
- 비상 대피로 및 구조대 진입로 확보
- 공연 · 행사자, 근로자, 관중 대기 장소 확보

- 비상사태 안내에 관한 상세 항목 점검 및 진행 안전관리요원의 활동 중지
- 비상사태 처리 절차 및 선포수단 방법
- 대피 · 대기 수단 및 절차
- 응급 구조대의 도움을 받기 위한 대기 장소 확보
- 응급처치실
- 인근 병원 확보 및 이동경로 확보
- 관련 업무 담당자의 역할 개요 및 비상사태 발생 시 연락망/ 연락수단
- 비상 장비배치 위치 및 사용 가능성 여부

■ 공연 · 행사장 주위 교통관리

- 교통관리 계획안은 공연 · 행사장 접근을 안전하고 편리하게 하며, 공연 · 행사장 밖의 교통 체증을 최소화 시킬 수 있도록 수립한다. 교통관리 계획안은 경찰 등의 협조를 구해야 한다.
- 공연 · 행사 전 임시 도로안내표지판 별도로 필요한지 사전 점검하도록 한다. 안내 표지판이 필요할 경우 관련 세부 사항에 대해 경찰 및 도로관련기관에 사전에 알리고 협조를 받아야 한다. 동의안이 수립되면 주변지역 거주민들에게 교통로 변경 및 그에 따르는 영향력에 대해 알려야 한다. 관중 대부분이 차로 이동해 오는 공연 · 행사의 경우, 교통 안내 표지판을 설치할 용역 업체에 대해 고려해 보도록 한다.
- 교통정리를 담당하는 진행요원에게는 야광 장비나 우비와 같은 신체 보호 장비를 제공하도록 한다. 아울러 교통정리 관련 안전 교육을 실시하여 안전하게 교통정리를 할 수 있는 지점과 운전자 시야에 보이는 위치 선점 같은 부분을 잘 인식할 수 있도록 하여야 한다.
- 교통정리 관련 공연 · 행사장 내부와 외부 사이에 원활한 의사소통이 이루어지도록 교통 흐름을 정리하고 주차시키는데 필요한 적정한 안전관리요원을 배치하여야 한다.
- 공연 · 행사 주최자와 경찰, 주차관리팀 간 의사소통을 원활히 하여, 주차장이나 공연 진입로에서 사고가 발생할 경우 신속히 처리할 수 있도록 한다.
- 대형 공연 · 행사의 경우 교통관리 협력업체를 지정하여 경찰, 주차관리, 교통안내 표지판 계약업체, 도로관리부서, 관할 지역 지방자치단체와 긴밀한 상호 협력관계를 유지하도록 하여야 한다.

- 도로안내 표지판은 쉽게 식별할 수 있도록 설치해야 하며, 주차장 수요정도가 충분해야 하며, 바닥은 주차 차량의 무게를 견뎌낼 수 있을 정도로 견고해야 한다.
- 필요할 경우, 지면 손상이 가지 않도록 혹은 우천 시를 대비해 내구성이 탄탄한 자재를 바닥에 깔도록 하여야 한다.
- 적정한 주차 공간을 확보하기 위해 예상 차량을 계산하도록 한다. 주차장에 진입하기 위해 대기할 경우, 원활한 교통 흐름을 방해할 수 있으며 경우에 따라 심각한 교통 혼잡을 초래할 수도 있다.
- 공연·행사 종료 후 주차장을 빠져나갈 경우 상대적으로 외부도로 상태에 미치는 영향이 적어 주변의 교통 혼잡이 적은 편이지만, 주차 차량의 출구를 허술하게 관리할 경우 초래될 문제점 또한 간과해선 안 된다.
- 주차 차량이 원활하게 공연·행사장을 빠져나갈 수 있는 방법을 강구하는 것 또한 매우 중요하다.
- 대체 노선 및 진입로에 대한 계획도 세워야 한다. 이는 주노 선 및 진입로가 막힐 경우에 사용한다.
- 일반차량 및 버스전용 주차장의 경우 적절한 조명을 설치하고, 반사되는 안내표지판과 숫자·글자판을 부착하여 공연이 끝난 후 혹은 비상시 쉽게 찾을 수 있도록 한다.
- 일반차량과 버스주차장은 따로 분리하도록 한다. 대형 야외 공연·행사의 경우 주차장에서 공연·행사장까지 안내표지판을 설치하여 본인 차량의 위치확인 및 이동통로에 대해 쉽게 파악할 수 있도록 한다.
- 공연·행사 전·후 관람객이 일시에 운집하여 혼잡에 따른 안전사고 발생위험이 높으므로 주요통로, 인근 버스, 지하철정거장 등 공연·행사장 주변에 안전관리요원을 배치, 교통시설의 유입인원을 통제할 수 있도록 유관기관 간 협력체제를 유지해야 한다.
- 특히 지하철 역사의 경우 대규모 인파 운집에 대비, 인파분산을 유도하기 위해 무정차통과 등의 안전대책을 사전에 유관기관과 협의하여야 한다.
- 공연·행사관련 차량에 대한 별도진입로를 이용 할 수 있도록 계획하여야 한다.
- 일반 차량용 주차장과 장애인 차량용 주차장 (공연·행사장 근접지역), 버스, 셔틀버스, 귀빈 및 VIP, 공연·행사자, 소방전용, 현장 작업자별로 분리하도록 한다. 주차장이 만원 일 경우를 대비하여 공연·행사장 주변에 여분의 주차 공간을 확보해 두도록 한다.

- 비상시를 대비하여 응급차량 전용 출입구를 마련하고 이동경로 역시 별도로 설치하고 안전관리 요원 배치 계획도 세운다.

■ 관중 진 · 출입동선 유도

차량 진입로와는 별도로 보행자 전용의 진입로를 만드는 것이 좋다. 만일 보행자 전용 진입로가 어려울 경우 셔틀버스를 운행하여 보행자를 한 번에 태우고 진입로에 들어서는 방법도 고려해 보도록 한다. 장애인이나 노약자를 위한 특별 조치도 마련해 놓도록 한다. 보행자 전용로가 주차장이나 차량 진입로를 가로지르지 않도록 한다. 이것이 어려울 경우 안전교통관리방안에 대한 계획을 세우도록 한다.

■ 관중 유도 요령[15)]

① 대열정렬

급격하게 줄을 좁히지 않도록 출입구와 같은 너비로 줄을 만드는 것을 기본으로 하여, 출입구 앞 공간의 상태에 맞추어 구불구불하게 사행시키거나 구역별로 줄을 세운다.

※ 구역별 정렬 : 사행, 구역별 정렬은 공연·행사장 입구 가까이에 도로 등이 있을 경우 관중 말미에서 도로로 불거져 나오는 것을 막을 수 있다.

〈표 12-4〉 대기정열 바른 방법

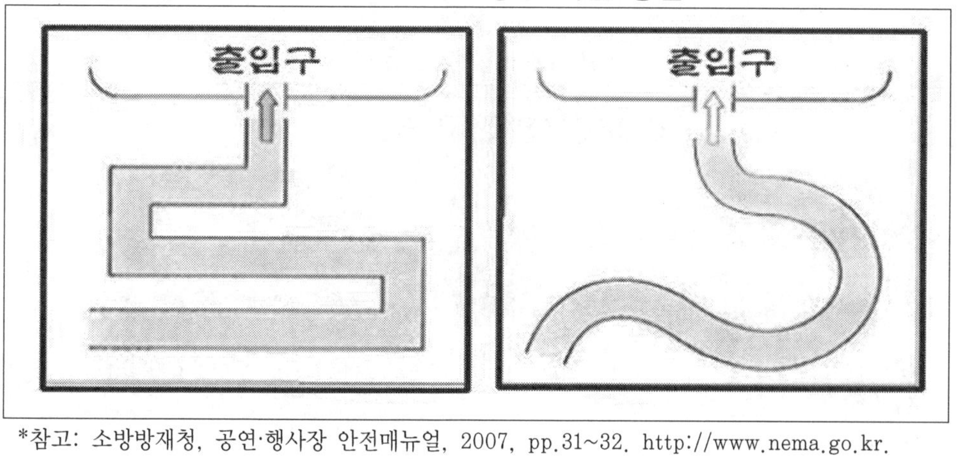

*참고: 소방방재청, 공연·행사장 안전매뉴얼, 2007, pp.31~32. http://www.nema.go.kr.

15) 출처 : 「일본 효고현 혼잡경비 매뉴얼」,소방방재청, 공연·행사장 안전매뉴얼, 2007, pp.31~32.

〈표 12-5〉 대기정열 나쁜 방법

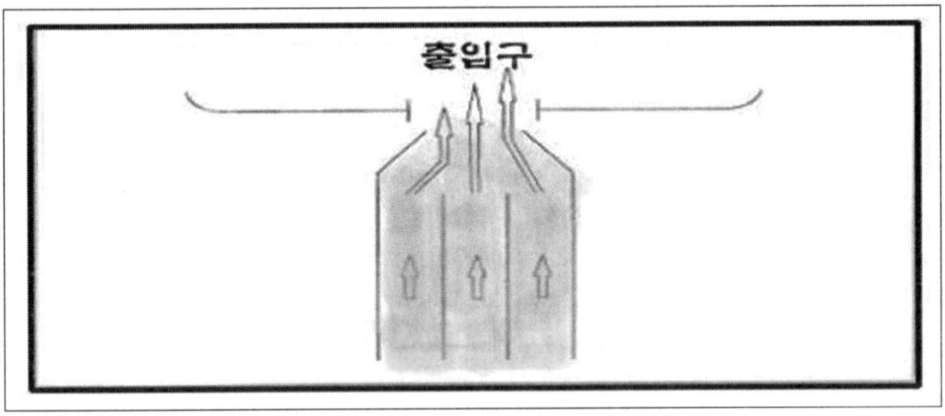

*참고: 소방방재청, 공연·행사장 안전매뉴얼, 2007, P.32. http://www.nema.go.kr.

② 선두 유도

개장과 동시에 관중이 앞을 다투어 뛰어나오는 현상(통칭 버펄로 현상)으로 인해 넘어지는 사고를 방지하기 위하여 선두 그룹을 억제하며 유도한다.

③ 분산유도~통칭 뗏목 타기

공연회장이 포화상태에서 전진이 불가능한 경우는, 대기 인원을 나누어 뒤에서부터 오는 관중의 압력을 완화하기 위하여 실시한다.

〈표 12-6〉 분산유도

*참고: 소방방재청, 공연 · 행사장 안전매뉴얼, 2007, P.32. http://www.nema.go.kr.

④ 분단

후방에서 다수의 관중이 밀려들어와 위험한 상태가 된 경우 또는 부상자 등을 구조할 경우에 실시한다.

■ 안전관리요원 교육 및 배치

● 모든 관련 조직 및 기관에서는 공연·행사 관련 업무를 제대로 교육시킬 책임이 있다. 관련 업무에는 무선통신 교육에서부터 업무 (결정)기록까지 전반에 걸친다. 여기에는 사고 통제실(상황실)과 같이 공연·행사장 외부에 있으면서 관련 사항을 숙지하고 있어야 할 작업자까지 포함하여 교육을 받아야 한다.

● 공연 · 행사장내 행사 진행요원(안전관리요원, 안내요원, 출입구 통제요원, 귀빈접대요원 등)은 공연·행사 주최자가 확보하여 조치하여야 한다.

● 안전관리요원 배치에 따른 위험성 정도를 판단하는 경우 아래사항에 주의하여 배치를 계획하여야 한다.

- 출연자의 특별한 행위 및 성향 파악
- 관람객의 성향 파악
- 고르지 못한 바닥이나 장애물 등, 관람객의 원활한 흐름을 방해하는 요소
- 담장 길이, 무대 및 기타 지역의 통제선 유형

● 명령체계와 관련한 진행요원의 조직도를 작성하여야 하고 총괄 책임자를 선임한다.

● 안전관리요원의 임무와 점검사항을 포함한 계획서를 작성하여야 한다.

● 화재발생시 응급대처요령, 비상대피 및 폭파 위협에 대처, 환자 발생시 대처요령, 주차장 안내요령 등에 대한 교육을 받도록 하여야 한다.

● 공연 · 행사 진행 중에 발생할 수 있는 사고에 대비한 유관 기관별 조치사항을 계획하고 이들 조치가 원활하게 이루어 질 수 있도록 안전관리요원 및 안전관리자를 훈련하여야 한다.

● 모든 진행요원은 자기 임무와 관련된 충분한 교육훈련을 받아 임무 수행에 차질이 없도록 하여야 한다.

● 모든 진행요원은 화재 발생 시 응급 대처 요령, 비상 대피 및 폭파 위협과 같은 상황과 관련된 훈련을 받아야 한다. 관람석 뒤쪽을 관리하는 진행 요원의

경우 관람석 내 환자가 발생할 경우 즉시 현장 밖으로 인도하여 적절한 조치를 취할 수 있도록 훈련을 받아야 한다.

● 안전관리요원 배치인원은 공연 · 행사의 성격이나 규모, 지리적인 여건, 출연자 및 관중 성향 등에 따라 다르므로 지방자치단체, 소방, 경찰 등이 참여하는 유관기관 대책회의 시 위험성 정도를 협의하여 필요인원을 배치하여 관중의 안전을 도모하여야 한다.

■ 불꽃놀이 등 위험물 취급시 안전관리

● 불꽃놀이 등 위험물을 사용하는 경우에는 관할 관청의 인·허가 등을 받아야 하며 이런 경우 사람의 안전이 충분히 확보되어져야 하며 이웃에 지장을 주어서는 아니 된다.

● 불꽃놀이 장치는 외부인 출입이 금지된 장소에서 안전하게 보관되도록 하여야 하며 또한 적절한 장치를 사용하여 타인의 손에 닿지 않도록 하여야 한다.

● 불꽃장치의 설치

- 설치된 불꽃장치에 대해 작업자와 일반인들을 고려한 예방조치가 제대로 취해졌는가?
- 외관과 장치가 폭발되었을 때 잔해의 위험성에 대한 예방조치가 취해졌는가?
- 불꽃장치의 소음수준은 사전에 고려되었는가?

● 불꽃놀이가 종료되면 불꽃이 남아있지 않은지 주변 지역을 잘 살피도록 하여야 한다.

● 불꽃놀이 시 폭음탄 등은 가소성 물질에 대한 전문지식이 있는 자의 감독하에 설치되고 태울 수가 있어야 한다.

● 불꽃놀이 시 폭음탄 등은 풍향을 고려하여 껍질이 관중 또는 이웃에 떨어지지 않도록 발사하여야 한다.

● 사전 팬클럽 등의 화약류(축포, 분수불꽃 등) 사용을 감지하여 절대금지시킨다.

● 실내 공연 · 행사장에서는 불꽃놀이 등 위험물질을 절대 사용하여서는 안 된다.

● 유관기관 주요 협의사항

- 공연 · 행사참여 예상 군중규모 예측
- 공연 · 행사진행 안전관리요원의 적정인원 평가

- 안전관리요원 배치장소 및 행동요령 숙지
- 안전관리요원에 대한 사전 안전교육실시
- 예상 문제점에 대한 해결방안 모색
- 유사시 기관별 역할 분담
- 사고발생 가능 시에 대한 사전 협의사항 수립여부
- 최악의 상황을 고려한 훈련실시

● 공연 · 행사참여 인원 사전파악

- 공연 · 행사참여 인원은 예약을 통해 확정하고 예측이 곤란할 경우 안전관리요원을 추가 확보하여 배치하여야 한다.
- 선착순 무료입장 공연 · 행사 등은 지양하여야 한다.

● 공연 · 행사시 상황실 설치

- 공연 · 행사장내에 공연 · 행사주최자는 지자체, 경찰, 소방 등이 포함되는 상황실을 설치하여 원활한 상호협조체제를 구축하여야 한다.[16]

■ 안전사고 관련 홍보

● 공연·행사 종료 시 일시에 인파가 몰리는 것을 예방하기 위하여 종료시간 전부터 일정 시간마다 종료예정 안내방송 실시한다.

● 공연·행사 시작 전에 관람객에게 안전관련 안내방송을 하도록 한다. 출구 위치 및 진행요원 위치, 비상시 대피요령과 같은 정보를 제공한다. 공연전과 공연중간 쉬는 시간에 분위기를 돋우는데 사용되는 비디오 영상도 군중관리 수단으로 쓸 수 있다. 비디오 영상을 통해 안전관련 정보 및 공연내 시설안내, 교통수단 등을 관람객에게 알려준다. 그러나 비디오 영상이 공연·행사장 내 모든 지역에서 보이지는 않으므로 정보를 제공할 수 있는 보완수단을 마련하도록 한다.

● 안내 방송은 대피로 및 안내표지, 시각적 표시(visual cues)등과 상호연계 되어야 한다. 위치를 알릴 때에는 명확하고 분명해야 한다. 사태가 심각할 경우 안내방송 및 전광판 자막을 이용하고, 안전관리요원을 배치하여 안내한다.

---

16) 소방방재청, 공연·행사장 안전매뉴얼, 2007, PP.33~37. http://www.nema.go.kr.

- 대피행동요령, 사고상황, 이동경로, 대피처 도착후 행동요령과 같이 핵심내용에 대해서는 반복적으로 안내하도록 한다. 대피하는 사람들에게 안내방송이 계속될 것이라는 것을 알게 해야 한다. 그렇지 않을 경우 잘못 들었나 싶어 도중에 현장 진행요원에게 확인하거나 다음 방송을 기다리며 멈춰 서서 흐름을 방해할 수 있기 때문이다. 상황이 변할 때마다 사람들에게 알리도록 한다. 변동사항이 없더라도 안내방송을 계속 내보내서 사람들이 개별적으로 문의하는 일이 없도록 하여 작업자의 부담을 덜어주도록 한다. 개별적으로 안내하는 것보다 방송이 더 훨씬 용이하고 효율적이다.
- 공연 · 행사 자체가 어린이를 대상으로 한 경우가 아니라면 광고 전단물에 어린이에게 적합한 공연인지 아닌지 그리고 어른들과 동행을 해야 하는지 여부 혹은 몇 살 이하는 입장이 안 된다는 내용을 명확히 표시하여야 한다.
- 공연·행사 개최장소를 찾는 관람객이 당일 혼란을 겪지 않도록, 개최일 수일 전에 공연 · 행사개최 내용을 홍보하여야 한다.

- 행사의 개요
- 차량 통행규제와 우회로
- 주차장 및 자전거보관소의 유무와 있는 경우 그 장소
- 공공교통수단 안내
- 공연 · 행사장 주변에 있는 보행자 등의 동선과 우회로
- 안내소, 구호소, 화장실 등의 장소
- 혼잡 예상 장소, 상황 및 그에 대한 협조사항
- 기타 사고를 방지하기 위한 필요사항을 분명히 해 둔다.
- 공연 · 행사 개최 전 공연 · 행사장 배치도, 관람 동선, 이용시간, 주차장 시설, 유의사항 등 행사전반에 대한 홍보를 실시한다.
- 공연 · 행사 중간에 질서유지를 위한 지속적인 안내방송을 반복 실시한다.
- 사람들이 현장을 모두 떠난 후에도, 공연 · 행사가 언제 다시 재개될지, 차량 인도는 언제 가능한 지, 공연 · 행사가 연기되거나 취소될 경우 행동요령의 안내가 필요하다.
- 광고전단물 또는 입장권 뒷면에 사고 발생시 비상 대피경로를 알기 쉽게 표시하는 것도 좋다.

■ 노점상 관리

- 노점은 공연 · 행사계획과 관리에 포함하여 검토하여야 한다.
- 공연 · 행사장 설계 시 노점상에 대하여 아래사항을 고려하여야 한다.
  - 가판대와 노점은 출입구 통행에 지장을 주지 않고 관중이 집중되지 않도록 그 위치, 크기, 공간에 대한 요건을 준수하여야 한다.
  - 전력 공급이 필요한 경우, 공연 · 행사의 총 전력 공급량의 일부로써 고려해야 한다.
  - 가판대와 노점에 대하여 차량 이동을 고려하여야 한다.
- 쓰레기 보관 및 수거방법을 정해야 한다.
- 가판대 및 매점 직원은 공연·행사장의 안전수칙을 숙지해야 하며, 특히 공연 · 행사장내 반입 가능 혹은 반입 불가능한 물건에 대해 잘 알고 있어야 한다.
- 동선 상 위험한 곳이나 관중이 집중되기 쉬운 공연 · 행사장 출입구 부근에는 노점을 세우지 않도록 하여야 한다.
- 매점 및 간이식당이 진입로를 막아선 안 되며, 공연 · 행사장 내 혼잡하지 않은 구역에 설치한다. 특히 간이식당의 경우 LPG 가스사용 등으로 인해 화재 위험성이 매우 높으므로 위치 선정에 더욱 신중을 기하여야 한다.
- 도로의 노점배치는 도로 한쪽에 배치하여 공연 · 행사에 지장을 주지 않도록 하여야 한다.
- 공연 · 행사 중 노점을 이동하지 않도록 하여야 된다.
- 노점상은 공연 · 행사장의 출입구 등 공연 · 행사에 지장이 없도록 일정구역에 설치하지 못하도록 하고, 안전관리요원을 배치하여 단속을 강화하여야 한다.
- 공연 · 행사장 내부에는 노점상이 들어오지 못하도록 단속을 실시하여야 한다.

■ 관중 진 · 출입 관련시설물 안전

- 인파 집결·해산 등 이동에 따른 안내표지판 설치, 안전통로 확보·유지를 위한 유도시설물 설치를 확인한다.
- 출입구 등 인파 압박이 예상되는 곳에는 입장유도 안내선 설치로 일시 입장에 따른 군집현상을 방지한다.
- 퇴장 시에는 입장통제용 바리게이트 등 안내시설 사전 제거로 병목현상을 방지하여야 한다.

- 모든 방화문은 정상작동 여부 및 닫힘에 대한 점검이 정기적으로 이루어져야 하며, 자동폐쇄장치가 효율적으로 운영되는지도 점검해야 한다.
- 비상구가 관람석에서 잘 보이지 않거나 혼란을 일으킬 수 있는 경우, 비상구 유도안내판·비상구 유도등을 설치한다. 비상구 유도 안내표시판은 눈에 잘 띄는 위치에 설치해야 하며 가능한 지상에서 2-2.5m높이로 설치하는 것이 좋다.
- 비상구 및 비상통로 유도등은 시간에 상관없이 늘 켜져 있어야 한다. 야외공연의 경우 악천후에도 영향을 받지 않는 전천후형 이어야 하며, 밤에도 잘 보일 수 있도록 조명이 설치되어야 한다.
- 관중 규모에 맞는 적정 출입구를 확보하여야 한다.
  - 관중의 동선이 가능한 한 직선상으로 출입구를 배치하고 경사로나 계단은 가급적 피한다.
  - 관중 흐름이 서로 충돌하지 않도록 일방통행 원칙으로 한다.
  - 출입구 통로에 장애가 될 만한 구조물을 사전에 제거하여야 한다.
  - 출구 너비를 입구의 너비보다 좁게 하지 않는다.
  - 통로계단, 로비, 현관, 통행로는 비상시 안전하게 탈출할 수 있도록 전체적으로 폭이 동일해야 한다.
  - 비상대피로를 가로질러서는 아니 되며, 출입문이 90도 이상 열려야 하며 바닥에 단 또는 턱이 져서는 안 된다. 양쪽 모두 열릴 경우 반대편을 볼 수 있는 부분이 있어야 한다.
- 공연 · 행사가 진행되는 동안에는 출입문을 자물쇠나 사슬을 채워서는 안되며, 관계자 외에는 접근하지 못하도록 하여야 한다.

(2) 공연 · 행사장 내부 혼잡 예상지역 검토[17)]

■ 출연자 진 · 출입시설 및 안전거리 확보

- 만일 출연자가 관중들의 지나친 관심을 끌 것으로 판단될 경우에는 안전관리요원을 충분하게 배치하도록 한다. 특히 인기연예인, 평소 신변의 위협을 받는

17) 소방방재청, 전게서, pp.51~58.

출연자, Anti 팬들이 많은 출연자, 10代 팬들이 많은 출연자 등은 안전관리요원을 많이 배치하여야 한다.

- 공연·행사 후 출연자가 나갈 때 처음 진입했던 통로와 다른 통로를 이용하는 것도 한 방법이다.
- 출연자들도 일반관중과 마찬가지로 비상사태 발생 시 신속하게 대피할 수 있도록 사전에 진·출입 통로에 대해 알아두도록 하며 현장 도착 시 비상구의 위치를 숙지하도록 한다.
- 출연자의 현장 도착방법과 출입구의 계획을 미리 세우되 가능한 관람객들이 적은 시간대를 택해 혼잡을 피하도록 한다.
- 출연자를 만나거나 예약한 경우 적절한 보안절차를 거치도록 하며, 출연자와 연관 된 관계자의 수는 최소한으로 해 번잡해지지 않도록 하고 확실하게 통제하도록 한다.
- 공연·행사 도중 출연자가 대피통로를 쉽게 찾을 수 있도록 바닥램프를 설치하는 등 배려하는 것도 좋다.
- 출연자의 출입구는 가능하다면 관람객들과 달리 사용해야 하며, 무대와는 가까운 곳에 있을수록 좋다.

■ 무대주변 혼잡예상지역의 안전성

- 무대와 관람석의 경계선이 명확하게 설정되어 있지 않은 경우 도구가 아니면 제거할 수 없는 설비를 설치하도록 하며, 적정한 안전관리요원을 배치하도록 하여야 한다.
- 흰색, 적색의 테이프나 야광테이프로 관람석과 무대와의 경계선을 표시하도록 한다.
- 오케스트라 피트(Orchestra Pit), 덧마루(무대의 바닥을 부분적으로 높여야 할 경우에 쓰는, 일정규격을 가진 마루 형식의 무대장치), 리프트 등의 추락위험이 있는 무대사용일 경우 출연자들이 사고가 나지 않도록 별도의 안전대책을 강구하도록 한다.(예: 바닥램프사용, 가이드라인 설치, 안전띠착용, 안전그물설치 등)
- 특히 관중들이 출연자를 가까운 곳에서 보기 위해 무대 앞으로 몰려나오는 과정에서 압사사고 및 구조물의 붕괴·추락이 예상되므로 이에 대비한 적절한

예방이 필요하다. 이를 위해 지정좌석제를 실시하는 것이 좋으며, 안전관리요원을 무대 앞쪽에 충분히 배치하여 사전에 위험요소를 제거하고 관중들이 동요되는 것을 막는 것이 좋다.

- 공연의 위험성 정도와 공연자 및 관중성향, 예상수용인원 등을 종합적으로 판단하여 통제선의 유형과 설치 유무를 결정한다.
- 무대주변에는 공연·행사의 특성상 구조물이나 스피커, 조명기기 등의 위험시설이 많기 때문에 이러한 시설물들이 추락위험이나 감전, 큰 소음 등으로 무대주변 관람객들에게 위협이 되지 않도록 철저한 점검을 하도록 한다.
- 공연·행사 중 화재나 구조물의 문제가 발생하는 경우 무대일 가능성이 더 높기 때문에 무대주변 관중들은 무대방향이 아닌 관람석 출입구를 통해 안전하게 대피하도록 유도한다.
- 대형공연의 경우 무대와 관람석 뒤쪽과의 거리가 너무 멀게 되면 무대가 안보여 관중이 앞으로 몰리면서 압사사고가 발생할 우려가 있다. 이런 경우 대형스크린을 곳곳에 설치함으로써 관람객에게 만족감을 주며 관중이 무대 앞으로 몰리는 상황을 막을 수 있다. 또한 스크린을 세울 장소는 충분한 여유 공간을 두도록 한다.

■ 화장실 적정 확보

- 많은 수의 인원이 공연·행사장에 참석할 것에 대비해 충분한 화장실 시설이 갖추어져야 한다. 이를 위해 화장실의 위치, 진입로, 조명, 안내판, 변기수를 관중 수용가능 인원수가 모두 왔을 경우로 간주해 준비한다.
- 화장실은 각 구역 주변에 곳곳에 배치되도록 하며 혼잡과 대기행렬이 길어지지 않도록 한 곳에 집중되지 않게 해야 한다. 또한 장애인이 사용하는 데도 불편이 없도록 접근하기 편리한 위치에 배치하도록 한다. 중요한 점은 화장실의 대기행렬이 비상 대피로를 막는 일이 없도록 설계되고 관리되어야 한다는 점이다.
- 화장실은 쉽게 눈에 띄고, 조명이 환하고, 안내판이 잘 보이도록 해야 한다. 만일 관중들이 일부 화장실에만 몰릴 경우 별도의 안내판을 잘 보이는 곳에 두어 인원을 분산시키거나 안내요원이 유도할 수 있도록 하여 혼잡을 줄일 수 있어야 한다.

● 공중화장실 등에 관한 법률 제7조 ①에는 '여성화장실의 대변기 수는 남성화장실의 대·소변기수의 합 이상이 되게 하여야 한다.'고 나와 있다. 이는 여성이 화장실을 이용하는데 걸리는 소요시간이 더 긴 특성 때문이며, 보통 남성화장실의 대·소변기수의 1.5 에서 2배 정도가 좋다고 전문가들은 말한다. 만일 적정수의 변기수를 확보하기 불가능하다면 휴식시간을 길게 잡는 등 인원을 시간차로 분산시키는 방법도 고려하여야 한다.

● 휠체어를 사용하는 장애인이나 그 외의 특별한 편의시설이 필요한 사람들을 위한 위생설비에도 만전을 기해야 한다.(예: 자동문, 인터폰 등)

■ 공연 · 행사장 내 안전관리요원 배치

● 안전관리요원은 필요시 경찰이나 구조대를 지원하는 임무도 맡는다. 안전관리요원은 경비업의 허가를 받은 경비업자가 채용한 고용인으로 채용 후 일정기간의 교육과 비상대피훈련을 받은 안전관리요원을 배치하여 안전사고에 대비하여야 한다.

● 공연·행사 위험성 정도에 따라 안전관리에 필요한 진행요원의 숫자를 파악할 수 있다. 군중관리와 관련한 위험성 정도를 수행할 때에는 공연·행사장내 각구역 현황 및 관중 규모와 성향에 대해 충분한 조사가 이루어져야 한다.

● 안전관리요원의 배치 중 가장 중요한 것은 바로 안전관리요원 위치이다. 관중들이 주로 이용하는 주출입구, 현장테두리, 통제선, 통로, 사고의 위험성이 있는 곳, 노점상단속 등을 총괄책임 안전관리요원이 판단하여 중요도 순으로 인원을 배치하여야 한다.

● 안전관리요원은 쉽게 확인할 수 있는 별도의 복장을 착용하되, 모든 관중 및 다른 진행요원과 자신의 안전보건 관리에 필요한 아래와 같은 임무 사항을 숙지 하여야 한다.

- 공연 · 행사 안전관련 사전 점검사항을 실시한다.
- 현장도면을 잘 숙지하여 관람객에게 필요한 정보를 잘 전달할 수 있도록 한다.
- 관련 정보에는 응급처치, 위생시설, 편의시설, 기타부대시설 등의 위치를 포함한다.
- 공연 · 행사 입장 및 퇴장 시 관중 통제 및 자리 안내, 공연 · 행사장 내 다양한 시설로 이동하는 관중의 원활한 흐름을 관리한다.

- 관중의 안전한 분산 배치 및 몰림 현상을 방지하기 위해 관중 상태를 점검한다.
- 통로 및 출구를 통제하여 공연·행사의 안전한 진행을 유도하며, 좌석 위로 올라가는 행위를 금지 시켜야 한다.
- 공연 · 행사 사고 및 문제발생시 즉시 보고하여야 한다.
- 쉽게 흥분하는 관중들의 행위를 자제시킨다.
- 화재 초기 단계와 같은 긴급상황 발생 시 대처요령 숙지하고, 경보음을 울리거나 응급대처행위를 수행한다.
- 비상시 관중 대피에 대비해 코드화된 메시지나 비상관련 임무를 수행시 몸에 익숙하도록 해야 한다.
- 비상시 사고 통제실이나 지휘자와의 긴밀한 연락을 취한다.
- 공연 · 행사장 내 노점상 단속을 실시하여야 한다.

● 공연 · 행사진행 중, 화재 및 테러 발생시를 고려한 비상 피난로를 작성하고, 안전관리요원 및 안전관리자가 이를 수행할 수 있도록 계획하고 훈련시켜야 한다.

■ **공연 · 행사장 내 관중 동선 타당성**

● 관람객의 입장이 허락되는 시간부터 모든 공연·행사장 출입구와 관람석 문 은 개방되어 있어야 한다. 단 백스테이지(back stage)와 관람석으로 연결되는 통로는 제한할 수 있다.

● 모든 출입구와 관람석문은 만약의 사태발생시 관중이 밀고 나올 수 있도록 피난 방향으로 되어 있어야 한다. 만약 출입구가 회전문일 경우 병목현상을 줄이기 위해 좌우에 별도의 문을 설치하도록 한다.

● 관중이 어디로 가장 많이 몰릴 것인지와 예상 경로 최대 인원수, 출입구별 유동량 등을 계산하여 공연·행사장 출입구 수를 결정하여야 한다.

● 관람객이 많을수록 관람객 입장시간을 충분하게 설정하여 관람객 입장시 병목현상이 일어나지 않도록 하며, 안내원의 유도에 의해 적정인원 단위로 끊어서 입장할 수 있게 한다.

● 대형 공연·행사의 첫 회, 무대준비시 문제가 생겼을 경우, 예행연습이 예정보다 늦어지는 등 관람석 입장이 지연될 경우 무리하게 공연·행사시작 시간을 강행하기 보다는 관중들에게 공연시작 시간의 지연을 알려주어 사전에 계획된

공연·행사 입장시간을 준수할 수 있도록 한다.

● 공연·행사장의 로비와 관람석 통로는 어떠한 장애물도 없도록 하여 비상사태 발생 시 관람객들이 신속하게 가장 가까운 통로를 통해 건물 밖으로 대피할 수 있도록 한다.(각종 선전물, 음향 및 조명기기, 각종 판매대, 보조의자 등이 어떠한 형태로도 있으면 안 된다.)

● 비상사태 발생 시 특히 화재의 경우 엘리베이터의 사용은 금하고, 가까운 계단을 통해 가장 빨리 대피할 수 있는 피난층으로 안내한다. 이를 위해 평소 유사시 사용금지 사항을 엘리베이터에 표기하고, 사고가 발생할 경우 층마다 안전관리요원을 배치하여 엘리베이터의 사용을 금지하도록 한다.

● 공연·행사 후 사인회나 경품행사 등을 공연·행사장 로비나 야외에서 진행할 경우 관람석출구의 동선에 방해되지 않도록 하며, 충분한 가이드라인과 많은 수의 안전관리요원을 배치하고 공정한 줄서기를 유도·관리하여 압사사고를 사전에 방지하도록 한다. 특히 좁은 공간에서의 선착순 경품행사 등은 일체 금지하도록 한다.

● 안내 등 서비스는 진입이 편리하고 안내하기 좋은 장소에서 적절한 조명이 설치 된 시설에 위치해야 하며 현장에 있는 모든 관람객들에게 항상 개방되어 있어야 한다.

(3) 공연 · 행사장 외부 혼잡 예상지역 검토

■ 공연 · 행사 전 · 후의 관중 출입시설 안전성

● 공연 · 행사장 진입로는 주차시설에 따라 달라지며, 최대한 여러 군데로 분산하여 한 곳으로 집중되지 않도록 한다.

● 공연 · 행사 성격, 공연 · 행사장 구조 및 관람객 수에 따라 출입구를 같이 사용하거나 출입구를 분리하여야 한다.

● 최대 수용인원에 따라 출입구를 충분히 마련하여야 한다.

● 휠체어 전용 출입구를 마련하여야 한다.

● 줄을 서는 곳 및 대기장소, 매표소는 입구에서 멀리 배치한다.

● 입장이 지연될 경우를 대비하여 안내 방송을 실시할 수 있도록 안내방송문을 준비해 놓아야 한다.

● 관중의 안전을 위하여 이동통로 확보

- 공연 · 행사장 전면 공간이 협소한 경우에는 관중들의 이동로가 좁아져 도로를 이용하여 움직이는 경우가 잦으므로 사전 이동로를 안전라인과 안전봉 등으로 확보한다.
- 대형 현수막 등으로 인도와 차도의 구분을 막는 행위를 사전에 전면 차단한다.

■ 출연자 진 · 출입 시설 및 안전거리 확보

● 지정좌석제가 아닌 경우, 무대 앞쪽으로 관람객이 몰리게 되는 것을 방지할 수 있는 방안을 마련하고, 안전선 및 안전관리요원을 배치하여야 한다.

● 관람객들의 지나친 관심으로 위험할 수 있는 곳에서는 출연자의 차량이 눈에 띄지 않는 곳에 주차할 수 있도록 계획한다.

● 주차장이나, 공연·행사장 입구 중 연예인이 출입하는 곳은 팬들로 인하여 상당히 복잡해지게 마련이다. 이는 사고의 위험성이 상당히 염려되는바 안전관리요원을 배치하여 사전에 이동로를 설정, 차단시킨다.

■ 공연 · 행사장 밖 안전관리요원 배치

● 안전관리요원은 맡은바 역할에 충실하고, 공연·행사에 관심을 두어서는 안된다.

● 안전관리요원 준수사항

- 허락없이 위치 이탈 및 술과 마약 등 금지
- 관람객에게 정중하고 예의 바르게 행동
- 쉽게 확인할 수 있도록 별도의 복장 착용하고 최소한은 완장과 호각, 무전기, 비상조명(또는 교통신호봉)을 준비하여야 한다.

■ 공연 · 행사장 밖 관중 동선 타당성

● 입구를 개방하는 시점에서 관중이 한꺼번에 몰릴 경우를 대비해 안전선을 설치하거나 안전관리요원을 배치하여 질서를 유지하여 현장 위험을 예방하여야 한다.

● 지정좌석제가 아닌 공연·행사의 경우, 입구가 개방되면 사람들이 무대 앞으로 한꺼번에 몰리면서 넘어지거나 부상당할 위험이 있다. 따라서 무대 앞쪽을 어떻게 관리하고 안내할 것인지 사전에 고려해야 한다.18)

2) 공연 · 행사 관중 입장 시

(1) 관중관리

■ 안전관리요원 배치 및 안내요령

● 안전관리요원은 안전표시 조끼를 착용하거나 눈에 잘 띄는 표시를 하여 관람객과 쉽게 구별되도록 한다. 이를 통해 관람객은 도움이 필요할 경우 즉시 찾을 수 있다. 관람객이 안전 통로로만 다녀야 할 경우 쉽게 눈에 띄는 복장을 착용한 안전 진행요원이 그 길을 쉽게 안내할 수 있다.

● 관중 집결 전 안전관리요원을 사전에 취약요소에 배치, 초기 질서 확보에 만전을 기하여야 한다.

● 초기 관중통제에 실패하게 되면 차후 통제하기는 사실상 어려움이 있으므로 관중관리에 만전을 기한다.

● 입장 시 안전관리자 근무요령

- 입장은 가능한 천천히 하며 관중이 절대 뛰지 못하도록 한다. 앞쪽의 관중이 뛰기 시작하면 뒤에 따라오는 관중들도 뛰게 되므로 절대 뛰지 못하게 하여야 한다.
- 한꺼번에 많은 인원을 동시에 이동시키지 않는다. 이동시에는 50명, 100명 등으로 인원을 잘라서 이동시켜야 한다. 너무 많은 인원을 동시에 이동시켰을 시 뒤쪽에 줄서있는 관중들이 앞으로 나아가는 진행방향을 멈추지 못하여 서로 밀고 밀리는 사고를 유발할 수 있다.

■ 출입통제 및 이동 동선 관리

● 관중 입장 시 고려할 사항은 다음과 같다.

- 관중 입장은 공연 · 행사 시작 1시간~2시간 전에 개방하도록 하며, 관련 사항은

---

18) 소방방재청, 전게서, pp.51~60.

입장권이나 공연 포스터, 기타 방법을 통해 알리도록 한다. 만일 제시한 시간보다 먼저 사람들이 몰릴 경우에는 공연·행사 준비가 완료된 상태에서는 안내 시간보다 조금 앞당겨서 개방하도록 한다. 관중 입장은 사전행사 등으로 인해 앞당겨 질 수 있다.

- 일정 출입문에 집중적으로 출입하여 혼잡사태가 발생하지 않도록 분산 출입을 유도 한다.
- 출입문에 직각으로 군중이 집결하지 않도록 조치한다.
- 단일 출입문으로 입장시키는 사례를 지양한다.

- 날씨를 확인하여 고·저온의 날씨가 예상될 때에는 관람객들이 줄서있는 시간을 최대한 줄인다.(탈진 및 동상 대비)
- 눈으로 인하여 땅이 얼었을 때에는 얼음을 제거하고 모래 등을 깔아 미끄러움을 방지한다.
- 위험물의 공연·행사장 반입을 차단한다.
- 입구검색대는 현장 내 반입 물품을 검사하는데 필요하다. 검색은 관련분야 전문 지식 및 경험이 있는 진행요원으로 배치한다.
- 선수·연예인 등 유명인사, 문제성 인사의 이동로 및 비상통로를 확보하고 극성팬 등 관중들의 돌출행동을 차단한다.
- 주류·병·깡통·폭죽·폭음탄 등 위험물질 반입을 차단하여야 한다.
- 출입문·비상구·출입시간 등은 안내방송을 통해 알려주고, 무질서 상태가 발생하지 않도록 유도 한다.
- 정원 외 입장, 무료 선착순 입장 출입사례는 지양 한다.
- 공연·행사장 진입로를 확보하고 원활한 교통소통 및 사고를 예방한다.

■ 대규모 관중의 분산대책 강구

- 공연·행사 참여인원을 통제가능 단위로 분산한다.
- 출입구를 분산하여 입장, 퇴장 유도한다.[19]

19) 소방방재청, 전게서, pp.69~72.

3) 공연 · 행사 진행 중 관중관리

■ 안전관리자 변경배치

● 위험성 정도에 따라서 안전관리요원을 공연 · 행사전 위치에서 공연 · 행사장내로 변경 배치한다.

● 공연 · 행사시 안전관리요원 근무요령

• 안전관리요원의 적절한 배치로 공연 · 행사 중 일어날 수 있는 이탈행위나 흥분한 가운데 발생할 수 있는 각종 사고의 위험을 막는다.

• 공연 · 행사시 좌석에 앉아있는 관중들은 일어서지 못하도록 한다. 좌석이 경사로 이루어져 있기 때문에 상층부에 있는 인원이 넘어질 경우 도미노와 같이 연쇄적으로 넘어질 수가 있다.

• 공연 · 행사시 무대 앞에서 서서 관람하는 관중들은 안전라인으로 경계를 확실히 구분해주고 안전관리요원도 적절하게 배치하여 이탈하거나 흥분하여 소요를 일으키는 현상을 막는다.

■ 공연 · 행사장 이동통로 확보

● 고정좌석이 있는 경우 관중이 통로를 막는 것을 금지한다.

● 공연 · 행사장 이동식 좌석이 있는 경우 이동을 금지하여 이동통로를 확보한다.

● 스탠드 · 관람석 통로에 관중 착석금지 및 이동통로를 확보한다.

■ 무대주위 안전 공간 확보

● 관중이 무대 앞으로 나아가는 것을 금지 한다. 필요한 경우 안전관리요원을 배치하여 무대로의 접근을 제지한다.

● 무대 전면 쪽에 관중들의 압력이 가해질 것으로 예상되면 통제선이 필요하다. 고려해야 할 요소들에는 관중들의 밀집정도, 관중들의 규모와 성향, 공연·행사장의 성격 등이 있다.

● 관중들의 압력은 보통 무대전면 통제선 쪽에서 가장 많이 받는다. 관중들이 파도치듯이 밀어닥치는 경우에는 동적인 하중에 대해 고려해야 한다.

● 무대와 관중석 간에 충분한 안전공간 확보하고 무대진출 관람객을 차단 조치한다.
● 조명탑, 촬영대 등 공연·행사시설물에 관중이 올라가지 못하도록 차단하여 안전사고를 미연에 방지하여야 한다.

■ 출연자 대기실 및 이동 동선 관리

● 관람객들이 출연자 대기실로 접근하는 것을 금지한다.
● 별도의 출연자 이동로를 확보한다.
● 부득이 출연자가 별도의 이동로를 통하여 이동할 수 없는 경우, 안전 요원을 배치하여 출연자가 안전하게 이동할 수 있도록 통로를 만든다.
● 출연자 분장실, 무대간, 싸인 요구, 꽃다발 증정 등 열성팬 등을 차단한다.

■ 기타 사항

● 무대, 경기장 그라운드 주변 안전관리요원 배치, 일부 영웅심리자 · 정신이상자·주취자 등에 의한 위해물질 투척행위 및 진출행위를 차단한다.
● 체육행사의 경우, 응원단과 일반 관중 사이 계단에 안전관리요원을 배치하여 분리 조치한다.
● 국가 간 라이벌전(한·일 축구경기)과 같은 행사는 각 팀 응원석의 분리 · 완충지대 설정 상호충돌 방지 및 돌발상황 발생 시 즉시 조치한다.
● 대규모 관중일 경우 수개의 블록으로 구분, 블록통로 확보하고 안전관리요원을 배치한다.
● 고층건물 옥상, 가로수, 담벼락에 올라가 구경하는 위험행위 차단한다.
● 공연 · 행사장 주변 건물주와 협조하여 옥상 출입문 잠금장치 확인, 위험물투기 · 추락을 방지한다.[20]

20) 소방방재청, 전게서, pp.74~76.

4) 공연 · 행사 종료 시 관중관리

■ 안전관리요원 배치 및 안내

- 사전 수립한 계획에 의하여 안전관리요원을 재배치하여 관중 퇴장을 안내한다.
- 관중의 동선 및 주차장의 차량을 정리한다.

■ 출연자 이동통로 및 안전거리 확보

- 공연 · 행사가 종료된 후에도 인기 연예인들이 차량을 타고 나가는 모습을 보기 위하여 주차장 주위는 인산인해를 이룬다. 이때 안전관리요원은 주차장 입구의 동선을 미리 확보한다. 관중들이 전부 빠져나오기 전에 안전관리요원들이 주차장에 나와 동선을 확보한다.
- 출연자가 안전하게 퇴장할 때까지 이동통로를 확보한다.
- 신속하게 차량이 빠져 나갈 수 있도록 교통정리를 한다.

■ 관중 퇴장

- 공연·행사 후 관중들이 퇴장할 때 입장시보다 짧은 시간에 많은 관중이 몰리기 때문에 모든 출입구를 개방하여 관중의 퇴장을 돕는다. 특히 특정 공연·행사나 편의를 위해 일부 문만 개방하여 퇴장을 유도하는 것은 보다 일찍 귀가하려는 관중들로 인해 압사사고를 유발할 수 있다.
- 해산과정에서, 일부 과열 시민들의 차도점거·음주소란·기물파손·폭력난동 등 돌출행동 및 공연 · 행사장 출구·지하철 입구 등 다중 일시 퇴장에 따른 안전사고 등에 대비하여야 한다.
- 병목현상을 최소화하기 위하여 시뮬레이션을 통하여 이용할 출입문을 미리 지정하여 분산퇴장을 유도한다.
- 공연·행사가 끝난 후 대부분 관중이 현장을 빠져나간 후에, 진행요원들이 일렬로 서서 출구 쪽으로 천천히 이동하여 남아있는 관중을 공연·행사장 밖으로 유도하도록 한다.
- 공연 · 행사가 완료되면 관중이 퇴장할 수 있도록 모든 출입문을 개방한다.[21]

---

21) 소방방재청, 전게서, pp.78~79.

5) 공연 · 행사 중 사고 발생 시 대응과 관중관리

■ **안전관리요원 배치 및 안내**

- 사전 수립한 계획에 의하여 안전관리요원을 재배치하여 관중이 사고 현장으로 집중 되지 않도록 안전관리를 강화한다.
- 사고가 발생한 경우에는 사고발생 즉시 관객이 동요하지 않도록 안내방송을 실시하고, 피난유도등을 이용하여 안전한 곳으로 관객을 유도시킨다.
- 안전사고 방지를 위하여 경찰 및 소방관서에 즉시 협조요청하고 신속하고 안전하게 대처하여야 한다.

■ **인명 우선 구조조치**

- 사고가 발생하였을 때에는 우선 신속하게 인명을 구조 · 구급하여야 한다.
- 경찰 · 소방 등 관계기관에서는 협조 요청이 있는 경우에는 즉시 출동하여 인명구조 · 구급 하여야 한다.
- 사상자가 발생한 경우에는 "중증도 분류(triage)"에 따라 환자 이송의 우선순위(긴급, 응급, 비응급)를 정하여 신속하게 이송조치 후 관계 행정기관에 보고하여야 한다.

■ **2차 재난방지**

- 사고가 발생하면 즉시 공연·행사를 중지하고 2차 재난이 발생되지 않도록 긴급 안전점검을 실시하고 안전대책을 강구하여야 한다.
- 사고현장에 통제선을 설치하여 출입을 통제하는 등 현장질서 유지를 위하여 필요한 조치를 한다.
- 우선, 부상자 구호 후 행사장 주변 취약시설 점검을 실시, 위험요인을 해소하고 현장정리 등의 안전조치를 취해야 한다.

■ **긴급구조 및 응급조치 등**

- 긴급구조 활동과 현장통제를 위하여 필요하다고 판단될 때에는 긴급구조통제

단을 설치 운영한다.

- 긴급구조지원기관(경찰)에서는 교통정리, 현장 접근통제 등을 실시한다.
- 지역안전대책본부장은 긴급구조기관, 지원기관, 자원봉사자 등에 대한 임무를 총괄 조정한다. 단, 인명구조, 응급조치 등 긴급한 조치에 대하여는 긴급구조통제단장이 수행한다.
- 사상자를 응급조치 및 의료기관으로 이송한다.
- 관계행정기관의 장 또는 긴급구조통제단장은 필요시 인근거주자 응급조치 종사를 명하고, 시·도 및 인접 시·군·구에 응원요청 하여야 한다. 단, 긴급구조통제단장은 인명구조, 응급조치 등 긴급한 조치에 한한다.
- 관계행정기관의 장은 필요시 인근거주자 응급조치 종사를 명하고, 토지·가옥사용 등 응급 부담 조치를 하여야 한다.[22)]

3. 공연 · 행사장 유형별 관리요령

1) 체육행사

- 체육행사장은 울타리 안에 위치해야 하며 행사장과 울타리사이의 공간은 충분한 거리를 확보한다.
- 울타리 안에는 아무것도 설치되지 않은 빈 공간 상태로 되어 있어야 한다.(이렇게 함으로써 울타리에서 1차적으로 입장권의 검표와 필요한 경우 입장객의 몸수색을 실시할 수 있도록 하기 위함)
- 울타리에 설치된 출입문들 중 몇 개는 출구전용으로 사용해야 한다.
- 관중이 일시에 입구로 몰리지 않도록 예방조치를 위한 통로체계를 마련 한다.(입장객이 각자 배정된 좌석구역의 입구로 각자 찾아가도록 통로체계를 마련해야 할 것임)
- 관중 출입동선에 따른 단계별 검색방안을 수립하고 안전관리요원 등의 업무협조 지원체계를 구축한다.
- 난동 발생 요소를 예측하고 방지하기 위한 대책 수립한다.

22) 소방방재청, 전게서, pp.81~82.

- 일반 관중을 위한 시설물(화장실, 식당)등은 행사장 수용능력에 맞추어 출입통로 근처가 아닌 복도에 설치한다.
- 각종 구역으로 통하는 통로를 안내하기 위해 행사장 주변과 내부에 명확하고도 알기 쉬운 안내표시판을 설치한다.
- 관중이 행사장 외각의 공용통로에서 부터는 각자가 찾아갈 곳을 정확히 안내받을 수 있도록 유도한다.
- 주차장의 차량수용규모는 행사장의 위치와 그 지역의 인구밀집 상태와의 관계, 그리고 차량이외의 교통수단의 유무에 따라 결정한다.
- 행사장의 정전사고에 대비한 비상전원 가동 등 긴급대응 절차를 숙지하고 정상가동 여부를 수시로 확인한다.
- 누전·가스누출사고 발생시 주변 인원대피 등 초동조치 방법을 숙지하고 현장안전통제실 등과 상황전파 및 협력·공조체제를 유지한다.
- 입장권에 표시된 안내자료는 경기장내외에 설치된 안내표시물에 나타난 자료와 일치해야 한다.
- 입장권을 색채표시로 구분하면 입장절차에 도움이 된다.
- 관람객이 보관하고 있는 입장권원부에는 경기장 내부에서 이동하는데 활용할 수 있는 안내자료가 기입되어야 한다.
- 언어사용이 불가능한 사람도 쉽게 이해할 수 있도록 대형안내도를 설치하여 관람객을 유도해야 한다.
- 장애인 관람객이 확실하고 안전하게 경기장내의 관중석에 착석할 수 있도록 적절한 조치를 취해야 한다.(이러한 조치들 중에는 이들에게 경기 그라운드가 잘 보이는 위치를 제공한다든가 휠체어용 램프를 비롯하여 특수화장실 및 기타 보조시설을 제공하는 것 등이 포함)
- 휠체어를 사용하는 장애인 뿐 아니라 모든 장애인이 스스로 불편함 없이 다른 관람객에게도 불편을 주지 않고 경기장에 도착하여 자기 좌석에 착석하도록 할 수 있어야 한다.

2) 공연 · 전시회 · 박람회

- 관중 출입구와 동선 상 이동을 방해하는 장애물 설치여부를 확인하여 병목현

상이 발생하지 않도록 유도동선을 설정한다.

- 동선이 서로 충돌되지 않고 순조롭게 진행될 수 있도록 설정되었는지, 안내판 설치완료 여부를 사전에 확인한다.
- 관중의 사전 집결 상태를 수시로 확인하여 출입문 개폐시간 조정, 안내요원 재배치 등 융통성 있는 공연·행사 현장관리를 위한 책임자 배치 및 지시계통 확립여부를 확인한다.
- 유명 연예인 팬 사인회, 인기 품목 전시, 기념품 배부 등 이벤트성 공연·행사 포함 여부를 확인하여 관중이 집중되는 취약시간대에 대비한 안전관리계획을 수립한다.
- 출연자의 특별한 행위, 성향을 파악한다.
- 관람객의 연령에 따른 성향을 파악한다.
- 야외 전시회나 박람회의 경우, 야간 개장에 따른 문제점 파악, 조명, 질서유지 등 대책을 세운다.

3) 대규모 야외 시민축제

- 대규모의 관중이 집중되는 공연·행사 특성상 다수의 관중이 일시에 집중되지 않도록 공연 · 행사 프로그램을 편성한다.
- 공연 · 행사 중간에 질서유지를 위한 지속적인 안내방송 실시로 자율적인 질서유지 분위기를 조성한다.
- 공연 · 행사 계획 시 유형별, 테마별로 구분, 관중을 공간과 시간별로 통제할 수 있도록 공연 · 행사장을 배치한다.
- 공연 · 행사 사전 안내 입간판 설치 홍보, 차량 우회로를 확보하고 안내관리요원을 배치, 차량우회 안내 등 관중 집결 상황에 따른 신축적인 교통통제를 실시한다.
- 불꽃놀이 가능 지역을 구분하여 실시한다.
- 야간 조명을 설치한다.
- 공연 · 행사장 내 질서 및 치안을 유지한다.

4) 심야 공연 · 행사

- 오랜 시간동안 저녁 혹은 겨울의 추운 날씨에 줄을 서서 기다리는 사람들을 생각해서 기다리는 시간을 최소화 하여야 한다.
- 며칠에 걸친 밤 공연의 경우에는 밤에 일하는 직원들이 현장 주변에서 "간단한 응급 수리"를 할 수 있는 장소가 필요하다. 이런 공연은 기간에 따라 근무자와 외주업자의 적절한 휴식이 필수적이다.
- 실외공연은 날씨에 영향을 받기 쉬우며, 날씨가 가혹한 경우 발아래 상황은 급격히 나빠질 수 있기 때문에 적절한 우발사고에 대한 준비는 반드시 필요하다. 인공조명을 적정한 수준으로 유지함으로써 미끄러지고 넘어지는 위험을 막을 수 있다.
- 현장 주변의 차량 이동은 특히 어두워지는 시간에는 사람들이 개별적으로 앉아 있거나 누워 있을 수 있어 잠재적으로 매우 위험할 수 있으므로 금지해야 한다. 가능한 곳에서는 전용도로를 이용해야 한다. 경계 펜스 사이에 도랑 등을 내어차량으로부터 안전하게 하여야 한다. 하지만 펜스의 지지 구조물(예를 들어 버팀목)은 반드시 형광 테이프나 흰색 페인트로 분명하게 강조해야 한다.
- 심야공연·행사에 사용되어지는 창고형태의 공연·행사장은 일반적으로 냉난방이 잘되는 환경이 적다. 그럼에도 불구하고 환기를 위한 기준을 달성할 수 있는 다양한 방법들이 있다. 빼내야 할 덥고 습기찬 엄청난 공기 양 때문에 충분히 환기시키기 위해서는 엄청 빠른 환풍기(강제 혹은 유도 통풍)가 필요하게 된다. 가능하다면 '균형' 시스템을 빼낸 공기를 신선한 공기로 대체하여 공연·행사장에 집어넣을 곳에 이용해야만 한다. '증기' 기계를 사용하거나 비슷한 효과를 갖는 기계를 사용한 것은 신중을 기할 필요가 있다.
- 심야 댄스 공연 내내 사람들은 온도에 따라 다른 옷을 입을 필요가 있다. 춤출 때 사람들은 가볍게 입는다. 그리고 일부의 옷은 공연이 진행되는 동안 벗어두게 된다. 가방, 재킷, 코트 등을 보관하기 위한 휴대물품 보관소는 필수적이다.
- 심야 공연 · 행사시 비상전원 공급계획을 수립하여야 한다.

5) 유원시설(놀이시설) 무료행사

- 무료행사에 3,000명 이상 유원시설을 이용하는 경우에는 사전에 재해대처계획서를 시장·군수 또는 구청장에게 제출하여 유관기관의 협조·검토를 거쳐 안전사고를 미연에 예방하여야 한다.
- 일정기간 무료로 유원시설을 일반인에게 이용하게 하는 경우 사전에 지방자치단체, 경찰서, 소방서 등과 사전 대책회의를 실시하여야 한다.
  - 무료시설 이용 예상인원 예측
  - 안전관리요원 인원 적정여부 평가
  - 안전관리요원 배치장소 및 행동요령 숙지
  - 안전관리요원에 대한 사전 안전교육 실시
  - 예상 문제점 확인 및 해결방안 협의
  - 유사시 기관별 역할분담 등
- 수용능력 범위 안에서 인터넷 등을 활용하여 사전에 입장권을 배부하여야 한다.
- 입장은 이용시간 개시 시간 1~2시간 전에 분산 입장시켜야하며, 선착순 입장은 지양하여야 한다.
- 입장 시에는 안내원의 안내에 따라 질서 있게 입장하도록 하여야 한다.
- 입장 및 행사 중 수시로 안내방송을 통하여 안전에 대한 홍보활동을 강화하여야 한다.
- 대형사고가 발생하였을 경우 비상 차단조치가 필요하며 경찰서, 소방서와 협의하여 차단선을 어떻게 설치할 것인지에 대해 정하되, 상황에 따라 유동적으로 설치할 수 있도록 하여야 한다.
- 시설물 주변의 주차장 또는 교통체증이 발생하지 않도록 해소방안을 강구하여야 한다.
- 출입구 등에서 시설이용자 관리에 실패한 경우에는 행사장의 안전사고 등 돌발상황발생 시 조치사항에 따라 조치하여야 한다.
- 행사장내 안전관리요원을 충분히 확보하여 안전사고를 예방하여야 하며, 행사장 안전은 시설업자가 모든 책임을 지고 추진하여야 한다.[23)]

23) 전게서, pp.91~95.

4. 공연 · 행사장 안전사고 사례

1) 공연 및 운동경기 중 문제발생 사례[24)]

(1) 뉴키즈온더블록공연

- 1992. 2. 18 19:55분, 서울 올림픽공원 체조경기장
- 5,000명의 팬들이 주최 측이 나누어 준 야광램프를 흔들며 광란에 가까운 환호를 하다 인기곡 투나잇 순서가 되자 앞으로 몰려 나와 맨 앞의 관람객이 넘어지면서 압사, 1명 사망, 19명 부상(경력 8중대 동원, 사고후 공연 중단시킴)

(2) LG : 해태 프로야구 경기

- 1993. 8. 17 18:07경 서울 잠실야구장
- 입장권을 구입하지 못한 관중 1,000여명이 닫혀져있는 1-1문 셔터를 강제로 밀치고 일시에 입장하는 과정에서 수명이 넘어져 그 중 2명이 부상

※ 동일 18:30경 경기관람을 위해 3만여 명 매표입장하고 1만여 명은 귀가하였으나 극성 관람객 1,000여명이 잔류, 계속 입장시도하다 사고 발생

(3) MBC 공연

- 1996. 12. 16. 16:50, 대구두류공원 우방타워
- 달서구 두류동 우방타워랜드 내 잔디광장에서 대구MBC 주최 「별이 빛나는 밤에」 공연장의 좋은 자리를 차지하려는 관중들이 앞쪽 관중을 덮쳐 여고생 3명 사망(수용인원 2,200명)

(4) K-리그

- 1998. 10. 28. 19:00
- 경기 중 입장치 못한 관중 1만명이 출입문을 밀고 트랙 안으로 들어와 약 15분

---

24) 전게서, pp.114~117.

간 경기중단(대비경력 2중대)

※ 구단 측이 경기장 수용능력을 고려치 않고 수용정원(3만명)보다 많은 입장권 판매, 문제발생(질서요원 수 알 수 없음)

(5) H.O.T 공연장

- 1999. 1. 23. 17:00, 세종문화회관
- 관람객 4,000명이 참석한 콘서트가 끝난 후 그룹멤버들을 보기 위해 복도로 수백 명이 몰려들어 여고생 1명 부상(대비경력 1중대)

(6) 마이클잭슨 자선공연

- 1999. 6. 25.19:00~23:00, 잠실 주경기장
- 관람객 50,000여명 참석, 경찰 15개 중대, 교통 등 60여명 대비

※ 행사주관 제일기획에서 경비과다소요 이유로 에스텍에서 안전관리요원 257명, 캡스 보안공사에서 경호원 77명만 확보, 경찰부담 가중

【수범사례】

관람객 50,000명 참석, 경력 15중대 대비, 자체안전관리요원 589명 동원 세계적인 가수의 공연으로 보훈단체, 재향군인회에서 6.25일에 공연하는 점에 반발, 행사방해 說이 있었으나 완벽한 경비실시

(7) H.O.T 콘서트

- 1999. 9. 18. 19:30~22:30, 잠실주경기장
- 청소년 3만여명 참석 하에 개최된 서울기획주관 HOT 콘서트장에서 HOT 리더 문희준이 공연 중 비가와 미끄러운 바닥에 넘어지면서 1.5m 아래로 추락하자 중·고 여학생 76명이 흥분 실신(경찰 7개 중대 및 사복 40여명 배치)

※ 자체 질서요원 200여명으로 무대주변 안전대비 소홀

(8) 프로축구

- 2001. 7. 28
- 프로축구 수원 對 대전 경기 시 후반 종료 직전 수원이 결승골을 넣자 열성적으로 응원을 하던 양 팀 응원단이 흥분하여 경기장 밖으로 나와 집단적 폭력을 행사하며 충돌, 투석전도 벌여 수명 부상(대기경력 즉각 출동, 양측 차단, 40분후 해산)

(9) MBC가요콘서트

- 2005. 8. 22. 17:30, 전남 광양 중동체육공원
- 제4문 앞에 대기하고 있던 3만 5천여명의 관중들이 문이 개방되자 앞자리를 차지하기 위해 일시에 입장하던 중 출입문 앞쪽에 대기하고 있던 노약자 3~4명이 앞쪽으로 밀리면서 부상

(10) MBC가요콘서트

- 2005. 10. 3. 17:40경, 경북 상주 시민운동장
- “제7회 상주자전거 축제”(10.1~3 상주 북천시민공원 및 시내일원)의 부대행사 중 하나인 「MBC 가요콘서트」 (19:00~21:00간 예정) 공연장에, 관람객 5,000여명이 일시에 출입문 쪽으로 물리면서 넘어져 주민 11명이 압사하고 162명이 부상

(11) 광주 디자인 비엔날레

- 2005. 10.30. 10:40, 광주 김대중컨벤션센터 야외행사장
- 광주 김대중컨벤션센터 야외행사장에서 광주디자인비엔날레 전시장 우측출입구로 입장하기 위하여 광주시내 중·고교생 3,000여명의 학생들이 질서정연하게 줄을 서서 기다리던 중, 어떤 학생이 가수 “○○○”라고 외치자 일부 학생들이 순간적으로 몰려들어 넘어지면서 학생 10여명 부상〈교통근무자 5명, 순찰차 3대(6명), 타격대 순찰근무 12명 배치, 비엔날레 자체 직원 50명·보안요원 2명〉

※ 주최 측에서 경비협조요청은 없었고, 260명의 자체질서유지요원 운영(재단직원

60여명, 자원봉사자 200), 연예인 초청공연은 없었음

※ 동 사건은 학생들이 일반인을 연예인으로 오인한 우발적 사고였으나 상주 사건 직후에 발생한 안전사고로 언론의 스포트라이트 받음

2) 일반 행사장 주요 사고 사례

(1) 보신각 타종행사

- 2000. 12. 31. 서울 종로1가
- 새해맞이 보신각 타종행사에 시민 6만명이 참가한 가운데, 5세 남아가 인파에 깔려 사망, 주변에 있던 9명 부상(대비경력 25중대)

(2) 대구 통일교, 남북통일 촉진대회

- 2000. 3. 9 11:00~13:00, 대구체육관
- 대구 산격동 소재 대구체육관에 신도 7,000명 참석, 행사 후 14:00경 해산 시 2층에서 1층 사이 계단없는 평면 내리막길에서 밖으로 나오던 다수인원이 넘어져 1명 사망, 8명 부상

(3) 서울 청계천 새물맞이 행사

- 2005. 10. 1 22:56, 서울 청계천 삼일교
- 삼일교 상단에서 청계천 관람키 위해 이동 중이던 유수진(50세, 여)이 부주의로 실족 3m 아래 바닥으로 추락, 사망

(4) 서울 롯데월드 놀이동산 무료개방 행사

- 2006. 3. 26 07:20, 서울 롯데월드
- 지하철 잠실역과 연결된 롯데월드 지하통로, 매표소 앞 등에 11만여명 인파가 일시에 운집하여 밀치면서 35명 부상

3) 외국의 안전사고 사례

(1) 벨로루시 공연

- 1999. 5. 30. 20:00, 벨로루시 수도 민스크 야외공연 콘서트장
- 공연중 갑작스러운 폭우로 인근 지하철역으로 몰린 인파들로 인해 압사사고 발생(54명 사망, 150명 부상)

※ 이 사고로 군중을 정리하던 경찰관 2명 압사

(2) 97프랑스 월드컵 예선경기

- 1997. 10. 16, 프랑스 마테오폴스타디움
- 정원 3만 2천명을 초과한 4만 5천명을 수용하다 경기장 스탠드가 붕괴되어 사망 78명, 부상으로 156명의 사상자 발생[25)]

(3) 인도의 압사사고사례[26)]

① 2005.1.25일 낮 12시경. 서부 마하라시트라주의 한 힌두 사원에서 축제 도중 압사사고가 발생, 300명 이상이 사망.

- 뭄바이에서 250㎞ 지점인 마하라시트라주 사타라 지구 와이마을 인근의 언덕위에 있는 만다라 데비 사원에서 연례 힌두축제가 진행되던 중 화재에 놀란 순례객들이 한꺼번에 몰리면서 초대형 압사사고가 발생했다. 이 사고로 어린이와 여성을 중심으로 최소한 300명이 사망했으며 부상자도 수백명에 이르는 것으로 알려지고 있다.
- 이날 사고는 사원의 화재 때문이란 설도 있으나 현재로서는 사원인근 가게에서 누전으로 불이 나자 사원을 출입하던 순례객들이 놀란 나머지 한꺼번에 비좁은 골목에 몰리면서 발생했다는 주장이 설득력을 얻고 있다. 힌두여신인 만다라 데

25) 상게서, pp.114~117.
26) 연합뉴스, http://media.daum.net/foreign/others/view.html?cateid=1046&newsid=20050125114220081&p=yonhap(검색:2012.01.27)

비를 숭배하는 이 사원에는 매년 이 때마다 순례행사가 열리고 있으며 사고 당시 30여만명이 운집했던 것으로 알려졌다.

② 2003. 8월 마하라시트라주 나시크강(江) 양안에서 입욕축제를 즐기던 순례객 39여명이 사망했고

③ 1999년에는 남인도의 한 힌두사원에서 안전을 위해 설치된 로프가 끊기면서 51명이 사망.

④ 1986년, 북인도의 하리드와르 마을에서 압사사고로 50명이 사망

⑤ 1954년에는 북인도 알라아바드에서 압사사고로 800여명이 사망하는 사상 최악의 참극이 발생하기도 했다.

제13장

호신장비와 안전관리

1. 호신(護身)의 개념
2. 호신의 기본 원칙
3. 호신장비의 개념
4. 호신장비와 호신기술의 장·단점
5. 호신장비 특징과 안전관리
6. 무기 및 호신장비 관련 법규

제13장 호신장비와 안전관리

1. 호신(護身)의 개념

호신장비의 개념을 알아보기 전에 먼저 호신의 뜻을 보면 호신(護身)이라면 일반적으로 '상대로부터 자신을 지킨다.' 혹은 '상대를 제압한다'는 의미로 해석된다.

호신(護身)이란 사전적 의미로 "외부의 위험으로부터 자기의 몸을 지키는 일"로 정의된다. 즉 자신의 생명을 위협하는 사람만이 아니라, 자동차사고, 혹은 가정에서의 안전사고, 더 넓게는 사람과 사람의 인간관계, 사람과 자연의 인과관계에까지 모든 것으로부터 자신과의 마찰을 사전 예방한다는 의미이다. 때문에 기술적인 측면에서의 접근뿐이 아니라, 사람을 대하는 방법, 자연을 대하는 마음가짐, 위험에 대한 지식과 그것을 사전에 예방하는 방법까지의 모든 부분을 총망라한 개념이다.

이와 같이 호신의 개념을 크게 '자연사고로부터의 호신과 폭력사고(성폭력)로부터의 호신'등의 두 가지 개념으로 나누어 볼 수 있다. 자연사고는 안전수칙을 불이행하여 생기는 사건 및 사고를 통틀어 말하는 것으로 안전수칙을 지킴으로써 호신상황에 노출되는 것을 최소화할 수 있을 것이다. 하지만, 폭력사고는 나의 의지와는 상관없이 타인에 의해 발생할 수 있는 사고이기 때문에 언제 어떤 일이 발생할지 모른다. 따라서 적절한 대응책이 필요하다.

〈13-1〉 호신상황

구분	자연적 위협	인위적 위협
종류	우발적사고 개인 부주의	타인에 의한 사고 육체적, 정신적, 심리적 압박 물리적 강제력 폭력사고(성폭력) 등
의도성	×	○
가해자	×	○

그러나 본 장에서는 호신의 협의의 개념이라 할 수 있는 '상대로부터 자신을 지킨다.'는 의미로 접근하여 일상생활의 여러 가지 절박한 위험 속에서 사용할 수 있는 유용한 여러 가지 호신장비에 대해 기술하고자 한다.

2. 호신의 기본 원칙

호신(護身)에는 여러 가지 다양한 상황이 있다. 그러나 자신을 안전하게 지키기 위한 원칙에는 여러 가지가 있지만 여기서는 다음과 같이 간단한 몇 가지 원칙만 정리하고자 한다.

첫째, 위험한 상황에 가까이 가지 않는다.

둘째, 오감을 최대한 활용하여 위험을 빨리 감지하도록 한다.

셋째, 급박한 위험상황이 발생하였을 땐 빨리 피한다.

넷째, 피할 수 없는 경우에는 주변의 물건을 이용하거나, 도움을 요청한다.

다섯째, 주변의 물건을 이용할 수 없을 경우에는 상대의 공격을 호신을 대처하고 틈을 타서 피해야 하며, 절대 포기하지 않는다.

여섯째, 매일 오감훈련을 하며, 호신술을 연마하고, 강한 정신과 마음의 여유를 가지도록 한다. 그러나 호신술 사용의 전제조건으로는 허세나 고집을 버리고, 상황을 복잡하게 만들지 않는 것이 더 중요하다. 또한 호신술이란 맨손으로 대처하는 것이라고 일반적으로 알고 있지만 그러나 흉기를 갖고 있는 상대에게 맨손으로 대적하는 것은 자살행위와 같다고 할 수 있다.

어디까지나 피할 장소가 없거나 달릴 수 없는 상황, 어린이를 동반하고 있는 상황 등 피하는 것이 불가능한 상황 하에서, 더구나 주변의 물건들을 취할 수가 없는 경우에는 맨손으로 대적할 수밖에 없을 것이다.

물론 만약의 위험한 상황에서 벗어나기 위해 취하는 호신술이든 호신장비를 이용하든 공통의 움직임이 많기 때문에 어느 쪽의 연습이든 꾸준히 해야만 한다.[1)]

3. 호신장비의 개념

호신장비란 호신(護身)을 위한 제품이라 할 수 있다. 국어사전을 찾아보면 '몸을 보호하는 데 씀' 또는 '쓰이는 것'이라고 설명되어 있다.

즉 일반적으로 자신의 생명과 신체가 위험 상태에 놓여 있을 때, 자신 스스로를 보호하는데 사용하는 도구를 말하는 것으로 이론적으로는 신변에 있는 것은 무엇이나 호신용 도구로 사용 할 수 있는 것이다.

외국, 특히 미국 같은 선진국의 경호원들은 현행법상 합법적인 절차에 의해 호신용 실탄무기를 소지할 수 있도록 되어 있어 신속하고 완벽한 경호를 유지할 수 있지만 그러나 우리나라에서는 경호원이 권총과 같은 무기를 특수한 경우를 제외하고는 소지할 수 없도록 되어 있어서 경호임무에 어려움이 많다. 그러나 현행법상 정부기관의 민생치안 담당기관이 아닌 사설경호원(보디가드)이 공공기관에서 휴대 할 수 있는 호신장비는 가스봉·가스총을 허가를 득하여 휴대 할 수 있다. 그러나 공공 기관에서 인정하지 않는 총·칼·각목·야구방망이 등을 호신용구로 휴대하는 것은 위법으로 허용 되지 않는다. 단, 2001년 개정된 경비업법에 의하여 특수경비원에 대하여 극히 제한적, 부분적으로 총기를 휴대할 수 있도록 법이 허용하고 있다.

현재 일반적인 호신장비로는 호루라기, 가스분사기(가스총), 스프레이, 삼단봉, 전기충격기, 캐칭넷(그물 총) 등 다양한 제품이 있고 기술로는 호신술 등이 있다. 호신장비를 통한 자기방어의 방법으로는 크게 4가지로 다음과 같이 나눠 볼 수 있다.

1) 물리적 힘을 가하여 방어(적극적 방어) : 전기충격기, 삼단봉

2) 주변의 도움을 요청(수동적 방어) :호루라기, 경보기

1) 정준식 외, 「경호호신술」도서출판 진영사, 2010, pp.20~21.

3) 신체 일부분을 제압(제압 방어) : 가스분사기, 스프레이, 캐칭넷

4) 기타 방어 : 호신술

그 밖에 쌍절곤과 쌍절봉, 바늘, 송곳 등 극한 상황인 만큼 우리 주위의 생활용품이나 물건 등 헤아릴 수 없는 많은 종류가 있을 수 있을 것이다. 형태로는 대부분이 가방이나 허리에 착용하고 다니는 형태이고 호루라기와 같은 작은 소품이나 열쇠고리 형태들도 있으며, 해외사례로는 옷이나 반지형태도 있다.

〈13-2〉 호신장비별 방어유형

적극적 방어	➡	전기충격기, 삼단봉, 나이프
수동적 방어	➡	호루라기, 경보기
제압 방어	➡	가스분사기, 스프레이, 캐칭넷
기타 방어	➡	호신술

4. 호신장비와 호신기술의 장 · 단점

〈13-3〉 호신장비와 호신기술의 장 · 단점

제품구분	장 점	단 점
전자충격기	○자극한 부분에 마비와 같은 통증을 느끼게 되어 행동에 제약을 줌 ○휴대가 간편하다.	○상대방의 몸에 자극해야하기 때문에 거리에 따른 제약이 있다. (가해자에게 가까이 가야한다.) ○상대방으로부터 공격의 위험성 ○허가에 따른 충격세기에 차이가 있다.(허가가 필요한 제품은 충격 세기가 크다.) ○계절에 따른 제약이 있다.(두꺼운 옷을 입은 경우)

삼단봉	○호신술을 익힌 사람에게 보다 적극적인 방어도구가 된다.	○자칫하면 상대방에게 빼앗길 위험 ○휴대가 불편. ○사용이 미숙한 경우 더 위험하다.
호루라기 경보기	○사용 방법이 쉽다. ○휴대가 용이하다. ○가격이 저렴하다.	○소극적인 호신방법이다. ○위급 시 당황하여 불지 못하는 경우가 있다. ○인적이 드문 장소에서는 오히려 역효과를 볼 수 있다.
호신용 스프레이	○빠른 휘발성과 즉효성, 확산성이 있다. ○상대를 일시적으로 손상을 주지만 그 이후에는 그 이전 상태로 돌아간다.	○상대방의 눈에 뿌려야하기 때문에 발사 사정거리가 가까워야한다. ○분사구 위치와 방향을 확인하여 사용해야 한다. (미확인 시 사용자가 피해를 볼 수 있다.)
가스분사기	○일시적 쇼크를 준다. ○상대의 기선제압 가능하다. ○범죄 예방효과(범죄 억제력)	○상대방에게 빼앗길 수 있다. ○소지허가 및 신체검사가 필요하다. ○휴대가 불편하다. ○보안성이 적다.
캐칭넷	○원거리에서도 사용이 가능하다. ○사용이 쉽다.	○휴대가 불편하다. ○가격이 비싸다.
호신술	○휴대가 필요 없다. ○상대를 제압 할 수 있다.	○배우는데 시간이 걸린다. ○방어를 못하는 경우가 생길 수 있다.(상대가 힘이 더 센 경우)

5. 호신장비 특징과 안전관리

1) 가스분사기

(1) 특징

가스분사기는 “사람의 활동을 일시적으로 곤란하게 하는 최루 또는 질식 등의 작용제를 내장된 압축가스의 힘으로 분사하는 기기"[2]를 의미한다. 일반적으로 가스분사기라고 불리고, 특히 총포형 분사기는 가스총이라고 불린다. 형태상으로는 총포형 분사기, 막대형 분사기, 만년필형 분사기, 기타 휴대형 분사기 등으로 분류하고 있으며, 다만 살균용, 살충용 및 산업용분사기는 제외하고 있다.[3] 약제의 종류에 따라 분말분사기와 액체분사기로 나눈다. 액체분사기 중 약제가 총알에 들어 있고, 화약이 들어 있어 발사 시 총소리가 나는 것을 일반적으로 리볼버(revolver)형이라고 부른다. 가스총(gas rifle)이 압축(액화) 이산화탄소를 사용하는 압축 가스총을 뜻하는 경우도 있다. 형태상으로는 총포형 분사기, 막대형 분사기, 만년필형 분사기, 기타 휴대형 분사기가 있으며, 약제의 종류에 따라 분말분사기와 액체분사기로 나눈다.

일반적으로 사용되는 분말, 액체식에 인체에 무해한 매운 식물성 원료인 머스타드후뢰바(일명 : 겨자액)라는 성분에 알코올을 희석하여 만든 액체로 제조사별로 알코올에 희석 차이는 다르며 20분 내외에 인체 호흡기 작용하여 눈물, 따가움, 메스꺼움 등의 증상을 동반한다.[4]

분사기의 약제는 인체에 무해한 분말 또는 천연액체로 하고 약제통에 화약을 사용해서는 안 되며, 최대분사거리는 7m 이내여야 한다. 다만, 막대형분사기의 최대분사거리는 10m 이내여야 한다.[5]

(2) 분사기와 가스총의 구분

분사기를 흔히 가스총으로 불리고 있지만 '총포 · 도검 · 화약류 단속법'에서 발하는 '총포'라 함은 권총 · 소총 · 기관총 · 포 · 엽총, 금속성 탄알이나 가스등을 쏠 수 있는 장약총포, 공기총(압축가스를 이용하는 것을 포함한다. 이하 같다) 및 총포신·기관부 등 그 부품(이하 "부품"이라 한다)으로서 대통령령이 정하는 것을 말한다.[6]

따라서 분사기는 사람의 활동을 일시적으로 곤란하게 하는 최루 또는 질식 등의 작용제를 내장된 압축가스의 힘으로 분사하는 기기이며, 가스총은 내장 된 압축가스

2) '총포 · 도검 · 화약류 단속법' 제2조
3) '총포 · 도검 · 화약류 단속법' 제6조2
4) 위키백과, http://ko.wikipedia.org/wiki/%EB%B6%84%EC%82%AC%EA%B8%B0 (검색:2012.01.30)
5) '총포 · 도검 · 화약류 등 단속법 시행규칙' 제2조의2제2항
6) '총포 · 도검 · 화약류 단속법' 재2조1

의 힘에 의해 금속탄환이 발사되는 총의 일부(엽총과 사격총)이다. 따라서 분사기와 가스총을 분명히 알고 사용이나 용어에 있어서도 혼용하지 말아야 할 것이다.[7)]

(3) 종류

① 리볼버형 분사기

실제 총기와 구분이 모호하며 가스발사총과 구분이 어렵고 분사기 자체의 정체성이 없다는 이유로 더 이상에 제조가 되지 않아 이미 제조한 제품만 판매 가능.

- 5,6연발에 리볼버권총 형태를 유지하여 겉으로 보이는 실총형태로 가스발사총이나 권총으로 오인하게끔 하여 상대제압 효과발휘
- 화약식이며 총알 모양에 가스탄이라 신속한 탄의 교체나 조용한 가운데서 발사 시 화약소리를 동반하여 상대를 놀라게 하거나 주위에 알릴 수 있다.
- 실탄 모양의 가스탄이라 약재의 양은 적은 편이다.
- 약재 누출이 되는지 냄새를 맡아보고 꼭 시험발사 후 구입한다.
- 불발률이 높다면 실제상황에서 도리어 상대에게 빌미를 주어 제압당하기 쉽다.
- 발사 후 매운 느낌이 오래 지속되는 제품을 구입하며 탄에 유효기간이 6개월에서 1년 정도이나 6개월이 최상 조건이므로 탄의 제조 날짜를 확인한다.

② 막대형(피스톨형) 분사기

- 한꺼번에 들어 있는 약재를 전량 소모하여 분사 가능
- 총소리 같은 화약소음이 없어 누구나 쉽게 사용
- 겉으로 보여 지는 위압감은 리볼버형에 비해 적은 편이다.
- 바람의 영향을 많이 받는 편이다.
- 나누어서 약제 발사가 어렵다. 나누어 발사 시 공기가 유입되어 사용 불가.
- 구입 시 당연히 시험발사가 필수이며 약제에 누출이 되는지 냄새를 맡아보고 발사 후 독성이 심한지 확인하며 탄의 교체가 쉬운지 확인한다.

---

7) 한국경비협회, 「일반경비」, 2010. p.254.

〈13-4〉 가스분사기

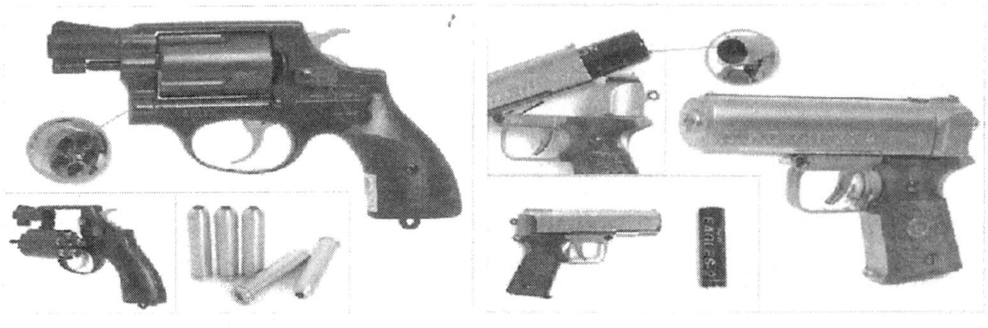

① 리볼버식　　　② 분사식

① 리볼버식 : 탄창이 회전식으로 되어 있는 권총.
기존 분사방식과는 다르게 약재탄 한 발 한 발마다 화약을 이용
(약재는 화약 + CO2를 적용)
② 분사식(액체) : 가스분사기로 리볼버식보다 크기가 작아 여성이 휴대하기 좋다.

(4) 분사기 사용원칙

적법한 절차로 분사기 소지 및 사용허가를 얻어 경비업무 등 적법한 업무를 수행하는 중 출현한 현행범인을 제압하기 위해 분사기를 사용할 때에는 최소한 다음과 같은 원칙을 지켜야 한다.

① 경비업무 목적으로 사용하여야 한다.

경비원이 경비업법에 의해 정해진 업무를 수행하기 위해 소지하는 분사기는 경비용이다. 만약 목전에서 위험이 발생하고 있거나 발생하였을 때 이를 제지할 목적으로 부득이하여 분사기를 사용하였다면 이는 경비업무 목적에 부합된다고 할 수 있다. 그러나 주주총회 등과 같이 이권다툼이 예상되는 곳에 배치된 경비원이 회의참석자들에게 위협 혹은 불안감을 주는 등, 위력을 과시하거나 남용 등의 물리력을 행사하기 위해 사용한다면 경비업무 목적에 부합된다고 볼 수 없는 것이다.

② 최소한도 내에서 방어목적으로 사용해야 한다.

분사기를 소지하는 근본 목적은 상대를 위협하거나 공격을 위한 것이 아니라 방어를 위해 소지하는 것이다. 따라서 무분별하게 분사기를 사용하는 일이 없도록 해야 한다. 경비원이 순찰 도중 거동이 수상한 자가 발견되었다고 해서 상대가 어떤 행위도 없었는데 신분확인 절차도 없이 분사기를 사용해서는 안 된다. 따라서 기습적인 공격을 가해 올 때 방어를 위해서 꼭 필요한 최소한도 내에서 사용하여야 한다.

③ 분사기 사용은 반드시 정당방위나, 현행범인 체포 등 적법한 범위 내에서만 사용하여야 한다.[8)]

(5) 분사기 사용요령

경비원이 경비업무를 수행하는 과정에서 현행범인의 체포 등의 이유로 분사기를 사용할 경우에는 자신이 소지하고 있는 분사기를 신속하고 과감하게 사용하여 이를 체포해야 한다. 즉, 자신의 휴대장비를 적절히 사용하기 위해서는 평소에 분사기 사용법을 잘 숙지해서 유사시 즉각 사용할 있는 능력을 구비해야 한다. 따라서 지속적인 반복 숙달연습과 사용설명서 숙지 및 관리를 통해서 가장 효과적으로 분사기를 사용할 수 있는 능력을 갖추어야 한다.

① 분사기 휴대

분사기를 휴대할 때에는 반드시 소지허가증과 함께 가지고 있어야 하며, 휴대요령은 여러 가지가 있으나 일반적으로 경비원이 경비업무를 수행할 때에는 허리휴대와 어깨휴대가 있다.

● 허리 휴대법

가장 보편적인 휴대요령이며, 갑작스런 범인의 출현 등 위급상황이 발생 할 때 즉각적인 대응이 가능해 일반적인 경비업무 시 휴대하는 방법이다.

8) 한국경비협회, 「일반경비」, 2010. p.260.

● 어깨 휴대법

호송경비나 신변보호 등 비노출 경비업무를 수행할 경우 주로 사용하며 부사기 소지 여부를 노출시키지 않는 장점이 있다.[9]

② 액체분사기 사용요령(리볼버형)

- 안전장치를 몸 바깥으로 완전히 밀어 실린더를 개방, 약제를 장전한다.
- 안전장치를 해제한다(OFF에서On으로 위치)
- 목표물을 향해 신속하고 정확하게 조준한다.
- 방아쇠를 당겨 과감하게 조준한다.
- 제압여부를 확인하고 다음 약제 바사여부를 신속하게 판단한다.

○ 주의사항

- 바람의 영향을 크게 받지는 않지만 가급적이면 바람을 등지고 사용한다.
- 실린더가 왼쪽방향으로 회전하므로 최초분사약제는 1시방향의 약제이다.
- 권총과 유사하고 총성이 있으므로
- 반드시 분사기라고 분명하게 경고한다.
- 리볼버형 분사기의 안전장치는 자신의 몸 쪽으로 완전히 당기면 안전, 몸 밖으로 밀면 분사기 위치가 된다.(단 제품에 따라 차이가 있으므로 반드시 사용법을 숙지한다)

③ 분말분사기 사용 요령(막대형의 경우)

- 약제를 장전하거나 분리할 때는 약제통을 회전시킨다.
- 안전장치를 해제한다(OFF에서On으로 위치)
- 목표물을 향해 신속하고 정확하게 조준한다.
- 방아쇠를 당겨 과감하게 분사한다.

○ 주의사항

- 분말분사기는 바람의 영향을 크게 받으므로 반드시 바람을 등져야 한다.
  분사한 분말에 의해 경비원 자신이 피해를 입지 않도록 각별히 주의해야 한다.
  분말분사기의 안전장치 작동은 통상 상, 하로 작동이 된다.(단 제품에 따라 차이가 있으므로 반드시 사용법을 숙지한다)

---

9) 한국경비협회, 「일반경비」, 2010. p.261.

④ 조준요령

- 신속히 분사기를 꺼낸다.
- 일어선 자세에서 분사기를 분사할 경우 두 다리는 안정적인 자세를 취한다.
- 한손 또는 두 손으로 분사기를 파지한 후 목표물을 향한다.
- 파지한 손은 자신의 신체로부터 가급적 멀리 이격한다.(약제로부터의 피해 최소화)
- 조준을 할 때 너무 높거나 낮으면 정확한 조준을 할 수가 없다.
- 가늠자와 가늠쇠를 범인 안면부와 일치시키며 조준점은 범인의 인중이다.[10]

⑤ 사후조치

- 신속히 역습에 대비한다.

역습에 대비하는 방법으로 첫째, 범인에게 분사기가 명중되었는지를 확인하고 제2발을 발사할 준비를 하며 둘째, 명중되었을 경우 범인을 제압하는데 이때 주변 사람의 도움을 받을 수 있을 때는 즉시 도움을 요청한다.

- 제압한 범인은 즉시 경찰에 인계한다.

경찰에 인계할 때에는 직접 인계하는 방법도 있지만 112에 연락하는 방법이 가장 신속하고 정확한 방법이며, 반드시 현장을 보존해서 경찰수사에 혼선을 주거나 자신이 피의자로 오인을 받는 일이 없도록 하며 피해물품이나 증거물을 확보하는 것도 중요하다.

- 인명구조를 한다.

사건현장에 부상자가 발생했을 경우주변을 잘 둘러보고, 즉시 119 등에 연락하여 구조를 요청하고 응급조치를 하여야 한다.

- 충약 및 분사기 손질을 한다.

한번 사용한 분사기의 약제통은 충약을 하고 비눗물 등으로 분사기를 깨끗이 손질하여 상황이 발생했을 때 즉각 사용할 수 있도록 대비를 한다.[11]

---

10) 한국경비협회, 「일반경비」, 2010. pp.261~263.
11) 한국경비협회, 「일반경비」, 2010. p.264.

2) 전자충격기(Electroshock weapon)

전자충격기는 순간적으로 전압을 승압시켜 사람의 활동을 일시적으로 곤란하게 하거나 인명에 위해를 사하는 전류를 방류할 수 있는 기기[12)]로서 상대방을 일시적으로 제압하는 호신장비이다. 전기충격기라고도 불리며, 기절시키는 총이라는 의미로 스턴 건(Stun gun)이라고 부르기도 한다. 종류는 총포형 전자충격기, 막대형 전자충격기, 기타 휴대형 전자충격기가 있다.

막대형은 삼단으로 접을 수 있어 휴대가 편리한 형태도 있고, 접을 수 없는 형태도 있다. 또한 끝 부분에만 전기가 흐르는 종류가 있고, 봉 전체에 전기가 흐르는 종류가 있다. 흔히 핸드형이라고 불리는 종류는 손바닥 크기의 기기 끝 부분에만 전기가 흐르는 형태이다.

〈13-5〉 전자충격기

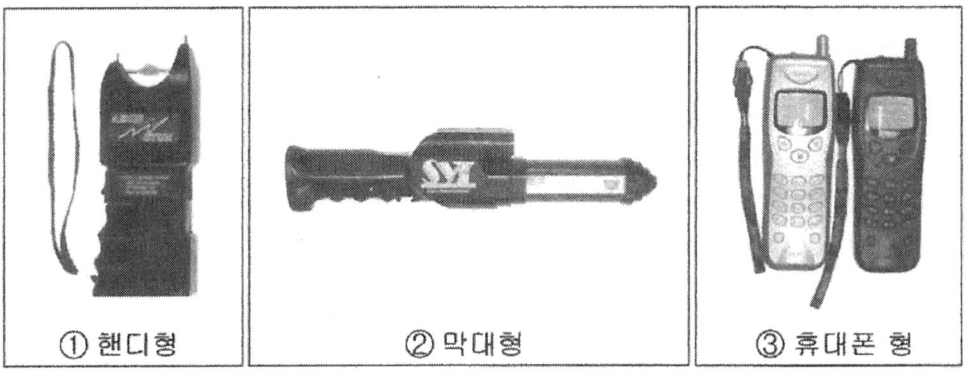

① 핸디형 - 일반적으로 사용하는 형태
② 막대형 - 경비업체나 주류를 취급하는 자영업자들이 선호하는 제품
③ 휴대폰형 - 구형 핸드폰과 흡사한 제품

최근 한국에도 도입이 늘고 있는 M26 단발형 테이저, 최근 일반화되고 있는 것으로는 신축식 나이트 스틱(nightstick)이나, 휴대 전화로 위장한 모델도 존재한다. 막대형은 주로 점포 등의 방범용으로서 비치해 두는 경우가 많으며, 또한 최루 스프레이와 조합한 복합적인 모델도 존재한다.

12) '총포·도검·화약류 단속법' 제2조

〈13-6〉 상업용 제품들

	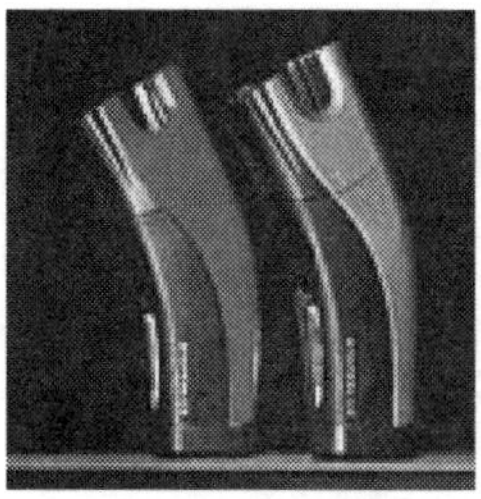		
다목적 권총형 고압 충격기, Raysun X-1	옷을 뚫고 고압을 방전하는 휴대용 테이저	립스틱모양의 은닉이 가능한 무기	테이저 X26
*출처: 위키백과, http://ko.wikipedia.org/wiki/%EC%A0%84%EC%9E%90%EC%B6%A9%EA%B2%A9%EA%B8%B0(검색:2012.01.30)			

(1) 특징

- 전압은 일반적인 것들은 5만 - 50만 볼트이며, 전압은 매우 높은 반면, 전류는 수 mA로 매우 적기 때문에, 살상 능력은 없다. 고전압 모델(110만 볼트도 있다)과 초소형 저전압 모델이 존재한다. 8만 볼트 이상일 경우, 두꺼운 옷 위에에서도 효과가 있으며, 15만 볼트 이상이면 가죽 잠바와 두터운 모피 코트 위에서도 효과가 있다고 한다.
- 전원은 대부분 9볼트 알카라인 건전지를 사용하고 있다. 이것은 충전기가 필요없는, 즉 배터리가 소진되었을 때, 즉시 구입이 가능하고 교환할 수 있는 장점이 있다.
- 핸드폰과 똑같은 외관의 전자충격기는 여성이 휴대 시에 혐오감을 없앨 수 있고, 범인이 핸드폰으로 오인하고 접근 시 방심한 틈을 이용하여 신속하게 사용할 수 있다.
- 1단계는 경보사이렌이 울리고, 2단계는 수천볼트의 전기충격이 가해지는데, 높은 주파수의 경보음은 위협받고 있을 때 주위로부터 도움을 요청할 수 있다.
- 고강도 플라스틱으로 제조하여 가벼우며 견고성이 뛰어납니다.
- 안전스위치를 채택하여 안전사고에 대비.

(2) 주의사항

- 물(水)과의 접촉은 피하여야 한다.
- 건전지 삽입 시에는 사용설명서 및 건전지 삽입구에 표시되어 있는 전극의 방향으로 정확하게 삽입한다.(합선에 의한 고장 방지)
- 반드시 알카라인(듀라셀, 에너자이저) 건전지를 사용.
- 딱딱한 물체와 직접적인 충격을 가하는 것을 삼가.
- 개조 및 분해하지 않는다.
- 노약자나 어린이에게 사용을 금한다.
- 어린이의 손에 닿지 않는 곳에 보관.
- 시중에 흔히 허가를 받지 않고 살 수 있는 전기충격기라고 광고하는 것들이 있는 데 실제 성능은 맞으면 약간 따끔한 정도다. 이런 제품은 절대 사지 말도록 하고, 만약 샀더라도 사용하지 말아야 한다. 사용할 시 범죄자를 자극하여 더 위험한 상황에 처할 수 있다.
- 대한민국은 날 길이 15cm가 넘는 칼, 15cm가 안 되더라도 날이 자동으로 나오는 칼, 석궁도 경찰에서 허가를 받아야지만 구입 및 소지가 가능한 나라고, 전자충격기나 분사기도 약간이라도 위험하면 모두 경찰 허가가 필요하다. 따라서 경찰의 소지허가가 필요한 제품이라는 얘기는 최소한의 품질은 보증되어있다고 할 수 있고, 소지허가가 필요없는 전자충격기는 장난감 수준이라고 생각해도 무방하다.[13]

※ 국내 법규상 전기충격기는 60.000V를 초과할 수 없다. 치한퇴치에 사용하는 전기충격기의 성능은 17.000V이다. (17.000V 정도의 전기충격기는 경찰청장의 허가 없이 소지가능하고 그 이상일 경우는 관할경찰서장의 허가를 받아야 한다.)

13) 위키백과, http://ko.wikipedia.org/wiki/%EC%A0%84%EC%9E%90%EC%B6%A9%EA%B2%A9%EA%B8%B0(검색:2012.01.30)

3) 스프레이식 분사기(호신용 스프레이)

호신용스프레이로는 식물성분과 화학성분 두 종류가 있는데 화학성분의 스프레이는 폭동 진압용으로 쓰이고 일반적으로는 식물성분의 스프레이를 사용한다.

〈13-7〉 호신용 스프레이

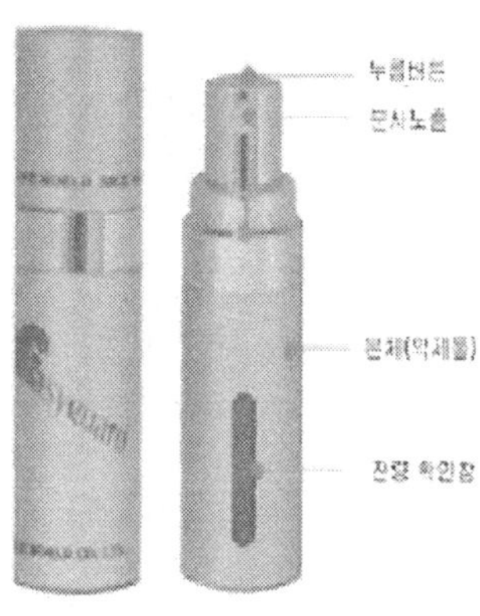 ① 스프레이  ② DYE Witness	① 스프레이 : 분사거리 - 1m~3m ② DYE Witness : 후추성분의 스프레이로 녹색의 액체가 들어있어 스프레이가 분사된 부분이 녹색으로 일주일동안 지워지지 않게 된다.

흔히 립스틱 모양으로 소지가 편하고 소지허가도 받지 않는다. 압축가스가 없으므로 상대에 가까이 붙어야 하며 1m도 안 되는 유효사거리라 위험성이 있다.

4) 삼단봉

호신용 삼단봉은 접혀 있으면 약20cm이지만 펴면 60cm가 되는 접을 수 있는 긴 철재 막대 형태의 강철봉이다. 한 대 맞으면 뼈가 상할 수 있을 정도로 충격을 주는 안전 장구로 위험한 상황에서 안전을 위협하는 사람과 맞닥뜨렸을 때 상용된다. 재질은 알루미늄과 강철이 있는데 알루미늄은 가볍고 휴대가 용이하고, 강철은 좀 무겁지만 타격 효과가 커 좋다.

〈13-8〉 삼단봉

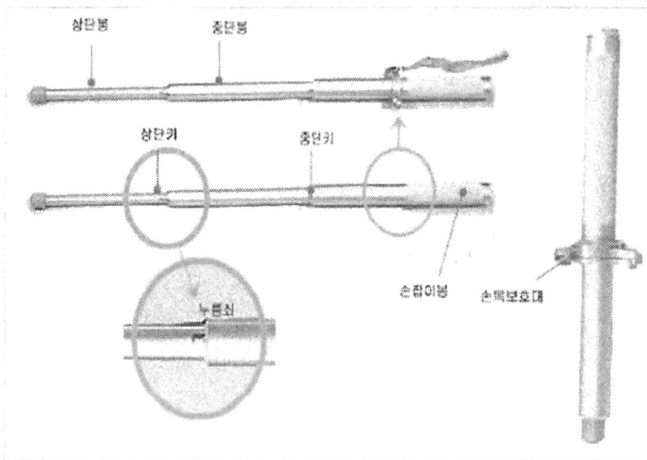

○길이 :최대 340mm±
최소 200mm±
○접혀 있으면 약 20cm 이지만 펴면 60cm가 되는 막대 형태로 평소에는 접어서 허리, 다리에 휴대

5) 수동적 방어 제품

(1) 호루라기

〈13-9〉 호루라기

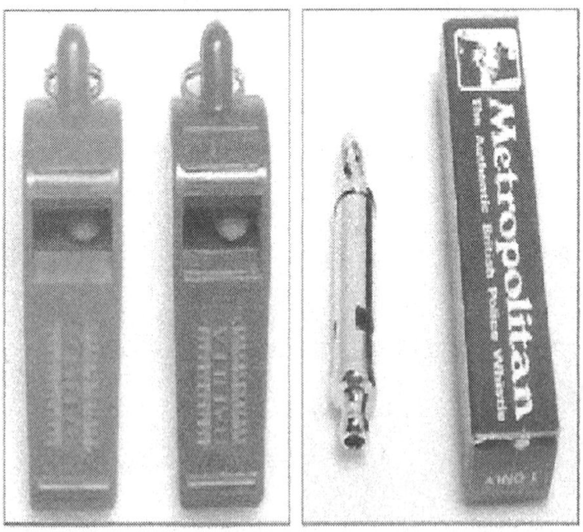

◆좌측제품은 안에 pea가 있는 형태로 우리가 흔히 일반적으로 알고 있던 호루라기 형태로 위급상황 시 불어주면 된다. (길이 : 5cm)

◆우측제품은 안에 pea가 없는 형태로 두 개의 관을 통해 서로 다른 소리가 난다. (길이 : 6.8cm)

* pea : 호루라기 안에 들어있는 작은 코르크가 된 알을 말하며 제품에 따라 있는 것과 없는 것이 있다.

(2) 호신경보기

경보기는 호루라기와 비슷한데 자동으로 경보음을 울리거나 줄 또는 버튼을 눌러 경보의 기능을 하는 것이다. 입으로 부는 호루라기 제품을 대체하여 나온 제품이다.

〈13-10〉 호신경보기

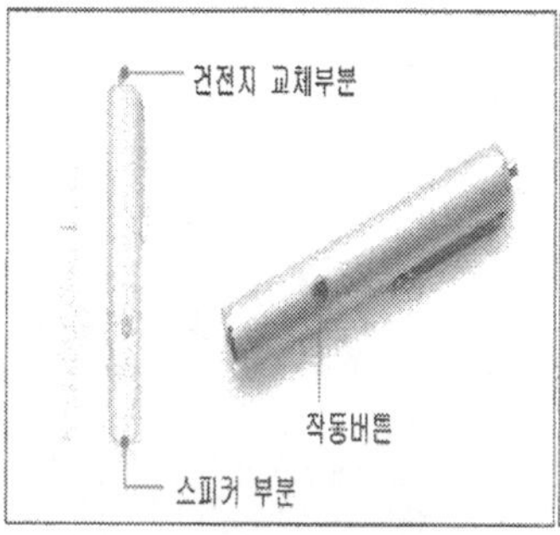 	◆좌 - 위급상황 시 손으로 버튼만 누르면 120db의 강력하고 날카로운 굉음이 나온다. 〈길이:10㎝, 무게:25g, 소리: 120db이상(10㎝거리이내)〉 ◆우 - 위급상황에 캡을 눌러 경보음을 발생(130db)

6) 두 가지 이상의 기능을 접목한 제품

(1) 전자충격기 + 후레쉬 + 경보기 + 호신봉 기능을 접목한 제품

국내 전자 충격기 중 가장 긴 제품으로 평소에는 1단으로 휴대하고 사용 시에는 3단봉으로 사용한다. 무게가 좀 나가고 크기도 좀 커서 휴대보다는 경비원과 같은 직업적으로 방어를 필요로 하는 사람들이 주로 사용한다.

〈13-11〉 전자충격기

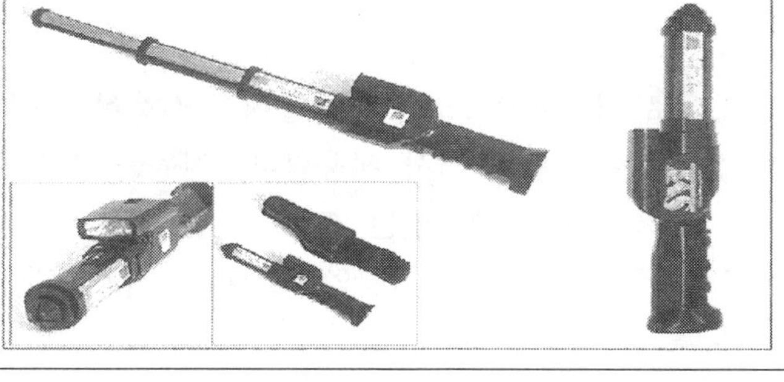	○ 길이 •1단일 때 - 325㎜ •폈을 때 - 545㎜ ○ 무게 : 460g

(2) 가스총과 삼단봉 기능을 접목한 제품

스트라이커(striker)는 가스총과 3단봉을 결합한 일체형으로 손잡이 부분에 가스탄이 들어가고 버튼을 누르면 가스가 나온다. 평소에는 1단으로 작은 사이즈이지만 사용 시 3단으로 길어진다.

〈13-12〉 스트라이커

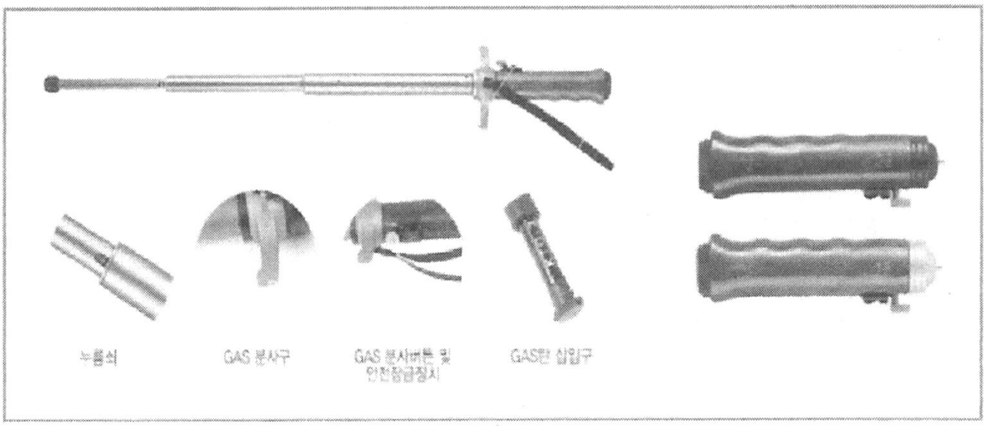

○ 여성용 - 무게 : 300g, 길이 : 165㎜,
○ 남성용 - 무게 620g, 길이 : 595㎜
○ 분사거리 : 3 ~ 5m

7) 해외사례

(1) 옷 형태의 전기충격기

그림과 같이 여성용 재킷의 형태로 평소에는 소매 단을 올려서 사용하고 위급상황엔 소매 깃에 있는 버튼을 조작하여 전원을 켜서 사용한다. 전원을 켜면 버튼 옆 LED가 빨간색으로 표시되고 양쪽 소매 안에 있는 조작버튼을 누르면 전류가 흘러서 접촉 시 가해자에게 충격을 주는 제품이다. (9V의 배터리를 사용한다.)

〈13-13〉 NO-CONTACT JACKET

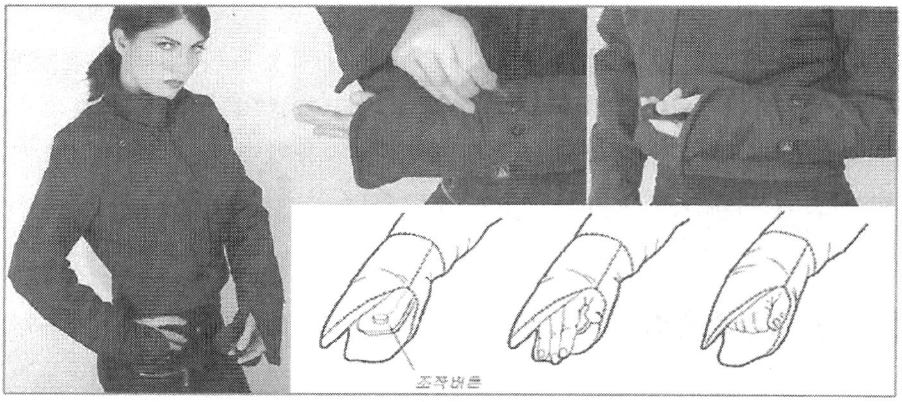

(2) 반지형태

반지형태로 금·은도금 제품 두 종류이다. 반지 속에 초강력 후추 스프레이가 들어있어 위급한 상황이 닥쳤을 때 반지 측면에 있는 조그만 버튼을 엄지손가락으로 누르면 후추 스프레이가 분사된다. 약제는 리필 가능하다. 효과는 스프레이를 맞는 순간 눈의 모세혈관이 타는 듯한 느낌을 받게 된다. 또한 심한 기침과 숨막힘, 재채기, 눈, 코, 목, 피부가 타는 듯한 느낌을 주게 되고 구토증상을 일으킨다. 이런 증세는 약45분간 지속된다.

〈13-14〉 Stunning Ring

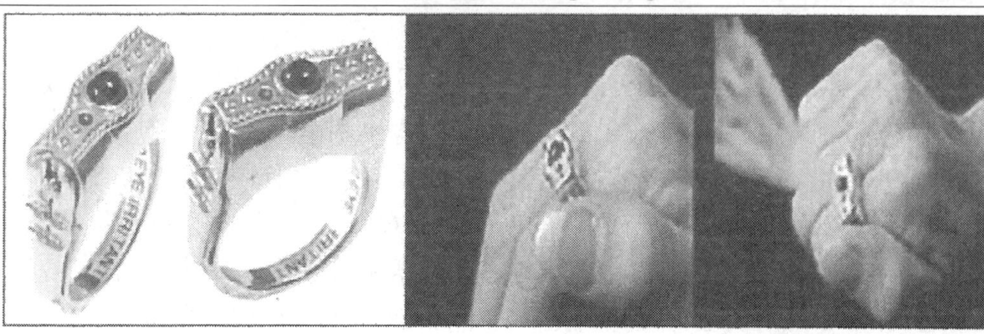

- 금과 은도금 제품
- 위급 시 측면 버튼을 누른다.
- 버튼을 누르면 스프레이가 분사된다.

6. 무기 및 호신장비 관련 법규

무기나 경호, 호신장비는 사용 중 상대방에게 심각한 피해 및 상해를 줄 수 있다. 우리나라의 경우 민간인에 대한 총기의 소지나 사용이 금지되어 있으며, 소지가 법적으로 허가 된 사람이라도 장비의 휴대나 사용이 제한적일 수 있으므로 법이 정하는 범위 내에서 선택되고 사용되어야 한다.

1) 형법 및 형사소송법

(1) 정당방위(正當防衛)

정당방위란 '자기 또는 타인의 법익에 대한 현재의 부당한 침해를 방위하기 위한 행위는 상당한 이유가 있는 때에는 벌하지 아니한다'(형법 제21조)고 명시되어 있는데 형법상 정당방위란 자신이나 남에게 가해지는 현재의 급박하고 부당한 침해를 막기 위해 어쩔 수 없이 취한 가해 행위로 자기보호의 원칙 및 법질서 수호의 원칙으로 정당화한다.

정당방위는 개인의 법익에 대한 보호뿐만 아니라 법질서의 유지를 위해서도 법이 인정하고 있는 위법성조각사유 중 가장 인정되는 것으로서 긴급피난의 경우와는 달리 반드시 다른 피난방법이 없을 것을 요하지 않으며 침해한 법익이 방위된 법익을 가치관계에서 초과하지 않을 것을 요구하지도 않는다.

형법은 이러한 행위가 상당한 이유가 있는 때에는 벌하지 않기로 하였다(형법 21조). 정당방위의 요건은 다음과 같다.

① 현재의 부당한 침해가 있어야 한다. 현재의 침해라 함은 당장에 절박해 있든가 또는 아직 계속인 침해를 말하며, 장래에 이르러 비로소 나타날 침해라든가 또는 이미 끝나 버린 침해는 포함되지 않는다. 그리고 이러한 침해는 부당한 것이라야 한다. 왜냐하면 부당한 침해라야만 피해자는 그것을 인수(忍受)할 의무를 가지지 않기 때문이다. 따라서 합법적인 공무집행행위 기타 정당한 이유가 있는 침해에 대하여는 정당방위는 허용되지 않는다. 그리고 여기의 부당한 침해는 형법상의 범죄행위에만 국한되는 것은 아니며, 민법상·행정법상의 모든

불법이 포함될 수 있고, 그리고 형사미성년자나 심신상실자의 침해도 여기에 해당될 수 있다(통설). 침해는 타인의 권리에 대한 공격을 말한다. 반드시 인간에 의한 것이라야 하며, 동물이나 자연현상에 의한 침해는 이것을 부당하다고 인정할 수 없으므로 그것에 대한 정당방위는 성립될 수 없고, 경우에 따라서 긴급피난(형법 22조)이 가능할 뿐이다. 그러나 주인에 의하여 사주(使嗾)된 동물의 침해에 대하여는 정당방위가 가능할 것이다.

② 자기 또는 타인의 법익을 방위하기 위하여 상당한 이유가 있어야 한다. 여기의 타인은 친족에만 국한되지는 않는다. 어떠한 법익도 보호되어야 하는 것처럼 누구의 법익도 방위될 수 있다. 이러한 법익 속에는 형법상 보호되는법익뿐만이 아니라 기타의 모든 법익이 포함된다. 생명·신체·자유·명예·정조·소유권·점유권 등은 그 대표적인 예가 된다. 그리고 정당방위는 이러한 법익에 대한 '침해를 방위하기 위한 행위'라야 한다. 따라서 방위자에게는 방위의사가 있어야 한다(통설·판례). 왜냐하면 그저 불법을 행할 목적으로 감행된 것을 정당한 방위라고 인정할 수는 없기 때문이다. 방위행위는 침해자에 대하여 행하여져야 하며, 제3자에 대한 것일 경우에는 경우에 따라 긴급피난이 될 수 있을 뿐이다.

③ 방위행위는 상당한 이유가 있어야 한다. 사회통념(社會通念)에 비추어 상당하다고 인정되어야 하므로, 작은 법익을 방위하기 위하여 지나치게 큰 법익에 대한 반격을 가하였을 경우에는 정당방위라고 인정되지 않는다. 따라서 방위행위가 그 정도를 초과하였을 경우에는(초과방위) 그것을 정당한 방위라고 인정할 수는 없고, 다만 정황(情況)에 따라 그 형을 감경 또는 면제할 수 있을 뿐이다(21조 2항). 다만 그 초과방위가 야간 기타 불안스러운 상태하에서 공포·경악·흥분 또는 당황으로 인한 때에는 벌하지 않기로 하였다(21조 3항).

정당방위는 민법에서도 문제가 되고 있다. 즉, 타인의 불법행위에 대하여 자기 또는 제3자의 법익을 방위하기 위하여 부득이 그 타인에게 손해를 가한 행위는 정당방위가 되어 그 손해를 배상할 책임이 없다고 민법은 규정하고 있다(761조 1항 본문). 그러나 이때의 피해자는 불법 행위자에 대하여 손해의 배상을 청구할 수 있다(761조 1항 단서).

방위행위가 지나쳐 그 상당성의 정도를 벗어난 과잉방위(過剩防衛)나 객관적으로 정당방위의 요건이 구비되지 않았는데도 불구하고 착오로 정당방위의 요건이 구비된 것으로 오인하고 방위를 한 오상방위(誤防衛想) 등은 위법성이 조각되지 않아 처벌된다.

그러나 정당방위가 자기사법을 의미하는 것은 아니며, 따라서 법질서를 방어할 이익이 없는 경우에는 정당방위가 제한될 수 있다. 그러나 이러한 정당방위의 제한의 근거가 사회, 윤리적 가치에 있다는 것은 형법의 도덕화를 통한 처벌범위의 확대를 의미하게 되므로 타당하다고 할 수 없다. 따라서 법익보호를 위한 정당방위에 대하여 법질서수호의 원칙에 따른 제한이 가능하지만, 이는 결코 사회윤리적 제한으로 파악해서는 안 될 것이다.[14)]

● 과잉방위(過剩防衛)

일반사회통념상 정당방위라고 인정되는 수준, 즉 상당성을 넘은 방위행위를 말한다. 상당성이 있는지의 여부 판단은 객관적으로 이루어진다. 따라서 상당성 초과에 대한 인식의 유무는 과잉방위의 성립과는 관계가 없다.

과잉방위는 정당방위로서의 위법성은 조각(阻却)되지 않으나, 정황에 따라 그 책임이 감경 또는 면제될 수 있다(형법 21조 2항). 그러나 야간, 기타 불안스러운 상황에서 공포·경악·흥분 또는 당황 등 특별한 정황으로 인해 정도를 초과한 방위행위를 한 경우에는 형벌이 면제된다. 이것은 위법행위이기는 하지만, 이런 경우에는 적법행위의 기대가능성(期待可能性)이 없기 때문이다.

이러한 특별한 정황이 존재하지 않는 일반적인 정황이 있는 경우에는 상황에 따라 그 형을 감경·면제할 수 있다. 과잉방위는 위법한 행위이므로 이에 대한 정당방위도 허용된다.[15)]

● 오상방위(誤想防衛)

오상방위란 정당방위의 요건이 되는 사실, 즉 자기나 타인의 법익에 대한 현재의 부당한 침해가 없는데도 그것이 있다고 잘못 생각하여 행한 방위행위로 착각방위(錯覺防衛)라고도 한다.

예컨대 밤길을 걷다가 뒤에서 급한 일로 뛰어오는 사람을 자기를 죽이려고 뛰어오는 줄 잘못 알고, 정당방위라 생각하여 사살한 경우와 같다.

14) 네이버백과사전, http://100.naver.com/100.nhn?docid=135882(검색:2012.01.30)
15) 네이버백과사전, http://100.naver.com/100.nhn?docid=17452(검색:2012.01.30)

형법은 오상방위에 관하여 아무런 규정을 두고 있지 않다. 오상방위는 정당방위가 아니므로 위법성이 조각(阻却)되지 아니함은 물론이지만, 이 경우에는 위법인 사실을 인식하지 못한 것이므로 '사실의 착오'로서 단순히 과실범으로 취급하여야 한다는 학설과, '법률의 착오(금지의 착오)'로서 고의가 조각되지 않는다는 학설이 대립되어 있다.16)

(2) 정당행위(正當行爲)

정당행위는 크게 법령에 의한 행위, 업무로 인한 행위, 기타 사회상규(社會常規)에 위배되지 않는 행위로 나눌 수 있다.(형법 제20조)

● 법령에 의한 행위

이는 법령의 근거에 의해 권리 또는 의무로서 행해지는 행위를 말한다. 법령에 의한 행위는 이로 인해 타인의 법익을 침해하여 구성요건에 해당하는 때도 정당행위로서 그 위법성이 조각된다. 또한 위법성은 법질서 전체와의 관계에서 내려지는 가치판단이므로 이 경우 법령이란 형법 이외의 개별적인 법령도 포함된다. 그러나 법령에 의한 행위일지라도 사회상규에 비추어 권리의 남용이라고 볼 수 있는 때는 위법성이 조각되지 않는다. 법령에 의한 행위의 대표적인 사례로는 공무원의 직무집행행위(예를 들면 형사소송법 제206조와 제216조에 의한 강제처분 등), 친권자 및 교사의 징계행위(민법 제915조, 교육법 제76조, 소년원법 제15조 등), 현행범인의 체포(형사소송법 제212조), 노동쟁의행위(헌법 제33조 및 노동쟁의조정법 제3조) 등을 들 수 있다. 이밖에도 모자보건법에 의한 임신중절수술(제14조), 승마투표권의 발행(한국마사회법 제6조) 등과 같이 개별적인 법률에 의해 행위의 위법성이 조각되는 경우도 있다.

● 업무로 인한 행위

업무란 사람이 사회생활상의 지위에 의하여 계속·반복의 의사로서 행하는 사무를 의미하는데 그 업무는 사회통념에 비추어보아 정당한 것이어야 한다. 업무로

16) 네이버백과사전, http://100.naver.com/100.nhn?docid=115414(검색:2012.01.30)

인한 행위의 대표적인 사례는 의사의 치료행위지만 변호사의 변론이나 성직자의 종교상의 행위도 여기에 포함된다. 그밖에 운동경기에 의한 법익의 침해나 안락사의 문제도 업무에 의한 행위로 파악하는 입장이 있다. 그러나 운동경기에 의한 법익침해는 경기규칙의 범위를 벗어나지 않는 한 '허용된 위험'의 경우로서 구성요건을 조각하는 것이라고 해석해야 하며, 또한 안락사도 그 자체로서는 정당한 업무로 볼 수 없고 단지 일정한 요건을 구비하는 경우 사회상규에 의해 정당화되는 것으로 해석하는 것이 타당할 것이다.

● 기타 사회상규에 위배되지 않는 행위

사회상규에 위배되지 않는 행위란 비록 구성요건에 해당한다고 해도 그것이 지극히 정상적인 생활형태의 하나로서 역사적으로 생성된 생활 질서를 벗어난 경우로 볼 수 없는 행위를 말한다. 사회상규에 반하지 않는 정당행위로 인정되기 위해서는 행위의 동기나 목적의 정당성, 행위의 수단이나 방법의 상당성, 보호이익과 침해이익과의 법익균형성, 긴급성, 보충성 등의 요건을 충족해야 한다. 판례에 나타난 사례들은 행위동기를 용인할 만하고 그 행위로 인한 법익침해가 경미한 경우가 대부분이다. 예컨대 상대방의 도발이나 폭행 및 강제집행 등을 피하기 위한 소극적인 저항이나, 법령상 징계권이 없는 자의 징계행위가 객관적으로 징계의 범위를 벗어나지 않고 주관적으로도 교육의 목적에 반하지 않는 경우 등이 이에 해당한다.[17)]

(3) 긴급피난(緊急避難)

긴급피난이란 자기 또는 타인의 법익에 대한 현재의 위난(危難)을 피하기 위해 행한 상당히 이유있는 행위(형법 제22조 1항, 민법 제761조 2항)이다.

긴급상태에서 자기나 타인의 법익을 보호하기 위한 행위로서, 처벌되지 않는다는 점에서는 정당방위와 같지만 법적 성격은 서로 다르다. 정당방위는 위법한 침해에 대한 반격이라는 점에서 위법하지 않은 침해에 대한 피난을 허용하는 긴급피난과 구별된다.

긴급피난이 성립하기 위해서는 첫째, 자기 또는 타인의 법익에 대한 현재의 위

17) 다음 백과사전, http://100.daum.net/encyclopedia/view.do?docid=b19j1041b(검색: 2012.02.04)

난상태가 있어야 한다. 여기의 법익에는 생명 · 신체 · 자유 · 명예 · 재산 등의 개인적 법익뿐만 아니라 국가 · 사회적 법익도 포함된다. 현재의 위난이란 법익에 대한 침해가 즉시 또는 곧 발생할 것으로 예상되는 경우를 말한다. 긴급피난자의 책임 있는 행위로 인하여 긴급피난상태를 자초한 경우(소위 자초위난)에도 긴급피난은 가능하다(반대입장 있음). 둘째, 피난행위가 있어야 한다. 피난행위는 현재의 위난을 피하기 위한 행위로서 주관적으로 피난의사를 가지고 하여야 한다. 셋째, 피난행위로서 사회 상규(常規)상 당연하다고 인정되는 상당한 이유가 있어야 한다. 이는 긴급피난의 필요성 · 보충성 · 균형성 · 적합성의 원리에 의해 결정된다. 상당성이 없는 피난행위를 과잉피난이라고 한다. 이 경우 위법성은 인정되나 정황에 따라 형을 감경(減輕), 또는 면제할 수 있다(형법 제21조 2항, 제22조 3항). 그러나 야간, 기타 불안스러운 상태에서의 공포·경악·흥분·당황으로 인한 때에는 처벌하지 않는다(형법 제22조 3항). 긴급피난의 상황이라도 위난을 피하지 못할 책임이 있는 자에게는 긴급피난이 허용되지 않는다(형법 제22조 2항). 이들은 직무상 또는 업무상 위난을 피할 수 없는 특별한 의무가 있는 자들로 군인·경찰관·의사·소방관 등이다.[18]

(4) 현행범인 체포

현행범인이란 '범죄의 실행중이거나 실행 직후인 자(형사소송법 제211조 1항)'를 말하며 형사소송법상 현행범인은 고유한 의미의 현행범인과 준현행범으로 나누어 규정되어 있다. 고유한 의미의 현행범인이란 범죄를 실행하고 있는 중이거나 실행을 막 끝낸 자를 말하며, 준현행범인이란 고유한 의미의 현행범인은 아니지만 현행범으로 간주되는 자로서 범인으로 호창(呼唱)되어 추적되고 있거나, 장물이나 범죄에 사용되었다고 인정함에 충분한 흉기 또는 기타의 물건을 소지하고 있거나, 신체 또는 의복류에 현저한 증적(證跡)이 있거나, 누구임을 물음에 대해 도망치려 하는 자가 이에 해당한다.

현행범의 체포는 긴급성이 인정되기 때문에, 헌법은 체포 · 압수 · 수색 · 구속 시에는 법관이 발부한 영장을 제시해야 하지만 현행범인 경우에는 사후에 영장을 청구할 수 있다고 규정하고 있다(제12조 3항). 이에 따라서 형사소송법은 "현행범

18) 브리태니카백과사전, http://100.daum.net/encyclopedia/view.do?docid=b03g1320a(검색: 2012.02.04)

인은 누구든지 영장 없이 체포할 수 있다"(제212조)라고 명시하고 있다. 현행범으로 체포할 수 있는 요건으로서는 체포당시에 특정한 범죄의 범인임이 명백해야 하고, 영장주의의 예외로 인해 침해되는 법익과 체포의 필요성 사이에 비례성이 존재해야 한다. 형사소송법상 5만원 이하의 벌금 또는 구류나 과료에 해당하는 죄의 현행범에 대해서는 범인의 주거가 분명하지 않은 때에 한해 현행범으로 체포할 수 있다고 한 규정(제214조)이 이러한 비례성의 원칙을 잘 나타내주고 있다. 검사 또는 사법경찰관이 아닌 자가 현행범을 체포한 때에는 즉시 검사 또는 사법경찰관에게 인도해야 하며(제213조), 사법경찰관이 현행범의 인도를 받은 때에는 체포자의 성명, 주거, 체포의 사유를 물어야 하고 필요한 때에는 체포자에 대하여 경찰관서에 동행할 것을 요구할 수 있다(제213조 2항).

현행범으로 영장 없이 체포한 경우에도 반드시 사후영장을 발부받아야 한다. 구속영장은 지방법원 판사가 있는 시 또는 군에서는 48시간, 기타의 시 또는 군에서는 72시간 안에 발부받아야 하고 사후영장을 발부받지 못하면 즉시 석방해야 하며, 석방된 사람을 구속영장 없이 동일한 범죄사실을 이유로 다시 구속할 수 없다(제207조, 제213조의2).[19]

2) 총포 · 도검 · 화약류 등 단속법

● 분사기 소지허가를 받은 사람은 허가 받은 용도에 사용하기 위한 경우와 그 밖의 정당한 사유가 있는 경우 외에는 해당 분사기를 소지하거나 운반해서는 안 된다고 규정하고 있으며(총포 · 도검 · 화약류 등 단속법 제17조 1항), 분사기의 소지허가를 받은 사람은 허가 받은 용도나 그 밖의 정당한 사유가 있는 경우 외에는 분사기를 사용해서는 아니된다고 명시하고 있다(동법 제17조 2항).

만약 이를 위반할 경우벌칙조항에 의해 2년이하의 징역 또는 500만원 이하의 벌금형으로 벌하도록 되어 있다(동법 제73조).

19) 브리태니카백과사전, http://100.daum.net/encyclopedia/view.do?docid=b25h0990a(검색: 2012.02.04)

● 결격사유

제13조(총포 · 도검 · 화약류 · 분사기 · 전자충격기 · 석궁소지자의 결격사유 등)

다음 각호의 1에 해당하는 사람은 총포 · 도검 · 화약류 · 분사기 · 전자충격기 · 석궁의 소지허가를 받을 수 없다.

① 20세 미만인 사람. 다만, 대한체육회장이나 특별시·광역시 또는 도의 체육회장이 추천한 선수 또는 후보자가 사격경기용 총을 소지하고자 하는 경우에는 그러하지 아니하다.

② 심신상실자, 마약 · 대마 · 향정신성의약품 또는 알콜의 중독자 그 밖의 이에 준하는 정신장애자

③ 금고 이상의 실형의 선고를 받고 그 집행이 종료(집행이 종료된 것으로 보는 경우를 포함한다)되거나 집행이 면제된 날부터 3년이 지나지 아니한 사람

④ 이 법의 규정을 위반하여 벌금형의 선고를 받고 3년이 지나지 아니한 사람

⑤ 특정강력범죄의처벌에관한특례법 제2조제1항 각호의 1의 규정에 의한 특정강력범죄를 범하여 징역 이상의 형의 집행유예선고를 받고 그 유예기간이 끝난 날부터 2년이 지나지 아니한 사람

⑥ 이 법의 규정을 위반하여 금고 이상의 형의 집행유예선고를 받고 그 집행유예의 기간이 끝난 날로부터 1년이 지나지 아니한 사람

⑦ 제45조 또는 제46조제1항의 규정에 의한 허가취소처분을 받고 1년이 지나지 아니한 사람[20)]

3) 경비업법

● 경비업자가 경비원으로 하여금 분사기를 휴대하여 직무를 수행하게 하는 경우에는 '총포 · 도검 · 화약류 등 단속법'에 의하여 미리 분사기의 소지허가를 받아야 한다(경비업법 시행규칙 제21조).고 규정되어 있으므로 경비원이 경비업무시· 분사기를 소지하는 것은 정당한 업무수행에 사용이 가능하다고 해석할 수 있으며 근무 중에 한하여 휴대를 하도록 하는 것은 경비용으로서 근무지를 벗어나거나 직무수행 목적 이외에 사용을 금지한다고 볼 수 있다.

20) 총포 · 도검 · 화약류 등 단속법 제17조

- 경비업자는 경비대상시설의 소유자 또는 관리자(이하 "시설주"라 한다)의 관리권의 범위 안에서 경비업무를 수행하여야 하며, 다른 사람의 자유와 권리를 침해하거나 그의 정당한 활동에 간섭하여서는 아니 된다(경비업법 제7조 1항)고 규정함으로서 경비업자의 일반적 한계를 규정하였다.
- 경비원의 의무로 경비원은 직무를 수행함에 있어 타인에게 위력을 과시하거나 물리력을 행사하는 등 경비업무의 범위를 벗어난 행위를 하여서는 아니 된다. 또한 누구든지 경비원으로 하여금 경비업무의 범위를 벗어난 행위를 하게 하여서는 아니 된다고 규정하였다(경비업법 제15조 2항).

- 특수경비원의 무기사용: 제14조3~9항 (특수경비원의 직무 및 무기사용 등)

① 지방경찰청장은 국가중요시설에 대한 경비업무의 수행을 위하여 필요하다고 인정하는 때에는 시설주의 신청에 의하여 무기를 구입한다.

② 시설주는 무기 구입대금을 지불하고, 구입한 무기를 국가에 기부채납 하여야 한다.

③ 지방경찰청장은 국가중요시설에 대한 경비업무의 수행을 위하여 필요하다고 인정하는 때에는 관할 경찰관서장으로 하여금 시설주의 신청에 의하여 시설주로부터 국가에 기부 채납된 무기를 대여하게 하고, 시설주는 이를 특수경비원으로 하여금 휴대하게 할 수 있다. 이 경우 특수경비원은 정당한 사유 없이 무기를 소지하고 배치된 경비구역을 벗어나서는 아니 된다.

④ 시설주가 제3항의 규정에 의하여 대여 받은 무기에 대하여 시설주 및 관할 경찰 관서장은 무기의 관리책임을 지고, 관할 경찰관서장은 시설주 및 특수경비원의 무기 관리상황을 대통령령이 정하는 바에 따라 지도감독 하여야 한다.

⑤ 관할 경찰관서장은 무기의 적정한 관리를 위하여 제3항의 규정에 의하여 무기를 대여 받은 시설주에 대하여 필요한 명령을 발할 수 있다.

⑥ 시설주로부터 무기의 관리를 위하여 지정 받은 책임자(이하 관리책임자라 한다)는 다음 각 호에 의하여 이를 관리하여야 한다.

- 무기출납부 및 무기장비운영카드를 비치, 기록하여야 한다.
- 무기는 관리책임자가 직접 지급, 회수하여야 한다.

⑦ 특수경비원은 국가중요시설의 경비를 위하여 무기를 사용하지 아니하고는 다른 수단이 없다고 인정되는 때에는 필요한 한도 안에서 무기를 사용할 수 있다.

⑧ 무기사용 허용

- 무기 또는 폭발물을 소지하고 국가중요시설에 침입한 자각 특수경비원으로부터 3회 이상 투기(投棄) 또는 투항(投降)을 요구 받고도 이에 불응하면서 계속하는 경우 이를 억제하기 위하여 무기를 사용하지 아니하고는 다른 수단이 없다고 인정되는 때
- 국가중요시설에 침입한 무장간첩이 특수경비원으로부터 투항(投降)을 요구 받고도 이에 불응한 때

※ 특수경비원의 무기휴대, 무기종류, 그 사용기준 및 안전검사의 기준 그 밖의 필요한 사항은 대통령령으로 정한다.

● 특수경비원의 무기휴대: 시행령 제20조(특수경비원 무기휴대의 절차 등)

① 시설주는 특수경비원이 휴대할 무기를 대여 받고자 하는 때에는 무기대여신청서를 관할경찰서장 및 공항경찰대장 등 국가중요시설의 경비책임자를 거쳐 지방 경찰청장에게 제출하여야 한다.

② 시설주는 관할경찰관서장으로부터 대여 받은 무기를 특수경비원에게 휴대하게 하는 경우에는 관할경찰관서장의 사전승인을 얻어야 한다.

③ 사전승인을 함에 있어서 관할경찰관서장은 국가중요시설에 총기 및 폭발물의 소지자나 무장간첩 침입의 우려 여부 등을 고려하는 등 특수경비원에게 무기를 지급하여야 할 필요성이 있는지의 여부에 관하여 판단하여야 한다.

④ 시설주는 무기지급의 필요성이 해소되었다고 인정되는 때에는 특수경비원으로부터 즉시 무기를 회수하여야 한다.

⑤ 특수경비원이 휴대할 수 있는 무기종류는 권총 및 소총으로 한다.

⑥ 경찰장비의 사용기준 등에 관한 규정에 의한 안전검사의 기준에 관하여 이를 준용한다.

⑦ 시설주, 관리책임자와 특수경비원은 행정자치부령이 정하는 무기관리수칙을 준수하여야 한다.

● 특수경비원의 무기감독: 시행령 제21조(무기관리에 대한 지도 · 감독)

관할경찰관서장은 법 제14조제5항의 규정에 의하여 시설주 및 특수경비원의 무기관리상황을 매월 1회 이상 점검하여야 한다.

● 특수경비원의 무기관리: 시행규칙 제17조(무기대여신청서) 제18조(무기의 관리 수칙 등)

① 무기의 관리를 위한 책임자를 지정하고 관할경찰관서장에게 이를 통보할 것.

② 무기고 및 탄약고는 단층에 설치, 환기·방습·방화 및 총가 등의 시설을 할 것.

③ 탄약고는 무기고와 사무실 등 많은 사람을 수용하거나 많은 사람이 오고 가는 시설과 떨어진 곳에 설치할 것.

④ 무기고 및 탄약고에는 이중 시건 장치를 하여야 하며, 열쇠는 관리책임자가 보관하되, 근무시간 이후에는 열쇠를 당직책임자에게 인계하여 보관시킬 것.

⑤ 관할경찰관서장이 정하는 바에 의하여 무기의 관리실태를 매월 파악하여 다음 달 3일까지 관할경찰관서장에게 통보할 것.

⑥ 대여 받은 무기를 빼앗기거나 대여 받은 무기가 분실.도난 또는 훼손되는 등의 사고가 발생한 때에는 관할경찰관서장에게 사유를 지체 없이 통보할 것

⑦ 대여 받은 무기를 빼앗기거나 대여 받은 무기가 분실·도난 또는 훼손된 때에는 경찰청장 이 정하는 바에 의하여 그 전액을 배상할 것. 단, 전시, 사변, 천재지변 그 밖의 불가항력의 사유가 있다고 지방경찰청장이 인정한 때에는 그러하지 아니하다.

⑧ 시설주는 자체계획을 수립하여 보관하고 있는 무기를 매주 1회 이상 손질한다.

⑨ 시설주나 관리책임자는 고의 및 과실로 무기(부속품 포함)를 빼앗기거나 무기가 분실, 도난 또는 훼손되도록 한 특수경비원에 대하여 특수경비업자에게 교체 또는 징계 등의 조치를 요청할 수 있다. 이 경우 특수경비업자는 특별한 사유가 없는 한 이에 응하여야 한다.

⑩ 무기를 대여 받은 시설주 또는 관리책임자가 특수경비원에게 무기를 출납 하고자 하는 때에는 다음 각 호의 관리수칙에 따라 무기를 관리하여야 한다.

⑪ 탄약의 출납은 소총에 있어서는 1정당 15발 이내, 권총에 있어서는 1정당 7발 이내로 하되, 생산된 날짜가 오래된 탄약을 우선적으로 출납할 것.

⑫ 무기를 지급받은 특수경비원은 무기를 매주 1회 이상 손질해야 한다.

⑬ 수리가 필요한 무기가 있는 때에는 그 목록과 무기장비운영카드를 첨부하여 관할경찰관서장에게 수리를 요청할 것.

● 특수경비원의 무기사무기 관리수칙

① 무기를 지급 받거나 반납할 때 또는 무기의 인계 인수를 하는 때에는 반드시 "앞에 총"의 자세에서 "검사 총"을 할 것
② 무기를 지급받은 때에는 별도의 지시가 없는 한 탄약은 무기로부터 분리하여 휴대 하여야 하며, 소총은 "우로 어깨걸어 총"의 자세를 유지하고, 권총은 "권총집에 넣어 총"의 자세를 유지할 것
③ 지급 받은 무기를 다른 사람에게 보관. 휴대 또는 손질 시키지 아니할 것
④ 무기를 손질 또는 조작하는 때에는 총구를 반드시 공중으로 향하게 할 것
⑤ 무기를 반납하는 때에는 손질을 철저히 한 후 반납하도록 할 것
⑥ 근무시간 이후에는 무기를 시설주에게 반납하거나 교대근무자에게 인계할 것

● 특수경비원의 무기지급 금지 및 즉시 회수대상

① 형사사건으로 인하여 조사를 받고 있는 사람
② 사의를 표명한 사람
③ 정신질환자
④ 그 밖에 무기를 지급하기에 부적합 하다고 인정되는 사람
⑤ 시설주는 무기를 수송하는 때에는 출발하기 전에 관할경찰서장에게 그 사실을 통보하여야 하며, 통보를 받은 관할경찰서장은 1인 이상의 무장경찰관을 무기를 수송하는 자동차 등에 함께 타도록 하여야 한다.

● 특수경비원의 의무로서 다음과 같은 규정을 두고 있다.

① 특수경비원은 직무를 수행함에 있어 시설주·관할 경찰관서장 및 소속 상사의 직무상 명령에 복종하여야 한다.
② 특수경비원은 소속 상사의 허가 또는 정당한 사유없이 경비구역을 벗어나서는 아니 된다.
③ 특수경비원은 파업·태업 그 밖에 경비업무의 정상적인 운영을 저해하는 일체의 쟁의행위를 하여서는 아니 된다.
④ 특수경비원이 무기를 휴대하고 경비업무를 수행하는 때에는 다음 각 호의 1에 정하는 무기의 안전사용수칙을 지켜야 한다.

1. 특수경비원은 사람을 향하여 권총 또는 소총을 발사하고자 하는 때에는 미리

구두 또는 공포탄에 의한 사격으로 상대방에게 경고하여야 한다. 다만, 다음 각목의 1에 해당하는 경우로서 부득이한 때에는 경고하지 아니할 수 있다.

- 특수경비원을 급습하거나 타인의 생명·신체에 대한 중대한 위험을 야기하는 범행이 목전에 실행되고 있는 등 상황이 급박하여 경고할 시간적 여유가 없는 경우
- 인질 · 간첩 또는 테러사건에 있어서 은밀히 작전을 수행하는 경우

2. 특수경비원은 무기를 사용하는 경우에 있어서 범죄와 무관한 다중의 생명·신체에 위해를 가할 우려가 있는 때에는 이를 사용하여서는 아니 된다. 다만, 무기를 사용하지 아니하고는 타인 또는 특수경비원의 생명·신체에 대한 중대한 위협을 방지할 수 없다고 인정되는 때에는 필요한 최소한의 범위 안에서 이를 사용할 수 있다.
3. 특수경비원은 총기 또는 폭발물을 가지고 대항하는 경우를 제외하고는 14세 미만의 자 또는 임산부에 대하여는 권총 또는 소총을 발사하여서는 아니된다. (경비업법 제15조)

● 벌칙

'총포 · 도검 · 화약류 등 단속법'에서 분사기와 관련 된 법규 또는 명령을 위반하였을 경우 징역과 벌금 등으로 엄격히 통제하고 있다.

① 5년이하의 징역 또는 1천만원 이하의 벌금

- 분사기 소지허가를 받지 않고 소지하는 경우
- 소지허가를 받은 사람이 소지허가를 받은 사람 외의 사람과 분사기를 양도, 양수하는 경우
- 다른 사람에게 분사기를 빌려주거나 빌리는 경우
- 허가관청이 재해의 예방 또는 공공안전을 위한 조치 등의 명령 또는 조치를 위반할 경우

② 3년 이하의 징역 또는 700만원 이하의 벌금

- 취급(제조·판매·수수·적재·운반·저장·소지·사용·폐기 등)의 금지 위반
- 분사기를 위장하거나 다른 물건과 혼합 포장하여 소지·저장·운반하거나 발송하는 경우
- 허가관청의 검사를 위반한 경우
- 거짓이나 그 밖의 옳지 못한 방법으로 허가를 받은 사람

③ 2년 이하의 징역 또는 500만원 이하의 벌금

- 모의 총포를 제조·판매 또는 소지한 자
- 분사기를 허가받은 용도가 아니거나 정당한 경우 외에 사용하는 자
- 소지허가를 받은 사람이 성능을 변경하기 위해 임의로 개조하는 자
- 발견·습득신고를 하지 아니한 자

④ 양벌규정

- 법인의 대표자나 법인 또는 개인의 대리인, 사용인, 그 밖의 종업원이 그 법인 개인의 업무에 관하여 이 법을 위반한 때에는 그 행위자를 벌하는 외에 그 법인 또는 개인에 대하여도 각 해당 조항의 벌금형으로 벌한다.

⑤ 300만원 이하의 과태료

- 분사기를 도난당하거나 잃어버린 때, 소유자 또는 관리자는 지체 없이 관할 경찰서에 신고하여야 하나 규정에 따른 신고를 하지 않거나 거짓신고를 한 자
- 분사기 소지허가를 받은 사람이 허가받은 용도 이외, 정당한 사유 이외의 경우로 분사기를 지니거나 운반한 자
- 허가증을 교부받은 사람이 그 허가가 취소된 때 또는 영업정지, 사용정지 처분을 받은 때에는 행정자치부령이 정하는 바에 따라 허가증을 허가관청에 지체 없이 반납하여야 하나 이를 위반한 자
- 허가증을 교부받은 사람이 그 허가증 기재사항에 관해 변경이 있는 때는 허가관청에 지체 없이 신고하여야 하나 이를 위반한 자
- 분사기를 소지하는 사람이 공공의 안전유지를 위하여 총포 등의 운반 및 nl급 등과 관련, 행정자치부령이 정하는 사항을 미준수한 자[21)]

4) 경찰관의 무기사용 규정

경찰관의 무기사용은 경찰공무원법 제20조 제2항에 의하여 무기의 휴대를 인정받고 있을 뿐만 아니라, 본 조항에 의하여 그 사용에까지도 인정받고 있는 것이다. 무기를 사용할 수 있는 공무원의 범위는 경찰관 이외에도 있으나 그 근거법령 중 그 허용요건이 명시되어 있는 것은 경찰관직무집행법 뿐이다.

21) 사단법인 한국경비협회, 「일반경비」, 2010. pp.269~271.

경찰관직무집행법은 경찰관의 무기사용의 범위와 한계를 규정함경찰관직무집행법 제11조는 경찰관이 무기를 사용하는 경우 그 요건 및 한계를 규정한 규정으로 행정 및 사법상의 목적을 달성하기 위한 실력행사의 수단으로서 최강의 실력을 지닌 무기를 사용하는 경우를 예상하고 있다. 이는 경찰관에 의한 실력행사의 최종수단이며 가장 극렬·강력한 치안질서유지의 최후수단의 발동으로서 필요악으로서의 성격을 지닌 직권인 것이다.

경찰관직무집행법은 경찰관의 무기사용의 범위와 한계를 규정함으로서 형법 제20조의 정당행위를 사실상 제한하고는 있지만 다른 규정들은 그러한 요건을 구비하고 있지 못한 것이 사실이므로 본법은 엄격한 제한요건으로서 경찰관의 무기사용권을 창설한 것이라기보다는 사용의 기준을 설정한 것이며 무기사용의 한계에 관한 법리가 적용된다고 할 것이다.

(1) 경찰관직무집행법 제11조상의 무기의 개념

우리나라 형법에서는 주로 흉기 또는 위험한 물건이라는 것으로 무기를 표현하기도 하는데, 무기란 사람을 살상하는 성능을 가진 기구로서 주로 사람을 살상하는 용도에 공할 목적으로 제작된 것을 말하며, 사람을 살상 또는 손괴하는 성능을 가진 흉기 중 특히 사람을 살상할 목적으로 제작된 것을 말한다. 사람뿐만이 아니라 짐승을 살상할 목적으로 제작된 것도 무기라 하는데, 이는 군에서의 사용을 목적으로 한 병기와도 구별되는 개념이다.

통상의 무기로는 권총 · 소총 · 칼 · 창 등을 들 수 있으나 본조에서 말하는 무기는 경찰관의 무기사용에 관한 것이므로 주로 우리나라 경찰관이 소지하고 있는 무기를 말한다.

(2) 무기사용의 요건

① 위해를 수반하지 않는 경우.

위해를 수반하지 않는 경우로는 크게 네 가지를 들 수 있다. 그것은 경찰관직무집행법 제11조상에 명시되어 있는 ① 범인의 체포·도주의 방지를 위한 경우, ② 자기 또는 타인의 생명·신체에 대한 방호를 위한 경우, ③ 공무집행에 대한 항거를 억제하기 위하여 필요한 경우, ④ 무기의 사용이 필요하다고 인정되는 상당한 이유가 있는 경우 등이다. 여기서의 범인, 공무집행 등의 의미는 형법상에서 인정되는 의미를 뜻하며, 그 사용의 정도는 사람에게 위해를 주지 않는 범위 내에서야 한다. 이 법에서의 무기사용의 의미에 대하여 인명의 살상이라고 해석할 수도 있을 것이나 본조 후단에 있는 사람에게 위해를 주는 것이 허용되는 요건을 따로 규정하고 있으므로, 여기서의 사용의 의미는 사람에게 위해를 주지 아니하는 범위 내로 국한하는 것이 옳은 해석방법일 것이라 생각된다.

② 위해를 수반하는 경우.

위해를 수반하는 경우로는 ① 정당방위의 경우(형법 제21조), ② 긴급피난의 경우(형법 제22조), ③중범인의 체포와 이를 위한 경찰관의 직무집행에 해당한 때, ④ 영장집행(수색영장 포함)의 경우, ⑤ 위험한 무기소지 범인의 경우, ⑥ 대간첩 작전을 수행하는 경우, ⑦ 무기를 사용하지 아니하고는 다른 수단이 없는 경우 등이다.

(3) 무기사용의 한계

전술한 무기사용의 요건에 해당하는 경우 무기를 사용할 수 있으나 그것은 어디까지나 그 사태를 합리적으로 판단하여 필요한 한도 내에서만 가능하다. 또한 무기를 사용하지 않고서는 다른 수단이 없는 최악의 경우에 무기를 사용할 수 있을 뿐이다.(본조 후단)

본조에서 규정하고 있는 각각의 개념들은 하나의 예시개념이라기 보다는 어느 정도 구체적인 개념인 것일 것이다. 그러한 측면에서 볼 때 우리나라에서의 경찰관의 무기사용은 상당히 엄격하고 명확하게 법에 규정되어 있다고 할 수도 있을 것이다. 또한 총기를 사용할 수 있는 상황이라 하더라도 되도록 총기보다는 경찰관직무집행법 제10조(장구의 사용) 내지 제10조의 2(최루탄의 사용)을 고려하여야 할 것이다. 그리고 어떠한 상황에서든 그러한 판단의 요소가 되는 범죄의 종류, 죄질, 태양, 범인의 태도 및 동태, 제3자의 응원유무, 시간과 장소, 위해의 급박성 정도, 피해법익의 경중, 저항의 강약, 상대방과 경찰관의 수, 사용무기의 종류, 사용의 태양 등을 비롯하여 상대방과 경찰관 및 주변의 상황 등 모든 사정이 총합적으로 고려되어야 한다.

(5) 범인검거 5대 안전수칙

① 2인 1조, 권총 들고, 현장 임장

② 총구 공중, 사주 경계, 범인대항

③ 범인과 3m, 투기·투항명령, 공포발사

④ 기선제압, 범행포기, 항거불능 조치

⑤ 1명은 경계, 1명은 몸수색 후, 검거연행

'위해당할 우려가 있는 범죄현장에서는 반드시 먼저 총기로 경계태세를 갖추고 범인 검거에 임해야 경찰관 자신의 안전을 지킬 수 있고, 범인과 3m정도 안전 거리에서 범인을 제압, 항거 불능케 한 후에 총기소지 여부 확인 후 범인을 검거한다'는 기본 원칙을 준수하여야 한다.[22]

22) http://kin.naver.com/qna/detail.nhn?d1id=11&dirId=110501&docId=48262541&qb=7Zi47Iug66y06riw7IKs7Jqp6rSA66Co67KV6rec&enc=utf8&section=kin&rank=1&search_sort=0&spq=0&pid=gylRDF5Y7thsscgD4tossc--078848&sid=TyV5lvFeJU8AADjYFRA(검색 : 2012.02.01)

제14장

해외여행과 안전

1. 해외여행 안전과 예방
2. 해외 여행경보제도
3. 해외에서의 위기상황 별 대처요령
4. 해외여행 시 안전한 식사요령

제14장 해외여행과 안전

세계화시대에서 우리국민들의 해외여행, 이민, 유학 및 투자진출 등이 보편화됨에 따라 한 해 출국자의 수가 1천만명을 넘고 있다. 이와 같이 해마다 해외로 진출하거나 여행을 떠나는 사람은 기하급수적으로 늘어나지만 사실 테러시대에서 자신의 안전에 관해선 별 신경을 쓰지 않는다.

테러리즘으로부터 자신의 안전을 지키는 것은 남이 해 주는 것이 아니라 결국 자신이 해야 하므로 평소에 적절한 예방 수단을 취하는 것이 가장 좋은 방법이다.

현대는 국가적, 기업적으로 중요도가 있는 중요인물 뿐만 아니라 기업의 일반 비즈니스맨, 관광객, 어린이 모두가 테러리스트의 손쉬운 표적이 되고 있는 이때에 자신이 철저한 대비를 하지 않으면 안 된다.

또한 예기치 않은 동남아 지진. 해일로 많은 관광객들이 희생됨에 따라 해외여행 안전문제나 대비책 등에 대한 관심이 환기되고 있다.

관광객들은 대부분 안전에 대한 충분한 고려없이 들뜬 마음으로 여행을 떠나기 때문에 대형 천재지변에 노출될 때는 물론 경미한 사건이 발생한 경우라 해도 피해를 입는 사례가 적지 않다.

따라서 해외여행 중 사고나 재해를 당했을 때 사소한 준비여부가 의외로 생사 또는 피해정도를 좌우하거나 얼마나 조속히 사후수습을 할 수 있느냐를 결정하기 때문에 해외여행을 준비할 때는 안전문제에 대해 신경을 써야 한다.

또 해외여행자들은 사고에 대비, 대부분 해외여행자보험에 가입하고 있지만 지진이나 해일 등 천재지변에 의한 사고는 보상받지 못하는 등 여러 복잡한 규정이 있다는 점을 감안해 관련 내용을 살펴보는 것도 필요하다.

따라서 해외 체류 기간 동안 스스로 위기의해외식을 갖고 '나의 안전은 내가 책임진다'는 마음가짐을 가지고 사건·사고 예방에 만전을 기하는 것이 가장 중요하다.

1. 해외여행 안전과 예방

1) 해외안전 정보수집

국가나 기업 및 일반 개인들이 테러리즘을 방지하는 대책을 강구하고 있다면 그 자체가 테러리스트가 쉽게 행동을 실행하지 못하게 되므로 별도의 표적을 찾을 수 밖에 없다. 언제 발생할지 모르는 테러의 가능성을 등한시 하거나 경비가 든다고 사전에 대비를 하지 않았을 때 허점을 찾아 발생하는 테러리즘 사고에 대한 비용과 후유증은 실로 엄청나기 때문에 항상 '유비무환'과 같은 대비의 자세가 누구나 필요하다.

따라서 해외 안전에 대한 정보수집 능력은 테러리즘을 상대로 안전해 질 수 있는 우리의 첫 번째 무기가 될 수 있다. 따라서 사전에 테러리즘에 대한 정보수집 네트워크를 가지고 불시의 사고에 대비할 수 있다면 우리의 안전은 그만큼 확고할 것이다.

(1) 전문가의 정보

무엇인가에 대해서 알고 있다는 것은 곧 어떠한 일에 그것이 힘으로 작용할 수 있다는 것을 말한다. 테러리즘에 대해서는 가능한 많은 정보를 모아야 하며 필히 전문가로부터 현지에 있는 테러리스트의 활동상황이 어떻게 되어 있는지를 파악하는 것이 중요하다.

이외에도 현지 유력들을 만나 현지 사정에 대한 여러 가지를 물어 관련사항을 폭넓게 들어두어야 한다. 이들은 국가의 일반적인 치안활동이나 테러리스트의 실제 활동상황 및 현지의 다른 기업들이 어떻게 이러한 문제에 대처하고 있는가에 대해서도 정보를 줄 수 가 있다.

또한 현지의 위험상황을 알 수 있는 사람은 현지의 기업 내에서는 안전담당 직원으로 이들은 테러리즘에 어떻게 대응하는지에 대해 정보를 줄 수 있을 것이다.

(2) 매스미디어의 활용

① 매스컴 정보

가장 쉽게 접할 수 있는 정보원은현지의 매스컴이라 할 수 있다. 현지의 신문, 잡지, 라디오, 텔레비전 등은 그 나라의 치안상태에 대해 적절한 정보를 줄 수 있는 것이다. 또한 당면하고 있는 문제에 대하여 보도기관이 어떠한 태도로 임하고 있는가를 보면 상황의 심각성이 어느 정도인지 알 수 있다. 테러리스트의 행동을 칭찬으로 보는 태도를 취하거나 외국자본의 기업들을 부정적으로 취급하고 있다면 그 나라의 상황은 심상치 않은 국면에 있음을 빨리 파악하여야 한다.

현지의 신문은 주변에서 일어나는 모든 일들을 아는데 빠질 수 없는 정보원이다. 동시에 국가 밖의 움직임도 알아야 하는 것은 중요한 일이기 때문에 국외에 있는 사람과 연락을 취할 수 있도록 해놓지 않으면 안 된다. 위기에 처했을 때는 단파라디오와 무선, 텔렉스, FAX가 유용하게 사용될 수 있다.

② 현지어신문

대부분의 나라들은 영자신문과 현지어신문들이 병존하고 있으나 가급적이면 이 양쪽 신문을 다 읽어 보는 것이 좋다. 많은 신문을 읽어 정보량을 늘려 시야를 넓히면 상황판단에 많은 도움이 되기 때문이다. 현지어 신문을 읽으려면 현지 언어가 어느 정도 능통해야만 가능한 일로 그렇게 쉬운 일은 아닐 것이다. 현지어의 이해가 안 되어 현지어 신문을 읽는 것이 어려울 때는 그 지역에서 발행하는 영자신문을 읽을 수밖에 없다. 현지어를 공부하기 전 단계로 이 영자신문으로 안전정보수집의 효과를 높여야 한다.

가급적 손에 넣을 수 있는 다종의 매스미디어를 접하여 정보를 일고 듣고 관찰해야 한다. 업무가 폭주하여 이런 일을 할 시간이 도저히 없을 때에는 신용할 만한 인물을 골라서 정보수집 활동을 하도록 하고 매일 일어나는 큰일들을 요약하여 일일보고 형식으로 받아 볼 수도 있을 것이다. 물론 안전에 관한 정보수집활동을 다른 사람에게 일임한다는 것에 다소의 문제가 없는 것은 아니다. 자기 자신이 직접 이러한 일을 하지 않고 남을 통해서 듣다보면 이를 피부로 느끼는데 문제가 있으므로 되도록 자신이 직접 정보수집, 관리 및 분석에 시간을 할애하고 노력을 기울여야 한다.

③ 단파방송

많은 시간이 걸리지 않고 확실한 정보수집의 역할을 하는 것으로 단파방송[1)]을 들 수 있다. 그것은 VOA(Voice of America)나 영국의 BBC(British Broadcasting Corporation)방송 등을 받을 수 있는 단파라디오를 가까이에 놓고 정기적으로 듣는 일이다. 이러한 방송은 시의 적절하게 정확한 방송을 보내는 것은 물론 전 세계에서 일어나고 있는 큰 흐름과 현지의 동향을 잘 연계시켜 보내고 있으므로 유익한 정보가 된다. VOA나 BBC는 영어와 현지어 두 가지로 방송되고 있어 청취하는 데는 별 어려움이 없다. VOA는 천천히 들을 수 있도록 '특별영어'로 방송하고 있으므로 영어를 학습하고 있는 사람도 들어 이해할 수 있도록 특별히 배려해서 설정한 것으로 아나운서는 말을 천천히 하며 어려운 문장은 사용하지 않는 편이므로 해독하는데 무리가 없을 것이다. 현지어 방송은 현지신문을 읽는 것과 같아 언어를 배우는 중에 있는 사람에게 도움이 되도록 어려운 말을 사용하고 있지 않다.

신뢰도가 높은 단파방송은 국가 정책 개정이나 쿠데타 등 큰 사건이 발생할 때는 큰 진가를 발휘하므로 국내정변사건은 대개 국외로부터 들어오는 소식이 정보원이 되는 것이다.

④ 텔렉스 · FAX

전화 이외의 방법으로 외국에 있는 사람에게 연락을 취할 수 있는 방법을 미리 강구해 두어야 한다. 텔렉스나 FAX는 빠른 교신수단이며 어디에나 쉽게 연락을 취할 수 있다. 아울러 국가비상시에는 이런 것들이 가장 먼저 규제 대상이 되고 있는 것도 주의해야 한다.

---

1) 단파라디오 조작요령
   ① 단파라디오는 고감도, 고선택도, 고안정도인 것으로 정밀도가 높은 것을 선택한다.
   ② 소형라디오가 수신되는 지역이 늘어나고 있지만 수신할 수 있는 지역에서는 안테나가 필요하다. 옥외안테나를 설치하지 않을 경우에는 천정에 놓거나 책상 등에 걸쳐 놓으면 효과적이다.
   ③ 다이얼조작은 인내심을 가지고 신중하게 계속 돌려가면서 맞추고 페딩현상이 일어날 때는 적게 소리를 내어 5분 이상 전파를 죽인다.
   ④ 주파수 변경에 주의한다. 국제방송의 주파수는 3월, 5월, 9월, 11월 첫째 일요일에는 일제히 변경되고 있다.

⑤ 아마추어 무선

먼저 현지나라가 아마추어 무선을 허가하고 있다면 통신은 한결 쉬워진다. 햄(Ham)을 사용할 때는 수천마일 떨어져 있는 사람과 간단한 연락이 가능하기 때문이다. 가급적이면 기업이나 친한 사람 등의 적당한 사람을 택하여 무선조작을 배우게 하여 이를 활용하거나 긴급 시에 연락을 할 수 있는 체제를 갖추어 놓도록 한다. 미국 내에서는 무선이 대개 전화시스템과 연결이 쉽도록 되어 있으며 지방의 햄(Ham) 오퍼레이터들도 긴급할 때는 국내의 회사나 가족과 전화로 연결시켜 줄 수 있다.

⑥ 현지국가의 정보조작에 주의

현지의 매스컴에서 흘러나오는 정보는 확실히 좋은 정보원이지만 매스컴이 부분적 또는 전면적으로 정부의 통제 하에 놓이는 국가가 많이 있는 현실을 감안할 때 경우에 따라서는 정보의 조작 가능성을 배제할 수 없으므로 현지의 '보도의 자유'가 어느 정도인지를 정확하게 판단할 필요도 있다. 보도내용을 잘 읽어 면밀히 분석하고 또 다른 한편으로는 자국대사관에 내밀히 상담을 하면 상황판단에 적잖은 도움을 받을 수 있다. 정보검열이 있는 나라에서는 정보가 어느 정도 왜곡되어 나오며 어떤 종류의 정보가 검열대상이 되는가를 판정해 볼 필요가 있다. 테러리즘사건이 일어나고 있는데도 매스컴이 보도를 하지 않을 때는 테러리즘으로 인정하지 않고 있음을 시사하는 것이므로 이런 나라에서 활동하는 국제 비즈니스맨에게는 중대한 문제가 아닐 수 없다. 이런 이유 때문에 읽거나 보거나 듣는 것 등에 대하여는 냉정한 판단을 하여야 한다. 매스컴 정보에 기초를 두고 판단을 내리기 전에 다른 정보원을 참조해 가면서 주어진 정보가 어느 정도 정확한지를 이중으로 체크하고 한 가지 정보에만 너무 의존하지 말아야 한다.

(3) 일반인으로부터 얻은 정보

① 정보원과 정보원의 질

친구나 동료들이 들려준 것들도 정보가 되지만 동시에 이런 정보가 부정확한 것일 수도 있다. 중요한 것은 정보의 출처를 확인하는 일이다. 정보의 질은 그것을 제공하는 당사자를 신뢰할 수 있느냐의 여하에 따른다. 이때 신뢰라는 의미는 도덕적으로 믿을 수 있느냐의 범위를 말하는데 즉, 제공하는 정보가 거짓말일 수도 있다는 문제에 봉착하게 되는 것이다.

좋은 정보를 얻기 위해서는 현지 경험이 풍부하고 현실적인 인물을 고르도록 노력해야 한다. 사람을 찾는 과정에서 더러 신경질적인 사람이나 역으로 자신과잉인 사람을 만나는 경우가 생긴다. 이러한 사람들은 그들의 성격상 안전대책을 대수롭지 않게 생각하는 사람이 많다. 뿐만 아니라 만사를 회의적으로 보는 사람들에게도 신뢰할 수 있는 정보를 얻기가 어려우므로 이런 유형의 사람들은 포기를 해도 괜찮다. 정확하게 알 수 없는 것을 알 수 없다고 말하는 사람으로부터 얻은 것은 비교적 정확한 정보라고 할 수 있다.

이런 과정을 거쳐 선택 된 사람과 함께 안전대책을 논의해 보는 것도 좋은 일이나 자신과 가족에 관계 된 안전 문제는 비밀로 해두는 것이 좋다. 예를 들면 그들이 귀중한 의견을 갖고 있다 해도 자기의 안전문제에 직접 관계가 없는 사람과 세세한 부분까지 의견을 나누는 것은 피한다. 자신의 안전에 관한 필요한 지식은 자기와 가족 이외에 회사의 안전담당자만 알고 있는 것이 바람직하다.

② 신뢰할 수 있는 정보

정보는 대개 질문을 통해 유도해 낼 수 있는데 좀 더 신뢰할 수 있는 정보원을 확보해 두었다면 그 정보원으로부터 안전하게 몸을 감출 수 있는 장소라든지 신뢰해도 될 사람과 경계해야 할 사람, 피해야 되는 장소, 안전을 보장해 줄 수 있는 협력자, 현지경찰의 신뢰도, 지역범죄의 잔인성 정도, 어린학생들의 안전성, 테러리스트들의 테레계획 위험성 등에 관하여 중요한 사항들을 들어 둔다.

이와 같은 정보원을 갖고 있을 때에는 이러한 것들은 해외에 도착한 즉시 확인해 두지 않으면 안 될 문제들이다. 특히 기업 내의 안전부서는 다른 부서와는 달리 개인의 생명에 관여하고 있으므로 해외 국가에 직원을 파견할 때에는 모든 필요한 안전 조치를 취할 수 있어야 한다.

③ 입으로 전해들은 정보

자기가 직접 얻은 정보 보다는 현지사람들의 입을 통하여 얻은 정보는 극단적인 성격이 강하므로 현지상황이 악화되어 갈 때는 이러한 구전상의 소문은 삽시간에 확대되는 성질이 있다. 그 결과 긴장도가 높아지며 엉터리 정보 즉 유언비어 정보가 활개를 치기 시작하는데 이런 정보는 일어나고 있는 상황에 관하여 잘못된 전달을 한다. 따라서 현지인들의 입과 입을 거쳐 전해져 오는 구전정보는 일단 충분히 의심할 여지가 있는 정보이므로 필요이상 중요하게 취급하지 말아야 한다.

2) 해외안전 정보분석과 판단

(1) 위협분석

일단 정보를 수집하면 다음 단계는 이를 분석하는 것이다. 안전담당 부서가 있는 기업의 경우는 본인이 분석하는 부담은 가벼워지겠으나 회사 이외의 곳에서 자기의 안전에 대하여 조언해 줄 사람은 그렇게 많지 않기 때문에 자신이 스스로 위협을 판단하거나 더 상세한 정보를 얻기 위해 노력해야 한다. 이때 확인해 두어야 할 포인트는 다음과 같다.

① 위협을 가하고 있는 것이 테러리스트인가 또는 범죄자들인가, 테러전술을 구사하는 범죄자들이라면 곧바로 치밀한 안전대책을 준비하지 않으면 안 된다.

② 과거의 사건에서 그들의 행동이 일정한 패턴을 보여주고 있는가를 살핀다.

③ 과거에 비즈니스맨을 납치한 사건이 발생했던 곳이라면 그 특징적 패턴을 찾아보아야 한다. 위협이 시작될 즈음 회사에 대한 뉴스가 현지 매스컴에 대량으로 나가고 있는지도 면밀히 분석해 보아야 한다. 그들이 지금까지 특정기업을 목표로 해 왔는지의 여부, 예를 들어 그들의 목표가 항상 석유회사였다면 석유회사의 직원은 다른 기업 직원에 비해 한층 높은 위ㅎㅁ에 처해 있음을 알아야 한다.

④ 과거 테러리스트가 성공했던 사례만 알고 있으면 안 되고, 실패사례를 조사하는 것도 중요하다. 해외에서의 안전대책을 철저히 세운 기업들의 안전대책에 대해서도 알아보고 회사 및 자신의 안전대책을 세우는데 참고하는 것도 하나의 좋은 방법이 될 것이다.

(2) 현지국가의 안전성 판단

테러리즘에 반대하는 정부가 있는 국가는 비즈니스를 하기가 좀 수월할 것이다. 이런 나라의 정부는 테러리즘 문제에 적극 대처하려 노력하고 있고 또한 대처할 수 있는 능력을 갖고 있다. 이와 반대로 현지인 사이에 외국인 비즈니스맨이나 외국인에 대한 반감이 크고 정부 역시 안정되어 있지 않으며 정부와 군의 대립이 있는 나라는 테러리즘이 발생하기 쉽고 치안상태가 불안하다.

자신이 해외에서 활동하고자 하는 나라가 이상과 같은 조건의 어느 쪽에 해당되는지를 주의하여 판단하여야 한다. 세계 각국의 정치 상황에 관한 자세한 데이터를 수집해 두기 위해서는 전문가의 조력을 받거나 좋은 정보를 제공해주는 민간 서비스 기관을 이용해도 좋다. 이런 기관은 국가별 안전에 관한 위험조사와 분석을 행하고 있으며, 각 나라의 테러리스트의 활동 상황에 대해서 자세한 보고를 해준다. 그 조사 범위는 테러리스트의 활동에서부터 정치적 안정성에 이르는 문제까지 분석하고 있다.

일반인이 직면하는 안전문제가 있지만 특히 기업들이 직면하는 안전문제를 검토할 경우에는 반드시 세계적인 시야로 테러리즘과 안전문제를 보아야 한다. 이때 검토해야 할 기본적 요소로는 다음의 사항들이 있다.

① 그 나라에 있는 사회적·정치적 운동단체의 수
② 테러리즘 발생 건수와 각 테러리즘의 목적(안전과 위험분석 서비스를 제공하는 기관을 통해 알아본다)
③ 해당국가의 치안대책과 그 효과, 그 나라의 범죄율과 정치적 테러리즘에 대한 민중들의 반응에 대해서도 조사해 두는 것이 필요하다. 테러리즘이 정치적인 소득 재분배를 내걸거나 이런 운동이 국민생활의 일부로 형성되어 있는 것처럼 보이는 나라는 세계에 많이 있다.

이상을 검토한 후에라도 기업이 테러리즘의 위협에 대해 어느 정도 주의를 기울이느냐에 따라 결과는 다르게 나타난다. 다시 말해 테러리즘의 가능성에 부단한 주의와 안전대책을 세우면 위협은 줄어들지만 그렇지 않을 땐 테러리즘의 위협은 증대되는 것이다. 특히 무기소지가 엄격히 규제되어 있지 않은 사회는 시민들의 무기 휴대가 자유롭기 때문에 무기휴대가 엄격히 규제된 사회보다 테러리즘의 가능성은 더 크다고 볼 수 있다. 예를 들면, 필리핀 마닐라시(市)에서 총기사용 테러리즘이 많이 발생하는 이유가 바로 규제없는 무기소지의 영향 때문인 것이다.

3) 정부기관과의 협력 관계

(1) 자국 정부의 원조

① 정보를 구한다.

본인 스스로 수집한 정보와 데이터를 분석한 후에는 반드시 자국 정부기관에 원조를 구해 받도록 한다. 진출한 나라의 안전 상태나 외국인 및 외국기업에 대해 현지 정부가 어떻게 대응하느냐에 대한 정보를 제공받는다. 이러한 정보는 외무부나 현지대사관으로부터 얻을 수 있는 것들이다. 특히 무엇인가 듣고자 하는 것이 있으면 대사관이나 영사관의 안전담당 직원이나 정치담당 직원에게 물어서 답을 들어 둔다. 현지국가의 법률 중에서도 관계가 되는 것으로는 민간인의 무기 휴대 여부 및 사용을 현지법에서 어떻게 규정하고 있는가도 대사관에 상담을 해서 알아 둔다.

가정에 대한 안전 대책을 세울 때는 동시에 자국의 대사관이나 영사관에 본인과 가족의 이름을 등록해 두었다가 긴급피난 시에는 연락을 취할 수 있도록 한다. 또한 반대로 자국의 현지 공관이 작성하거나 실행 중인 긴급시의 안전대책이 있다면 사전에 자국 공관의 대비책을 파악해 둔다.

② 조언을 받을 때

자국이나 현지 정부의 정보는 받아들이는 즉시 신속하게 행동하지 않으면 안 된다. 위험한 상태에 처했음을 인식한 후에는 그것을 믿고 여기에 따른 어떠한 지시도 겸허하게 받아 들여야 한다. 자국 대사관이나 영사관 등에서 자신에게 생명의 위협이 다가오고 있다는 경고를 받으면 자신을 포함한 가족들의 해외탈출을 진지하게 검토하는 것이 좋다. 정부기관의 발표는 어떻든 신뢰할 수 있는 정보에 기초하고 있음을 인정한다. 대사관측은 정보원은 밝히지 않지만 그렇다고 해당 정보를 의심해서는 안 된다. 경고에 따르지 않았기 때문에 돌이킬 수 없는 비극을 자초한 예는 과거는 물론 현재에도 많이 나타났다. 일반적으로 중앙정부의 외무부나 해외대사관에는 '해외안전상담 카운터'가 설치 운영되고 있어 해외에서의 자국민의 안전 문제에 적극 협조하고 있다. 일반 여행자가 해외에서 불필요한 사건에 말려들지 않게 하기 위하여 알고 있어야 할 정보와 해외 진출 기업들에게 유익하다고 생각되는 정보를 제공하고 있다. 전쟁, 쿠데타 등 긴급사태에 직면할 때는 여행업자나 진출기업과 협력해서 파견사원이나 일반여행자의 안전을 도모하는 중개자 역할도 해외공관이 맡고 있다. 해외에서 전쟁사태가 발생하게 되면 자국정부의 외무기관은 우선 현지 진출의 기업과 자국민 보호·대피·철수 조치를 권고하는 일도 하고 있다.

(2) 현지정부의 협조

① 정부관계자와 경찰

실제로 위험을 감지하였을 때를 대비하여 그 나라의 정부관계자나 경찰관서에 가급적이면 긴밀한 연락망을 구축하여 둔다. 그러나 그 나라의 정부나 경찰이 부패해 있다면 그들은 범죄조직이나 정치적 테러리즘 조직과 연계되어 있을 수 있기 때문에 조심할 필요가 있다. 이러한 경우에 대비하여 가급적이면 개인적으로 신뢰할 수 있는 정보네트워크를 평소에 만들어 놓는 것이 필요하다. 정부관계자의 신뢰도를 알고 싶을 때에는 직접적인 접촉을 피하고 먼저 개인적 네트워크를 사용하여 알아 볼 수 있다. 현지의 정부기관 관계자는 어느 경우이고 도움의 손길을 줄 수 있으나, 그 정보가 정확한가를 일단 살펴볼 필요가 있다. 현실적으로는 사태가 전개되고 있는데 정부발표는 사태를 장악하였다고 거짓선전을 하는 정부도 있기 때문이다. 나라의 경제를 외국 진출기업이나 외국정부에 의존하고 있는 국가의 경우에는 투자나 고용을 안정시키기 위하여 현지의 테러리즘 상황을 축소해 보이려고 하고 있다.

좋은 정보를 얻으려면 그 지역의 경찰이 좋은 정보원이 되고 있으므로 평소에 경찰의 상층부와 친밀한 관계를 맺어 두는 것이 중요하다. 이러한 경우에도 정치적 배경으로 임명된 경찰보다는 전문 직업 경찰관을 선택하여 친구로 삼는 것이 더욱 효과적이다. 만일의 경우 이렇게 사귄 친구들이 의외로 생명의 은인이 될 수 있는 것이다.

② 인맥형성의 유의점

많은 나라에서 해외진출기업은 그 나라 정부로부터 특별한 관심을 받기 마련이다. 특히 그 나라에 중요한 영향력을 미치는 진출기업의 직원들은 현지 정부요인과 관계를 맺는 기회도 생기게 되는데 이러한 경우 다음과 같은 점에 주의를 하여야 한다.

- 대사관이나 다른 기업, 안전서비스 전문회사 같은 곳에 조회를 하여 관계를 맺고자 하는 그 나라의 고관이 신뢰할 수 있는 인물인지 회사에 도움을 줄 수 있는 입장인지를 확인한 후에 접촉을 시도한다.
- 회사가 필요로 하는 안전대책의 수준과 나라의 안전관리 능력을 배려하여야 한다. 은행이라면 현지의 경찰정도로 안전이 확보될 수 있으나 석유정제소와 같이 국가적으로도 중요하고 큰 규모의 시설인 경우에는 국가적 수준의 안전대책에 의존하지 않으면 안 된다.
- 정부고관들과 오랫동안 개인적인 신뢰관계를 구축해 놓은 후에 기업 간에도 연계를 맺어 원활한 교제를 한다.
- 현지정부의 인사와 찬분관계를 꾸준히 유지하여 둔다. 이런 네트워크를 통하여 테러리스트의 위협이 현실로 나타난다거나 정부의 멤버나 정책이 바뀌었을 때도 계속 필요한 정보를 얻을 수 있게 된다.[2)]

2. 해외 여행경보제도

외교부는 해외에서 치안정세, 테러위협, 정정불안, 자연재해 등 다양한 사건사고의 위험이 인지되거나 발생하여 여행경보의 지정이 필요하다고 판단하는 경우에는 해당국가의 여행경보를 조정하여 국민들에게 해외여행이나 체류 시 해당국가의 위험수준과 행동지침을 안내하고 있다.

외교통상부는 '해외안전여행사이트(0404.go.kr)'를 통해 세계 각국의 상황을 전하고 있지만, 한 달 이용자는 5만 여명에 그친다. 한 달에 100만 명 가량이 국외로 떠나는 데 견주면 초라한 실적이다.

외교부는 여행경보제도를 통해 해외 방문예정이거나 체류 중인 우리 국민들에게 네가지 여행경보단계별 행동요령을 제공하여 안전한 해외여행을 도모하고 있다.

이 사이트는 130여 공관을 통해 모은 정보를 바탕으로 ○여행 유의, ○여행 자

2) Anthony J. Scotti 저, 이형철 역, 「테러! 당신은 안전한가?」, 세경자료사, 1995, pp.38~54.

제 ○여행 제한, ○여행 금지 등 4단계로 경보를 내고 있다. 여행경보 4단계 여행 금지국가에 여행을 계획하고 있거나 체류자들은 여권법에 의해 정부의 허가 없이 무단 입국하게 되면 관련법에 의거하여 처벌(1년이하 징역 또는 300만원이하 벌금)을 받게 된다.

〈표14-1〉 해외여행경보단계

여행경보단계	해외체류자	해외여행 예정자
1단계(여행유의)	신변안전 유의	
2단계(여행자제)	신변안전 특별유의	여행필요성 신중검토
3단계(여행제한)	긴급용무가 아닌 한 귀국	가급적 여행취소 · 연기
4단계(여행금지)	즉시 대피 · 철수	방문금지
*자료: 외교통상부, http://www.0404.go.kr/contentView.do?menuNo=1010000(검색: 2012.02.12)		

그러나 아래의 〈표14-2〉 '주요 여행경보국 방문자수 추이'에서 보듯이 터키는 여행 필요성을 신중히 검토할 것을 권하는 '여행자제국'이지만 2006년 한해 8천여 명이 방문했다. 또 되도록 여행을 삼가 할 것을 권하는 '여행 '제한국'인 레바논에도 '2007년 상반기에만 371명이 방문했다.

현재 여행경보가 지정된 국가는 90여개국, 130여개 지역(2011.12 현재)에 이르고 있다. 이러한 여행경보 지정 국가로의 여행에 있어서는 당연히 적절한 안전대책이 필요하다. 그러나 여행경보가 지정되어 있지 않다고 해서 특정 국가나 지역이 반드시 안전하다는 사실과 직결되는 것은 아니다.

특히, 9. 11테러 사건 이후 세계 각국에서 테러사건이 빈발하고 있고, 세계 도처에서 그 가능성이 지속적으로 지적되고 있는 것을 보아도 '세계에서 100% 안전한 곳은 없다'라는 전제하에 해외에서는 '자신의 안전은 스스로 지킨다' 는 의식을 갖고 안전대책을 상시 갖추는 것이 중요하다.[3)]

3) http://www.0404.go.kr/contentView.do?menuNo=1010000(검색: 2012.02.12)

〈표 14-2〉 주요 여행 경보국가 방문자 수 추이

경보단계	나라	2004년	2005년	2006년
여행유의 - 신변안전유의	미얀마	2만9289	3만3745	4만758
	스페인	6166	6789	7133
	방글라데시	9799	5742	6948
여행자제 - 신변안전 특별유의 - 여행필요성 신중검토	필리핀	21만3434	22만2655	24만8262
	사우디아라비아	1024	1377	1488
	터키	8645	8976	8969
여행제한 - 가급적 여행자제 - 긴급용무가 아닌 한 귀국	레바논	648	727	680
여행금지 - 방문금지 - 즉시 대피 또는 철수	이라크	732	1346	1750
*자료 : 외교통상부, 한국관광공사				

사실 정부 관련기구의 정보사이트도 부실한 면이 없는 것은 아니다. 여행 도중 소매치기, 날치기, 강도, 사기 등을 당했을 때 현지 경찰에 신고하라고 안내하면서도, 국가별 안전수칙에는 현지 경찰 연락처를 알려주는 경우가 드물다. 여행 자제국에 속하는 러시아의 한국대사관 등 현지 관계기관 홈페이지가 열리지 않는 경우도 있다.

선교기구와 정부의 위험도 평가가 엇갈리기도 한다. 한국선교연구원이 추천 국가로 평가한 네팔과 파푸아뉴기니, 도미니카 공화국 등을 정부는 여행 자제국이나 여행 유의국으로 지정했다. 한국선교연구원은 아프가니스탄을 선교여행 보통 국가로 알렸다가 한국인 피랍사건 뒤 강력반대 국가로 등급을 낮췄다

티베트, 몽골 등 오지로 떠나는 배낭여행객에겐 충실한 현지 정보와 안전교육이 필요하지만, 여행사에서 마련하는 설명회에 참여하는 이가 드물어 배낭여행의 경우 출발 전에 교육을 하지만, 참여가 부족해 전화로 설명하고 자료를 나눠주는 정도이다. 세계 각지로 주재원들을 파견하는 대기업에서조차 체계적인 안전교육은 이뤄지지 않고 있다. 국내 대기업의 한 관계자는 "사고가 발생할 경우 출장을 자제한다거나 주의사항을 공지하는 수준"이며, 주재원을 파견할 때 교육을 하고 출

장 매뉴얼까지 있지만, 안전에 관한 매뉴얼은 따로 없는 형편이다.

해외로 나가는 사람은 개인이 우선적으로 안전에 유의해야 할 책임이 있는데 여행객들이 정부의 정보보다 국외여행 전문사이트를 참고하는 실정인 만큼 정부가 더 충실하게 실질적인 도움을 줄 필요가 있으며, 여행사도 안전교육과 정보 제공 수준을 높여야 한다.[4)]

3) 단계별 국가지정 현황[5)]

(1) 1단계-여행유의 : 신변안전유의

① 아시아 · 태평양

말레이시아(사바주 해안지역(따와우,셈포르나,산다칸,쿠닷 포함)), 미얀마(3단계 지정지역을 제외한 전지역), 스리랑카 (2단계 지정 지역을 제외한 전지역), 인도(2.3단계 지정지역을 제외한 전지역), 인도네시아(2단계 지정 지역 제외 전 지역), 중국(중국 · 북한 국경지역 : 단둥시, 관전만족자치현, 집안시, 백산시, 임강시, 장백조선족자치현, 안도현, 화룡시, 용정시, 도문시, 훈춘시), 캄보디아(BANTEAY, MEANCHEY, BATTAMBANG, PURSAT), 타지키스탄(3단계 이외 여타지역), 피지(전지역), 필리핀(수빅 시, 보라카이 섬, 보홀 섬 및 세부막탄섬(라푸라푸시)).

② 중동 · 아프리카

남아프리카공화국(전지역), 르완다(2단계 이외 여타지역), 모로코(전지역), 바레인 (전지역), 앙골라(전지역), 에티오피아(3단계 지정 지역 제외 전지역), 요르단(전지역), 이란(2단계 지정지역 제외 전 지역), 적도기니(전지역), 카메룬(전지역), 콩고 (브라자빌, 포인트누아 제외 전지역), 쿠웨이트(전지역), 탄자니아(전지역,) 튀니지(2단계 지역을 제외한 수도 Tunis, 지중해 해안관광도시(Tabareka, Bizerte, Nabeul, Hmmamet, Sousse, Monastir, Mahdia, Sfax, Gabes, Djerba 등)).

---

4) '부실한 외국여행 위험지역 4단계 등급경보', 한겨레신문, http://www.hani.co.kr/arti/society.
5) http://www.0404.go.kr/country/warningList.do?menuNo=1020000&warning_level=4(검색: 2012.02.12)

③ 유럽

그리스(전지역), 스페인(전지역), 아르메니아공화국(전지역), 우즈베키스탄(안디잔, 카라수, 나만간, 페르가나 및 인접국 접경지역), 키르기즈스탄(2단계 지정지역을 제외한 전역), 터키(3단계를 제외한 전지역), 투르크메니스탄(레밥 및 마리 주의 아프간 접경지역 일부를 제외한 전지역).

④ 아메리카

과테말라(2단계를 제외한 전 지역), 니카라과(전지역), 도미니카공화국(전지역), 멕시코(멕시코시티, 바하캘리포니아주, 소노라주, 코아후일라주, 시날로아주, 미초아칸주, 두랑고주), 볼리비아(전지역), 브라질(상파울로, 리오데자네이로, 비또리아, 살바도르, 헤시피), 에콰도르(2단계 지정지역 제외 전 지역), 엘살바도르(2단계 지정지역 제외), 온두라스(바히아 섬), 자메이카(전지역), 콜롬비아(보고타, 메데진, 깔리, 까르타헤나, 부카라망가, 산타마르타, 바랑키야, 아르메니아, 뻬레이라, 마니살레스 등 대도시), 트리니다드토바고(전지역), 파라과이(전지역).

(2) 2단계-여행자제 : 신변안전 특별유의, 여행필요성 신중 검토

① 아시아 · 태평양

네팔(전지역), 동티모르(전지역), 방글라데시(3단계 이외 여타지역), 스리랑카(북부 주, 동부 주), 아제르바이잔공화국(나고르노-카라바흐 지역), 인도(안드라프라데쉬 주, 차티스가르 주, 비하르 주, 자르칸드 주, 오릿싸 주, 시킴 주, 나가랜드 주, 마니푸르 주, 미조람 주, 아루나찰 프라데쉬 주, 아쌈주, 트리푸라주, 메갈라야주, 연방령 안다만 니코바르 군도지역), 인도네시아(아체 주, 말루꾸 주, 중부 슬라웨시 주), 일본(후쿠시마현), 중국(티벳, 신장자치구), 캄보디아(PREAHVIHEAR, ODDAR MEANCHEY), 태국(수린주, 시사켓주의 캄보디아와의 국경지역), 파푸아뉴기니(전지역), 필리핀(1,3단계 지정지역 제외 전지역(마닐라 포함)).

② 중동 · 아프리카

기니비사우(전지역), 나이지리아(3단계 지정 지역을 제외한 전지역), 니제르(전지역), 라이베리아(3단계 이외 여타지역), 레바논(전지역), 르완다(콩고민주공화국, 부른디 접경지역(기세니/키부예/창구구 제외)), 마다가스카르(전지역), 모리타니(누악쇼트, 누아디브), 부룬디(부줌부라시), 부르키나파소(3단계 이외 여타지역), 북수단(3단계 지역을 제외한 전 지역), 사우디아라비아(전지역), 세네갈(까자망스 지역), 알제리(3단계 지정지역을 제외한 전 지역), 에리트레아(3단계 이외 여타지역), 우간다(전지역), 이란(이라크 국경(코데르스탄 주 서부지역과 케르만샤 주 서부지역), 아프가니스탄 국경, 파키스탄 국경, 시스탄발루체스 주), 이스라엘(3단계 지정 지역을 제외한 전지역), 이집트(전지역), 중앙아프리카공화국(전지역), 차드(은자메나(수도)), 케냐(3단계 지역 제외), 코트디부아르(Abidjan), 튀니지(서부 알제리 접경지역(Jendouba, Le Kef, Kasserine), 중서부 내륙지역(Sidi Bou Zid, Gafsa), 남부 사막 및 리비아 접경지역(Zarzis, Tataouine, Ksar Ghilane, Douz, Tozeur 이남지역)).

③ 유럽

그루지아(남 오세티아, 압하지아), 코소보(3단계 이외 여타지역), 키르기즈스탄(오쉬주, 잘랄아바드주, 바트켄주), 투르크메니스탄(레밥 및 마리 주의 아프간 접경지역 일부).

④ 아메리카

과테말라(과테말라 주, 페텐 주, 솔롤라 주, 믹스코·비아누에바 시), 멕시코(치와와주, 노에보레온주, 타미울리파스주), 베네수엘라(전지역), 아이티(Nord 주,Nord-Est주), 에콰도르(끼또市, 과야낄市, 에스메랄다스市, 만따市, 콜롬비아 국경지역(까르치州, 수꿈비오스州)), 엘살바도르(San Salvador주, Santa Ana시, San Miguel시), 온두라스(바히아 섬을 제외한 전 지역), 콜롬비아(1, 3단계 지정 지역 외 전역), 파나마(동남부 콜롬비아 국경지역 다리엔 주).

(3) 3단계-여행제한 : 긴급용무가 아닌 한 귀국, 가급적 취소 · 연기

① 아시아 · 태평양

미얀마(미얀마 국경지역(중국, 라오스, 태국, 방글라데시 국경), 파칸(카친 주), 모곡(만달레이 주), 행정수도 네피도 주변지역(핀마나, 레웨, 탓콘)), 방글라데시(남동부 치타공 힐 트랙스(카그라차리, 랑가마티, 반다르반)지역), 인도(잠무·캐시미르 주), 일본(후쿠시마 원전 반경 30km이내 지역 및 후쿠시마현 일부 지역(이이타테무라, 카와마타마치, 타무라시, 미나미소마시)), 타지키스탄(아프가니스탄 국경 지역), 태국 (나라티왓 주, 파타니 주, 얄라 주, 송크흘라 주 말레이시아 인접지역), 파키스탄(전지역), 필리핀(민다나오 섬(다바오/카가얀데오로 시 제외), 팔라완섬 푸에르토프린세사시 이남 지역).

② 중동 · 아프리카

기니(전지역), 나이지리아(니제르델타 부근 8개주(Delta/Bayelsa/Rivers/Akwa Ibom/Imo/Abia/Edo/Anambra주) 및 Plateau/Borno/Yobe주), 남수단(전지역), 니제르(전지역), 라이베리아(메릴랜드, 리버지, 코트디부아르 국경지역(님바/그랜드 게데흐 주)), 레바논(리타니(Litani) 강 이남, Tripoli, Beirut, Saida, Sour, Baalbek시의 팔레스타인 난민촌(12개소), 트리폴리(Tripoli)시), 리비아(전지역), 말리(팀북뚜, 키달, 가오, 몹티), 모리타니(2단계 지정지역을 제외한 전지역), 부룬디(2단계 지정지역 제외 전지역), 부르키나파소(말리, 니제르 국경지역(오달란/소움/세노 주)), 북수단(다르푸르), 알제리(카빌리지역 6개주(Bourmedes, Bouira, Tizi Ouzou, Bejala, Bordj Aou Arreridj, jijel), 테베사 주, 남부사하라 지역(니제르, 말리, 모리타니아 국경지역)), 에리트레아(에디오피아, 수단, 지부티 국경지역), 에티오피아(아파르, 오가덴 지역), 이스라엘(가자지구 및 가자지구 인근 40km 이내 지역), 차드(수도 은자메나를 제외한 전지역), 케냐(소말리아 국경에서 60km이내 모든 지역(만데라, 와지르, 리보이 등 포함)), 코트디부아르(Abidjan을 제외한 전지역), 콩고민주공화국(오리엔탈 주 이투리 지역, 남 키부/북 키부 주, 카탕가 주 북부지역).

③ 유럽

러시아(북카프카즈 지역 : 체첸, 다게스탄, 북오세티아, 카바르티노-발카리야 공화국, 잉귀시, 까라차이- 체르케스, 아디게이), 코소보(미트로비차), 터키(하카리, 시르낙, 시르트, 반, 비트리스, 무스, 바트만, 디야르 바커, 빙골, 엘라직, 툰셀리, 아그리, 마르딘 등 동부 13개주).

④ 아메리카

아이티(2단계 지역 외 전지역), 콜롬비아(베네수엘라, 에콰도르 및 파나마 국경지역, 라구아하라/ 산탄데르/ 안티오키아/ 아라우카/바예 델 카우카/ 카우카/ 나리뇨/ 푸투마요/ 메타/ 카케타/ 구아비아레/ 초코/ 톨리마루/우일라 주).

(4) 4단계-여행금지 : 즉시 대피 · 철수, 방문금지

① 아시아 · 태평양

- 아프가니스탄(전지역)

② 중동 · 아프리카

- 소말리아(전지역), 시리아(전지역), 예멘(전지역), 이라크(전지역) .

4) 여행금지제도

외교통상부는 우리 국민을 보호하기 위해 여권법 등 관련 규정에 따라 우리 국민들의 방문 및 체류가 금지되는 국가를 지정하고 있다. 여행금지국가는 여행경보단계 4단계 “여행금지”로 지정된 국가로서, 방문이 금지되며 이미 체류하고 있는 경우 즉시 대피 · 철수가 요구된다.

(1) 법적근거

- **여권법 17조(여권의 사용제한 등)**

외교통상부장관은 천재지변 · 전쟁 · 내란 · 폭동 · 테러 등 대통령령으로 정하는 국외 위난상황(危難狀況)으로 인하여 국민의 생명 · 신체나 재산을 보호하기 위하여 국민이 특정 국가나 지역을 방문하거나 체류하는 것을 중지시키는 것이 필요하다고 인정하는 때에는 기간을 정하여 해당 국가나 지역에서의 여권의 사용을 제한하거나 방문 · 체류를 금지 (이하 "여권의 사용제한 등"이라 한다)할 수 있다. 다만, 영주(永住), 취재 · 보도, 긴급한 인도적 사유, 공무 등 대통령령으로 정하는 목적의 여행으로서 외교통상부장관이 필요하다고 인정하면 여권의 사용과 방문 · 체류를 허가할 수 있다.

- **여권법 제26조**

제17조제1항 본문 및 제2항에 따라 방문 및 체류가 금지된 국가나 지역으로 고시된 사정을 알면서도 같은 조 제1항 단서에 따른 허가(제14조제3항에 따라 준용되는 경우를 포함한다)를 받지 아니하고 해당 국가나 지역에서 여권 등을 사용하거나 해당 국가나 지역을 방문하거나 체류한 사람은 1년 이하의 징역 또는 300만원 이하의 벌금에 처한다.

(2) 금지국가 지정 현황

외교통상부는 우리 국민의 생명·안전을 보호하기 위하여 여권법 등 관련규정에 따라 아래의 국가들은 지정된 기간 동안 여행금지국으로 지정하여 우리 국민들의 방문 및 체류를 금지하고 있다.

- 이라크(2007년 8월 7일~2012년 8월 6일까지)
- 소말리아 · 아프가니스탄(2007년 8월 7일~2012년 8월 6일까지)
- 예멘(2011년 6월 28일~2012년 3월 27일까지)
- 시리아(2011년 8월20일~2012년 8월 31일까지)

3. 해외에서의 위기상황 별 대처요령[6)]

1) 위험직면 상황 시 행동 요령

① 어떤 이유에서든 위험이나 공격이 있을 것이라고 생각되면 즉시 동원 가능한 최선의 방법을 통해 도움을 요청하여야 한다.

② 자동차의 경적 또는 여타 방법의 경고음을 울리거나 지나가는 행인과 근처 빌딩에 있는 사람들의 관심을 끌도록 하고, 가능하다면 그들에게 경찰을 불러달라고 요청한다.

③ 아래의 상황이 나타나면 즉시 경찰에 연락한다.

- 집이나 직장 근처에서 누군가 수상스런 행동을 하는 것을 목격했을 때.
- 자동차나 집, 혹은 사무실에 누군가 손을 댔거나 침입의 흔적이 보일 때.
  (이 경우 경찰이 안전하다고 말하기 전에는 해당 차나 빌딩에 들어가서는 안 된다)
- 계획하고 있는 행사나 활동이 특별한 위험을 안고 있거나 혹은 공격으로부터 취약할 수 있다고 예상될 때.
- 수취한 우편물이 폭발물 등으로 의심이 갈 때.

(1) 인질 · 납치

납치와 관련된 오해 중의 하나는 납치되면 살해될 위험이 높다고 생각하는 것이다. 사실 납치된 자들이 납치범에 의해 살해되는 경우는 드물다. 납치된 경우 먼저 납치범들이 죽이려고 하였다면 인질로 납치하지 않았을 것이라는 사실을 이해하는 것이 중요하다.

또한 인질 자신이 어떻게 행동하느냐가 생사에 크게 영향을 미친다. 납치된 순간이나 감금기간 중 감정을 어떻게 통제하느냐가 중요하다. 납치 시 가장 위험한 순간은 최초의 몇 분간과 구조작전 때이다. 이때 저항과 격렬한 감정을 보이는 것은 절대 금물이다.

---

6) http://www.0404.go.kr/contentView.do?menuNo=2030100

가. 납치의 기본적 세 단계

① 포획(Capture)의 단계: 납치되면 일단 순응하라.

지시받은 것은 그대로 하고 지시받지 않은 것은 하지 말아야 한다. 말도 먼저 걸지 말고 허락된 경우에도 부드럽고 존중하는 태도로 말해야 한다. 결론적으로 피랍자는 무리 가운데 한 이름 없는 사람이 되어 납치범들의 주의를 끌지 않도록 주의해야 한다.

② 억류(Detention)의 단계: 규칙적인 생활을 통해서 건강을 유지하라.

이때 억류자들은 피랍자들을 심문하며 절망감을 주려고 노력하지만 크게 위험한 기간은 아니다. 이때 가능한 한 동료들에게 관심을 가지면서 서로 의사전달을 하려고 노력해야 한다. 또한 억류자들과 다양한 화제로 대화할 수 있고 일상 생활용품을 요청할 수 있다. 이때 논쟁의 소지나 억류자의 자존심을 건드리는 대화는 하지 말아야 하며 건강을 무시하거나 자포자기에 빠져서는 안 된다. 동료를 배반하는 말이나 일을 해서는 안 된다.

③ 구조(Rescue) 또는 석방(Release) 단계: 끝까지 신중하라.

인질들이 석방되었다고 해서 상황이 완전히 종료되었다고 생각해서는 안 된다. 재난후유장애(post-traumatic stress disorder)의 처리 등 사후처리 사항들이 남아있다는 것을 염두에 두어야 한다.

나. 해외여행 시 인질 납치에 대한 유의사항

① 필리핀 · 콜롬비아 · 인도네시아 등 인질납치가 빈번한 국가를 여행할 때에는 분쟁 또는 치안 불안지역을 사전에 파악하여 여행을 자제하는 것이 안전하다.

② 여행불안지역을 여행할 때에는 사전에 현지 한국공관(대사관, 영사관)에 신고하여 비상 시 도움을 받도록 한다. 해외 90일 이상 체류하는 경우에는 '재외국민등록'을 해야 위급 상황 시 긴급연락 등의 조치를 받을 수 있다.

③ 여행 중 납치가 될 가능성은 희박하지만 일단 납치가 되어 인질이 될 경우에는 자제력을 잃지 말고 납치범과 지속하며 우호적인 관계를 형성하도록 한다.

④ 인질 납치 시 행동 요령

- 놀라거나 자제력을 잃지 말고 침착해야 한다.
- 외부에서 모든 구출수단을 강구하고 있다는 점을 잊지 말아야 하며, 휴대폰을 켜 두면 위치추적이 가능하여 구출활동에 크게 도움이 될 수 있다.
- 경우에 따라서 살해될 위험이 있으므로 함부로 저항하지 말고 감시가 엄격할 경우에는 절대 도망치려 해서는 안 된다.
- 눈이 가려지면 주변의 소리 · 냄새 · 범인의 억양 · 이동시 도로상태 등 특징을 기억하려고 노력한다.
- 납치범을 자극하는 언행은 삼가고, 몸값요구를 위한 서한이나 육성녹음을 원할 경우 응하도록 한다.
- 버스나 비행기 탑승 중 인질이 된 경우, 순순히 납치범의 지시에 따르고 섣불리 범인과 대적하려 들지 말아야 한다. 섣부른 행동은 자신의 생명은 물론 다른 인질 들의 생명도 위태롭게 할 수 있다.

다. 감금 시의 마음가짐

① 평상심을 갖도록 노력한다.

감금되었을 때의 최대의 적은 납치범이 아니라 자기 자신의 태도이다. 공포감과 절망감을 이겨 극복할 수 있도록 노력을 해야 하며 단단히 정신을 차려야 한다.

가족이나 회사가 석방을 위하여 노력하고 있다는 것을 항상 잊어서는 안 된다.

감금 중에는 자기 자신에 대하여 자신감을 잃고 때로는 자기의 운명을 신에게 맡기고 종교적이 되기도 하는데 신을 의지하여 기도를 하면 공포에서 구원될 것이라는 일말의 희망으로 마음의 편정을 찾을 수도 있다.

② 처음 몇일 간을 잘 참아낸다.

최초의 몇일 간은 매우 견디기 어려운 시간이 될 것이다. 이 기간 동안 납치범은 인질들에게 고통을 가하게 된다. 납치범들은 잔인할 정도로 흉폭하게 굴다가도 갑자기 양같이 순해지면서 친절하게 접근하는 등 인질들의 정신 상태를 이상하게 만들려고도 한다. 비록 지금은 최악의 상태라고 할지라도 시간이 지나면 사태가 점점 개선될 것이라는 믿음을 가져야 한다. 인질을 시험하는 첫 단계에서는 인질들이 아무리 눈물을 흘리고 사정을 하여도 납치범은 여전히 폭력을 휘두를지 모르므로 치욕적인 상태에 놓일 수 있다는 각오를 충분히 하여야 한다. 자존심이 높은 사람이나 여러 사람의 면전에서 모욕적인 취급을 당하는 것에 익숙지 못한 사람에게는 오히려 수치심을 주는 공격방법을 사용하게 되는 것이다. 벌거벗겨 여러 사람 앞에 세워 놓는다거나 하면 견딜 수 없는 치욕감으로 사람이 공포스러운 상태에 빠지기 쉬우나 이것은 테러리스트들이 즐겨 사용하는 전술이라고 생각하고 이를 정신적으로 극복해야 한다.

③ 규칙적인 생활

납치를 당하여 감금이 되면 어떤 형태로든 지금까지 감금 중에 시간을 보냈던 내용 즉 매일의 일기 등을 테러리스트들이 알지 못하도록 기록을 남겨 놓는다. 암호를 써 놓거나 상황에 따라 벽, 나무 조각 등 주변의 물건을 이용하여 기록하도록 하고 스스로 하루 생활을 계획하여 그것을 규칙적으로 계속해 나가도록 노력하여야 한다.

④ 정신적 운동

일정한 시간에 잠이 들도록 하며 정해진 시간에 일어나는 규칙적인 생활과 일정한 원칙에 따라 좁은 공간에서 할 수 있는 '아이소메트릭스'(Isometrics-정지한 채로 2,3초간 몸체의 어느 한 부분에 힘을 주는 운동으로 부위를 바꿔가면서 반복한다)를 한다. 이런 운동을 매일 하면 정신운동이 되는데 이렇게 하면서 한편으로는 납치 전 가정에서나 직장에서 일상적으로 해 왔던 일들에 관해서도 생각을 해 본다. 혹은 이제까지 해보려고 생각했던 일이 있으며 그것을 이 기회를 이용하여 구체적으로 정리해 본다든지 하여 무료하게 시간을 보내지 말아야 한다.

감금상태에 있더라도 장기적으로 목표를 세우고 활력과 지적 관심을 지속시키도록 노력해야 한다. 예를 들면, 납치를 주제로 책을 쓴다든지, 자기가 좋아하는 취미활동을 상상하며 나름대로 이에 대한 연구를 해보든지 감정적이 되어 우울해 하는 것보다 특별한 상황을 일상생활처럼 보내도록 억지로라도 노력해야 한다.

⑤ 끼니를 거르지 않고 잘 먹는다.

감금 중에는 형편없는 식사라도 가리지 않고 먹어야 한다. 단식하는 것은 아무런 도움이 안 되며 오히려 자기의 건강만 해치게 된다. 건강을 유지할 수 있도록 충분한 영양공급은 안되겠지만 억지로라도 먹는 것이 현명하다.

⑥ 화내지 말며 비굴하지도 말아라

항상 자존심을 잃지 않도록 하며 어떠한 경우에도 비굴해 져서는 안 된다. 때때로 그들은 자신들의 과격성을 발휘하여 그들의 정치적 혹은 종교적 이념을 주입시키려고 온갖 수단을 가할지도 모른다. 이럴 때는 그들의 말을 성의있게 들어주는 것이 좋다. 불필요하게 그들의 주장을 반박하여 그들의 감정을 자극해서는 안 된다. 조용히 경청하면서도 동요되거나 두려워하지 않는 침착성을 유지하는 것이 중요하다.

그들과 진실하게 대화를 나누고 될 수 있는 대로 그들과 우호적인 관계를 구축해 두며, 공적인 부분보다 개인적인 부분을 나누며 신뢰를 쌓는 것이 좋다.

(2) 습격 · 폭파

- 최선의 예방책은 습격 · 폭파 등 테러가 빈발하는 치안불안지역이나 분쟁 중인 국가에 대한 여행이나 접근을 자제하는 것이다.
- 여행을 계속할 때 여행지역이 여기에 해당하는지 사전에 파악하고 해당되면 여행지를 변경하는 것이 좋다.
- 여행 중 습격 · 폭파의 위험에 직면하게 되면, 당황하지 말고 자신의 신체를 보호하기 위해 주의 깊게 행동하여야 한다.

□ 습격 · 폭파 시 행동 요령

- 폭파 사건이 발생하면 당황하지 말고 즉시 바닥에 엎드려 신체를 보호한다.
- 휴대폰을 켜두면 위치추적이 가능하여 구출활동에 크게 도움이 될 수 있다.
- 엎드릴 때는 양팔과 팔꿈치를 옆구리에 붙여 폐·심장·가슴 등을 보호하고 양손으로 귀와 머리를 감싸 보호한다.

- 통상 폭발사고가 발생한 경우 얼마 후 2차 폭발이 있으므로 절대 미리 일어나서는 안 되며 이동시에는 낮게 엎드린 자세로 이동한다.
- 총기에 의한 습격일 때는 자세를 낮추어 적당한 곳에 은신하고 경찰이나 경비요원의 대응사격을 방해하지 않도록 한다.
- 독가스 등 생화학 가스가 살포된 경우, 손수건 등으로 코와 입을 막고 호흡을 중지한 채 바람이 불어오는 방향(독가스 반대쪽)으로 속히 현장을 이탈하도록 한다.
- 사건발생 후 경미한 부상을 입은 경우, 경찰과 구급차를 부르고 부상자를 도우며 현재 재외공관에 알려 우리 국민의 피해 사실을 파악할 수 있도록 한다.

(3) 소매치기

- 소매치기는 세계의 모든 국가의 거리 · 역 · 쇼핑센터 · 관광지 등에서 가장 광범위하게 발생하는 범죄이며, 일반적으로 치안이 양호하다는 북미 · 서유럽의 대도시에서도 발생빈도가 매우 높으므로 각별히 주의한다.
- 통상 소매치기범은 말을 걸거나 옷에 케첩, 아이스크림 등을 묻히거나, 동전을 떨어뜨리는 등의 수법을 이용하여 주의력을 분산시킨 후 순식간에 지갑을 빼내 간다.
- 따라서 여행 도중 가끔 지갑·여권 등이 이상 없는지 확인하고 자기 주변을 항상 주의 깊게 살펴보는 것이 좋다. 범행자는 옆이나 뒤에서 범행기회를 노리기 때문에 주의하면 피해를 예방할 수 있다.
- 소매치기 우범지역인 공항이나 역·호텔로비 등 사람들로 북적되거나 혼잡한 장소에서는 가방이나 짐을 손에서 놓지 말아야 한다. 특히 버스나 지하철 등의 혼잡한 대중교통 이용 시에는 수시로 소지품을 체크하는 것이 좋다.
- 만일의 경우를 대비하여 여행경비는 나누어 소지함으로써 위험을 분산시키는 것도 좋은 방법이다.

□ 소매치기 피해발생 시 행동 요령

- 현지 경찰관서에 즉시 신고한다.
- 현지 재외공관(대사관 · 영사관)에 피해사실을 신고하고 필요한 도움을 받도록 한다.

- 소매치기를 당해 여행자 수표나 신용카드를 잃어버린 경우 현지 관할경찰서에 서면으로 신고하고 신고확인서를 첨부해 발행 은행의 현지 지점이나 제휴은행에 재발급을 신청하거나, 국내 가족 또는 친구로부터 여행경비를 송금 받도록 한다. (재외공관을 통해 필요한 방법을 안내받을 수 있다)
- 여권을 소매치기 당한 경우, 신속히 재외공관에 신고하여 여권을 재발급 받거나, 여행증명서를 발급받아야 한다.
- 항공권을 소매치기 당한 경우, 즉시 해당 항공사 현지 지사에 신고하여 항공티켓을 재발급 받아야 여행일정에 차질을 빚지 않게 된다.

(4) 날치기 · 강도

- 전 세계 대부분의 유명 관광지에서는 오토바이나 차량을 이용한 핸드백·카메라·가방 등의 소지품 날치기나 강도피해에 주의하여야 한다.
- 날치기 예방을 위해 핸드백 등의 가방은 어깨에 X자로 메고 이동 중에는 차도 변이 아닌 인도 변 안쪽으로 가는 것이 안전하다.
- 여행 중 총기 · 칼 등의 흉기를 든 강도를 만나 소지품을 빼앗기고, 심지어는 생명의 위협을 받는 경우도 많이 발생한다.
- 밤중에 치안이 좋지 않은 지역을 혼자 다니거나, 대낮이라도 한적한 골목길, 지하도, 역 등을 조심성 없이 다니는 것은 강도의 표적이 되기 쉽다.
- 호텔 등 숙소에서는 방문을 노크해 문을 열려는 순간에 밀치고 들어오는 강도사건도 자주 발생하므로 방에 있을 때에는 반드시 방범체인을 걸어 놓고 문을 열기 전에 반드시 상대방을 확인하여야 한다.
- 강도들이 주로 원하는 것은 금품인 경우가 많으므로 금품은 분산 소지하여 여행경비를 한꺼번에 잃는 일이 없도록 주의하고, 강도 시 아무것도 없을 경우 분풀이성 피해를 당하지 않도록 비상금을 갖고 다니도록 한다.

□ 피해발생 시 행동 요령

- 현지 경찰관서에 신고한다.
- 현지 재외공관(대사관 · 영사관)에 피해사실을 신고하고 필요한 도움을 받도록 한다.

- 여행경비 · 여권 · 항공권을 빼앗긴 경우, 소매치기 피해 시 행동요령을 참고하여 대처한다.
- 부상을 당하게 되면, 현지 재외공관의 도움을 받아 한국인이 많이 찾는 병원을 이용하는 것이 안전하다. (국내 연락이나 본국 후송 등의 도움을 받을 수 있다)
- 강도를 만난 경우, 섣부른 저항은 강도를 자극하여 신체에 해를 입을 수 있으므로 금품보다 생명이 중요하다는 점을 명심하도록 한다.

(5) 사기 · 호객 · 악질택시

- 해외여행 시 '한국에 대해 배우고 싶다'며 가짜물건을 비싸게 팔거나 사기도박으로 유인해 여행경비를 탕진케 하는 경우가 많다. 따라서 영어나 한국어를 구사하며 친절히 말을 걸어오는 사람을 쉽게 믿어서는 안 되며 겉모양만 보고 주의를 게을리 하지 말고 신뢰할 수 없으면 'No'라고 의사를 분명히 밝히는 것이 좋다.
- 러시아 · 중국 · 동유럽국가 등에서는 택시기사가 강도로 돌변하는 경우도 있으므로 조심해야 하며 탑승 시 택시번호를 기어하거나 메모해 두면 좋다.
- 유렵, 특히 동유럽 일대에서는 침대열차(Eurail)를 이용할 때 현지인 탑승객이 권하는 음료수는 가급적 사양하는 것이 좋다. 음료수에 수면제가 들어 있어 잠든 사이에 금품을 빼앗기는 피해가 자주 발생하고 있다.
- 중국 · 러시아 등지에서는 여성 호객꾼에게 유인되어 금품을 털리는 사례도 있으므로 술집 등에서 친절하게 다가와 유혹하는 사람에 대해서는 경계하여야 한다.

□ 피해발생 시 행동 요령

- 현지 경찰관서에 신고한다.
- 현지 재외공관(대사관 · 영사관)에 피해사실을 신고하고 필요한 도움을 받도록 한다.
- 사기피해를 당한 경우, 사기범의 인적사항, 연락처, 피해정도 등을 현지 경찰과 재외공관 영사에게 알려 범인검거에 도움이 되도록 한다.
- 악질택시 피해의 경우에는 택시회사·택시번호 등을 현지 경찰이나 재외공관에 제보한다.

- 술집 접대부 등 호객꾼에 꾀어 피해를 당한 경우, 신체위협을 받을 수도 있으므로 실랑이를 벌이지 말고 술집의 이름과 위치 등을 확인 후 인근 경찰서에 신고하는 것이 좋다.

(6) 마약운반 · 소지

- 마약에 대한 규제는 점점 강화되어 전 세계의 대부분의 국가에서 마약범죄를 중범죄로 다루고 있으며, 단순 소지 사실만으로도 중형에 처하는 나라가 있으므로 특히 주의해야 한다(중국은 헤로인 50g, 아편 1Kg을 운반소지만 해도 사형에 처할 수 있도록 하고 있다)
- 마약을 '고급차', '살 빼는 약' 등으로 사칭해 팔기도 하고 무료해외여행 등 선심성 관광(특히 중국)을 제의하고 귀국 시 휴대가방이나 서류봉투 등의 운반을 요청하는 경우도 많이 있다.
- 공항에서 승객을 가장하여 접근한 후 긴급한 용무로 탑승이 어렵게 되었다면서 국내가족이나 친구에게 줄 선물을 대신 전달해 달라고 요청하는 수법도 자주 사용하고 있다.
- 이는 대부분의 마약 운반일 가능성이 크므로 낯선 사람의 부탁을 받을 경우 의심해 보고 정중히 거절하는 것이 좋다. 특히 중국이나 태국·필리핀 등의 마약 취약국가를 여행할 때에는 본의 아니게 마약과 관련되지 않도록 특히 조심하여야 한다,

(7) 여권도난 · 분실

최근 국제화 · 세계화 추세에 따라 우리 국민의 해외여행이 급속히 증가하면서 해외에서 여권도난 · 분실사고도 급증하고 있다. 중국이나 동남아 국가에는 한국 여권만을 전문적으로 취급하는 범죄조직이 있어 여권을 위·변조하여 한국으로 불법입국하려는 사람들에게 고가에 팔아넘기고 있는 실정이다(2002년도 해외에서 분실한 여권은 총 9,808매로 이중 중국에서만 1,148매가 분실되었다).

많이 거주하는 중국 동북 3성 일대를 중심으로 여권도난·분실사고가 빈발하고 있으므로 여권관리에 특히 신경 써야 한다.

중국 공짜관광을 미끼로 여권을 일괄 보관한 후 도주하거나 현지 관광안내를 자칭하며 접근해 여권을 탈취하고 서류발급 등을 대행해 준다며 여권을 받아 달아나는 사례도 많다. 특히 관광안내원이나 숙박업소에 속아서 여권을 맡겼다가 분실하는 사례가 빈번하므로 중국이나 동남아지역을 여행할 때는 누구에게도 여권을 맡기거나 보여주지 않는 것이 좋다.

해외 어디를 여행하든지 여권은 지갑과 별도로 보관해 여권과 지갑을 함께 분실하지 않도록 주의한다. 만일 여권을 분실·도난당했을 때에는 위·변조되어 악용될 가능성이 있고 본인에게 피해가 갈수도 있으므로 즉시 신고해야 한다.

여권 분실·도난에 대비해 여권번호·발행연월일 등을 메모해 두거나 여권사본, 사진2매(여권용 칼라사진)를 별도로 보관하면 여행증명서 발급 등에 큰 도움이 된다.

□ 피해발생 시 행동 요령

- 재외공관(대사관 혹은 총영사관)에서 사건 관할 경찰서의 연락처와 신고방법 및 유의사항을 안내받는다.
- 의사소통의 문제로 어려움을 겪을 경우, 통역 선임을 위한 정보를 제공받는다.
- 여권 분실 시, 분실 발견 즉시, 가까운 현지 경찰서를 찾아가 여권분실 증명서를 만든다. 재외공관에 분실 증명서, 사진 2장(여권용 컬러사진),여권번호, 여권 발행일 등을 기재한 서류를 제출한다. 급히 귀국해야 할 경우 여행증명서를 발급받는다.
- 여권 분실의 경우를 대비해 여행 전 여권을 복사해 두거나, 여권번호, 발행 연월일, 여행지 우리 공관 주소 및 연락처 등을 메모해둔다. 단, 여권을 분실했을 경우 해당 여권이 위·변조되어 범죄에 악용될 수 있다는 점에 유의해야 한다.
- 여행경비를 분실·도난당한 경우, 신속해외송금지원제도를 이용(재외공관 혹은 영사콜센터 문의).
- 여행자 수표를 분실한 경우, 경찰서에 바로 신고한 후 분실 증명서를 발급받는다. 여권과 여행자수표 구입 영수증을 가지고 수표 발행은행의 지점에 가서 분실 신고서를 작성하면, 여행자 수표를 재발행 받을 수 있습니다. 이 때, T/C의 고유번호, 종류, 구입일, 은행점명, 서명을 알려줘야 한다.
- 그러나 수표의 상, 하단 모두에 사인한 경우, 전혀 사인을 하지 않은 경우, 수

표의 번호를 모르는 경우, 분실 시 즉시 신고하지 않은 경우에는 재발급이 되지 않으므로 주의해야 한다.

- 항공권을 분실한 경우, 해당 항공사의 현지 사무실에 신고하고, 항공권 번호를 알려준다.
- 분실에 대비해 항공권 번호가 찍혀 있는 부분을 미리 복사해 두고, 구입한 여행사의 연락처도 메모해둔다.
- 수하물을 분실한 경우, 화물인수증(Claim Tag)을 해당 항공사 직원에게 제시하고, 분실신고서를 작성한다. 공항에서 짐을 찾을 수 없게 되면, 항공사에서 책임을 지고 배상한다.
- 현지에서 여행 중에 물품을 분실한 경우, 현지 경찰서에 잃어버린 물건에 대한 신고를 하고, 해외여행자 보험에 가입한 경우 현지 경찰서로부터 도난신고서를 발급받은 뒤, 귀국 후 해당 보험회사에 청구.

□ 중국에서 여권분실 시 재발급 절차

- 중국에서 여권분실 도난 사건이 많아, 중국 공안당국은 우리 공관으로부터 발급받은 여행증명서가 있더라도, 공안당국이 발행한 여권분실증명서가 있어야 출국할 수 있으므로, 주의해야 한다.
- 여권을 분실했을 경우, 먼저 관할 파출소에 신고하여 분실증명서를 발급받고 중국 내 우리 관할 공관에 본인이 직접 방문하여 분실신고(사진3매 지참)를 하여야 한다.
- 공관에서 발급하는 '분실여권 말소증명'과 파출소 발행의 '분실증명서'와 호텔 등 외국인 합법 거주지 등에서 발급하는 '숙박증명(주숙등기표)'을 첨부하여, 분실지역 관할 공안국 외국인출입경관리처에 가서 분실증명서를 발급받는다.
- 공안국에서 발급받은 분실증명서를 가지고 공관을 방문해 단수여권을 발급받는다.(발급수수료: 인민폐 120위엔)
- 공안국 외국인출입경관리처에 가서 단수여권에 출국에 필요한 비자를 발급받는다. 여행 경비를 분실·도난당한 경우, 신속해외송금 지원제도에 관해 영사콜센터에 문의.

ㅁ 도난 · 분실 예방책

- 여권이나 귀중품은 호텔 프론트에 맡기거나 객실 내 금고 또는 안전박스에 보관합니다. 그 날 사용할 만큼의 현금만 가지고 다닌다.
- 현금은 지갑과 가방, 호주머니에 나누어 지닌다.
- 식당에서는 의자에 가방을 걸어두지 말고 식사하는 동안에는 가방을 본인 무릎 위에 두는 것이 안전하다.
- 뒷주머니에는 절대로 지갑을 넣지 말고 바지 앞주머니나 코트 안주머니에 넣는 것이 안전하다.
- 가방을 가지고 걸을 때는 어깨로부터 가슴에 가로질러 X자로 맨다.
- 사람이 많은 출퇴근 시간의 기차나 버스 안에서 가방이나 지갑을 조심한다.
- 모르는 사람이 시간이나 길을 묻는 등 말을 걸어 올 때에는 조심한다.
- 호텔 프론트에서 체크인 및 체크아웃 시 수하물은 반드시 시선이 닿는 곳에 놓거나 일행이 있을 경우 한사람은 수하물을 지키도록 한다.[7)]

(8) 대규모 시위 및 전쟁

- 군중이 몰린 곳에는 함부로 접근하면 위험하다.
- 대규모시위가 일어났을 경우, 특정 시위대를 대표하는 색상의 옷을 입거나 시위에 참여하는 행동은 매우 위험한 행동이니 삼가야 한다.
- 시위대의 감정이 고조되어 무력충돌(총기난사, 폭력 등)로 이어질 가능성을 대비해 긴급 출국하는 편이 좋다.
- 당장 출국하지 못할 경우에는 영사콜센터 혹은 재외공관(대사관 혹은 총영사관)에 여행자의 소재와 연락처를 상세히 알려 비상시 정부와의 소통이 가능하도록 해야 한다.
- 긴급하게 귀국 또는 제3국으로 이동해야하는 경우 재외공관(대사관 혹은 총영사관)에서는 비자발급, 여행증명서 발급 등의 출국절차를 지원받도록 한다.
- 현지 관계당국에 해당 건을 신고하고, 우리 재외공관(대사관 혹은 총영사관)에도 연락을 취하여 우리 국민 안전을 파악할 수 있도록 한다.[8)]

---

7) http://www.0404.go.kr/contentView.do?menuNo=2030100 (검색: 2012.02.12)
8) http://www.0404.go.kr/contentView.do?menuNo=2030600(검색: 2012.02.12)

2) 장기체류 시 신변보호 요령

(1) 개인 · 가족 신변관리

- 집이나 직장, 혹은 규칙적으로 방문하는 장소(교회 등) 등지에서 수상한 사람을 발견하거나 평범하지 않은 행동을 하는 사람을 조심해야 한다.
- 쉽게 범행대상이 될 수 있으므로 눈에 띄거나 자신의 스케줄이 드러날 수 있는 규칙적인 행동을 하지 않도록 주의하는 것이 좋다.
- 모르는 사람과 약속을 한 경우에는 사전에 친구나 가족에게 약속장소·시간 그리고 누구를 만나는지 알려 만약의 사태에 대비하는 것이 좋다.
- 자녀들을 맡길 때는 주변의 믿을만한 사람에게 반드시 맡기고 연락할 수 있도록 전화번호 등의 연락처를 남겨 둔다.
- 위험에 처했을 경우에 대비하여 동료·상사·가족에게 위험을 알릴 수 있는 비상연락수단을 알릴 수 있는 방법도 강구해 둔다.

(2) 일상생활에서의 신변관리

- 새로 거주지를 마련한 경우 이전의 주인이 사용하던 열쇠는 바꾸는 것이 좋고, 창문 · 출입문은 항상 잠근다.
- 낯선 사람이 방문했을 경우에는 문을 열기 전에 도어폰이나 창문을 통해 신분을 먼저 확인해야 한다. 방문자가 경찰·전기회사 직원일지라도 신분증 제시를 요구하고 의심되면 경찰에 바로 신고하도록 한다.
- 특히, 일몰 후에는 외부에서 실내가 잘 보이지 않도록 커튼을 치고 집 주변에 취약장소가 있다면 조명시설을 설치하는 것도 좋다.
- 집주변을 배회하는 사람이 있는지, 의심스러운 차량이 주차되어 있는지 살펴보는 것도 잊지 말아야 하며, 의심되는 차량이 있으면 차량번호를 메모해 두도록 한다.
- 단독외출은 가급적 피하고 행인이 많은 큰길을 이용하며 이동로와 출발·귀가시간 등 생활패턴을 수시로 바꾸는 것이 좋다.
- 자신이나 가족들의 생활이 필요이상으로 노출되지 않도록 하며, 경찰서나 정부건물의 위치 등을 사전에 알아두는 것이 좋다.

(3) 여행 시 신변관리

- 장기체류 시 여행을 갈 때에는 가기 전에 가족이나 동료 등에게 여행일정을 알리고, 여행 중 집이 비었을 때에는 집을 살펴주도록 부탁한다.
- 장기간 여행을 가게 되면 우유나 신문배달 등은 중단시키고 외부에서 실내가 보이지 않도록 커튼을 치도록 한다.
- 여행 시에는 가급적 2인 이상이 함께 행동하고 개별행동은 삼가는 것이 좋다.
- 모르는 사람에게 투숙호텔을 알려주지 말고, 외부인이 방문했을 때에는 호텔 로비 등 공개된 장소에서 만나도록 하는 것이 좋다.
- 경찰관서의 전화번호 등 긴급상황 발생 시 도움을 받을 수 있는 전화번호를 숙지하고, 공중전화 사용에 대비해 동전이나 전화카드를 갖고 다니도록 한다.
- 위험하다고 느낄 때에는 우리 공관이나 현지경찰서로 몸을 피하거나 신속히 연락하여 도움을 청하도록 한다.

(4) 전화통화 시 유의사항

- 전화기 옆에 경찰서·소방서·긴급병원 등 비상시 전화번호 목록을 비치한다.
- 모르는 사람으로부터 전화가 왔을 때 가족의 신원사항이나 집주소 등을 알려주어서는 안 된다.
- 특히 혼자 있다거나, 외출 준비 중이라는 정보가 나가지 않도록 주의해야 한다.
- 신변위해나 협박전화를 받으면 당황하지 말고, 침착하게 협박내용을 듣고 녹음이 가능하면 녹음해 둔다.
- 협박전화가 오면 계속 말을 걸어 시간을 끌면서 전화를 건 협박자가 제공하는 단서에 주목한다.
- 협박자의 성별 · 연령 · 발음 · 억양 등을 기억한다.
- 협박자의 범행 의도나 동기 등과 관련된 단서는 메모해 둔다.
- 수화기를 통해 들려오는 배경음을 주의 깊게 관찰하고 기억해 둔다. (기차역 · 항구 · 공단기계음 · 음악 · 동물 소리 등)
- 통화가 끝나면 즉시 경찰에 신고하여 도움을 요청한다.

(5) 의심되는 우편물 접수 시 유의사항

- 폭발물로 의심되거나 모르는 소포나 편지를 받았을 경우에는 충격을 주거나 절대 개봉하지 말고 사람들의 손이 닿지 않는 안전한 장소에 옮긴 후 경찰서에 신고한다.
- 우편폭발물은 인명살상력은 상대적으로 약하다 하더라도 검색에 어려움이 있고, 대상자가 직접 다칠 수도 있으며, 대상자에게 심리적으로 주는 충격이 크기 때문에 사용이 점점 증가하는 추세에 있다.
- 따라서 평소 동료직원이나 가족들에게 우편폭발물의 위험성을 주지시켜 항상 주의하도록 하는 것이 좋다.

□ 폭발물로 의심되는 우편물

- 현지 경찰관서에 신고한다.
- 현지 재외공관(대사관 · 영사관)에 피해사실을 신고하고 필요한 도움을 받도록 한다.
- 여행경비 · 여권 · 항공권을 빼앗긴 경우, 소매치기 피해 시 행동요령을 참고하여 대처한다.
- 부상을 당하게 되면, 현지 재외공관의 도움을 받아 한국인이 많이 찾는 병원을 이용하는 것이 안전하다. (국내 연락이나 본국 후송 등의 도움을 받을 수 있다)

(6) 차량운전 · 점검 시 유의사항

- 항상 방어운전에 신경을 쓴다. 주택이나 사무실 등에서 낯선 사람이나 차량이 있으면 경계하고 차량에 사람이 타고 있는지 주의한다.
- 운전 중 보다 정차했을 때가 더 위험하다. 정차 시 옆 차량이나 행인이 말을 걸어올 경우 문이 잠겨있는지 확인하고, 창문을 조금만 내려 응대하도록 한다.
- 위협을 받을 경우에는 창문을 신속히 올리고 경보장치 비상등을 작동시켜 주변의 시선을 끌어야 한다.
- 차량에 누군가 손을 댄 흔적이 있을 때에는 면밀히 점검해 볼 필요가 있다.
- 차량주변을 살피면서 못 보던 물체나 느슨한 배선 등이 있는지, 차량 밑에 깔고

있던 신문지 등이 있는지 확인해야 한다.

- 차량에 침입한 흔적이 있고 차량내부가 처음상태와 같지 않으면 시동을 걸거나 이동시키지 말고 경찰을 부르도록 한다.[9)]

3) 해외에서의 자연재해 시 대처요령

재외공관에 연락하여 본인의 소재지 및 여행 동행자의 정보를 남기고, 공관의 안내에 따라 신속히 현장을 빠져나와야 한다.

지진이 일어났을 경우, 크게 진동이 오는 시간은 보통 1~2분 정도이다. 성급하게 외부로 빠져나갈 경우, 유리창이나 간판·담벼락 등이 무너져 외상을 입을 수 있으니 비교적 안전한 위치에서 자세를 낮추고 머리 등 신체 주요부위를 보호한다.

지진 중에는 엘리베이터의 작동이 원활하지 않을 수 있으므로, 가급적 계단을 이용하고, 엘리베이터 이용 중에 지진이 일어날 경우에는 가까운 층을 눌러 대피한다.

해일(쓰나미)가 발생할 경우, 가능한 높은 지대로 이동한다. 이 때, 목조건물로 대피할 경우 급류에 쓸려갈 수 있으므로 가능한 철근콘크리트 건물로 이동해야한다.

태풍·호우 시 큰 나무를 피하고, 고압선 가로등 등을 피해 감전의 위험을 줄인다.

자연재해 발생시, TV·라디오 등을 켜두어 중앙행정기관에서 발표하는 위기대처방법을 숙지하고, 유언비어에 휩쓸리는 일이 없도록 주의해야 한다.

현지 관계당국에 해당 건을 신고하고, 우리 재외공관(대사관 혹은 총영사관)에도 연락을 취하여 우리 국민 안전을 파악할 수 있도록 한다.[10)]

(1) 확산폭발

- 콘택트렌즈 대신 안전을 착용하는 것이 좋고, 외출하고 숙소로 돌아와서 반드시 옷을 털어 준다.
- 얼굴과 손발은 즉시 깨끗이 씻어 몸과 옷에 붙어 있는 화산재와 먼지들을 털어낸다.

9) 외교통상부 해외안전정보, http://www.0404.go.kr/safety/danger.

10) http://www.0404.go.kr/contentView.do?menuNo=2030500(검색:2012.02.12)

- 화산으로 인해 발생하는 화산재의 미세입자가 호흡기를 통해 체내로 들어가 건강을 해칠 수 있어 만성호흡기 질환자들은 여행 일정 내내 반드시 흡입기나 치료제를 챙긴다.
- 눈이 가렵다면 손으로 비비지 말고 인공눈물로 세척해 주어야 한다.
- 뿌연 먼지에서 황이나 썩은 계란, 강한 산성 등의 냄새가 나면 가급적 바깥출입을 하지 않도록 하고, 실외에 있다면 차량이나 건물 안으로 즉시 대피한다.
- 화산폭발은 지진이나 테러보다 더 무서운 자연재해 및 대형재난사고에 속하므로 유독가스를 내 뿜는 지역으로부터 멀리 피신하는 것이 안전하다.
- TV나 라디오 등의 안내방송에 귀를 기울인다.

(2) 지진

최근 몇 년간 발생한 가장 큰 자연재해 중의 하나로 쓰나미를 동반하여 수많은 목숨을 앗아 간 일본지진에 이어 터키에서도 7.3규모의 지진이 발생하여 발견 된 사망자만 500명 가까이 이른다고 한다. 해외에 체류 중에 지진에 대한 대처요령을 살펴보면 다음과 같다.

- 지진은 상황에 따라 짧게는 몇 초부터 수분에 이르기는 하지만 지진해당ㅈ역이 아닌 한 멀리 대피하려 하지 말고 일단은 있던 장소에서 안전한 위치를 찾는 것이 중요하다.
- 인화성물건은 사용하지 말아야 한다.
- 여진에 주의하되 비상상황을 확인할 수 있을 정도의 간격은 두고 온다는 것도 알아 둘 필요가 있다.
- 책상, 침대 밑으로 들어가 다리를 꽉 잡고 머리부터 보호한다.
- 지하시설물들은 지상보다 비교적 안전한 편이지만 침수, 정전 등에 주의한다.
- 지진해일 특보가 발령되면 학교 등 주위의 높고 안전한 곳으로 즉시 대피한다.
- 뉴스와 안내방송에 귀를 기울이고 침착함을 잃지 않도록 한다.

(3) 홍수

- 홍수가 발생하면 높은 곳을 재빨리 피한다.

- 흐르는 물은 종아리 반만 잠겨도 쓸려 내려갈 수 있으므로 절대 들어가지 않는다.
- 홍수가 지나간 지역은 도로나 지반이 약해져 무너질 수 있으니 조심한다.
- 숙소나 건물 등에 도착한 후에는 바로 들어가지 말고 붕괴위험을 살핀다.
- 홍수 발생 시에는 특히 오염에 주의한다.
- 감전위험이 높으므로 전기기기 등을 함부로 만지지 않는다.[11)]

4. 해외여행 시 안전한 식사요령

관광여행, 상용여행 또는 기타 목적의 해외여행 시 오염된 식사나 음료는 건강에 치명적인 영향을 줄 수 있다. 많은 여행자들이 식중독에 의한 설사에 자주 시달린다. 특히 언어의 장벽 때문에 적절한 치료를 받을 수 없게 되면 육체적인 아픔과 불쾌감 때문에 해외여행의 즐거움을 망치게 되는 수도 있다.

이러한 경우를 대비하여 미리 예방법과 대처법을 알아야 한다. 다음은 세계보건기구의 식품안전 및 설사증 관리국에서 권장하는 여행 중 설사, 복통의 대처법이다.

1) 집을 떠나기 전

가고자하는 여행목적지에는 어떤 질병이 많은지, 예방접종은 필요한지 기타 예방방법은 무엇인지에 대해 의사의 조언을 구하는 것이 좋다.

탈수보충용 염류제제(Oral Rehydration Salts, ORS : 설사 시 깨끗한 물에 녹여서 마심)와 식수 소독약을 다른 구급약품과 함께 반드시 준비한다.

2) 안전한 식사법

다음의 사항은 노상의 간이음식점에서 뿐만 아니라 호텔에 있는 고급 음식점에도 지키도록 한다.

---

11) http://blog.naver.com/PostView.nhn?blogId=hnw1204&logNo=5012462018(검색: 2012.02.12)

- 조리된 음식이라 하더라도 실온에서 3~5시간 이상 방치되면 식중독을 일으킬 위험이 대단히 높아진다. 따라서 음식이 완전히 조리된 것인지, 먹을 때 아직 뜨거운 상태인지 아닌지를 확인한다.
- 껍질을 벗기거나 깎을 수 있는 과일과 채소 이외에는 조리되지 아니한 어떠한 음식도 피해야 하며 껍질이 손상된 과일도 피한다. "익히거나, 껍질을 벗길 수 없으면 버리시오"라는 격언을 기억해야 한다.
- 제조회사 또는 제조 원료가 확실하지 않은 아이스크림은 보통 오염되어 있어 질병을 일으킬 수 있으므로 의심이 되면 먹지 않아야 한다.
- 어떤 나라에 있는 특별한 어패류는 충분히 가열된 경우에도 치명적인 독을 가지고 있을 수 있으므로 현지 사람에게 조언을 구하도록 한다.
- 살균 안 된 우유는 반드시 끓여서 먹는다.
- 음용수의 안전성이 의심되면 끓이거나 식수소독약으로 소독하여 먹는다. 식수소독약은 약국에서 구입할 수 있습니다.
- 안전한 물로 만들어졌다고 확신되지 않는 얼음은 먹지 않는다.
- 뜨거운 홍차, 커피 등 음료와, 병 등에 포장된 포도주, 맥주, 탄산음료, 과일쥬스는 일반적으로 안전하므로 마셔도 된다.

3) 설사 시 대처방법

- 대부분의 설사는 자연 치유되어 2~3일안에 낫는다. 중요한 것은 탈수증상이 나타나지 않도록 하는 것이다. 설사가 시작되면 바로 병 표장된 것, 끓인 것 또는 처리된 음용수나 약하게 탄 홍차를 많이 마신다.
- 안전한 물로 희석한 과일쥬스나 스프를 먹어도 좋다. 만약 설사가 하루 이상 지속되면 탈수보충용 염류제제용액을 마시고, 식사는 정상적으로 한다.
- 탈수보충용 염류제제용액 또는 섭취하여야 하는 수분량
  - 2세 미만의 어린이 : 매 설사시마다 1/4~1/2컵(50~100㎖)
  - 2세~10세 어린이 : 매 설사시마다 1/2~1컵(100~200㎖)
  - 10세 이상의 어린이 및 성인 : 제한 양 없음

- 설사가 3일 이상 지속되면서, 물같은 설사가 자주 나오거나, 대변에 피가 섞여 나오거나, 구토가 반복되거나 열이 있을 경우 의사의 도움을 구하도록 한다.[12)]

12) http://hosp.ajoumc.or.kr/emc/program/aid_read.asp?c_idx=358(검색: 2012.02.12)

참고문헌

1. 단행본

경찰공제회, 「일반경비」, 일반경비교재, 2011.
고성혜 외,「청소년 문제행동의 이해」, 서울특별시 자녀안심운동서울협의회, 2000.
권봉안 · 정순광, “청소년 수련원의 실태조사를 통한 안전교육 필요성의 고찰”, 「청소년 안전교육 실천방법모색」, 201년도 하계학술세미나, 2001.
김두현 · 김상철, 「생활과 안전」, 도서출판 동화기술, 2003.
김수근 · 정동혁, 「사이버시대의 건강관리」, 대경출판사, 2001.
김용국, 「현대인의 건강과 스포츠」, 한올출판사, 2002.
김용수 · 김창은 · 심종칠, 『안전공학론』 , 한올출판사, 1998.
김천수, 「성희롱예방과 대책」, (주)중앙경제, 2002.
박영규, 「성폭력 예방, 처벌의 법률지식」, 청림출판, 1998.
박경식. ‘스토킹 : 새롭게 인식되는 범죄행위’, 경찰대학교 논문집 제19집.1999.
서진석, 「현대사회와 안전」, 문형출판사, 2004.
신정호 외, 「인간과 행동」, 연세대학교출판부, 1997.
신동운, 「형법총론」, 법문사, 2001.
오영근, 「형법총론」, 대명출판사, 2002.
이경순 외, 「정신건강간호학」, 현문사, 2000.
이상원, 「범죄예방론」, 대명출판사, 2005.
이소우 외, 「정신간호총론(제3판)」, 수문사, 1994.
이시형 외,「현대사회와 스토킹」, 삼성생명 사회정신건강연구소, 1998.
이원숙, 「성폭력과 상담」, 학지사, 2003.
이윤군, 민간경비론, 엑스퍼트, 2004, p.251, 재인용.
이윤희, ‘성폭력의 사회적 통념과 피해영향에 관한 연구’, 인천대학교, 2001.
박영규 · 서광호,「성범죄예방·처벌의 법률지식」, 청림출판사, 1998.
전대양, 「현대사회와 범죄」, 형설출판사, 2002.
최선우, 「민간경비론」, 도서출판 진영사, 2008,

최인범 · 정용승, 「안전교육」, 도서출판 21세기교육사, 1997.
청소년폭력예방재단 편저,「학교폭력 고통받는 아이들을 위해 무엇을 할 것인가?」, 한울림, 1996.
청소년폭력예방재단, 「폭력은 싫어요: 학교폭력의 예방과 지도」, 1996.
충남청소년종합상담실,「청소년과 폭력」, 1994.
한국성폭력상담소, 「성폭력 해결을 위한 진단과 전망」, 1994.
한국청소년개발원, 「청소년인권보고서」, 인간과복지, 1997.
현송자, 백승국, 「운동과 건강」, 동아대학교 출판부, 1998.
Mullen, Path, Purcell, *Stalkers and Their Victims*, 2000.
Lamplugh, D., Infield, P., "Harmonising Anti-stalking Laws", *George Washington International Law Review* 2003.

2. 논문 · 보고서

강대형 · 이태원, "수사경찰의 의식에 관한 연구", 한국형사정책 연구원, 1991.
강선미 외, "천황제 국가와 성폭력", 『한국여성학』 제9집, 한국여성학회, 1993.
경찰대학, 「경찰경비론」, 1998.
공미혜, "가족주의와 가부장적 테러리즘으로서의 아내구타", 한국사회학회, 1997.
김성언, "나이와 범죄"", 『형사정책연구소식』 , 한국형사정책연구원, 1990.
김성천, "한국에서 성차별적 가족문제에 대한 페미니스트 가족치료의 수용가능성에 관한 연구", 중앙대학교 사회복지학과 박사학위논문, 1992.
김성천, "신용카드의 소비자문제와 법제개선방안" 한국소비자보호원. 2000.
김윤수, "지역사회 범죄예방활동과 민간경비의 역할에 관한 연구", 용인대학교 경영대학원 석사학위논문, 2001.
김준호 외, "청소년 범죄피해에 대한 연구", 한국형사정책연구원, 1991.
김준호, 김선애, "한국인의 폭력에 대한 태도 연구", 한국형사정책연구원, 1992.
김준호, 노성호, 곽대경, "한국의 청소년 비행집단에 관한 연구", 한국형사정책연구원, 1992.
김철주, "아파트 단지 범죄에 관한연구", 건국대학교, 2000.
문영호 외, "조직폭력의 실태와 대책", 한국형사정책연구원, 1993.

박병식, "침입범죄와 주거안전", 한국안전교육학회지 제1권 제1호. 2000.

박선숙, "한국여성의 성역할 특성과 우울 및 불안의 관계에 대한 연구", 이화여자대학교석사학위논문, 1988.

박철현 · 이상용 · 진수명, "스토킹의 실태와 대책에 관한 연구", 한국형사정책연구원, 2000.

신성자, "직장에서 발생하는 성적 성가심의 유형, 부정적 영향, 그리고 피해여성의 개인적 상황적 특성에 관한 연구", 『사회과학연구』 제5집, 경남대학교 사회과학연구소, 1993.

심영희 외, "성폭력의 실태 및 대책에 관한 연"』, 한국형사정책연구원, 1990.

심영희, "몸의 권리와 성 관련법의 개선안 : 권력과 성의 관계를 중심으로", 『한국여성학』 제11집, 한국여성학회, 1995.

송광성 외, "정학/퇴학 청소년 선도방안", 한국청소년연구원, 1992.

송철호, 대규모행사 시 안전관리 작성 방법, 서울특별시 시민안전대책 워크샵, 2001.

이건호 · 김은경 · 황지태, "스토킹 피해실태와 입법쟁점에 관한 연구", 형사정책연구원, 2002.

이건호, "스토킹행위에 대한 형사법적 대응과 그 한계", 형사정책 제16권 제2호, 2004.

이영란, "성폭력범죄의처벌및피해자보호등에관한법률", 수사연구, 1994.

이명선, "강간에 대한 여성학적 접근", 이화여자대학교 석사학위 논문, 1989.

이영자, "성일탈과 여성", 『한국여성학』 제5집, 한국여성학회, 1989.

이민희 외, "청소년폭력 대책 모델 개발", 한국청소년개발원, 1998.

이호준, "성범죄의 대처방안에 관한 연구", 한양대학교 석사학위논문, 1993.

전겸구, "스트레스 시대에 건강하게 사는 법(건강박람회강의안)", 대구대학교 재활심리학과, 2000.

전명기, "청소년 문제행동의 이해", 자녀안심운동 서울협의회 연구보고서, 2000.

조구이, "성폭력의 실태 및 대책에 관한 연구", 영남대학교 행정대학원 석사학위논문, 1992.

청소년폭력예방재단, "청소년 폭력실태와 예방대책에 관한 한/일 국제세미나", 1996.

최윤진 외, "소년교정기관에서의 상과 벌: 비행청소년 교정프로그램의 실태와 개선방안 연구", 한국청소년개발원, 1994.
최인섭 · 전영실, "강간범죄의 실태에 관한 연구", 한국형사정책연구원, 1992.
최환영, "아파트 형태에 따른 범죄유형과 범죄예방 방법모색", 경북대학교, 2006.
황선영, "GIS 활용한 범죄의 공간패턴 분석 - 주거침입절도를 사례로", 경희대학교, 2001.
허경미, "노인의 범죄피해 특징 및 대책에 관한 연구", 한국공안행정학회지 제17호, 2004.

3. 기타

경찰청 통계 연보(1995-1999)「범죄분석」
한국성폭력상담소(1991-1997), 『나눔터』,1991년 7월 창간호-1997년 6월 제22호
법무연수원, 범죄백서, 2006.
보건복지부 운영 건강길라잡이(http://healthguide.kihasa.re.kr)
대한심신산부인학회(http://www.simsin.org/index.asp)
건강매거진(http://healthguide.kihasa.re.kr)
소방방재청, 공연·행사장 안전매뉴얼, 2007
http://blog.etnews.co.kr/seipy/117629
http://cafe.naver.com/presidentt.cafe
http://cafe220.daum.net/_c21_/bbs_search
http://deungdae.hihome.com/jetech-26.htm
http://drchoi.pe.kr/STRES2.htm
http://economyplus.chosun.com/special/special_view3
http://hoff.hihome.com/effect/physical7.htm
http://ikismain.ikis.re.kr/search
http://ikc.korea.ac.kr/~bmkang/britanica_murder.htm
http://joynews.inews24.com/php/news_view
http://k.daum.net/qna/view.html
http://kuic.kyonggi.ac.kr/~yhlee/crime-3.html

http://movsvr.sportal.or.kr/jidoja/html/2_climb_c_06.html
http://news.media.daum.net/politics/administration/200708/30/govpress
http://newsmaker.khan.co.kr/khnm.html
http://wellbeing4u.snu.ac.kr/html/stress
http://www.ad119.go.kr
http://www.ddorang.com/board/jobpds_view
http://www.e-payworld.com/cgi-bin/read.cgi
http://www.emergency.or.kr/sens/html/emer01_02.htm
http://www.gunbuk.ms.kr/edus/edus_22.htm
http://www.hani.co.kr/arti/society.
http://www/medcity.com/julbyung/faq/stresslink.html
http://www.mojra.or.kr/thesis/upload_files
http://www.police.go.kr.
http://moa21.co.kr/www/index.html
http://love.yeungjin.ac.kr/~nursing/cgi-bin/free2/free5/files....
http://www.kams.or.kr/db/su240.hwp
http://www.lawpia.pe.kr/build/board.
http://med.yu.ac.kr/college/html_backup/story02_04_215.html
http://www.hallym.ac.kr/~neuro/mind/5스트레.html
http://www.healthpro.or.kr/health/viewC
http://www.pion-tech.com/knowledge/stress.
http://www.safety.go.kr/community/html/community05
http://user.chollian.net/~gos5410/cf1.htm
http://www.0404.go.kr/safety/danger
http://blog.naver.com/yhkcool/70010998869
http://hosp.ajoumc.or.kr/emc/program/aid_read.asp?c_idx=358
세계일보, 2001. 4. 23.
동아일보, 1993. 11. 27
시니어저널, 2000.07.24.
중앙일보, 헬스케어, 2002. 10. 5.

저 자 약 력

□ 권 창 기(경호학박사, 이학박사)

- 용인대학교 대학원 체육학 박사
- 경기대학교 대학원 경호안전학 박사
- 대한유도협회 홍보위원
- 한국경호경비학회 지역상임이사
- 한국산업인력공단 경비지도사 시험출제검증위원(경호학)
- 한국시큐리티자격검정 및 신변보호사 자격시험평가 심의위원
- 안전관리자문단 자문위원
- 경운대학교 경호학부 교수, 경호학부장

□ 김 동 제(이학박사)

- 용인대학교 졸업
- 한국체육대학교 대학원 체육학 석사
- 성균관대학교 대학원 체육학 박사
- 한국경호경비학회 부회장
- 한국산업인력공단 '경비지도사' 시험출제검증위원
- 경운대학교 경호학부 교수
- 경운대학교 학생처장

□ 강 영 숙(경호학박사)

- 용인대학교 대학원 경호학 박사
- 검도4단, 합기도3단
- 한국테러학회 연구이사
- 한국민간경비학회 이사
- 사단법인 한국경비협회 교육강사
- 2008년도 여성부 사이버멘토링 대표멘토
- 경운대학교 경호학부 연구교수

□ 최 판 암(경호안전학박사 수료)

- 용인대학교 대학원 경호학 석사
- 경기대학교 대학원 경호안전학 박사수료
- 한국경호경비학회 이사
- 양주시 유도협회 이사
- 경운대학교 경호학부 겸임교수

□ 정 연 민(경호학박사 수료)

- 용인대학교 대학원 경호학 석사
- 용인대학교 대학원 경호학 박사수료
- 한국경호경비학회 이사
- 특수경비원 신임교육강사
- 경북전문대학 경찰경호행정계열 외래교수(전)
- 김천과학대학 경호무도과 외래교수